围护结构耐久性和功能性协同设计理论与方法

陈 宁　王 娟　赵立群　王 琼　叶蓓红　编著

中国建材工业出版社

图书在版编目（CIP）数据

围护结构耐久性和功能性协同设计理论与方法／陈宁等编著. --北京 ：中国建材工业出版社，2021.10
ISBN 978-7-5160-1113-3

Ⅰ. ①围… Ⅱ. ①陈… Ⅲ. ①围护结构—结构设计 Ⅳ. ①TU399

中国版本图书馆 CIP 数据核字（2021）第 037283 号

内 容 简 介

本书系统介绍了围护材料（外墙）在复杂环境因素耦合作用下的劣化机理，典型气候区的外墙材料及系统耐久性分析模型、评价方法与功能性协同提升关键技术，外墙耐久性与功能性协同提升设计等内容。

本书内容翔实，可供建筑围护材料及设计体系相关技术人员、管理人员及高等院校相关专业师生参考借鉴。

围护结构耐久性和功能性协同设计理论与方法
Weihu Jiegou Naijiuxing he Gongnengxing Xietong Sheji Lilun yu Fangfa
陈 宁 王 娟 赵立群 王 琼 叶蓓红 编著

出版发行：中国建材工业出版社
地　　址：北京市海淀区三里河路 1 号
邮　　编：100044
经　　销：全国各地新华书店
印　　刷：北京雁林吉兆印刷有限公司
开　　本：787mm×1092mm 1/16
印　　张：22.5
字　　数：540 千字
版　　次：2021 年 10 月第 1 版
印　　次：2021 年 10 月第 1 次
定　　价：128.00 元

本社网址：www.jccbs.com，微信公众号：zgjcgycbs

本书参编名单

王　莹	李　荣	郑　怡	尹　健	董庆广
龙天艳	何　霄	贾忠奎	庄梓豪	戚丁文
齐　文	郑　兵	黄沛增	司家宁	王诗雨
李秉洁	杨利香	於林锋	樊俊江	钱耀丽
仲小亮	韩云婷	付　杰	姜晓红	陈丰华
刘丙强	朱卫民	陆　彬	赵　斌	陈献海
杨　林	严世聪	张世敏	杨一杰	秦俊斌

前　　言

推进绿色建筑和建筑工业化发展，是落实国家能源生产和消费革命等一系列政策的客观要求，是加快生态文明建设、走新型城镇化道路的重要体现，是推进节能减排和应对气候变化的有效手段，是创新驱动增强经济发展新动能的着力点，是全面建成小康社会、增强人民群众获得感的重要内容，对于建设节能低碳、绿色生态、集约高效的建筑用能体系，推动住房和城乡建设领域供给侧结构性改革，实现绿色发展具有重要的现实意义和深远的战略意义。

“十三五”时期是绿色建筑和建筑工业化全面发展的重要阶段，建筑业提质增效、转型升级要求十分紧迫。建筑围护材料是建筑结构和建筑功能的重要支撑，但墙体开裂及渗漏、保温层脱落等事故时有发生，给人民生命财产造成巨大损失，且保温层使用寿命仅为主体结构的50%，维护和返修压力巨大，因此其性能面临大幅协同提升需求，而其中围护材料的安全性、耐久性、功能性提升以及结构功能一体化研究备受关注。

在安全性和耐久性方面，国内外学者针对部分围护材料进行了特定因素下的耐久性模拟和分析，实现了单体材料和局部结构的耐久性提升设计，为围护材料的安全应用起到了一定的支撑作用。但研究对象相对分散，因素较为简单，欠缺与功能性的协同研究，缺乏对材料的系统性考虑。另一方面，随着新型围护材料的开发与应用，其安全性和耐久性有待进一步验证。整体而言，现有研究在围护材料受复杂环境因素耦合作用后的耐久性分析模型、评价方法及围护结构耐久性与功能性协同设计理论与方法等方面仍存在不足。

根据我国既有建筑围护结构的现状，既有建筑围护结构的研究需求主要包括：①揭示围护材料在复杂环境因素耦合作用下的耐久性劣化机理，为典型气候区围护材料耐久性改善提供基础支撑；②建立适用于不同气候分区的围护材料耐久性分析模型及评价方法，指导围护材料及系统耐久性优化设计；③缺乏围护材料耐久性和功能性协同设计理论与方法，为发展和完善绿色建筑和建筑工业化、保障围护结构使用寿命提供科学理论支撑；④形成适用于典型气候区的围护结构设计指南，为典型气候区的围护材料选型、建筑设计、结构设计和绿色设计提供参考。基于此背景，为了引导和促进围护结构耐久性与功能性协同设计的科学发展，着力解决围护结构耐久性设计实施过程中存在的技术瓶颈，消除围护结构开裂、渗漏等质量隐患，大幅降低维护和返修概率，提升围护结构使用寿命，“十三五”国家重点研发计划课题《典型气候区围护材料耐久性及其与功能性协同设计理论与方法》（2016YFC0700801）于2016年6月启动。

该课题针对目前围护材料安全性与耐久性缺乏科学设计理论支撑、围护结构寿命低于主体结构等问题，通过研究围护材料在复杂环境因素耦合作用下的长期服役行为，结合围护材料耐久性与功能性协同提升关键技术研究，揭示了围护材料在复杂环境因素耦合作用下的劣化机理，建立了典型气候区围护材料耐久性分析模型及评价方法，创建了典型气候区围护结构系统耐久性与功能性协同绿色设计理论与方法，并形成了设计指南，为围护材料耐久性与功能性的协同提升提供了科学依据和技术支撑，有利于实现围护材料与主体结构同寿命的目标。

为了宣传科研成果，加强技术交流，更好地指导实际工程，“十三五”国家重点研发计划《典型气候区围护材料耐久性及其与功能性协同设计理论与方法》（2016YFC0700801）课题组结合研究成果，广泛参考了相关文献，决定组织出版《围护结构耐久性和功能性协同设计理论与方法》一书。本书主要章节内容包括：1. 绪论（赵立群负责）；2. 围护材料（外墙）的耐久性劣化机理（陈宁、尹健负责）；3. 外墙材料及系统耐久性分析模型及评价方法（夏热冬暖地区由王莹负责；夏热冬冷地区由赵立群、王娟负责；寒冷地区由李荣、贾忠奎负责；严寒地区由郑怡、戚丁文、齐文负责）；4. 外墙材料及系统耐久性与功能性协同提升技术（王琼、叶蓓红、王娟负责）；5. 外墙耐久性与功能性协同提升设计（赵立群、陈宁、董庆广、龙天艳负责）。全书由赵立群、王娟、董庆广、龙天艳统稿。

为了保证书稿质量，编委会通过第三方评价机构邀请中国工程建设标准化协会砌体结构委员会高连玉教授级高工、中国建材集团有限公司郅晓教授级高工、同济大学王培铭教授、浙江大学钱晓倩教授、上海建工集团股份有限公司沈孝庭教授级高工等行业知名专家对三项关键成果《围护材料耐久性劣化机理、分析模型与评价方法》《围护结构耐久性与功能性协同设计理论》《围护结构耐久性和功能性协同设计指南》进行了评审，并根据其修改意见与建议进行了修改，最后将研究成果作为核心内容纳入本书中。在此向各位专家表示衷心的感谢。

由于本书编写时间仓促以及编者水平所限，疏漏与不足之处在所难免，恳请广大读者批评指正。

作　者

2021年3月

目　录

1 绪 论

我国是人均资源严重不足的发展中国家，巨大的资源、能源需求已成为我国经济社会可持续发展的重要制约因素。我国既有建筑存量巨大，但其使用寿命明显低于发达国家。“十二五”时期，我国绿色建筑和建筑工业化事业取得重大进展，建筑节能标准不断提高，绿色建筑及建筑工业化呈现跨越式发展态势，建筑围护材料作为建筑结构和功能的重要支撑，围护材料的耐久性研究在典型气候区全面展开，取得了一些成效。“十三五”时期是我国全面建成小康社会的决胜阶段，经济结构转型升级进程加快，住房城乡建设领域能源资源利用模式亟待转型升级，人民群众改善居住生活条件需求强烈，已经不局限于对耐久性的追求，而是转向对改善居住条件、提高生活质量等更高层次的功能性要求，推进绿色建筑与建筑工业化发展面临大有可为的机遇期。

针对围护材料与主体结构寿命相差较大的现状，以实现与主体结构同寿命为目标，揭示既有建筑围护材料劣化机制、构建围护材料耐久性分析模型、形成围护材料耐久性评价方法、建立围护材料耐久性与功能性的协同提升设计理论与方法，是建设小康社会、改善百姓民生、节能减排等各项任务的重要抓手，对我国可持续发展具有重要意义。

因此，为了引导和促进围护结构耐久性与功能性协同提升设计的科学发展，着力解决围护结构耐久性设计实施过程中存在的技术瓶颈，消除围护结构开裂、渗漏等质量隐患，在大幅降低维护和返修、保证围护结构功能性前提下，提升围护结构使用寿命，“十三五”国家重点研发计划课题《典型气候区围护材料耐久性及其与功能性协同设计理论与方法》（2016YFC0700801）于2016年6月启动。本书作为课题研究成果，主要介绍了围护结构耐久性与功能性协同设计理论的建立过程及相关研究情况，并提出了科学的设计理论及方法。

1.1 围护结构耐久性研究现状

1.1.1 典型气候区气候环境特征

本书参照《民用建筑热工设计规范》（GB 50176—2016）和《建筑气候区划标准》（GB 50178—1993）重点针对严寒地区、寒冷地区、夏热冬冷地区、夏热冬暖地区四个典型气候区进行环境特征研究。

1.1.1.1 夏热冬暖地区气候环境特征

我国夏热冬暖地区大体上是华南地区，包括海南、台湾全岛，福建南部，广东、广西大部以及云南西南部和元江河谷地区。

该地区为亚热带湿润季风气候（湿热型气候），其特征表现为夏季时间长，太阳辐射强度大，常年气温高而且湿度大，气温的年较差和日较差都小。雨量充沛，季风旺盛。

1.1.1.2 夏热冬冷地区气候环境特征

夏热冬冷地区一般是指长江中下游及其周围地区，包括重庆、上海2个直辖市；湖北、湖南、安徽、浙江、江西5省全部；四川、贵州2省东半部；江苏、河南2省南半部；福建省北半部；陕西、甘肃2省南端；广东、广西2省区北端，共涉及16个省、市、自治区，约有4亿人口，是中国人口最密集、经济发展速度较快的地区。

夏热冬冷地区地理纬度在北纬30°～32°，属于气候过渡地区，该地区夏季酷热，冬季湿冷，常年湿度较高。根据《民用建筑热工设计规范》(GB 50176—2016)对各气候区的划分，夏热冬冷地区最冷月平均温度0～10℃、最热月平均温度25～30℃，日平均温度≤5℃日数为0～90d，年日平均温度≥25℃日数为40～110d。一天内空气温度变化大，对实际墙体夏季急雨带来的瞬时温差可能高达50℃。

1.1.1.3 寒冷地区气候环境特征

寒冷地区主要包括甘肃省、陕西省、山西省、河北省、河南省、山东省的大部分地区。这一地区的主要气候特点是冬季较为寒冷干燥，夏季炎热湿润，降水量相对集中。春秋季短促，气温变化剧烈，春季雨水稀少，多为大风、风沙天气，夏季多冰雹和雷暴天气。冬季和夏季（约占全年1/2时间）持续时间长是该地区气候的一个重要特点。

1.1.1.4 严寒地区气候环境特征

严寒地区冬季较长且寒冷干燥，夏季炎热湿润，降水量相对集中。春秋季短促，气温变化剧烈。春季雨雪稀少，多大风、风沙天气，夏秋多冰雹和雷暴天气，气温年较差大，日照丰富。酸雨、盐冻、盐腐蚀较多。

1.1.1.5 典型气候区环境特征汇总

根据现有相关标准规范，总结夏热冬暖、夏热冬冷、寒冷及严寒地区环境特征如表1-1所示。

表1-1 典型气候区环境特征

一级区划名称	环境特征				
	温度	水	光辐射	风压	湿度
夏热冬暖地区	$10℃<T_{min,m}$ $25℃<T_{max,m}\leqslant29℃$； $100<d_{\geqslant25}\leqslant200$ 墙面 $T_{max}\approx70℃$	雨量丰沛，多热带风暴；年平均降雨量1300mm	太阳辐射强烈	基本风压0.40kN/m²，夏季台风期风压较强	湿度较大，夏季平均相对湿度80%，冬季平均相对湿度70%
夏热冬冷地区	$0℃<T_{min,m}\leqslant10℃$； $25℃<T_{max,m}\leqslant30℃$； $40<d_{\geqslant25}\leqslant110$ $0\leqslant d_{\leqslant5}<90$ 墙面 $T_{max}\approx70℃$	春末夏初为沿海梅雨期，常有大雨和暴雨出现；年平均降雨量1000mm	日照丰富	基本风压0.45kN/m²沿海地区夏秋季常受台风袭击	较为潮湿，夏季平均相对湿度80%，冬季平均相对湿度60%
寒冷地区	$-10℃\leqslant T_{min,m}\leqslant0℃$； $90\leqslant d_{\leqslant5}<145$ 墙面 $T_{max}\approx65℃$	春季雨雪少，夏季湿润、降雨集中；年平均降雨量550mm	日照较丰富	基本风压0.50kN/m²冬季大风时间长	较干燥，夏季平均相对湿度75%，冬季平均相对湿度40%
严寒地区	$T_{min,m}\leqslant-10℃$； $d_{\leqslant5}\geqslant145$； 墙面 $T_{max}\approx60℃$	冰冻期长，积雪厚；年平均降雨量450mm	太阳辐射量大，日照丰富	基本风压0.55kN/m²冬季大风时间长	较为干燥，夏季平均相对湿度70%，冬季平均相对湿度30%

1.1.2　环境因素耦合设计

结合典型气候区环境特征，进行环境因素耦合设计。

1）夏热冬暖地区环境因素耦合设计

应综合考虑高温、紫外辐射、水、湿度、酸雨、风荷载因素对围护材料耐久性的影响，重点考虑瞬时温差、水分、水蒸气的耦合影响。墙体和地面温度在夏季酷热时温度可达75℃，因此材料热老化温度选定70～80℃；夏季急雨造成的瞬时温差可达30℃；干湿循环次数根据实际进行调整；由于夏热冬暖地区UAV辐射强度最大值出现在7月和8月，其中95%以上是UV-A，因此选用灯管的发光光谱能量主要集中在340nm的波长处的UV-A灯管进行紫外老化试验。室外相对湿度设定为76%，室内相对湿度设定在60%；pH值考虑广东地区类似的较高的重酸雨区浓度，设定pH＝4.5。根据沿海地区台风多且经济发达、高层建筑多的特点，基本风压选择0.6kN/m^2，最高风压选择1.95kN/m^2。

2）夏热冬冷地区环境因素耦合设计

应综合考虑温度（高温、冻融）、人工气候老化、水、湿度、酸雨侵蚀、风荷载因素对围护材料耐久性的影响，重点考虑瞬时温差、水分、水蒸气及冻融的耦合影响。墙体和地面温度在夏季酷热时温度可达80℃，冬季酷寒时可低至－20℃，因此材料老化温度选定－20～80℃；夏季急雨造成的瞬时温差可达30℃；冻融时间和次数根据实际进行调控；由于夏热冬冷地区UAV辐射强度最大值出现在7月和8月，其中95%以上是UV-A，因此选用灯管的发光光谱能量主要集中在340nm的波长处的UV-A灯管进行紫外老化试验。老化及冻融的时间和次数根据实际进行调控。相对湿度可选定在20%～90%，pH值考虑上海浦东区类似的较高的重酸雨区浓度，设定pH＝4.0。根据沿海地区台风多且经济发达、高层建筑多的特点，基本风压选择0.6kN/m^2，最高风压选择2.2kN/m^2。

3）寒冷地区环境因素耦合设计

应综合考虑温度（夏季高低温、冬季冻融）、气候老化、湿度、风荷载等因素对围护材料耐久性的影响，重点考虑冻融循环、气候老化、酸雨侵蚀的耦合影响；冻融的时间和次数可根据边界条件进行设置。墙体和地面温度在夏季酷热时可达70℃以上，冬季最冷时可低至－30℃，因此材料老化平均温度选定－30～70℃；据寒冷地区月平均相对湿度数据，试验相对湿度可选定在30%～95%；寒冷气候区酸雨为偶发，并有逐年缩减趋势，设定pH＝5.6，进行酸雨和盐侵蚀老化测试；太阳辐射平均年日照时数在1800～2800h/a，太阳辐射强度对建筑饰面层劣化作用较显著，太阳辐射作用在建筑外墙饰面光热转化的热老化以及阳光紫外辐射老化的耦合作用显著，因此选用紫外光波长340nm的UV-A灯管对外墙保温材料及饰面材料进行紫外老化试验。

根据对陕西省典型城市寒冷地区气候研究结论，城市最大风速在15～23m/s，极大风速在19～33m/s，城市最大风速和极大风速对建筑外保温系统劣化作用较为显著。目前，城市建筑以高层建筑为主，因此风荷载基本风压选择0.6kN/m^2，最高风压取值应大于2.0kN/m^2。

4）严寒地区环境因素耦合设计

应综合考虑温度（冻融）、人工气候老化、湿度、酸雨侵蚀、风荷载等因素对围护材料耐久性的影响，重点考虑温度、水分、冻融循环及酸雨侵蚀的耦合影响；墙体和地面温度在夏季酷热时温度可达60℃，冬季酷寒时可低至－40℃，因此材料老化温度选定－40～60℃；根据严寒地区月平均相对湿度数据，试验相对湿度可选定在30%～80%；酸雨侵蚀pH值考虑严寒地区普遍为中度或轻度酸雨区浓度，设定pH＝5.0。人工气候老化根据最为接近自然光光谱的氙灯灯管“辐照”，附加淋雨，尽量模拟实际情况。老化及冻融的时间和次数根据实际进行调控。根据严寒地区沿海地区高层建筑多的特点，最高风压选择2.2kN/m^2。

1.1.3 全国典型气候区常用围护材料及系统病害现状

建筑外墙是墙体结构的重要组成部分，起到了承受一定荷载、遮挡风雨、保温隔热、减小噪声、防火安全等重要作用。目前，常用围护结构外墙主要有非透明的砌体外墙、混凝土外墙以及透明的玻璃幕墙等形式，本书涉及的围护结构主要是非透明墙体结构系统。非透明墙体结构系统的外部构造层次包括砌体墙或混凝土墙、抹灰层、防水层、隔热层(或有)、涂料或面砖饰面层。建筑围护结构材料包括墙体材料、保温材料、抹面材料和饰面材料。

受建筑物结构形式、气候条件、系统材料、施工工艺、施工管理等多方面条件的影响，建筑围护材料及系统易出现开裂、渗水、粉化、空鼓等耐久性问题。了解不同气候分区的病害类型，并分析不同病害产生的原因，有利于寻找有针对性的病害处治办法。

1.1.3.1 夏热冬暖地区围护材料及系统破坏形态

夏热冬暖气候区常用建筑围护结构材料包括混凝土、砌块、墙板、石材、钢板、铝合金板、玻璃等。夏热冬暖地区具有温高湿重、雨量充沛、季风旺盛的气候特征，使得外墙围护结构受温度、水、风压的影响较大，从而引发质量问题，典型的有墙体开裂导致的渗漏水、面砖或涂料脱落。

1）墙体开裂致渗漏水

外墙渗漏水是一种常见的建筑质量通病，影响建筑物的使用寿命和人们的正常生产生活。外墙渗水的前提一般是其出现开裂，雨水通过这些裂缝渗入墙体，造成涂料起皮、壁纸变色、室内物质发霉等危害，如图1-1和图1-2所示。

图1-1 某住宅外墙开裂

图1-2 某住宅外墙渗水

导致墙体受损开裂的原因主要包括材料选择和构造处理不当。砌体中砌筑材料选择不当时，会造成砌体整体稳定性不足，墙体产生裂缝。节点部位处理不当时，如雨落管设计及维护存在问题、预留孔密封不良、门窗的制作安装不规范等，建筑物在多年使用后发生不均匀沉降、因天气原因产生的干湿变化和热胀冷缩等会使墙体出现裂缝。

2）饰面涂料开裂剥离

饰面涂料是施涂于建筑物外墙面，起弥补基层缺陷或表现多种花纹和质感作用的涂装材料。在室外环境下，饰面涂料经受室外温度变化、干湿变换、酸雨浸泡以及光照辐射的作用，在使用一定年限后，即产生蛛网状的裂纹。图 1-3 和图 1-4 为两个工程项目出现开裂和涂层剥离的现象。

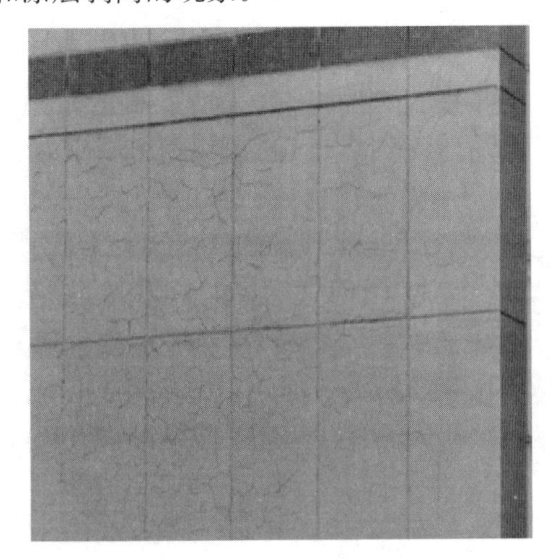

图 1-3 外墙不规则裂纹

图 1-4 外墙涂料涂层剥离脱落

3）饰面砖空鼓脱落

饰面砖空鼓、脱落的原因包括基层疏松、未设置变形缝、采用水泥净浆作为粘贴材料、未采用满粘法粘贴瓷砖、瓷砖吸水量过大或过小、外界环境作用等。瓷砖发生空鼓脱落的部位大多出现在防水涂层与粘结层之间，这是由于防水材料与饰面材料的粘结性达不到要求导致的。图 1-5 和图 1-6 为两个工程项目外墙瓷砖脱落情况。

图 1-5 某高层住宅外墙瓷砖脱落

图 1-6 某别墅外墙瓷砖脱落

1.1.3.2 夏热冬冷地区围护材料及系统破坏形态

夏热冬冷地区建筑物的围护结构外墙多以混凝土墙、砌体墙或砖墙为主，再辅以各类功能性的材料，如防火、防水、节能以及饰面等，以满足功能的要求。

夏热冬冷地区一天内空气温度高，对实际墙体夏季急雨带来的瞬时温差较大。外墙性能劣化的破坏形态主要有饰面层空鼓、开裂、保温板脱落和瓷砖脱落等问题。

1）饰面层起皮、空鼓

夏热冬冷地区温差较大，外墙面上剧烈、反复的温度变化使得不同热膨胀系数材料的界面上发生了很大的温差应力，从而引起饰面层的起皮。图 1-7 为饰面层起皮、空鼓现象。

图 1-7　饰面层起皮、空鼓

2）饰面砖脱落

在温差作用下，面砖表面会产生较大的应力，当饰面砖的粘结砂浆选择不当、分隔缝设置不合理时，通常易导致面砖的空鼓、开裂及渗水现象，情况严重时，面砖发生脱落。图 1-8 为饰面砖脱落现象。

图 1-8　饰面砖脱落

1.1.3.3 寒冷地区围护材料及系统破坏形态

寒冷气候区采用的围护形式主要是外墙外保温形式，外墙外保温围护结构由内到外依次为墙体材料、粘结砂浆、保温材料、抹面砂浆、饰面材料。

寒冷气候区常见墙体材料主要为水泥基墙体材料、蒸压硅酸盐制品和烧结类墙体材料。水泥基墙体材料有混凝土多孔砖及实心砖、再生建筑垃圾混凝土多孔砖、普通混凝土空心砌块等，其他墙体材料有蒸压粉煤灰砖、各种烧结多孔黏土砖等。其中填充墙采用各种砂浆空心砌块、烧结多孔砖最为常见，随着墙体材料及工艺技术的发展，近年来也出现了能够快速安装的轻质复合材料墙板。

墙体常用保温材料主要包括模塑聚苯乙烯泡沫塑料（EPS 板及各种改性 EPS 板）、岩棉保温板、发泡混凝土，聚氨酯保温板、酚醛保温板用量较少。寒冷气候区屋面保温材料常采用挤塑聚苯乙烯泡沫塑料（XPS 板）和发泡混凝土，其中居住建筑外墙外保温系统多采用模塑聚苯乙烯泡沫塑料（EPS 板），公共建筑多采用岩棉保温板和发泡混凝土等无机保温材料，岩棉保温板和发泡混凝土是近年来墙体防火隔离带主要采用的外保温材料。

寒冷气候区目前常用的饰面材料主要包括普通外墙涂料、真石漆、质感漆、多彩涂料、复层涂料等多种。早期部分建筑采用瓷砖做饰面材料，过渡到以普通外墙涂料为主的传统饰面材料，近年来寒冷气候区外墙饰面大量使用真石漆、质感漆、多彩涂料等饰面材料。

通过对寒冷地区典型城市榆林市、定边县、靖边市、延安市、西安市等 300 多栋既有建筑进行调研，总结围护材料破坏形态如下。

1）饰面层外墙涂料泛碱现象

由于墙体中混凝土或砂浆层含水率高，且养护期不足，pH 值偏大以及水泥产品原材料性能较差或生产工艺不规范等综合因素，碱性物质对涂层形成一定的渗透压渗过涂层半透膜，在涂层表面呈现白色碱性物质，出现涂层色泽不均匀的现象。另外，碱性物质的高碱性也会导致涂层中颜料变色、褪色。图 1-9 为饰面层外墙涂料泛碱现象。

2）饰面层起皮、开裂、起鼓

水泥砂浆收缩会引起抹灰层出现裂缝。保温材料（如聚苯板）密度过低时，抗冲击性差，容易变形，从而引起墙面开裂。保温板粘贴不牢或抹面砂浆粘结不牢，引起保温层脱落、抹面砂浆开裂。网格布铺设位置、搭接长度，没有起到抗裂作用，使防护砂浆出现裂缝。图 1-10～图 1-12 为饰面层开裂现象。

图 1-9 饰面层外墙涂料泛碱现象

图 1-10 饰面层开裂细部

图 1-11　饰面层开裂、翘曲

图 1-12　饰面层大面积开裂

图 1-13　饰面层脱开、脱落

3）饰面砖脱落

饰面砖自重大，使底子灰与基层之间产生较大的剪应力，粘贴层与底子灰之间也有较小的剪应力，在施工中由于墙面平整度偏差较大，砂浆薄厚不均匀，再加上基层处理或施工操作不当，各层之间粘结强度很差，面层产生空鼓，致使饰面砖脱落。此外，饰面层长期受冷热气温的影响，由于热胀冷缩作用粘贴层内产生应力，如果在施工中砂浆不饱满，勾缝不严密，雨水渗透后受冻胀，使饰面层受到破坏。图 1-13～图 1-15 为建筑外山墙外墙外保温系统连同饰面层整体脱落情况。图 1-15 为保温材料本身性能劣化造成的饰面保温层剥离失效，发生在保温材料面层。

图 1-14　山墙部位保温粘结层脱开、脱落

图 1-15　保温层保温板面层粉化脱开、脱落

图 1-16 为西安市某进出口加工区厂房外墙饰面砖脱落可见光、红外热像比对图。

图 1-16 饰面瓷砖局部脱落

4）内保温系统结露、发霉、疏松脱落

寒冷地区冬季寒冷，房屋需要采暖，这样室内空气温度和绝对湿度都比室外高；因此，在外围护结构的两侧存在着水蒸气分压力差。水蒸气分子将从分压力较高的一侧通过围护结构向较低的一侧扩散渗透，若设计不当，水蒸气通过围护结构时，会在结构表面或材料内部的孔隙中冷凝成水或冻结成冰，出现内部冷凝而使材料受潮现象。受潮后的材料导热系数增大，保温能力降低，此外，由于内部冷凝水的冻融交替作用，保温材料易遭破坏，从而降低结构的使用质量和耐久性。图 1-17 和图 1-18 为内保温墙面饰面层脱落、保温层破损、墙皮脱落、渗漏返潮现象。

图 1-17 内保温墙面饰面层破坏情况

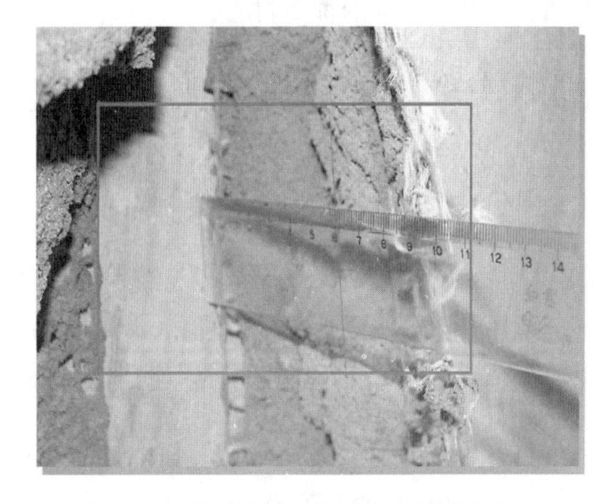

图 1-18 内保温墙系统保温材料破坏情况

5）寒冷地区围护材料现场调查小结

总结调研寒冷地区（陕西）既有建筑外墙保温系统使用中出现的一些问题，归结起来有以下方面：对于涂料饰面薄抹灰系统，涂料饰面层表面出现裂缝在东南西立面上，阳光不易照射的饰面层表面裂缝较少；薄抹灰系统的抗裂砂浆层普遍较薄，常见厚度 2mm 左右，抗裂性能较差；有效粘贴面积用敲击法检查，粘贴面积小于30%；在应力集中的洞口部位，出现诱导缝；真石漆饰面的抗裂性能较佳，使用的耐久性较好，在建筑的较低公共部位，可以采用真石漆饰面系统，防止保温系统表面产生人为破损；不同颜色饰面层，在同样的光照条件下同一时刻表面温度不同。涂料颜色不同，裂缝的形态不同，饰面层不同的平整度出现裂缝形态也出现差异；现场调查发现，使用EPS保温板的密度普遍偏低，在12～15kg/cm^3，燃烧分级B2级；裂缝主要出现在山墙部位；在不同的保温饰面层过渡区域，存在水平裂缝，疑似冻融造成。保温层与散水之间的工艺连接处理有缺陷。

以上可归为三类问题，一是材料问题；二是施工或工艺问题；三是使用中劣化问题。另外也发现了真石漆饰面的外墙保温系统实际使用中抗环境劣化性能较好和不同饰面颜色（不同发射率）造成外墙保温系统环境劣化速率不同的问题。查阅国内外文献结果显示，均未见对此三类问题进行系统调查分析，多针对某具体问题论述，因此本调查可以系统、全面角度全面揭示寒冷地区（陕西省）既有建筑外墙外保温系统使用过程中劣化现象的突出性及研究的必要性。

1.1.3.4 严寒地区围护材料及系统破坏形态

严寒气候区采用的围护形式最主要是外墙外保温形式，外墙外保温围护结构由内到外依次为墙体材料、粘结砂浆、保温材料、抹面砂浆、饰面材料。严寒地区围护结构中常用的墙体材料主要包括混凝土多孔砖、废渣混凝土多孔砖、煤矸石烧结砖、混凝土实心砖、普通混凝土砌块、蒸压粉煤灰砖、烧结普通砖。烧结普通砖为严寒气候区最为传统的墙体材料，普通混凝土砌块为严寒地区近年来主要使用的墙体材料。常用的保温材料主要包括模塑聚苯乙烯泡沫塑料（EPS板）、挤塑聚苯乙烯泡沫塑料（XPS板）、聚氨酯保温板、酚醛保温板、岩棉保温板以及发泡混凝土。常用的饰面材料主要包括普通外墙涂料、真石漆、质感漆、立体多彩涂料、复层涂料等多种。此外，严寒地区少部分建筑采用干挂石材幕墙、玻璃幕墙作为饰面材料。

严寒地区围护结构的破坏形态主要表现为保温板和饰面层大面积起鼓、剥落或龟裂，墙体材料在外保温层的保护下，很少受日晒、较大温差和湿度的影响。

1）空鼓

（1）保温板的空鼓、虚贴

通过调查和分析发现，保温板的起鼓主要是由以下几个方面的原因造成的：

① 基层墙面的平整度达不到要求，从而引起保温板的空鼓、虚贴。

② 粘结剂的黏度过低或者胶浆配制的稠度不够，胶浆的初始黏度过低，从而造成胶浆贴附到墙面时产生流挂而导致板面局部空点虚贴。

③ 施工时没有挤揉苯板，致使保温板内存在空腔而导致起鼓。

④ 墙面过于干燥，未对基层进行掸水处理就粘贴面板，从而导致起鼓。

⑤ 因淋雨或其他原因导致墙面含水量过大，未等墙面干燥就进行板的粘贴从而导致起鼓、虚贴。

（2）饰面层的起鼓

外墙外保温饰面涂层系统的结构一般由腻子层、底涂层、主涂层和面涂层组成。所用的涂料按表面装饰效果分为平髓状装饰涂料、薄质装饰涂料、复层装饰涂料；按主要成膜物性质分为溶剂型涂料、水性涂料；按面涂光泽高低分为高光、半光、亚光等。虽然所用的涂料不同，其涂料系统结构也有所不同。但其起鼓的原因基本是相同的，主要是涂料的透气性差，造成内部水蒸气扩散受阻，最终表现为涂料起鼓，如图1-19所示。其具体原因有如下几点：

① 涂膜耐水性差，不具备呼吸功能。因工程使用不达标的涂料，内部在养护过程中释放的能量不能及时排出，从而导致墙体饰面层起鼓。

② 环境温差大，面层在频繁冷热循环交替中因涂料不均匀而丧失整体性，脆弱的部分起鼓。

③ 考虑施工成本和施工操作的简便性，面层用普通水泥砂浆处理，而面层普通砂浆与底层胶浆的收缩不一致，产生空鼓。

④ 基层处理不彻底，有空腔，遇水后起泡。

⑤ 在施工时粘贴网格布采用“隔墙打牛”的方式，不做底层胶浆直接把网格布挂在保温层墙面上从而导致墙面起鼓。

⑥ 增强网、玻纤网或钢丝网受碱性腐蚀，降低强度而影响增强作用，过早失效。

2）裂缝

近年来，大量建筑节能技术被应用到建筑工程当中，其中外墙保温是应用最为广泛的。然而外墙保温技术在应用过程中极易产生裂缝问题，一旦开裂，墙体保温层和耐久性能将会大大降低，而且对建筑工程的整体寿命也造成严重影响。如果不能有效解决外保温系统裂缝问题，则会严重阻碍建筑节能技术的推广。外墙外保温产生的裂缝，主要表现在落水管处、山墙、阳台、窗间墙处。

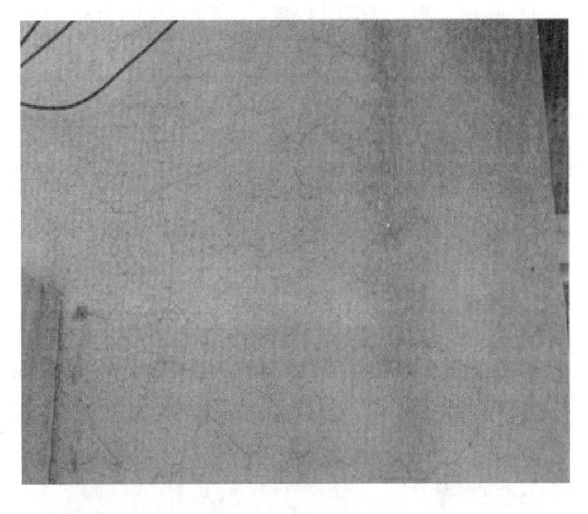

图1-19 涂料起鼓

（1）保温层引起裂缝

EPS板在自然环境条件下42d或在60℃蒸汽养护条件下5d的自身收缩变形完成99%，因此，EPS板在自然环境条件下42d或在60℃蒸汽养护条件下5d后才能用于施工。若养护时间不足，EPS板在墙上持续收缩而产生裂缝。保温板在昼夜交替及季节变化发生热胀冷缩、湿胀干缩时也会在板缝处集中产生变形应力，从而造成板间裂缝。

外墙外保温产生的裂缝，主要表现在落水管处、山墙、阳台、窗间墙处。因此在这些部位施工尽量采用整块保温板，施工时应尽量不留缝，最好采用梯度搭接。同时要重视外墙面的防雨、防渗技术措施的采用。在此建议：

① 施工现场的聚苯板，应先存放一定的时间，使其完全陈化，达到聚苯板的体积稳定性等指标时方可施工。

② 外墙体的基层墙体，无论采用什么材料和结构，对其自身的收缩值也应有严格要求，需符合相应标准。否则当基层收缩值大，会导致聚苯板产生裂缝，而带来不良后果。

③ 对于粘贴聚苯板的料浆，应提出质量指标要求，粘贴水泥砂浆的水灰比不能过大，因砂浆吸水率过大也易产生收缩裂缝。砂浆水泥用量过多、搅拌不均匀也会导致收缩加大、易产生裂缝。建议最好采用有机柔性粘贴材料。

④ 防止施工时的偷工减料现象。聚苯板的粘结面要大于30%，防止空鼓、虚贴现象。为了防止气压过大对高层建筑带来不利影响，建议采取无空腔的粘贴施工法。要强调板面的平整、紧密。

⑤ 设计对材料、施工、验收要有明确的说明和要求。外饰面（防护层）的抗裂性是防止聚苯板产生裂缝的一个极其重要的因素。除了按国标、行标要求外，最好根据严寒地区的特点，编制地方规范和标准，提出更严格的要求。

（2）墙面抗裂防护层（保护层）裂缝

外墙外保温系统的防护层主要是由抹面抗裂砂浆和耐碱玻纤增强网格布共同构成的，保护外保温体系免受环境侵蚀，并对外保温整个系统的抗裂性能起着关键作用。

① 由耐碱网格布引起的裂缝

玻璃纤维耐碱网格布是以中碱或无碱玻璃纤维机织物为基础，经耐碱涂层处理而成的。强度高、粘结性好、服帖性及定位性极佳，广泛应用于墙体增强、外墙保温。外保温中加入耐碱玻纤网格布的主要作用是改善面层的机械强度，保证饰面层抗力的连续性，分散面层的收缩压力和保温应力，避免应力集中，抵抗自然界温、湿度变化及意外撞击所引起的面层开裂，同时增强材料极限伸长率使之尽量与防护层材料一致，以最大限度地利用其抗拉强度缓解裂缝的产生。在外墙外保温体系中，玻璃纤维网格布是起增强作用的，它本身的质量好坏直接关系整个体系的耐久性。但某些工程将玻璃纤维网格布紧贴聚苯板粘贴，或暴露于抹面层胶浆以外，这样均不利于发挥网格布对体系的增强作用，造成面层冲击强度不够，且易产生面层裂纹。

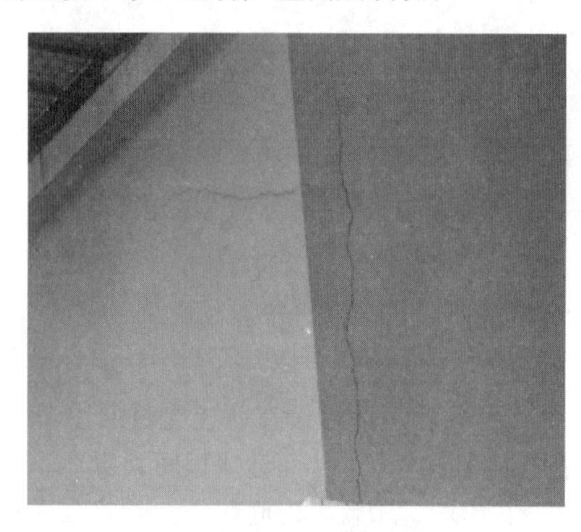

图 1-20　开裂墙体

外保温系统开裂很多情况下是由于玻璃纤维网格布出现问题而引起的，一旦出现裂纹，裂缝随即展开，形成较宽的通长裂缝，严重影响了墙体的外观以及保温性，雨水随缝进入，加剧保温系统的破坏，如图 1-20 所示。因此要尽量避免由于网格布原因引起的裂缝。由耐碱网格布引起裂缝有以下几个方面的原因：网格布未做搭接，砂浆在此处形成无约束裂缝；角部、保温截止部位，门窗洞口等易产生应力集中的部位未增设加强网，从而引起应力裂缝；窗口周边、四角及墙体转折处等易产生应力集中的部位，未设增强网格布以分散其应力；抹底层胶浆时，网格布过于靠近内侧，或者直接把网格布铺设于墙面上，胶浆与网格布不能很好复合，网格布起不到约束和分散应力的作用而引起开裂；在进行建筑外墙防护层的施工时，门窗洞口的四角沿 45°方向没有进行耐碱玻纤网格布的铺设，导致在应力相对集中的门窗洞口区域出现裂缝。使用不合格的增强网格布，由于网格布断裂强度低、耐碱强力保留率低、断裂应变大等原因造成不能长期有效地分散应力，引起抗裂砂浆防护层开裂。

② 由砂浆不合格引起的裂缝

抗裂砂浆指的是由聚合物乳液和外加剂制成的抗裂剂、水泥和砂按一定比例制成的能满足一定变形而保持不开裂的砂浆。普通水泥砂浆自身容易产生各种收缩变形，并且存在强度增长与收缩周期长度不一的矛盾，在约束条件下，当收缩产生的拉应力超过水泥砂浆的抗拉强度时，就会出现裂缝。因此，在建筑外墙外保温系统中，必须采用抗裂砂浆取代传统的水泥砂浆。

由于砂浆不合格引起防护层开裂有以下几个原因：水泥比例大，导致砂浆前期收缩大，强度小从而引起开裂；胶浆搅拌不充分，没有拌和均匀，因收缩不同而导致开裂；保护层面层胶浆的吸水率过高，在冬季因冻融、冻胀作用引起面层开裂；胶粘剂的柔性指标不够，脆性过强，使胶浆的抗变形能力不足以抵抗面层因应力作用引起的变形导致开裂；胶粘剂的柔性压折比指标不能满足设计要求，脆性过强，抹面胶浆的抗变形能力不足以抵抗应力作用，胶粘剂里有机物质成分含量过高，胶浆的抗老化能力降低，随时间推移都会出现开裂。

③ 饰面层原因引起裂缝

饰面层由基层和面层组成，基层即支托饰面层的结构构件或骨架，其表面应平整，具有一定的强度和刚度。饰面层附着于基层表面起美观和保护作用，它应与基层牢固结合，且表面需平整均匀。由于外保温系统在设计上有其构造的特殊性，因此对饰面层也有相应的技术要求，不允许使用不透气的弹性涂料和涂膜坚硬易龟裂的无机涂料以及在建筑力学上不安全的陶瓷面砖作为外保温饰面材料。外墙外保温处于墙体外侧，在自然环境下外墙涂料饰面层承受着冷热循环、日光暴晒、风吹雨打、酸碱侵蚀等考验。我国应用外墙涂料饰面层的建筑大多存在涂料饰面层开裂的现象，如图 1-21 所示。其主要危害是水的渗透对保温体系造成破坏，影响建筑节能效果，并且影响建筑外观质量，甚至严重影响建筑物使用寿命。一些粘贴聚苯板的外保温工程在竣工后的较短时间内，外墙的薄抹灰表面就出裂纹，尤其是在聚苯板横向、纵向接缝处，往往产生较长的水平裂纹和纵向裂缝。

图 1-21 饰面层开裂

饰面层引起裂缝的主要原因：工程用砂选用中砂，导致砂过筛后往往过细，含泥量过高，粒径级配不合理造成开裂；由于使用腻子的韧性不够，从而无法满足抗裂防护层的变形而开裂，或是采用了不耐水的腻子，当受到水的侵蚀后开裂；在太阳暴晒下进行面层施工或在高温天气下抹完面层后，未及时喷水养护，导致面层失水过快而引起面层开裂；使用不耐老化的涂料，刚开始时这类涂料没有什么缺陷，但经过两年就会开裂、起皮；使用聚灰比达不到要求的聚合物砂浆粘贴面砖，砂浆柔韧性小，无法满足柔性渐变释放应力的原则，面砖饰面层则易开裂、脱落。

3）脱落

在调研中发现，大量的墙体存在保温系统的脱落现象，包括保温层的脱落和饰面层的脱落。

图 1-22　保温层脱落

（1）保温层的脱落

东北地区大部分使用 EPS 聚苯板薄抹灰系统，脱落现象常见且严重，如图 1-22 所示。影响保温层脱落的主要原因如下：

① 所用的胶泥达不到外保温系统质量性能要求，即使达到质量要求，配合比不准确或使用的水泥不符合外保温的技术要求。

② 基层表面平整度不符合外保温工程对基层的要求，基层表面含有妨碍粘贴的物质，或者没有对其进行界面处理。

③ 粘结面积未达到产品厂家对粘结面积的要求。

④ 采用的聚苯板密度不足 18kg/m³ 以上，致使其抗拉强度过低，满足不了保温系统自重及饰面荷载对其强度的承载要求，从而导致聚苯板中部被拉损破坏。

（2）饰面层的脱落

饰面层的脱落多处于建筑山墙，如图 1-23 所示，也有的处于阳台下，如图 1-24 所示。

图 1-23　饰面层脱落

图 1-24　阳台下饰面层脱落

目前，外墙外保温系统饰面层有多种实施方式，如涂料、大理石、花岗岩、金属、玻璃幕墙等。辽宁地区小区住宅多使用涂料饰面层，《民用建筑热工设计规范》（GB 50176—2016）规定 EPS 板湿度容许增量小于或等于 15%，在使用过程中，如果保温系统湿度增量超过标准，说明保温层、粘结层形成的空腔与保温层内的湿度严重超标。在没有采取隔断措施的情况下，在采暖期间基础保温层内的饱和水蒸气将源源不断地向上迁移，增大了主体保温层中的湿度增量，在多种不利情况的作用下，外墙涂料发生脱落。

正常情况下，保温层内空腔的水蒸气将通过薄抹灰面层、腻子、涂料向外渗透，使保温层湿度增量满足要求。采暖期间在渗透过程中如果采用渗透阻大（透气性差的涂料），水蒸气在迁移过程中会透过薄抹灰面层、腻子，被阻截在涂料面层内。冬期采暖期间外墙涂料表面温度高于0℃时，仅有少量的水蒸气透过涂料迁移出去，大量的水蒸气则浸在腻子中，历经昼夜变化时，夜间涂料表面温度低于0℃。含水蒸气的腻子受冻，经过数十次冻融循环后，腻子因失去强度而粉化，导致涂料脱落。

辽宁省地处严寒地区，外墙墙面的冻融破坏比较明显，不仅冻融深度和冻胀应力大，而且持续时间长。因此，会给外保温墙体体系构造带来很不利的影响。加之温度、湿度变化，基层变形等因素，与其他地区相比，外墙出现裂缝的工程更为普遍，而且开裂更为严重。针对辽宁地区的现况，建议辽宁省在外墙外保温的设计、施工中，应有更严格的规定。

1.1.3.5 典型气候区围护材料破坏形态汇总

总结典型气候区围护材料破坏形态如表1-2所示。

表1-2 典型气候区围护材料破坏形态

典型气候区	围护材料	破坏形态
夏热冬暖地区	墙体材料	降雨、风压大以及雨后太阳直射形成的高低温差，使得水分很容易通过裂缝向墙体内渗透，导致墙体开裂、漏水、内墙壁潮湿发霉
	饰面材料	高温、长时间降雨、施工、材料性能不达标等因素导致面砖空鼓脱落； 室外温度变化、干湿变换、酸雨浸泡以及光照辐射的作用下涂料开裂剥离
夏热冬冷地区	墙体材料	长时间降雨、风压大以及雨后太阳直射形成的高低温差，使得水分很容易通过裂缝向墙体内渗透，导致墙体开裂、漏水、内墙壁潮湿发霉
	保温材料	冷热循环、风压大、施工因素、材料性能不达标导致保温材料开裂、空鼓、脱落；燃烧等级不合格导致保温材料起火
	饰面材料	高温、长时间降雨、施工、材料性能不达标等因素导致面砖空鼓脱落； 室外温度变化、干湿变换、酸雨浸泡以及光照辐射的作用下涂料开裂剥离
寒冷地区	保温材料	冷热循环、风压大、施工因素、材料性能不达标导致保温材料开裂、空鼓、脱落
	饰面材料	高温、风压大、冻融循环、施工、材料性能不达标等因素导致面砖空鼓脱落； 涂料泛碱、起皮、开裂、起鼓、剥离、翘曲
严寒地区	保温材料	热胀冷缩、湿胀干缩引起的开裂、风荷载、施工、材料性能不达标引起的空鼓、脱落
	防护材料	网格布、抗裂砂浆性能不达标、冷热循环、降雨引起开裂
	饰面材料	冻融、酸雨、光照、冷热循环导致饰面材料开裂、空鼓、脱落

1.1.4 国内外围护结构及材料耐久性研究现状

国内外开展了不少墙体和保温材料耐久性相关研究，解决了大量的科学问题及关键技术。从总体情况看，国内外现有研究[1-4]可对部分围护结构材料进行特定因素下的耐久性模拟和分析，实现单体材料和局部结构的耐久性提升设计。但研究边界以简单因素作用下单材料居多，在复杂环境因素耦合设计和材料系统性研究方面仍需不断深入。

关于墙体耐久性研究，国内外主要针对应用最广泛的蒸压加气混凝土墙材，研究了水化产物、孔结构对干燥收缩、冻融、碳化等性能的影响[5-7]；李庆繁[8]对严寒地区蒸压加气混凝土砌块耐久性进行了研究；H. Binici 等人研究了废灰和玄武浮石烧结砖的冻融和干湿循环劣化[9]；R. Zaharieva 和 A. Gokce 等[10-12]研究了再生混凝土抗冻性，从而指导墙材耐久性分析。W. Shakun[13]研究了围护结构内部冷凝产生湿破坏对耐久性的影响。赵立华[14]研究了保温层设计对围护结构传湿及耐久性影响；刘革[15]研究了夹芯保温复合墙体在季节性冻融循环下的耐久性劣化。盛强敏[16]研究了软化对非承重混凝土空心砖的强度的影响；国内对蒸压灰砂砖软化、碳化性能的耐久性影响做了微观解释[17-18]。A. Karagiozis[19]和G. J. Dariuse[20]对热湿气候条件下围护结构耐久性进行了模拟。烧结类墙材耐久性是在长期应用基础上形成标准规范[21]。

关于保温材料耐久性研究，国外主要针对外墙外保温系统（简称EIFS）展开[22]，借助数学手段结合定性试验预测其长期蠕变等耐久性能[23-24]。G. Fleury[25]通过水泥和聚合物相互作用，实现了EIFS寿命预测，提出耐久性定性提升方法。I. Y. Gnip等[26-27]通过EPS板吸水率试验，建立长期吸水性预测模型。国内研究偏重于定性研究和数值化模拟[28]。

针对耐久性与功能性协同技术研究，有研究报道了湖南地区建筑外墙外保温体系设计方法研究。郭现龙等[29]对装配式外墙外保温系统进行了结构计算和设计。何俊涛[30]对外墙外保温系统进行了研究，提出针对返霜结露、空鼓和保温层脱落问题的设计建议。Y. Comakl和B. Yuksel[31]基于全寿命周期成本（LCC），针对三个不同地区，对外墙保温系统进行了设计。A. Bouchair[32]提出烧结墙材外墙保温系统稳态热力学行为的理论模型，指导保温性能设计。

1.2 围护结构耐久性的重要意义

围护材料耐久性是影响围护结构整体耐久性的重要内在因素。围护材料劣化、自身耐久性降低，将导致围护结构整体耐久性的降低。随着绿色建筑和建筑工业化研究深化，人居环保和舒适度要求提升，围护结构整体性能要求也将不断提高，其当前所面临的缺陷必须克服。因此，研究围护材料耐久性劣化机理，明晰影响围护材料耐久性的因素及其作用，对提升围护材料耐久性、指导围护结构整体耐久性设计具有重要意义。有利于实现围护材料体系与主体结构同寿命，消除围护材料体系开裂、渗漏等质量隐患，大幅降低围护材料及系统维护和返修，减少建材损耗；围护材料体系防火性能优良，消除消防安全隐患，有利于人居环境安全，促进社会和谐发展；围护结构耐久性与功能性协同提升，有利于减少材料消耗，降低建筑运行能耗，节约资源和能源。

参考文献

[1] 杨伟军，张婷婷，范辉，等. 新型现浇墙体材料耐久性及热工性能试验研究[J]. 新型建筑材料，2014，2：52-56.

[2] 樊均，管文. 泡沫混凝土保温板在预制混凝土夹心保温墙体中的热工耐久性研究[J]. 混凝土与水泥制品，2014(06)：58-61.

[3] NILICA R，HARMUTH H，Mechanical and fracture mechanical characterization of building materials used for external thermal insulation composite systems[J]. Cement and Concrete Research，2005，35(8)：1641-1645.

[4] MAHABOONPACHAI T，KUROMIYA Y，MATSUMOTO T，Experimental investigation of adhesion failure of the interface between concrete and polymer-cement motar in an external wall tile struc-

ture under a thermal load[J]. Construction and Building Materials, 2008, 22(9): 2001-2006.
[5] 彭军芝. 蒸压加气混凝土孔结构及其对性能的影响研究进展[J]. 材料导报 A: 综述篇, 2013, 27(8): 103-118.
[6] MITSUDA T, CHAN C F. Anomalous tobermorite in autoclaved aerated concrete[J]. Cement and Concrete Research, 1977, 7(2): 191-194.
[7] ZIEMBICKA H, Ziembicka. Effect of micro pore structure on cellular concrete shrinkage[J]. Cement and Concrete Research, 1977, 7(3): 323-332.
[8] 李庆繁, 高连玉. 蒸压加气混凝土抗冻性能研究[J]. 墙材革新与建筑节能, 2014(08): 41-47.
[9] BINICI H, YARDIM Y. The durability of fired brick incorporating textile factory way ash and basaltic pumice[J]. International Journal of Materials Research, 2012, 103(7): 915-921.
[10] ZAHARIEVA R, BUYLEe-BODIN F, WIRQUIN E. Frost resistance of recycled aggregate concrete[J]. Cement and Concrete Research, 2004, 34(10): 1927-1932.
[11] GOKCE A, NAGATAKIB S, SAEKIC T. et al. Freezing and thawing resistance of air-entrained concrete incorporating recycled coarse aggregate: The role of air content in demolished concrete[J]. Cement and Concrete Research, 2004, 34(5): 799-806.
[12] 刘玮辉. 再生混凝土多孔砖耐久性与砖的抗冻指标试验研究[D]. 长沙: 长沙理工大学, 2012.
[13] SHAKUN W. The causes and control of mold and mildew in hot and humid climates[J]. ASHRAE Transactions, 1998, 104(1): 1282-1292.
[14] 赵立华, 董重成, 贾春霞. 外保温墙体传湿研究[J]. 哈尔滨建筑大学学报, 2001, 34(6): 78-81.
[15] 刘革. 高效耐久保温复合墙的结构与节能一体化技术与性能[D]. 哈尔滨: 哈尔滨工业大学, 2012.
[16] 盛强敏, 陈胜霞, 周皖宁, 等. 非承重用混凝土多孔(空心)砖耐久性能的检测与分析[J]. 建筑砌块与砌块建筑, 2006(05): 35-38+22.
[17] 蒲心诚, 赵镇浩. 灰砂硅酸盐建筑制品[M]. 北京: 中国建筑工业出版社, 1980.
[18] 陆晓燕, 陈宇峰. 碳化对蒸压灰砂砖的微观性能影响研究[J]. 南通大学学报(自然科学版), 2005(02): 28-30+39.
[19] KARAGIOZIS A, SALONVAARA M. Hygrothermal system performance of a whole building[J]. Building and Environment. 2001, 36(6): 779-787.
[20] DARIUSE G J, KONIORCZYK M, WIECKOWSKA A, et al. Effect of moisture on hygrothermal and energy performance of a building with cellular concrete walls in climatic conditions of poland[J]. ASHRAE Transaction, 2004, 110(2): 795-803.
[21] 中华人民共和国住房和城乡建设部. 砌体结构设计规范: GB 50003—2001[S]. 北京: 中国建筑工业出版社, 2002.
[22] 王宏. 玻化微珠保温砂浆系统的耐久性研究[D]. 太原: 太原理工大学, 2010.
[23] 薄海涛. 建筑外墙外保温系统耐久性及评价研究[D]. 武汉: 华中科技大学, 2009.
[24] KUB II E G, CARTWRIGHT L G, OPPENHEIM I J. Cracking in exterior in insulation of finish systems[J]. Journal of Performance of Constructed Facilities, 1993, 7(1): 60-66.
[25] FLEUR G. Quality requirement for the EIFS in France[J]. CSIB, 1992: 509-640.
[26] GNIP I Y, KERSULIS V, VEJELIS S. Deformability and tensile strength of expanded polystrene under short-term loading[J]. Polymer Testing, 2007, 26(7): 886-895.
[27] GNIP I Y, KERSULIS V VEJELIS S. Long-term prediction of compressive creep development in expanded polystyrene[J]. Polymer Testing, 2008, 27(3): 378-391.
[28] SHI X, LI R. EIFS in China - history, codes and standards, features, and problems[J]. Physics

Procedia，2012，24(Part A)：450-457.
[29] 郭现龙，牛寅平，王万金，等. 装配式外墙外保温系统结构计算及设计[J]. 建筑节能，2015，43(02)：61-64.
[30] 何俊涛. 外墙外保温系统建筑设计分析[J]. 中华民居(下旬刊)，2012(11)：13-14.
[31] COMAKL Y，YUKSEL B. Optimum insulation thickness of external walls for energy saving[J]. Applied Thermal Engineering，2003，23(4)：473-479.
[32] BOUCHAIR A. Steady state theoretical model of fired clay hollow bricks for enhanced external wall thermal insulation[J]. Building and Environment，2008，43(10)：1603-1618.

2 围护材料（外墙）的耐久性劣化机理

经过调研，本书介绍了典型墙体材料、保温材料、抹面材料及饰面材料的相关长期服役行为研究，结合微观结构分析，揭示围护材料在复杂环境因素耦合作用下的劣化机理。

2.1 墙体材料耐久性劣化机理

根据各气候区围护材料使用情况调研，目前，四个典型气候区常用的墙体材料主要有水泥基墙体材料、蒸压硅酸盐制品和烧结类墙体材料。其中水泥基墙体材料包括混凝土砖（实心砖、多孔砖、空心砖）、混凝土小型空心砌块；蒸压硅酸盐制品包括蒸压加气混凝土砌块（墙板）；烧结类墙体材料包括烧结砖（实心砖、多孔砖、空心砖）、烧结砌块。

墙体材料的原材料组成对其耐久性具有决定性作用。不同原材料组成的墙体材料在气候环境因素作用下，产生较大的劣化差异。同一原材料组成的不同形式的墙体材料（如混凝土多孔砖和混凝土空心砖，主要在产品尺寸或孔洞形式上存在差别），气候环境因素对其产生的劣化作用是基本一致的。因此，本书重点介绍水泥基墙体材料、蒸压硅酸盐制品和烧结类墙体材料的劣化机理。

2.1.1 水泥基墙体材料耐久性劣化机理

2.1.1.1 酸雨对水泥基墙体材料的劣化机理

水泥石是混凝土的基本组成部分。在常温下硬化的水泥石通常是由未水化的水泥熟料颗粒（约占3%）、水泥水化物（约占97%）、少量的水和空气，以及水和空气占有的孔隙网所组成的。因此，它是一个固-液-气三相多孔体[1]。

在水化良好的硅酸盐水泥浆体中，由相对不溶的含钙水化物（如C-S-H、CH和C-A-S-H）组成的固相，与高pH值的孔隙溶液一起以稳定平衡状态存在。取决于Na^+、K^+和OH^-的浓度，pH值在12.5～13.5。理论上pH值低于12.5的环境都可以引起水泥石的侵蚀，但是侵蚀速率与水的pH值和混凝土渗透性密切相关。当混凝土渗透性小且水的pH值大于6时，侵蚀速率较缓慢而不会出现严重的腐蚀[2]。

绝大多数天然水中或多或少地含有碳酸。如果水中的碳酸和H^+、HCO_3^-、CO_3^{2-}等处于平衡状态，则对混凝土无侵蚀性。如果水中CO_2含量增高，超过了平衡量，水就具有了侵蚀性，其化学反应方程式为：

$$CO_2 + H_2O \rightleftharpoons H_2CO_3$$

$$Ca(OH)_2 + CO_2 = CaCO_3 + H_2O$$

$$CaCO_3 + CO_2 + H_2O \rightleftharpoons Ca(HCO_3)_2$$

生成的碳酸氢钙溶于水中，被水带走，使水泥石中石灰浓度降低，引起溶出性侵蚀[1]。

钙离子浓度过低的水与硅酸盐水泥浆体接触时，含钙水化产物会有水解或溶解的趋势。如果所接触的水溶液达到化学平衡，水泥浆体的进一步水解即停止。然而，如果是流水或压力作用下的渗流，则会稀释接触溶液，继而提供了继续水解的条件。氢氧化钙是水化硅酸盐水泥浆体的组分之一，在纯水中溶解度相对较高（1230mg/L），因此最容易水解。理论上，水泥浆体的水解会继续直至大部分氢氧化钙被滤析掉。这使得硬化水泥浆体的凝胶组分遭到化学分解。最后，只留下没有强度或强度很低的硅铝凝胶[2]。

在酸侵蚀下，水泥石的一部分侵蚀产物被溶解，另一部分则留在原反应处。其反应式为：

$$Ca(OH)_2 + H_2SO_4(HCl, HNO_3) \longrightarrow CaSO_4[CaCl_2, Ca(NO_3)_2] + 2H_2O$$

$$CaSO_4 + 2H_2O \longrightarrow CaSO_4 \cdot 2H_2O$$

$$mCaO \cdot nSiO_2 \cdot aq + mH_2SO_4 + H_2O \longrightarrow mCaSO_4 \cdot aq + nSi(OH)_2$$

酸首先与 $Ca(OH)_2$ 起反应，然后与水化硅酸钙和水化铝酸钙起反应生成钙盐。此时，混凝土的破坏程度很大程度上取决于反应产物的结构及其可溶性。反应产物的可溶性越高，被侵蚀性溶液带走的数量越多，混凝土的破坏速度就越快。水泥石的结构组分也被无粘结的物质所取代。如果反应产物是难溶性的，那么它们就会在其生产的部位（即混凝土的表面上）停留下来，从而减缓了侵蚀性介质向混凝土更深层的渗透[1]。

硫酸盐对混凝土的侵蚀是一个复杂的物理化学过程。物理侵蚀是指在没有化学反应发生时，混凝土内的某些成分在环境因素的影响下，进行溶解或膨胀，引起混凝土强度降低，导致结构破坏。如果溶液中硫酸盐的浓度超过它的溶解度时，就会形成结晶析出，如 $MgSO_4$ 和 Na_2SO_4 吸水后分别形成 $MgSO_4 \cdot 7H_2O$ 和 $Na_2SO_4 \cdot 10H_2O$，体积膨胀 4～5 倍，在混凝土内部形成极大的结晶压力，从而引起混凝土膨胀开裂，为硫酸盐的进入提供条件，加快了混凝土的破坏，称作结晶侵蚀。而化学侵蚀的主要机理是硫酸盐中的 SO_4^{2-} 与水泥石中氢氧化钙发生反应，生成具有膨胀性的侵蚀产物水化硫铝酸钙（钙矾石 AFt：$3CaO \cdot Al_2O_3 \cdot 3CaSO_4 \cdot 32H_2O$）和石膏（$CaSO_4 \cdot 2H_2O$），随着侵蚀时间的延长，侵蚀产物也不断增多，在混凝土内部产生拉应力，当其拉应力超过混凝土的极限抗拉强度时，混凝土内部就会产生膨胀性裂缝，而裂缝又使外部硫酸根离子更容易渗入混凝土内部，这种过程交替进行，相互促进，形成一个恶性循环。其结果造成混凝土在硫酸盐侵蚀下不断膨胀最终导致破坏。另外，在硫酸盐侵蚀的化学反应过程中，还因化学反应消耗了水泥石中 CaO，产生钙的逐渐降解、氢氧化钙晶体消失、水化硅酸钙的钙硅比降低等现象，使受硫酸盐侵蚀的混凝土实际结构是以粘结力和强度逐渐丧失的形式表现出来的[3]。

2.1.1.2 冻融对水泥基墙体材料的劣化研究

水泥基墙体材料的冻融破坏机理比较复杂，有不同的理论，最具代表性的是静水压理论和渗透压理论。静水压理论认为，在冰冻过程中由于水泥基墙体材料孔隙中的部分孔溶液结冰时体积膨胀约 9.0%，迫使未结冰的孔溶液从结冰区向外迁移；孔溶液在可渗透的水泥浆体结构中移动的同时，必须克服黏滞阻力，从而产生静水压力，形成破坏应力。此压力的大小除了取决于毛细孔的含水率外，还取决于冻结速率、水迁移时路径长短以及材料渗透性等。显然，静水压力随孔溶液流程长度的增加而增加，因此，水泥基墙体材料中存在一个极限流程长度或极限厚度，当孔溶液的流程长度大于该极限长度时，产生的静水压力将超过水泥基墙体材料的抗拉强度，从而造成破坏[4]。

水泥基墙体材料中的孔隙包括凝胶孔、毛细孔和气泡等。这些孔隙之间的孔径差距很大，一般凝胶孔径为15～100mm，毛细孔径为0.01～10μm，而且往往互相连通，这些毛细孔对水泥基墙体材料抗冻性是有害的。根据静水压理论，混凝土中掺入引气剂时，硬化后混凝土浆体内分布有不与毛细孔连通的、相互独立且封闭的气泡，气泡孔径大多为25～500μm。这些封闭的气泡能够为孔溶液提供缓冲空间，使未冻溶液能够排入其中，缩短了形成静水压力的流程长度，从而使水泥基墙体材料的抗冻性大大提高[4]。

渗透压理论认为，由于水泥浆体孔溶液呈弱碱性，冰晶体的形成使这些孔隙中未结冰孔溶液的浓度上升，与其他较小孔隙中的未结冰孔溶液之间形成浓度差。在这种浓度差的作用下，较小孔隙中的未结冰孔溶液向已经出现冰晶体的较大孔隙中迁移，产生渗透压力。孔溶液的迁移使结冰孔隙中冰和溶液的体积不断增大，渗透压也相应增长。渗透压作用于水泥浆体，导致水泥浆体内部开裂。采用引气的重要作用就在于阻止渗透压的增长。冰冻过程中，孔溶液可以迁入已结冰的孔中，也可以进入邻近的气孔。但迁入结冰的孔必须克服越来越大的渗透压，而进入气孔则不会产生渗透压，因为气孔内有足够的空间容纳孔溶液。所以，大部分迁移水将进入气孔，使水泥浆体中的渗透压得以缓解[4]。

2.1.2 蒸压硅酸盐墙体材料耐久性劣化机理

蒸压加气混凝土作为我国正在大力发展的一种新型轻质建筑材料，具有轻质、热阻大、可加工性好、利于废物利用、环保等优点，性能优于黏土砖、空心砖以及普通混凝土，是目前我国唯一一个单一墙体就能满足50%节能标准的建筑材料，广泛应用于各种建筑结构体系中。蒸压加气混凝土已成为替代实心黏土砖的主导产品。蒸压加气混凝土在服役过程中，会受到水分、冻融等外部环境因素的影响和酸雨的侵蚀，导致其内部结构发生破坏、力学性能下降。本书分别介绍了蒸压加气混凝土在酸雨、干湿循环和冻融作用下的劣化机理。

2.1.2.1 酸雨对蒸压加气混凝土砌块（墙板）的劣化研究

通过酸雨浸泡及酸雨-干湿交替前后蒸压加气混凝土砌块力学性能的变化，探究硫酸盐侵蚀及硫酸盐-干湿循环对蒸压加气混凝土性能的影响。酸雨（硫酸盐）溶液采用硫酸和硫酸钠混合溶液，其中SO_4^{2-}浓度用硫酸钠和硫酸控制，溶液pH值用硫酸控制。试验设置pH值分别为3、5，设置SO_4^{2-}浓度为5%、10%、15%。酸雨浸泡试验是将试块浸泡在酸雨溶液中至规定时间，酸雨-干湿交替是模拟自然环境中降雨过程：将试件浸泡于硫酸盐溶液中1d，取出后干燥1d为一个循环。

蒸压加气混凝土试件在浸泡过程中会不断析出碱性物质，使溶液pH值很快上升，与此同时，SO_4^{2-}浓度也随着浸泡时间增加而降低，所以在试验过程中，为了保持模拟硫酸盐溶液pH值和SO_4^{2-}浓度不变，每隔12h测定一次浸泡溶液的pH值，使之达到设计酸度，进行1次硫酸盐侵蚀大循环后更换硫酸盐模拟溶液。酸雨溶液浸泡-沥干过程，如图2-1所示。

由图2-2（a）可知，随着硫酸根离子浓度的增大，蒸压加气混凝土的抗压强度先上升后下降。当硫酸根离子浓度为5%时，其抗压强度达到最大，为4.28MPa，比空白对照组提高了7%。随着硫酸根离子浓度的继续增大，蒸压加气混凝土的抗压强度开始下降。当硫酸根离子浓度为15%时，蒸压加气混凝土的抗压强度比空白对照组下降了5.5%。由

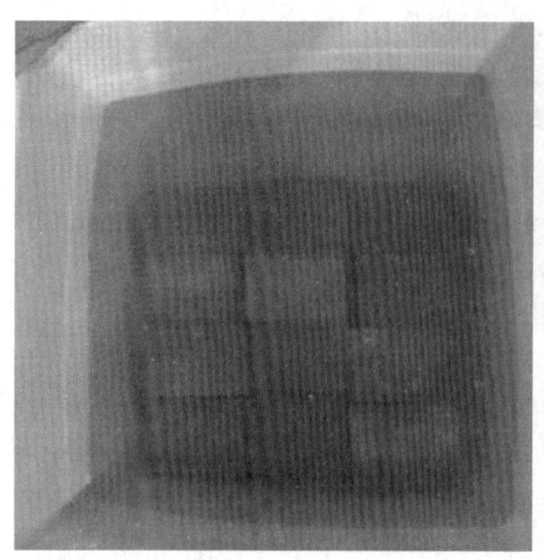

图 2-1 酸雨溶液浸泡-沥干过程

图 2-2（b）可知，随着硫酸根离子浓度的增大，蒸压加气混凝土的劈裂抗拉强度先略有上升后快速下降。当硫酸根离子浓度为 10%、15%时，蒸压加气混凝土的劈裂抗拉强度分别为 0.558MPa、0.541MPa，比空白对照组分别下降了 2.5%、4.2%。

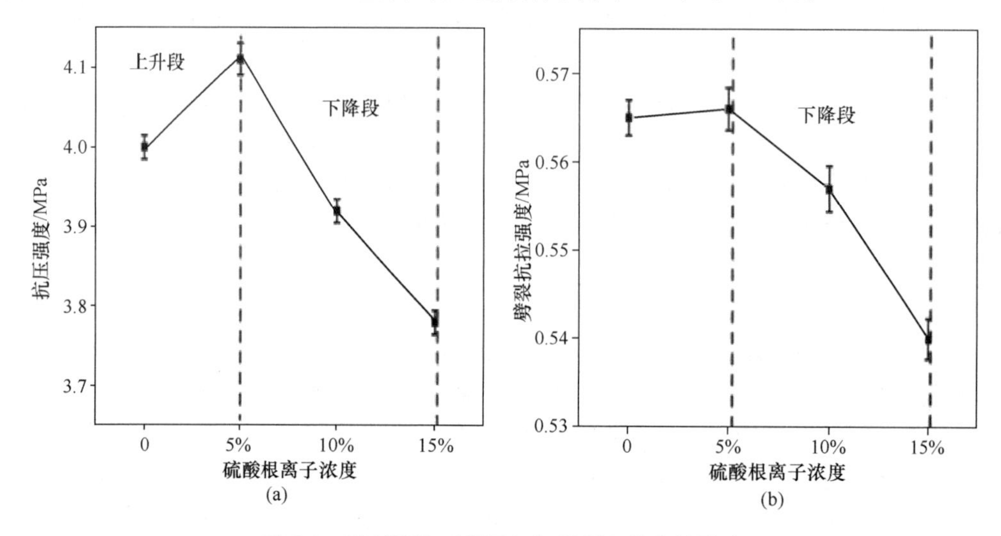

图 2-2 酸雨浸泡对蒸压加气混凝土强度的影响

（a）抗压强度；（b）劈裂抗拉强度

由图 2-3（a）可知，随着硫酸盐-干湿循环次数的增加，蒸压加气混凝土的抗压强度先上升后下降。当硫酸盐-干湿循环次数为 25 次时，蒸压加气混凝土的抗压强度最大，为 4.3MPa。随着硫酸盐-干湿循环次数的继续增加，蒸压加气混凝土的抗压强度开始下降。当硫酸盐-干湿循环次数达到 100 次时，蒸压加气混凝土的抗压强度最低，为 3.4MPa。由图 2-3（b）可知，随着硫酸盐-干湿循环次数的增加，蒸压加气混凝土的劈裂抗拉强度先上升后下降。当硫酸盐-干湿循环次数为 25 次时，蒸压加气混凝土的劈裂抗拉强度最大。当硫酸盐-干湿循环试验次数达到 100 次时，蒸压加气混凝土的劈裂抗拉强度最低，为 0.534MPa。

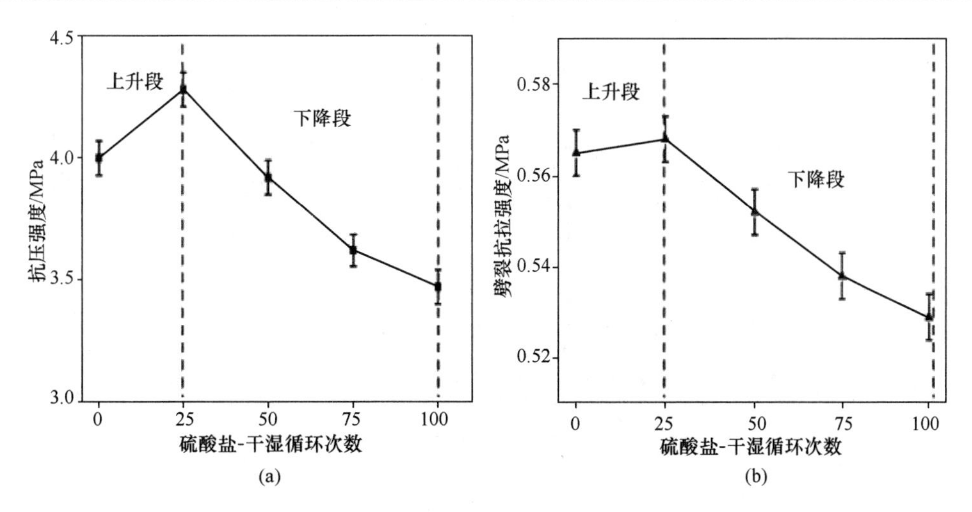

图 2-3　硫酸盐-干湿循环对蒸压加气混凝土强度的影响

(a) 抗压强度；(b) 劈裂抗拉强度

图 2-4 为硫酸盐浓度为 0%、5%、10%、15%侵蚀条件下蒸压加气混凝土的 XRD 图。从图中可以发现，硫酸盐侵蚀后的蒸压加气混凝土在 8.91°、11.67°、18.06°、21.12°出现了衍射峰，分别对应侵蚀产物钙矾石、石膏、C-S-H、Ca（OH）$_2$ 和石膏。随着硫酸盐浓度的增大，这些衍射峰的强度也逐渐增大，说明侵蚀产物含量不断上升。

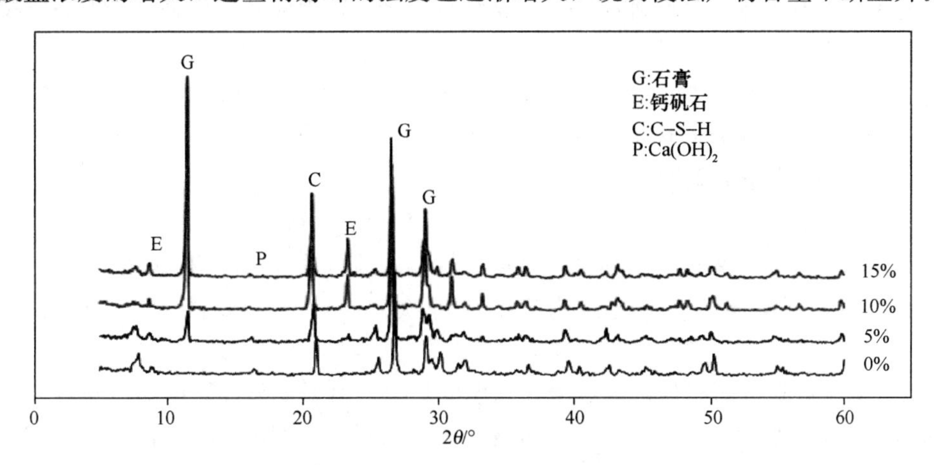

图 2-4　硫酸盐侵蚀条件下蒸压加气混凝土 XRD 结果

图 2-5 为硫酸盐-干湿循环条件下蒸压加气混凝土的 XRD 图。从图中可以发现，硫酸盐-干湿循环后的蒸压加气混凝土在 11.70°、24.02°、31.15°有很强的衍射峰，表明主要侵蚀产物是钙矾石、C-S-H、托贝莫来石。随着硫酸盐-干湿循环次数的增多，衍射峰的强度逐渐增大，说明侵蚀产物含量逐渐提高。

由蒸压加气混凝土的 X 射线衍射分析结果可知，蒸压加气混凝土经硫酸盐侵蚀后，侵蚀产物为钙矾石、石膏和 C-S-H，而经硫酸盐-干湿循环后，侵蚀产物为钙矾石、C-S-H 和托贝莫来石。环境中的硫酸盐与水泥石中的氢氧化钙反应生成硫酸钙，之后硫酸钙与水泥石中的固态水化铝酸钙作用生成钙矾石，其含有大量结晶水，比原有体积增加 1.5 倍以

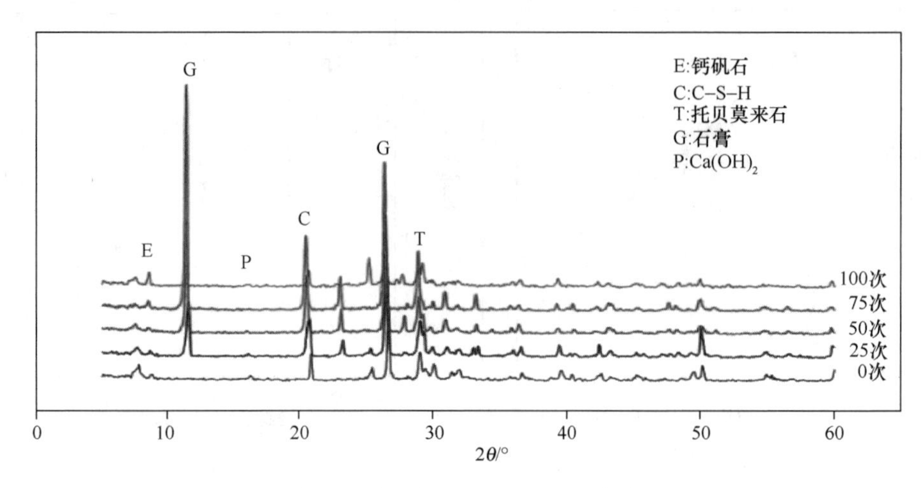

图 2-5　硫酸盐-干湿循环条件下蒸压加气混凝土 XRD 结果

上。当环境中硫酸盐浓度较高时，硫酸钙将在孔隙中直接结晶成二水石膏，使体积膨胀[5]。

蒸压加气混凝土微观结构、宏观性能的变化与侵蚀产物密切相关。硫酸根离子浓度较低或硫酸盐-干湿循环次数较少时，生成的侵蚀产物较少，这些侵蚀产物可以填充在蒸压加气混凝土内的孔隙中，使孔隙率降低，结构更为密实，因此其抗压强度和劈裂抗拉强度有所提高。随着硫酸根离子浓度的增大或硫酸盐-干湿循环次数的增多，生成的侵蚀产物越来越多。当硫酸根离子浓度较大或硫酸盐-干湿循环次数较多时，生成的侵蚀产物较多，这些侵蚀产物体积膨胀，破坏蒸压加气混凝土结构，使孔隙率增大，甚至出现裂缝，导致抗压强度和劈裂抗拉强度降低。

2.1.2.2　干湿循环对蒸压加气混凝土砌块（墙板）的劣化研究

干湿循环试验方法采用《蒸压加气混凝土性能试验方法》（GB/T 11969—2020）中的试验方法进行，干湿循环次数分别为 0 次、50 次、100 次、150 次、200 次、250 次和 300 次。

图 2-6 为干湿循环对蒸压加气混凝土强度的影响。由图 2-6（a）可知，随着干湿循环次数的增加，蒸压加气混凝土的抗压强度先上升后下降，具体可分为四个阶段：上升段、快速下降段、平缓段和再快速下降段。当干湿循环次数为 50 次时，蒸压加气混凝土的抗压强度达到最大，为 4.15MPa。当干湿循环次数从 50 次到 150 次时，其抗压强度快速下降。当干湿循环次数从 150 次到 200 次时，蒸压加气混凝土的抗压强度相对稳定。当干湿循环次数超过 200 次时，其抗压强度进一步下降，当干湿循环达到 300 次时，其抗压强度为 3.2MPa。由图 2-6（b）可知，随着干湿循环次数增加，蒸压加气混凝土的劈裂抗拉强度逐渐下降，具体可分为三个阶段：快速下降段、平缓段和再快速下降段。当干湿循环次数从 0 次到 150 次时，蒸压加气混凝土的劈裂抗拉强度快速下降。当干湿循环次数从 150 次至 200 次时，其劈裂抗拉强度达到稳定，当干湿循环次数继续增大时，其劈裂抗拉强度进一步快速下降。当干湿循环次数达到 300 次时，蒸压加气混凝土的劈裂抗拉强度为 0.53MPa。

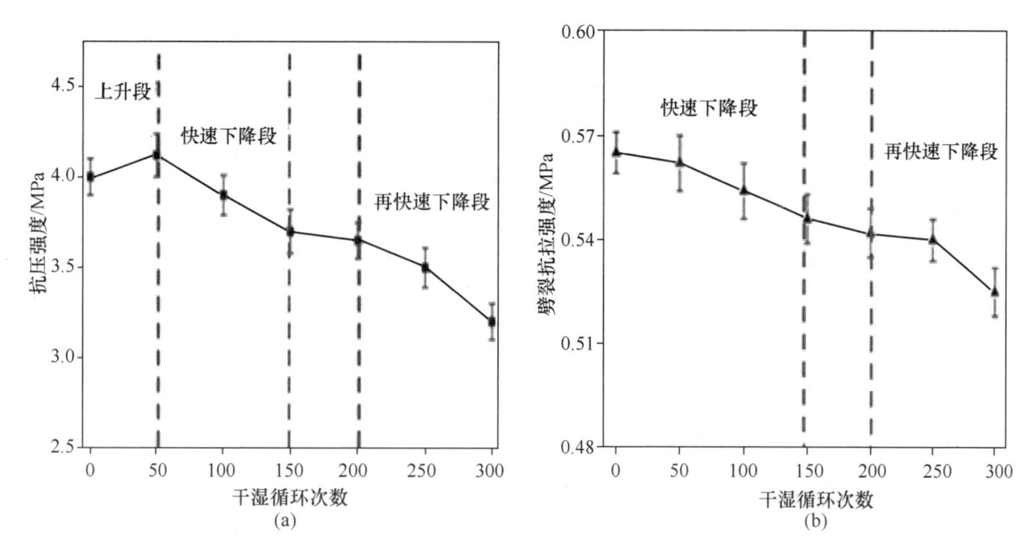

图 2-6 干湿循环对蒸压加气混凝土强度的影响

图 2-7 为干湿循环条件下蒸压加气混凝土的 XRD 图。由图可知，干湿循环 0 次和 50 次的蒸压加气混凝土的 XRD 图相差不大。随着干湿循环次数的继续增加，蒸压加气混凝土在 7.9°和 26.7°的衍射峰不断增强，说明托贝莫来石和 C-S-H 是主要的侵蚀产物，其含量随着干湿循环次数的增加逐渐提高。

由蒸压加气混凝土的 X 射线衍射分析结果可知，蒸压加气混凝土经干湿循环后，侵蚀产物为托贝莫来石和 C-S-H。蒸压加气混凝土微观结构、宏观性能的变化与侵蚀产物密切相关。当干湿循环次数较少时，生成的侵蚀产物较少，这些侵蚀产物可以填充在蒸压加气混凝土内的孔隙中，使孔隙率降低，结构更为密实，因此其抗压强度有所提高。随着干湿循环次数的增多，生成的侵蚀产物越来越多。当干湿循环次数较多时，生成的侵蚀产物较多，这些侵蚀产物体积膨胀，产生较大的内应力，破坏蒸压加气混凝土结构，使孔隙率增大，出现微裂纹甚至裂缝，导致抗压强度和劈裂抗拉强度降低。此外，水泥石在软水中会逐渐溶出氢氧化钙，使水泥石的结构逐渐被破坏，蒸压加气混凝土的力学性能逐渐降低[5]。

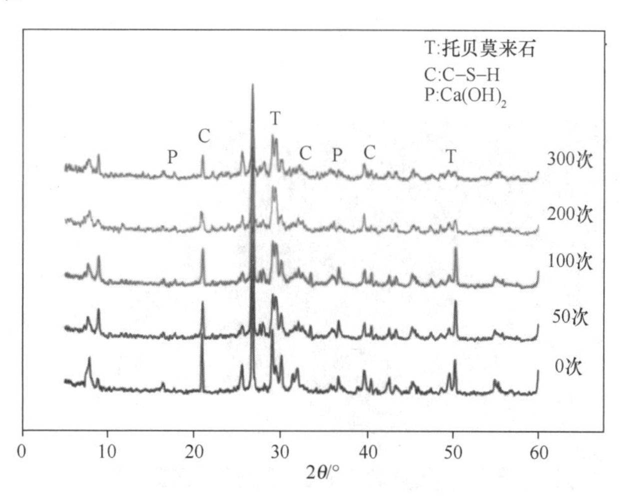

图 2-7 干湿循环条件下蒸压加气混凝土 XRD 结果

2.1.2.3 冻融对蒸压加气混凝土砌块（墙板）的劣化研究

采用 B04 和 B06 蒸压加气混凝土砌块进行冻融试验，冻融循环试验方法采用《蒸压加气混凝土性能试验方法》（GB/T 11969—2020）中的试验方法进行，冻融循环次数分别为 0 次、15 次、25 次和 35 次。

图 2-8 和图 2-9 分别为冻融循环对 B04 和 B06 蒸压加气混凝土抗压强度的影响。由图 2-8 可知，对比两种不同含水率的蒸压加气混凝土的抗压强度，可以发现当冻融循环次数相同时，含水率 30%蒸压加气混凝土的抗压强度明显更高。随着冻融循环次数的增多，含水率 30%蒸压加气混凝土的抗压强度先不变再增大，含水率 50%蒸压加气混凝土的抗压强度先减小后增大。由图 2-9 可知，随着冻融循环次数的增多，B06 蒸压加气混凝土的抗压强度先增大后减小。

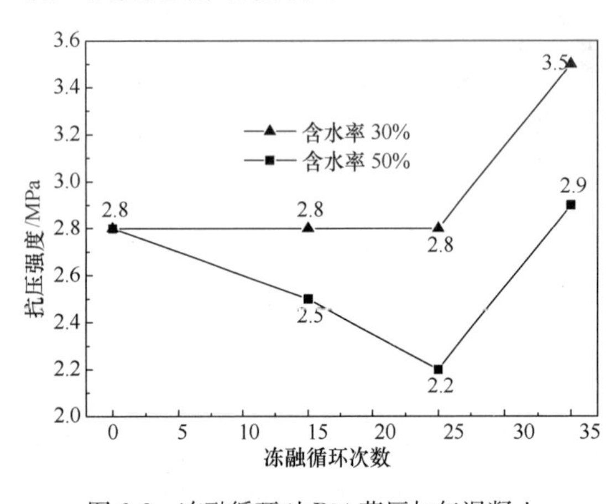

图 2-8　冻融循环对 B04 蒸压加气混凝土抗压强度的影响

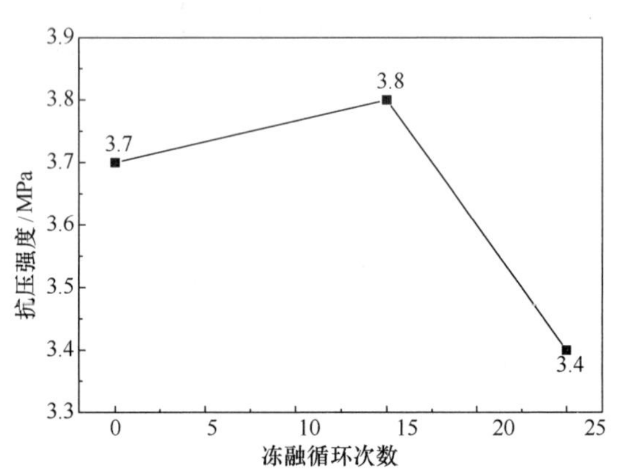

图 2-9　冻融循环对 B06 蒸压加气混凝土抗压强度的影响

图 2-10 为冻融后钨尾矿加气混凝土的 SEM 照片，可以发现托贝莫来石之间的结合较差[6]。

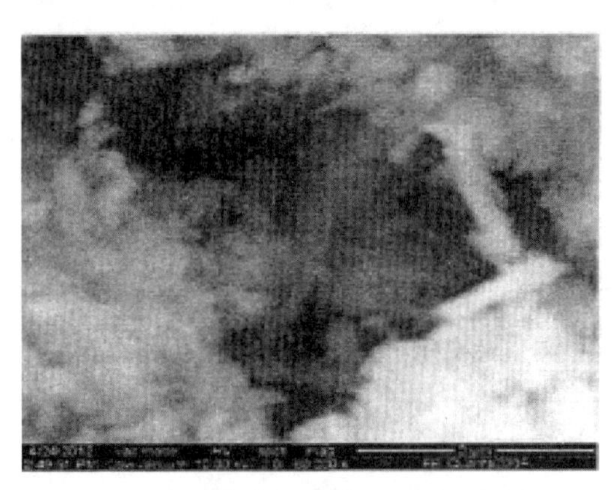

图 2-10　冻融后钨尾矿加气混凝土的 SEM 照片[6]

蒸压加气混凝土的冻融破坏机理比较复杂，主要有两个理论，分别是静水压理论和渗透压理论。静水压理论认为，在材料的冰冻过程中，内部部分孔隙中的溶液先结冰并产生体积膨胀，迫使未结冰的孔溶液从结冰区向外转移，孔溶液在连贯可渗透的水泥浆体孔结构中移动必须克服黏滞阻力，因而产生静水压力。显然，静水压力随孔溶液的流程长度增加而增加，因此存在一个极限长度使得当流程长度大于该极限时，静水压力将超过孔壁的抗拉强度造成破坏。渗透压理论认为在一定的温度下，由于冰的饱和蒸气压低于同温下水的饱和蒸气压，在冻结时凝胶孔中的水流向毛细孔，当水到达毛细孔时冻结，冰体积增加，毛细孔水结成冰时，凝胶孔中过冷水在材料微观结构中迁移和重分布从而引起渗透压力。同时，由于材料孔溶液中常含有 Na^+、K^+、Ca^{2+} 等金属离子，当大孔中的部分水先结冰时，未冻结水中离子浓度上升，与周围较小孔隙中的溶液形成浓度差，这个浓度差的存在使小孔中的溶液向已部分冻结的大孔迁移[7]。

2.1.2.4　小结

酸雨、干湿循环和冻融均会降低蒸压加气混凝土的力学性能，其劣化机理总结如下：

（1）酸雨和干湿循环对蒸压加气混凝土的劣化机理都与侵蚀产物密切相关。随着硫酸根离子浓度的增大、硫酸盐-干湿循环次数或干湿循环次数的增多，生成的侵蚀产物越来越多。当生成的侵蚀产物较少时，侵蚀产物可以填充在蒸压加气混凝土内的孔隙中，降低孔隙率，使结构更为密实，力学性能有所提升。当生成的侵蚀产物较多时，侵蚀产物体积膨胀，破坏蒸压加气混凝土的结构，使孔隙率增大，出现微裂纹甚至裂缝，导致力学性能下降。

（2）蒸压加气混凝土的冻融破坏机理比较复杂，静水压理论和渗透压理论分别从不同的角度解释其冻融破坏机理。静水压理论认为溶液在蒸压加气混凝土内部孔隙中流动产生的静水压力对其造成破坏，渗透压理论认为凝胶孔中过冷水在材料微观结构中迁移和重分布引起的渗透压力造成蒸压加气混凝土的破坏。

2.1.3　烧结墙体材料耐久性劣化机理

2.1.3.1　概述

烧结多孔砖是以黏土、页岩或煤矸石为主要原料烧制而成的，孔洞率超过25%，孔尺寸小而多，且为竖向孔的主要用于结构承重的多孔砖。普通黏土砖的主要原料为粉质或砂质黏土，其主要化学成分为SiO_2、Al_2O_3、Fe_2O_3和结晶水[8]。由于地质生成条件的不同，可能还含有少量的碱金属和碱土金属氧化物等。烧结多孔砖的抗风化性能是普通黏土砖重要的耐久性指标之一，砖抗风化性能要求应根据各地区的风化程度而定［风化区划分见《烧结普通砖》（GB/T 5101—2017）之附录B］。

烧结多孔砖建筑材料包括墙体材料与水直接有关的性质有吸水性、吸湿性、抗渗性、耐水性和抗冻性等。砖的抗风化性能通常用抗冻性、吸水率及饱和系数三项指标划分[9]。抗冻性是按照《砌墙砖试验方法》（GB/T 2542—2012）中规定的试验方法经15次冻融循环后不产生裂纹、分层、掉皮、缺棱、掉角等冻坏现象，且质量损失率小于2%，强度损失率小于规定值。吸水率是指常温泡水24h的质量吸水率。饱和系数是指常温24h吸水率与5h沸煮吸水率之比。

寒冷气候区建筑具有较厚的、具有保温功能的外围护结构，十几年来，随着外墙外保温系统的发展，作为建筑外围护墙体材料的烧结空心砖（砌块）砌体墙面被外保温系统附着、覆盖、包裹，其受外环境因素如温度及湿迁移、淋雨泛霜、光荷载、酸雨侵蚀、盐侵蚀及风载荷等气候劣化作用相对不显著。但在外保温系统出现开裂的情况下，湿迁移和冻融的劣化作用就相对显著。因此，本书选用当前工程常用的烧结多孔砖（砌块）开展墙体材料的冻融循环试验、耐水软化系数和不同沸煮时间的吸水率研究。

2.1.3.2　冻融对烧结多孔砖的劣化研究

烧结多孔砖市售，规格型号为240mm×115mm×90mm。强度等级MU10、密度1300级的烧结多孔砖，其各项指标均符合《烧结多孔砖和多孔砌块》（GB 13544—2011）标准要求、具体性能参数见表2-1。

表2-1　烧结多孔砖性能指标测试值

项目	体积密度	抗压强度	含水率	吸水率	饱和系数	软化系数
单位	kg/m^3	MPa	%		—	
性能指标	1282.8	16.3	0.33	10.6	0.85	0.94

根据寒冷地区（陕西）气候特征研究结果，寒冷气候区冬季出现的极端气候冻融条件为－25～20℃，其中低温冷冻 4h，高温融化 8h，12h 为一次循环周期。试验在开始冻结时，控制温度在－19～－15℃，在最终融化时，控制温度在 28℃左右，根据不同种砖型，烧结多孔砖检测方法参照《砌墙砖试验方法》（GB/T 2542—2012）进行试验。对于烧结砖的抗冻性能，《砌墙砖试验方法》（GB /T 2542—2012）规定：以 50 次冻融循环后砖的质量损失率 5% 和强度损失率≤25%，作为烧结砖抗冻性能评价指标。试验冻融过程中试件稀疏均匀摆放，保证冻融箱内温度均衡，当试件陆续完成冻融循环次数后，以避免试验环境温度不统一，采取用多余试件补充冷冻和融化环境空位的方法使得温度统一。

试验取 5 组烧结多孔砖，分别进行 15 次、25 次、35 次、45 次、55 次冻融循环，用强度损失率、质量损失率和冻后抗压强度指标进行评价，以下是冻融循环设备和样品，见图 2-11。

图 2-11　烧结砖融循环试验过程

1）烧结多孔砖冻融循环次数对质量损失率的影响

在进行 15 次、25 次、35 次、45 次、55 次冻融循环试验下烧结多孔砖的质量损失率，测试结果见表 2-2。质量损失率与冻融循环次数关系图，如图 2-12 所示。

表 2-2　烧结多孔砖性不同冻融循环次数质量损失率

烧结多孔砖	1 组	2 组	3 组	4 组	5 组
循环次数	15 次	25 次	35 次	45 次	55 次
质量损失率/%	0.13	0.17	0.22	0.31	0.40
质量损失率增长值/%	—	0.04	0.05	0.09	0.09

由图 2-12 中质量损失率与冻融循环次数关系可知，烧结多孔砖的质量损失率 15～25 次时随着冻融循环次数增加由 0.13%上升到 0.17%稳步增加，在冻融循环次数 35 次达到 0.22%时呈现一个拐点，之后质量损失率明显加大，说明长期冻融循环对烧结多孔砖的影响较大。

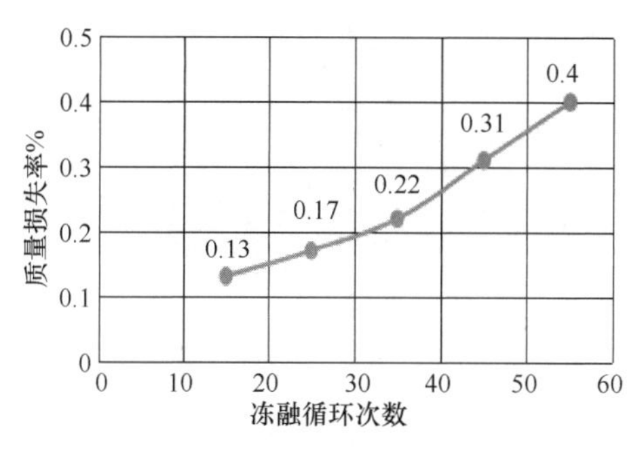

图 2-12　质量损失率与冻融循环次数关系图

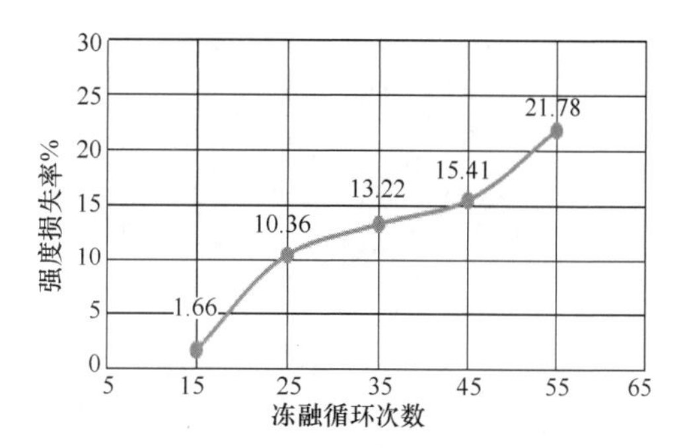

图 2-13　强度损失率与冻融循环次数关系图

2）烧结多孔砖冻融循环次数对强度损失率的影响

在进行 15 次、25 次、35 次、45 次、55 次冻融循环试验下烧结多孔砖的强度损失率，见表 2-3。

表 2-3　烧结多孔砖性不同冻融循环次数强度损失率

烧结多孔砖	1 组	2 组	3 组	4 组	5 组
循环次数	15 次	25 次	35 次	45 次	55 次
质量损失率	1.66	10.36	13.22	15.41	21.78

由试验测试结果曲线图 2-13 可知：烧结多孔砖的强度损失率随着冻融循环次数增加而增加，在冻融循环 25 次、35 次、45 次时，质量损失率变化较小，45 次冻融循环后强度损失率明显加快，说明冻融循环对烧结多孔砖的强度损害需要一定的累积时间，之后烧结多孔砖的表层及内部构造发生明显改变。

3）烧结多孔砖冻融循环 55 次后表观变化

烧结多孔砖随着冻融循环次数增加其表面会出现裂痕，其内部出现细微孔洞。图 2-14 为烧结多孔砖冻融循环 55 次后内、外部细节图，冻融循环烧结多孔砖内水分的固态液态之间相互变化，体积也会变化，随着循环次数的增加，由图 2-14 中（a）、（b）所示，显微镜镜下观察、对比烧结砖表面粗糙程度可知，冻融测试前后烧结砖表面有明显易溶物质被溶解，冻融后烧结砖表面类似石英质（SiO_2）颗粒较多、粗糙度增加，表明冻融试验过程中黏土烧结砖面层中易溶物质溶出劣化作用显著，有文献[10]指出针对烧结多孔砖墙体上绒霜进行 XRD 衍射图谱分析，其主要成分为 α-石英，$MgSO_4 \cdot 6H_2O$，黏土原料中的可溶性盐类（砖瓦制品而言，最常见的是硫酸钙，其次是硫酸镁、硫酸钠和硫酸钾）通过微孔结构被带到制品的表面，随着反复冻融泡水砖内可溶性盐类发生溶解析出现象。

如果烧结多孔黏土砖使用在建筑中的潮湿部位时，由于大量盐类的溶出和结晶膨胀会造成砖砌体表面粉化及剥落，内部孔隙率增大，使其抗冻性显著下降。冻胀作用又造成烧结砖的细微孔洞和开裂劣化疏松现象，如图 2-14 中（c）、（d）、（e）所示。

普通黏土砖采用的主要原材料为黏土，又可分为粉质黏土、砂质黏土，其中 SiO_2、Al_2O_3、Fe_2O_3和结晶水为其主要化学成分，其中黏土含量为 15％～35％，Al_2O_3 含量为 40％以上，Fe_2O_3含量处于 2.0％～2.5％之间，又因为黏土材料所在的地理环境差异，可能会掺杂碱金属和碱土金属氧化物等烧结多孔黏土砖[11]。

(a)未冻砖表皮（标尺：1mm） (b)已冻砖表皮（标尺：1mm）

(c)已冻砖表皮 (d)已冻砖内部细节 1 (e)已冻砖内部细节 2

图 2-14 融循环 55 次烧结砖表面及内部情况

烧结砖和砌块是一种多孔材料，而具有吸收、贮存和传递水的能力。当温度降到 0℃以下，随着温度的降低，贮存于砖和砌块孔隙中的水就会结冰。观察发生冻害的烧结砖墙面随时间的推移会出现渐进式的片状剥落，而导致产品呈片状剥落、散裂、分层及裂缝。吸水饱和的砖和砌块在冻融过程中遭受破坏的主要原因是水在结冰时，其密度降低（表 2-4），而它的体积却膨胀了 9%的水结冰膨胀对材料孔壁产生巨大的压力。由此产生的拉应力超过材料的抗拉极限时，材料的孔壁会产生局部开裂，而使砖和砌块内部产生微裂纹，致使强度下降。随着冻融循环次数的增加，材料破坏加重。此外在冻结和融化过程中，材料内外的温差所引起的温度应力也会导致微裂纹的产生或加速微裂纹的扩展。

表 2-4 在不同状态下水的密度

水的不同状态	密度/（kg/m^3）
液态水 4℃	1000
液态水 0℃	999.87
冰 0℃	917

材料的冻融破坏是一个复杂的物理变化过程。关于多孔材料的冻融破坏机理，目前尚未形成统一的认识，认可度较高的是静水压理论和渗透压理论。吸水饱和的多孔材料冻融破坏作用主要包括静水压力和渗透压力，两者的最大区别在于孔隙溶液的迁移方向。无论通过试验测定还是物理化学公式计算，确定静水压力和渗透压力都存在诸多困难。对于静水压和渗透压哪个是主导因素，学者们持有不同的见解。李天媛[12]基于客观试验现象和

理论分析计算，对静水压和渗透压的大小、破坏程度进行了论证，得出静水压是导致多孔材料冻融破坏的主要因素。

借鉴与 Kang 等[13]相同的处理方法，将研究含孔隙的烧结砖材料理想化为圆筒直杆单元，孔隙半径为 a，单元半径为 b，作用在内壁的冻胀挤压应力为 q_a，外壁压力为 q_b（图 2-15）。并假定，液固相变是一个准静态过程；烧结砖均匀连续各向同性，产生的是弹性变形。圆筒单元的结构形状与受力状态均对称于轴线，因此，问题可简化为轴对称平面应变问题。根据黄榜彪等关于“轻质烧结砖与污泥烧结砖冻融试验”得出结论：

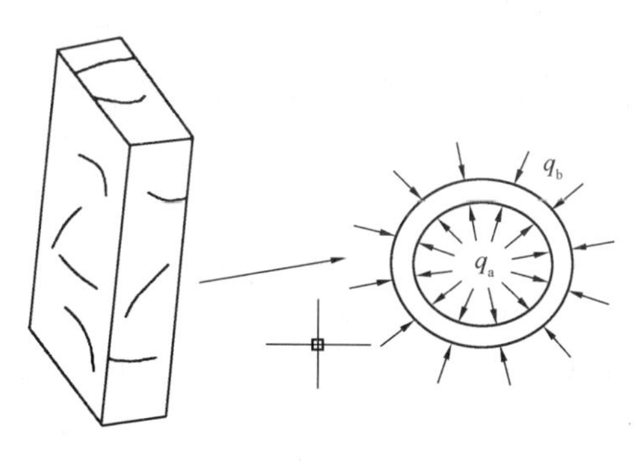

图 2-15　直杆孔隙模型图

$$q_e = \left(1 - \frac{a^2}{b^2}\right)\frac{\sigma_s}{\sqrt{3}}$$

式中　q_e——烧结砖弹性极限压力；

σ_s——烧结砖剪切屈服应力；

a——孔隙半径；

b——单元半径。

由该式可知，烧结砖受冻时的弹性极限压应力，不仅与砖的材料粘结强度有关，还与内部孔隙孔径大小和孔隙分布间距有关。而且对于孔隙分布复杂的烧结砖[14]在冻胀压应力作用下，靠近块体表面孔隙壁，因弹性极限压力较低而先进入塑性阶段，随冻融次数的增加积累塑性变形，导致冻融后的烧结砖最初的疏松、脱皮、掉块等现象发生在棱角和表面等部位，随冻融次数向内发展。而对于块体内部孔隙则随着塑性变形的累积而向相邻孔隙逐步扩展、延伸和连通，使得烧结砖孔隙率随冻融次数逐渐增大，块体材料损伤逐渐恶化。

无论是静水压力作用还是渗透压力作用，实际上，材料的冻融破坏是冻胀力反复作用的一种力学劣化过程。随着冻融循环次数的增加，砖表面至内部微孔内水分的反复冻胀作用和可溶物溶出现象由表面观察明显变化，由表及里逐步发展，经过 35 次冻融循环试验后，烧结多孔砖试块质量损失率明显变大，应与砖表皮溶出物增加和表面相对疏松物质分散脱落有关，因为冻融过程中结冰使烧结砖破坏的机理使水结冰体积膨胀 1.09 倍，产生的冰膨胀压力约 200MPa，产生相应的结冰拉力，而结冰拉力大于烧结砖试块的内聚力，会造成烧结砖相应位置的碎裂、粉碎或者剥落。

因此，影响烧结多孔砖抗冻性的主要因素如下：

（1）砖内部微孔隙的特性。孔隙半径、孔隙率、开口孔隙率，这些参数越大则对应烧结材料的抗冻性越差；

（2）孔隙的充水程度以饱和系数评定，越小抗冻性越好，反之越差；

（3）材料本身的强度。材料强度越高，抵抗冻害的能力越强，其抗冻性越高。

其中，材料的充水程度即饱和系数至关重要，也即烧结砖的吸水性、吸湿性对其抗冻融性能有巨大影响。

2.1.3.3 浸水对烧结多孔砖的劣化研究

烧结多孔砖市售，规格型号为 240mm×115mm×90mm。强度等级 MU10、密度 1300 级的烧结多孔砖，其各项指标均符合《烧结多孔砖和多孔砌块》（GB 13544—2011）标准要求、具体性能参数见表 2-5。

烧结多孔砖检测方法参照《砌墙砖试验方法》（GB/T 2542—2012）进行试验。取 5 组烧结砖，分别进行 4d、6d、8d、12d、20d 软化系数试验，软化系数为浸水后强度与浸水前的强度比，用软化系数研究烧结多孔砖抗水侵蚀的性能。

将测试用砖，浸水分别进行 4d、6d、8d、12d、20d 软化系数试验，检测不同龄期试样的抗压强度后，与试样原强度比值就得到试样不同龄期浸水试验的软化系数，见表 2-5。

表 2-5 烧结多孔砖不同浸水时间的软化系数

烧结多孔砖	1 组	2 组	3 组	4 组	5 组
软化时间	4d	6d	8d	12d	20d
软化系数	0.94	0.92	0.86	0.82	0.74

由试验测试结果曲线图 2-16 可知：烧结多孔砖的软化系数随着软化时间的增加而变小，可以看出在浸水时间为 4d、6d、8d 时，软化系数变化较小，说明长时间浸水对烧结多孔砖的强度影响较小。

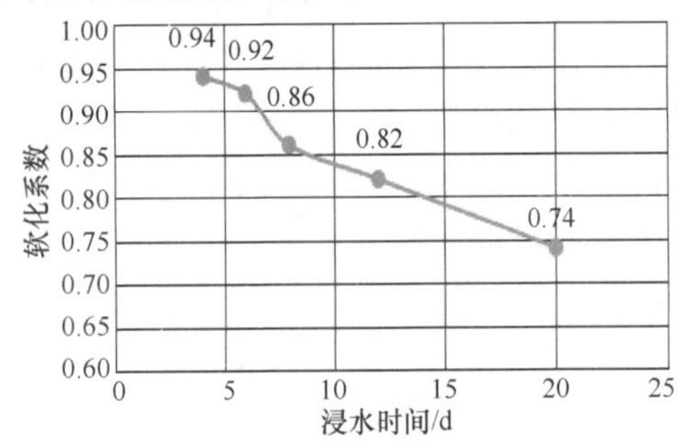

图 2-16 软化系数与浸水时间关系图

在烧结多孔砖浸水试验过程中，黏土烧结砖中易溶物质溶出劣化作用显著，其主要成分为 α-石英、$MgSO_4 \cdot 6H_2O$，黏土原料中的可溶性盐类（砖瓦制品而言，最常见的是硫酸钙，其次是硫酸镁、硫酸钠和硫酸钾）通过微孔隙结构被带出，随着反复浸水试验将砖内可溶性盐类溶解析出，微孔壁减薄甚至半连通孔隙逐渐变成全连通孔隙，从而导致微孔力学结构的消减，软化系数降低。

2.1.3.4 风化对烧结多孔砖的劣化研究

烧结多孔砖市售，规格型号为 240mm×115mm×90mm。强度等级 MU10、密度 1300 级的烧结多孔砖，其各项指标均符合《烧结多孔砖和多孔砌块》（GB 13544—2011）标准要求、具体性能参数见表 2-6。

烧结多孔砖检测方法参照《砌墙砖试验方法》（GB/T 2542—2012）进行试验。取 5 组烧结多孔砖，分别进行 3h、4h、5h、6h、7h 沸煮试验，烧结多孔砖在不同沸煮时间下其吸水率变化，测试结果见表 2-6。

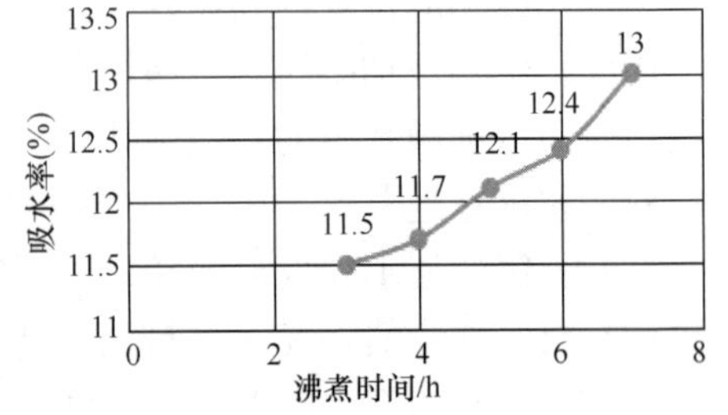

图 2-17 吸水率与沸煮时间变化图

由试验测试结果曲线图 2-17 可知：烧结多孔砖的吸水率随着沸煮时间的增加而变大，说明沸煮对烧结多孔砖的吸水率有影响。烧结多孔砖在吸水后自身质量增大，隔热性能降低。

表 2-6　烧结多孔砖性不同沸煮时间的吸水率

烧结多孔砖	1 组	2 组	3 组	4 组	5 组
沸煮时间	3h	4h	5h	6h	7h
吸水率	11.5	11.7	12.1	12.4	13.0

烧结多孔砖浸水试验和煮沸试验也遵循一般物理化学反应规律，即温度升高则反应速度加快。烧结多孔砖泡水通过持续的加热煮沸，可以促进微孔隙内充满液态水，也可以加快其内部孔隙内水合物的产生和可溶盐的溶解，从而使得烧结多孔砖的吸水率随着沸煮时间的增加而变大。

2.1.3.5　小结

冻融循环为 15 次、25 次时烧结多孔砖的强度损失和质量损失变化不明显，35 次以后冻害对烧结多孔砖的强度损失影响变大并出现裂纹；长时间浸水对烧结多孔砖的强度影响较小；烧结多孔砖在吸水后自身质量增大，吸水率越小抗风化性能越好，沸煮时间越长烧结多孔砖的吸水率越大。由试验结果可知，烧结多孔砖冻融循环产生的破坏作用主要有冻胀开裂和表面剥蚀两个方面，水在墙材毛细孔中结冰造成的冻胀开裂使材料弹性模量、抗压强度、抗拉强度等力学性能严重下降，危害结构物的安全性。

影响烧结多孔砖耐久性最重要的是冻融劣化作用，冻融劣化作用除了烧结材料本身的力学性能外，还与其吸湿、含湿特性直接关联，但烧结多孔砖作为用于外保温系统使用的围护材料而言，主要受使用环境中可能发生反复冻融作用影响，在我国寒冷和严寒气候区反复冻融环境下将尤为显著。

2.2　保温材料耐久性劣化机理

2.2.1　EPS 板耐久性劣化机理

模塑聚苯乙烯泡沫塑料板（EPS 板）是以含有挥发性液体发泡剂的可发性聚苯乙烯珠粒为原料，经加热发泡后在模具中加热成型的保温板材。EPS 板一般是常压下自由发泡的，然后又经过中间熟化、模塑、大板养护等过程，其经历时间达数天之久，其孔结构基本是圆形的，孔间融合也比较好，所以整体尺寸稳定性较好。EPS 板在服役过程中，在夏季会受到高温的作用，产生高温应变，在冬季则会经历冻融过程。高温会影响 EPS 板的尺寸稳定性，冻融会破坏 EPS 板的内部结构，降低其力学性能。本书分别研究了 EPS 板在高温和冻融作用下的劣化机理。

2.2.1.1　冻融对 EPS 板的劣化研究

通过对粘结砂浆-保温材料-抹面砂浆-饰面材料体系复合试件进行冻融循环试验，研究冻融循环对 EPS 保温材料抗拉强度的影响。其中，冻融循环是以−25℃低温条件下冷冻 4h，20℃条件融化 8h 为一次循环周期进行，冻融循环次数分别为 0 次、20 次、40 次、60 次、80 次、100 次。

EPS 板的抗拉强度随冻融循环次数增加的变化如图 2-18 所示。由图可知，随冻融循环次数的增加，EPS 板的抗拉强度呈下降趋势。冻融循环 100 次后，EPS 板的抗拉强度相对未冻融时的材料降低 45.3%。

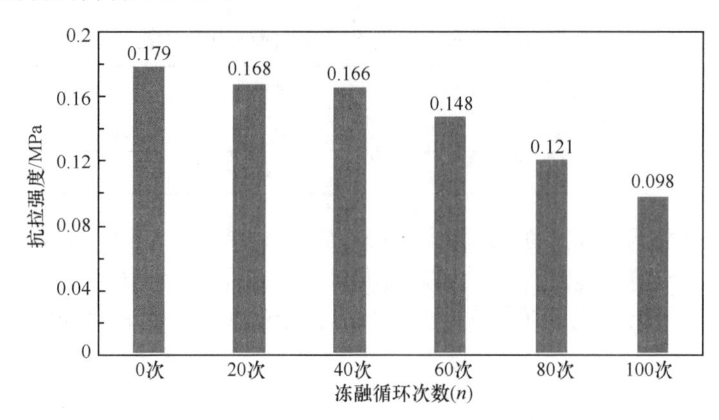

图 2-18　冻融循环对 EPS 板抗拉强度的影响

EPS 板拉伸过程中发生断裂部位主要为近 EPS 板抹面砂浆处。对冻融循环前后 EPS 板与抹面砂浆接触表面的形貌进行表征，如图 2-19 所示。冻融循环后，EPS 板表面外围的颗粒发生收缩，颗粒间距离增大；随冻融循环次数的增加，收缩现象越明显；发生收缩的 EPS 逐渐增多，截面面积增大。

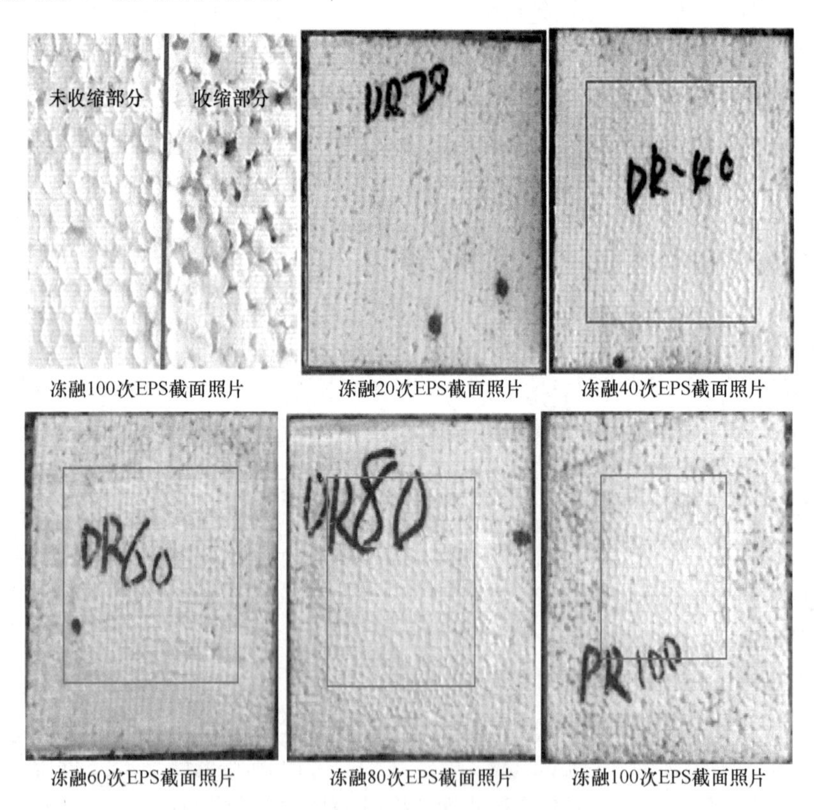

图 2-19　EPS 板抗拉强度测试的破坏处示意图

采用显微镜对冻融循环前后、收缩及未收缩 EPS 泡沫颗粒表面进行表征，如图 2-20 所示。由图可知，冻融循环后，收缩 EPS 泡沫颗粒内部孔结构的孔径相对较小，而未发生收缩的 EPS 泡沫颗粒内部孔结构同未经冻融循环的 EPS 泡沫颗粒内部孔结构相似，孔径相对较大。

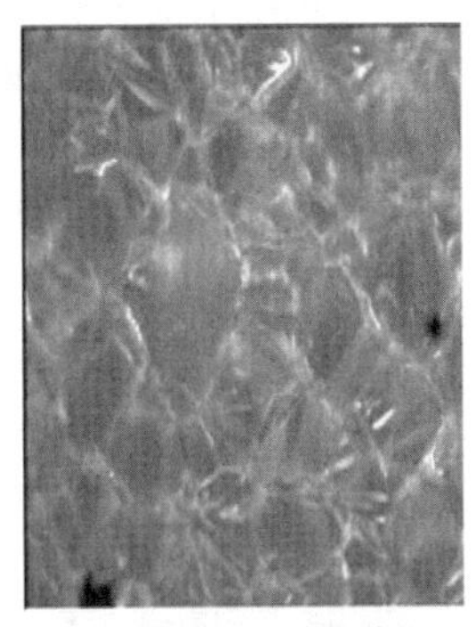

未经冻融循环的EPS泡沫截面照片

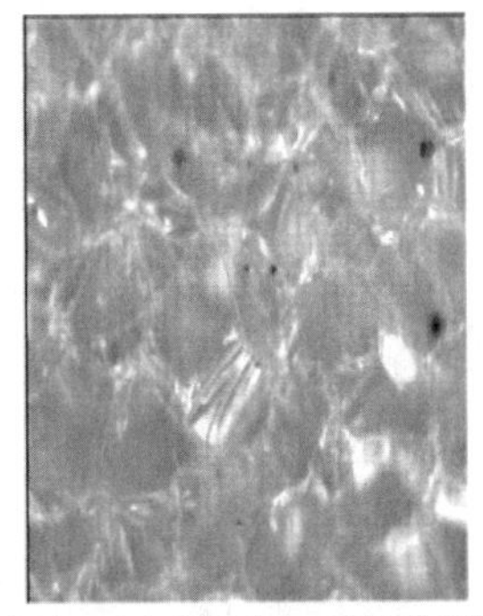

冻融循环后未收缩的EPS泡沫截面照片

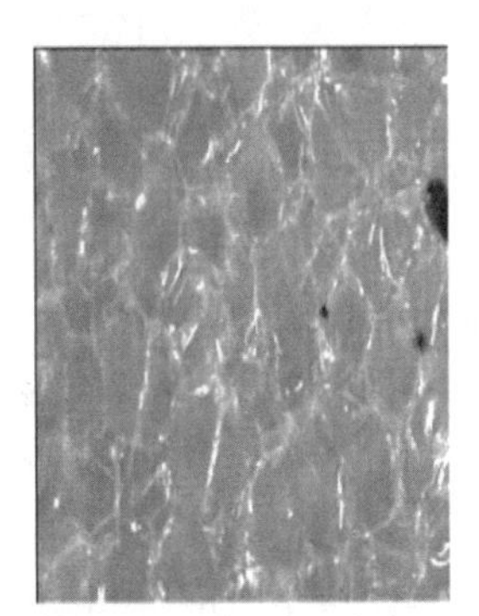

冻融循环后收缩的EPS泡沫截面照片

图 2-20 冻融循环前后 EPS 泡沫颗粒显微镜照片

EPS 泡沫板是一种热塑性材料，由完全封闭的多面体形气泡构成，每 $1m^3$ 体积内含有 300 万～600 万个独立密闭气泡，气泡的直径为 0.2～0.5 mm，壁厚为 0.001mm。EPS 泡沫板中空气的体积为 98%以上，且空气大多被封闭于多面体形气泡中而不能对流，所以 EPS 泡沫板是一种隔热保温性能非常优良的材料[15]。

EPS 泡沫板的气泡颗粒之间存在微小间隙，可以被水分渗入。当水结冰时，体积发生膨胀，破坏气泡的结构，使其发生破损，体积收缩，降低了气泡颗粒间的粘结强度，导致 EPS 泡沫板的抗拉强度下降。在冻融循环过程中，最初是 EPS 泡沫板表面的气泡结构被破坏，随着冻融循环次数的增多，水分通过破损的气泡逐渐渗入材料内部，使内部的气泡结构也逐渐被破坏，导致 EPS 泡沫板的抗拉强度逐渐下降[16]。

2.2.1.2 高温对 EPS 板的劣化研究

EPS 板的密度分别为 $18kg/m^3$、$25kg/m^3$，尺寸分别为 160mm×30mm×40mm、160mm×30mm×80mm 和 160mm×30mm×320mm。

考虑建筑外墙在夏季高温中最高温度可达到 70℃，试验将 EPS 试件分别放置在温度 40℃、60℃、80℃条件下，放置时间分别为 30min、30min、10min。

EPS 板高温应变结果如图 2-21～图 2-23 所示。由图可知，温度可使聚苯保温板产生较大变形。随着温度的升高，EPS 板的变形变大。以尺寸为 160mm×30mm×40mm，密度为 $25kg/cm^3$ 的样品为例，40℃时应变为 0.089%；60℃时约 0.25%，80℃时应变增大为 0.4%左右。两种密度样品的应变增长率随着温度的升高而增加；温度越高，达到最大应变的时间越短。

随着样品尺寸的增大，高温应变也不断增大。尺寸依次为 160mm×30mm×320mm、160mm×30mm×80mm、160mm×30mm×40mm，密度为 $18kg/m^3$ 的样品在 40℃时应变分别为 0.134%、0.097%、0.075%，60℃时应变分别为 0.246%、0.219%、0.190%，80℃高温下应变增长为 0.441%、0.291%、0.262%。密度为 $25kg/m^3$ 的样品在 40℃时应变分别为 0.121%、0.103%、0.067%，60℃时应变分别为 0.266%、0.258%、0.230%，80℃高温下应变增长为 0.389%、0.352%、0.338%。尺寸较大样品的高温应变较高，聚苯板的高温应变存在尺寸效应，温度越高尺寸效应越明显。

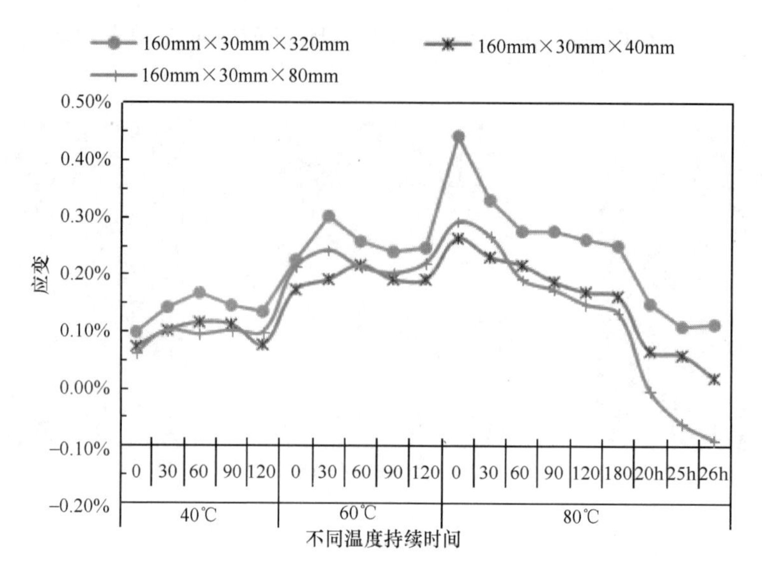

图 2-21　密度为 18kg/cm³ 的 EPS 板在不同温度下的应变

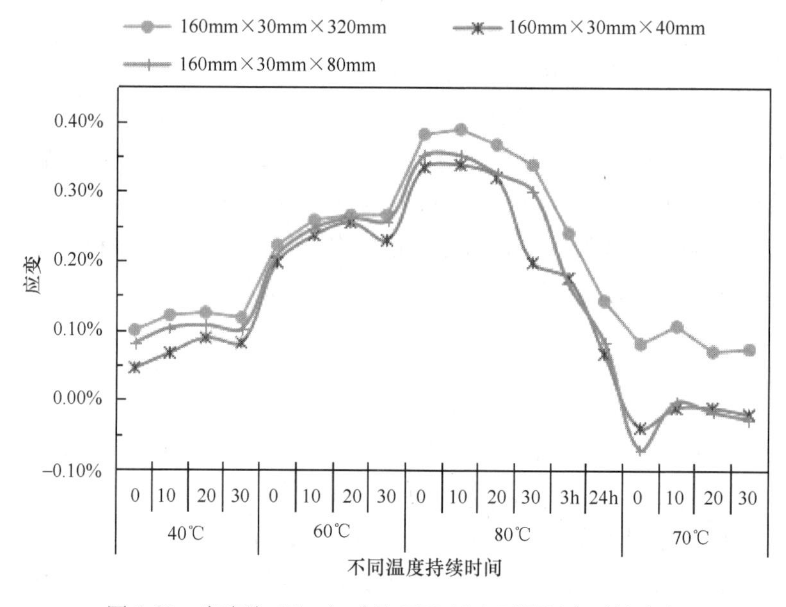

图 2-22　密度为 25kg/cm³ 的 EPS 板在不同温度下的应变

EPS 板的密度越大，高温应变越小。以 160mm×30mm×40mm 样品为例，25kg/m³ 的样品和 18kg/m³ 的样品在 40℃时应变分别是 0.101%、0.141%，60℃时应变分别是 0.258%、0.300%，80℃时应变为 0.389%、0.441%。这是由于保温板密度提高增加了保温板内部的密实度，其抵抗应力的能力也随即增加。

可以发现，当 EPS 板在 80℃一段时间后，应变会迅速下降甚至出现收缩。

考虑夏季会出现强降雨使建筑外墙温度迅速降低的情况，将 EPS 板从 80℃烘箱中取出，放在温度为 20℃的环境中，模拟夏季强降雨使 EPS 板温度迅速下降的过程，EPS 板应变随时间的变化如图 2-24 所示。

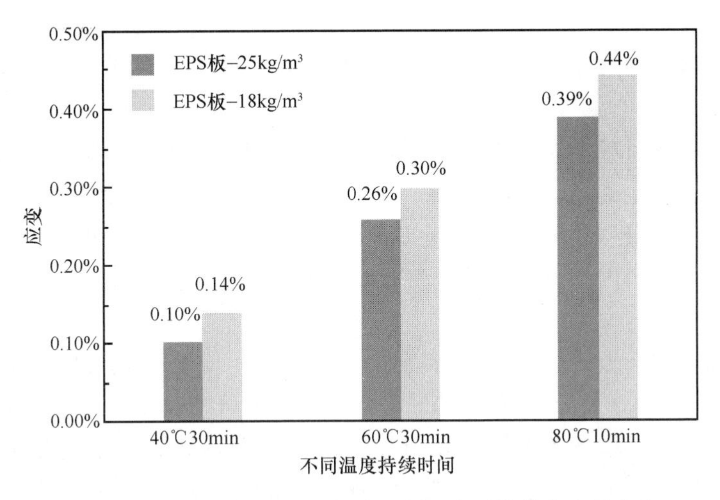

图 2-23 不同密度的 EPS 板在不同温度下的最大高温应变

由图 2-24 可知，EPS 板在转移到 20℃环境之后发生收缩。160mm×30mm×320mm 的 EPS 板应变从最开始的 0.159%降至－0.152%，160mm×30mm×40mm 的 EPS 板应变从最开始的 0.014%降至－0.308%，而尺寸为 160mm×30mm×80mm 的 XPS 板应变从最开始的－0.144%降至－0.497%。

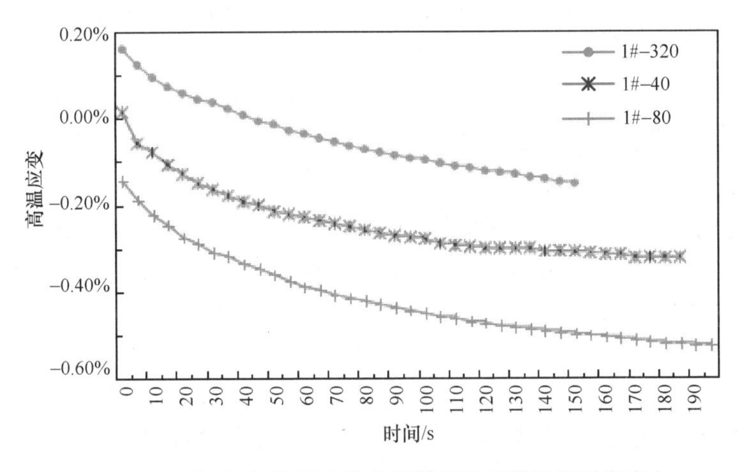

图 2-24 18kg/m³ 的 EPS 聚苯板模拟瞬时降温的温度应变
（三种尺寸宽度）

EPS 泡沫板的基本化学组成是聚苯乙烯，聚苯乙烯的玻璃化温度在 80～100℃。聚苯乙烯板的理论使用温度不超过 70℃[17]。当超过 80℃时，聚苯乙烯可能会发生不可逆转的应变。当 EPS 泡沫板在高温下超过一定时间后，会出现应力松弛现象，导致膨胀应变减小甚至发生收缩形变。在相同条件下，与尺寸较大的 EPS 泡沫板相比，尺寸较小的 EPS 泡沫板内部的高温应力会更分散，不利于集中，因此其应变也较小。密度较高的 EPS 泡沫板的密实度更高，抵抗应力的能力更强，高温下的尺寸稳定性更好。EPS 板从高温状态下移动至低温环境中时，高温应力消失，内部的拉应力使 EPS 板在短时间内发生明显收缩。

2.2.1.3　小结

冻融循环会降低EPS板的力学性能，高温会破坏EPS板的尺寸稳定性，其劣化机理总结如下：

（1）在冻融循环过程中，由于EPS泡沫板中气泡颗粒间的水结冰时体积膨胀，破坏气泡的结构，使其发生破损，体积收缩，降低了气泡颗粒间的粘结强度，导致EPS泡沫板的抗拉强度下降。最初是EPS泡沫板表面的气泡结构被破坏，随着冻融循环次数的增多，水分逐渐渗入材料内部，使内部的气泡结构也逐渐被破坏，导致EPS泡沫板的抗拉强度逐渐下降。

（2）聚苯乙烯泡沫板的尺寸变形可以通过高温应力-应变研究得到一定揭示。聚苯乙烯玻璃化温度在80～100℃，当超过80℃时，聚苯乙烯可能会发生不可逆转的应变。在高温下超过一定时间后，EPS泡沫板会出现应力松弛现象，导致膨胀应变减小甚至出现收缩。EPS泡沫板的尺寸越小，其内部的高温应力就越分散，应变也越小。密度较高的EPS泡沫板更密实，抵抗应力的能力更强，高温下的尺寸稳定性更好。

2.2.2　XPS板耐久性劣化机理

挤塑聚苯乙烯泡沫塑料板（XPS板）是以聚苯乙烯树脂或其共聚物为主要成分，添加少量添加剂，通过加热挤塑成型而制成的具有闭孔结构的硬质泡沫塑料板材。与EPS板不同，XPS板的发泡几乎是瞬间完成的。在发泡的同时，XPS板受到整平机的挤压，使其基本上只能在长度和宽度方向上膨胀，因此XPS板的内部孔结构是梭形的。XPS板在服役过程中，在夏季会受到高温的作用，产生高温应变，在冬季则会经历冻融过程。高温会影响XPS板的尺寸稳定性，冻融会破坏XPS板的内部结构，降低其力学性能。本书分别介绍XPS板在高温和冻融作用下的劣化机理。

2.2.2.1　冻融对XPS板的劣化研究

试验探究了冻融循环对XPS板的体积吸水率和压应力-应变关系的影响。XPS板市售，其体积吸水率为0.2%（浸水96h），导热系数为0.03W/(m·K)（温度/相对湿度：25℃/50%），尺寸为100mm×100mm×75mm。

冻融循环试验是在TTDRF-Ⅲ型混凝土快速冻融试验箱中进行的。箱内配有自动控温设施，温度设定为±20℃。芯温传感器由+20℃降至-20℃，再升至+20℃时为一个冻融循环，温度达到最低温度时立即升温，一个循环持续时间约为6h。

自然状态下XPS板体积吸水率随时间的变化、冻融循环对XPS板的体积吸水率和压缩强度的影响如图2-25～图2-27所示。由图2-25可知，挤塑板吸水率变化过程可以分为三个阶段：第一个阶段，吸水率急剧增长阶段，在0～20d时挤塑板吸水率呈阶梯状增加，第20d的体积吸水率达到1.0%左右；第二个阶段，吸水率缓慢增长阶段，在20～40d时随着浸水时间的增加，体积含水率整体上缓慢增大；第三个阶段，吸水率稳定阶段，在40d后，随着时间的延长，吸水率趋于稳定。到60d时，体积吸水率约为1.3%。由图2-26可知，随着冻融循环次数的增加，XPS板的体积吸水率近似呈线性增长，200次冻融循环

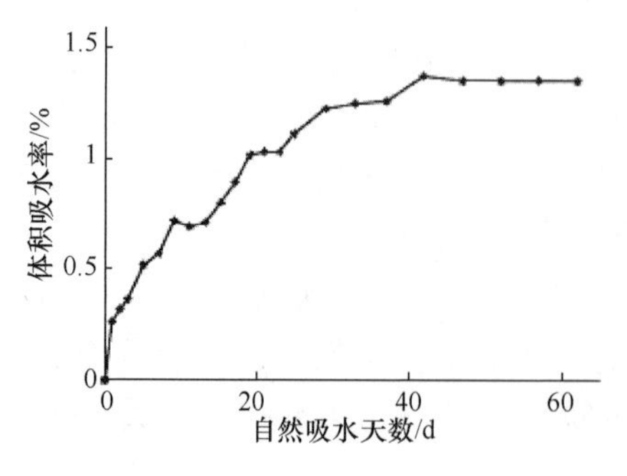

图2-25　XPS板体积吸水率随时间的变化

后，体积吸水率达到12.5%，其增大数值是自然条件下吸水率的9倍[18]。

图2-27为不同冻融循环次数后XPS板的压缩强度。由图可知，随着冻融循环次数的增多，XPS板的压缩强度逐渐减小。当冻融循环次数为200次时，XPS板的压缩强度为0.246MPa，是初始压缩强度的68%。

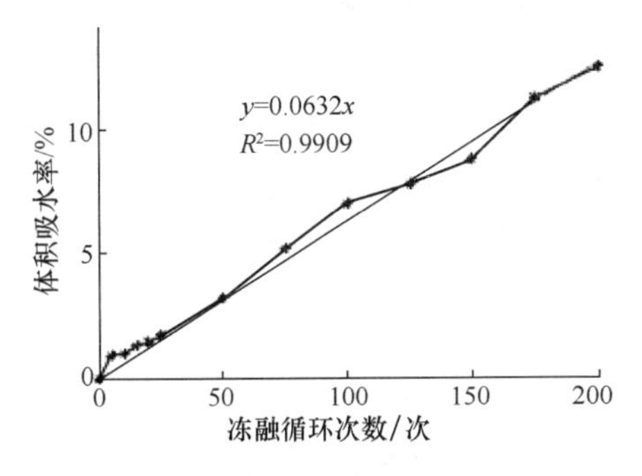

图2-26 XPS板体积吸水率随冻融次数的变化

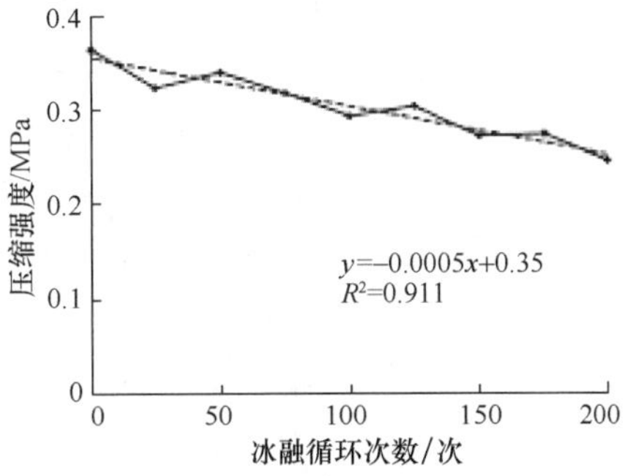

图2-27 XPS板压缩强度与冻融循环次数的关系

XPS泡沫板和EPS泡沫板在冻融循环作用下的劣化机理非常类似。在冻融循环过程中，水分渗入XPS泡沫板气泡颗粒之间的间隙，当水结冰时，体积发生膨胀，破坏气泡的结构，使其发生破损，使连通孔隙率上升并降低了气泡颗粒间的粘结强度，导致XPS泡沫板的体积吸水率增大，压缩强度下降。随着冻融循环过程的进行，水分通过破损的气泡逐渐渗入材料内部，使越来越多的气泡结构被破坏，导致XPS泡沫板体积吸水率逐渐上升，压缩强度不断下降。

2.2.2.2 高温对XPS板的劣化研究

XPS板的密度分别为18kg/m³和30kg/m³，尺寸分别为160mm×30mm×40mm、160mm×30mm×80mm和160mm×30mm×320mm。试验将XPS试件分别放置在温度40℃、60℃、80℃条件下一定时间，测定试件的应变。

XPS板高温应变结果如图2-28和图2-29所示。由图可知，XPS板的形变与温度密切

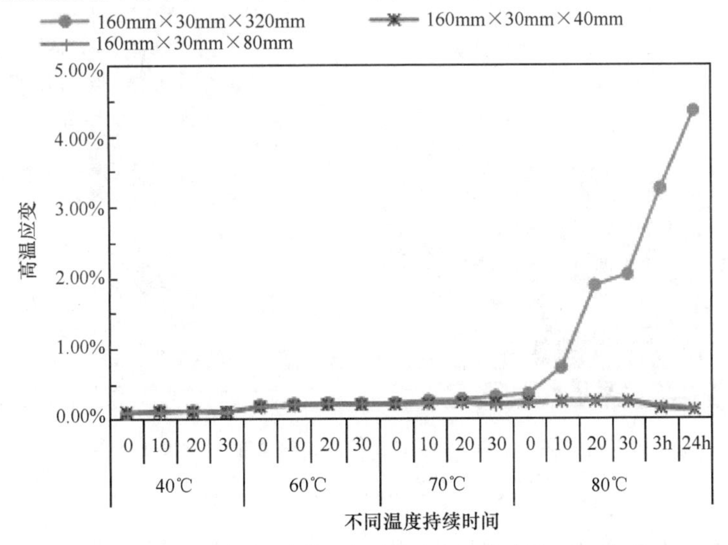

图2-28 XPS板在不同温度下的应变（密度为18kg/m³）

相关，温度越高，XPS板的形变越大。随着样品尺寸的增大，XPS板的高温应变不断增大。密度为18kg/m³，尺寸依次为160mm×30mm×320mm、160mm×30mm×80mm、160mm×30mm×40mm的XPS板在40℃时应变分别为0.111%、0.112%、0.105%，60℃时应变分别为0.216%、0.206%、0.195%，70℃时应变为0.256%、0.213%、0.206%。如图2-30所示，在80℃时，尺寸为160mm×30mm×80mm、160mm×30mm×40mm的样品应变略有增大，但是尺寸为160mm×30mm×320mm的样品应变随时间延长不断增加。随着温度的升高，密度为30kg/m³的XPS板的应变逐渐增大。当温度达到80℃时，XPS板的应变先增大后减小。当温度和尺寸都相同时，对比密度为30kg/m³和密度为18kg/m³的XPS板的高温应变，可以发现密度为30kg/m³的XPS板的高温应变更大。

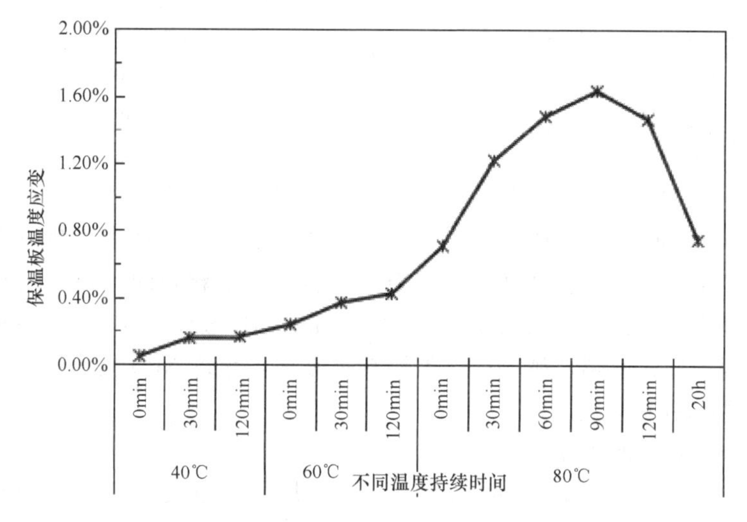

图2-29　XPS板在不同温度下的应变（密度为30kg/m³，尺寸为160mm×30mm×40mm）

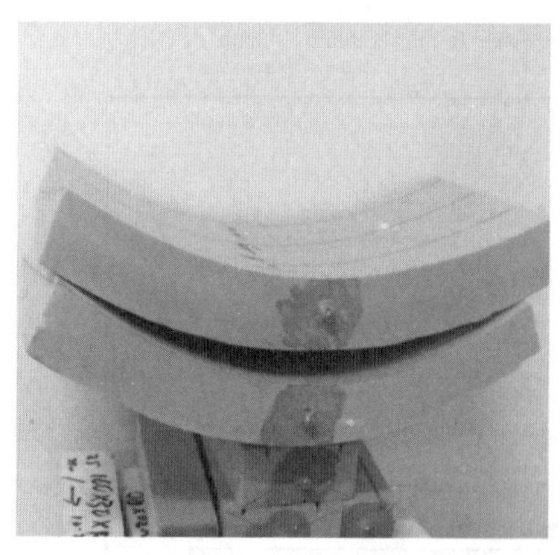

图2-30　XPS板在80℃温度下发生不可逆变形（密度为18kg/m³，尺寸为160mm×30mm×320mm）

XPS泡沫板和EPS泡沫板在高温作用下的劣化机理非常类似，其基本化学组成是聚苯乙烯。聚苯乙烯的玻璃化温度在 80～100℃，当超过 80℃时，聚苯乙烯可能会发生不可逆转的应变。当 XPS 泡沫板在高温下超过一定时间后，会出现应力松弛现象，导致膨胀应变减小甚至发生收缩形变。密度较高的 XPS 泡沫板的内部应力更大，高温下的尺寸稳定性较差。在相同条件下，与尺寸较大的 XPS 泡沫板相比，尺寸较小的 XPS 泡沫板内部的高温应力会更分散（不利于集中），因此其应变也较小。与 EPS 泡沫板的制备过程不同，XPS 泡沫板的发泡时间短，而且是由高温高压下突然变为常压，容易引起应力集中。XPS 泡沫板内部孔结构是梭形的，梭形孔的尖端在受到外力作用时会产生应力集中，容易引起变形，所以其尺寸稳定性低于 EPS 泡沫板[19]。

2.2.2.3 小结

冻融循环会降低 XPS 板的力学性能，高温会破坏 XPS 板的尺寸稳定性，其劣化机理总结如下：

（1）在冻融循环过程中，由于 XPS 泡沫板中气泡颗粒间的水结冰时体积膨胀，破坏气泡的结构，使其发生破损，使连通孔隙率上升并降低了气泡颗粒间的粘结强度，导致 XPS 泡沫板的体积吸水率增大，压缩强度下降。随着冻融循环过程的进行，水分通过破损的气泡逐渐渗入材料内部，使越来越多的气泡结构被破坏，导致 XPS 泡沫板体积吸水率逐渐上升，压缩强度不断下降。

（2）聚苯乙烯的玻璃化温度在 80～100℃，当超过 80℃时，聚苯乙烯可能会发生不可逆转的应变。在高温下超过一定时间后，XPS 泡沫板会出现应力松弛现象，导致膨胀应变减小甚至出现收缩。XPS 泡沫板的尺寸越小，其内部的高温应力就越分散，应变也越小。密度较高的 XPS 泡沫板的内部应力更大，高温下的尺寸稳定性较差。由于 XPS 泡沫板特殊的制备过程和梭形的孔结构，容易引起应力集中，导致出现变形，所以其尺寸稳定性低于 EPS 泡沫板。

2.2.3 无机保温砂浆耐久性劣化机理

无机保温砂浆的导热系数高于 EPS 板和 XPS 板，但其防火级别达到 A 级，因此在外墙外保温系统中被大量应用。无机保温砂浆在服役过程中，会受到水分、温度、冻融等外部环境因素的影响，导致其内部结构发生破坏，力学性能下降。目前，出现了许多无机保温砂浆外保温系统开裂、空鼓甚至脱落的案例，揭示其劣化机理非常必要。本书分别介绍了无机保温砂浆在浸水、冻融和干湿循环作用下的劣化机理研究。

2.2.3.1 浸水对无机保温砂浆的劣化研究

根据《建筑保温砂浆》（GB/T 20473—2006）规定，对砂浆试块浸水 48h 后进行软化系数的测定。由于保温砂浆内部存在着大量的开口孔隙，在正常情况下不到 48h 即可达到饱和吸水的状态。因此，试验对比了标准养护试块烘干后和浸水 6h、12h、24h、48h、72h 和 96h 后的抗压强度。

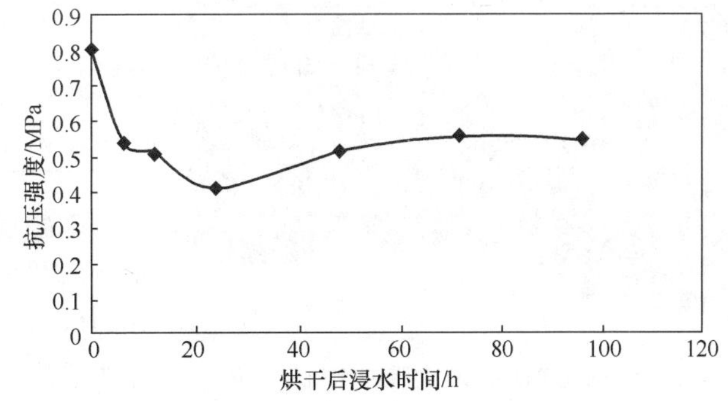

图 2-31 无机保温砂浆不同浸水时间的抗压强度

由图 2-31 可知，浸水时间小于 24h 时，无机保温砂浆的浸水抗压强度随浸水时间的增长而降低；当浸水时间大于24h后，无机保温砂浆的抗压强度整体上变化不大，趋于稳定[20]。

水分刚进入无机保温砂浆内部时，只是填充其内部的孔隙，对保温砂浆的结构无明显影响。随着浸水时间的延长，聚合物乳胶膜会发生湿胀。这种湿胀的结果会使乳胶膜由于干燥收缩所产生的自张力减弱甚至消失，导致无机保温砂浆抗压强度下降[20]。此外，无机保温砂浆中的氢氧化钙与溶解于水中的二氧化碳发生了下列化学反应：

$$Ca(OH)_2+CO_2 = CaCO_3+H_2O$$

$$CaCO_3+H_2O+CO_2 \rightleftharpoons Ca(HCO_3)_2$$

氢氧化钙与二氧化碳首先反应生产不溶性的碳酸钙，碳酸钙再与水和二氧化碳反应生成可溶性的碳酸氢钙。整个反应过程是可逆的，随着反应的进行，硬化砂浆浆体中会逐渐溶出氢氧化钙，使其结构逐渐被破坏，无机保温砂浆的抗压强度逐渐降低。

2.2.3.2 冻融对无机保温砂浆的劣化研究

一般认为，无机保温砂浆作为多孔轻质结构其吸水率大，尤其冬季环境下保温及力学性能由于冻融影响会不断劣化，导致该系统保温性能下降、粘结强度稳定性变低，尽管采取一定的防护措施，也难以从根本上解决这一问题。试验探究了冻融对无机保温砂浆抗拉强度的影响，揭示了冻融对无机保温砂浆的劣化机理。

无机保温砂浆配合比如表2-7所示，冻融循环试验参照《建筑砂浆基本性能试验方法标准》(JGJ/T 70—2009) 进行，抗拉强度（8字模）拉伸速率为3mm/min。无机保温砂浆冻融循环次数分别为50次、100次、150次。

表2-7 无机保温砂浆配合比

海螺P·O 42.5水泥/g	膨胀珍珠岩（120g/L）/L	纤维素醚20万（浙江海申MH6501）/g	聚乙烯醇PVA 24-88S/g
140	1	1.5	1.5

冻融循环前后无机保温砂浆的抗拉强度如表2-8所示。由表可知，冻融循环50次后，无机保温砂浆的抗拉强度相对冻融前降低了50%，冻融循环100次后，试件直接破坏，如图2-32所示。

表2-8 冻融循环前后无机保温砂浆的抗拉强度

冻融循环次数	未冻融	冻融50次	冻融100次	冻融150次
抗拉强度/MPa	0.32	0.16	冻坏	冻坏

图2-32 冻融循环100次后的无机保温砂浆8字模试件

冻融前后无机保温砂浆形貌如图2-33所示。由图可知，与冻融前相比，冻融后的样品孔隙内微裂纹数量明显增多，孔隙附近针状晶体明显增多，尺寸增大。这可能是由于多孔结构中的水化产物在冻融-浸水的循环过程中结合水中的离子，生成大量针状晶体（钙矾石）。

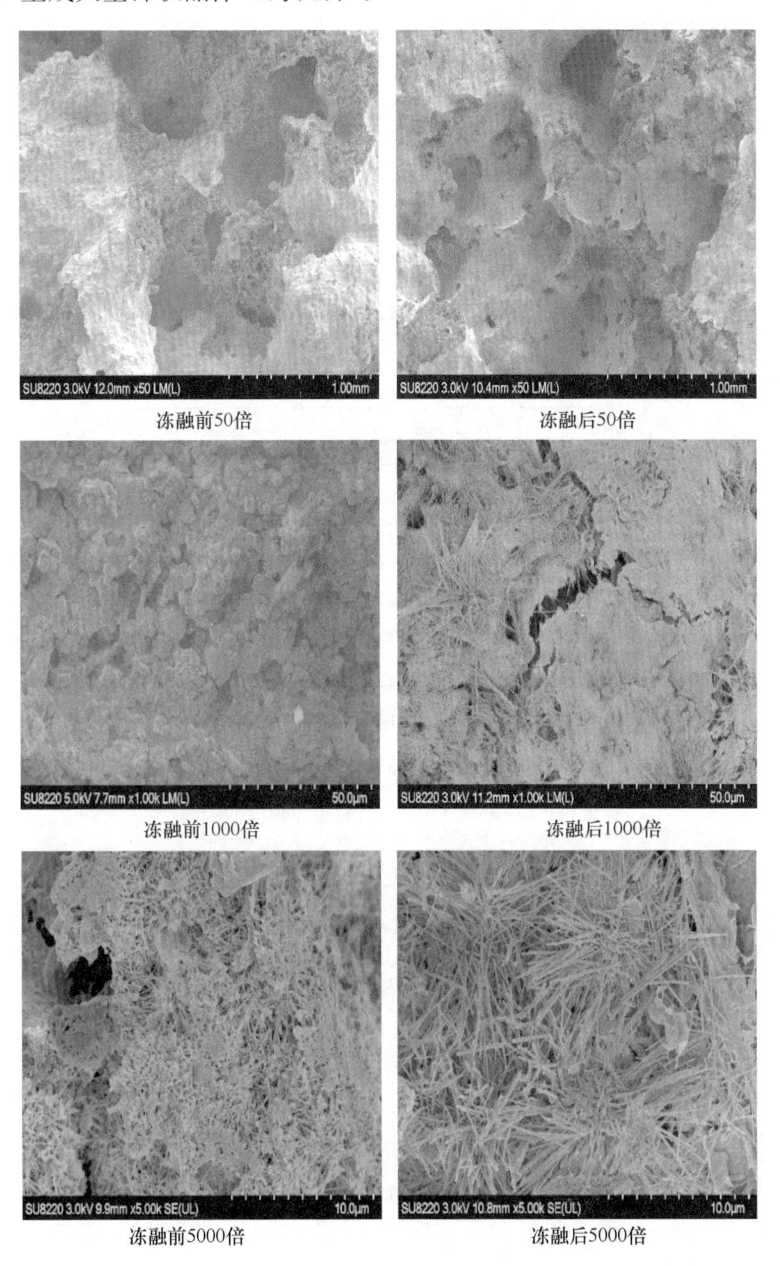

图 2-33　冻融前、后无机保温砂浆形貌图

无机保温砂浆内部存在大量气孔和毛细孔，吸水率较大，且硬化后其内部不可避免地存在微裂纹等缺陷。当无机保温砂浆处于潮湿环境甚至水中时，水分将侵入其孔隙和微裂纹中。低温状态下，孔隙和微裂纹中的水凝结成冰，体积膨胀 9%，因受到孔壁、毛细孔壁的约束，形成膨胀压力，从而在孔周围的微观结构中产生压应力，造成无机保温砂浆内部结构的破坏，导致孔隙率增大，裂纹扩展，孔隙尺寸增大。当气温下降再次结冰时，原先形成的裂纹又由于结冰膨胀而扩展。反复的冻融循环作用使微小裂纹持续扩展、连通，

结构损伤不断累积，最终导致无机保温砂浆的严重损伤、破裂[21]。因此随着冻融循环次数的增加，无机保温砂浆的力学性能逐渐降低。

2.2.3.3　干湿循环对无机保温砂浆的劣化研究

无机保温砂浆配合比与上述相同。干湿循环是将 23℃，RH50％养护 28d 的无机保温砂浆置于 23℃水中 1h，80℃烘 4h 作为一个循环，循环次数为 0 次、50 次、100 次和 150 次。抗拉强度（8 字模）拉伸速率为 3mm/min，轴心抗压强度试验参照《建筑砂浆基本性能试验方法标准》（JGJ/T 70—2009）进行。

干湿循环对无机保温砂浆抗拉强度和轴心抗压强度的影响如图 2-34 和图 2-35 所示。由图可知，随着干湿循环次数的增加，无机保温砂浆的抗拉强度和轴心抗压强度先提高后降低。

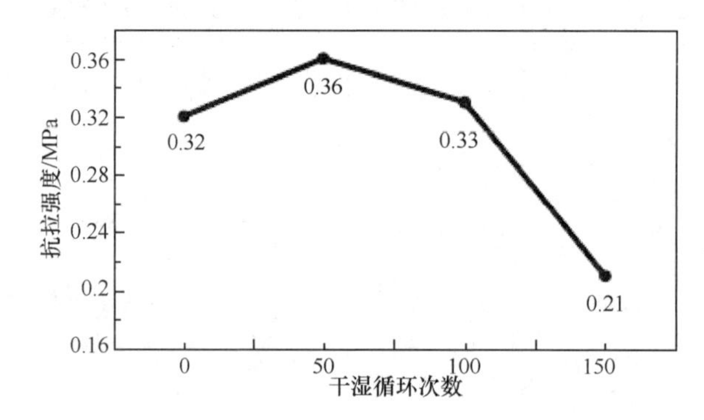

图 2-34　干湿循环前后无机保温砂浆的抗拉强度

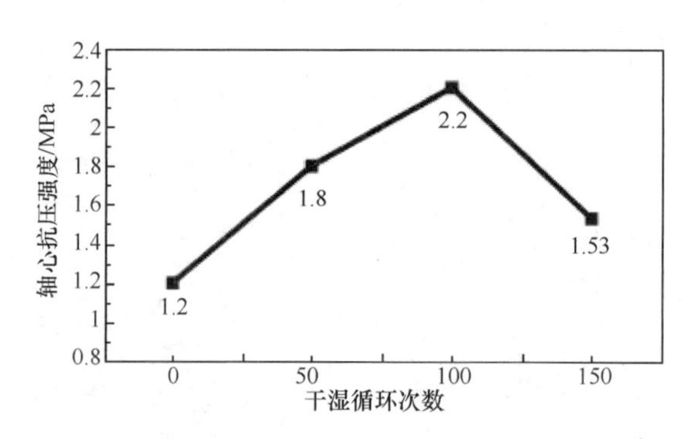

图 2-35　干湿循环前后无机保温砂浆的轴心抗压强度

在干湿循环过程中，一方面高温应力加剧了无机保温砂浆内部微裂缝的发展，且高温使聚合物颗粒形成的连续薄膜发生老化，导致无机保温砂浆的强度下降；另一方面无机保温砂浆中的水泥进一步水化，导致无机保温砂浆的强度上升。干湿循环次数较少时，水泥水化为主要因素，无机保温砂浆的力学性能提高；干湿循环次数较多时，高温应力加剧，无机保温砂浆内部微裂缝的发展及聚合物颗粒形成的连续薄膜老化为主要因素，无机保温砂浆的力学性能降低。

2.2.3.4　小结

浸水、冻融和干湿循环均会降低无机保温砂浆的力学性能，其劣化机理总结如下：

（1）随着浸水时间的延长，聚合物乳胶膜会发生湿胀，使其由于干燥收缩所产生的自张力减弱甚至消失，导致无机保温砂浆抗压强度下降。无机保温砂浆硬化后浆体中的氢氧化钙与二氧化碳首先反应生产不溶性的碳酸钙，碳酸钙再与水和二氧化碳反应生成可溶性的碳酸氢钙。随着反应的进行，硬化砂浆浆体中逐渐溶出氢氧化钙，使其结构逐渐被破坏，无机保温砂浆的抗压强度逐渐降低。

（2）无机保温砂浆内孔隙和微裂纹中的水凝结成冰后，体积膨胀，对孔壁产生膨胀压力，造成其内部结构的破坏，使裂纹扩展、孔隙率增大。反复的冻融循环作用使结构的破坏不断累积，导致无机保温砂浆的力学性能逐渐降低。

（3）干湿循环过程中，高温应力加剧了微裂缝的发展，聚合物薄膜会发生老化，使无机保温砂浆的力学性能下降，而水泥的水化提高了无机保温砂浆的力学性能。干湿循环次数较少时，水泥水化为主要影响因素，无机保温砂浆的力学性能提高；干湿循环次数较多时，高温应力加剧微裂缝发展和聚合物薄膜老化是主要影响因素，无机保温砂浆的力学性能降低。

2.2.4 岩棉板（带）的耐久性劣化机理

岩棉是一种以玄武岩为基材在1400℃左右的高温状态下进行熔化抽丝做成的无机矿棉材料，其相应的丝径为3～6μm。在这些单丝中掺加酚醛树脂及其他化学助剂即可制得相应的岩棉保温材料，通常为增加岩棉的憎水效果，往往再加入一些憎水材料来提高岩棉板的防水能力。岩棉板具有质轻、导热系数小、吸声性能好、不燃、化学稳定性好等特点，是一种新型的保温、隔热、吸声材料。外墙外保温用的岩棉制品大体可分为两类：一类是岩棉板，另一类是岩棉条。岩棉条是将岩棉板以一定的间距切割成条状，再翻转90°使用的制品。虽然岩棉条取自岩棉板，但由于使用时翻转了90°，因此岩棉条与岩棉板的纤维结构完全不同，其性能也不尽相同。岩棉在服役过程中，会受到水分等外部环境因素的影响，本书介绍了岩棉板和岩棉条在浸水作用下的劣化机理。

2.2.4.1 浸水对岩棉板（带）的劣化研究

岩棉样品选用国内4个岩棉生产企业生产的制品，分别标记为A、B、C、D、E、F，其中A、B、C、D为岩棉板，E、F为岩棉条。将每个岩棉板样品裁切成200mm×200mm的小样，岩棉条裁切成150mm×150mm的小样，每组样品由10个小样组成。岩棉耐水性试验采用全浸泡方法：将试样浸入50mm水下，浸泡时间分别为7d和28d，浸泡过程中水温保持在（23±5）℃。岩棉试样的体积吸水率以及浸水前后样品的尺寸稳定性、拉伸强度保留率参照《矿物棉及其制品试验方法》（GB/T 5480—2017）进行。

岩棉试样浸泡7d和28d后的体积吸水率如表2-9所示，浸水28d后岩棉的拉伸强度如表2-10所示。由表中数据可知，经7d浸泡后，无论岩棉板样品还是岩棉条样品，其体积吸水率均未超过10%。这是由于岩棉板和岩棉条样品均进行了憎水处理，对水的浸入有一定的抵抗能力。不同制造商的样品憎水处理存在差异，其7d和28d体积吸水率存在差异。浸水28d后，岩棉板的拉伸强度明显下降，岩棉条的拉伸强度没有发生明显的劣化，这是由于岩棉板和岩棉条的纤维排布方式不同造成的。岩棉板的拉伸强度主要由胶粘剂决定，而岩棉条的拉伸强度主要由纤维本身的强度决定。浸水过程中，胶粘剂的性能发生了改变，而纤维本身强度并未受到影响。吸水率的高低与强度保留率并非完全的正比关系。

表 2-9　岩棉试样浸水 7d 和 28d 后的体积吸水率　（%）

试样编号	岩棉板				岩棉条	
	A	B	C	D	E	F
浸泡 7d	2.70	3.41	9.98	5.96	3.46	4.16
浸泡 28d	6.25	9.15	26.25	20.51	8.00	9.77

表 2-10　浸水 28d 后岩棉的拉伸强度

样品编号		原始拉伸强度/kPa	浸水 28d 拉伸强度/kPa	拉伸强度保留率/%
岩棉板	A	24.1	21.9	90.9
	B	13.2	7.6	57.6
	C	12.8	8.4	65.6
	D	11.2	4.4	39.3
岩棉条	E	320.9	317.1	98.8
	F	327.8	356.0	108.6

岩棉纤维自身的耐水性与其酸度系数有关，酸度系数即岩棉纤维化学成分中酸性氧化物（SiO_2 + Al_2O_3）和碱性氧化物（CaO+ MgO）的比值。酸度系数越高，岩棉纤维的耐水性越高。这是因为酸度系数越高，岩棉纤维众碱金属氧化物含量越低，其化学耐久性和抗水解能力越强，纤维中硅氧键断裂减少，桥氧键的网络提高，强度越高。取适量岩棉纤维在去离子水中浸泡 28d 后，使用 ICP-AES 分析仪测试其浸泡液的阳离子浓度，结果见表 2-11[22]。

表 2-11　岩棉板浸泡溶液中的主要阳离子浓度　（mg/mL）

Na^+	K^+	Al^{3+}	Ca^{2+}	Si^{4+}	Mg^{2+}
0.0620	0.0190	0.0008	0.0015	0.0036	0.0009

由表 2-11 可知，岩棉纤维浸泡液中主要含有的阳离子为 Na^+，其次还有少量的 K^+ 和微量的 Al^{3+}、Ca^{2+}、Si^{4+}、Mg^{2+}。岩棉板经浸水处理后，其胶粘剂与固化剂部分被破坏，使其变得蓬松，憎水剂也逐渐失效。由于长期受到水分侵蚀，岩棉纤维表面的 K^+、Na^+ 等碱金属离子易于吸附水分，迁移到水中，其网络结构发生水解，从而使纤维结构遭到破坏，部分纤维断裂甚至粉化，通过微裂纹扩展，破坏网络结构的完整性，从而致使强度降低[22]。

2.2.4.2　小结

浸水会降低岩棉板的拉伸强度，其劣化机理为浸水处理后，岩棉板内胶粘剂与固化剂部分被破坏，使其变得蓬松，憎水剂也逐渐失效。岩棉纤维表面的 K^+、Na^+ 等碱金属离子易于吸附水分，迁移到水中，其网络结构发生水解，从而使纤维结构遭到破坏，部分纤维断裂甚至粉化，通过微裂纹扩展，破坏网络结构的完整性，强度降低。

2.3 抹面材料耐久性劣化机理

2.3.1 抹面砂浆耐久性劣化机理

抹面砂浆是由高分子聚合物、水泥、砂为主要材料配制而成的具有良好抗变形能力和粘结性能的聚合物砂浆。抹面砂浆需要具备优异的抗裂、防渗性能，耐候性能好，可以有效地控制砂浆因塑性、干缩、温度变化等因素引起的裂纹，防止及抑制裂缝、渗漏等问题，使得墙体保温砂浆面层有很好的整体抗裂效果和防渗性能。抹面砂浆还需要具有高的粘结强度，与保温层粘结牢固。抹面砂浆在服役过程中，会受到水分、冻融等外部环境因素的影响和酸雨的侵蚀，导致其内部结构发生破坏、力学性能下降。本书分别研究了抹面砂浆在浸水、干湿循环和冻融作用下的劣化机理。

2.3.1.1 浸水对抹面砂浆的劣化研究

抹面砂浆配合比如表 2-12 所示，耐水时间分别为 0d、5d、10d、28d 和 56d，干燥时间为 2h。

表 2-12 抹面砂浆配合比

海螺 P·O 42.5 水泥/g	细砂（何氏）/g	胶粉 5044/g	纤维素醚 4 万/g
250	728	20	2

由图 2-36 可知，随着浸水时间的延长，抹面砂浆的抗拉强度先是迅速下降，然后轻微回升，随后缓慢下降。与初始抗拉强度相比，浸水 5d、干燥 2h 后，抹面砂浆的抗拉强度降低了近 50%。

当浸水时间从 0d 到 5d 时，抹面砂浆的抗拉强度迅速下降，这与抹面砂浆的聚合物乳胶膜密切相关。在这个过程中，抹面砂浆中的聚合物乳胶膜逐渐吸湿膨胀并达到饱和，使乳胶膜由于干燥收缩所产生的自张力减弱甚至消失，导致抹面砂浆的抗拉强度迅速下降。之后抹面砂浆的抗拉强度缓慢下降，主要是由于硬化砂浆浆体的结构被缓慢破坏。硬化砂浆浆体中的氢氧化钙与溶解于水中的二氧化碳发生了下列化学反应：

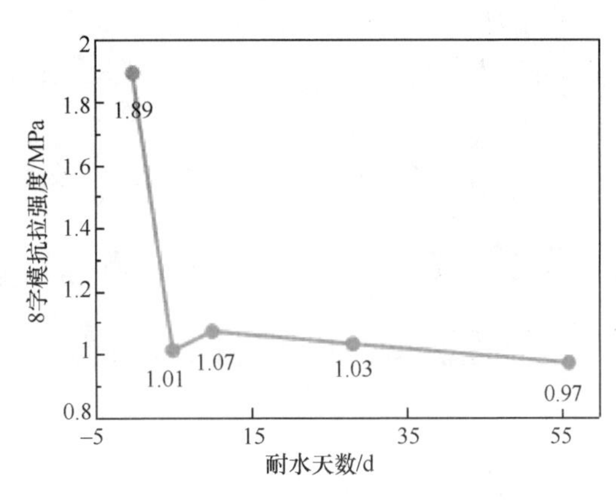

图 2-36 浸水时间对抹面砂浆抗拉强度的影响

$$Ca(OH)_2 + 2CO_2 \rightleftharpoons Ca(HCO_3)_2$$

这个反应是可逆的，随着反应的进行，硬化砂浆浆体中会逐渐溶出氢氧化钙，使其结构逐渐被破坏，抗拉强度逐渐降低。

综上所述，抹面砂浆浸水前期抗拉强度迅速下降主要是由于聚合物乳胶膜的吸湿膨胀，之后抗拉强度缓慢下降主要是由于硬化砂浆浆体中的氢氧化钙与水中溶解的二氧化碳发生反应，生成可溶性的碳酸氢钙。

2.3.1.2 冻融对抹面砂浆的劣化研究

试验探究了冻融循环对粘结砂浆-保温材料-抹面砂浆-饰面材料体系复合试件中抹面砂浆的拉伸粘结强度的影响。其中，冻融循环是以−25℃低温条件下冷冻4h，20℃条件融化8h为一次循环周期进行，冻融循环次数分别为0次、20次、40次、60次、80次，100次。

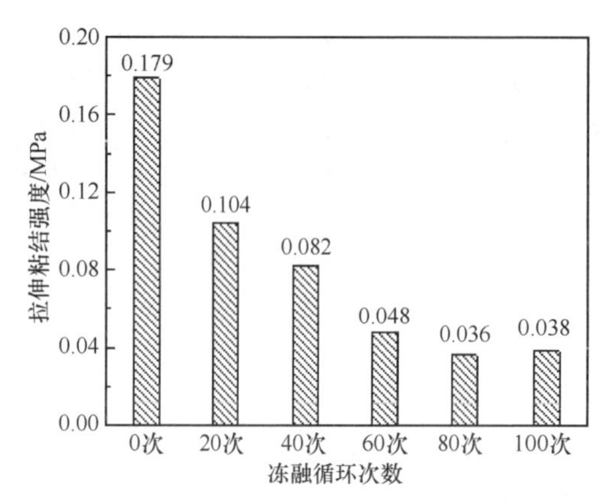

图2-37 抹面砂浆冻融循环后界面拉伸粘结强度

冻融循环对抹面砂浆拉伸粘结强度的影响如图2-37所示。由图可知，随着冻融循环次数的增加，抹面砂浆的拉伸粘结强度逐渐下降。未冻融前，其界面粘结强度拉伸破坏体现为保温材料的本体破坏（0.179MPa），在冻融20次循环后，界面破坏主要体现于抹面砂浆层，拉伸粘结强度下降至0.104MPa。随着冻融循环次数的继续增加，抹面砂浆的拉伸粘结强度下降非常明显，冻融循环80次后，抹面砂浆的拉伸粘结强度下降至0.036MPa。

冻融0次、20次、40次的抹面砂浆的SEM照片如图2-38所示。由图可知，与未冻融试件相比，冻融20次和40次后的抹面砂浆试件内部产生大量微裂缝和孔洞。冻融后无机保温砂浆孔隙附近针状晶体明显增多，尺寸增大，这可能是由于多孔结构中的水化产物在冻融-浸水的循环过程中结合水中的离子，生成大量针状晶体（钙矾石）。

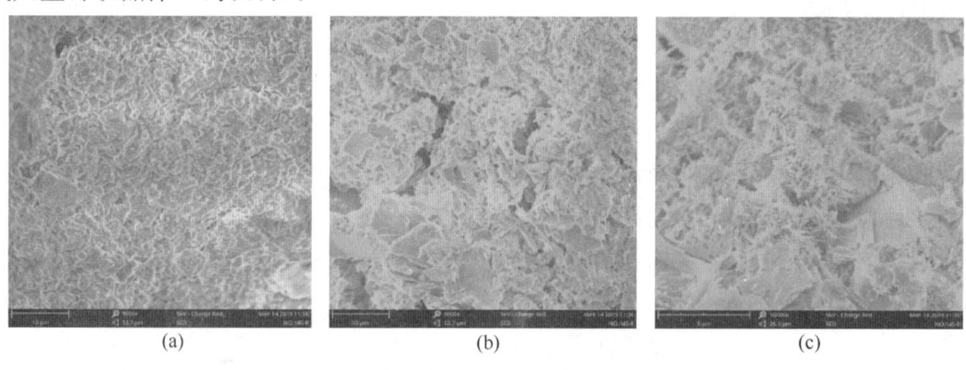

图2-38 冻融循环前后抹面砂浆的微观形貌

（a）0次；（b）20次；（c）40次

当抹面砂浆处于潮湿环境甚至水中时，水将渗入其孔隙和微裂纹中。低温状态下，孔隙和微裂纹中的水凝结成冰，体积增大约9%，会对抹面砂浆中的孔隙孔壁产生膨胀应力。当这种膨胀应力大于抹面砂浆的抗拉强度时，会在孔隙和微裂纹的周围产生新的微裂纹等结构缺陷。这些结构缺陷在冰冻解除后不能复原，这样抹面砂浆的孔隙率增大，孔隙尺寸变大，裂纹发生扩展，导致更多的水渗入。当气温下降再次结冰时，原先存在的裂纹又由于结冰膨胀而扩展，由此反复的冻融循环作用，微小裂纹持续扩展、连通，结构的损伤不断累积，最终导致抹面砂浆严重的结构破坏[23]。此外，在冻融循环过程中，抹面砂浆中的聚合物乳胶膜会被破坏[24]。

因此随着冻融循环次数的增多，抹面砂浆的拉伸粘结强度逐渐下降。

2.3.1.3　干湿对抹面砂浆的劣化研究

抹面砂浆配合比如表 2-7 所示。干湿循环试验是将 20℃，RH60%条件养护 28d 的抹面砂浆置于 23℃水中 1h，80℃烘 4h 作为一个循环，干湿循环次数分别为 0 次、50 次、100 次和 150 次。

干湿循环对抹面砂浆抗拉强度和轴心抗压强度的影响如图 2-39 和图 2-40 所示。由图可知，随着干湿循环次数的增多，抹面砂浆的抗拉强度和轴心抗压强度整体上逐渐下降。

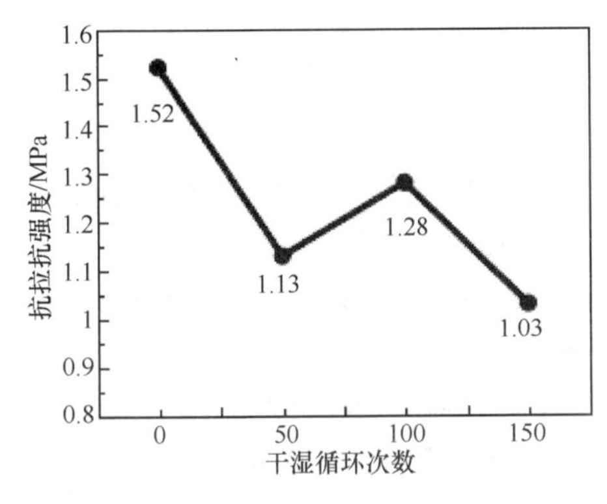

图 2-39　干湿循环前后抹面砂浆的抗拉强度

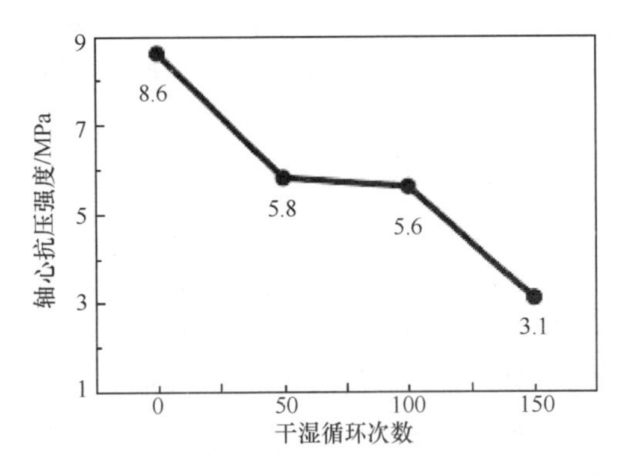

图 2-40　干湿循环前后抹面砂浆的轴心抗压强度

干湿循环过程中，多种因素会影响抹面砂浆的结构和力学性能，一是高温应力加剧了抹面砂浆内部微裂缝的发展；二是高温使抹面砂浆中的聚合物乳胶膜发生一定程度的分解，使得水泥浆与集料间形成的膜失去了以前的作用[25]；三是水泥石会逐渐溶出氢氧化钙，使其结构逐渐被破坏；四是抹面砂浆中的水泥进一步水化。前三个因素会导致抹面砂浆的强度下降，而第四个因素会导致抹面砂浆的强度上升。在干湿循环过程中，前三个因素的作用占主要地位，因此随着干湿循环次数的增多，抹面砂浆的抗拉强度和轴心抗压强度整体上逐渐下降。

2.3.1.4　小结

浸水、冻融和干湿循环均会降低抹面砂浆的力学性能，其劣化机理总结如下：

（1）当浸水时间从 0 到 5d 时，抹面砂浆中的聚合物乳胶膜吸湿膨胀并达到饱和，使其抗拉强度迅速下降。之后由于硬化砂浆浆体中的氢氧化钙与溶解于水中的二氧化碳发生化学反应，生成可溶性的碳酸氢钙，使硬化砂浆浆体中逐渐溶出氢氧化钙，导致其结构逐渐被破坏，因此抹面砂浆的抗拉强度缓慢降低。

（2）在冻融过程中，水在抹面砂浆孔隙和微裂纹中凝结成冰，体积增大并对孔隙孔壁产生膨胀应力。过大的膨胀应力会在孔隙和微裂纹的周围产生新的微裂纹等不能复原的结构缺陷。反复冻融循环使微小裂纹持续扩展、连通，结构的损伤不断累积，最终导致抹面砂浆严重的结构破坏。此外，在冻融循环过程中，抹面砂浆中的聚合物乳胶膜会被破坏。因此随着冻融循环次数的增多，抹面砂浆的拉伸粘结强度逐渐下降。

（3）干湿循环过程中，有多种因素影响抹面砂浆的结构和力学性能。一是高温应力加剧了抹面砂浆内部微裂缝的发展；二是高温使抹面砂浆中的聚合物乳胶膜发生一定程度的分解；三是水泥石会逐渐溶出氢氧化钙；四是抹面砂浆中的水泥进一步水化。前三个因素会导致抹面砂浆的强度下降，其作用占主要地位，因此随着干湿循环次数的增多，抹面砂浆的抗拉强度和轴心抗压强度整体上逐渐下降。

2.3.2 玻璃纤维网布耐久性劣化机理

2.3.2.1 碱侵蚀对玻璃纤维网布的劣化研究

玻纤网格布按照所使用玻璃纤维成分的不同，可分为无碱玻璃纤维网格布、中碱玻璃纤维网格布和耐碱玻璃纤维网格布。中碱和无碱玻纤网格布是采用中碱和无碱玻璃纤维经编织、涂覆制成，耐碱网格布是采用耐碱玻璃纤维经编织、涂覆制成，耐碱玻璃纤维中含有一定的氧化锆。玻纤网格布在服役过程中，会受到碱侵蚀的作用，导致其结构被破坏，力学性能下降。本书分别研究了中碱和耐碱玻纤网格布在碱侵蚀作用下的劣化机理。

试验采用的是单位面积质量为 160g/m^2 的中碱和耐碱玻纤网格布，测试其在（23±2)℃，5%NaOH 溶液中浸泡 28d 和 180d 后拉伸断裂强力的变化。

由表 2-13 可知，碱溶液浸泡后，无论是中碱网格布还是耐碱网格布，其在碱环境中浸泡后拉伸断裂强力都降低；同种碱性环境下浸泡时间越长，网格布的拉伸断裂强力越低。同一碱性条件和浸泡方式下，耐碱网格布的拉伸断裂强力和拉伸断裂强力保留率都较中碱网格布高。从图 2-41 中可以看出，耐碱玻璃纤维表面产生了一层很薄的保护层。

表 2-13 中碱网格布和耐碱网格布的耐碱性能

<table>
<tr><th colspan="3">性能</th><th>中碱网格布</th><th>耐碱网格布</th></tr>
<tr><td colspan="2" rowspan="2">拉伸断裂强力/（N/50mm)</td><td>经向</td><td>1792</td><td>1544</td></tr>
<tr><td>纬向</td><td>1802</td><td>1509</td></tr>
<tr><td rowspan="4">碱溶液浸泡 28d</td><td rowspan="2">拉伸断裂强力/(N/50mm)</td><td>经向</td><td>1242</td><td>1224</td></tr>
<tr><td>纬向</td><td>1287</td><td>1221</td></tr>
<tr><td rowspan="2">拉伸断裂强力保留率/%</td><td>经向</td><td>69.0</td><td>79.3</td></tr>
<tr><td>纬向</td><td>68.4</td><td>80.9</td></tr>
<tr><td rowspan="4">碱溶液浸泡 180d</td><td rowspan="2">拉伸断裂强力/(N/50mm)</td><td>经向</td><td>423</td><td>806</td></tr>
<tr><td>纬向</td><td>555</td><td>848</td></tr>
<tr><td rowspan="2">拉伸断裂强力保留率/%</td><td>经向</td><td>23.6</td><td>52.2</td></tr>
<tr><td>纬向</td><td>25.8</td><td>56.2</td></tr>
</table>

碱溶液中的 OH^- 会与玻璃纤维中的 SiO_2 反应，破坏玻璃纤维的硅氧骨架网络，导致纤维中硅酸盐离子网络的断裂，使玻纤网格布的拉伸断裂强力下降。浸泡时间越长，玻璃纤维的硅氧骨架网络被破坏的程度越大，玻纤网格布的拉伸断裂强力越低[25]。

耐碱玻璃纤维本身具有一定的耐碱性，再加上涂覆层的保护，其耐碱性优于中碱网格布，拉伸断裂强力保留率较高。由于氧化锆的存在，使得耐碱玻璃纤维表面产生了一层很薄的保护层，从一定程度上延缓了碱溶液对耐碱玻璃纤维的侵蚀作用。

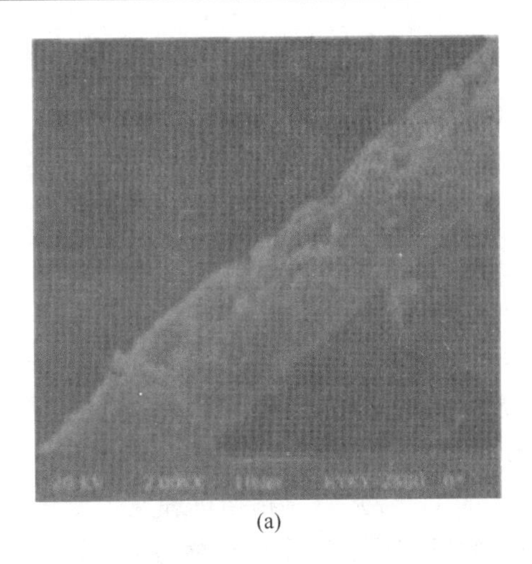
(a)

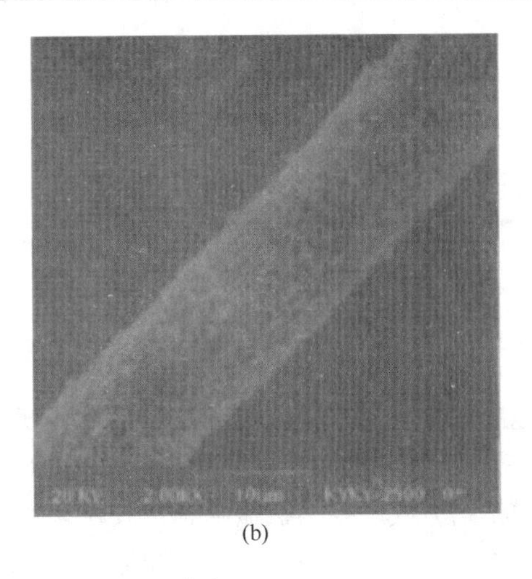
(b)

图 2-41　碱溶液浸泡前后耐碱玻璃纤维表面
（a）浸泡前；（b）浸泡后

2.3.2.2　小结

碱溶液浸泡会降低中碱网格布和耐碱网格布的拉伸断裂强力，其劣化机理为碱溶液中的 OH^- 会与玻璃纤维中的 SiO_2 反应，破坏玻璃纤维的硅氧骨架网络，导致纤维中硅酸盐离子网络的断裂，使玻纤网格布的拉伸断裂强力下降；浸泡时间越长，玻璃纤维的硅氧骨架网络被破坏的程度越大，玻纤网格布的拉伸断裂强力越低。耐碱玻璃纤维中由于含有一定的氧化锆，在碱溶液浸泡之后表面生成一层很薄的保护膜，在一定程度上减缓了碱溶液对耐碱玻璃纤维的侵蚀作用。

2.4　饰面材料耐久性劣化机理

2.4.1　瓷砖胶耐久性劣化机理

瓷砖胶又称陶瓷砖胶粘剂，是一种以水泥为主要胶凝材料并掺入增稠剂、保水剂等有机外加剂同时辅以矿物细集料组成的混合物。瓷砖胶主要用于粘贴瓷砖、面砖、地砖等装饰材料，广泛适用于内外墙面、地面、浴室、厨房等建筑的饰面装饰场所，是目前使用最为广泛的瓷砖粘结材料。瓷砖胶在服役过程中，会受到水分、冻融和热老化等外部环境因素的影响，导致其内部结构发生破坏，拉伸粘结强度下降。本书分别研究了瓷砖胶在浸水、冻融和热老化作用下的劣化机理。

2.4.1.1　浸水对瓷砖胶的劣化研究

瓷砖胶配合比如表 2-14 所示。瓷砖胶的成型、养护及测试方法参照《陶瓷砖胶粘剂》(JC/T 547—2017)。标准条件及浸水后瓷砖胶拉伸粘结强度如表 2-15 所示。

表 2-15　瓷砖胶配合比

原材料/g	编号		
	1	2	3
胶凝材料	50	50	50
细砂	48.3	47.8	47.3

续表

原材料/g	编号		
	1	2	3
聚合物胶粉	0	0.5	1
添加剂	1.7	1.7	1.7
合计	100	100	100
水料比	0.2	0.2	0.2

标准条件及浸水后瓷砖胶拉伸粘结强度如表 2-15 所示。由表可知，标准条件养护时，随着胶粉掺量的提高，拉伸粘结强度先降低后增加。胶粉含量为 0（1 号）时，瓷砖与瓷砖胶的粘结方式主要为机械啮合。胶粉含量为 1%（3 号）时，粘结机理发生变化，除机械啮合外，聚合物颗粒还会在凝胶体上和孔隙中紧密堆积、凝聚成连续的薄膜，从而在瓷砖胶与混凝土基材及瓷砖胶与瓷砖界面、瓷砖胶内部凝胶颗粒间形成“桥接”，有效改善其结合界面，拉伸粘结强度显著提高。胶粉含量较少（2 号）时，聚合物无法形成连续的薄膜，拉伸粘结强度反而降低。浸水后，瓷砖胶的拉伸粘结强度相对标准养护时显著降低。

表 2-15　标准条件及浸水后瓷砖胶拉伸粘结强度　（MPa）

拉伸粘结强度	1 号	2 号	3 号
初始拉伸粘结强度	1.25	0.97	2.06
浸水后拉伸粘结强度	0.25	0.31	0.46

瓷砖胶与瓷砖之间的结合力主要是机械锚固和分子间范德华力的物理吸附作用，在浸水过程中，水分的进入会破坏瓷砖胶与瓷砖界面的范德华力，使拉伸粘结强度下降[26]。此外，浸水过程中胶粉在瓷砖胶中所形成的聚合物膜会发生溶胀，体积变大，从而使聚合物膜的强度下降，其与瓷砖表面形成的化学和物理粘结力下降，导致瓷砖胶拉伸粘结强度下降[27]。

2.4.1.2　冻融对瓷砖胶的劣化研究

瓷砖胶配合比与上述相同。瓷砖胶的成型、养护及测试方法参照《陶瓷砖胶粘剂》（JC/T 547—2017）。

标准条件及冻融后瓷砖胶拉伸粘结强度如表 2-16 所示，可知冻融后瓷砖胶的拉伸粘结强度相对标准养护时显著降低。

表 2-16　标准条件及冻融后瓷砖胶拉伸粘结强度　（MPa）

拉伸粘结强度	1 号	2 号	3 号
初始拉伸粘结强度	1.25	0.97	2.06
冻融后拉伸粘结强度	0.18	0.26	0.41

瓷砖胶的冻融破坏机理与抹面砂浆非常相似。当处于潮湿环境甚至水中时，水会渗入瓷砖胶内部及其与瓷砖界面的孔隙和微裂纹中。孔隙和微裂纹中的水凝结成冰后，体积增大约 9%，会对孔隙孔壁产生膨胀应力。当这种膨胀应力过大时，会破坏孔隙孔壁的结

构，在其周围产生新的微裂纹等结构缺陷，在冰冻解除后不能复原。这样瓷砖胶界面和内部的孔隙率增大，孔隙尺寸变大，裂纹发生扩展，导致更多的水渗入。当气温下降再冰结冻时，原先存在的裂纹又由于结冰膨胀而扩展，由此反复的冻融循环作用，微小裂纹持续扩展、连通，结构的损伤不断累积，最终导致严重的结构破坏。此外，在冻融循环过程中，瓷砖胶中的聚合物乳胶膜会被破坏。因此，瓷砖胶冻融后的拉伸粘结强度明显下降。

2.4.1.3 热老化对瓷砖胶的劣化研究

瓷砖胶配合比与上述相同。瓷砖胶的成型、养护及测试方法参照《陶瓷砖胶粘剂》(JC/T 547—2017)。

标准条件及热老化后瓷砖胶拉伸粘结强度如表 2-17 所示，可知热老化后瓷砖胶的拉伸粘结强度相对标准养护时显著降低。

表 2-17 标准条件及热老化后瓷砖胶拉伸粘结强度 (MPa)

拉伸粘结强度	1号	2号	3号
初始拉伸粘结强度	1.25	0.97	2.06
热老化后拉伸粘结强度	0.21	0.26	0.43

在热老化过程中，瓷砖胶的拉伸粘结强度主要受到两个方面因素的影响。

一是在高温条件下，瓷砖胶和瓷砖由于线膨胀系数的差异，会在界面处产生应力，导致界面处出现微裂纹，使瓷砖胶的拉伸粘结强度下降[28]。

二是高温作用下，瓷砖胶中硬化水泥浆体和聚合物乳胶膜结构的破坏。在高温作用下，硬化水泥浆体中的水分较快蒸发，水泥水化停止，后期强度不再增长，钙矾石会出现严重的脱水，使其结构被严重破坏。瓷砖胶中的聚合物乳胶膜会出现老化，变得脆性大而韧性低，粘结强度大幅下降[29]。

2.4.1.4 小结

浸水、冻融和热老化均会降低瓷砖胶的拉伸粘结强度，其劣化机理总结如下：

(1) 在浸水过程中，水分会渗入瓷砖胶内部及其与瓷砖的界面。水分的渗入会破坏瓷砖胶与瓷砖界面的范德华力，还会使瓷砖胶中所形成的聚合物膜发生溶胀，体积变大，从而使聚合物膜的强度下降，其与瓷砖表面形成的化学和物理粘结力下降，导致瓷砖胶的拉伸粘结强度下降。

(2) 在冻融过程中，水在瓷砖胶内部及其与瓷砖界面的孔隙和微裂纹中凝结成冰，体积增大并对孔隙孔壁产生膨胀应力。过大的膨胀应力会在孔隙和微裂纹的周围产生新的微裂纹等不能复原的结构缺陷。反复冻融循环使微小裂纹持续扩展、连通，结构的损伤不断累积，最终导致严重的结构破坏。此外，在冻融循环过程中，瓷砖胶中的聚合物乳胶膜会被破坏。因此，瓷砖胶冻融后的拉伸粘结强度明显下降。

(3) 在热老化过程中，一方面瓷砖胶和瓷砖由于线膨胀系数的差异，会在界面处产生应力，导致界面处出现微裂纹，使瓷砖胶的拉伸粘结强度下降；另一方面在高温作用下，瓷砖胶中硬化水泥浆体和聚合物乳胶膜结构被破坏。硬化水泥浆体中的水分较快蒸发，水泥水化停止，后期强度不再增长，钙矾石会出现严重的脱水，使其结构被严重破坏。聚合物乳胶膜也会出现老化，变得脆性大而韧性低，粘结强度大幅下降。因此，瓷砖胶的热老化拉伸粘结强度明显低于其初始拉伸粘结强度。

2.4.2 涂料耐久性劣化机理

2.4.2.1 酸雨对涂料的劣化研究

试验采用两种外墙涂料，即普通外墙涂料和弹性外墙涂料（底涂）。外墙涂料的外观质量、附着力、拉伸强度和伸长率（弹性涂料）等基本性能测定参照《合成树脂乳液外墙涂料》(GB/T 9755—2014）和《弹性建筑涂料》(JG/T 172—2014）试验方法进行。测试样品的制备见图 2-42，两种外墙涂料的基本性能见表 2-18。

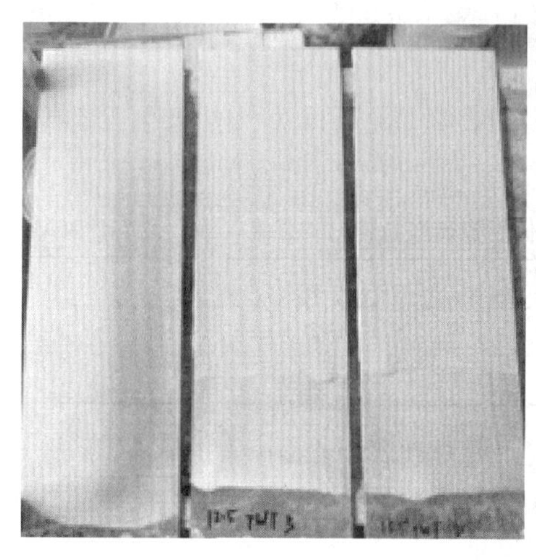

图 2-42 测试样品的制备

表 2-18 外墙涂料的基本性能

涂料类型	外观	附着力	耐洗刷性 2000 次	拉伸性能	
				拉伸强度/MPa	伸长率/%
普通涂料	正常	2	补充	—	—
弹性涂料	正常	2	补充	2.8	312

注：弹性涂料试验时未采用底涂，出现附着力不佳的情况后，重新试验采用底涂。

试件制备并养护 7d 后，在 pH 值 4.5 的硫酸溶液（模拟酸雨）中浸泡 7d，再在（50±2)℃烘箱中 7h，室温冷却，进行外观观察和附着力测试。

酸雨浸泡前后外墙涂料外观及附着力试验结果见表 2-19、图 2-43 和图 2-44。由表 2-19、图 2-43 和图 2-44 可知，在 pH 值为 4.5 的酸雨中浸泡 7d 后，两种涂料出现起泡现象，附着力由 2 级降低为 4 级，弹性涂料的拉伸强度和伸长率出现严重下降。

表 2-19 酸雨浸泡前后外墙涂料外观及附着力试验结果

涂料类型	项目	标准状态	酸雨浸泡
普通涂料	外观	正常	起泡
	附着力/级	2	4
弹性涂料	外观	正常	起泡
	附着力/级	2	4
	拉伸强度（MPa)	2.8	1.7
	伸长率（%)	312	142

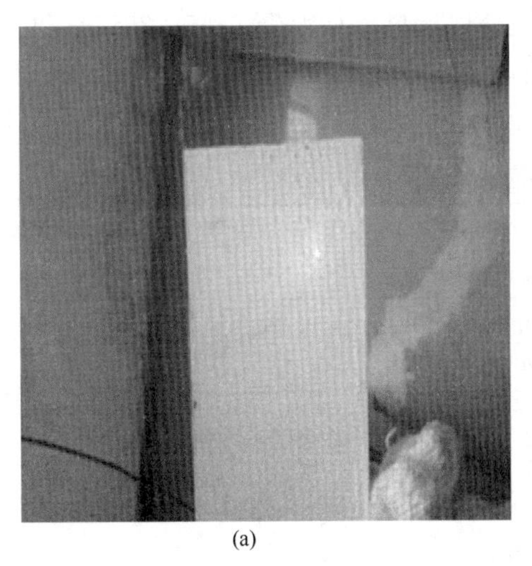
(a)

(b)

图 2-43　酸雨浸泡 7d 后外墙涂料外观

（a）普通外墙涂料；（b）外墙弹性涂料

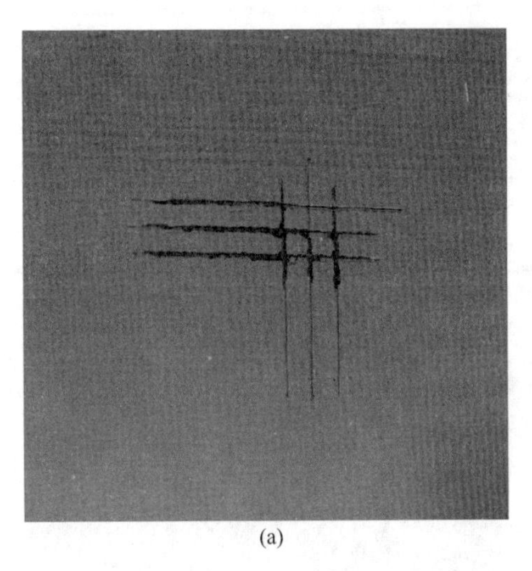
(a)

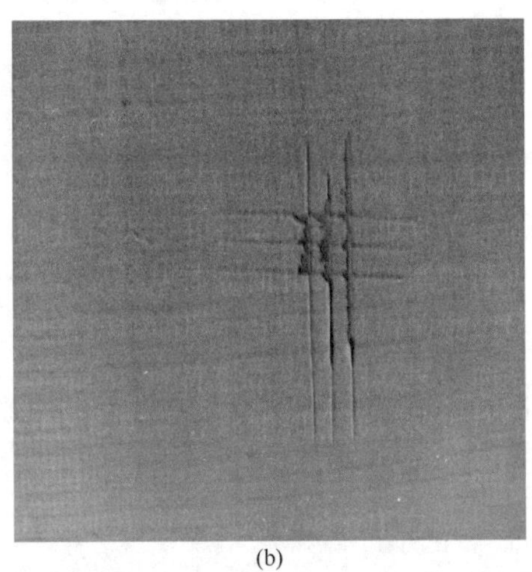
(b)

图 2-44　酸雨浸泡 7d 后外墙涂料附着力试验

（a）普通外墙涂料；（b）外墙弹性涂料

在酸雨浸泡过程中，不仅水分子可渗透、扩散至涂层，对涂层造成破坏，而且酸雨中的有害离子如 H^{+}、SO_4^{2-}，也容易随水分渗透至涂层，甚至涂层与基层界面，对涂层及基材造成破坏。酸雨中的有害离子一方面与大分子链段相互作用，破坏大分子的次价键，使材料溶胀、软化；同时，有害离子与大分子中的活泼基团发生水解、氧化等反应，大分子主价键发生破坏、裂解，使涂层疏松，出现粉化、鼓泡或剥落而降低其外观等级，力学性能下降，最终丧失使用性能[30]。此外，有害离子迁移到涂层与基材界面，由于建筑涂料的基材大部分是碱性物质（混凝土、砂浆、腻子等），酸雨中 H^{+}、SO_4^{2-} 与基材发生化学反应，生成疏松的硫酸钙结晶，使涂层与底材之间附着力降低[31]。

2.4.2.2　温度对涂料的劣化研究

试验采用的涂料与上述相同。外墙涂料的外观质量、附着力、拉伸强度和伸长率（弹性涂料）等基本性能测定参照《合成树脂乳液外墙涂料》（GB/T 9755—2014）和《弹性建筑涂料》（JG/T 172—2014）试验方法进行。本书研究了冷热交变对涂料外观和性能的影响，试验条件见表 2-20。

表 2-20　冷热交变试验条件

试验名称	试验条件	循环次数或龄期
标准条件	养护（23±2)℃，(50±5)%	7d
冷热交变	试件制备养护 7d，在（23±2)℃水中 18h，(−20±2)℃低温箱中 3h，(50±2)℃烘箱中 3h 为一循环	5 次

冷热交变试验前后外墙涂料外观及附着力试验结果见表 2-21 和图 2-45。可知在冷热交变后，两种涂料的外观无明显变化，附着力由 2 级降低为 3 级，弹性涂料的拉伸强度变化不大，而伸长率出现明显的降低。

表 2-21　冷热交变试验前后外墙涂料外观及附着力试验结果

涂料类型	项目	标准状态	冷热交变
普通涂料	外观	正常	正常
	附着力/级	2	3
弹性涂料	外观	正常	正常
	附着力/级	2	3
	拉伸强度/MPa	2.8	2.7
	伸长率/%	312	241

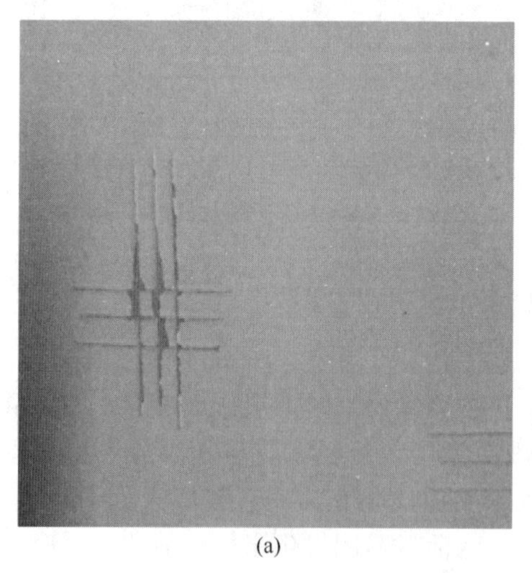

(a)

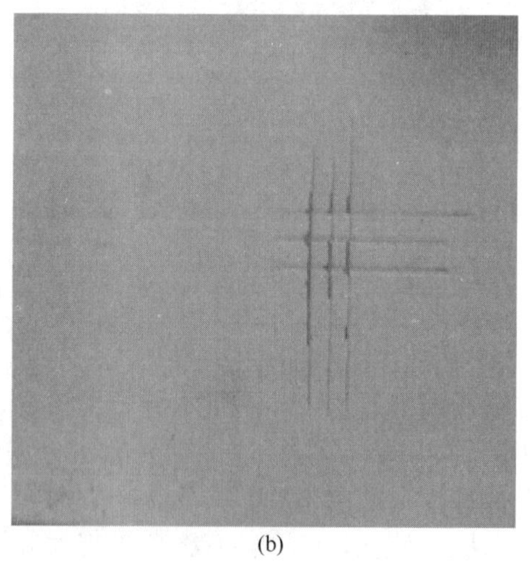

(b)

图 2-45　冷热交变试验后外墙涂料附着力试验

(a）普通外墙涂料；(b）外墙弹性涂料

温度的升高表明分子的热运动加剧，温度足够高时可以引发涂料中某些高分子的降解和交联，在氧气和水的作用下，高分子结构发生变化并最终导致涂料强度降低、脆化等。温度升高也会加速物理、化学反应速度，加速高分子的降解。同时，温度的变化所产生的温度应力也易引起涂层的膨胀、收缩，造成涂层的开裂，导致氧气、水等更易进入涂料内部，加速涂料的降解，最终使涂料发生老化、失效。

2.4.2.3 干湿循环对涂料的劣化研究

试验采用的涂料与上述相同。外墙涂料的外观质量、附着力、拉伸强度和伸长率（弹性涂料）等基本性能测定参照《合成树脂乳液外墙涂料》（GB/T 9755—2014）和《弹性建筑涂料》（JG/T 172—2014）试验方法进行。本书研究了干湿循环对涂料外观和性能的影响，试验条件如表 2-22 所示。

表 2-22 干湿循环试验条件

试验名称	试验条件	循环次数或龄期
标准条件	养护（23±2)℃，(50±5)%	7d
干湿循环	试件制备后养护 7d，在（23±2)℃水中 5min，取出室内放置 30min，(50±2)℃烘箱中 7h 为一循环，取出室内放置 30min，为一循环	15 次和 30 次

干湿循环试验前后外墙涂料的外观及附着力试验结果见表 2-23。由试验结果可知，在干湿循环 15 次和 30 次后，两种涂料的外观无明显变化，附着力由 2 级降低为 3 级，弹性涂料的拉伸强度和伸长率略有下降。

表 2-23 干湿循环试验前后外墙涂料的外观及附着力试验结果

涂料类型	项目	标准状态	干湿循环	
			15 次	30 次
普通涂料	外观	正常	正常	正常
	附着力/级	2	3	3
弹性涂料	外观	正常	正常	正常
	附着力/级	2	3	3
	拉伸强度/MPa	2.8	2.4	2.3
	伸长率/%	312	294	275

外墙涂料与水接触时，水分子可通过扩散渗入涂层。水分子在涂层中的渗透、吸收是一个复杂的物理、化学过程。除了自由传输过程，水分子还可以与涂层中的组元（成膜物质、固化剂等）发生相互作用，导致涂层结构发生重组（弛豫）、变化，并在涂层内部形成非自由扩散的水簇[32-33]。

对于被广泛应用于建筑装饰领域的环境友好型水性涂料，为了实现成膜树脂的水性化，不可避免地要引入大量的亲水性基团或物质。这些亲水基团在成膜过程中经分子重排而形成极性通道，加快水分子在涂层中的渗透和扩散。同时由于树脂的亲水基团所形成的酯键等易在水介质中发生水解，从而导致其分子链降解，破坏涂层的聚合物结构。水分子扩散渗入涂层，造成涂层结构发生变化的同时，也极易破坏涂层与基层之间的界面，导致涂层附着力变差，甚至起泡、脱落等。干燥后，随着涂料中水分的减少，导致在湿涨干缩的过程中，涂料与基层的变形不一致，从而产生应力，如果涂料本身的变形能力差，或者涂层与基层的粘结性差，易造成涂层的开裂、脱落等破坏[34]。

2.4.2.4 紫外老化对涂料的劣化研究

试验采用的涂料与上一节相同。外墙涂料的外观质量、附着力、拉伸强度和伸长率（弹性涂料）等基本性能测定参照《合成树脂乳液外墙涂料》（GB/T 9755—2014）和《弹性建筑涂料》（JG/T 172—2014）试验方法进行。本书研究了人工气候老化对涂料外观和性能的影响，试验条件见表 2-24。

表 2-24 人工气候老化试验条件

试验名称	试验条件	循环次数或龄期
标准条件	养护 (23±2)℃，(50±5)%	7d
人工气候老化	试件制备后养护 7d，按《色漆和清漆 人工气候老化和人工辐射曝露滤过的氙弧辐射》GB/T 1865—2009	600h

人工气候老化试验前后外墙涂料的外观及附着力试验结果见表 2-25。可知在人工气候老化后，两种涂料的外观无明显变化，普通涂料附着力由 2 级降低为 4 级，弹性涂料的附着力由 2 级降低为 3 级。人工气候老化后，弹性涂料的拉伸强度略有下降，而伸长率出现严重下降。

表 2-25 人工气候老化试验前后外墙涂料的外观及附着力试验结果

涂料类型	项目	标准状态	人工气候老化
普通涂料	外观	正常	正常
	附着力/级	2	4
弹性涂料	外观	正常	正常
	附着力/级	2	3
	拉伸强度/MPa	2.8	2.5
	伸长率/%	312	182

太阳光是引起涂料老化的最主要因素之一。太阳光谱主要包括紫外线、可见光和红外线，其中紫外线对涂料的影响最大。由于紫外线的穿透力强，可到达涂料内部，引起涂料的光氧化反应。其老化原理为当紫外线的能量与涂料中高分子链的化学键基态与激发态间的能量差相匹配时，高分子链的化学键将吸收紫外线的能量而发生断裂，形成游离基，这些游离基的化学性质非常活泼，在氧气和水的作用下，促使化学键进一步断裂，引起整个分子链的分解，变成一些小分子如酮、酸等，进而使涂层脆化、开裂。不同化学键，对光的吸收波长不同，其中芳香结构基团，不饱和键、羧基以及叔碳原子上含有活泼氢的化合物都是对光吸收敏感的化学键、官能团，因此涂料是否容易发生与涂料的化学结构密切相关。同时若涂料中含有对光吸收敏感的化学键、官能团的杂质，如反应不完全的原料、杂质等，即使涂料的成膜树脂中没有光敏基团，也会造成涂料的光氧化降解、老化[35]。

外墙涂料受紫外光、氧降解，光氧化学反应过程为：

$$X\text{-}X \xrightarrow{hv} 2X\cdot$$

$$X\cdot + RH（聚合物）\longrightarrow XH + R\cdot$$

$$R\cdot + O_2 \longrightarrow RO_2\cdot$$

$$RO_2\cdot + RH \longrightarrow RO_2H + R\cdot$$

$$R \cdot /ROOH \longrightarrow 主链断裂$$

2.4.2.5 小结

酸雨、温度、干湿循环和紫外老化都会使涂料发生劣化，其劣化机理总结如下：

（1）酸雨可以渗入涂层内甚至涂层与基层界面。酸雨中的 H^+、SO_4^{2-} 一方面与基层发生反应，生成侵蚀产物，使涂层与基层之间的附着力降低；另一方面与涂层发生反应，破坏涂层的结构，造成涂层疏松，出现粉化、鼓泡或剥落。

（2）高温使涂料发生降解，在氧气和水的作用下，高分子结构发生变化并最终导致涂料强度降低、脆化等。温度的变化所产生的温度应力易引起涂层的膨胀、收缩，造成涂层的开裂，导致氧气、水等更易进入涂料内部，加速涂料的降解，最终使涂料发生老化、失效。

（3）水分子在涂层中的渗透、吸收是一个复杂的物理、化学过程。除了自由传输过程，水分子还可以与涂层中的组元发生相互作用，导致涂层结构发生重组、变化，破坏涂层的结构。此外，水渗入涂层与基层之间的界面后，也会破坏涂层与基层之间的结合，导致涂层附着力变差，甚至起泡、脱落等。干燥后，随着涂料中水分的减少，在湿涨干缩的过程中，涂料与基层的变形不一致，从而产生应力，易造成涂层的开裂、脱落等破坏。

（4）当紫外线的能量与涂料中高分子链的化学键基态与激发态间的能量差相匹配时，高分子链的化学键将吸收紫外线的能量而发生断裂，形成游离基，这些游离基的化学性质非常活泼，在氧气和水的作用下，促使化学键进一步断裂，引起整个分子链的分解，变成一些小分子如酮、酸等，进而使涂层脆化、开裂。

参考文献

[1] POWERS T C，HELMUTH R A. Theory of volume change in hardended pofland cement paste during freezing proceeding[J]. Highway research Board，1953，32(7)：285-297.

[2] 张誉，蒋利学，张伟平，等. 混凝土结构耐久性概论[M]. 上海：上海科学技术出版社，2003.

[3] CAI H，LIU X. Freeze-Thaw Durability of Concrete：Ice Formation Process in Pores[J]. Cement and Concrete Research，1998，28(9)：1281-1287.

[4] KAUFMANN J P. Experimental identification of ice formation in small concrete pores[J]. Cement and Concrete Research，2004，34(8)：1421-1427.

[5] 迟培云. 建筑结构材料[M]. 哈尔滨：哈尔滨工业大学出版社，2007.

[6] 章未琴. 钨尾矿加气混凝土的制备及性能研究[D]. 南昌：南昌大学，2012.

[7] 王松. 蒸压加气混凝土砌块的抗冻性研究[D]. 长沙：长沙理工大学，2015.

[8] 徐厚林. 烧结砖化学成分及物理性能简述[J]. 砖瓦世界，2015(04)：33+32.

[9] 汤永净，赵红，叶真华，等. 古代砖砌体风化性能分析及风化程度评定[J]. 土木建筑与环境工程，2017，39(03)：67-74.

[10] 叶惠定，毛炜瑛，孙浩，等. 烧结黏土多孔砖墙体泛霜的原因及其影响[J]. 砖瓦，2007(10)：34-35.

[11] 郑伟琴. 旧房拆迁废弃建筑黏土砖的再利用研究[D]. 南京：南京理工大学，2013.

[12] 李天瑗. 试论混凝土冻害机理——静水压与渗透压的作用[J]. 混凝土与水泥制品，1989(05)：8-11.

[13] KANG Y S，LIU Q S，SHUANG S B. A fully coupled thermo-hydro-mechanical model for rock mass under freezing/thawing condition[J]. Cold Regions Science and Technology，2013，95：19-26.

[14] 黄榜彪，景嘉骅，李青，等. 轻质烧结页岩砖的研发[J]. 新型建筑材料，2011，38(11)：45-46+52.
[15] 李东辉，庞玉娟，白秀环. 外墙外保温用聚苯板的性能指标[J]. 山东建材，2004(06)：36-37.
[16] 汤贵海，伍毅敏，张镇国，等. 寒区隧道层间聚氨酯保温板的冻融特性试验[J]. 西安科技大学学报，2018，38(02)：323-329.
[17] 李梅，王杰昌. EPS和XPS在建筑工程中的应用[J]. 科技信息，2010(06)：338.
[18] 汪恩良，靳婉莹，刘兴超，等. 冻融条件下XPS板吸水特性及力学性能研究[J]. 哈尔滨工程大学学报，2018，39(01)：47-52.
[19] 郑江龙. 挤塑板和苯板在高寒地区应用分析[J]. 价值工程，2011，30(25)：47.
[20] 王伟鉴. 无机轻集料聚合物保温砂浆配比设计及试验方法研究[D]. 杭州：浙江大学，2008.
[21] 乔稳超. 玻化微珠保温砂浆抗冻耐久性试验研究[D]. 太原：太原理工大学，2014.
[22] 李建伟，马挺，白召军，等. 岩棉板在含水潮湿状态下的性能变化及机理研究[J]. 新型建筑材料，2018，45(02)：80-82.
[23] 史建军. 冻融环境对外墙外保温系统中聚合物水泥砂浆性能的影响研究[D]. 沈阳：沈阳工业大学，2014.
[24] 苏志杰，路永华，宋跃军. 轻质聚合物抹面砂浆冻融循环及微观机理研究[J]. 混凝土，2014(01)：114-116+131.
[25] 高鹏锟，胡微微，赵党锋，等. 聚丙烯、玄武岩纤维和耐碱玻璃纤维耐碱性能对比分析[J]. 天津纺织科技，2011(01)：19-21+24.
[26] 雷文晗，罗晓良，蒋青青，等. 水泥基瓷砖胶粘剂试验性能研究[J]. 墙材革新与建筑节能，2013(11)：65-67.
[27] 黎凡. 养护条件对水泥基陶瓷砖粘结剂性能的影响及其机理[J]. 广东建材，2011，(10)：97-99.
[28] 温和，李龙梓，吴开胜. 水泥基瓷砖胶粘剂性能的影响因素研究[J]. 新型建筑材料，2016，(1)：37-39.
[29] 吕会勇，赵云鹏，王杨松，等. 外墙瓷砖勾缝剂返碱现象的分析[J]. 辽宁建材，2010(08)：44-45.
[30] 戈兵，王淑丽，王景贤，等. 单组分聚氨酯防水涂料在浸泡环境下的耐久性研究[J]. 中国建筑防水，2018(10)：1-3+9.
[31] 董海宁. 酸雨对我国外墙涂料的影响及解决对策[J]. 重庆建筑，2007，(7)：44-46.
[32] 胡吉明，张鉴清，谢德明，等. 水在有机涂层中的传输Ⅰ Fick扩散过程[J]. 中国腐蚀与防护学报，2002(05)：56-60.
[33] 胡吉明，张鉴清，谢德明，等. 水在有机涂层中的传输Ⅱ 复杂的实际传输过程[J]. 中国腐蚀与防护学报，2002(06)：52-55.
[34] 刘敏. 环境友好型水性防腐涂料的性能与耐蚀机理研究[D]. 武汉：武汉大学，2013.
[35] 么秋香. 抗老化外墙乳胶涂料制备及性能研究[D]. 西安：西安科技大学，2009.

3 外墙材料及系统耐久性分析模型及评价方法

围护材料耐久性是指围护材料在服役年限内，在各种环境条件作用及正常维护的情况下，保持其安全性、正常使用性和可接受的外观的能力。围护材料耐久性分析模型是对围护材料受各种常规破坏因素作用后性能演变的综合表达。

建立典型气候区围护材料耐久性分析模型是一项全面、系统的研究任务。本书的研究思路：在研究围护材料耐久性劣化机理的基础上，认知、掌握环境因素及其耦合对围护材料耐久性的作用规律。以此为前提，结合各典型气候区的气候环境因素及其耦合差异，针对各典型气候区使用的围护材料实际，系统开展围护材料耐久性表征试验设计和相关研究。通过对围护材料受各因素作用后性能演变的研究，建立不同气候区围护材料的耐久性分析模型及评价方法。

3.1 围护材料耐久性分析模型的建立

3.1.1 耐久性分析模型的理论基础

围护材料在服役过程中，不断经受光、热荷载、湿气迁移等外部环境耦合作用，产生膨胀、收缩变形和化学侵蚀，引起围护材料孔结构、组成等发生变化，导致建筑围护材料性能降低，耐久性衰减。

温度传递、水分迁移引起的冻融和干湿等外部环境耦合作用使围护材料产生膨胀、收缩变形，进而在围护材料内部产生应力，应力大于材料承载力时，围护材料产生开裂，耐久性衰减。围护系统中各材料在外部环境耦合作用及变形协调一致条件下，系统界面处产生应力，应力大于材料或界面承载力时，围护系统产生开裂、空鼓，围护系统耐久性衰减。

3.1.2 耐久性分析模型的建模准则

本书主要围绕外墙外保温系统、自保温系统（夹芯保温系统）和内保温系统建立围护材料的耐久性分析模型。

外保温系统应用广泛，主要包括墙体材料、保温材料、抹面材料和饰面材料，各层材料在重力、风、温度、湿度等环境因素持续耦合作用下耐久性衰减，将分别建立耐久性分析模型。

自保温系统（夹芯保温系统）和内保温系统应用较少，自保温系统包括墙体材料、找平材料和饰面材料，墙体材料、找平材料和饰面材料在温度、湿度等环境因素持续耦合作用下耐久性衰减，将分别论述耐久性分析模型；夹芯保温系统主要包括墙体材料、保温材料和防护密封材料，主要在紫外线、温度、湿度等环境因素持续耦合作用下材料耐久性衰减，将分别论述耐久性分析模型；内保温系统包括墙体材料、保温材料、抹面材料和饰面材料。保温材料处在室内，受到的环境因素应力大大减弱，主要在湿度等环境因素持续耦合作用下耐久性衰减，将分别论述耐久性分析模型。

3.1.3 外墙外保温系统耐久性分析模型的建立

围护结构采用外墙外保温系统后，主体结构受到的环境因素应力大大减弱，环境因素主要影响外墙外保温系统及材料的耐久性。

因此，根据围护材料耐久性分析模型理论基础，建立建筑外墙外保温系统（粘贴）耐久性分析模型，见式（3-1）和式（3-2）。该模型通过对典型气候区的重力、风、温度、湿度等环境因素承载力与围护材料承载力设计值进行比较分析，对围护材料及系统的耐久性进行评价。

建筑围护材料耐久性分析模型如下：

$$\gamma_0 S_d < S_0 \tag{3-1}$$

$$S_d = \varphi_T \gamma_T S_T + \varphi_m \gamma_m S_m + \gamma_G S_G + \varphi_w \gamma_w S_w \tag{3-2}$$

式中 γ_0——安全系数；

S_0——围护材料抗力设计值，指综合考虑可产生化学侵蚀及软化作用及可产生物理应力环境因素作用的设计承载力值，MPa；

S_d——环境耦合效应设计值，指综合考虑线弹性阶段可产生物理应力的环境因素影响程度、环境应力方向的计算承载力值，MPa；

S_T——温度荷载；

S_m——湿度荷载；

S_G——重力荷载；

S_w——风荷载；

γ——荷载分项系数；

γ_G——重力荷载分项系数；

γ_w——风荷载分项系数；

γ_T——温度荷载分项系数；

γ_m——湿度荷载分项系数；

φ——荷载组合系数，φ_T 取 1.0，φ_m 取 0.8，φ_w 取 0.6。

计算边界根据各个气候区环境特征确定。

围护材料环境耦合效应设计值 S_d 是综合考虑了材料线弹性阶段可产生物理应力的环境因素影响程度、环境应力方向的环境因素效应设计值。围护材料主要受温度、湿度、风、重力等环境因素承载力作用，各承载力计算公式如下。

1）温度荷载

假设墙体一共有 n 层，由外到内依次为第 1、第 2……第 n 层，第 i 层的弹性模量为 E_i，线膨胀系数为 α_i，整个墙体初始温度为 t_0。当热量传输稳定、墙体温度不发生变化后，墙体整体发生弯曲，曲率为 κ，墙体的各层之间不发生相对滑移。假设中性轴在墙体结构层中央，其应变为 ε，如图 3-1 所示。

设 z 轴在墙面中央且垂直于墙面，墙体结构层中央为 z 轴原点，弯曲墙体凸起的方向为 z 轴负方向，中性轴过 z 轴原点。由墙体总应力为 0 和总弯矩为 0 可得：

$$\Sigma\int\sigma(z)\cdot dz = 0 \quad ①$$

$$\Sigma\int\sigma(z)\cdot z\cdot dz = 0 \quad ②$$

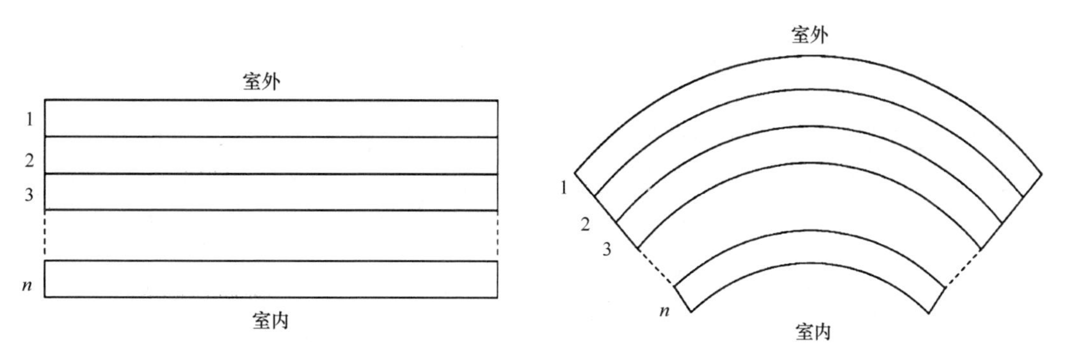

图 3-1 温度应力计算模型

将两方程联立，解得 ε 和 κ。

设墙体外表面温度为 t_1，第 i 层与第（$i+1$）层的界面温度为 t_{i+1}，墙体内表面温度为 t_{n+1}。墙体第 i 层外侧的应力为 σ_{iu}，与中性轴的距离为 z_i，内侧的应力为 σ_{id}，与中性轴的距离为 z_{i+1}。

$$\sigma_{iu} = E_i[-\alpha_i(t_i - t_0) + \varepsilon - \kappa z_i] \quad ③$$

$$\sigma_{id} = E_i[-\alpha_i(t_{i+1} - t_0) + \varepsilon - \kappa z_{i+1}] \quad ④$$

第 i 层中与中性轴的距离为 z 的横截面的应力为：

$$\sigma(z) = \sigma_{iu} \cdot \frac{z - z_{i+1}}{z_i - z_{i+1}} + \sigma_{id} \cdot \frac{z_i - z}{z_i - z_{i+1}} \quad z \in [z_i, z_{i+1}] \quad ⑤$$

将③、④、⑤式代入①式和②式，为：

$$\sum_{i=1}^{n} \int_{z_i}^{z_{i+1}} \left\{ E_i[-\alpha_i(t_i - t_0) + \varepsilon - \kappa z_i] \cdot \frac{z - z_{i+1}}{z_i - z_{i+1}} + E_i[-\alpha_i(t_{i+1} - t_0) + \varepsilon - \kappa z_{i+1}] \cdot \frac{z_i - z}{z_i - z_{i+1}} \right\} dz = 0 \quad ⑥$$

$$\sum_{i=1}^{n} \int_{z_i}^{z_{i+1}} \left\{ E_i[-\alpha_i(t_i - t_0) + \varepsilon - \kappa z_i] \cdot \frac{z - z_{i+1}}{z_i - z_{i+1}} \cdot z + E_i[-\alpha_i(t_{i+1} - t_0) + \varepsilon - \kappa z_{i+1}] \cdot \frac{z_i - z}{z_i - z_{i+1}} \cdot z \right\} dz = 0 \quad ⑦$$

由⑥式可得，

$$\sum_{i=1}^{n} (A_{s,i} \cdot \kappa + B_{s,i} \cdot \varepsilon + C_{s,i}) = 0 \quad ⑧$$

其中

$$A_{s,i} = -\frac{E_i}{2}(Z_i + Z_{i+1})(Z_i - Z_{i+1})$$

$$B_{s,i} = E_i(Z_i - Z_{i+1})$$

$$C_{s,i} = -\frac{E_i \alpha_i}{2}(Z_i - Z_{i+1})(t_i + t_{i+1} - 2t_0)$$

由⑦式可得，

$$\sum_{i=1}^{n} (A_{m,i} \cdot \kappa + B_{m,i} \cdot \varepsilon + C_{m,i}) = 0 \quad ⑨$$

其中

$$A_{m,i} = -\frac{E_i}{3}(Z_i - Z_{i+1})(Z_i^2 + Z_i Z_{i+1} + Z_{i+1}^2)$$

$$B_{m,i}=\frac{E_i}{2}(Z_i+Z_{i+1})(Z_i-Z_{i+1})$$

$$C_{m,i}=-\frac{E_i\alpha_i}{6}(Z_i-Z_{i+1})(2t_iZ_i+t_iZ_{i+1}+t_{i+1}Z_i+2t_{i+1}Z_{i+1}-3t_0z_i-3t_0z_{i+1})$$

即

$$\begin{bmatrix}\sum_{i=1}^{n}A_{s,i} & \sum_{i=1}^{n}B_{s,i}\\ \sum_{i=1}^{n}A_{m,i} & \sum_{i=1}^{n}B_{m,i}\end{bmatrix}\begin{pmatrix}\kappa\\ \varepsilon\end{pmatrix}=\begin{pmatrix}-C_{s,i}\\ -C_{m,i}\end{pmatrix} \quad ⑩$$

求得：

$$\kappa=\frac{\sum_{i=1}^{n}B_{m,i}\cdot\sum_{i=1}^{n}C_{s,i}-\sum_{i=1}^{n}B_{s,i}\cdot\sum_{i=1}^{n}C_{m,i}}{\sum_{i=1}^{n}A_{m,i}\cdot\sum_{i=1}^{n}B_{s,i}-\sum_{i=1}^{n}A_{s,i}\cdot\sum_{i=1}^{n}B_{m,i}} \quad ⑪$$

$$\varepsilon=\frac{\sum_{i=1}^{n}A_{s,i}\cdot\sum_{i=1}^{n}C_{m,i}-\sum_{i=1}^{n}A_{m,i}\cdot\sum_{i=1}^{n}C_{s,i}}{\sum_{i=1}^{n}A_{m,i}\cdot\sum_{i=1}^{n}B_{s,i}-\sum_{i=1}^{n}A_{s,i}\cdot\sum_{i=1}^{n}B_{m,i}} \quad ⑫$$

将 κ、ε 分别代入③式和④式，即可求得各层内外侧的应力值，再由⑤式求得任一横截面的应力值。

2）湿度荷载

材料因环境湿度增加会产生一定的湿胀，由于各层材料的湿胀系数和相对湿度不一致，在复合墙体内会产生湿度应力。相对湿度是界面的实际水蒸气分压与饱和水蒸气分压的比值。饱和水蒸气分压与温度直接相关，与温度的拟合公式如式（3-3）所示。其中，相关系数 $R^2=0.99998$。

$$P_s=41060.7-\frac{41060.7+118.4}{1+e^{\frac{t-63.9}{15.9}}} \quad (3\text{-}3)$$

式中 P_s—— 饱和水蒸气分压，Pa；

t ——界面温度，℃。

实际水蒸气分压根据《民用建筑热工设计规范》（GB 50176—2016）公式计算，如式（3-4）所示。

$$P_m=P_i-\frac{\sum_{j=1}^{m-1}H_j}{H_0}(P_i-P_e) \quad (3\text{-}4)$$

式中 P_m—— 任一层内界面的水蒸气分压，Pa；

P_i—— 室内空气水蒸气分压，Pa；

H_0——围护结构的总蒸汽渗透阻（m^2・h・Pa / g）；

$\sum_{j=1}^{m-1}H_f$ ——从室内一侧算起，由第一层到第 $m-1$ 层的蒸汽渗透阻之和（m^2・h・Pa /g）；

P_e——室外空气水蒸气分压（Pa）。

基于传热传质模型理论，材料的湿度应力计算与温度应力计算方法一致，只是将温度应力计算中的温度改为相对湿度，线膨胀系数改为湿胀系数。其中，界面的饱和蒸气压计算温度采用空气温度，并非通过传热阻计算求得的墙体界面温度。

3）风荷载

外墙外保温系统的风荷载可按照《建筑结构荷载规范》（GB 50009—2012）的规定进行计算，围护结构的风荷载取值按照式（3-5）进行计算。

$$S_w = \frac{\beta_{gz} \mu_s \mu_z w_0}{1-\omega} \tag{3-5}$$

式中 β_{gz}——阵风系数；

μ_s——体型系数；

μ_z——高度变化系数；

w_0——基本风压；

ω——层间空隙率。

围护结构在风荷载的作用下，会产生垂直于墙体的水平拉应力，同时由于保温板处于局部粘结状态，会受到风荷载产生的弯矩。

围护结构墙面的局部体型系数可按照《建筑结构荷载规范》（GB 50009—2012）选取，对于外墙外表面，最大负风压在墙角，取－1.8。地面粗糙度：A：近海海面和海岛海岸；B：田野、乡村、丛林、丘陵以及房屋比较稀疏的乡镇；C：密集建筑群的城市市区；D：密集建筑群且房屋较高的城市市区。

风压高度变化系数和阵风系数，如表 3-1 和表 3-2 所示。

表 3-1 风压高度变化系数

离地面或海平面高度（m）	地面粗糙度类别			
	A	B	C	D
5	1.09	1.00	0.65	0.51
10	1.28	1.00	0.65	0.51
15	1.42	1.13	0.65	0.51
20	1.52	1.23	0.74	0.51
30	1.67	1.39	0.88	0.51
40	1.79	1.52	1.00	0.60
50	1.89	1.62	1.10	0.69
60	1.97	1.71	1.20	0.77
70	2.05	1.79	1.28	0.84
80	2.12	1.87	1.36	0.91
90	2.18	1.93	1.43	0.98
100	2.23	2.00	1.50	1.04

表 3-2 阵风系数

离地面或海平面高度（m）	地面粗糙度类别			
	A	B	C	D
5	1.65	1.70	2.05	2.40
10	1.60	1.70	2.05	2.40
15	1.57	1.66	2.05	2.40
20	1.55	1.63	1.99	2.40
30	1.53	1.59	1.90	2.40
40	1.51	1.57	1.85	2.29
50	1.49	1.55	1.81	2.20
60	1.48	1.54	1.78	2.14
70	1.48	1.52	1.75	2.09
80	1.47	1.51	1.73	2.04

续表

离地面或海平面高度（m）	地面粗糙度类别			
	A	B	C	D
90	1.46	1.50	1.71	2.01
100	1.46	1.50	1.69	1.98

由于 EPS 板部分粘贴的原因，对 EPS 板采用条粘法进行核算风荷载产生的弯曲正应力和剪应力，无机保温砂浆保温系统无风荷载引起的弯矩及剪切应力。风荷载作用计算简图如图 3-2 所示。

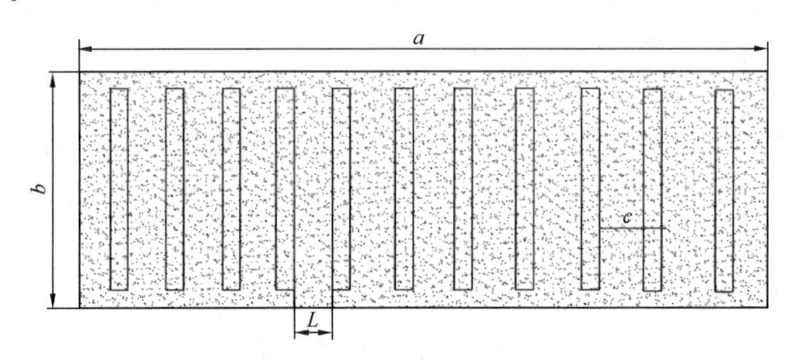

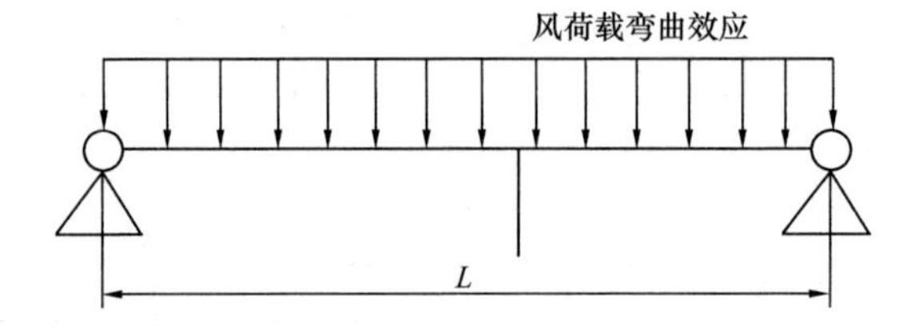

图 3-2　条状粘接计算简图

条状粘接可按照简支的单向板考虑，计算跨度取 L，保温板的宽度为 b，厚度为 d，因此最大弯矩为：

$$M_{\mathrm{wb}} = S_{\mathrm{w}} b L^2/8 \tag{3-6}$$

保温板的最大正应力：

$$\sigma_{\mathrm{wb}} = \frac{3\,S_{\mathrm{w}}\,L^2}{4\,d^2} \tag{3-7}$$

保温板最大剪应力：

$$\tau_{\mathrm{wb}} = 3S_{\mathrm{w}}L/4d \tag{3-8}$$

4）重力荷载

重力荷载由外向内以竖向（以墙体为参考）剪切形式传递到基层墙体，因此对复合墙体各层都应进行重力荷载验算。设某外墙的面积为 A，由外到内依次为第 1、第 2……第 i 层。第 i 层的面积为 A_i，面密度为 ρ_i，厚度为 d_i。第 i 层的计算剪切面为第 i 层和第（$i+1$）层之间的界面。

第 i 层剪切强度为

$$\tau_i = \frac{F}{A} = \frac{(m_1 + m_2 + \cdots + m_i) \times g}{S_i} = \frac{(\rho_1\,A_1\,d_1 + \rho_2\,A_2\,d_2 + \cdots + \rho_i\,A_i\,d_i) \times g}{S_i} \quad ①$$

① 式中 S_i 为第 i 层与第（$i+1$）层的粘结面积，令 $\frac{A_i}{A} = k_i$，k_i 为第 i 层与整个墙面的

面积比；令 $\frac{S_i}{A}=t_i$，t_i为第 i 层与第（$i+1$）层的粘接面积与整个墙面的面积比。将分子分母都除以 A，得

$$\tau_i=\frac{(\rho_1 d_1 k_1+\rho_2 d_2 k_2+\cdots+\rho_i d_i k_i)\times g}{t_i} \quad ②$$

5）围护材料抗力设计值 S_0

S_0 是围护材料抗力设计值，指综合考虑可产生化学侵蚀及软化作用和可产生物理应力环境因素作用的设计承载力值。对围护材料而言，抗力设计值即围护材料应满足的性能指标。研究表明，除可产生物理应力的环境因素作用外，水分、水蒸气等化学侵蚀及软化作用对材料的劣化也有重要影响，因此安全系数 γ_0 非常重要，最终围护材料性能指标（围护材料抗力设计值 S_0）的确定依赖于安全系数 γ_0 及围护材料环境因素效应设计值 S_d。

3.1.4　自保温系统（夹心保温系统）、内保温系统耐久性分析模型

建筑自保温系统是依靠建筑材料（如自保温砌块或墙体轻集料混凝土）自身的热工性能，通过采用特定的建筑构造，使围护结构的热工性能等指标符合相应标准要求的建筑保温系统。自保温系统包括墙体材料、找平材料和饰面材料，墙体材料、找平材料和饰面材料在温度、湿度等环境因素持续耦合作用下耐久性衰减，经耐久性试验后其性能指标应满足使用要求。

夹心保温系统是指在墙厚方向，采用内外预制，中间夹保温材料，通过连接件相连而成的钢筋混凝土复合墙板，主要包括预制混凝土夹心保温墙板、保温板、连接件、防水密封材料，其耐久性劣化主要发生在连接件和防水密封材料。材料在紫外、温度、湿度等环境因素持续耦合作用下材料耐久性衰减，经耐久性试验后其性能指标应满足使用要求。

内保温系统是指用于外墙内表面起保温作用的系统，主要由保温层、防护层和饰面层组成，其耐久性劣化主要发生在保温层界面处，室内受到的环境因素应力大大减弱，主要在湿度等环境因素持续耦合作用下耐久性衰减，经耐久性试验后其性能指标应满足使用要求。

3.2　围护材料耐久性评价方法的基本原则

在围护材料耐久性分析模型的基础上，通过确定围护材料耐久性的基本技术要求，建立典型气候区复杂环境下的围护材料耐久性评价方法，对新建建筑围护材料进行系统、全面的耐久性表征与评价。

围护材料耐久性评价方法的作用在于，通过对围护材料及系统进行科学评价，提高外保温系统耐久性要求，结合维护保养技术，以指导围护结构设计，确保其在目标使用年限内安全使用，达到与主体结构同寿命的目的。

实现围护结构与主体结构同寿命，围护结构材料及系统的耐久性评价方法应等同主体结构材料耐久性评价方法的相关要求。

围护结构耐久性失效的主要矛盾在于外保温系统的功能性和耐久性的不同步，耐久性问题主要发生在饰面和抹面层，进而引起保温层劣化，并产生功能失效及安全隐患。围护材料耐久性评价以饰面和防护层材料为研究重点。

3.3 夏热冬暖地区保温系统及材料耐久性分析模型及评价方法

夏热冬暖地区内保温系统及材料耐久性分析模型及评价方法见表 3-3。

表 3-3 夏热冬暖地区内保温系统及材料耐久性分析模型及评价方法

材料大类	材料小类	显著影响环境因素	耐久性分析模型	耐久性评价方法及边界条件	技术指标
墙体材料	混凝土	水、水蒸气、温度	混凝土在服役过程中，不断经受热荷载、湿气和水分迁移等外部环境耦合作用，产生膨胀、收缩变形和化学侵蚀，引起混凝土孔结构、组成等发生变化，导致混凝土碳化和氯离子侵蚀钢筋锈蚀、干燥收缩变形等，耐久性衰减。为确保混凝土在服役年限内，在各种环境条件作用及正常维护的情况下，保持其安全性、正常使用性和可接受的外观，其耐久性应满足衰减后的性能使用要求	根据混凝土耐久性分析模型，其耐久性评价主要通过抗水渗透、氯离子渗透及碳化试验来表征材料的性能衰减程度。 主要评价指标包括抗水渗透性、84d 氯离子迁移系数（10^{-12} m²/s）、碳化深度	抗水渗透性达到 P12 84d 氯离子迁移系数≤3.5 碳化深度≤15mm 具体试验方法可参考 GB/T 50082—2009《普通混凝土长期性能和耐久性试验方法标准》，JGJ/T 193—2009《混凝土耐久性检验评定标准》
找平材料	抹灰砂浆	水、温度、干湿循环、冻融循环	抹灰砂浆在服役过程中，不断经受热荷载、湿气和水分迁移等外部环境耦合作用，产生膨胀、收缩变形和化学侵蚀，引起抹灰砂浆孔结构、组成等发生变化，导致抹灰砂浆冻融破坏、碳化和氯离子侵蚀破坏、干燥收缩变形等，耐久性衰减。为确保抹灰砂浆在服役年限内，在各种环境条件作用及正常维护的情况下，保持其安全性、正常使用性和可接受的外观，其耐久性应满足衰减后的性能使用要求	根据抹灰砂浆耐久性分析模型，其耐久性评价主要通过冻融、软化、干燥收缩及碳化试验来表征材料的性能衰减程度。 主要评价指标包括干燥收缩值、抗冻性	粘结强度≥0.25MPa 抗冻性：质量损失率≤5%，强度损失率≤20% 收缩率≤0.3% 具体试验方法参考 JGJ/T 70—2009《建筑砂浆基本性能试验方法标准》

续表

材料大类	材料小类	显著影响环境因素	耐久性分析模型	耐久性评价方法及边界条件	技术指标
保温材料	内保温砂浆	水、温度、干湿循环、冻融循环	内保温砂浆在服役过程中，不断经受热荷载、湿气和水分迁移等外部环境耦合作用，导致无机保温砂浆膨胀收缩变形、冻融破坏、软化等，耐久性性能衰减。为确保内保温砂浆在服役年限内，在各种环境条件作用及正常维护的情况下，保持其安全性、正常使用性和可接受的外观，其耐久性应满足衰减后的性能使用要求	根据内保温砂浆耐久性分析模型，其耐久性评价主要通过初始及耐久试验后的粘结强度和抗拉强度、软化及收缩试验来表征材料的性能衰减程度。主要评价指标包括粘结强度（初始、耐水）、抗压强度、抗拉强度（初始、耐水、冻融）、软化系数、干燥收缩	粘结强度：初始≥0.2MPa（28d） 耐水≥0.15MPa（28d，浸水7d） 抗压强度：质量损失率≤5%，强度损失率≤20% 冻融15次 抗拉强度：初始≥0.3MPa（28d 8字模） 耐水≥0.25MPa（28d，浸水7d） 冻融≥0.25MPa（28d，−20℃冻4h+20℃融4h，15次） 软化系数≥0.70 28d干燥收缩率≤0.25% 具体试验方法参考JGJ/T 70—2009《建筑砂浆基本性能试验方法标准》
抹面材料	抗裂砂浆	水、温度、干湿循环、冻融循环	抗裂砂浆在服役过程中，不断经受热荷载、湿气和水分迁移等外部环境耦合作用，产生膨胀、收缩变形和化学侵蚀，引起抗裂砂浆孔结构、组成等发生变化，导致抗裂砂浆冻融破坏、碳化和氯离子侵蚀破坏、干燥收缩变形等，耐久性衰减。为确保抗裂砂浆在服役年限内，在各种环境条件作用及正常维护的情况下，保持其安全性、正常使用性和可接受的外观，其耐久性应满足衰减后的性能使用要求	根据抗裂砂浆耐久性分析模型，其耐久性评价主要通过初始及耐久试验后的粘结强度和抗拉强度、软化及抗冲击试验来表征材料的性能衰减程度。 主要评价指标包括粘结强度和抗拉强度（初始、耐水、冻融）、抗冲击性、吸水量和不透水性	粘结强度（与保温板）：初始≥0.10MPa 耐水：≥0.06MPa（浸水48h，干燥2h） ≥0.10MPa（浸水48h，干燥7d） 冻融≥0.10MPa[28d，(−20)℃冻4h+20℃融4h，循环15次] 抗拉强度：初始≥1.0MPa（28d 8字模） 耐水≥0.8MPa（28d，浸水7d） 冻融≥0.8MPa[28d，(−20)℃冻4h+20℃融4h，15次] 抗冲击：普通型（单层网）：3J，且无宽度大于0.10mm的裂纹；加强型（双层网）：10J，且无宽度大于0.10mm的裂纹 紫外线、冻融试验后：3J 吸水量≤500g/m²（24h） 不透水性：抹面层内侧无水渗透 具体试验方法参考JGJ/T 70—2009《建筑砂浆基本性能试验方法标准》

续表

材料大类	材料小类	显著影响环境因素	耐久性分析模型	耐久性评价方法及边界条件	技术指标
涂料饰面	腻子	水、温度、干湿循环、光照	外墙腻子在服役过程中，不断经受热荷载、湿气和水分迁移等外部环境耦合作用，产生膨胀、收缩变形和化学侵蚀，引起外墙腻子孔结构、组成等发生变化，导致外墙腻子冻融破坏、碳化和氯离子侵蚀破坏、干燥收缩变形等，耐久性衰减。为确保外墙腻子在服役年限内，在各种环境条件作用及正常维护的情况下，保持其安全性、正常使用性和可接受的外观，其耐久性应满足衰减后的性能使用要求	根据外墙腻子耐久性分析模型，其耐久性评价主要通过初始及耐久性试验后的粘结强度、抗拉强度、柔韧性、耐水性和吸水量来表征材料的性能衰减程度。 主要评价指标包括 粘结强度（初始、耐水、冻融）、柔韧性、耐水性、吸水量、抗拉强度(初始、耐水、冻融)； 粘结强度：初始(JGJ/T 70—2009《建筑砂浆基本性能试验方法标准》) 耐水(28d，浸水 4d) 冻融 15 次[28d，(−20)℃冻 4h+20℃融 4h] 柔韧性：动态抗开裂/马口铁 耐水性：浸水 96h 吸水量：70×70 试块密封泡水 抗拉强度：初始(28d 8 字模) 耐水(28d，浸水 7d) 冻融[28d，(−20)℃冻 4h+ 20℃融 4h，15 次]	粘结强度：初始≥0.60MPa 耐水≥0.4MPa 耐冻融≥0.4MPa 柔韧性：0.08 ～ 0.3/50mm(动态抗开裂/马口铁) 耐水性：无起泡、开裂、掉粉(浸水 96h) 吸水量≤2.0g/10min(70mm×70mm 试块密封泡水) 抗拉强度：初始≥0.7MPa 耐水≥0.5MPa 耐冻融≥0.5MPa(15 次) 具体试验方法参考 JGJ/T 70—2009《建筑砂浆基本性能试验方法标准》
	涂料	水、温度、冻融循环、化学侵蚀、光照	涂料在服役过程中，不断经受光、热荷载、湿气和水分迁移等外部环境耦合作用，产生紫外老化、膨胀和收缩变形等，引起涂料化学组成等发生变化，导致涂料发生起泡、粉化等，耐久性衰减。为确保涂料在服役年限内，在各种环境条件作用及正常维护的情况下，保持其安全性、正常使用性和可接受的外观，其耐久性应满足衰减后的性能使用要求	根据涂料耐久性分析模型，其耐久性评价主要通过温变性和人工老化试验来表征材料的性能衰减程度。 主要评价指标包括 耐人工气候老化性、耐温变性； 耐人工气候老化性：GB/T 1865—2009《色漆和清漆　人工气候老化和人工辐射曝露　滤过的氙弧辐射》 耐温变性：23℃浸水 18h+(−20)℃冻 3h +50℃烘 3h，5 次循环	耐人工气候老化性：600h 不起泡 耐温变性：无粉化、开裂、起泡、剥落和明显变色 [23℃浸水 18h+(−20)℃冻 3h +50℃烘 3h，5 次循环] 具体试验方法参考 GB/T 1865—2009《色漆和清漆　人工气候老化和人工辐射曝露　滤过的氙弧辐射》

续表

材料大类	材料小类	显著影响环境因素	耐久性分析模型	耐久性评价方法及边界条件	技术指标
涂料饰面	反射隔热涂料	水、温度、冻融循环、化学侵蚀、光照	涂料在服役过程中，不断经受光、热荷载、湿气和水分迁移等外部环境耦合作用，产生紫外老化、膨胀和收缩变形等，引起涂料化学组成等发生变化，导致涂料发生起泡、粉化等，耐久性衰减。为确保涂料在服役年限内，在各种环境条件作用及正常维护的情况下，保持其安全性、正常使用性和可接受的外观，其耐久性应满足衰减后的性能使用要求	根据涂料耐久性分析模型，其耐久性评价主要通过温变性和人工老化实验来表征材料的性能衰减程度。 主要评价指标包括 耐人工气候老化性、耐温变性	耐人工气候老化性：600h不起泡 耐温变性：无粉化、开裂、起泡、剥落和明显变色[23℃浸水18h+(－20)℃冻3h +50℃烘3h，5次循环] 具体试验方法参考GB/T 1865—2009《色漆和清漆　人工气候老化和人工辐射曝露　滤过的氙弧辐射》 太阳光反射比：≥0.65 近红外光反射比：≥0.80 半球发射率：≥0.85 污染后太阳光反射比保持率：≥0.85% 与参比黑板的隔热温差：≥6℃ 具体试验方法参考GB/T 25261—2018《建筑用反射隔热涂料》
面砖饰面	瓷砖胶	水、温度、干湿循环、冻融循环	瓷砖胶在服役过程中，不断经受热荷载、湿气和水分迁移等外部环境耦合作用，导致瓷砖胶膨胀收缩变形、冻融破坏、软化等，耐久性衰减。为确保瓷砖胶在服役年限内，在各种环境条件作用及正常维护的情况下，保持其安全性、正常使用性和可接受的外观，其耐久性应满足衰减后的性能使用要求	根据瓷砖胶耐久性分析模型，其耐久性评价主要通过初始及耐久性试验后的初始及耐久试验后粘结强度来表征材料的性能衰减程度。 主要评价指标包括 粘结强度（初始、耐水、冻融、热老化）	陶瓷砖吸水率≤0.5%时的粘结强度： 初始≥1.0MPa(养护27d) 浸水≥1.0MPa(养护7d+浸水20d) 冻融≥1.0MPa[养护7d+浸水21d，(－15)℃冷冻2h+15℃浸水2h为一个循环，15次] 热老化≥1.0MPa(养护14d，70℃烘14d) 滑移≤0.5mm 陶瓷砖吸水率>0.5，≤6%时的粘结强度： 初始≥1.0MPa(养护27d) 浸水≥0.5MPa(养护7d+浸水20d) 冻融≥0.5MPa[养护7d+浸水21d，(－15)℃冷冻2h+15℃浸水2h为一个循环，15次] 热老化≥0.5MPa(养护14d，70℃烘14d) 滑移≤0.5mm 具体试验方法参考JC/T 547—2017《陶瓷砖胶粘剂》

续表

材料大类	材料小类	显著影响环境因素	耐久性分析模型	耐久性评价方法及边界条件	技术指标
面砖饰面	面砖	水、温度、干湿循环、冻融循环	面砖在服役过程中，不断经受热荷载、水分迁移等外部环境耦合作用，导致面砖膨胀收缩变形、冻融破坏、软化等，耐久性衰减。为确保面砖在服役年限内，在各种环境条件作用及正常维护的情况下，保持其安全性、正常使用性和可接受的外观，其耐久性应满足衰减后的性能使用要求	根据面砖耐久性分析模型，其耐久性评价主要通过抗冻性和吸水率试验来表征材料的性能衰减程度。 主要评价指标包括吸水率、抗冻性	吸水率≤6% 抗冻性：经试验无裂纹 具体试验方法参考GB/T 4100—2015《陶瓷砖》
系统性能	—	水、温度、干湿循环	内保温系统在服役过程中，不断经受湿气、水分迁移等外部环境耦合作用，导致系统冻融破坏、组成材料粘结力下降等，耐久性衰减。为确保系统在服役年限内，在各种环境条件作用及正常维护的情况下，保持其安全性、正常使用性和可接受的外观，其耐久性应满足衰减后的性能使用要求	根据系统耐久性分析模型，其耐久性评价主要通过系统拉伸粘结强度、抗冲击性、不透水性、吸水量和防护层水蒸气渗透阻来表征材料的性能衰减程度。 主要评价指标包括 系统拉伸粘结强度、抗冲击性抹面砂浆不透水性、吸水量、防护层水蒸气渗透阻	系统拉伸粘结强度：≥0.035MPa且破坏部位应位于保温层内。 抗冲击：10J，无宽度大于0.10mm的裂纹； 抹面砂浆不透水性：2h不透水(剥除EPS板密封周边浸水) 吸水量≤500g/m²(浸水1h)。 防护层水蒸气渗透且符合设计要求。 具体试验方法参考JG/T 261—2009《混凝土氯离子电通量测定仪》。 瓷砖饰面时： 外墙瓷砖拉伸强度≥0.4MPa 具体试验方法参考JGJ/T 110—2017《建筑工程饰面砖粘结强度检验标准》

夏热冬暖地区自保温系统及材料耐久性分析模型及评价方法见表3-4。

表3-4 夏热冬暖地区自保温系统及材料耐久性分析模型及评价方法

材料大类	材料小类	显著影响环境因素	耐久性分析模型	耐久性评价方法	技术指标及试验参数
墙体材料	蒸压加气混凝土砌块	水、水蒸气、干湿循环、冻融循环、碳化	蒸压加气混凝土砌块在服役过程中，不断经受热荷载、湿气和水分迁移等外部环境耦合作用，产生膨胀、收缩变形和化学侵蚀，引起蒸压加气混凝土砌块孔结构、组成等发生变化，导致蒸压加气混凝土砌块冻融破坏、碳化、干燥收缩变形等，耐久性衰减。为确保蒸压加气混凝土砌块在服役年限内，在各种环境条件作用及正常维护的情况下，保持其安全性、正常使用性和可接受的外观，其耐久性应满足衰减后的性能使用要求	根据蒸压加气混凝土砌块耐久性分析模型，其耐久性评价主要通过冻融、软化、干燥收缩及碳化试验来表征材料的性能衰减程度。 主要评价指标包括 碳化系数、软化系数、干燥收缩值、抗冻性。 软化系数：20℃浸水4d 干燥收缩：标准法、快速法 抗冻融：－20℃冻6h＋20℃融5h，15次(GB/T 11969) 碳化（碳化箱，7～28d)	软化系数≥0.85 干燥收缩值：标准法≤0.50mm/m，快速法≤0.80mm/m；（GB/T 11968《蒸压加气混凝土砌块》） 抗冻性(循环次数15次)：质量损失率≤5%；强度损失率≤20% 碳化系数≥0.85 具体试验方法参考GB/T 11969—2020《蒸压加气混凝土性能试验方法》
粘结材料	界面砂浆	水、水蒸气、温度	界面砂浆在服役过程中，不断经受热荷载、湿气和水分迁移等外部环境耦合作用，产生膨胀、收缩变形和化学侵蚀，引起抹灰砂浆孔结构、组成等发生变化，导致碳化、离子侵蚀破坏、干燥收缩变形等，耐久性衰减。为确保界面砂浆在服役年限内，在各种环境条件作用及正常维护的情况下，保持其安全性、正常使用性和可接受的外观，其耐久性应满足衰减后的性能使用要求	根据界面砂浆耐久性分析模型，其耐久性评价主要通过初始及耐久试验后的粘结强度来表征材料的性能衰减程度。 主要评价指标包括粘结强度(原强度、耐水强度、耐热强度)	粘结强度 原强度(28d)≥0.5MPa 耐水强度≥0.4MPa（7d＋浸水6d) 耐热强度≥0.4MPa(7d＋70℃烘7d) 具体试验方法参考JC/T 907—2018《混凝土界面处理剂》

续表

材料大类	材料小类	显著影响环境因素	耐久性分析模型	耐久性评价方法	技术指标及试验参数
找平材料	抹灰砂浆	水、温度、干湿循环、冻融循环	抹灰砂浆在服役过程中，不断经受热荷载、湿气和水分迁移等外部环境耦合作用，产生膨胀、收缩变形和化学侵蚀，引起抹灰砂浆孔结构、组成等发生变化，导致抹灰砂浆冻融破坏、碳化和氯离子侵蚀破坏、干燥收缩变形等，耐久性衰减。为确保抹灰砂浆在服役年限内，在各种环境条件作用及正常维护的情况下，保持其安全性、正常使用性和可接受的外观，其耐久性应满足衰减后的性能使用要求	根据抹灰砂浆耐久性分析模型，其耐久性评价主要通过冻融、软化、干燥收缩及碳化试验来表征材料的性能衰减程度。 抗冻性：15 次(JGJ/T 70—2009) 收缩率：(JGJ/T 70—2009《建筑砂浆基本性能试验方法标准》)	粘结强度≥0.25MPa 抗冻性：15 次（JGJ/T 70—2009)，质量损失率≤5%，强度损失率≤20% 收缩率：3‰ 具体试验方法参考 JGJ/T 70—2009《建筑砂浆基本性能试验方法标准》
涂料饰面	防水材料	水、温度、干湿循环	防水材料在服役过程中，不断经受热荷载、湿气和水分迁移等外部环境耦合作用，产生膨胀、收缩变形和化学侵蚀，引起防水材料孔结构、组成等发生变化，导致抹灰材料干燥收缩变形、拉伸性能下降等，耐久性衰减。为确保防水材料在服役年限内，在各种环境条件作用及正常维护的情况下，保持其安全性、正常使用性和可接受的外观，其耐久性应满足衰减后的性能使用要求	根据防水材料耐久性分析模型，其耐久性评价主要通过粘结强度、干燥收缩拉伸性能、抗渗性能来表征材料的性能衰减程度。 主要评价指标包括 粘结强度、拉伸性能、抗渗压力、收缩率	防水砂浆： 粘结强度≥1.0MPa 涂层抗渗压力≥0.4MPa 横向变形能力≥1.0mm 收缩率≤0.3% 试验方法参照 JC/T 984—2011《聚合物水泥防水砂浆》 防水涂料： 粘结强度≥0.8MPa 拉伸强度≥1.8MPa(初始)，热处理、浸水处理后保持率 80% 伸长率≥80%(初始)，热处理、浸水处理后≥65% 试验方法参照 GB/T 23445—2009《聚合物水泥防水涂料》

续表

材料大类	材料小类	显著影响环境因素	耐久性分析模型	耐久性评价方法	技术指标及试验参数
涂料饰面	外墙腻子	水、温度、干湿循环、光照	外墙腻子在服役过程中，不断经受热荷载、湿气和水分迁移等外部环境耦合作用，产生膨胀、收缩变形和化学侵蚀，引起外墙腻子孔结构、组成等发生变化，导致外墙腻子冻融破坏、碳化和氯离子侵蚀破坏、干燥收缩变形等，耐久性衰减。为确保外墙腻子在服役年限内，在各种环境条件作用及正常维护的情况下，保持其安全性、正常使用性和可接受的外观，其耐久性应满足衰减后的性能使用要求	根据外墙腻子耐久性分析模型，其耐久性评价主要通过初始及耐久性试验后的粘结强度、抗拉强度，柔韧性、耐水性和吸水量来表征材料的性能衰减程度。 主要评价指标包括 粘结强度（初始、耐水、冻融）柔韧性、耐水性、吸水量、抗拉强度（初始、耐水、冻融）	粘结强度：初始≥0.60MPa 耐水≥0.4MPa 耐冻融≥0.4MPa（15次） 柔韧性：0.08～0.3/50mm（动态抗开裂/马口铁）； 耐水性：无起泡、开裂、掉粉（浸水96h）； 吸水量≤2.0g/10min（70mm×70mm试块密封泡水）； 抗拉强度：初始≥0.7MPa 耐水≥0.5MPa 耐冻融≥0.5MPa（15次） 具体试验方法参考JGJ/T 70—2009《建筑砂浆基本性能试验方法标准》
	普通涂料	水、温度、冻融循环、化学侵蚀、光照	涂料在服役过程中，不断经受光、热荷载、湿气和水分迁移等外部环境耦合作用，产生紫外老化、膨胀和收缩变形等，引起涂料化学组成等发生变化，导致涂料发生起泡、粉化等，耐久性衰减。为确保涂料在服役年限内，在各种环境条件作用及正常维护的情况下，保持其安全性、正常使用性和可接受的外观，其耐久性应满足衰减后的性能使用要求	根据涂料耐久性分析模型，其耐久性评价主要通过温变性和人工老化试验来表征材料的性能衰减程度。 主要评价指标包括 耐人工气候老化性、耐温变性	耐人工气候老化性：600h不起泡 耐温变性：无粉化、开裂、起泡、剥落和明显变色[23℃浸水18h+（−20）℃冻3h +50℃烘3h，5次循环] 具体试验方法参考GB/T 1865—2009《色漆和清漆　人工气候老化和人工辐射曝露　滤过的氙弧辐射》

续表

材料大类	材料小类	显著影响环境因素	耐久性分析模型	耐久性评价方法	技术指标及试验参数
涂料饰面	反射隔热涂料	水、温度、冻融循环、化学侵蚀、光照	涂料在服役过程中，不断经受光、热荷载、湿气和水分迁移等外部环境耦合作用，产生紫外老化、膨胀和收缩变形等，引起涂料化学组成等发生变化，导致涂料发生起泡、粉化等，耐久性衰减。为确保涂料在服役年限内，在各种环境条件作用及正常维护的情况下，保持其安全性、正常使用性和可接受的外观，其耐久性应满足衰减后的性能使用要求	根据涂料耐久性分析模型，其耐久性评价主要通过耐温变性和人工老化试验来表征材料的性能衰减程度。 主要评价指标包括 耐人工气候老化性、耐温变性	耐人工气候老化性：600h 不起泡 耐温变性：无粉化、开裂、起泡、剥落和明显变色[23℃浸水18h+(−20)℃冻 3h +50℃烘3h，5 次循环] 具体试验方法参考 GB/T 1865—2009《色漆和清漆　人工气候老化和人工辐射曝露　滤过的氙弧辐射》 太阳光反射比≥0.65 近红外反射比≥0.80 半球发射率≥0.85 污染后太阳光反射比保持率≥0.85% 与参比黑板的隔热温差≥6℃ 具体试验方法参考 GB/T 25261—2018《建筑用反射隔热涂料》
面砖饰面	瓷砖胶	水、温度、干湿循环、冻融循环	瓷砖胶在服役过程中，不断经受热荷载、湿气和水分迁移等外部环境耦合作用，产生膨胀、收缩变形和化学侵蚀，引起瓷砖胶孔结构、组成等发生变化，导致瓷砖胶冻融破坏、碳化和氯离子侵蚀破坏、干燥收缩变形等，耐久性衰减。为确保瓷砖胶在服役年限内，在各种环境条件作用及正常维护的情况下，保持其安全性、正常使用性和可接受的外观，其耐久性应满足衰减后的性能使用要求	根据瓷砖胶耐久性分析模型，其耐久性评价主要通过初始及耐久性试验后的粘结强度来表征材料的性能衰减程度。 主要评价指标包括 粘结强度（初始、耐水、冻融、热老化）、滑移	陶瓷砖吸水率≤0.5%时的粘结强度： 初始≥1.0MPa(养护 27d) 浸水≥1.0MPa(养护 7d+浸水 20d) 冻融≥1.0MPa[养护 7d+浸水 21d，(−15)℃冷冻 2h+15℃浸水 2h 为一个循环，15 次] 热老化≥1.0MPa(养护 14d，70℃烘 14d) 滑移≤0.5mm 陶瓷砖吸水率>0.5，≤6%时的粘结强度： 初始≥0.5MPa(养护 27d) 浸水≥0.5MPa(养护 7d+浸水 20d) 冻融≥0.5MPa[养护 7d+浸水 21d，(−15)℃冷冻 2h+15℃浸水 2h 为一个循环，15 次] 热老化≥0.5MPa(养护 14d，70℃烘 14d) 滑移≤0.5mm 具体试验方法参考 JC/T 547—2017《陶瓷砖胶粘剂》

续表

材料大类	材料小类	显著影响环境因素	耐久性分析模型	耐久性评价方法	技术指标及试验参数
面砖饰面	面砖	水、温度、干湿循环	面砖在服役过程中，不断经受热荷载、湿气和水分迁移等外部环境耦合作用，导致面砖膨胀收缩变形、冻融破坏、软化等，耐久性衰减。为确保面砖在服役年限内，在各种环境条件作用及正常维护的情况下，保持其安全性、正常使用性和可接受的外观，其耐久性应满足衰减后的性能使用要求	根据面砖耐久性分析模型，其耐久性评价主要通过抗冻性和吸水率试验来表征材料的性能衰减程度。 主要评价指标包括吸水率、抗冻性	吸水率：≤6% 抗冻性：经试验无裂纹 具体试验方法参考GB/T 4100—2015《陶瓷砖》、GB/T 3810—2016《陶瓷砖试验方法》
系统性能	—	水、温度、干湿循环	自保温系统在服役过程中，不断经受湿气、水分迁移等外部环境耦合作用，导致系统破坏、组成材料粘结力下降等，耐久性衰减。为确保系统在服役年限内，在各种环境条件作用及正常维护的情况下，保持其安全性、正常使用性和可接受的外观，其耐久性应满足衰减后的性能使用要求	根据系统耐久性分析模型，其耐久性评价主要通过系统拉伸粘结强度、抗冲击性、不透水性、吸水量和防护层水蒸气渗透阻来表征材料的性能衰减程度。 主要评价指标包括系统拉伸粘结强度、抗冲击性抹面砂浆不透水性、吸水量、防护层水蒸气渗透阻	系统拉伸粘结强度：≥0.035MPa且破坏部位应位于保温层内。 抗冲击：10J，无宽度大于0.10mm裂纹 抹面砂浆不透水性：2h不透水（剥除EPS板密封周边浸水） 吸水量：≤500g/m²（浸水1h） 防护层水蒸气渗透阻符合设计要求 具体实验方法参考JG/T 261—2009《混凝土氯离子电通量测定仪》。 瓷砖饰面时： 外墙瓷砖拉伸强度：≥0.4MPa 具体试验方法参考JGJ/T 110—2017《建筑工程饰面砖粘结强度检验标准》

3.4 夏热冬冷地区保温系统及材料耐久性分析模型及评价方法

夏热冬冷地区外保温系统及材料耐久性分析模型、评价方法及技术指标见表3-5～表3-6。

表3-5 夏热冬冷地区外保温系统及材料耐久性分析模型

材料大类	材料小类	显著影响环境因素	耐久性分析模型
墙体材料	蒸压加气混凝土砌块	水、冰冻、水蒸气、温度、湿度	蒸压加气混凝土砌块在服役过程中，不断经受热荷载、湿气和水分迁移等外部环境耦合作用，产生膨胀、收缩变形和化学侵蚀，引起蒸压加气混凝土砌块孔结构、组成等发生变化，导致蒸压加气混凝土砌块冻融破坏、碳化、干燥收缩变形等，耐久性衰减。为确保蒸压加气混凝土砌块在服役年限内，在各种环境条件作用及正常维护的情况下，保持其安全性、正常使用性和可接受的外观，其耐久性应满足衰减后的性能使用要求

续表

材料大类	材料小类		显著影响环境因素	耐久性分析模型
墙体材料	混凝土		水、冰冻、水蒸气、温度、湿度	混凝土在服役过程中，不断经受热荷载、湿气和水分迁移等外部环境耦合作用，产生膨胀、收缩变形和化学侵蚀，引起混凝土孔结构、组成等发生变化，导致混凝土冻融破坏、碳化和氯离子侵蚀破坏、干燥收缩变形等，耐久性衰减。为确保混凝土在服役年限内，在各种环境条件作用及正常维护的情况下，保持其安全性、正常使用性和可接受的外观，其耐久性应满足衰减后的性能使用要求
粘结材料	界面砂浆		水、冰冻、水蒸气、温度	界面砂浆在服役过程中，不断经受热荷载、湿气和水分迁移等外部环境耦合作用，产生膨胀、收缩变形和化学侵蚀，引起界面砂浆孔结构、组成等发生变化，导致界面砂浆冻融破坏、膨胀收缩变形开裂等，耐久性衰减。为确保界面砂浆在服役年限内，在各种环境条件作用及正常维护的情况下，保持其安全性、正常使用性和可接受的外观，其耐久性应满足衰减后的性能使用要求
	胶粘剂		水、冰冻、水蒸气、温度	胶粘剂在服役过程中，不断经受热荷载、湿气和水分迁移等外部环境耦合作用，产生膨胀、收缩变形和化学侵蚀，引起胶粘剂孔结构、组成等发生变化，导致胶粘剂冻融破坏、膨胀收缩变形开裂等，耐久性衰减。为确保胶粘剂在服役年限内，在各种环境条件作用及正常维护的情况下，保持其安全性、正常使用性和可接受的外观，其耐久性应满足衰减后的性能使用要求
保温材料	B1 级	EPS 板	水、冰冻、水蒸气、温度	保温材料在服役过程中，不断经受热荷载、湿气迁移等外部环境耦合作用，导致保温板膨胀收缩变形、冻融破坏等，性能（S_0）衰减。 保温材料在服役过程中，持续受到温度变化产生的应变，以及温度梯度导致的弯曲，当保温材料衰减后性能（S_0）无法抵抗外部应力（S_d）时（$S_d > S_0$），在应力持续作用下保温材料产生开裂、脱落等破坏。 为确保保温材料在服役年限内，在各种环境条件作用及正常维护的情况下，保持其安全性、正常使用性和可接受的外观，其耐久性应满足 $\gamma_0 S_d < S_0$（γ_0 为确保材料耐久性的安全系数，S_0 详见围护材料耐久性评价方法）
		XPS 板		
	A 级	STP 板		
		改性不燃聚苯板		
		无机保温砂浆	水、冰冻、水蒸气、温度	无机保温砂浆在服役过程中，不断经受热荷载、湿气和水分迁移等外部环境耦合作用，导致无机保温砂浆膨胀收缩变形、冻融破坏、软化等，性能（S_0）衰减。 无机保温砂浆在服役过程中，持续受到温度变化产生的应变，以及温度梯度导致的弯矩，当无机保温砂浆衰减后性能（S_0）无法抵抗外部应力（S_d）时（$S_d > S_0$），在应力持续作用下无机保温砂浆产生开裂、脱落等破坏。 为确保无机保温砂浆在服役年限内，在各种环境条件作用及正常维护的情况下，保持其安全性、正常使用性和可接受的外观，其耐久性应满足 $\gamma_0 S_d < S_0$（γ_0 为确保材料耐久性的安全系数，S_0 详见围护材料耐久性评价方法）
		岩棉板（带）	风荷载、水、冰冻、水蒸气、温度	岩棉板(带)在服役过程中，不断经受风荷载、热荷载、湿气和水分迁移等外部环境耦合作用，产生膨胀、收缩变形和化学侵蚀，引起岩棉板(带)化学组成及粘结等发生变化，导致岩棉板(带)发生纤维断裂、分层破坏等，耐久性衰减。为确保岩棉板(带)在服役年限内，在各种环境条件作用及正常维护的情况下，保持其安全性、正常使用性和可接受的外观，其耐久性应满足衰减后的性能使用要求
抹面材料	抗裂砂浆		水、冰冻、水蒸气、温度	抗裂砂浆在服役过程中，不断经受热荷载、湿气和水分迁移等外部环境耦合作用，导致抗裂砂浆膨胀收缩变形、冻融破坏、软化等，性能（S_0）衰减。 抗裂砂浆在服役过程中，持续受到温度变化产生的应变，以及温度梯度导致的弯矩，当抗裂砂浆衰减后性能（S_0）无法抵抗外部应力（S_d）时（$S_d > S_0$），在应力持续作用下抗裂砂浆产生开裂、脱落等破坏。 为确保抗裂砂浆在服役年限内，在各种环境条件作用及正常维护的情况下，保持其安全性、正常使用性和可接受的外观，其耐久性应满足 $\gamma_0 S_d < S_0$（γ_0 为确保材料耐久性的安全系数，S_0 详见围护材料耐久性评价方法）

续表

材料大类	材料小类	显著影响环境因素	耐久性分析模型
涂料饰面	外墙腻子	水、冰冻、水蒸气、温度	外墙腻子在服役过程中，不断经受热荷载、湿气和水分迁移等外部环境耦合作用，导致外墙腻子膨胀收缩变形、冻融破坏、软化等，性能（S_0）衰减。 外墙腻子在服役过程中，持续受到温度变化产生的应变，以及温度梯度导致的弯矩，当外墙腻子衰减后性能（S_0）无法抵抗外部应力（S_d）时（$S_d > S_0$），在应力持续作用下外墙腻子产生开裂、脱落等破坏。 为确保外墙腻子在服役年限内，在各种环境条件作用及正常维护的情况下，保持其安全性、正常使用性和可接受的外观，其耐久性应满足 $\gamma_0 S_d < S_0$（γ_0 为确保材料耐久性的安全系数，S_0 详见围护材料耐久性评价方法）
	涂料	水、冰冻、温度、光照	涂料在服役过程中，不断经受光、热荷载、湿气和水分迁移等外部环境耦合作用，产生紫外老化、膨胀和收缩变形等，引起涂料化学组成等发生变化，导致涂料发生起泡、粉化等，耐久性衰减。为确保涂料在服役年限内，在各种环境条件作用及正常维护的情况下，保持其安全性、正常使用性和可接受的外观，其耐久性应满足衰减后的性能使用要求
面砖饰面	瓷砖胶	水、冰冻、水蒸气、温度	瓷砖胶在服役过程中，不断经受热荷载、湿气和水分迁移等外部环境耦合作用，导致瓷砖胶膨胀收缩变形、冻融破坏、软化等，性能（S_0）衰减。 瓷砖胶在服役过程中，持续受到温度变化产生的应变，以及温度梯度导致的弯矩，当瓷砖胶衰减后性能（S_0）无法抵抗外部应力（S_d）时（$S_d > S_0$），在应力持续作用下瓷砖胶产生开裂、脱落等破坏。 为确保瓷砖胶在服役年限内，在各种环境条件作用及正常维护的情况下，保持其安全性、正常使用性和可接受的外观，其耐久性应满足 $\gamma_0 S_d < S_0$（γ_0 为确保材料耐久性的安全系数，S_0 详见围护材料耐久性评价方法）
	面砖	水、冰冻、水蒸气、温度	面砖在服役过程中，不断经受热荷载、湿气和水分迁移等外部环境耦合作用，导致面砖膨胀收缩变形、冻融破坏、软化等，性能（S_0）衰减。 面砖在服役过程中，持续受到温度变化产生的应变，以及温度梯度导致的弯矩，当面砖衰减后性能（S_0）无法抵抗外部应力（S_d）时（$S_d > S_0$），在应力持续作用下面砖产生开裂、脱落等破坏。 为确保面砖在服役年限内，在各种环境条件作用及正常维护的情况下，保持其安全性、正常使用性和可接受的外观，其耐久性应满足 $\gamma_0 S_d < S_0$（γ_0 为确保材料耐久性的安全系数，S_0 详见围护材料耐久性评价方法）
系统性能	EPS 板外保温系统	水、冰冻、水蒸气、温度、风荷载	根据耐久性模型应力计算及工程实践可知，外保温系统劣化主要发生在保温层、抹面层和饰面层。材料在服役过程中，不断经受光、风荷载、热荷载、湿气和水分迁移等外部环境耦合作用，产生膨胀、收缩变形和化学侵蚀，引起材料孔结构、组成等发生变化，在变形协调一致作用下产生内部应力导致系统空鼓、开裂。当系统的防水、透气等构造设计存在问题，或施工不当时，材料界面粘结力下降导致系统空鼓、脱落，系统耐久性衰减。为确保保温材料在服役年限内，在各种环境条件作用及正常维护的情况下，保持其安全性、正常使用性和可接受的外观，其耐候性应满足衰减后的性能使用要求
	XPS 板外保温系统		
	STP 板外保温系统		
	改性不燃聚苯板		
	无机保温砂浆外保温系统		
	岩棉外墙外保温系统		

表 3-6　夏热冬冷地区外保温系统围护材料耐久性评价方法及技术指标

材料大类	材料小类	显著影响环境因素	耐久性评价方法	技术指标及试验参数
墙体材料	蒸压加气混凝土砌块	水、冰冻、水蒸气、温度、空气	根据蒸压加气混凝土砌块耐久性分析模型，其耐久性评价主要通过冻融、软化、干燥收缩及碳化试验来表征材料的性能衰减程度。 主要评价指标包括碳化系数、软化系数、干燥收缩值、抗冻性	软化系数：≥0.85 抗冻性：质量损失率≤5%，强度损失率≤20%（循环次数 25 次） 干燥收缩值：标准法≤0.50mm/m，快速法≤0.80mm/m(GB/T 11968—2020) 碳化系数：≥0.85 具体试验方法参考 GB/T 11969—2020《蒸压加气混凝土性能试验方法》
粘结材料	界面砂浆	水、冰冻、水蒸气、温度	根据界面砂浆耐久性分析模型，其耐久性评价主要通过初始及耐久试验后的粘结强度来表征材料的性能衰减程度。 主要评价指标包括粘结强度（原强度、耐水强度、耐热强度、耐冻融）	粘结强度： 原强度(28d)：≥0.5MPa 耐水强度：≥0.4MPa（7d+浸水 6d) 耐热强度：≥0.4MPa(7d+70℃烘 7d) 耐冻融：≥0.4MPa(7d+浸水 7d+25 次冻融循环) 具体试验方法参考 JC/T 907—2018《混凝土界面处理剂》
粘结材料	胶粘剂	水、冰冻、水蒸气、温度	根据胶粘剂耐久性分析模型，其耐久性评价主要通过初始及耐久试验后的粘结强度来表征材料的性能衰减程度。主要评价指标包括初始及浸水后粘结强度	粘结强度： 与水泥砂浆板：初始≥0.6MPa(28d) 耐水≥0.6MPa(28d，浸水 48h+干燥 2h) 与 EPS 板：初始≥0.10MPa（破坏在 EPS 中）(28d) 耐水≥0.10MPa(28d，浸水 48h+干燥 2h)
保温材料	EPS 板	水、冰冻、水蒸气、温度	根据 EPS 板耐久性分析模型，其耐久性评价主要通过抗拉强度、尺寸稳定性和芯材吸水率试验来表征。 主要评价指标包括垂直于板面的抗拉强度、尺寸稳定性、吸水率、水蒸气渗透系数	抗拉强度：≥0.10MPa 尺寸稳定性：≤0.3% 吸水率：≤3% 水蒸气渗透系数：≤4.5ng/(Pa·m·s) 弯曲变形≥20mm 具体试验方法参考 GB/T 29906—2013《模塑聚苯板薄抹灰外墙外保温系统材料》
保温材料	XPS 板	水、冰冻、水蒸气、温度	根据 XPS 板耐久性分析模型，其耐久性评价主要通过抗拉强度、尺寸稳定性和芯材吸水率试验来表征。 主要评价指标包括垂直于板面的抗拉强度、尺寸稳定性、吸水率、水蒸气渗透系数	抗拉强度：≥0.20MPa 尺寸稳定性：≤1.2% 吸水率：≤1.5% 水蒸气渗透系数：3.5～1.5ng/(Pa·m·s) 弯曲变形：≥20mm 具体试验方法参考 GB/T 30595—2014《挤塑聚苯板(XPS) 薄抹灰外墙外保温系统材料》

续表

材料大类	材料小类	显著影响环境因素	耐久性评价方法	技术指标及试验参数
保温材料	STP 板	水、冰冻、水蒸气、温度	根据 STP 板耐久性分析模型，其耐久性评价主要通过抗拉强度、尺寸稳定性和吸水率等试验来表征。 主要评价指标包括垂直于板面的抗拉强度、尺寸稳定性、吸水量、穿刺后垂直于板面方向的膨胀率	垂直于板面的抗拉强度：初始及 70 次循环≥80 kPa 尺寸稳定性：长度、宽度≤0.5；厚度≤3.0 穿刺后垂直于板面方向的膨胀率≤10% 表面吸水量≤100g/m^2 压缩强度≥100kPa 具体试验方法参考 JGJ/T 416—2017《建筑用铝合金遮阳板》
	无机保温砂浆		根据无机保温砂浆耐久性分析模型，其耐久性评价主要通过抗拉强度、粘结强度、体积吸水率、软化和干燥收缩试验来表征。 主要评价指标包括垂直于板面的粘结强度、抗拉强度、体积吸水率、软化系数、干燥收缩率	粘结强度：初始：≥0.2MPa(28d) 耐水：≥0.15MPa(28d，浸水 7d) 抗压强度：质量损失率≤5%，强度损失率≤20% 抗拉强度：初始：≥0.3MPa(28d 8 字模) 耐水：≥0.25MPa(28d，浸水 7d) 冻融：≥0.25MPa(28d，−20℃冻 4h＋ 20℃融 4h，25 次) 软化系数：≥0.75(48h) 28d 干燥收缩率：≤0.25% 体积吸水率：≤10%(浸水 72h) 具体试验方法参考 DG/TJ 08—2088《无机保温砂浆系统应用技术规程》
	岩棉板(带)		根据岩棉板(带)耐久性分析模型，其耐久性评价主要通过耐久性试验后的抗拉强度及吸水特性试验来表征。 主要评价指标包括质量吸湿率、憎水率、短期/长期吸水量、垂直于表面的抗拉强度(初始值即潮湿状态下保留率)	质量吸湿率：≤0.5% 憎水率≥98.0% 短期/长期吸水率：≤1.0%/3.0% 垂直于表面的抗拉强度：≥15.0kPa(TR15) 潮湿状态下保留率(7d)/% ≥50% 具体试验方法参考 JG/T 483—2015《岩棉薄抹灰外墙外保温系统材料》
	改性不燃聚苯板		根据耐久性分析模型，其耐久性评价主要通过抗拉强度、尺寸稳定性和吸水率等试验来表征。 主要评价指标包括垂直于表面的抗拉强度、抗压强度、干燥收缩率、体积吸水率、软化系数、抗折强度	垂直于表面的抗拉强度≥0.15MPa 抗压强度≥0.4MPa 干燥收缩率≤0.3% 体积吸水率≤5% 软化系数≥0.7 抗折强度≥0.2MPa 具体试验方法参考 JG/T 536—2017《热固复合聚苯乙烯泡沫保温板》

续表

材料大类	材料小类	显著影响环境因素	耐久性评价方法	技术指标及试验参数
抹面材料	抗裂砂浆	水、冰冻、水蒸气、温度	根据抗裂砂浆耐久性分析模型，其耐久性评价主要通过初始及耐久试验后的粘结强度和抗拉强度、软化及抗冲击试验来表征材料的性能衰减程度。 主要评价指标包括粘结强度和抗拉强度（初始、耐水、冻融）、抗冲击性、吸水量和不透水性	粘结强度（与保温板）：初始：≥0.10MPa 耐水：≥0.06MPa（浸水48h，干燥2h） ≥0.10MPa（浸水48h，干燥7d） 冻融：≥0.10MPa[28d，（−20）℃冻4h+20℃融4h，循环25次] 抗拉强度：初始：≥1.0MPa（28d 8字模） 耐水：≥0.8MPa（28d，浸水7d） 冻融：≥0.8MPa[28d，（−20）℃冻4h+20℃融4h，25次] 抗冲击：普通型（单层网）：3J，且无宽度大于0.10mm的裂纹；加强型（双层网）：10J，且无宽度大于0.10mm的裂纹 紫外、冻融试验后：3J 吸水量：≤500g/m²（24h） 不透水性：抹面层内侧无水渗透 具体试验方法参考JGJ/T 70—2009《建筑砂浆基本性能试验方法标准》
	网格布	紫外老化、碱腐蚀、温度、冻融	增加氧化锆、氧化钛含量指标	ZrO_2含量（14.5±0.8）%且TiO_2含量（6±0.5）%或ZrO_2和TiO_2含≥19.2%且ZrO_2含量≥13.7%或ZrO_2含量≥16.0% 试验方法参照JC/T 841—2007《耐碱玻璃纤维网布》
涂料饰面	外墙腻子	水、冰冻、水蒸气、温度	根据外墙腻子耐久性分析模型，其耐久性评价主要通过初始及耐久性试验后的粘结强度、抗拉强度，柔韧性、耐水性和吸水量来表征材料的性能衰减程度。 主要评价指标包括粘结强度（初始、耐水、冻融）柔韧性、耐水性、吸水量、抗拉强度（初始、耐水、冻融）	粘结强度：初始≥0.60MPa 耐水：≥0.4MPa 冻融：≥0.4MPa[循环25次，养护28d，（−20）℃冻4h+20℃融4h] 柔韧性：0.08～0.3mm/50mm（动态抗开裂/马口铁）； 耐水性：无起泡、开裂、掉粉（浸水96h）； 吸水量：≤2.0g/10min（70mm×70mm试块密封泡水） 抗拉强度：初始≥0.7MPa 耐水≥0.5MPa 冻融≥0.5MPa [循环25次，28d，（−20）℃冻4h+20℃融4h] 具体试验方法参考JGJ/T 70—2009《建筑砂浆基本性能试验方法标准》
	涂料	水、冰冻、温度、光照	根据涂料耐久性分析模型，其耐久性评价主要通过温变性和人工老化试验来表征材料的性能衰减程度。 主要评价指标包括耐人工气候老化性、耐温变性	耐人工气候老化性：600h不起泡 耐温变性：无粉化、开裂、起泡、剥落和明显变色[23℃浸水18h+（−20）℃冻3h+50℃烘3h，5次循环] 具体试验方法参考GB/T 1865—2009《色漆和清漆 人工气候老化和人工辐射曝露 滤过的氙弧辐射》

续表

材料大类	材料小类	显著影响环境因素	耐久性评价方法	技术指标及试验参数
面砖饰面	瓷砖胶	水、冰冻、水蒸气、温度	根据瓷砖胶耐久性分析模型，其耐久性评价主要通过初始及耐久性试验后粘结强度来表征材料的性能衰减程度。 主要评价指标包括 粘结强度（初始、耐水、冻融、热老化）	粘结强度： 初始≥1.0MPa(养护 27d) 耐水≥0.5MPa(养护 7d+浸水 20d) 冻融≥0.5MPa[养护 7d+浸水 21d，(−15)℃冷冻 2h+15℃浸水 2h 为一个循环，25 次] 热老化≥0.5MPa(养护 14d，70℃烘 14d) 具体试验方法参考 JC/T 547—2017《陶瓷砖胶粘剂》
	面砖	水、冰冻、水蒸气、温度	根据面砖耐久性分析模型，其耐久性评价主要通过抗冻性和吸水率实验来表征材料的性能衰减程度。 主要评价指标包括 吸水率、抗冻性	吸水率：≤0.5% 抗冻性：经试验无裂纹 具体试验方法参考 GB/T 4100—2015《陶瓷砖》
系统性能	EPS 板外保温系统	水、冰冻、水蒸气、温度、风荷载、重力荷载	根据系统耐久性分析模型，其耐久性评价主要通过耐候性试验后系统拉伸粘结强度、抗冲击性，以及不透水性、吸水量和防护层水蒸气湿流密度来表征材料的性能衰减程度。 主要评价指标包括耐候性、抗冲击性、抹面砂浆不透水性、吸水量、耐冻融、水蒸气湿流密度	耐候性：系统无可见裂缝，无粉化、空鼓、剥落；抗裂砂浆和保温层拉伸粘结强度：≥0.10MPa 且破坏部位应位于保温层内。面砖与抹面层拉伸粘结强度≥0.5MPa；[80 次高温(70℃，3h)、淋水(15℃，1h)和 5 次加热(50℃，8h)、冷冻(−20℃，16h)] 抗冲击：二层及以上(单层)：3J，且无宽度大于 0.10mm 的裂纹；首层(双层)：10J，且无宽度大于 0.10mm 的裂纹；紫外、冻融试验后：3J 抹面砂浆不透水性：2h 不透水 吸水量：≤500g/m^2[保温层+抹面层(防护层)，浸水 24h] 耐冻融：系统无可见裂缝，无粉化、空鼓、剥落；抗裂面层和保温层拉伸粘结强度≥0.10MPa(破坏部位应位于保温层内)。冻融后面砖与抹面层拉伸粘结强度≥0.5MPa。[保温层+抹面层(防护层)，20℃浸水 8h+(−20)℃冻 16h，25 次]； 水蒸气湿流密度：≥0.85g/(m^2·h) 具体试验方法参考 GB/T 29906—2013《模塑聚苯板薄抹灰外墙外保温系统材料》
	XPS 板外保温系统			耐候性：系统无可见裂缝，无粉化、空鼓、剥落；抗裂砂浆和保温层拉伸粘结强度：≥0.15MPa 且破坏部位应位于保温层内。面砖与抹面层拉伸粘结强度≥0.5MPa； 抗冲击：二层及以上(单层)：3J，且无宽度大于 0.10mm 的裂纹；首层(双层)：10J，且无宽度大于 0.10mm 的裂纹；紫外、冻融试验后：3J 抹面砂浆不透水性：2h 不透水 吸水量：≤500g/m^2[保温层+抹面层(防护层)，浸水 24h] 耐冻融：系统无可见裂缝，无粉化、空鼓、剥落；抗裂面层和保温层拉伸粘结强度≥0.15MPa(破坏部位应位于保温层内)。冻融后面砖与抹面层拉伸粘结强度≥0.5MPa 水蒸气湿流密度：≥0.85g/(m^2·h) 具体试验方法参考 GB/T 30595—2014《挤塑聚苯板(XPS)薄抹灰外墙外保温系统材料》

续表

材料大类	材料小类	显著影响环境因素	耐久性评价方法	技术指标及试验参数
系统性能	无机保温砂浆外保温系统	水、冰冻、水蒸气、温度、风荷载、重力荷载	根据系统耐久性分析模型，其耐久性评价主要通过耐候性试验后系统拉伸粘结强度、抗冲击性，以及不透水性、吸水量和防护层水蒸气湿流密度来表征材料的性能衰减程度。 主要评价指标包括耐候性、抗冲击性、抹面砂浆不透水性、吸水量、耐冻融、水蒸气湿流密度	耐候性：外观：无开裂、空鼓或脱落 抗裂砂浆和保温层拉伸粘结强度：≥0.25MPa；破坏部位应位于保温层内。面砖饰面系统的拉伸粘结强度≥0.5MPa 抗冲击：普通型(单层网)：3J，且无宽度大于0.10mm的裂纹；加强型(双层网)：10J，且无宽度大于0.10mm的裂纹 紫外、冻融试验后：3J 抹面砂浆不透水性：2h不透水 吸水量：≤500g/m^2[保温层+抹面层(防护层)，浸水24h]； 耐冻融：系统无空鼓、脱落，无渗水裂缝；抗裂面层和保温层拉伸粘结强度≥0.25MPa且破坏部位应位于保温层内。 水蒸气湿流密度：≥0.85g/(m^2·h) 具体试验方法参考DG/TJ 08—2088—2018《无机保温砂浆系统应用技术规程》
	STP板外保温系统			耐候性：外观：无开裂、空鼓或脱落 抗裂砂浆和保温层拉伸粘结强度：≥0.08MPa；抗冲击：普通型(单层网)：3J，且无宽度大于0.10mm的裂纹；加强型(双层网)：10J，且无宽度大于0.10mm的裂纹 紫外、冻融试验后：3J 抹面砂浆不透水性：2h不透水 吸水量：≤500g/m^2[保温层+抹面层(防护层)，浸水1h]； 耐冻融：系统无空鼓、脱落，无渗水裂缝；抗裂面层和保温层拉伸粘结强度≥0.08MPa且破坏部位应位于保温层内 水蒸气湿流密度：≥0.85g/(m^2·h) 具体试验方法参考JGJ/T 416—2017《建筑用真空绝热板应用技术规程》
	改性不燃聚苯板外保温系统			耐候性：系统无可见裂缝，无粉化、空鼓、剥落；抗裂砂浆和保温层拉伸粘结强度：≥0.20MPa且破坏部位应位于保温层内。面砖与抹面层拉伸粘结强度≥0.5MPa 抗冲击：二层及以上(单层)：3J，且无宽度大于0.10mm的裂纹；首层(双层)：10J，且无宽度大于0.10mm的裂纹 紫外、冻融试验后：3J 抹面砂浆不透水性：2h不透水 吸水量：≤500g/m^2[保温层+抹面层(防护层)，浸水1h] 耐冻融：系统无可见裂缝，无粉化、空鼓、剥落；抗裂面层和保温层拉伸粘结强度≥0.20MPa(破坏部位应位于保温层内)。冻融后面砖与抹面层拉伸粘结强度≥0.5MPa 水蒸气湿流密度：≥0.85g/(m^2·h) 具体实验方法参考JG/T 536—2017《热固复合聚苯乙烯泡沫保温板》

续表

材料大类	材料小类	显著影响环境因素	耐久性评价方法	技术指标及试验参数
系统性能	岩棉外墙外保温系统	水、冰冻、水蒸气、温度、风荷载、重力荷载	根据系统耐久性分析模型，其耐久性评价主要通过耐候性试验后系统拉伸粘结强度、抗冲击性，以及不透水性、吸水量和防护层水蒸气湿流密度来表征材料的性能衰减程度。 主要评价指标包括耐候性、抗冲击性、抹面砂浆不透水性、吸水量、耐冻融、水蒸气湿流密度	耐候性：系统无可见裂缝，无粉化、空鼓、剥落；抗裂砂浆和保温层拉伸粘结强度不小于岩棉板垂直于板面的抗拉强度，破坏在岩棉板内 抗冲击：二层及以上(单层)：3J，且无宽度大于0.10mm的裂纹；首层(双层)：10J，且无宽度大于0.10mm的裂纹； 紫外、冻融试验后：3J 抹面砂浆不透水性：2h不透水 吸水量：≤500g/m^2[保温层＋抹面层(防护层)，浸水1h]； 耐冻融：系统无可见裂缝，无粉化、空鼓、剥落；抗裂砂浆和保温层拉伸粘结强度不小于岩棉板垂直于板面的抗拉强度，破坏在岩棉板内； 水蒸气湿流密度：≥0.85g/(m^2·h) 具体实验方法参考JG/T 483—2015《岩棉薄抹灰外墙外保温系统材料》

夏热冬冷地区自保温系统及材料耐久性分析模型及评价方法如表3-7所示。

表3-7　夏热冬冷地区自保温系统及材料耐久性分析模型及评价方法

围护系统	材料大类	材料小类	显著影响环境因素	耐久性分析模型	耐久性评价方法	技术指标及试验参数
自保温系统	墙体材料	蒸压加气混凝土砌块	水、冰冻、水蒸气、温度	蒸压加气混凝土砌块在服役过程中，不断经受热荷载、湿气和水分迁移等外部环境耦合作用，产生膨胀、收缩变形和化学侵蚀，引起蒸压加气混凝土砌块孔结构、组成等发生变化，导致蒸压加气混凝土砌块冻融破坏、碳化、干燥收缩变形等，耐久性衰减。为确保蒸压加气混凝土砌块在服役年限内，在各种环境条件作用及正常维护的情况下，保持其安全性、正常使用性和可接受的外观，其耐久性应满足衰减后的性能使用要求	根据蒸压加气混凝土砌块耐久性分析模型，其耐久性评价主要通过冻融、软化、干燥收缩及碳化试验来表征材料的性能衰减程度。 主要评价指标包括碳化系数、软化系数、干燥收缩值、抗冻性	软化系数：≥0.85 抗冻性：质量损失率≤5%，强度损失率≤20%(循环次数25次) 干燥收缩值：标准法≤0.50mm/m，快速法≤0.80mm/m(GB/T 11968—2020) 碳化系数：≥0.85 具体试验方法参考GB/T 11969—2020《蒸压加气混凝土性能试验方法》

续表

围护系统	材料大类	材料小类	显著影响环境因素	耐久性分析模型	耐久性评价方法	技术指标及试验参数
自保温系统	找平材料	抹灰砂浆	水、冰冻、水蒸气、温度	抹灰砂浆在服役过程中，不断经受热荷载、湿气和水分迁移等外部环境耦合作用，产生膨胀、收缩变形和化学侵蚀，引起抹灰砂浆孔结构、组成等发生变化，导致抹灰砂浆冻融破坏、碳化和氯离子侵蚀破坏、干燥收缩变形等，耐久性衰减。为确保抹灰砂浆在服役年限内，在各种环境条件作用及正常维护的情况下，保持其安全性、正常使用性和可接受的外观，其耐久性应满足衰减后的性能使用要求	根据抹灰砂浆耐久性分析模型，其耐久性评价主要通过冻融、软化、干燥收缩及碳化试验来表征材料的性能衰减程度。 主要评价指标包括干燥收缩率、抗冻性	抗冻性：质量损失率≤5%，强度损失率≤20% 干燥收缩率≤0.2% 具体试验方法参考JGJ/T 70—2009《建筑砂浆基本性能试验方法标准》
	涂料饰面	外墙腻子	水、冰冻、水蒸气、温度、风荷载、重力荷载	外墙腻子在服役过程中，不断经受热荷载、湿气和水分迁移等外部环境耦合作用，产生膨胀、收缩变形和化学侵蚀，引起外墙腻子孔结构、组成等发生变化，导致外墙腻子冻融破坏、碳化和氯离子侵蚀破坏、干燥收缩变形等，耐久性衰减。为确保外墙腻子在服役年限内，在各种环境条件作用及正常维护的情况下，保持其安全性、正常使用性和可接受的外观，其耐久性应满足衰减后的性能使用要求	根据外墙腻子耐久性分析模型，其耐久性评价主要通过初始及耐久性试验后的粘结强度、抗拉强度，柔韧性、耐水性和吸水量来表征材料的性能衰减程度。 主要评价指标包括粘结强度(初始、耐水、冻融)柔韧性、耐水性、吸水量、抗拉强度(初始、耐水、冻融)	粘结强度： 初始≥0.60MPa 耐水≥0.4MPa 冻融≥0.4MPa[循环25次，养护28d，(−20)℃冻4h+20℃融4h] 柔韧性：0.08～0.3/50mm(动态抗开裂/马口铁)； 耐水性：无起泡、开裂、掉粉（浸水96h)； 吸水量：≤2.0g/10min(70mm×70mm试块密封泡水)； 抗拉强度： 初始≥0.7MPa 耐水≥0.5MPa 冻融≥0.5MPa [循环25次，28d，(−20)℃冻4h+20℃融4h] 具体试验方法参考JGJ/T 70—2009《建筑砂浆基本性能试验方法标准》

续表

围护系统	材料大类	材料小类	显著影响环境因素	耐久性分析模型	耐久性评价方法	技术指标及试验参数
自保温系统	涂料饰面	涂料	光、水、冰冻、水蒸气、温度	涂料在服役过程中，不断经受光、热荷载、湿气和水分迁移等外部环境耦合作用，产生紫外老化、膨胀和收缩变形等，引起涂料化学组成等发生变化，导致涂料发生起泡、粉化等，耐久性衰减。为确保涂料在服役年限内，在各种环境条件作用及正常维护的情况下，保持其安全性、正常使用性和可接受的外观，其耐久性应满足衰减后的性能使用要求	根据涂料耐久性分析模型，其耐久性评价主要通过温变性和人工老化实验来表征材料的性能衰减程度。 主要评价指标包括耐人工气候老化性、耐温变性	耐人工气候老化性：600h不起泡 耐温变性：无粉化、开裂、起泡、剥落和明显变色[23℃浸水18h+(－20)℃冻3h+50℃烘3h，5次循环] 具体试验方法参考GB/T 1865—2009《色漆和清漆　人工气候老化和人工辐射曝露　滤过的氙弧辐射》
	面砖饰面	瓷砖胶	水、冰冻、水蒸气、温度、风荷载、重力荷载	瓷砖胶在服役过程中，不断经受热荷载、湿气和水分迁移等外部环境耦合作用，产生膨胀、收缩变形和化学侵蚀，引起瓷砖胶孔结构、组成等发生变化，导致瓷砖胶冻融破坏、碳化和氯离子侵蚀破坏、干燥收缩变形等，耐久性衰减。为确保瓷砖胶在服役年限内，在各种环境条件作用及正常维护的情况下，保持其安全性、正常使用性和可接受的外观，其耐久性应满足衰减后的性能使用要求	根据瓷砖胶耐久性分析模型，其耐久性评价主要通过初始及耐久性试验后的初始及耐久实验后粘结强度来表征材料的性能衰减程度。 主要评价指标包括粘结强度(初始、耐水、冻融、热老化)	粘结强度：初始≥1.0MPa(养护27d) 浸水≥0.5MPa(养护7d+浸水20d) 冻融≥0.5MPa[养护7d+浸水21d，(－15)℃冷冻2h+15℃浸水2h为一个循环，25次] 热老化≥0.5MPa(养护14d，70℃烘14d) 具体试验方法参考JC/T 547—2017《陶瓷砖胶粘剂》
		面砖	水、冰冻、水蒸气、温度	面砖在服役过程中，不断经受热荷载、湿气和水分迁移等外部环境耦合作用，导致面砖膨胀收缩变形、冻融破坏、软化等，耐久性衰减。为确保面砖在服役年限内，在各种环境条件作用及正常维护的情况下，保持其安全性、正常使用性和可接受的外观，其耐久性应满足衰减后的性能使用要求	根据面砖耐久性分析模型，其耐久性评价主要通过抗冻性和吸水率试验来表征材料的性能衰减程度。 主要评价指标包括吸水率、抗冻性	吸水率：≤0.5% 抗冻性：经试验无裂纹 具体试验方法参考GB/T 4100—2015《陶瓷砖》

夏热冬冷地区内保温系统及材料耐久性分析模型及评价方法如表3-8所示。

表3-8 夏热冬冷地区内保温系统及材料耐久性分析模型及评价方法

材料大类	材料小类	显著影响环境因素	耐久性分析模型	耐久性评价方法	技术指标及试验参数
墙体材料	蒸压加气混凝土砌块	水、冰冻、水蒸气、温度	蒸压加气混凝土砌块在服役过程中，不断经受热荷载、湿气和水分迁移等外部环境耦合作用，产生膨胀、收缩变形和化学侵蚀，引起蒸压加气混凝土砌块孔结构、组成等发生变化，导致蒸压加气混凝土砌块冻融破坏、碳化、干燥收缩变形等，耐久性衰减。为确保蒸压加气混凝土砌块在服役年限内，在各种环境条件作用及正常维护的情况下，保持其安全性、正常使用性和可接受的外观，其耐久性应满足衰减后的性能使用要求	根据蒸压加气混凝土砌块耐久性分析模型，其耐久性评价主要通过冻融、软化、干燥收缩及碳化试验来表征材料的性能衰减程度。 主要评价指标包括碳化系数、软化系数、干燥收缩值、抗冻性	软化系数：≥0.85 抗冻性：质量损失率≤5%，强度损失率≤20%（循环次数25次） 干燥收缩值：标准法≤0.50mm/m，快速法≤0.80mm/m；(GB/T 11968—2020) 碳化系数：≥0.85 具体试验方法参考GB/T 11969—2020《蒸压加气混凝土性能试验方法》
	混凝土	水、冰冻、水蒸气、温度	混凝土在服役过程中，不断经受热荷载、湿气和水分迁移等外部环境耦合作用，产生膨胀、收缩变形和化学侵蚀，引起混凝土孔结构、组成等发生变化，导致混凝土冻融破坏、碳化和氯离子侵蚀钢筋锈蚀、干燥收缩变形等，耐久性衰减。为确保混凝土在服役年限内，在各种环境条件作用及正常维护的情况下，保持其安全性、正常使用性和可接受的外观，其耐久性应满足衰减后的性能使用要求	根据混凝土耐久性分析模型，其耐久性评价主要通过冻融、抗水渗透、氯离子渗透及碳化试验来表征材料的性能衰减程度。 主要评价指标包括抗冻性、抗水渗透性、84d氯离子迁移系数（10^{-12} m^2/s）、碳化深度	抗冻性≥F50 抗水渗透性达到P12 84d氯离子迁移系数≤6.0 碳化深度≤15mm 具体试验方法可参考GB/T 50082—2009《普通混凝土长期性能和耐久性能试验方法标准》，DG/T J 08—2276《高性能混凝土应用技术标准》，JGJ/T 193—2009《混凝土耐久性检验评定标准》
找平材料	抹灰砂浆	水、冰冻、水蒸气、温度	抹灰砂浆在服役过程中，不断经受热荷载、湿气和水分迁移等外部环境耦合作用，产生膨胀、收缩变形和化学侵蚀，引起抹灰砂浆孔结构、组成等发生变化，导致抹灰砂浆冻融破坏、碳化和氯离子侵蚀破坏、干燥收缩变形等，耐久性衰减。为确保抹灰砂浆在服役年限内，在各种环境条件作用及正常维护的情况下，保持其安全性、正常使用性和可接受的外观，其耐久性应满足衰减后的性能使用要求	根据抹灰砂浆耐久性分析模型，其耐久性评价主要通过冻融、软化、干燥收缩及碳化试验来表征材料的性能衰减程度。 主要评价指标包括收缩率、抗冻性	抗冻性：质量损失率≤5%，强度损失率≤20% 收缩率≤0.3% 具体试验方法参考JGJ/T 70—2009《建筑砂浆基本性能试验方法标准》

续表

材料大类	材料小类	显著影响环境因素	耐久性分析模型	耐久性评价方法	技术指标及试验参数
保温材料	内保温砂浆	水、冰冻、水蒸气、温度	内保温砂浆在服役过程中，不断经受热荷载、湿气和水分迁移等外部环境耦合作用，导致无机保温砂浆膨胀收缩变形、冻融破坏、软化等，耐久性性能衰减。为确保内保温砂浆在服役年限内，在各种环境条件作用及正常维护的情况下，保持其安全性、正常使用性和可接受的外观，其耐久性应满足衰减后的性能使用要求	根据内保温砂浆耐久性分析模型，其耐久性评价主要通过初始及耐久试验后的粘结强度和抗拉强度、软化及收缩试验来表征材料的性能衰减程度。主要评价指标包括粘结强度（初始、耐水）、抗压强度、抗拉强度（初始、耐水、冻融）、软化系数、28d干燥收缩率	粘结强度：初始≥0.2MPa(28d) 耐水：≥0.15MPa(28d，浸水7d) 抗压强度：质量损失率≤5%，强度损失率≤20%(冻融25次) 抗拉强度：初始≥0.3MPa(28d 8字模) 耐水≥0.25MPa(28d，浸水7d) 冻融≥0.25MPa[28d，－20℃冻4h＋20℃融4h，25次] 软化系数：≥0.70 28d干燥收缩率：≤0.25% 具体试验方法参考DG/TJ 08—2088《无机保温砂浆系统应用技术规程》、JGJ/T 70—2009《建筑砂浆基本性能试验方法标准》
抹面材料	抗裂砂浆	水、冰冻、水蒸气、温度	抗裂砂浆在服役过程中，不断经受热荷载、湿气和水分迁移等外部环境耦合作用，产生膨胀、收缩变形和化学侵蚀，引起抗裂砂浆孔结构、组成等发生变化，导致抗裂砂浆冻融破坏、碳化和氯离子侵蚀破坏、干燥收缩变形等，耐久性衰减。为确保抗裂砂浆在服役年限内，在各种环境条件作用及正常维护的情况下，保持其安全性、正常使用性和可接受的外观，其耐久性应满足衰减后的性能使用要求	根据抗裂砂浆耐久性分析模型，其耐久性评价主要通过初始及耐久试验后的粘结强度和抗拉强度、软化及抗冲击试验来表征材料的性能衰减程度。 主要评价指标包括粘结强度和抗拉强度（初始、耐水、冻融）、抗冲击性、吸水量和不透水性	粘结强度（与保温板）：初始：≥0.10MPa 耐水：≥0.06MPa(浸水48h，干燥2h) ≥0.10MPa（浸水48h，干燥7d） 冻融：≥0.10MPa[28d，(－20)℃冻4h＋20℃融4h，循环25次] 抗拉强度：初始≥1.0MPa(28d 8字模) 耐水≥0.8MPa(28d，浸水7d) 冻融≥0.8MPa[28d，(－20)℃冻4h＋20℃融4h，25次] 抗冲击：普通型（单层网）：3J，且无宽度大于0.10mm的裂纹；加强型（双层网）：10J，且无宽度大于0.10mm的裂纹 紫外、冻融试验后：3J 吸水量：≤500g/m^2(24h) 不透水性：抹面层内侧无水渗透 具体试验方法参考JGJ/T 70—2009《建筑砂浆基本性能试验方法标准》

续表

材料大类	材料小类	显著影响环境因素	耐久性分析模型	耐久性评价方法	技术指标及试验参数
涂料饰面	外墙腻子	水、冰冻、水蒸气、温度	外墙腻子在服役过程中，不断经受热荷载、湿气和水分迁移等外部环境耦合作用，产生膨胀、收缩变形和化学侵蚀，引起外墙腻子孔结构、组成等发生变化，导致外墙腻子冻融破坏、碳化和氯离子侵蚀破坏、干燥收缩变形等，耐久性衰减。为确保外墙腻子在服役年限内，在各种环境条件作用及正常维护的情况下，保持其安全性、正常使用性和可接受的外观，其耐久性应满足衰减后的性能使用要求	根据外墙腻子耐久性分析模型，其耐久性评价主要通过初始及耐久性试验后的粘结强度、抗拉强度、柔韧性、耐水性和吸水量来表征材料的性能衰减程度。 主要评价指标包括粘结强度(初始、耐水、冻融)柔韧性、耐水性、吸水量、抗拉强度(初始、耐水、冻融)	粘结强度：初始≥0.60MPa 耐水≥0.4MPa 冻融≥0.4MPa[循环25次，养护28d，(−20)℃冻4h+20℃融4h] 柔韧性：0.08～0.3/50mm(动态抗开裂/马口铁)； 耐水性：无起泡、开裂、掉粉(浸水96h)； 吸水量：≤2.0g/10min(70×70试块密封泡水)； 抗拉强度：初始≥0.7MPa 耐水≥0.5MPa 冻融≥0.5MPa [循环25次，28d，(−20)℃冻4h+20℃融4h] 具体试验方法参考JGJ/T 70—2009《建筑砂浆基本性能试验方法标准》
	涂料	光、水、冰冻、水蒸气、温度	涂料在服役过程中，不断经受光、热荷载、湿气和水分迁移等外部环境耦合作用，产生紫外老化、膨胀和收缩变形等，引起涂料化学组成等发生变化，导致涂料发生起泡、粉化等，耐久性衰减。为确保涂料在服役年限内，在各种环境条件作用及正常维护的情况下，保持其安全性、正常使用性和可接受的外观，其耐久性应满足衰减后的性能使用要求	根据涂料耐久性分析模型，其耐久性评价主要通过温变性和人工老化试验来表征材料的性能衰减程度。 主要评价指标包括耐人工气候老化性、耐温变性	耐人工气候老化性：600h不起泡 耐温变性：无粉化、开裂、起泡、剥落和明显变色[23℃浸水18h+(−20)℃冻3h+50℃烘3h，5次循环] 具体试验方法参考GB/T 1865—2009《色漆和清漆　人工气候老化和人工辐射曝露滤过的氙弧辐射》

续表

材料大类	材料小类	显著影响环境因素	耐久性分析模型	耐久性评价方法	技术指标及试验参数
面砖饰面	瓷砖胶	水、冰冻、水蒸气、温度	瓷砖胶在服役过程中，不断经受热荷载、湿气和水分迁移等外部环境耦合作用，导致瓷砖胶膨胀收缩变形、冻融破坏、软化等，耐久性衰减。为确保瓷砖胶在服役年限内，在各种环境条件作用及正常维护的情况下，保持其安全性、正常使用性和可接受的外观，其耐久性应满足衰减后的性能使用要求	根据瓷砖胶耐久性分析模型，其耐久性评价主要通过初始及耐久性试验后的粘结强度来表征材料的性能衰减程度。 主要评价指标包括粘结强度(初始、耐水、冻融、热老化)	粘结强度：初始≥1.0MPa(养护27d) 耐水≥0.5MPa(养护7d+浸水20d) 冻融≥0.5MPa[养护7d＋浸水21d，(－15)℃冷冻2h＋15℃浸水2h为一个循环，25次] 热老化≥0.5MPa(养护14d，70℃烘14d) 具体试验方法参考JC/T 547—2018《陶瓷砖胶粘剂》
	面砖	水、冰冻、水蒸气、温度	面砖在服役过程中，不断经受热荷载、水分迁移等外部环境耦合作用，导致面砖膨胀收缩变形、冻融破坏、软化等，耐久性衰减。为确保面砖在服役年限内，在各种环境条件作用及正常维护的情况下，保持其安全性、正常使用性和可接受的外观，其耐久性应满足衰减后的性能使用要求	根据面砖耐久性分析模型，其耐久性评价主要通过抗冻性和吸水率试验来表征材料的性能衰减程度。 主要评价指标包括吸水率、抗冻性	吸水率：≤0.5% 抗冻性：经试验无裂纹 具体试验方法参考GB/T 4100—2015《陶瓷砖》
系统性能	—	水、冰冻、水蒸气、温度	内保温系统在服役过程中，不断经受湿气、水分迁移等外部环境耦合作用，导致系统冻融破坏、组成材料粘结力下降等，耐久性衰减。为确保系统在服役年限内，在各种环境条件作用及正常维护的情况下，保持其安全性、正常使用性和可接受的外观，其耐久性应满足衰减后的性能使用要求	根据系统耐久性分析模型，其耐久性评价主要通过系统拉伸粘结强度、抗冲击性、不透水性、吸水量和防护层水蒸气渗透阻来表征材料的性能衰减程度。 主要评价指标包括系统拉伸粘结强度、抗冲击性抹面砂浆不透水性、吸水量、防护层水蒸气渗透阻	系统拉伸粘结强度：≥0.035MPa且破坏部位应位于保温层内。 抗冲击：10J，无宽度大于0.10mm的裂纹； 抹面砂浆不透水性：2h不透水(剥除EPS板密封周边浸水) 吸水量：≤500g/m²(浸水1h)。 防护层水蒸气渗透阻符合设计要求。 具体试验方法参考JG/T 261—2009《混凝土氯离子电通量测定仪》

夏热冬冷地区夹芯保温系统及材料耐久性分析模型及评价方法如表 3-9 所示。

表 3-9 夏热冬冷地区夹芯保温系统及材料耐久性分析模型及评价方法

围护系统	材料大类	材料小类	显著影响环境因素	耐久性分析模型	耐久性评价方法	技术指标及试验参数
夹芯保温系统	内叶墙板	钢筋混凝土	水、冰冻、水蒸气、温度	混凝土在服役过程中，不断经受热荷载、湿气和水分迁移等外部环境耦合作用，产生膨胀、收缩变形和化学侵蚀，引起混凝土孔结构、组成等发生变化，导致混凝土冻融破坏、碳化和氯离子侵蚀钢筋锈蚀、干燥收缩变形等，耐久性衰减。为确保钢筋混凝土在服役年限内，在各种环境条件作用及正常维护的情况下，保持其安全性、正常使用性和可接受的外观，其耐久性应满足衰减后的性能使用要求	同外保温系统	同外保温系统
	夹芯保温层	XPS 板	水、冰冻、水蒸气、温度	保温材料在服役过程中，不断经受热荷载、湿气迁移等外部环境耦合作用，导致保温板膨胀收缩变形、冻融破坏等，耐久性衰减。为确保保温材料在服役年限内，在各种环境条件作用及正常维护的情况下，保持其安全性、正常使用性和可接受的外观，其耐久性应满足衰减后的性能使用要求	同外保温系统	同外保温系统
		EPS 板			同外保温系统	同外保温系统
		硬泡聚氨酯板			根据硬泡聚氨酯板耐久性分析模型，其耐久性评价主要通过尺寸稳定性和芯材吸水率试验来表征。 主要评价指标包括垂直于板面的抗拉强度、尺寸稳定性、芯材吸水率	抗拉强度：≥0.10MPa 尺寸稳定性：≤1.0% 70℃ 芯材吸水率：≤3% 具体实验方法参考 GB 50404—2017《硬泡聚氨酯保温防水工程技术规范》
		酚醛泡沫板			根据酚醛泡沫板耐久性分析模型，其耐久性评价主要通过尺寸稳定性、芯材吸水率、透湿系数和弯曲断裂力试验来表征。 主要评价指标包括垂直于板面的抗拉强度、尺寸稳定性、芯材吸水率、透湿系数、弯曲断裂力	垂直于板面的抗拉强度：≥0.08MPa 尺寸稳定性：≤2.0%(70℃) 芯材吸水率：≤7.0% 透湿系数：2.0～8.5ng/(Pa·m·s) 弯曲断裂力：≥15N 具体实验方法参考 GB/T 20974—2014《绝热用硬质酚醛泡沫制品(PF)》

续表

围护系统	材料大类	材料小类	显著影响环境因素	耐久性分析模型	耐久性评价方法	技术指标及试验参数
夹芯保温系统	夹芯保温层	发泡水泥板	水、冰冻、水蒸气、温度	发泡水泥板在服役过程中，不断经受热荷载、湿气和水分迁移等外部环境耦合作用，导致无机保温砂浆膨胀收缩变形、冻融破坏、软化等，耐久性衰减。为确保发泡水泥板在服役年限内，在各种环境条件作用及正常维护的情况下，保持其安全性、正常使用性和可接受的外观，其耐久性应满足衰减后的性能使用要求	根据发泡水泥板耐久性分析模型，其耐久性评价主要通过抗拉强度、体积吸水率、软化和干燥收缩试验来表征。 主要评价指标包括垂直于板面的抗拉强度、体积吸水率、软化系数、干燥收缩	垂直于板面的抗拉强度：≥0.12MPa 体积吸水率：≤10% 软化系数：≥0.7 干燥收缩：≤0.8‰ 具体试验方法参考DG/TJ 08—2138《发泡水泥板保温系统应用技术规程》、JGJ/T 70—2009《建筑砂浆基本性能试验方法标准》
	外叶墙板	钢筋混凝土	水、冰冻、水蒸气、温度	同内叶墙板	同内叶墙板	同内叶墙板
	防水材料	防水密封胶	光、水、冰冻、水蒸气、温度	防水密封胶在服役过程中，不断经受光、热荷载、湿气和水分迁移等外部环境耦合作用，导致防水密封胶化学组成变化，发生老化、冻融破坏、软化等，耐久性衰减。为确保防水密封胶在服役年限内，在各种环境条件作用及正常维护的情况下，保持其安全性、正常使用性和可接受的外观，其耐久性应满足衰减后的性能使用要求	根据防水密封胶耐久性分析模型，其耐久性评价主要通过耐久性实验后的粘结性和弹性回复率试验来表征材料的性能衰减程度。 主要评价指标包括定伸粘结性(初始及浸水后)、热压-冷拉后的粘结性、拉伸-压缩后的粘结性、弹性回复率	定伸粘结性：初始及浸水后无破坏； 热压-冷拉后的粘结性：无破坏 拉伸-压缩后的粘结性：无破坏 弹性回复率：>60% 耐久性(8个循环)：无破坏 耐久性试验方法参考T/SHHJ000018—2018 其余试验方法参考JC/T 881—2017《混凝土接缝用建筑密封胶》
	连接材料	不锈钢连接件	水、冰冻、水蒸气、温度	不锈钢连接件在服役过程中，不断经受热荷载、湿气和水分迁移等外部环境耦合作用，导致不锈钢连接件发生锈蚀等，耐久性衰减。为确保不锈钢连接件在服役年限内，在各种环境条件作用及正常维护的情况下，保持其安全性、正常使用性和可接受的外观，其耐久性应满足衰减后的性能使用要求	根据不锈钢连接件耐久性分析模型，其耐久性评价主要通过强度和弹性模量试验来表征。 主要评价指标包括屈服强度、拉伸强度、拉伸弹性模量、抗剪强度	屈服强度：≥380MPa 拉伸强度：≥500MPa 拉伸弹性模量：≥190GPa 抗剪强度：≥300MPa 具体试验方法参考GB/T 228—2010《金属材料　拉伸试验》

续表

围护系统	材料大类	材料小类	显著影响环境因素	耐久性分析模型	耐久性评价方法	技术指标及试验参数
夹芯保温系统	连接材料	纤维增强塑料连接件	水、冰冻、水蒸气、温度	纤维增强塑料连接件在服役过程中，不断经受热荷载、湿气和水分迁移等外部环境耦合作用，导致纤维增强塑料连接件化学组成变化，发生老化破坏等，耐久性衰减。为确保纤维增强塑料连接件在服役年限内，在各种环境条件作用及正常维护的情况下，保持其安全性、正常使用性和可接受的外观，其耐久性应满足衰减后的性能使用要求	根据纤维增强塑料连接件耐久性分析模型，其耐久性评价主要通过强度和弹性模量试验来表征。 主要评价指标包括拉伸强度、拉伸弹性模量、层间抗剪强度	拉伸强度：≥700MPa 拉伸弹性模量：≥40GPa 层间抗剪强度：≥30MPa 具体试验方法参考GB/T 1447—2005《纤维增强塑料拉伸性能试验方法》

3.5 寒冷地区保温系统及材料耐久性分析模型及评价方法

寒冷地区建筑外墙外保温系统耐久性分析模型与夏热冬冷地区类似。

在围护材料耐久性分析模型的基础上，通过确定围护材料耐久性的基本技术要求，以夏热冬冷地区外保温系统材料环境耦合效应设计值 S_d 为依据，结合围护系统及材料的耐久性劣化规律，综合考虑安全系数要求，建立典型气候区复杂环境下的围护材料耐久性评价方法和技术指标如表 3-10 所示。

表 3-10 寒冷地区围护材料耐久性评价方法及技术指标

材料大类	材料小类	显著影响环境因素	耐久性评价方法及边界条件	耐久性技术指标
墙体材料	烧结多孔砖	水、冰冻、水蒸气、温度、空气	软化系数：20℃水中－4d 冻融：浸水(10～20℃)24h，－15～－20℃冻 3h，10～20℃水中融 2h。冻融 35 次。 碳化(碳化箱，7～28d)	软化系数：≥0.85 抗冻性：冻融循环后，无裂纹、分层、掉皮、缺棱掉角等现象 碳化系数：0.85
保温辅助材料	粘结砂浆	水、冰冻、水蒸气、温度	粘结强度： 与水泥砂浆板：初始(28d) 耐水(28d，浸水 48h＋干燥 2h) 与 EPS 板：初始(28d) 耐水(28d，浸水 48h＋干燥 2h)	粘结强度： 与水泥砂浆板：初始：≥0.6MPa 耐水：≥0.6MPa 与 EPS 板：初始：≥0.10MPa(破坏在 EPS 板中) 耐水：≥0.10MPa

续表

材料大类	材料小类	显著影响环境因素	耐久性评价方法及边界条件	耐久性技术指标
保温辅助材料	抗裂砂浆	水、冰冻、水蒸气、温度	粘结强度：初始(JGJ/T 70) 耐水(28d，浸水 4d) 冻融 35 次[28d，(－20)℃冻 4h＋20℃融 4h] 抗拉强度：初始(28d 8 字模) 耐水(28d，浸水 7d) 冻融[28d，(－20)℃冻 4h＋20℃融 4h，35 次] 抗冲击性：单层/双层，紫外、冻融试验前后 吸水量(24h) 不透水性	粘结强度：初始：≥0.7MPa 耐水：≥0.5MPa 冻融：≥0.5MPa 抗拉强度：初始：≥1.0MPa 耐水：≥0.8MPa 冻融：≥0.8MPa 抗冲击：普通型(单层网)：3J，且无宽度大于 0.10mm 的裂纹；加强型(双层网)：10J，且无宽度大于 0.10mm 的裂纹 紫外、冻融试验后：3J 吸水量：≤500g/m^2 不透水性：抹面层内侧无水渗透
	网格布	紫外老化、碱腐蚀、温度、冻融	增加氧化锆、氧化钛含量指标	ZrO_2 含量(14.5±0.8)%且 TiO_2 含量(6±0.5)%或 ZrO_2 和 TiO_2 含≥19.2%且 ZrO_2 含量≥13.7%或 ZrO_2 含量≥16.0% 试验方法参照 JC/T 841
保温材料	EPS 板	水、冰冻、水蒸气、温度	垂直于板面的抗拉强度 尺寸稳定性：70℃ 吸水率：V/V 水蒸气渗透系数	抗拉强度：≥0.10MPa 尺寸稳定性：≤0.3% 吸水率：≤3% 水蒸气渗透系数：≤4.5ng/(Pa·m·s)
	岩棉	水、冰冻、水蒸气、温度	垂直于板面的抗拉强度 尺寸稳定性：70℃ 吸水率：V/V 水蒸气渗透系数	抗拉强度：≥0.10MPa 尺寸稳定性：≤0.3% 吸水率：≤3% 水蒸气渗透系数：≤4.5ng/(Pa·m·s)
	泡沫混凝土	水、冰冻、水蒸气、温度	垂直于板面的抗拉强度 尺寸稳定性：70℃ 吸水率：V/V 水蒸气渗透系数	抗拉强度：≥0.10MPa 尺寸稳定性：≤0.3% 吸水率：≤3% 水蒸气渗透系数：≤4.5ng/(Pa·m·s)
	聚氨酯	水、冰冻、水蒸气、温度	垂直于板面的抗拉强度 尺寸稳定性：70℃ 吸水率：V/V 水蒸气渗透系数	抗拉强度：≥0.10MPa 尺寸稳定性：≤0.3% 吸水率：≤3% 水蒸气渗透系数：≤4.5ng/(Pa·m·s)
	真空绝热板	水、冰冻、水蒸气、温度	垂直于板面的抗拉强度 尺寸稳定性：70℃ 吸水率：V/V 水蒸气渗透系数	初始抗拉强度及 70 次循环后：≥800kPa 尺寸稳定性：≤0.3% 吸水率：≤3% 水蒸气渗透系数：≤4.5ng/(Pa·m·s)

续表

材料大类	材料小类	显著影响环境因素	耐久性评价方法及边界条件	耐久性技术指标
饰面材料	外墙腻子	水、冰冻、水蒸气、温度	粘结强度：初始(JGJ/T 70—2009) 耐水(28d，浸水 4d) 耐冻融 35 次[28d，(−20)℃冻 4h+20℃融 4h] 柔韧性：动态抗开裂/马口铁 耐水性：浸水 96h 吸水量：70×70 试块密封泡水 抗拉强度：初始(28d 8 字模) 耐水(28d，浸水 7d) 冻融[28d，(−20)℃冻 4h+ 20℃融 4h，35 次]	粘结强度：初始≥0.60MPa 耐水：≥0.40MPa 耐冻融：≥0.40MPa 柔韧性：0.08～0.3/50mm 耐水性：无起泡、开裂、掉粉 吸水量：≤2.0g/10min 抗拉强度：初始≥0.7MPa 耐水：≥0.5MPa 冻融：≥0.5MPa
	涂料	水、冰冻、温度、光照	耐人工气候老化性：GB/T 1865—2009 耐温变性：23℃浸水 18h+(−20)℃冻 3h +50℃烘 3h，5 次循环	耐人工气候老化性：600h 不起泡 耐温变性：无粉化、开裂、起泡、剥落和明显变色
系统性能	EPS 板外保温系统	水、冰冻、水蒸气、温度、风荷载	耐候性：80 次高温(70℃，3h)、淋水(15℃，1h)和 5 次加热(50℃，8h)、冷冻(−20℃，16h) 抗冲击性：单层/双层，紫外、冻融试验前后 抹面砂浆不透水性：剥除 EPS 板密封周边浸水 吸水量：保温层+抹面层(防护层)，浸水 24h 耐冻融：保温层+抹面层(防护层)，20℃浸水 8h+(−20)℃冻 16h，35 次 水蒸气湿流密度：GB/T 17146—2015	耐候性：系统无可见裂缝、无粉化、空鼓、剥落；抗裂砂浆和保温层拉伸粘结强度：≥0.10MPa 且破坏部位应位于保温层内 抗冲击：二层及以上(单层)：3J，且无宽度大于 0.10mm 的裂纹；首层(双层)：10J，且无宽度大于 0.10mm 的裂纹； 紫外、冻融试验后：3J 抹面砂浆不透水性：2h 不透水 吸水量：≤500g/m^2 耐冻融：系统无可见裂缝，无粉化、空鼓、剥落；抗裂面层和保温层拉伸粘结强度≥0.10MPa(破坏部位应位于保温层内) 水蒸气湿流密度：≥0.85g/(m^2·h)
	保温装饰一体板	水、冰冻、水蒸气、温度、光照、风荷载	耐候性：80 次高温(70℃，3h)、淋水(15℃，1h)和 5 次加热(50℃，8h)、冷冻(−20℃，16h) 抗冲击性：单层/双层，紫外、冻融试验前后 抹面砂浆不透水性：剥除 EPS 板密封周边浸水 吸水量：保温层+抹面层(防护层)，浸水 24h 耐冻融：保温层+抹面层(防护层)，20℃浸水 8h+(−20)℃冻 16h，35 次 水蒸气湿流密度：GB/T 17146—2015 耐人工气候老化性：GB/T 1865—2009	耐候性：系统无可见裂缝、无粉化、空鼓、剥落；保温层拉伸粘结强度：≥0.10MPa 且破坏部位应位于保温层内； 抗冲击：二层及以上(单层)：3J，且无宽度大于 0.10mm 的裂纹；首层(双层)：10J，且无宽度大于 0.10mm 的裂纹； 紫外、冻融试验后：3J 抹面砂浆不透水性：2h 不透水 吸水量：≤500g/m^2 耐冻融：系统无可见裂缝，无粉化、空鼓、剥落；抗裂面层和保温层拉伸粘结强度：≥0.10MPa(破坏部位应位于保温层内) 耐人工气候老化性：600h 不起泡 耐温变性：无粉化、开裂、起泡、剥落和明显变色

3.6 严寒地区保温系统及材料耐久性分析模型及评价方法

寒冷地区外保温系统及材料耐久性分析模型及评价方法见表 3-11～表 3-12。

表 3-11 严寒地区外保温系统及材料耐久性分析模型及评价方法

材料大类	材料小类	显著影响环境因素	耐久性分析模型
墙体材料	复合保温混凝土砌块	水、冰冻、水蒸气、温度	复合保温混凝土砌块在服役过程中，不断经受热荷载、冰冻、湿气和水分迁移等外部环境耦合作用，产生膨胀、收缩变形和化学侵蚀，引起复合保温混凝土砌块孔结构、组成等发生变化，导致复合保温混凝土砌块冻融破坏、碳化、干燥收缩变形等，耐久性衰减。为确保复合保温混凝土砌块在服役年限内，在各种环境条件作用及正常维护的情况下，保持其安全性、正常使用性和可接受的外观，其耐久性应满足衰减后的性能使用要求
	烧结保温砌块	水、冰冻、水蒸气、温度	烧结保温砌块在服役过程中，不断经受热荷载、冰冻、湿气和水分迁移等外部环境耦合作用，产生膨胀、收缩变形和化学侵蚀，引起烧结保温砌块孔结构、组成等发生变化，导致烧结保温砌块冻融破坏、碳化、干燥收缩变形等，耐久性衰减。为确保烧结保温砌块在服役年限内，在各种环境条件作用及正常维护的情况下，保持其安全性、正常使用性和可接受的外观，其耐久性应满足衰减后的性能使用要求
	混凝土	水、水蒸气	混凝土在服役过程中，不断经受湿气和水分迁移等外部环境耦合作用，产生膨胀、收缩变形和化学侵蚀，引起混凝土孔结构、组成等发生变化，导致混凝土碳化和氯离子侵蚀破坏、干燥收缩变形等，耐久性衰减。为确保混凝土在服役年限内，在各种环境条件作用及正常维护的情况下，保持其安全性、正常使用性和可接受的外观，其耐久性应满足衰减后的性能使用要求
粘结材料	界面砂浆	水、水蒸气、风荷载	界面砂浆在服役过程中，不断经受湿气和水分迁移等外部环境耦合作用，产生膨胀、收缩变形和化学侵蚀，引起界面砂浆孔结构、组成等发生变化，导致界面砂浆膨胀收缩变形开裂等，耐久性衰减。为确保界面砂浆在服役年限内，在各种环境条件作用及正常维护的情况下，保持其安全性、正常使用性和可接受的外观，其耐久性应满足衰减后的性能使用要求
	胶粘剂	水、水蒸气、风荷载	胶粘剂在服役过程中，不断经受湿气和水分迁移等外部环境耦合作用，产生膨胀、收缩变形和化学侵蚀，引起胶粘剂孔结构、组成等发生变化，导致胶粘剂膨胀收缩变形开裂等，耐久性衰减。为确保胶粘剂在服役年限内，在各种环境条件作用及正常维护的情况下，保持其安全性、正常使用性和可接受的外观，其耐久性应满足衰减后的性能使用要求

续表

<table>
<tr><th>材料大类</th><th>材料小类</th><th>显著影响环境因素</th><th>耐久性分析模型</th></tr>
<tr><td rowspan="4">保温材料</td><td>EPS 板</td><td rowspan="3">水、冰冻、水蒸气、温度</td><td rowspan="3">保温材料在服役过程中，不断经受热荷载、湿气迁移等外部环境耦合作用，导致保温板膨胀收缩变形、冻融破坏等，性能（S_0）衰减。
保温材料在服役过程中，持续受到温度变化产生的应变，以及温度梯度导致的弯曲，当保温材料衰减后性能（S_0）无法抵抗外部应力（S_d）时（$S_d > S_0$），在应力持续作用下保温材料产生开裂、脱落等破坏。保温材料的环境耦合效应设计值 S_d 的应力公式见式(1)～式(4)。
为确保保温材料在服役年限内，在各种环境条件作用及正常维护的情况下，保持其安全性、正常使用性和可接受的外观，其耐久性应满足 $\gamma_0 S_d < S_0$（γ_0 为确保材料耐久性的安全系数，S_0 详见围护材料耐久性评价方法）。
平行于墙面竖向剪切应力：$$S_d = 1.2\times S_G = 1.2\times\frac{\sum_{i=1}^{n}\rho_i z_i\times 9.8}{1-\omega} \quad (1)$$
垂直于墙体平面外拉应力：$$S_d = 1.4\times S_w = \frac{1.4\times\beta_{gz}\mu_s\mu_z w_0}{1-\omega} \quad (2)$$
垂直于墙体剪切应力：$$S_d = 1.4\times\tau_{wb} = 4.2\times S_w L/4d \quad (3)$$
平面内拉压应力：
$$S_d = 1.4\times(S_T+S_M+S_{W'}) = 1.4\times\left\{\frac{(A_1E_1+A_2E_2)E_3}{A_1E_1+A_2E_2-A_3E_3}\{[(1-K)\alpha_1(t_1-t_0)] -\alpha_3(t_2-t_0)\}+\left(-\frac{3d^2}{bh^2}\alpha\Delta_T\right)+\frac{(A_1E_1+A_2E_2)E_3}{A_1E_1+A_2E_2-A_3E_3}\{[(1-H)\beta_1(\delta_1-\delta_0)] -\beta_3(\delta_2-\delta_0)\}+\left[-\frac{3d^2}{bh^2}\beta_3\Delta_m\right]+6M_{wb}/d^2\right\} \quad (4)$$</td></tr>
<tr><td>XPS 板</td></tr>
<tr><td>STP 板</td></tr>
<tr><td>保温装饰一体板</td><td>风荷载、水、冰冻、水蒸气、温度、光照、酸、盐</td><td>保温装饰一体板在服役过程中，不断经受风荷载、热荷载、光载荷、湿气和水分迁移等外部环境耦合作用，产生膨胀、收缩变形和化学侵蚀，引起保温装饰一体板化学组成及粘结等发生变化，导致保温装饰一体板发生破坏，耐久性衰减。为确保材料在服役年限内，在各种环境条件作用及正常维护的情况下，保持其安全性、正常使用性和可接受的外观，其耐久性应满足衰减后的性能使用要求</td></tr>
<tr><td>连接材料</td><td>锚栓</td><td>风荷载、重力荷载、水、冰冻、水蒸气、温度、酸、盐</td><td>锚栓在服役过程中，不断经受风荷载、热荷载、湿气和水分迁移等外部环境耦合作用，产生膨胀、收缩变形和化学侵蚀，引起锚栓化学组成及强度等发生变化，导致锚栓发生破坏，耐久性衰减。为确保材料在服役年限内，在各种环境条件作用及正常维护的情况下，保持其安全性、正常使用性和可接受的外观，其耐久性应满足衰减后的性能使用要求</td></tr>
</table>

续表

材料大类	材料小类	显著影响环境因素	耐久性分析模型
抹面材料	抗裂砂浆	水、冰冻、水蒸气、温度	抗裂砂浆在服役过程中，不断经受热荷载、湿气和水分迁移等外部环境耦合作用，导致抗裂砂浆膨胀收缩变形、冻融破坏、软化等，性能（S_0）衰减。 抗裂砂浆在服役过程中，持续受到温度变化产生的应变，以及温度梯度导致的弯曲，当抗裂砂浆衰减后性能（S_0）无法抵抗外部应力（S_d）时（$S_d > S_0$），在应力持续作用下抗裂砂浆产生开裂、脱落等破坏。抗裂砂浆的环境耦合效应设计值 S_d 的应力公式见式(1)～式(3)。 为确保抗裂砂浆在服役年限内，在各种环境条件作用及正常维护的情况下，保持其安全性、正常使用性和可接受的外观，其耐久性应满足 $\gamma_0 S_d < S_0$（γ_0 为确保材料耐久性的安全系数，S_0 详见围护材料耐久性评价方法）。 平行于墙面竖向剪切：$S_d = 1.2 \times S_{dG} = 1.2 \times \sum_{i=1}^{n} \rho_i z_i \times 9.8$　(1) 垂直于墙体平面外拉应力：$S_d = 1.4 \times S_w = 1.4 \times \beta_{gz} \mu_s \mu_z w_0$　(2) 平面内拉压应力： $S_d = 1.4 \times (S_T + S_M) = 1.4 \times \{ \{ \alpha_1 (t_1 - t_0) - K\alpha_1 (t_1 - t_0) + \frac{A_3 E_3}{A_1 E_1 + A_2 E_2 - A_3 E_3} \{ [(1-K)\alpha_1 (t_1 - t_0)] - \alpha_3 (t_2 - t_0) \} \} E_2 \} + \frac{(A_1 E_1 + A_2 E_2) E_3}{A_1 E_1 + A_2 E_2 - A_3 E_3} \{ [(1-H)\beta_1 (\delta_1 - \delta_0)] - \beta_3 (\delta_2 - \delta_0) \} E_2$　(3)
涂料饰面	外墙腻子	水、冰冻、水蒸气、温度、酸、盐	外墙腻子在服役过程中，不断经受热荷载、湿气和水分迁移等外部环境耦合作用，导致外墙腻子膨胀收缩变形、冻融破坏、软化等，性能（S_0）衰减。 外墙腻子在服役过程中，持续受到温度变化产生的应变，以及温度梯度导致的弯曲，当外墙腻子衰减后性能（S_0）无法抵抗外部应力（S_d）时（$S_d > S_0$），在应力持续作用下外墙腻子产生开裂、脱落等破坏。外墙腻子的环境耦合效应设计值 S_d 的应力公式见式(1)～式(3)。 为确保外墙腻子在服役年限内，在各种环境条件作用及正常维护的情况下，保持其安全性、正常使用性和可接受的外观，其耐久性应满足 $\gamma_0 S_d < S_0$（γ_0 为确保材料耐久性的安全系数，S_0 详见围护材料耐久性评价方法）。 平行于墙面竖向剪切：$S_d = 1.2 \times S_{dG} = 1.2 \times \sum_{i=1}^{n} \rho_i z_i \times 9.8$　(1) 垂直于墙体平面外拉应力：$S_d = 1.4 \times S_w = \frac{1.4 \times \beta_{gz} \mu_s \mu_z w_0}{1 - \omega}$　(2) 平面内拉压应力： $S_d = 1.4 \times (S_T + S_M) = 1.4 \times \{ \{ \alpha_1 (t_1 - t_0) - K\alpha_1 (t_1 - t_0) + \frac{A_3 E_3}{A_1 E_1 + A_2 E_2 - A_3 E_3} \{ [(1-K)\alpha_1 (t_1 - t_0)] - \alpha_3 (t_2 - t_0) \} \} E_1 \} + \frac{(A_1 E_1 + A_2 E_2) E_3}{A_1 E_1 + A_2 E_2 - A_3 E_3} \{ [(1-H)\beta_1 (\delta_1 - \delta_0)] - \beta_3 (\delta_2 - \delta_0) \} E_1$　(3)

续表

材料大类	材料小类	显著影响环境因素	耐久性分析模型
涂料饰面	真石漆	水、冰冻、温度、光照、酸、盐	真石漆在服役过程中，不断经受光、热荷载、湿气和水分迁移等外部环境耦合作用，产生紫外老化、化学侵蚀、膨胀和收缩变形等，引起真石漆化学组成等发生变化，导致真石漆发生变色、起鼓、剥落等，耐久性衰减。为确保真石漆在服役年限内，在各种环境条件作用及正常维护的情况下，保持其安全性、正常使用性和可接受的外观，其耐久性应满足衰减后的性能使用要求
	立体多彩涂料		立体多彩涂料在服役过程中，不断经受光、热荷载、湿气和水分迁移等外部环境耦合作用，产生紫外老化、化学侵蚀、膨胀和收缩变形等，引起立体多彩涂料化学组成等发生变化，导致立体多彩涂料发生起泡、粉化、剥落等，耐久性衰减。为确保涂料在服役年限内，在各种环境条件作用及正常维护的情况下，保持其安全性、正常使用性和可接受的外观，其耐久性应满足衰减后的性能使用要求
系统性能	EPS 板外保温系统	水、冰冻、水蒸气、温度、风荷载	根据耐久性模型应力计算及工程实践可知，外保温系统劣化主要发生在保温层、抹面层和饰面层。材料在服役过程中，不断经受光、风荷载、热荷载、湿气和水分迁移等外部环境耦合作用，产生膨胀、收缩变形和化学侵蚀，引起材料孔结构、组成等发生变化，在变形协调一致作用下产生内部应力导致系统空鼓、开裂。当系统的防水、透气等构造设计存在问题，或施工不当时，材料界面粘结力下降导致系统空鼓、脱落，系统耐久性衰减。为确保保温材料在服役年限内，在各种环境条件作用及正常维护的情况下，保持其安全性、正常使用性和可接受的外观，其耐候性应满足衰减后的性能使用要求
	XPS 板外保温系统		
	STP 板外保温系统		
	保温装饰一体板系统		

表 3-12　严寒地区外保温系统及材料耐久性评价方法

材料大类	材料小类	显著影响环境因素	耐久性评价方法及边界条件	耐久性技术指标
墙体材料	复合保温混凝土砌块	水、冰冻、水蒸气、温度	根据复合保温混凝土砌块耐久性分析模型，其耐久性评价主要通过冻融、软化、干燥收缩及碳化试验来表征材料的性能衰减程度。 主要评价指标包括碳化系数、软化系数、干燥收缩值、抗冻性	软化系数：≥0.85 抗冻性：质量损失率≤10%，强度损失率≤20%(循环次数 50 次) 干燥收缩值：标准法≤0.50mm/m，快速法≤0.80mm/m(GB/T 11968—2020) 碳化系数：≥0.85 具体试验方法参考 GB/T 29060—2012
	烧结保温砌块	水、冰冻、水蒸气、温度	根据烧结保温砌块耐久性分析模型，其耐久性评价主要通过冻融、软化、干燥收缩及碳化试验来表征材料的性能衰减程度。 主要评价指标包括碳化系数、软化系数、干燥收缩值、抗冻性	软化系数：≥0.85 抗冻性：质量损失率≤10%，强度损失率≤20%(循环次数 50 次) 干燥收缩值：标准法≤0.50mm/m，快速法≤0.80mm/m(GB/T 11968—2020) 碳化系数：≥0.85 具体试验方法参考 GB/T 29060—2012

续表

材料大类	材料小类	显著影响环境因素	耐久性评价方法及边界条件	耐久性技术指标
墙体材料	混凝土	水、水蒸气	根据混凝土耐久性分析模型，其耐久性评价主要通过冻融、软化、干燥收缩及碳化试验来表征材料的性能衰减程度。 主要评价指标包括碳化系数、软化系数、干燥收缩值、抗冻性	软化系数：≥0.85 抗冻性：质量损失率≤5%，强度损失率≤20%(循环次数 50 次) 干燥收缩值：标准法≤0.50mm/m，快速法≤0.80mm/m(GB/T 11968—2020) 碳化系数：≥0.85 具体试验方法参考 GB/T 4111—2013
粘结材料	胶粘剂	水、水蒸气、风荷载	根据胶粘剂耐久性分析模型，其耐久性评价主要通过初始及耐久试验后的粘结强度来表征材料的性能衰减程度。主要评价指标包括初始及浸水后粘结强度	粘结强度： 与水泥砂浆板：初始≥0.6MPa (28d) 耐水≥0.6MPa (28d，浸水 48h+干燥 2h) 与 EPS 板：初始≥0.10MPa(破坏在 EPS 板中)(28d) 耐水≥0.10MPa (28d，浸水 48h+干燥 2h)
保温材料	EPS 板	水、冰冻、水蒸气、温度	根据 EPS 板耐久性分析模型，其耐久性评价主要通过抗拉强度、尺寸稳定性和芯材吸水率试验来表征。 主要评价指标包括垂直于板面的抗拉强度、尺寸稳定性、吸水率、水蒸气渗透系数	抗拉强度：≥0.10MPa 尺寸稳定性：≤0.3% 吸水率：≤3% 水蒸气渗透系数：≤4.5ng/(Pa·m·s) 具体试验方法参考 GB/T 29906—2013
	XPS 板	水、冰冻、水蒸气、温度	根据 XPS 板耐久性分析模型，其耐久性评价主要通过抗拉强度、尺寸稳定性和芯材吸水率试验来表征。 主要评价指标包括垂直于板面的抗拉强度、尺寸稳定性、吸水率、水蒸气渗透系数	抗拉强度：≥0.20MPa 尺寸稳定性：≤1.2% 吸水率：≤1.5% 水蒸气渗透系数：3.5～1.5ng/(Pa·m·s) 弯曲变形：≥20mm 具体试验方法参考 GB/T 30595—2014
	STP 板	水、冰冻、水蒸气、温度	根据 STP 板耐久性分析模型，其耐久性评价主要通过抗拉强度、尺寸稳定性和吸水率等试验来表征。 主要评价指标包括垂直于板面的抗拉强度、尺寸稳定性、吸水量、穿刺后垂直于板面方向的膨胀率	垂直于板面的抗拉强度：初始及 70 次循环≥80kPa 尺寸稳定性：长度、宽度≤0.5；厚度≤3.0 穿刺后垂直于板面方向的膨胀率≤10% 表面吸水量≤100g/m^2 压缩强度≥100kPa 具体试验方法参考 JGJ/T 416—2017

续表

材料大类	材料小类	显著影响环境因素	耐久性评价方法及边界条件	耐久性技术指标
保温材料	保温装饰一体板	风荷载、水、冰冻、水蒸气、温度、光照、酸、盐	根据保温装饰一体化板耐久性分析模型，其耐久性评价主要通过抗拉强度、尺寸稳定性和吸水率等试验来表征。 主要评价指标包括垂直于板面的抗拉强度、尺寸稳定性、吸水量、穿刺后垂直于板面方向的膨胀率。 耐候性：50次高温（70℃，3h）＋淋水（15℃，1h）和5次加热（50℃，8h）＋冷冻（－20℃，16h） 拉伸粘结强度 单点锚固力 耐冻融：保温层＋抹面层（防护层），20℃浸水8h＋（－20）℃冻16h，50次	耐候性：系统无可见裂缝，无粉化、空鼓、剥落 面板与保温材料拉伸粘结强度≥0.2MPa 拉伸粘结强度≥0.2MPa 耐冻融：系统无可见裂缝，无粉化、空鼓、剥落；面板与保温材料拉伸粘结强度≥0.2MPa 单点锚固力≥0.30kN 具体试验方法参考JG/T 287—2013
连接材料	锚栓	风荷载、重力荷载、水、冰冻、水蒸气、温度、酸、盐	根据锚栓耐久性分析模型，其耐久性评价主要通过单点锚固力试验来表征	单点锚固力≥0.30kN 具体试验方法参考JG/T 287—2013
抹面材料	抗裂砂浆	水、冰冻、水蒸气、温度	根据抗裂砂浆耐久性分析模型，其耐久性评价主要通过初始及耐久试验后的粘结强度和抗拉强度、软化及抗冲击试验来表征材料的性能衰减程度。 主要评价指标包括 粘结强度和抗拉强度（初始、耐水、冻融）、抗冲击性、吸水量和不透水性。 拉伸粘结强度（和EPS板）： 初始（28d） 耐水（浸水48h＋干燥2h） 冻融（50次） 拉伸粘结强度（和水泥砂浆）： 初始（28d） 耐水（浸水48h＋干燥2h） 冻融（50次） 抗拉强度：初始（28d） 耐水（28d，浸水7d） 冻融[28d，（－20）℃冻4h＋20℃融4h，50次] 抗冲击性：单层/双层，紫外、冻融试验前后 吸水量（24h） 不透水性	粘结强度（与保温板）：初始：≥0.10MPa 耐水：≥0.06MPa（浸水48h，干燥2h） ≥0.10MPa（浸水48h，干燥7d） 冻融：≥0.10MPa 抗拉强度：初始≥1.0MPa 耐水≥0.8MPa 冻融≥0.8MPa 抗冲击：单层网：3J，且无宽度大于0.10mm的裂纹；双层网：10J，且无宽度大于0.10mm的裂纹，冻融、紫外老化后：3J 吸水量：≤500 g/m^2 不透水性：抹面层内侧无水渗透

续表

材料大类	材料小类	显著影响环境因素	耐久性评价方法及边界条件	耐久性技术指标
增强材料	网格布	紫外老化、碱腐蚀、温度、冻融	增加氧化锆、氧化钛含量指标	ZrO_2 含量(14.5±0.8)%且 TiO_2 含量(6±0.5)%或 ZrO_2 和 TiO_2 含量≥19.2%且 ZrO_2 含量≥13.7%或 ZrO_2 含量≥16.0% 试验方法参照JC/T 841—2007
饰面材料	外墙腻子	水、冰冻、水蒸气、温度、酸、盐	根据外墙腻子耐久性分析模型，其耐久性评价主要通过初始及耐久性试验后的粘结强度、抗拉强度，柔韧性、耐水性和吸水量来表征材料的性能衰减程度。 主要评价指标包括： 粘结强度（初始、耐水、冻融）、柔韧性、耐水性、吸水量、抗拉强度(初始、耐水、冻融)。 粘结强度：初始(28d) 耐水(浸水48h+干燥2h) 冻融(50次) 柔韧性：动态抗开裂/马口铁 耐水性：浸水性96h 吸水量：70×70试块密封泡水 抗拉强度：初始(28d 8字模) 耐水(28d，浸水7d) 冻融[28d，(−20)℃冻4h+ 20℃融4h，50次]	粘结强度：初始≥0.60MPa 初始≥0.40MPa 耐水≥0.40MPa 冻融≥0.40MPa 柔韧性：0.08～0.3/50mm 耐水性：无起泡、开裂、掉粉 吸水量：≤2.0g/10min 抗拉强度：初始≥0.7MPa 耐水≥0.5MPa 冻融≥0.5MPa
	真石漆	水、冰冻、温度、光照、酸、盐	根据涂料耐久性分析模型，其耐久性评价主要通过温变性、柔韧性、人工老化试验和冻融前后拉伸粘结性来表征材料的性能衰减程度。 主要评价指标包括耐人工气候老化性、耐温变性、冻融循环前后拉伸粘结强度、柔韧性、耐水性、耐碱性和吸水量	粘结强度：初始≥0.60MPa 冻融≥0.40MPa[14d，(−20)℃冻4h+20℃融4h，50次] 柔韧性：0.08～0.3/50mm(动态抗开裂/马口铁) 耐水性：无起泡、开裂、掉粉(浸泡96h) 耐碱性：无起泡、开裂、掉粉(浸泡96h，参考GB/T 9265—2009) 吸水量：≤2.0g/10min(70mm×70mm试块密封泡水) 耐温变性：无粉化、开裂、起泡、剥落、明显变色(50次，参考JG/T 25—2017) 耐人工气候老化性：600h不起泡、不剥落、无裂纹、不粉化、无明显变色、无明显失光
	立体多彩涂料	水、冰冻、温度、光照、酸、盐	根据涂料耐久性分析模型，其耐久性评价主要通过耐湿冷热循环和人工老化试验来表征材料的性能衰减程度。 主要评价指标包括耐人工气候老化性、耐湿冷热循环	耐人工气候老化性：1000h不起泡、不剥落、无裂纹、不粉化、无明显变色、无明显失光。 耐湿冷热：无粉化、开裂、起泡、剥落和明显变色[23℃浸水18h+(−20)℃冻3h+50℃烘3h，5次循环] 具体试验方法参考HG/T 4343—2012

续表

材料大类	材料小类	显著影响环境因素	耐久性评价方法及边界条件	耐久性技术指标
系统性能	EPS板外保温系统	水、冰冻、水蒸气、温度、风荷载	根据系统耐久性分析模型，其耐久性评价主要通过耐候性试验后系统拉伸粘结强度、抗冲击性，以及不透水性、吸水量和防护层水蒸气湿流密度来表征材料的性能衰减程度。 主要评价指标包括： 耐候性、抗冲击性、抹面砂浆不透水性、吸水量、耐冻融、水蒸气湿流密度。 耐候性：50次高温（70℃，3h）、淋水（15℃，1h）和5次加热（50℃，8h）、冷冻（－20℃，16h） 抗冲击性：单层/双层，紫外、冻融试验前后 抹面砂浆不透水性：剥除EPS板密封周边浸水 吸水量：保温层＋抹面层（防护层），浸水24h 耐冻融：保温层＋抹面层（防护层），20℃浸水8h＋（－20）℃冻16h，50次 水蒸气湿流密度：GB/T 17146—2015	耐候性：系统无可见裂缝，无粉化、空鼓、剥落；抗裂砂浆和保温层拉伸粘结强度：≥0.10MPa；破坏部位应位于保温层内。面砖与抹面层拉伸粘结强度≥0.5MPa；冻融后面砖与抹面层拉伸粘结强度≥0.5MPa 抗冲击：二层及以上（单层网）：3J，且无宽度大于0.10mm的裂纹；首层（双层网）：10J，且无宽度大于0.10mm的裂纹 紫外、冻融试验后：3J 抹面砂浆不透水性：2h不透水 吸水量：≤500g/m^2 耐冻融：系统无可见裂缝，无粉化、空鼓、剥落；抗裂面层和保温层拉伸粘结强度≥0.10MPa（破坏部位应位于保温层内）。 水蒸气湿流密度：≥0.85g/（m^2·h）
	XPS板外保温系统	水、冰冻、水蒸气、温度、风荷载	耐候性：50次高温（70℃，3h）、淋水（15℃，1h）和5次加热（50℃，8h）、冷冻（－20℃，16h） 抗冲击性：单层/双层，紫外、冻融试验前后 抹面砂浆不透水性：剥除EPS板密封周边浸水 吸水量：保温层＋抹面层（防护层），浸水24h 耐冻融：保温层＋抹面层（防护层），20℃浸水8h＋（－20）℃冻16h，50次 水蒸气湿流密度：GB/T 17146—2015	耐候性：系统无可见裂缝，无粉化、空鼓、剥落；抗裂砂浆和保温层拉伸粘结强度：≥0.15MPa；破坏部位应位于保温层内。面砖与抹面层拉伸粘结强度≥0.5MPa；冻融后面砖与抹面层拉伸粘结强度≥0.5MPa 抗冲击：二层及以上（单层网）：3J，且无宽度大于0.10mm的裂纹；首层（双层网）：10J，且无宽度大于0.10mm的裂纹 紫外、冻融试验后：3J 抹面砂浆不透水性：2h不透水 吸水量：≤500g/m^2 耐冻融：系统无可见裂缝，无粉化、空鼓、剥落；抗裂面层和保温层拉伸粘结强度≥0.10MPa（破坏部位应位于保温层内）。 水蒸气湿流密度：≥0.85g/（m^2·h）

续表

材料大类	材料小类	显著影响环境因素	耐久性评价方法及边界条件	耐久性技术指标
系统性能	STP 板外保温系统	水、冰冻、水蒸气、温度、风荷载	根据系统耐久性分析模型，其耐久性评价主要通过耐候性试验后系统拉伸粘结强度、抗冲击性以及不透水性、吸水量和防护层水蒸气湿流密度来表征材料的性能衰减程度	耐候性：外观：无开裂、空鼓或脱落 抗裂砂浆和保温层拉伸粘结强度：≥0.08MPa；抗冲击：普通型(单层网)：3J，且无宽度大于 0.10mm 的裂纹；加强型(双层网)：10J，且无宽度大于 0.10mm 的裂纹 紫外、冻融试验后：3J 抹面砂浆不透水性：2h 不透水 吸水量：≤500g/m^2[保温层＋抹面层(防护层)，浸水 1h] 耐冻融：系统无空鼓、脱落，无渗水裂缝；抗裂面层和保温层拉伸粘结强度≥0.08MPa 且破坏部位应位于保温层内 水蒸气湿流密度：≥0.85g/(m^2·h) 具体试验方法参考 JGJ/T 416—2017
	保温装饰一体板系统	水、冰冻、水蒸气、温度、风荷载	根据系统耐久性分析模型，其耐久性评价主要通过耐候性试验、耐冻融后系统拉伸粘结强度以及连接件锚固力来表征材料的性能衰减程度。 主要评价指标包括： 耐候性、耐冻融、单点锚固力。 耐候性：50 次高温(70℃，3h)＋淋水(15℃，1h)和 5 次加热(50℃，8h)＋冷冻(－20℃，16h) 拉伸粘结强度 单点锚固力 耐冻融：保温层＋抹面层(防护层)，20℃浸水 8h＋(－20)℃冻 16h，50 次	耐候性：系统无可见裂缝，无粉化、空鼓、剥落 面板与保温材料拉伸粘结强度≥0.2MPa 拉伸粘结强度≥0.2MPa 耐冻融：系统无可见裂缝、无粉化、空鼓、剥落；面板与保温材料拉伸粘结强度≥0.2MPa 单点锚固力≥0.30kN 具体试验方法参考 JG/T 287—2013

严寒地区自保温系统及材料耐久性分析模型及评价方法如表 3-13 所示。

表 3-13　严寒地区自保温系统及材料耐久性分析模型及评价方法

围护系统	材料大类	材料小类	显著影响环境因素	耐久性分析模型	耐久性评价方法及边界条件	技术指标
自保温系统	墙体材料	复合保温混凝土砌块	水、冰冻、水蒸气、温度	复合保温混凝土砌块在服役过程中，不断经受热荷载、湿气和水分迁移等外部环境耦合作用，产生膨胀、收缩变形和化学侵蚀，引起复合保温混凝土砌块孔结构、组成等发生变化，导致复合保温混凝土砌块冻融破坏、碳化、干燥收缩变形等，耐久性衰减。为确保复合保温混凝土砌块在服役年限内，在各种环境条件作用及正常维护的情况下，保持其安全性、正常使用性和可接受的外观，其耐久性应满足衰减后的性能使用要求	根据复合保温混凝土砌块耐久性分析模型，其耐久性评价主要通过冻融、软化、干燥收缩及碳化试验来表征材料的性能衰减程度。 主要评价指标包括碳化系数、软化系数、干燥收缩值、抗冻性	软化系数≥0.85 抗冻性：质量损失率≤10%，强度损失率≤20%（循环次数50次） 干燥收缩值：标准法≤0.50mm/m，快速法≤0.80mm/m（GB/T 11968—2020） 碳化系数：≥0.85 具体试验方法参考GB/T 29060—2012
		烧结保温砌块	水、冰冻、水蒸气、温度	烧结保温砌块在服役过程中，不断经受热荷载、湿气和水分迁移等外部环境耦合作用，产生膨胀、收缩变形和化学侵蚀，引起烧结保温砌块孔结构、组成等发生变化，导致烧结保温砌块冻融破坏、碳化、干燥收缩变形等，耐久性衰减。为确保烧结保温砌块在服役年限内，在各种环境条件作用及正常维护的情况下，保持其安全性、正常使用性和可接受的外观，其耐久性应满足衰减后的性能使用要求	根据烧结保温砌块耐久性分析模型，其耐久性评价主要通过冻融、软化、干燥收缩及碳化试验来表征材料的性能衰减程度。 主要评价指标包括碳化系数、软化系数、干燥收缩值、抗冻性	软化系数≥0.85 抗冻性：质量损失率≤10%，强度损失率≤20%（循环次数50次） 干燥收缩值：标准法≤0.50mm/m，快速法≤0.80mm/m（GB/T 11968—2020） 碳化系数：≥0.85 具体试验方法参考GB/T 29060—2012

续表

围护系统	材料大类	材料小类	显著影响环境因素	耐久性分析模型	耐久性评价方法及边界条件	技术指标
自保温系统	找平材料	抹灰砂浆	水、冰冻、水蒸气、温度	抹灰砂浆在服役过程中，不断经受热荷载、湿气和水分迁移等外部环境耦合作用，产生膨胀、收缩变形和化学侵蚀，引起抹灰砂浆孔结构、组成等发生变化，导致抹灰砂浆冻融破坏、碳化和氯离子侵蚀破坏、干燥收缩变形等，耐久性衰减。为确保抹灰砂浆在服役年限内，在各种环境条件作用及正常维护的情况下，保持其安全性、正常使用性和可接受的外观，其耐久性应满足衰减后的性能使用要求	根据抹灰砂浆耐久性分析模型，其耐久性评价主要通过冻融、软化、干燥收缩及碳化试验来表征材料的性能衰减程度。 主要评价指标包括收缩率、抗冻性	抗冻性：（循环50次）质量损失率≤5%，强度损失率≤20%； 收缩率≤0.2% 具体试验方法参考JGJ/T 70—2009
	饰面材料	外墙腻子	水、冰冻、水蒸气、温度、风荷载、重力荷载	外墙腻子在服役过程中，不断经受热荷载、湿气和水分迁移等外部环境耦合作用，产生膨胀、收缩变形和化学侵蚀，引起外墙腻子孔结构、组成等发生变化，导致外墙腻子冻融破坏、碳化和氯离子侵蚀破坏、干燥收缩变形等，耐久性衰减。为确保外墙腻子在服役年限内，在各种环境条件作用及正常维护的情况下，保持其安全性、正常使用性和可接受的外观，其耐久性应满足衰减后的性能使用要求	根据外墙腻子耐久性分析模型，其耐久性评价主要通过初始及耐久性试验后的粘结强度、抗拉强度，柔韧性、耐水性和吸水量来表征材料的性能衰减程度。 主要评价指标包括粘结强度(初始、耐水、冻融)柔韧性、耐水性、吸水量、抗拉强度(初始、耐水、冻融)	粘结强度： 初始≥0.60MPa 耐水≥0.4MPa 冻融≥0.4MPa[循环50次，养护28d，(－20)℃冻4h＋20℃融4h] 柔韧性：0.08～0.3/50mm(动态抗开裂/马口铁)； 耐水性：无起泡、开裂、掉粉(浸水96h)； 吸水量≤2.0g/10min(70mm×70mm试块密封泡水)； 抗拉强度： 初始≥0.7MPa 耐水≥0.5MPa 冻融≥0.5MPa [循环50次，28d，(－20)℃冻4h＋20℃融4h] 具体试验方法参考JGJ/T 70—2009

续表

围护系统	材料大类	材料小类	显著影响环境因素	耐久性分析模型	耐久性评价方法及边界条件	技术指标
自保温系统	饰面材料	真石漆	水、冰冻、温度、光照、酸、盐	真石漆在服役过程中，不断经受光、热荷载、湿气和水分迁移等外部环境耦合作用，产生紫外老化、膨胀和收缩变形等，引起涂料化学组成等发生变化，导致涂料发生起泡、粉化等，耐久性衰减。为确保真石漆在服役年限内，在各种环境条件作用及正常维护的情况下，保持其安全性、正常使用性和可接受的外观，其耐久性应满足衰减后的性能使用要求	根据真石漆耐久性分析模型，其耐久性评价主要通过温变性、柔韧性、人工老化试验和冻融前后拉伸粘结性来表征材料的性能衰减程度。 主要评价指标包括耐人工气候老化性、耐温变性、冻融循环前后拉伸粘结强度、柔韧性、耐水性、耐碱性和吸水量	粘结强度：初始≥0.60MPa 冻融≥0.40MPa［14d，(－20)℃冻4h＋20℃融4h，50次］ 柔韧性：0.08～0.3/50mm（动态抗开裂/马口铁） 耐水性：无起泡、开裂、掉粉（浸水性96h） 耐碱性：无起泡、开裂、掉粉（浸泡96h，参考GB/T 9265—2009） 吸水量：≤2.0g/10min（70mm×70mm试块密封泡水） 耐温变性：无粉化、开裂、起泡、剥落、明显变色（50次，参考JG/T 25—2017） 耐人工气候老化性：600h不起泡、不剥落、无裂纹、不粉化、无明显变色、无明显失光
		立体多彩涂料	水、冰冻、温度、光照、酸、盐	涂料在服役过程中，不断经受光、热荷载、湿气和水分迁移等外部环境耦合作用，产生紫外老化、膨胀和收缩变形等，引起涂料化学组成等发生变化，导致涂料发生起泡、粉化等，耐久性衰减。为确保涂料在服役年限内，在各种环境条件作用及正常维护的情况下，保持其安全性、正常使用性和可接受的外观，其耐久性应满足衰减后的性能使用要求	根据涂料耐久性分析模型，其耐久性评价主要通过耐湿冷热循环和人工老化实验来表征材料的性能衰减程度。 主要评价指标包括耐人工气候老化性、耐湿冷热循环	耐人工气候老化性：1000h不起泡、不剥落、无裂纹、不粉化、无明显变色、无明显失光。 耐湿冷热：无粉化、开裂、起泡、剥落和明显变色［23℃浸水18h＋(－20)℃冻3h＋50℃烘3h，5次循环］ 具体实验方法参考HG/T 4343—2012

严寒地区夹芯保温系统及材料耐久性分析模型及评价方法如表3-14所示。

表3-14 严寒地区夹芯保温系统及材料耐久性分析模型及评价方法

围护系统	材料大类	材料小类	显著影响环境因素	耐久性分析模型	耐久性评价方法及边界条件	技术指标
夹芯保温系统	内叶墙板	钢筋混凝土	水、冰冻、水蒸气、温度	钢筋混凝土在服役过程中，不断经受热荷载、湿气和水分迁移等外部环境耦合作用，产生膨胀、收缩变形和化学侵蚀，引起混凝土孔结构、组成等发生变化，导致混凝土冻融破坏、碳化和氯离子侵蚀钢筋锈蚀、干燥收缩变形等，耐久性衰减。为确保钢筋混凝土在服役年限内，在各种环境条件作用及正常维护的情况下，保持其安全性、正常使用性和可接受的外观，其耐久性应满足衰减后的性能使用要求	同外保温系统	同外保温系统
	夹芯保温层	XPS板	水、冰冻、水蒸气、温度	保温材料在服役过程中，不断经受热荷载、湿气迁移等外部环境耦合作用，导致保温板膨胀收缩变形、冻融破坏等，耐久性衰减。为确保保温材料在服役年限内，在各种环境条件作用及正常维护的情况下，保持其安全性、正常使用性和可接受的外观，其耐久性应满足衰减后的性能使用要求	同外保温系统	同外保温系统
		EPS板			同外保温系统	同外保温系统
		硬泡聚氨酯板			根据硬泡聚氨酯板耐久性分析模型，其耐久性评价主要通过尺寸稳定性和芯材吸水率试验来表征。 主要评价指标包括垂直于板面的抗拉强度、尺寸稳定性、芯材吸水率	抗拉强度：≥0.10MPa 尺寸稳定性：≤1.0%(70℃) 芯材吸水率：≤3% 具体试验方法参考GB 50404—2017
		酚醛泡沫板			根据酚醛泡沫板耐久性分析模型，其耐久性评价主要通过尺寸稳定性、芯材吸水率、透湿系数和弯曲断裂力试验来表征。 主要评价指标包括垂直于板面的抗拉强度、尺寸稳定性、芯材吸水率、透湿系数、弯曲断裂力	垂直于板面的抗拉强度≥0.08MPa 尺寸稳定性：≤2.0%(70℃) 芯材吸水率≤7.0% 透湿系数：2.0～8.5ng/(Pa·m·s) 弯曲断裂力≥15N 具体试验方法参考GB/T 20974—2014

续表

围护系统	材料大类	材料小类	显著影响环境因素	耐久性分析模型	耐久性评价方法及边界条件	技术指标
夹芯保温系统	夹芯保温层	发泡水泥板	水、冰冻、水蒸气、温度	发泡水泥板在服役过程中，不断经受热荷载、湿气和水分迁移等外部环境耦合作用，导致无机保温砂浆膨胀收缩变形、冻融破坏、软化等，耐久性衰减。为确保发泡水泥板在服役年限内，在各种环境条件作用及正常维护的情况下，保持其安全性、正常使用性和可接受的外观，其耐久性应满足衰减后的性能使用要求	根据发泡水泥板耐久性分析模型，其耐久性评价主要通过抗拉强度、体积吸水率、软化和干燥收缩试验来表征。 主要评价指标包括垂直于板面的抗拉强度、体积吸水率、软化系数、干燥收缩	垂直于板面的抗拉强度≥0.12MPa 体积吸水率≤10% 软化系数：≥0.7 干燥收缩≤0.8‰ 具体试验方法参考DG/TJ 08—2138、JGJ/T 70—2009
	外叶墙板	钢筋混凝土	水、冰冻、水蒸气、温度	同内叶墙板	同内叶墙板	同内叶墙板
	防水材料	防水密封胶	光、水、冰冻、水蒸气、温度	防水密封胶在服役过程中，不断经受光、热荷载、湿气和水分迁移等外部环境耦合作用，导致防水密封胶化学组成变化，发生老化、冻融破坏、软化等，耐久性衰减。为确保防水密封胶在服役年限内，在各种环境条件作用及正常维护的情况下，保持其安全性、正常使用性和可接受的外观，其耐久性应满足衰减后的性能使用要求	根据防水密封胶耐久性分析模型，其耐久性评价主要通过耐久性实验后的粘结性和弹性回复率试验来表征材料的性能衰减程度。 主要评价指标包括定伸粘结性（初始及浸水后）、热压-冷拉后的粘结性、拉伸-压缩后的粘结性、弹性恢复率	定伸粘结性：初始及浸水后无破坏； 热压-冷拉后的粘结性：无破坏 拉伸-压缩后的粘结性：无破坏 弹性恢复率：>60% 具体试验方法参考JC/T 881—2017
	连接材料	不锈钢连接件	水、冰冻、水蒸气、温度	不锈钢连接件在服役过程中，不断经受热荷载、湿气和水分迁移等外部环境耦合作用，导致不锈钢连接件发生锈蚀等，耐久性衰减。为确保不锈钢连接件在服役年限内，在各种环境条件作用及正常维护的情况下，保持其安全性、正常使用性和可接受的外观，其耐久性应满足衰减后的性能使用要求	根据不锈钢连接件耐久性分析模型，其耐久性评价主要通过强度和弹性模量试验来表征。 主要评价指标包括屈服强度、拉伸强度、拉伸弹性模量、抗剪强度	屈服强度≥380MPa 拉伸强度≥500MPa 拉伸弹性模量≥190GPa 抗剪强度≥300MPa 具体试验方法参考GB/T 228—2010

续表

围护系统	材料大类	材料小类	显著影响环境因素	耐久性分析模型	耐久性评价方法及边界条件	技术指标
夹芯保温系统	连接材料	纤维增强塑料连接件	水、冰冻、水蒸气、温度	纤维增强塑料连接件在服役过程中，不断经受热荷载、湿气和水分迁移等外部环境耦合作用，导致纤维增强塑料连接件化学组成变化，发生老化破坏，耐久性衰减。为确保纤维增强塑料连接件在服役年限内，在各种环境条件作用及正常维护的情况下，保持其安全性、正常使用性和可接受的外观，其耐久性应满足衰减后的性能使用要求	根据纤维增强塑料连接件耐久性分析模型，其耐久性评价主要通过强度和弹性模量试验来表征。 主要评价指标包括拉伸强度、拉伸弹性模量、层间抗剪强度	拉伸强度≥700MPa 拉伸弹性模量≥40GPa 层间抗剪强度≥30MPa 具体试验方法参考GB/T 1447—2005

4　外墙材料及系统耐久性与功能性协同提升技术

基于前面揭示的围护材料耐久性劣化机理可知，外墙材料不断经受不同程度的热荷载、湿气和水分迁移等外部环境因素耦合作用，产生膨胀、收缩变形和化学侵蚀，引起材料孔结构、组成等发生变化，导致其耐久性衰减，因此，在保证功能性的前提下，围护材料的抗渗透能力、憎水性或防水性、柔韧性以及系统界面粘结力等性能是提高外墙材料及系统耐久性的关键。

结合现有研究基础，围护材料的耐久性和功能性的提升有配合比设计、外加剂改性、养护方式调整、级配优化或新材料开发等关键技术途径。围护系统的耐久性和功能性的提升除了材料性能提升外，还包括界面粘结力、系统湿气迁移及系统柔韧性等提升关键技术。本书主要介绍墙体材料、保温材料、配套砂浆和饰面材料以及典型系统的耐久性与功能性协同提升技术。

4.1　外墙材料耐久性与功能性提升技术

4.1.1　蒸压加气混凝土提升技术

研究表明，蒸压加气混凝土砌块的含水率对其干燥收缩值和导热系数有很大影响。蒸压加气混凝土砌块的一个突出特点是孔隙率高，因而具有密度低、保温性能好等优点，也导致其吸放湿过程非常明显。在刚出釜时，蒸压加气混凝土砌块的含水率约为35%，之后在自然环境下开始失水，最后到平衡含水率。王秀芬[1]研究了含水率对蒸压加气混凝土干燥收缩值的影响，发现含水率为零时，蒸压加气混凝土砌块的干燥收缩值最大。随着含水率的增大，蒸压加气混凝土砌块的干燥收缩值迅速减小，在含水率达到约4%后干燥收缩值随着含水率的增大缓慢下降。姚晓莉[2]研究了蒸压加气混凝土砌块的含水率对其有效导热系数的影响，发现随着含水率的增大，蒸压加气混凝土砌块的有效导热系数开始增长较快，在含水率达到约15%后有效导热系数随着含水率的增大缓慢增长。

本书介绍了蒸压加气混凝土含水率的影响因素及控制技术，通过提高生石灰中有效CaO含量、延长蒸压养护时间、减小粉煤灰的细度和控制加气混凝土砌块含水率提高加气混凝土的抗压强度，降低其干燥收缩，并进一步介绍了蒸压加气混凝土砌块的传湿过程和湿分、碳化及耦合因素对蒸压加气混凝土热工性能的影响。

4.1.1.1　蒸压加气混凝土性能提升技术

1）生石灰中有效CaO含量对加气混凝土性能的影响

加气混凝土生产时主要使用生石灰作为钙质材料，其作用是提供有效CaO，在高温、高压条件下与硅质材料中的SiO_2、Al_2O_3作用，生产水化硅酸钙，从而产生强度。生石灰在消化过程中放出大量热量，提高料浆温度，有利于促进坯体、水化反应的进行，促进坯体强度的发展。使用生石灰时，应注意控制其中的有害成分，其有效CaO含量宜选用一等品以上。

生石灰中有效 CaO 含量对 B06 A3.5 加气混凝土抗压强度的影响如图 4-1 所示。由图可知随着生石灰中有效 CaO 含量的提高，加气混凝土的抗压强度逐渐增大。当生石灰中有效 CaO 含量从 55%增大到 62%时，加气混凝土的抗压强度从 3.8MPa 增大到 4.8MPa。生石灰中有效 CaO 是与硅质、铝质材料发生反应的主要成分，有效 CaO 含量高，说明生石灰中杂质含量低，有利于提高加气混凝土的抗压强度。

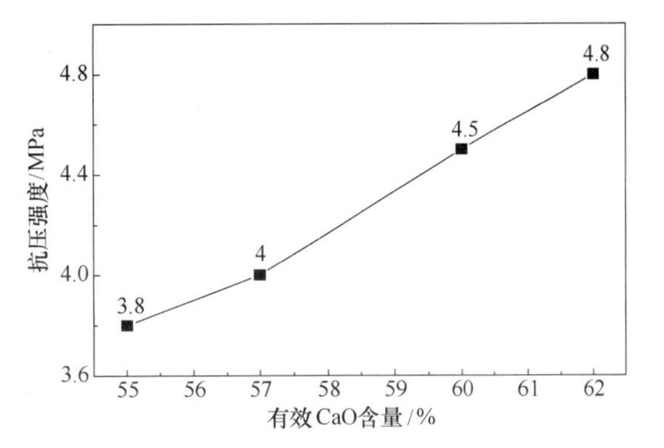

图 4-1 生石灰中有效 CaO 含量对加气混凝土抗压强度的影响

2）蒸养制度对加气混凝土性能的影响

蒸压养护是蒸压加气混凝土砌块获得强度的必要条件和重要工序，在砌块成型后为了加速胶凝材料的水热合成反应，用蒸压釜来实现定向高温、高压，使其在短时间凝结硬化达到预期的力学强度。加气混凝土的强度主要取决于砌块在蒸压养护后生成水化硅酸盐的种类、数量及结晶形式。对于蒸压加气混凝土而言，希望高温、高压下的水热反应生成更多结晶良好的托贝莫来石。

蒸压养护时间对 B06 A3.5 加气混凝土抗压强度的影响如图 4-2 所示。由图可知随着蒸压养护时间的延长，加气混凝土的抗压强度逐渐增大。当蒸压养护时间从 4h 增大到 8h 时，加气混凝土的抗压强度从 3.7MPa 增大到 4.6MPa。延长蒸压养护时间，可以使水热合成反应更为充分，促进 CSH（Ⅰ）向托贝莫来石的转化，提高托贝莫来石的含量，进而提升加气混凝土的抗压强度。

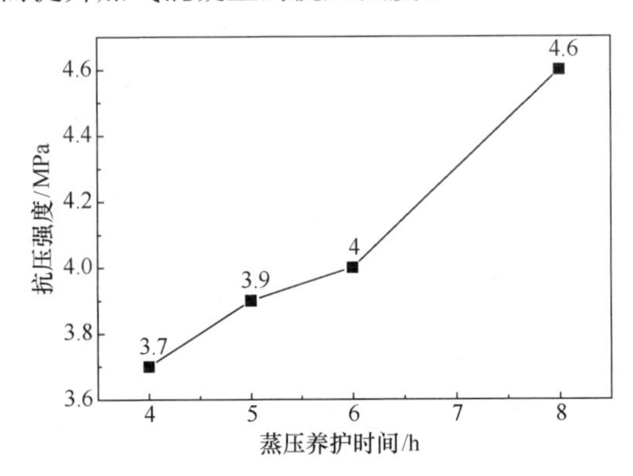

图 4-2 蒸压养护时间对加气混凝土抗压强度的影响

3）粉煤灰细度对加气混凝土性能的影响

粉煤灰是从燃烧煤粉的电厂锅炉烟气中收集到的粉末，属于火山灰质活性混合材料，其主要成分是 SiO_2、Al_2O_3 及少量的 Fe_2O_3、CaO 等，具有潜在的水化活性。粉煤灰虽然不具备单独硬化性能，但与石灰、水泥等材料混合后，能够发生水化反应，产生水化硅酸钙。

粉煤灰细度（80μm 筛余）对 B06 A3.5 加气混凝土抗压强度的影响如图 4-3 所示。由图可知，随着粉煤灰细度（80μm 筛余）的增大，加气混凝土的干燥收缩逐渐增大。当粉煤灰细度（80μm 筛余）从 19%增大到 33.4%时，加气混凝土的干燥收缩从 0.7%增大到 1.4%。干燥收缩主要是由于砌块中的毛细孔失水产生收缩应力导致的。粉煤灰细度越大，意味着粉煤灰颗粒越粗，蒸压加气混凝土中毛细孔数量越多且孔径越大，因而毛细孔失水数量越多导致砌块干燥收缩越大。

4）含水率对加气混凝土性能的影响

蒸压加气混凝土砌块在实际应用过程中，内部含水率会发生变化，进而影响其干燥收缩。含水率对 B06 A3.5 加气混凝土干燥收缩的影响如图 4-4 所示。由图可知，随着含水率的减小，加气混凝土的干燥收缩先是缓慢增大，然后快速增大。当含水率从 50.3%降低到 0.2%时，加气混凝土的干燥收缩从 0.066%增大到 0.7%。

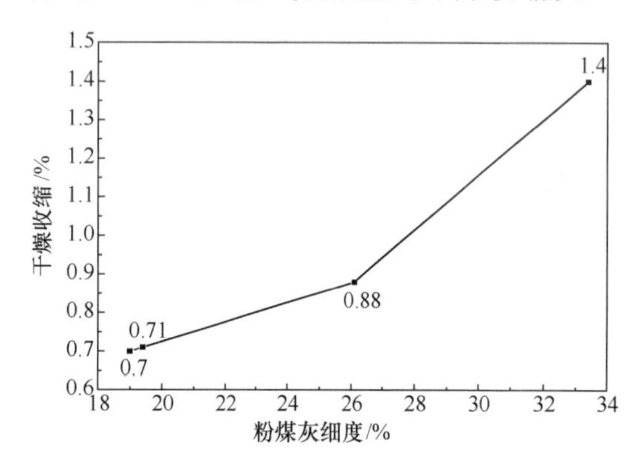

图 4-3 粉煤灰细度对加气混凝土干燥收缩的影响

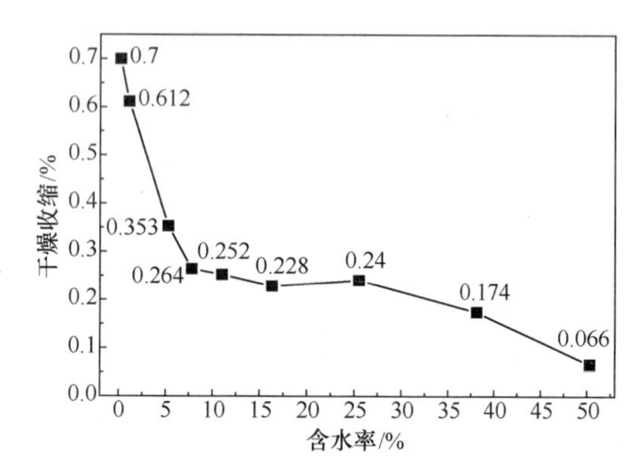

图 4-4 含水率对加气混凝土干燥收缩的影响

加气混凝土大部分干燥收缩发生在含水率为 5%至绝干状态这一区间，该区间收缩值很大（占总收缩的 60%左右），对结构的危害也很大。但我国夏热冬冷地区的平衡湿度为 8%～10%，因此在实际应用中这一区间的收缩一般不会发生。因此，蒸压加气混凝土砌块只要在上墙以前保持干燥，那么干燥收缩对墙体的影响是有限的。实际应用中应注意保持砌块有足够的出釜静停时间，《蒸压加气混凝土砌块》（GB/T 11968—2020）要求砌块要存放 5d 以上方可出厂就是基于含水率对干燥收缩影响的考虑，以保证砌块在较低含水率时上墙。

5）小结

通过提高生石灰中有效 CaO 含量、延长蒸压养护时间、减小粉煤灰的细度和控制加气混凝土砌块含水率，提升了蒸压加气混凝土的抗压强度，减小了其干燥收缩，实现了加气混凝土耐久性与功能性的协同提升。

（1）随着生石灰中有效 CaO 含量的提高，加气混凝土的抗压强度逐渐增大。当生石灰中有效 CaO 含量从 55%增大到 62%时，加气混凝土的抗压强度从 3.8MPa 增大到 4.8MPa。

（2）随着蒸压养护时间的延长，加气混凝土的抗压强度逐渐增大。当蒸压养护时间从 4h 延长到 8h 时，加气混凝土的抗压强度从 3.7MPa 增大到 4.6MPa。

（3）随着粉煤灰细度（80μm 筛余）的增大，加气混凝土的干燥收缩逐渐增大。当粉煤灰细度（80μm 筛余）从 19%增大到 33.4%时，加气混凝土的干燥收缩从 0.7%增大到 1.4%。

（4）随着含水率的减小，加气混凝土的干燥收缩先是缓慢增大，然后快速增大。当含水率从 50.3%降低到 0.2%时，加气混凝土的干燥收缩从 0.066%增大到 0.7%。

4.1.1.2　不同相对湿度下墙体材料传湿特性研究

蒸压加气混凝土砌块的一个突出特点是孔隙率高，吸放湿过程明显。蒸压加气混凝土砌块的湿气迁移过程对其含水率有很大影响，因而受到广泛关注。金虹庆等[3]研究了三种不同孔隙率的加气混凝土的动态吸放湿过程，结果表明在等温吸湿过程中，加气混凝土试样的孔隙率越大，其含水率增长速率越大且平衡含水率也越高；而在等温放湿过程中，孔隙率越大的试样含水率下降速率越快且平衡含水率也越小，达到放湿平衡所需的时间则随相对湿度的提高而增长。苏红艳等[4]研究了B05、B06和B07加气混凝土砌块的动态吸放湿过程，结果表明吸湿过程中试样孔隙率越大，动态吸湿含水率越大；随相对湿度的增大，动态吸湿含水率逐渐增大，当湿度大于85%时，动态吸湿含水率急剧增大。放湿过程中，试样孔隙率越大，动态放湿含水率随时间的变化幅度越大；相对湿度不同，动态放湿含水率达到稳定状态对应的时间不同。

蒸压加气混凝土的传湿过程会影响其含水率，进而影响蒸压加气混凝土的热工性能和耐久性能。本书介绍了蒸压加气混凝土砌块在不同相对湿度下吸湿过程，对蒸压加气混凝土耐久性和功能性的协同提升具有参考意义。

1）墙体材料传湿特性试验方法

（1）试验材料：B04和B06蒸压加气混凝土砌块。

（2）试验仪器：光电分析天平和HWS-350X型恒温、恒湿试验箱。

（3）蒸压加气混凝土砌块的湿气迁移测试方法：

先用电热鼓风干燥箱将蒸压加气混凝土砌块烘干至绝干状态，然后分别放在相对湿度为95%、75%、65%和50%的恒温、恒湿箱里，记录其在1d、2d、4d、5d、7d、9d、12d、14d、16d、20d、26d、36d和60d后的质量变化率。

2）蒸压加气混凝土砌块的吸湿过程

如图4-5所示，当相对湿度为50%时，随着时间的延长，蒸压加气混凝土砌块的吸湿率在前4d迅速增大，然后逐渐趋于稳定，在约12d时达到平衡吸湿率。通过对比两种蒸压加气混凝土砌块的吸湿过程，可以发现B04蒸压加气混凝土砌块吸湿率更高，增长更快，平衡吸湿率也更大，其平衡吸湿率约为1.6%，而B06蒸压加气混凝土砌块的平衡吸湿率约为1.4%，主要原因是B04蒸压加气混凝土砌块的孔隙率更高。蒸压加气混凝土砌块内部孔隙的水包括自由水和吸附水两部分，B04蒸压加气混凝土砌块的孔隙率更高，内部容纳吸附水和自由水的空间更大，因此平衡吸湿率也更高[5-6]。

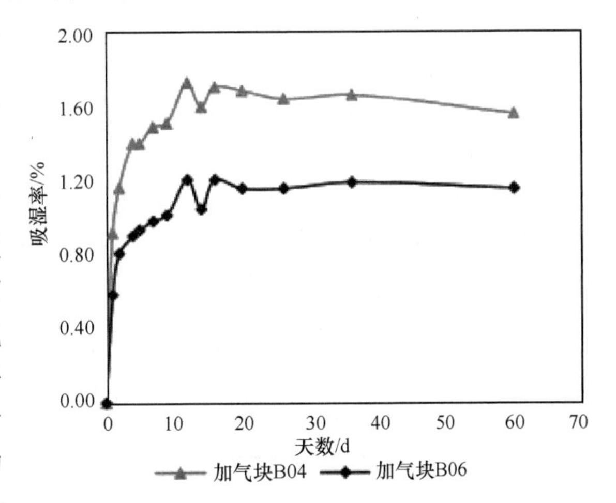

图4-5　50%相对湿度下加气混凝土砌块的湿气迁移曲线

如图4-6所示，当相对湿度为65%时，蒸压加气混凝土砌块吸湿率随时间的变化规律基本不变。蒸压加气混凝土砌块的吸湿率在前4d迅速增大，然后逐渐趋于稳定，在约12d时达到平衡吸湿率。B04蒸压加气混凝土砌块吸湿率略高，增长略快，平衡吸湿率也略大，其平衡吸湿率约为1.88%，B06蒸压加气混凝土砌块的平衡吸湿率约为1.74%。

如图4-7所示，当相对湿度为75%时，蒸压加气混凝土砌块的吸湿率在前4d迅速增大，

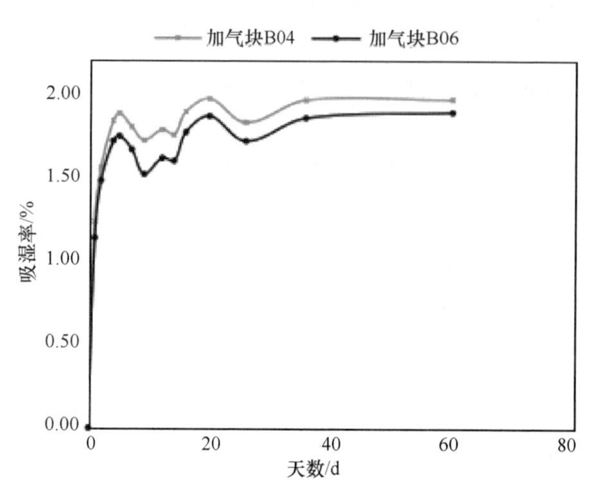

图 4-6　65%相对湿度下加气混凝土砌块的湿气迁移曲线

然后逐渐趋于稳定，在约 12d 时达到平衡吸湿率。B04 蒸压加气混凝土砌块的平衡吸湿率约为 2.68%，B06 蒸压加气混凝土砌块的平衡吸湿率约为 2.32%。对比 50%、65%和 75%三个相对湿度下蒸压加气混凝土砌块的吸湿过程可以发现，随着相对湿度的增大，加气混凝土的吸湿过程基本不变，都是在前 4d 迅速增大，然后趋于稳定，最后在约 12d 时达到平衡吸湿率，而平衡吸湿率则缓慢增大，主要原因是在这个湿度范围内蒸压加气混凝土砌块的吸湿过程的微观机理为多分子吸附。

当加气混凝土在相对湿度很低的环境中时，所有孔隙表面会被一层单分子膜覆盖，称为单分子吸附。当相对湿度增大到一定程度时，孔隙中会形成水分子膜，称为多分子吸附。当水分子膜的厚度达到一定程度时，直径较小的毛细管会被水膜阻塞，在此阶段随着相对湿度的增大，加气混凝土的平衡吸湿率缓慢上升[4]。

如图 4-8 所示，当相对湿度为 95%时，蒸压加气混凝土砌块的吸湿过程出现了很大的变化，随着时间的延长，吸湿率持续高速增长，当在 60d 时，B04 和 B06 蒸压加气混凝土砌块的吸湿率分别为 32.5%和 29.2%，远高于相对湿度为 75%时的平衡吸湿率。主要原因有两个方面，一是研究表明，相对湿度大于 85%时，材料内部存在液态水的传输，蒸压加气混凝土砌块的吸湿过程的微观机理变为毛细吸附，蒸压加气混凝土砌块的内部孔隙被水分大量填充，因此吸湿率能持续高速增长[4]；二是由于养护箱内部液态水的积聚导致样品吸收水分，使测得的吸湿率比实际的吸湿率偏高，原因在于砌块的吸湿过程变为吸水过程。因此，建议在高湿度条件下不宜采用该方法测试砌块的湿气迁移情况。

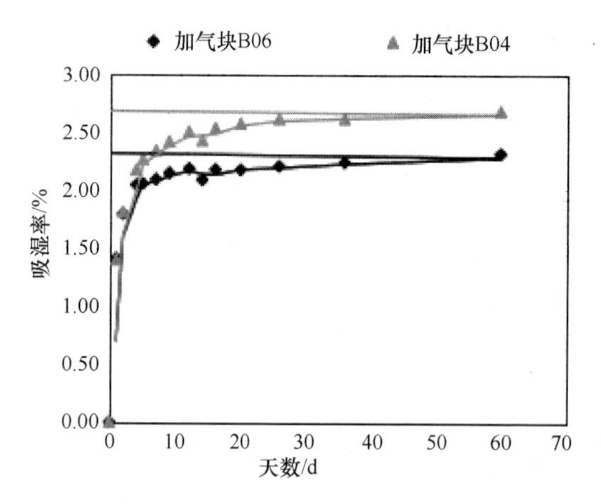

图 4-7　75%相对湿度下加气混凝土砌块的湿气迁移曲线

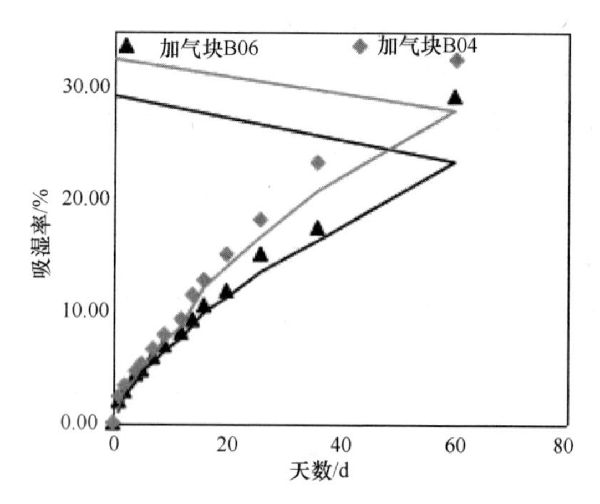

图 4-8　95%相对湿度下加气混凝土砌块的湿气迁移曲线

3）小结

（1）当相对湿度为50％、65％和75％时，蒸压加气混凝土砌块的吸湿率随时间的变化规律基本一致，都是随着时间的延长，吸湿率先是迅速增大，然后逐渐趋于稳定，最后达到平衡吸湿率。

（2）相对湿度对蒸压加气混凝土砌块的吸湿过程有较大影响。相对湿度从50％增大到75％时，B04和B06蒸压加气混凝土砌块的吸湿过程变化不大，达到平衡吸湿率的时间都约为12d，平衡吸湿率分别从1.6％和1.4％缓慢上升至2.68％和2.32％。当相对湿度为95％时，B04和B06蒸压加气混凝土砌块的吸湿率随着时间的延长快速增长，在60d时吸湿率分别为32.5％和29.2％。

（3）蒸压加气混凝土砌块在使用时需考虑其传湿性能。由于其良好的传湿性能，蒸压加气混凝土砌块不宜用于潮湿或寒冷的环境中，如外墙、厨房、卫生间等及寒冷的北方地区。蒸压加气混凝土砌块在用于潮湿或寒冷的环境中时应考虑采取防水、防潮和隔气措施以阻碍其吸湿过程，降低吸湿率。

4.1.1.3　蒸压加气混凝土的热工性能提升技术

1）环境因素耦合设计及试验方法

试验采用的A3.5/A5.0 B06级蒸压加气混凝土砌块应符合《蒸压加气混凝土砌块》（GB/T 11968—2020）的规定，其主要性能指标见表4-1。

表4-1　蒸压加气混凝土主要技术性能指标

干密度级别	强度级别	干密度/(kg/m³)	抗压强度(MPa)		干态导热系数/[W/(m·K)]
			平均值	最小值	
B06	A3.5	≤625	≥3.5	≥2.8	≤0.16
B06	A5.0	≤600	≥5.0	≥4.0	≤0.16

（1）干密度

蒸压加气混凝土干密度测试参照《蒸压加气混凝土性能试验方法》(GB/T 11969—2020)进行，具体操作步骤如下：

为获得蒸压加气混凝土绝干状态下的质量，需先将试件放入设定温度为(60±5)℃的电热鼓风干燥箱保温24h，然后在(80±5)℃下保温24h，再打开鼓风系统，在(105±5)℃下烘干至恒重m_{dry}，即前后间隔4h称量，两次质量差不超过试件质量的0.5％，即认为试件已达到绝干状态。试件的干密度按照下式计算：

$$\rho=\frac{m_{dry}}{V} \tag{4-1}$$

式中　ρ——干密度，kg/m³；

m_{dry}——试件绝干状态下的质量，kg；

V——试件体积，m³。

（2）热工性能

多孔建筑材料热工性能的测试方法分为稳态法和非稳态法。非稳态法仪器设备简单，便于操作，较稳态法无须控温和制冷装置，能测量不同含湿状态下材料的热工参数。试验时间一般在 10min 左右，较稳态法大幅缩短了试验时间，从而能避免试件与外部环境的湿交换。因而本书选用非稳态法测试蒸压加气混凝土的热工参数。

本书参照《轻骨料混凝土应用技术标准》(JGJ/T 12) 采用湘潭湘仪仪器有限公司生产的 DRM-Ⅱ导热系数测定仪（非稳态法）进行测试，试验仪器如图 4-9 所示。仪器主要参数：①型号：DRM-Ⅱ导热系数测定仪；②测量范围：0.035～1.7W/(m·K)；③试件大小：薄试件一块 200mm×200mm×(15～30)mm，厚试件两块 200mm×200mm×(40～100)mm；④测量结果精确度：±3%。

图 4-9 DRM-Ⅱ导热系数测定仪

2）环境因素耦合设计方法

蒸压加气混凝土在其服役过程中，热工性能不可避免地受到湿度、硫酸盐循环、碳化侵蚀等环境因素的影响。因此本书基于对影响蒸压加气混凝土热工性能的环境因素进行模拟，探讨了单一及耦合环境因素下蒸压加气混凝土热工性能的变化。

(1) 单一因素对蒸压加气混凝土热工性能的影响

① 湿分

为研究湿分对蒸压加气混凝土砌块的热工性能的影响，针对 A5.0 B06 级别的试样，分别选取前密后疏的不同含水率（1%、3%、6%、10%、15%、25%、40%及浸水饱和状态）的试样。不同含水率试样的制备过程为：往绝干试样中加入定量水分以制备不同的含湿试件，然后用真空袋抽真空密封放入 (50±5)℃的恒温箱中养护 1d 让试样内部湿分充分渗透，接着取出置于室内 (20±5)℃冷却放置 3d，使材料内部水分均匀分布。

制备浸水饱和试样时，参考欧盟标准 BS EN12087 进行：将被测试样采用全浸透法进行长达 7d 的充分加湿以确保水分完全渗透材料，然后取出用纸巾擦干表面水分，并用薄膜封装起来备用。接着对材料包括导热系数在内的热工参数进行测量。含湿试件的制备，如图 4-10 所示。

② 碳化

处于大气环境中，二氧化碳对蒸压加气混凝土砌块的碳化作用是不可避免的。为加速碳化侵蚀速度，采用 CCB-70A 混凝土碳化试验箱模拟快速碳化试验，碳化环境条件设置：相对湿度为(55±5)%，温度为(20±5)℃，二氧化碳浓度为(20±2)%。将烘干后的试件置于碳化试验箱内，测试不同碳化龄期下蒸压加气混凝土的热工参数。碳化装置及试件如图 4-11 所示。

③ 硫酸盐

在探讨硫酸盐对蒸压加气混凝土砌块热工性能的影响时，为加快侵蚀速度、缩短试验周期，采用浸泡法模拟硫酸盐对蒸压加气混凝土的侵蚀。操作步骤：将烘干后的试件放入模拟硫酸盐配置溶液中，液面高出试件顶部 5cm 以上，浸泡 5d，为排除湿分因素的干扰，将试件取出后置于恒温鼓风干燥箱中烘干至恒重(24h 内前后两次测量质量之差小于 1%)，

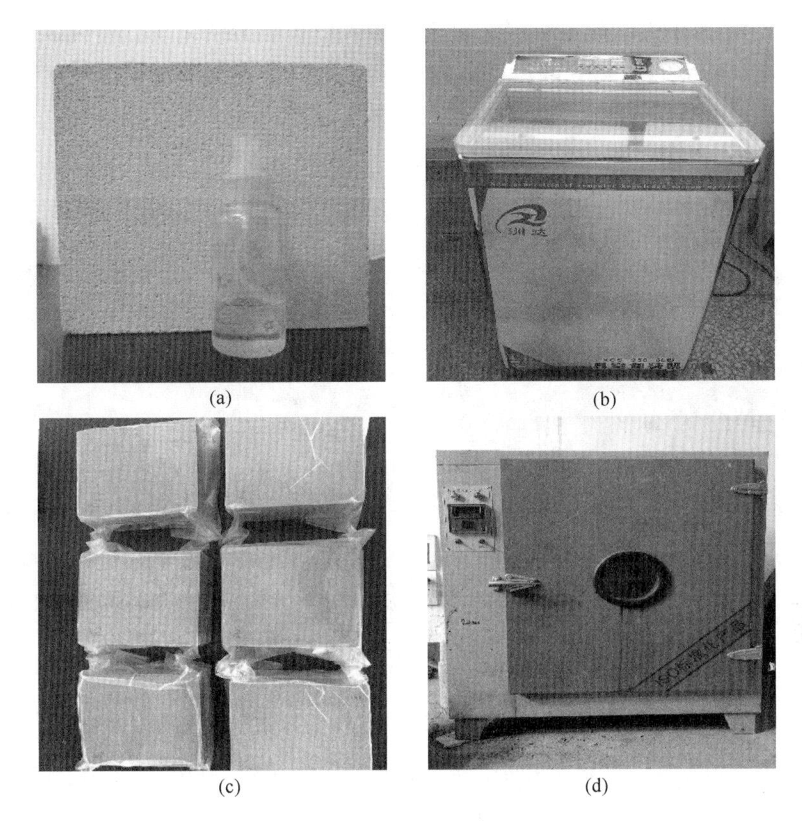

图 4-10 含湿试件的制备

(a) 试件喷水；(b) 真空包装；(c) 真空包装的试件；(d) 恒温养护

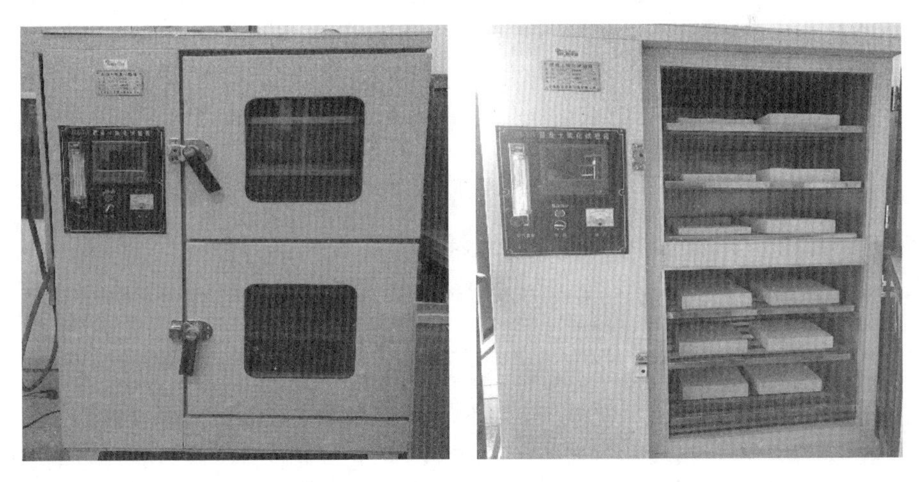

图 4-11 蒸压加气混凝土的快速碳化

然后将试件在温度为(20±5)℃室温环境中静置冷却 2h 为一个硫酸盐循环，每次循环后测试其热工参数并且更换硫酸盐配置溶液。

硫酸盐配置溶液采用硫酸钠控制硫酸根离子浓度，硫酸控制溶液 pH 值。将模拟硫酸盐溶液的 pH 值设置为 3，分别考虑硫酸钠质量分数为 10%、15%和 20%的三种情况。模拟硫酸盐溶液的配制方法：首先取定量自来水溶入适量硫酸钠化学分析纯试剂使模拟酸液中 SO_4^{2-} 含量达到相应的质量分数范围，再掺质量分数为98%的浓硫酸控制 pH 值初始值为3±0.5，采用PHS-3E 型酸度计测定模拟硫酸盐溶液的 pH 值。蒸压加气混凝土的硫酸盐侵蚀试验，如图 4-12 所示。

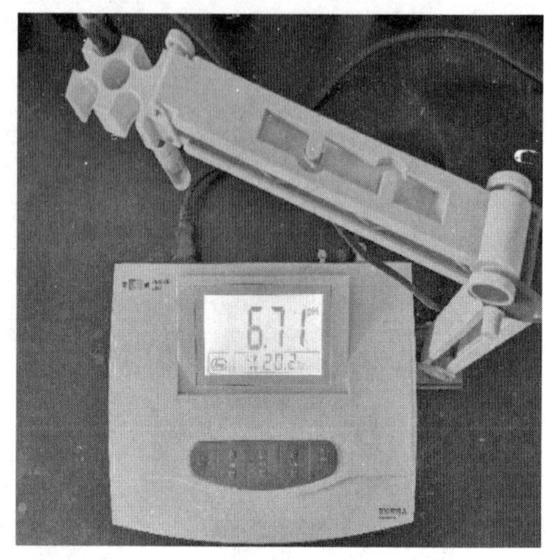

图 4-12　蒸压加气混凝土的硫酸盐侵蚀试验

（2）耦合因素对蒸压加气混凝土热工性能的影响

在研究耦合因素对蒸压加气混凝土热工性能的影响时，考虑了湿分-碳化耦合、硫酸盐-碳化耦合以及干密度-湿分耦合的三种情况。

① 湿分-碳化

在研究湿分-碳化耦合作用下蒸压加气混凝土的热工性能时，在碳化单一影响因素的基础上增加了(40±5) %和(70±5) %两个相对湿度条件。

② 硫酸盐-碳化

在探讨硫酸盐-碳化耦合作用下蒸压加气混凝土的热工性能时，将经过硫酸盐循环后的试件进行快速碳化处理，然后测量其包括导热系数在内的热工参数。

③ 干密度-湿分

在研究干密度-湿分耦合作用对蒸压加气混凝土热工性能的影响时，针对 A3.5 B06 和 A5.0 B06 两种不同级别的试样，根据湿分对蒸压加气混凝土砌块的热工性能影响的方法进行。

3）湿分对蒸压加气混凝土热工性能的影响

作为自保温材料的蒸压加气混凝土，其保温隔热效果主要来源内部大量的一定直径的均匀而密布的小孔，在干燥状态时这些孔隙被空气填充，而空气本身具有一定的热阻，因此材料的保温性能好。而在材料受潮后，材料中的部分甚至全部孔隙会被水蒸气和液态水分取代，湿分的存在会促进热量的传递，最终导致材料的导热系数显著增大。在温度为20℃的情况下，冰的导热系数约为 2.33W/(m·K)，水的导热系数约为 0.599W/(m·K)，两者的导热系数都远大于空气的 0.0267W/(m·K)，因此湿分的存在会显著影响材料的热工性能。已有的资料表明，蒸压加气混凝土砌块在出釜时的含水率约为 35%，出釜后置于自然环境下，砌块开始失水，当砌块内的湿分达到与环境湿度相同时，此时的含水率称为平衡含水率。通常我国夏热冬冷地区自然环境下蒸压加气混凝土的平衡含水率一般在8%～10%。因此在研究湿分对蒸压加气混凝土热工性能的影响时，选取前密后疏的不同质量含水率水平（以下简称含水率）1%、3%、6%、10%、15%、25%、40%及浸水饱和状态测试试件的热工参数，测试结果如表 4-2 所示。

表 4-2　不同含水率下蒸压加气混凝土的热工参数

含水率 /%	质量 g	干密度 /(kg/m³)	导热系数 λ/[W/(m· K)]	热阻 R/(m² · K/W)	蓄热系数 S/[W/(m² · K)]	热惰性指标 D
0	679.4	662	0.1508	0.1731	2.3393	0.4048
1	686.2	668	0.1570	0.1591	2.5053	0.3988
3	699.8	682	0.1963	0.1283	2.9919	0.3840
6	720.2	702	0.2273	0.1109	3.3609	0.3727
10	747.3	728	0.2563	0.0987	3.8394	0.3782
15	781.3	752	0.2858	0.0882	4.3730	0.3852
25	849.3	827	0.3536	0.0727	5.4357	0.3949
40	951.2	927	0.4502	0.0546	7.3007	0.4198
50	1087.0	985	0.5140	0.0499	8.6500	0.4316

（1）含水率对蒸压加气混凝土导热系数的影响

制备好含湿试件后，采用瞬态测试法对不同含水率工况下的 A5.0 B06 级蒸压加气混凝土砌块的导热系数进行测试，测试结果如图 4-13 所示。

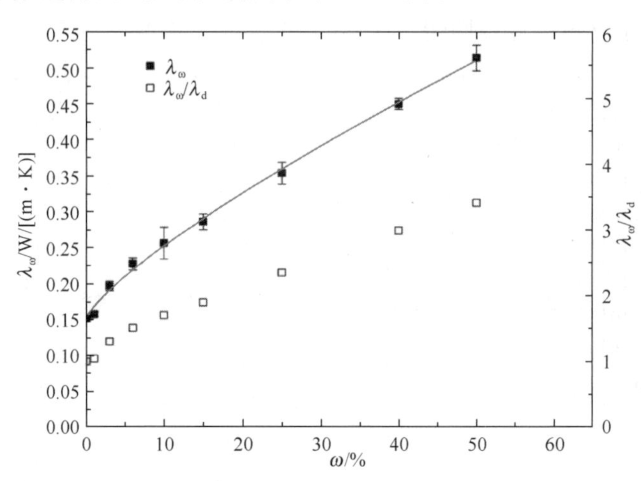

图 4-13　不同含水率下蒸压加气混凝土的导热系数值

由图 4-13 可以看出，随着含水率的增加，试件的导热系数不断增加，但增加的速度逐渐减缓。蒸压加气混凝土绝干状态下的有效导热系数为 0.1508W/(m · K)，随着含水率的增加导热系数逐步增大，当试件达到浸水饱和状态时，其导热系数达到0.5140W/(m · K)，约为绝干状态时的 3.4 倍。在含水率较低时（小于 6%），导热系数增长幅度较快，随着含水率的增加，导热系数增长幅度逐渐减缓。这是因为当材料处于绝干状态时，固体骨架的导热为其主要的传热方式，空气的导热几乎可以忽略。当试件含水时，水分的存在促进了材料内部的热传导，当试件逐渐达到浸水饱和时，水分对导热的增益作用也趋于饱和。

为了便于分析，采用数学方法分析含水率对蒸压加气混凝土导热系数的影响规律，对试验测得的导热系数进行非线性回归分析。分析表明，蒸压加气混凝土有效导热系数与含水率近似幂函数关系，可采用下式对试验数据进行非线性曲线拟合：

$$y_{\omega} = y_{d} \pm a\omega^{b} \tag{4-2}$$

式中 y_d——材料绝干状态下的热工参数；

y_{ω}——材料含湿状态下的热工参数；

ω——材料的含水率，%；

a、b——拟合常数。

拟合结果如下：

$$\lambda_{\omega} = 0.1508 + 0.0167\omega^{0.7836},\ R^2 = 0.9973$$

可见，采用式（4-2）对试件的有效导热系数与含水率进行拟合，拟合结果相关系数较高，达到0.9973，表明蒸压加气混凝土有效导热系数对含水率的变化非常敏感。

（2）含水率对蒸压加气混凝土热阻的影响

对不同含水状态下蒸压加气混凝土热阻的测试结果如图4-14所示。从图4-14中的试验结果可以看出，随着含水率的增大，材料的热阻逐渐减小。当试件处于绝干状态时，热阻值为0.1731(m²·K)/W，随着含水率的增加，材料内部的部分孔隙被水分填充，由于水分的热阻小于空气，因此试件的热阻逐渐减小，当试件趋于浸水饱和时，热阻约为绝干状态时的0.25。这是因为材料含水时，水分的热阻远小于空气，水分的存在使材料整体热阻降低从而减弱了材料的保温性能。

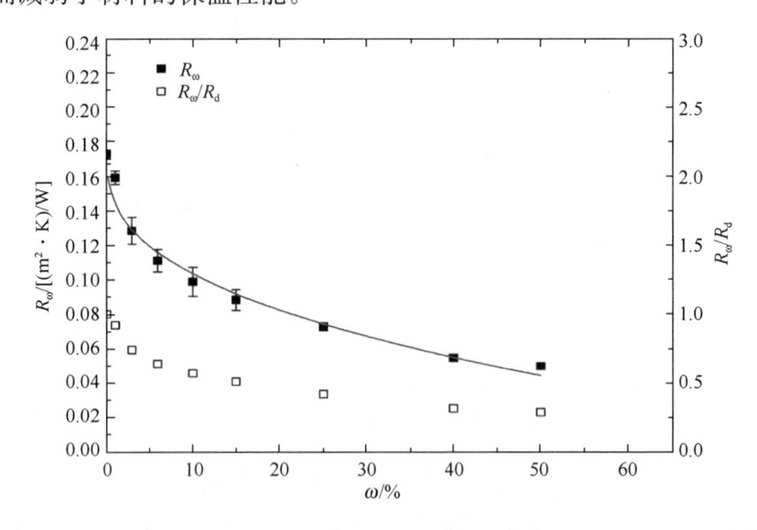

图4-14 不同含水率下蒸压加气混凝土的热阻值

对试验数据进行分析发现，蒸压加气混凝土热阻值随含水率的变化同样符合幂函数分布。采用式（4-2）对试验结果进行拟合，其拟合结果如下：

$$R_{\omega} = 0.1731 + 0.0290\omega^{0.3812},\ R^2 = 0.9760$$

可见，拟合结果相关系数较高，因此幂函数可近似描述蒸压加气混凝土热阻随含水率的变化关系。

(3) 含水率对蒸压加气混凝土蓄热系数的影响

蒸压加气混凝土蓄热系数随含水率的变化关系如图 4-15 所示。

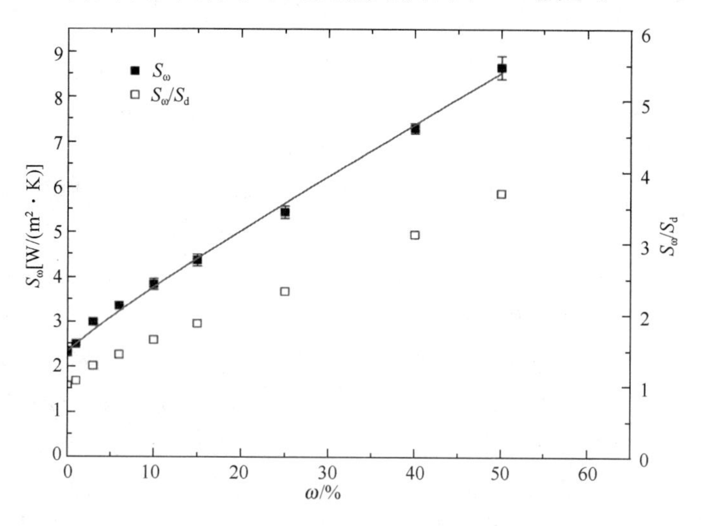

图 4-15 不同含水率下蒸压加气混凝土的蓄热系数值

其结果表明，随着含水率的增加，蓄热系数不断增加，但增加的速度呈减小趋势。蒸压加气混凝土绝干试件的蓄热系数为 2.3393W/(m^2·K)，蓄热系数随含水率的增加而增大，当试件达到浸水饱和状态时，其蓄热系数达到 8.6500W/(m^2·K)，约为绝干状态时的 3.7 倍。采用式(4-2)对试验结果进行拟合，其拟合结果如下：

$$S_\omega = 2.3393 + 0.1765\omega^{0.9089}, R^2 = 0.9967$$

由上式可知，拟合结果相关系数较高，可见幂函数同样适用于定量描述蒸压加气混凝土蓄热系数随含水率的变化关系。

(4) 含水率对蒸压加气混凝土热惰性指标的影响

蒸压加气混凝土试件热惰性指标随含水率的变化如图 4-16 所示。由图可知，绝干状

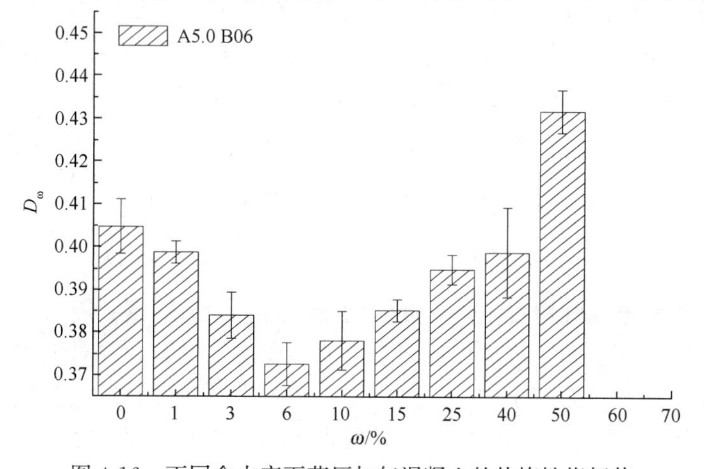

图 4-16 不同含水率下蒸压加气混凝土的热惰性指标值

态时，试件的热惰性指标为0.4048，随着含水率的增加，蒸压加气混凝土的热惰性指标的变化趋势是先下降后上升。在低含水率时（含水率低于6%），热惰性指标随着含水率的增加不断降低，在含水率为6%附近时热惰性指标达到最小值，约为0.37。随着含水率的进一步增加，材料的热惰性指标逐渐回升，当试件趋于饱和时，热惰性指标达到最大值0.4316。

分析其原因，可以推测当材料处于绝干状态时，其传热方式主要是固体骨架的导热，空气的导热只占极小部分。试件含水时，占据试件内部开口孔隙的空气逐渐被水分取代，水的导热系数、密度及比热均大于空气，热量遵循最小热阻原理，避开空气从导热率较高的水分传递。当含水率较低时，由于孔隙内的毛细吸附力，水分以薄膜的形式吸附在孔隙内壁上，吸附水分导热作用比较强，促进了骨架与水分之间的传热。随着含水率的增加，孔隙内部水分逐渐积累形成凝结水，在连通孔隙内连接成液桥，减小固体骨架间的接触热阻，促进材料的导热。当试件趋于吸水饱和时，孔隙内液桥逐渐连通，限制了水分的迁移，因此水分的传热作用也受到限制，因而对材料整体导热系数的贡献也趋于饱和。

从热工参数的变化速度来看，在含水率较低时，热工参数变化较快，随着含水率的增加直至趋于饱和，热工参数的变化也趋于稳定，可以推断这是由于蒸压加气混凝土中不同孔径的孔对传热性能的影响是不一样的。蒸压加气混凝土内部的孔隙主要为骨架之间的尺寸较大的发气孔，只有小部分是水分蒸发形成的毛细孔，因此其内部主要为宏观孔，骨架连接处固体材料所占比例较小。在宏观尺度下，固液两相之间的界面热阻可忽略，而在进一步的微观尺度，在固液微小换热空间内，薄膜区固液界面之间存在微热阻层，阻碍了热流的传递。在前期含水率较低时，水分主要吸附在表面的宏观大孔中，吸附水分的导热作用增加了材料整体的导热性能。随着含水率的增加，在大孔逐渐达到饱和之后，水分才开始进入毛细孔，在这样的细观尺度下，界面热阻不可忽略，因而对材料导热性能的增益作用减弱。

4）碳化对蒸压加气混凝土热工性能的影响

碳化作用对建筑围护材料长期耐久性能的影响不可忽视。抗碳化稳定性是用于评价围护材料耐久性的常用指标之一，碳化是引起蒸压加气混凝土长期性能劣化的主要原因。混凝土的碳化是钙基相与空气中通过孔隙网络进入混凝土的二氧化碳之间的反应。对于蒸压加气混凝土来说，碳化是其主要结构矿物与二氧化碳之间的化学反应，其中托贝莫来石和结晶良好的水化硅酸钙与溶解于水或气体中的二氧化碳在湿分存在的条件下反应并最终分解为硅胶和碳酸钙的过程。以下是碳化反应的主要化学反应方程式：

$$5CaO \cdot 6SiO_2 \cdot 5H_2O + 5CO_2 \longrightarrow 5CaCO_3 + 6SiO_2 + 5H_2O$$

$$Ca(OH)_2 + CO_2 \longrightarrow CaCO_3 + H_2O$$

$$xCaO \cdot ySiO_2 \cdot zH_2O + xCO_2 \longrightarrow xCaCO_3 + ySiO_2 + zH_2O$$

在研究碳化对蒸压加气混凝土热工性能的影响时，为缩短试验周期，本书采用快速碳化法，测试了不同碳化龄期下蒸压加气混凝土的各项热工参数，并对碳化前后的试件进行对比发现，经快速碳化后的蒸压加气混凝土试件的外观及质量会发生变化。试件经碳化处理前后的外观如图4-17所示（图左为未经处理的试件，图右为经快速碳化处理后的试件），从图中可以看出碳化后试件表面出现了明显的裂纹，可以推测，这是由于试件表面

图 4-17 试件经快速碳化处理前后的外观变化

的可碳化物质与二氧化碳反应后的生成物填充了试件的孔隙甚至挤压了孔壁，产生的结晶应力在试件内部产生微裂纹，随着裂缝的发展最终会造成试件的开裂。

（1）碳化对蒸压加气混凝土导热系数的影响

测试了在环境相对湿度为(55±5)％，温度为(20±2)℃，二氧化碳浓度为(20±2)％条件下快速碳化的不同龄期试件的导热系数。其试验结果如图 4-18 所示。由图 4-18 中试件导热系数的变化趋势可见，随着碳化龄期的增长，试件的导热系数逐渐增大，即碳化对蒸压加气混凝土的导热性能起促进作用。碳化初期，其导热系数增长较快，尤其是在最初的 3d，导热系数增长率达到约 14.7％。随着碳化龄期的增长，导热系数增长的速率逐渐减缓，当碳化龄期超过 15d 后，其导热系数逐渐趋于稳定，当达到 21d 碳化龄期时，其导热系数约为未碳化试件的 1.4 倍，导热系数增长率约为 37.1％。

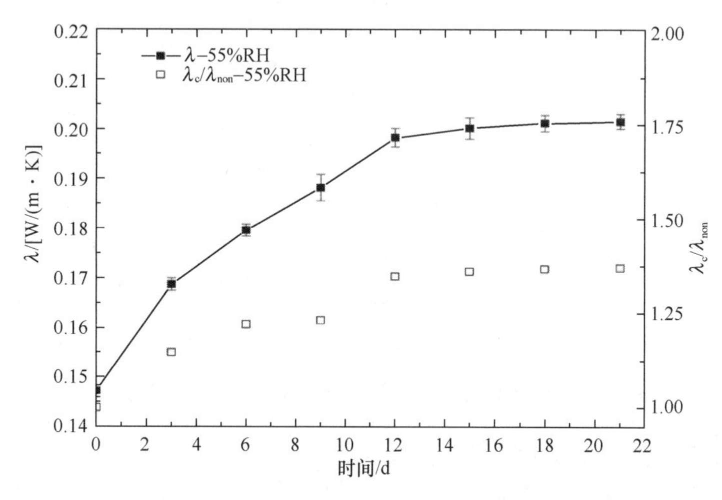

图 4-18 不同碳化龄期下蒸压加气混凝土的导热系数值

（2）碳化对蒸压加气混凝土热阻的影响

不同碳化龄期下试件的热阻变化如图 4-19 所示。由图可以看出，随着碳化龄期的增长，试件热阻逐渐减小，即碳化削弱了试件的隔热性能。在最初的 3d，热阻降低的幅度

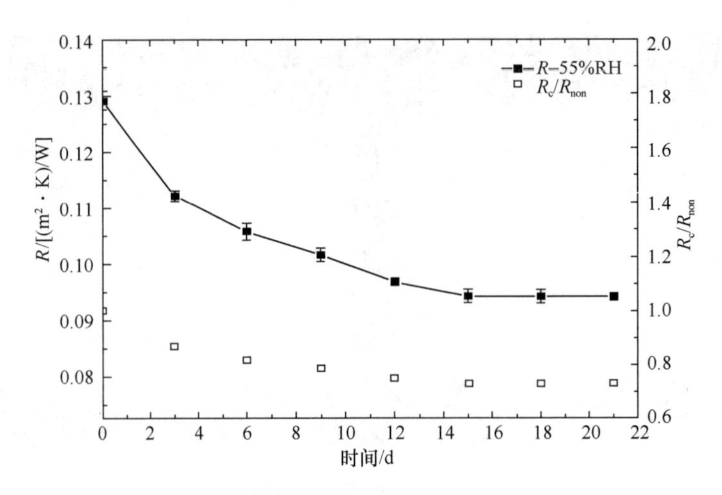

图 4-19　不同碳化龄期下蒸压加气混凝土的热阻值

最大，约为 12.8%。随着碳化龄期的增长，热阻降低的速度逐渐减缓。当碳化龄期大于 15d 时，试件热阻趋于稳定。最终，在 21d 龄期时，热阻减小为未碳化试件的 73.0%。

（3）碳化对蒸压加气混凝土蓄热系数的影响

图 4-20 为不同碳化龄期下试件的蓄热系数变化情况。由图可见，随着碳化龄期的增长，蓄热系数呈上升趋势。在最初的 3d 增长幅度最大，达到 15.6%。随着碳化龄期的增长，蓄热系数增长率逐渐降低。当碳化龄期达到 15d 时，试件的蓄热系数逐渐稳定。最终蓄热系数增大到未碳化试件的 1.34 倍左右。

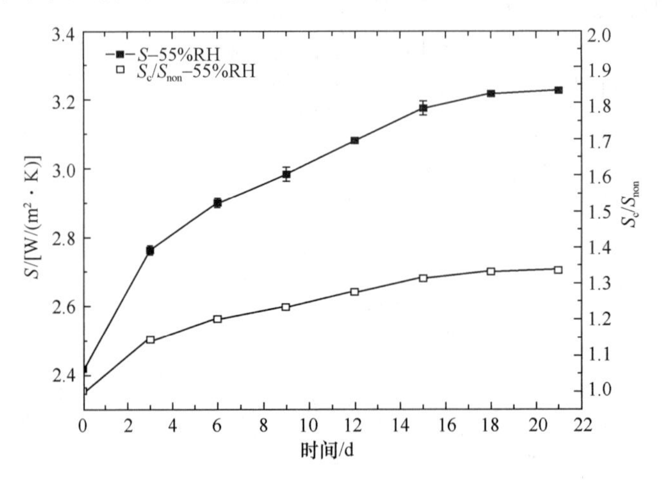

图 4-20　不同碳化龄期下蒸压加气混凝土的蓄热系数值

（4）碳化对蒸压加气混凝土热惰性指标的影响

对碳化后试件热惰性指标的测试结果如图 4-21 所示。由图可知，经碳化处理后蒸压加气混凝土的热惰性指标总体是呈下降趋势，变化过程是先下降后升高。在碳化前期，试件的热惰性指标随着碳化龄期的增长逐渐降低，当碳化龄期达到 12d 时，热惰性指标达到最小值，降低幅度为未经碳化处理试件的 4.4%。随后，随着碳化龄期的继续增长，热惰性指标逐渐回升，到 21d 碳化龄期时，热惰性指标相比未碳化试件降低 2.6%。这说明碳

化在一定程度上削弱了蒸压加气混凝土的热惰性，但并不明显。

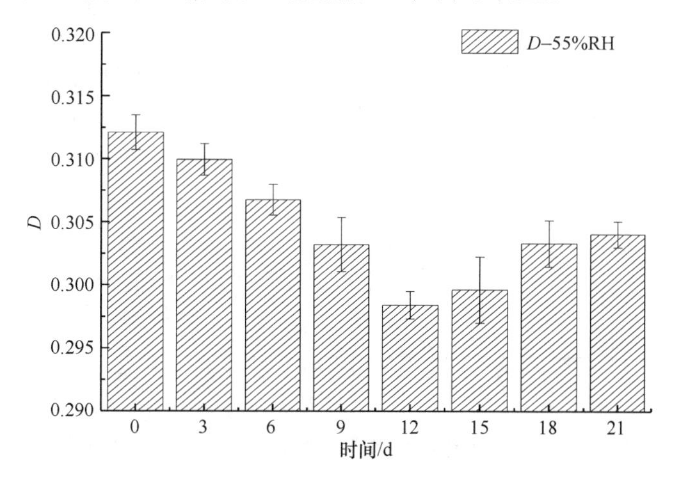

图 4-21　不同碳化龄期下蒸压加气混凝土的热惰性指标

5）耦合因素对蒸压加气混凝土热工性能的影响

实际工程中，围护结构的热工性能往往受到多种因素的共同影响，其长期性能的劣化往往是多种影响因素共同作用的结果。因此，开展耦合因素对蒸压加气混凝土热工性能的影响研究，对蒸压加气混凝土类围护结构的节能设计和耐久性设计更具有现实意义。

（1）湿分-碳化耦合因素对蒸压加气混凝土热工性能的影响

为研究湿分-碳化耦合作用下蒸压加气混凝土热工性能的变化规律，设置了 40％RH、55％RH 和 70％RH 三种不同的环境相对湿度工况，对试件进行快速碳化处理，研究了其导热系数、热阻、蓄热系数和热惰性指标等热工参数的变化情况。

不同环境相对湿度下，不同碳化龄期的试件的导热系数、热阻、蓄热系数和热惰性指标测试结果分别如图 4-22～图 4-25 所示。

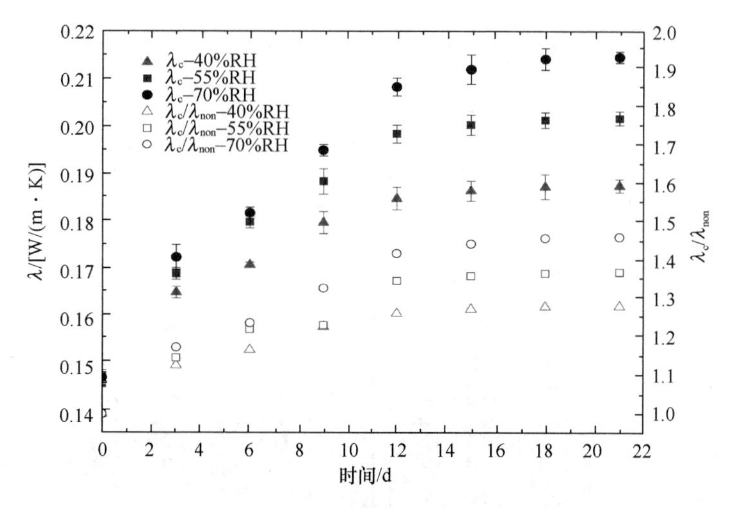

图 4-22　湿分-碳化耦合因素对蒸压加气混凝土导热系数的影响

由不同环境相对湿度下，不同碳化龄期的试件的导热系数、热阻、蓄热系数和热惰性指标的测试结果可知，不同环境相对湿度下碳化试件的导热系数、热阻、蓄热系数的变化

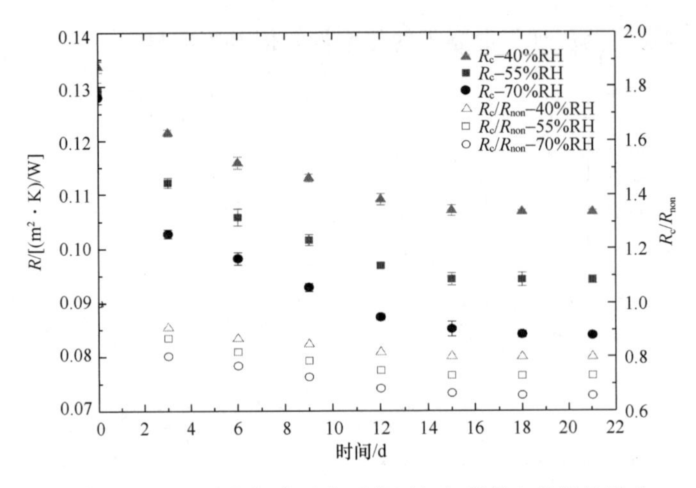

图 4-23　湿分-碳化耦合因素对蒸压加气混凝土热阻的影响

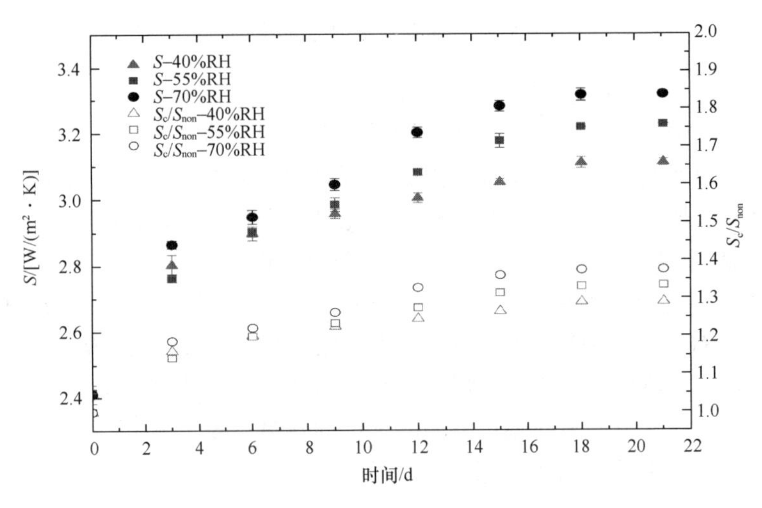

图 4-24　湿分-碳化耦合因素对蒸压加气混凝土蓄热系数的影响

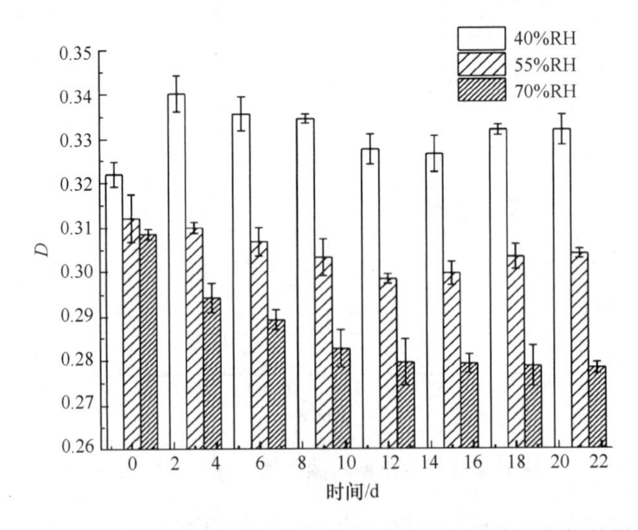

图 4-25　湿分-碳化耦合因素对蒸压加气混凝土热惰性指标的影响

趋势是相似的。其中，导热系数、蓄热系数随着碳化龄期的增长不断增大，且前期增长幅度较大，后期增长缓慢。对于同一碳化龄期的试件，环境相对湿度越大时，其导热系数和蓄热系数也越大，说明环境相对湿度的增大对导热系数和蓄热系数的增长起促进作用，且当环境相对湿度大于55%时，对试件导热系数和蓄热系数的增益作用更加明显。不同相对湿度条件下，经15d碳化后，试件的导热系数和蓄热系数趋于稳定，21d碳化龄期时，在环境相对湿度工况为40%、55%和70%条件下碳化后的试件与碳化前试件导热系数的比值分别为1.25、1.37和1.46；蓄热系数的比值分别为1.29、1.34和1.38。

对于试件热阻来说，随着碳化龄期的增长，热阻逐渐减小。同一碳化龄期条件下，环境相对湿度越小，试件热阻值降低的幅度越小，且当环境相对湿度大于55%时，对试件热阻的削减作用更加明显。说明环境相对湿度的增长削弱了试件的保温性能。经15d碳化后，在不同湿度下碳化的试件的热阻值逐渐稳定，21d碳化龄期时，在环境相对湿度工况为40%、55%和70%条件下碳化后试件的热阻分别为未碳化前试件的0.80倍、0.73倍和0.66倍。

由图4-25可以看出，对于在环境相对湿度为40%和55%工况下碳化的试件来说，随着碳化龄期的增长，热惰性指标呈先减小后增大的趋势，在碳化龄期为12d左右时，试件的热惰性指标达到最小值分别为0.3276和0.2796。且当碳化龄期大于3d时，在同一碳化龄期条件下，环境相对湿度越低热惰性指标降低的幅度越大。对于在环境相对湿度为70%工况下碳化的试件，其热惰性指标呈持续减小趋势，当达到21d龄期时，热惰性指标达到最小值，为未碳化试件的90.21%。以上现象说明，相比碳化，湿分对试件热惰性指标的影响更显著。

将在不同相对湿度下快速碳化21d龄期的试件烘干，并测试其质量和热工参数的变化。其结果发现，其质量增长率均在10%左右，导热系数在0.1725～0.1800W/(m·K)，导热系数增长率均为20%左右。这说明经21d碳化后，在不同相对环境湿度下碳化的试件均已完全碳化，并且湿分仅促进了碳化作用的速度，但对最终的碳化深度影响不大。

综合以上现象，探究湿分-碳化耦合因素对蒸压加气混凝土热工性能的影响，可以做出如下分析。环境相对湿度越大，由于水蒸气压力的影响，试件吸湿越强，使得在相同的时间间隔内试件吸收的水分也越多因此含水率也越大，水的导热性能较好从而促进了试件的导热系数和蓄热系数的增大以及热阻的减小。并且，当环境相对湿度大于55%时，水蒸气压力的作用更加明显。同时，湿分的增大促进了碳化反应的进行，随着碳化反应由表及里的进行，碳化反应的生成物集聚在试件的表面和孔壁上，造成了试件质量的增长，由于固体基质逐渐增多，填充了试件内部的部分孔隙，故试件的导热性能也增大。且碳化过程释放出的水分吸附在试件的孔壁上，也进一步增大试件内的热传导。可以推测，试件前期导热系数增长较快是由于环境相对湿度和二氧化碳浓度引起的试件吸湿和碳化反应共同作用的结果。当试件内湿分达到和环境相对湿度平衡时，吸湿过程结束，试件到达平衡含水状态，水分对试件导热系数的增益作用达到平衡，此后试件导热系数的增长仅为碳化作用的结果，而随着碳化作用的进行，碳化反应的主要生成物碳酸钙覆盖在试件的表面和孔壁上，表面形成致密的保护膜，阻碍了碳化反应的进一步进行，因此导热系数增长逐渐减缓，当达到15d碳化龄期时，试件基本达到完全碳化，质量不再增长，因此导热系数也趋于稳定。

二氧化碳在蒸压加气混凝土中的传输途径可以分为扩散作用、渗透作用和毛细管作用等，其中扩散作用的影响最为显著且相对稳定。因而，参考二氧化碳在混凝土孔隙中的扩散，二氧化碳在蒸压加气混凝土孔隙中的扩散也应遵循 Fick 第一扩散定律，即

$$N_{CO_2} = D_{CO_2} \frac{d[C_{CO_2}]}{dx} \tag{4-3}$$

式中 N_{CO_2} ——CO_2 的扩散速度，mol/(m·s)；

D_{CO_2} ——CO_2 在已碳化部分孔隙中的有效扩散系数，m^2/s；

C_{CO_2} ——CO_2 的浓度，mol/m^3；

x——蒸压加气混凝土的碳化深度，m。

国内外众多学者对于碳化模型的研究可以分为四类：第一类为基于 Fick 扩散定律和质量守恒定律建立的理论模型；第二类为基于碳化试验的经验模型，并根据所考虑的碳化影响因素的变化，提出了不同的计算模型，但很多经验参数没有明确的物理意义，普适性不足；第三类为基于扩散理论与试验结果的半理论半经验模型，通过试验方法推导出理论模型难以确定的参数，从而将理论模型和经验模型结合起来；第四类为随机模型，考虑了混凝土碳化过程的随机性和环境不确定性，提出多参数随机模型。目前，国内大量碳化试验与碳化研究的结果均表明，混凝土碳化预测模型为一个指数模型，这已经得到人们的普遍认可。因此，在以往的混凝土的碳化深度预测模型的基础上，建立如下蒸压加气混凝土的碳化数学模型，如下式所示：

$$x_c = k \cdot t^a \tag{4-4}$$

式中 x_c ——蒸压加气混凝土的碳化深度，mm；

k ——碳化系数；

t ——碳化时间，d；

a ——碳化指数。

蒸压加气混凝土的碳化是一个由表及里的过程，空气中的 CO_2 通过蒸压加气混凝土的孔隙和裂纹以气相和溶解在孔溶液中的液相的方式向其内部传输，并与其水化产物中的可碳化物质反应，生成的碳化产物导致固体基质的质量增长。可以认为，碳化深度的增加与固体基质的质量增长存在对应关系，而固体基质的增长必然会导致导热系数的变化；相应的，试件导热系数的变化也可以基于碳化模型加以预测。因而基于碳化模型，建立如下碳化条件下蒸压加气混凝土导热系数模型，同时，考虑环境湿度的影响，增加环境相对湿度影响系数 k_{RH}：

$$\lambda_c = k_{RH} \cdot k \cdot t^a \tag{4-5}$$

式中 λ_c ——碳化条件下蒸压加气混凝土导热系数，W/(m·K)；

k 碳化系数；

k_{RH} ——环境相对湿度影响系数；

$k_{RH} = \dfrac{RH(100-RH)}{RH_0(100-RH_0)}$，其中，$RH$ 为实际相对湿度，RH_0 为标准环境相对湿度，取 $RH_0=55$；

t——碳化时间，d；

a——碳化指数。

采用上述模型对不同相对环境湿度下的碳化试件导热系数测试数据进行拟合，拟合结果如图 4-26 所示，其相应拟合参数和相关系数如表 4-3 所示。

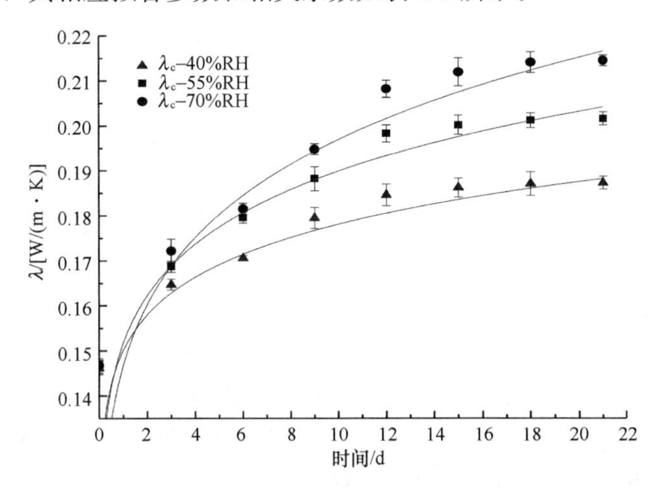

图 4-26　碳化后蒸压加气混凝土导热系数模型值和实测值对比

表 4-3　湿分-碳化耦合因素下蒸压加气混凝土导热系数拟合参数

RH/%	k_{RH}	k	a	拟合公式	R^2
40	0.97	0.155	0.074	$\lambda_c=0.97\times0.155\times t^{0.074}$	0.9599
55	1	0.152	0.098	$\lambda_c=1\times0.152\times t^{0.098}$	0.9702
70	0.85	0.173	0.128	$\lambda_c=0.85\times0.173\times t^{0.128}$	0.9565

由图 4-26 和表 4-3 可以看出，随着环境相对湿度的增加，碳化指数和碳化系数增大。这是因为环境相对湿度通过促进 CO_2 在蒸压加气混凝土中的扩散及其化学反应的进行，从而影响蒸压加气混凝土的碳化进程。采用模型 $\lambda_c=k_{RH}\cdot k\cdot t^a$ 对不同环境相对湿度工况下的蒸压加气混凝土碳化后的导热系数进行拟合，实测值与模型值的变异系数在合理范围内，拟合结果相关系数均较高，达到 0.95 以上，可见上述模型能较好的预测碳化后蒸压加气混凝土的导热系数。

（2）硫酸盐-碳化耦合因素对蒸压加气混凝土热工性能的影响

在实际环境条件中，硫酸盐侵蚀环境下蒸压加气混凝土的性能劣化往往是硫酸盐、碳化耦合作用的结果，为探究硫酸盐-碳化耦合作用对蒸压加气混凝土热工性能的影响，经过硫酸盐循环的试件进行快速碳化处理，经 21d 碳化龄期后测试其热工参数。

硫酸盐-碳化耦合作用下蒸压加气混凝土的热工参数测试结果如表 4-4 所示。将蒸压加气混凝土在硫酸盐-碳化耦合侵蚀模式下的热工参数与在碳化及硫酸盐单一因素作用下的热工参数进行比较，可以发现各侵蚀模式对其热工性能影响程度由大到小分别为碳化单一因素＞硫酸盐-碳化耦合因素＞硫酸盐单一因素。由此可见，碳化对蒸压加气混凝土热工性能的影响较硫酸盐循环更加显著，且硫酸盐循环可抑制蒸压加气混凝土的碳化作用。

表 4-4　硫酸盐-碳化耦合作用下蒸压加气混凝土的热工参数

试件	导热系数 λ/[W/(m·K)]		热阻 R/[(m²·K)/W]		蓄热系数 S/[W/(m²·K)]		热惰性指标 D	
	测试值	偏差 σ	测试值	偏差 σ	测试值	偏差 σ	测试值	偏差 σ
5%	0.1649	0.0015	0.1092	0.0012	2.6191	0.0082	0.2860	0.0042
10%	0.1677	0.0010	0.1054	0.0009	2.6685	0.0105	0.2813	0.0016
15%	0.1703	0.0006	0.1014	0.0014	2.7472	0.0079	0.2786	0.0031

根据试验结果可以推测蒸压加气混凝土硫酸盐-碳化耦合侵蚀的劣化机理。在前期试件受硫酸盐循环作用时，蒸压加气混凝土的水化产物与硫酸盐溶液中的 SO_4^{2-} 反应生成石膏，微溶于水而在试件表面沉积；黏附在试件表面的反应产物在干湿循环作用下发生脱水并产生结晶膨胀，填充了蒸压加气混凝土的孔隙通道，且不易从试件表面剥落，因而再对试件进行碳化处理时，二氧化碳的扩散受到阻碍，从而碳化作用被削弱。因此相对于单独碳化作用，硫酸盐-碳化耦合作用下热工性能的劣化受到硫酸盐的抑制。但是，由于硫酸盐循环后的侵蚀产物填充了蒸压加气混凝土内部孔隙的同时，产生的结晶应力可能在其内部产生微裂缝，使得二氧化碳还是能够以较缓慢的速率侵入试件内部，因而硫酸盐-碳化耦合作用对试件热工性能的影响大于硫酸盐单一因素造成的影响。

（3）干密度-湿分耦合因素对蒸压加气混凝土热工性能的影响

由多孔介质传热理论可知，材料的导热系数与材料内部湿分的含量、分布状态以及孔隙结构特征密切相关。多孔材料内部的孔隙通过影响固体骨架、湿分、气相的空间分布以及骨架与气体的比例从而影响材料的导热性能。干密度是用以描述多孔材料孔结构的重要参数，也是影响材料导热系数的重要因素。为探明干密度-湿分耦合因素对蒸压加气混凝土热工性能的影响，选取 A3.5 B06（干密度≤600kg/m³）和 A5.0 B06（干密度≤625kg/m³）两种不同干密度级别的蒸压加气混凝土作为测试对象进行分析。

本书采用试验方法测试了不同质量含水率条件（以下简称含水率）下不同干密度等级的蒸压加气混凝土包括导热系数、热阻、蓄热系数和热惰性指标在内的热工参数，测试结果如图 4-27～图 4-30 所示。

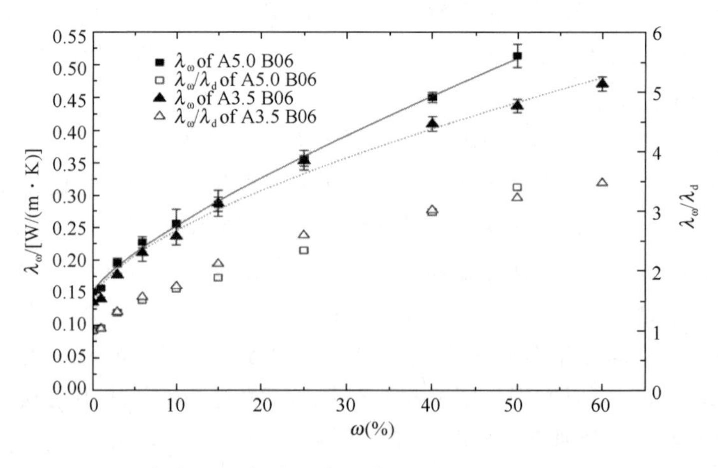

图 4-27　干密度-湿分耦合因素对蒸压加气混凝土导热系数的影响

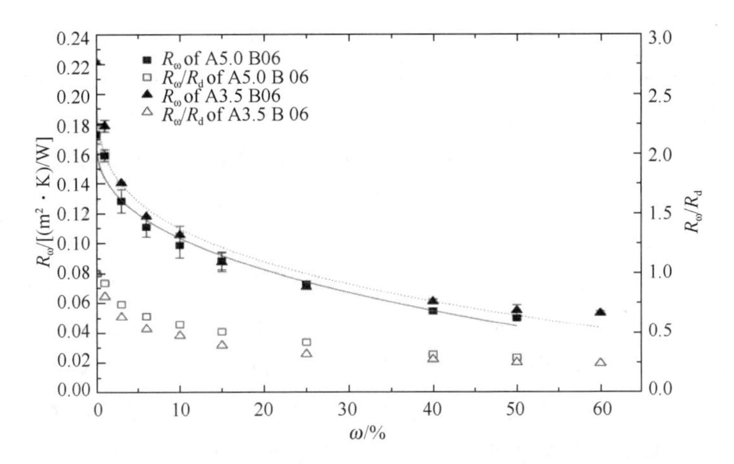

图 4-28 干密度-湿分耦合因素对蒸压加气混凝土热阻的影响

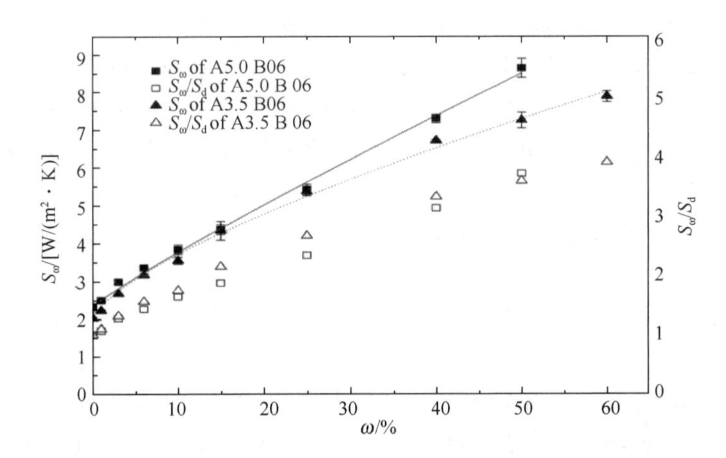

图 4-29 干密度-湿分耦合因素对蒸压加气混凝土蓄热系数的影响

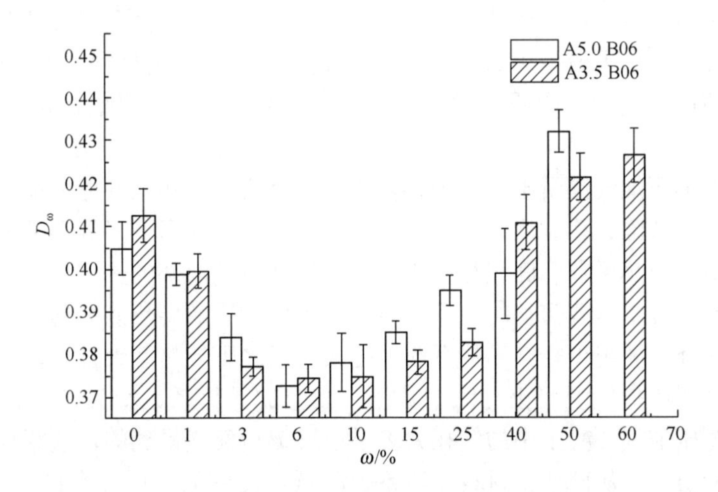

图 4-30 干密度-湿分耦合因素对蒸压加气混凝土热惰性指标的影响

由不同干密度级别的蒸压加气混凝土在不同含水率状态下的热工参数的测试结果可知，不同干密度级别试件的热工参数随含水率增长的变化趋势是相似的。由图 4-27 和

图4-28的曲线整体变化趋势可知，对于不同干密度级别的试件，在不同含水率下导热系数和蓄热系数的变化趋势基本一致，即随着含水率的增加，导热系数和蓄热系数均不断增加，但增加的速度逐渐减缓。A3.5 B06、A5.0 B06级蒸压加气混凝土绝干试件的导热系数分别为0.1354W/(m·K)、0.1508W/(m·K)；蓄热系数分别为2.0299W/(m^2·K)、2.3393W/(m^2·K)，随着含水率的增加，导热系数和蓄热系数逐渐增大，当试件达到浸水饱和状态时，其导热系数分别达到0.4710 W/(m·K)、0.5140W/(m·K)，约为绝干状态时的3.5倍；蓄热系数分别达到7.891W/(m^2·K)、8.9504W/(m^2·K)，约为绝干状态时的3.8倍。对于同一含水率工况，干密度较大的试件导热系数和蓄热系数也较大；在含水率低于15%时，两种型号的试件导热系数值的差值以及蓄热系数值的差值很小；当含水率高于15%时，两种型号的试件导热系数值的差值以及蓄热系数值的差值逐渐变大，当含水率为50%时，两者导热系数差值达到约0.08 W/(m·K)，蓄热系数差值达到约1.39 W/(m^2·K)。

由不同干密度的试件的热阻变化趋势可知，在含水率相同的情况下，丁密度等级较高的试件热阻值较小。当材料处于绝干状态时，A3.5 B06型号试件的热阻大于A5.0 B06型号试件的热阻，其值分别为0.2215(m^2·K)/W和0.1731(m^2·K)/W。随着含水率的增大，两种型号的试件的热阻均逐渐减小，且减小的幅度逐渐变小。当试件趋于浸水饱和时，A3.5 B06、A5.0 B06两种型号的试件的热阻分别为绝干状态时的0.29倍和0.24倍左右。可以看出，当材料达到浸水饱和状态时，不同容重的试件热阻减低的幅度相差不大。

由试件热惰性指标的测试结果可以看出，绝干状态时A3.5 B06和A5.0 B06两种型号的试件热惰性指标分别为0.4126和0.4048，随着含水率的增加，试件的热惰性指标总体是上升的，变化趋势是先下降后上升。在低含水率时（含水率低于6%），热惰性指标随着含水率的增加不断降低，在含水率6%附近热惰性指标达到最小值，约为0.37。对比不同干密度的试件，A3.5 B06级试件热惰性指标下降的速度更大。随着含水率的进一步增加，材料的热惰性指标逐渐回升，当试件趋于浸水饱和时，两种型号的蒸压加气混凝土试件热惰性指标达到最大值均为0.43左右。对比不同干密度的试件，A5.0 B06级试件热惰性指标增长的速度更大，说明当材料含水时，干密度等级较高的试件具有更好的热惰性能。

自然环境中蒸压加气混凝土是三相共存的多孔介质，其热工性能取决于固相材料的性质、干密度、内部缺陷、孔洞尺寸大小和形状以及孔隙的联通情况等多种因素。在绝干状态时，固体基质的导热系数和固相与气相所占比例会对其内部的热传导产生较大影响，也就是说热工性能与容重有着密切的关系。通常，固体物质的导热能力远远大于气体，因此材料越致密，内部孔隙越少，其导热系数就越大；反之则导热系数越小。一般来说，随着干密度的增大，蒸压加气混凝土孔隙率减小，相应的导热系数增大，从而影响了热工性能。这是因为蒸压加气混凝土中的气孔大多是通过铝粉发气得到的，这些气孔对热流的通过产生了一定的阻碍，从而使得材料导热系数降低，良好的自保温类材料多数是孔隙多、密度小的轻质材料。当材料含湿时，由于蒸压加气混凝土疏松多孔的结构特点，铝粉发气形成的大量宏观孔以及孔壁和基体内存在的微孔和毛细孔使得材料极易吸湿，水分很容易通过孔隙渗入砌块内部，而水分的导热性能也大于气体，因此随着水分的增加，导热性能也增强。但是，由于固体的导热性能通常大于液体，因此材料含湿时，干密度大的试件相比干密度小的试件其导热性能更强，即 A5.0 B06 试件的导热系数大于 A3.5 B06 试件。

6）小结

通过研究湿分、碳化及其耦合因素对蒸压加气混凝土导热系数、热阻、蓄热系数和热惰性指标的影响，揭示了环境因素对蒸压加气混凝土热工性能的影响规律，对蒸压加气混凝土耐久性和功能性的协同提升具有指导意义。

（1）含水率对蒸压加气混凝土的导热系数、热阻、蓄热系数和热惰性指标的影响较大。随着含水率的增大，蒸压加气混凝土的导热系数和蓄热系数逐渐增大，热阻逐渐减小，热惰性指标先下降后上升。A5.0 B06 级蒸压加气混凝土绝干状态下的导热系数为 0.1508W/(m·K)，含水率为 10%时(平衡含水率)的导热系数为 0.2563W/(m·K)，浸水饱和状态下的导热系数为 0.5140W/(m·K)。

（2）碳化对蒸压加气混凝土的导热系数、热阻、蓄热系数和热惰性指标的影响较大。随着碳化龄期的增长，蒸压加气混凝土的导热系数和蓄热系数先是快速增大，然后趋于稳定，热惰性指标先下降后上升。当碳化龄期为 21d 时，蒸压加气混凝土的导热系数、蓄热系数分别约为未碳化时的 1.4 倍和 1.34 倍，热惰性指标相比未碳化时降低 2.6%。当碳化龄期为 12d 时，蒸压加气混凝土的热惰性指标达到最小值，相比未碳化时降低 4.4%。

（3）湿分-碳化耦合因素对蒸压加气混凝土热工性能影响的研究表明，在不同环境相对湿度下碳化的蒸压加气混凝土的导热系数、热阻、蓄热系数的变化趋势是相似的。当碳化龄期相同时，相对湿度越大，导热系数和蓄热系数越大，热阻和热惰性指标越小。

（4）硫酸盐-碳化耦合因素对蒸压加气混凝土热工性能影响的研究表明，对热工性能影响程度由大到小分别为碳化单一因素＞硫酸盐-碳化耦合因素＞硫酸盐单一因素。碳化对蒸压加气混凝土热工性能的影响较硫酸盐循环更加显著，且硫酸盐循环可抑制蒸压加气混凝土的碳化作用。

（5）干密度-湿分耦合因素对蒸压加气混凝土热工性能影响的研究表明，随着含水率的增大，不同干密度级别的蒸压加气混凝土的导热系数、热阻、蓄热系数和热惰性指标的变化趋势基本一致。在含水率相同时，干密度较大的蒸压加气混凝土的导热系数和蓄热系数较大，热阻值较小。在含水率不为 0 时，干密度较大的蒸压加气混凝土具有更好的热惰性能。

（6）湿分、碳化和硫酸盐侵蚀不仅会影响蒸压加气混凝土的耐久性能，还会影响其热工性能。蒸压加气混凝土出釜时含水率较高，应合理堆放，通风干燥，避免雨淋和受潮，降低其含水率。减少蒸压加气混凝土在服役过程中的吸湿，碳化和硫酸盐侵蚀，可以实现其耐久性和功能性的协同提升。

4.1.2　保温材料提升技术

基于全球在能源节约方面的战略布局，外墙保温成为各国开展建筑节能的重要举措之一。全国尤其是上海市从 2001 年起逐步推广外墙保温技术，其中应用最为量大面广的是外墙外保温系统。

虽然我国大规模采用外墙外保温系统的时间并不长，但是，外墙外保温系统脱落的情况时有发生，保温系统质量事故被频频报道。外保温系统发生脱落、渗水等质量问题，不但会对居民日常生活产生影响，还可能砸坏小区内的公共设施或汽车等私人财物，造成财产损失，甚至会成为居民的安全隐患，造成人身伤害。

外墙外保温系统的防火问题越来越受到人们的关注。自伦敦大火后，欧洲对建筑节能改造用保温材料的燃烧性能要求更为严格，须为A级不燃。我国的政策更重视建筑节能效果。国内及上海市之前也广泛使用外贴EPS、XPS保温板等技术，自2011年开始使用无机保温砂浆系统、岩棉板（带）薄抹灰系统等。受多种因素影响，保温系统脱落、空鼓和开裂事故时有发生，因此对于兼具防火保温等功能性和耐久性的保温板的需求日益旺盛。本书介绍了三种A级保温材料（热养憎水无机保温板、改性聚苯板和石膏内保温砂浆）提升技术的研究，实现了其耐久性与功能性协同提升。

4.1.2.1　热养憎水凝胶玻珠保温板提升技术研究

热养憎水凝胶玻珠保温板以水泥为胶凝材料、憎水玻化微珠为无机轻集料，并掺入适量高分子聚合物硅凝胶乳液和增强纤维等功能性添加剂，按比例混合搅拌，经布料、加压成型，并经热养护工艺制成的轻质无机保温板。与无机保温砂浆系统相比，它经憎水处理，热养压制成型，80℃热风烘干，具有导热系数和吸水率较低、强度高、尺寸稳定和不燃烧性的特性。

根据围护材料耐久性劣化机理及模型的研究，对于热养憎水凝胶玻珠保温板系统而言，由于保温层直接与外部环境接触，会长期受到热雨和热冷等气候变化的影响。因为热养憎水凝胶玻珠保温板保温层热阻很大，从而使保护层的热量不易通过传导扩散，因此夏季当受太阳直射时热量就积聚于保温层，其表面温度很高，如遇突然降雨或者遮荫作用，则温度可能会突然下降很多。由昼夜、季节引起的室外温差变化对热养憎水凝胶玻珠保温板保温层产生着长期的作用并直接影响其耐久性。

热养憎水凝胶玻珠保温板如果憎水性不佳吸水率高，则在冬季反复冻融循环的情况下，体积稳定性差，也可能过早失去强度，造成粘结层破坏，引起面砖脱落或是饰面涂料开裂。因此，本书主要从板的性能提升技术入手重点介绍了热养憎水凝胶玻珠保温板的憎水性和体积稳定性的优化设计的研究。

1）热养憎水凝胶玻珠保温板吸水率及憎水性能

由于玻化微珠本身和板内壁存在较多孔隙，吸水性较强，当热养憎水凝胶玻珠保温板外保护层出现裂缝或破损的情况时，板会出现因为含水率增加而导致其保温隔热功能急剧下降、强度稳定性变差等现象。所以在提高热养憎水凝胶玻珠保温板系统的外保护层防水性的同时，也要积极探索如何改善热养憎水凝胶玻珠保温板自身的憎水性。

试验采用的原材料为P·O 42.5水泥、有机硅憎水剂和液态喷涂憎水剂。

利用有机硅憎水剂对玻化微珠进行喷雾憎水干燥处理，表面憎水改性处理的工艺流程图如图4-31所示。

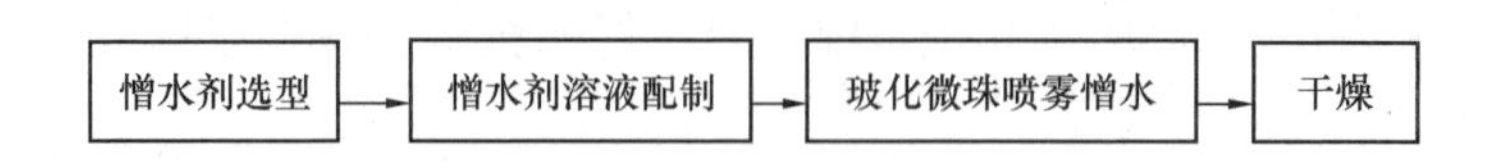

图4-31　玻化微珠表面憎水改性处理的工艺流程图

对普通玻化微珠、普通膨胀珍珠岩以及表面经过憎水改性处理的玻化微珠与膨胀珍珠岩进行吸水率测试，试验结果如表4-5所示。

表 4-5　表面憎水改性处理对玻化微珠吸水率的影响

玻化微珠种类	松散干密度/(kg/m³)	吸水率/%
普通玻化微珠	123	60.0
普通膨胀珍珠岩	76	66.4
憎水膨胀珍珠岩	106	8.0
憎水玻化微珠	120	5.2

玻化微珠和膨胀珍珠岩都是以珍珠岩为原材料，但玻化微珠比膨胀珍珠岩的生产工艺要求更为严格。玻化微珠是表面闭孔中间为空心的中空白色颗粒，而膨胀珍珠岩是开孔的，呈蜂窝状的。普通玻化微珠比普通膨胀珍珠岩的吸水率低，憎水玻化微珠比憎水膨胀珍珠岩的吸水率也要低，这进一步说明两者颗粒形态的不同，玻化微珠为闭孔颗粒，膨胀珍珠岩为开孔。

另外，表面未经憎水改性处理的普通玻化微珠的吸水率很大，均在60%以上，而经过表面改性处理后，憎水玻化微珠的吸水率大幅度的下降，只有5.2%。这说明表面改性处理能很大程度的改善玻化微珠的憎水性能。

利用普通玻化微珠和经过表面改性处理的憎水玻化微珠按照相同配方工艺制备热养憎水凝胶玻珠保温板，并做干密度、抗压强度和体积吸水量测试，试验结果如表 4-6 所示。

表 4-6　玻化微珠的表面憎水处理对热养憎水凝胶玻珠保温板性能的影响

玻化微珠种类	玻化微珠松散干密度/(kg/m³)	玻化微珠吸水率/%	保温板干密度/(kg/m³)	抗压强度/MPa	1h 体积吸水率/%	24h 体积吸水率/%
普通玻化微珠	123	60	312.9	0.61	48.6	50.2
憎水玻化微珠	120	5.2	265.3	0.39	50.9	51.8

由表 4-6 可知，以憎水玻化微珠为轻集料制备的热养憎水凝胶玻珠保温板，相比普通玻化微珠保温板，干密度明显下降，抗压强度也随之降低。但根据吸水率试验结果，可以发现玻化微珠经过表面憎水改性处理后，热养憎水凝胶玻珠保温板的干密度下降了，但吸水率变化不大，可见玻化微珠表面憎水改性处理对 A 级热养憎水无机保温板的憎水性改善有一定效果，但不明显；原因是在热养憎水凝胶玻珠保温板硬化体中，一部分气孔是玻化微珠产生的，另一部分气孔则产生于水泥等胶凝材料硬化浆体孔隙中；但这部分的孔隙不具备憎水作用，所以造成体积吸水率的变化不明显。因此，要改善热养憎水凝胶玻珠保温板的憎水性能，得从改善 A 级热养憎水无机保温板中水泥浆体部分憎水性能着手。

2）内掺有机硅型憎水剂对玻化微珠热养憎水凝胶玻珠保温板性能的影响

有机硅型憎水剂具有快速分散的特点，能够迅速溶解于水并释放出包裹的硅烷使其再分散到拌合水中，硅烷基粉末中亲水的有机官能团水解形成高反应活性的硅烷醇基团，硅烷醇基团继续同水泥水化产物中的羟基基团进行不可逆反应形成化学结合，从而使通过交联作用连接在一起的硅烷牢固地固定在水泥砂浆中孔壁的表面。由于憎水的有机官能团朝向孔壁的外侧，使得孔隙的表面获得了憎水性，因此为热养憎水凝胶玻珠保温板具有较好的整体憎水效果。图 4-32 是有机硅型憎水剂的憎水作用原理的示意图。

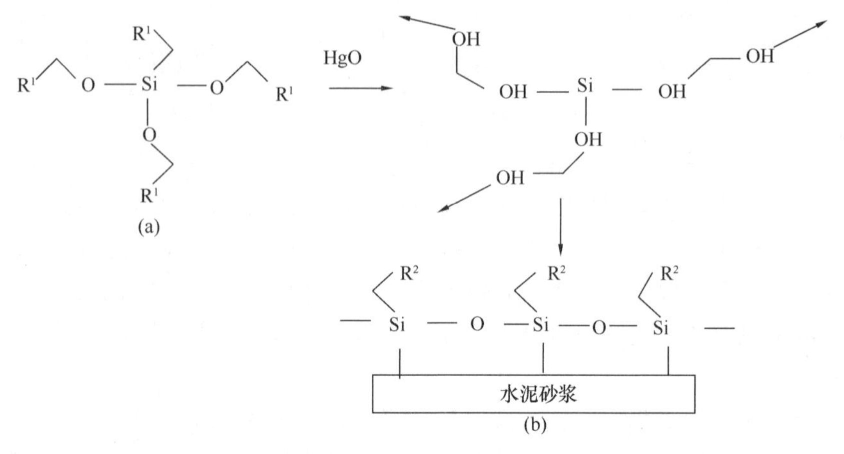

图 4-32　有机硅型憎水剂憎水作用原理示意图

（a）硅烷在高 pH 值下水解；（b）在孔壁面表面形成化学结合

有机硅型憎水剂可以从根本上改善材料特别是水泥浆体部分的憎水性能，从而改善热养憎水凝胶玻珠保温板的憎水性能。将有机硅型憎水剂掺入 A 级热养憎水无机保温板中，测试其 1h 和 24h 体积吸水率，结果如表 4-7 所示。

表 4-7　有机硅型憎水剂对玻化微珠热养憎水凝胶玻珠保温板性能的影响

憎水剂品种	掺量/%（按占胶粉料与玻化微珠总质量的百分数）	1h 体积吸水率/%	24h 体积吸水率/%
—	—	48.6	50.2
A	0.6	18.8	20.7
	1.2	15.3	17.5
	1.8	10.7	13.9

在玻化微珠热养憎水凝胶玻珠保温板中内掺了有机硅型憎水剂之后，热养憎水凝胶玻珠保温板的 1h 体积吸水率和 24h 体积吸水率均有大幅度的下降，而且随着憎水剂掺量的增大，热养憎水凝胶玻珠保温板的 1h 体积吸水率和 24h 体积吸水率逐渐降低。在玻化微珠热养憎水凝胶玻珠保温板中内掺有机硅型憎水剂对 A 级热养憎水无机保温板的憎水性有明显的改善作用。

3）表面喷涂液态憎水剂对热养憎水凝胶玻珠保温板性能的影响

在玻化微珠热养憎水凝胶玻珠保温板表面喷涂有机硅水性防水剂，放置 1d 后烘干至恒重，进行 1h、24h 吸水率测试试验；第一次吸水率试验结束后，再次烘干至恒重，进行第二次 1h、24h 吸水率测试试验；然后重复进行第三次吸水率试验。热养憎水凝胶玻珠保温板中的玻化微珠采用普通玻化微珠，按相同配方工艺制备热养憎水凝胶玻珠保温板。其试验结果如图 4-33 和图 4-34 所示。

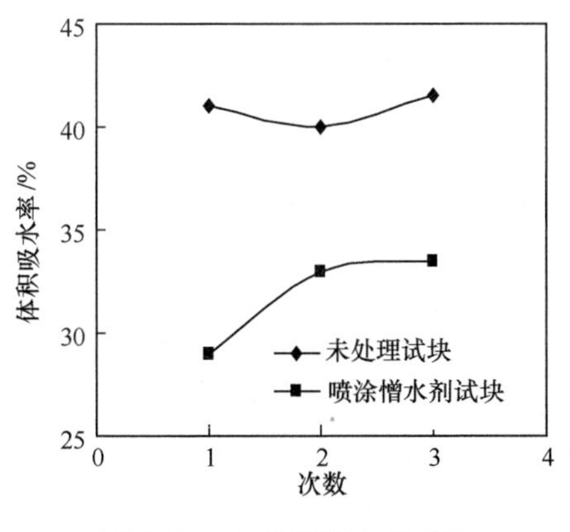

图 4-33　1h 体积吸水率对比

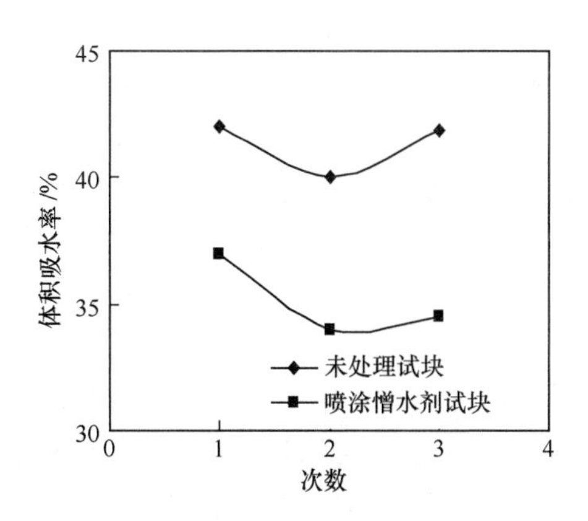

图 4-34　24h 体积吸水率对比

由图 4-33 和图 4-34 可知，在玻化微珠热养憎水凝胶玻珠保温板表面喷涂憎水剂的试块相比未处理试块，1h 体积吸水率和 24h 体积吸水率均有所降低，这说明表面喷涂憎水剂对热养憎水凝胶玻珠保温板的憎水性能具有一定程度的改善作用。在重复性体积吸水率试验中，喷涂憎水剂热养憎水凝胶玻珠保温板试块的 1h、24h 体积吸水率变化不大，说明热养憎水凝胶玻珠保温板经过表面喷涂憎水剂后，憎水重复利用性较好。

4）复合憎水改善措施对玻化微珠热养憎水凝胶玻珠保温板性能的影响

上面单方面试验了玻化微珠表面憎水改性处理、内掺憎水剂和表面喷涂憎水剂对玻化微珠热养憎水凝胶玻珠保温板憎水性能的影响，结果说明内掺憎水剂和表面喷涂憎水剂均有一定改善效果。下面将不同憎水改善措施进行复合，同时利用其中两种或者三种措施，研究玻化微珠热养憎水凝胶玻珠保温板憎水性能的变化情况。玻化微珠热养憎水凝胶玻珠保温板均按相同的基本配合比制备。试验结果如表 4-8 所示。

表 4-8　复合憎水改善措施对热养憎水凝胶玻珠保温板憎水性能的影响

编号	玻化微珠类型	内掺憎水剂方式		1h 体积吸水率/%	24h 体积吸水率/%	表面喷涂憎水剂后	
		有/无	掺量/%（占干粉料质量百分数）			1h 体积吸水率/%	24h 体积吸水率/%
1	普通型	无	—	48.6	50.2	42.8	44.6
2	憎水型	无	—	49.6	50.4	42.4	44.8
3	普通型	有	0.6	15.3	17.5	5	10.5
4	憎水型	有	0.6	13	14.8	3.1	7.1

通过观察表 4-8，试验编号 1 中，只比较了表面喷涂憎水剂前后热养憎水凝胶玻珠保温板憎水性的变化，仍然说明表面喷涂憎水剂对热养憎水凝胶玻珠保温板的憎水性有一定的改善作用。

试验编号 2 中，复合使用玻化微珠表面憎水改性处理和表面喷涂憎水剂两种措施，发现玻化微珠表面憎水改性处理对热养憎水凝胶玻珠保温板的憎水性能仍然无明显改善效果；试验编号 3 中，复合使用内掺憎水剂和表面喷涂憎水剂两种措施，结果显示内掺憎水剂的效果比较显著，两种措施一起使用效果更好。

试验编号 4 中，同时采用了三种憎水改善措施。对比试验编号 3 和编号 4，玻化微珠表面憎水改性处理措施与内掺憎水剂结合使用时，玻化微珠表面憎水改性处理才显现其对热养憎水凝胶玻珠保温板憎水性能的改善效果。通过试验编号 4，说明三种憎水改善措施同时使用，才能发挥出最大改善作用。

同时通过这四个试验，可以发现表面喷涂憎水剂对热养憎水凝胶玻珠保温板憎水性的改善有一定作用，一般降低体积吸水率 10%以内；内掺憎水剂对热养憎水凝胶玻珠保温板憎水性能的改善作用最大，玻化微珠表面憎水改性处理的作用最小。

进行热养憎水凝胶玻珠保温板长期收缩率试验研究，将热养憎水凝胶玻珠保温板长期收缩率控制在一定范围内，可以降低热养憎水凝胶玻珠保温板产生开裂的风险。

试验方法按照《建筑砂浆性能试验方法标准》（JGJ/T 70—2009）进行。

1）轻集料用量对收缩率的影响

保持胶粉料的成分不变，改变胶粉料质量与玻化微珠体积的比例，在 1kg：(1～6L）的范围内变化，研究玻化微珠体积的变化对热养憎水凝胶玻珠保温板长期收缩率的影响，试验结果如表 4-9 所示。

表 4-9　玻化微珠体积的变化对热养憎水凝胶玻珠保温板长期收缩率的影响

玻化微珠体积用量/L	收缩率（$\times10^{-4}$）					
	21d	28d	35d	42d	49d	56d
1	9.38	13.42	14.68	16.12	16.38	16.39
2	8.54	12.46	13.78	14.56	14.85	14.85
3	7.96	10.24	11.68	12.36	12.48	12.50
4	7.08	9.98	10.79	11.44	11.70	11.67
5	6.58	8.83	9.98	10.42	10.44	10.46
6	5.68	7.84	8.96	9.48	9.58	9.58

由表 4-9 可知，玻化微珠的体积变化对热养憎水凝胶玻珠保温板的长期收缩率有较大影响，随着玻化微珠体积用量的逐渐增大，热养憎水凝胶玻珠保温板在 21d、28d、35d、42d、49d 和 56d 各个龄期的收缩率也会逐渐降低。热养憎水凝胶玻珠保温板中的轻集料玻化微珠本身不会产生收缩，但玻化微珠颗粒之间的水泥浆体会产生收缩，水泥浆体的收缩也是导致热养憎水凝胶玻珠保温板收缩的主要原因。

因此热养憎水凝胶玻珠保温板中玻化微珠的体积用量越多，热养憎水凝胶玻珠保温板的长期收缩率越小。

2）胶集比对收缩率的影响

保持胶粉料质量与玻化微珠体积的比例不变，为 1kg：8L，变化胶粉料中的成分，研究其变化对热养憎水凝胶玻珠保温板性能的影响，具体胶粉料的配比变化和收缩率试验结果如表 4-10 所示。

表 4-10 热养憎水凝胶玻珠保温板的胶粉料配比

编号	粉煤灰/g	水泥/g	外加剂/g	MC/g	PVA/g	木纤维/g	丙纶纤维/g	引气剂/g
1	0	100	2.5	1	1.8	1	1	1.5
2	36	64	2.5	1	1.8	1	1	1.5
3	0	100	2.5	0.5	1.8	1	1	1.5
4	0	100	2.5	1	0	1	1	1.5
5	0	100	2.5	1	1.8	0.5	0.5	1.5
6	0	100	2.5	1	1.8	1	1	0.5
7	30	70	2.5	0.5	1	0.2	0	0

下面是根据表 4-10 热养憎水凝胶玻珠保温板的胶粉料配比配制热养憎水凝胶玻珠保温板，进行长期收缩率试验，得到试验结果如表 4-11 所示。

表 4-11 胶粉料的成分变化对玻化微珠热养憎水凝胶玻珠保温板长期收缩率的影响

编号	收缩率（$\times 10^{-4}$）						
	14d	28d	35d	42d	49d	56d	90d
1	1.67	3.33	4.52	5.24	5.24	5.24	5.27
2	1.19	1.90	2.38	2.38	2.86	2.86	2.86
3	6.43	7.62	7.38	8.33	8.57	8.57	8.57
4	5.00	5.36	6.07	6.07	6.43	6.43	6.43
5	3.57	5.36	5.36	5.44	5.71	5.71	5.71
6	5.47	7.86	7.86	8.57	8.57	8.57	8.57
7	6.43	8.58	8.58	8.65	8.93	8.93	8.93

见表 4-11，试样编号 1 为参照组。

试样编号 2 中，相比试样编号 1，胶凝材料发生变化，试样编号 2 中水泥减少，粉煤灰用量增加，结果试样编号 2 的长期收缩率相比试样编号 1 减小。这说明在玻化微珠 A 级热养憎水无机保温板中增加粉煤灰的用量，可以降低玻化微珠 A 级热养憎水无机保温板的长期收缩率。

试样编号 3、4、5、6 中，相比试样编号 1，胶粉料的甲基纤维素醚掺量、PVA 掺量、纤维（包括木纤维和丙纶纤维）掺量和引气剂掺量分别有所减少，试验结果表明，试样编号为 3、4、5、6 的 A 级热养憎水无机保温板的长期收缩率比编号 1 试样均有所增大。这说明在玻化微珠热养憎水凝胶玻珠保温板中掺加甲基纤维素醚、PVA 胶粉、木纤维和丙纶纤维、引气剂均能降低热养憎水凝胶玻珠保温板的长期收缩率，而且它们的掺量越大，热养憎水凝胶玻珠保温板的长期收缩率越低。

3）热养憎水凝胶玻珠保温板性能研究

选取经过憎水处理的优化配方，采取一定比例压制成型，并经过 8h 的 80℃养护后，测试热养憎水凝胶玻珠保温板性能如表 4-12 所示。

表 4-12　热养憎水凝胶玻珠保温板性能

项目		指标		试验方法
		Ⅰ型	Ⅱ型	
干密度/(kg/m³)		≤200	≤230	GB/T 5486—2008
导热系数（平均温度 25℃）/[W/(m·K)]		≤0.055	≤0.060	GB/T 10294—2008；GB/T 10295—2008
抗压强度/MPa		≥0.25	≥0.30	GB/T 5486—2008
垂直于板面方向的抗拉强度/MPa		≥0.10	≥0.10	GB/T 29906—2013
体积吸水率/%		≤8.0		GB/T 5486—2008
干燥收缩率/%		≤0.8		GB/T 11969—2020
软化系数		≥0.70		GB/T 20473—2006
抗冻性	质量损失率/%	≤5		
	抗压强度损失率/%	≤25		
燃烧性能级别		A（A1）		GB 8624—2012
放射性核素限量	内照射指数，I_{Ra}	≤1.0		GB 6566—2010

4）小结

（1）玻化微珠的表面改性处理、内掺有机硅型憎水剂、表面喷涂液态憎水剂、复合憎水改善措施及配合比优化可以在不同程度上提升热养憎水凝胶玻珠保温板性能。

（2）表面改性处理后，玻化微珠的吸水率大幅下降。经过表面改性处理后，玻化微珠的吸水率从 60%下降到低于 10%。玻化微珠的表面改性处理使热养憎水凝胶玻珠保温板的干密度和抗压强度明显下降，而对吸水率无明显影响。

（3）内掺有机硅型憎水剂可以大幅降低热养憎水凝胶玻珠保温板的吸水率，随着憎水剂掺量的增大，体积吸水率逐渐降低。未掺憎水剂的热养憎水凝胶玻珠保温板的 1h 和 24h 体积吸水率分别为 48.6%和 50.2%。当憎水剂掺量由 0.6%提高到 1.8%时，热养憎水凝胶玻珠保温板的 1h 和 24h 体积吸水率分别从 18.8%和 20.7%下降到 10.7%和 13.9%。

（4）表面喷涂液态憎水剂使热养憎水凝胶玻珠保温板的吸水率明显下降。表面喷涂液态憎水剂后，热养憎水凝胶玻珠保温板的 1h 和 24h 体积吸水率分别从 41%和 42%下降到 29%和 37%。在重复性体积吸水率试验中，喷涂憎水剂热养憎水凝胶玻珠保温板的 1h、24h 体积吸水率变化不大。

（5）玻化微珠表面憎水改性处理、内掺憎水剂和表面喷涂憎水剂三种憎水改善措施的复合对热养憎水凝胶玻珠保温板的憎水性能有不同程度的提高。内掺憎水剂的改善作用最大，表面喷涂憎水剂其次，玻化微珠表面憎水改性处理的作用最小。三种憎水改善措施同时使用可以发挥出最大的改善作用。当复合使用内掺憎水剂和表面喷涂憎水剂时，热养憎水凝胶玻珠保温板的 1h 和 24h 体积吸水率分别从 48.6%和 50.2%下降到 5%和 10.5%。当三种憎水改善措施同时使用时，热养憎水凝胶玻珠保温板的 1h 和 24h 体积吸水率分别为 3.1%和 7.1%。

（6）配合比优化可以减小热养憎水凝胶玻珠保温板长期收缩率。通过增加粉煤灰和玻化微珠的用量，可以降低热养憎水凝胶玻珠保温板的长期收缩率。甲基纤维素醚、PVA

胶粉、木纤维和丙纶纤维、引气剂的掺入均能降低热养憎水凝胶玻珠保温板的长期收缩率，而且其掺量越高，热养憎水凝胶玻珠保温板的长期收缩率越低。

（7）通过玻化微珠的表面改性处理、内掺有机硅型憎水剂、表面喷涂液态憎水剂、复合憎水改善措施和配合比优化技术，降低了热养憎水凝胶玻珠保温板的吸水率和长期收缩率，提升了其憎水性能，实现了热养憎水凝胶玻珠保温板的耐久性与功能性的协同提升。

4.1.2.2　改性聚苯板提升技术

1）硅墨烯保温板简介

现阶段，各类不同的保温材料被不断开发出来，对这些材料的长期应用情况进行分析发现，有机保温材料存在较大的弊端，以传统形式的聚苯板为例，该板材在大量使用过程中经常发生火灾问题。这就使得保温材料开始朝着无机化方向发展，并且到目前为止我国已有较多建筑将无机保温材料应用到了外保温系统中。将无机颗粒加入聚苯板中可以制得改性聚苯板，其中，聚苯板是母体材料，对其实施无机改性处理后可以有效提高保温性能与防火性能。其中，以石墨聚苯乙烯颗粒为集料，采用特有的无机浆料通过专业的技术装备进行混合、裹壳、微孔发泡、模压成型并经养护，再通过切割等工艺制成的具有不燃特性的保温板称为硅墨烯保温板。

硅墨烯保温板在传统的聚苯板基础上进行改良，集有机与无机保温材料优点于一身，能够适用于不同工程部位，满足 A 级不燃，防火性能好，具有良好抗压强度、抗拉强度，上墙后防脱落、不需另设防火隔离带，经济性更高、施工便捷，与传统做法一致。它不仅延续了传统聚苯板导热系数小、保温隔热效果好等优点，而且弥补了传统泡沫板阻燃效果差的缺点，是一种理想的保温隔热材料。

硅墨烯保温板的性能指标如表 4-13 所示。这种保温材料的燃烧性能级别为 A 级，优于燃烧性能级别为 B 级的 EPS 板和 XPS 板。硅墨烯保温板的导热系数（25℃）为 0.049W/(m·K)，略高于 EPS 板和 XPS 板，其垂直于板面的抗拉强度不低于 0.25MPa，高于 EPS 板（0.10MPa）和 XPS 板（0.20MPa）。硅墨烯保温板的弯曲变形不低于 6mm，抗弯曲性能明显优于 EPS 板和 XPS 板（弯曲变形 20mm）。此外，硅墨烯保温板还具有吸水率低、耐久性能好等优点，其体积吸水率不高于 6%，干收缩率不高于 0.3%，软化系数不小于 0.8，可以取代传统的 EPS 板和 XPS 板，广泛应用于外墙保温系统中。硅墨烯保温板实物图，如图 4-35 所示。

表 4-13　A 级改性聚苯保温板的性能指标

项目	指标	试验方法
干密度/(kg/m^3)	130～170	GB/T 5486—2008
导热系数(平均温度 25℃)/[W/(m·K)]	≤0.049	GB/T 10294—2008；GB/T 10295—2008
抗压强度/MPa	≥0.30	GB/T 5486—2008
垂直于板面方向的抗拉强度/MPa	≥0.25	GB/T 29906—2013
体积吸水率/%	≤6	GB/T 5486—2008
干燥收缩率/%	≤0.3	GB/T 11969—2020
软化系数	≥0.8	GB/T 20473—2006

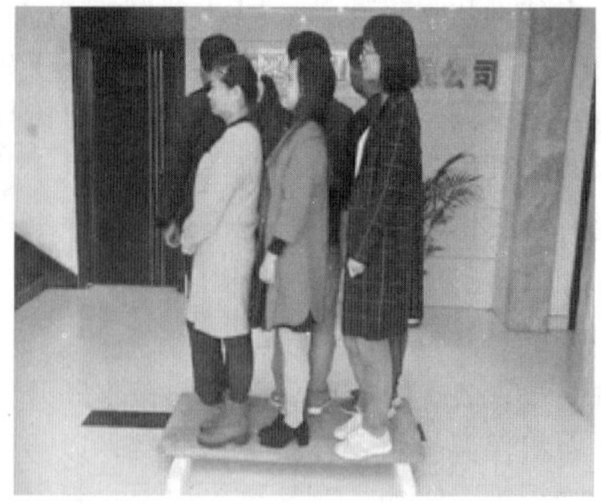

图 4-35　硅墨烯保温板实物图

2）硅墨烯保温板的生产过程

硅墨烯保温板生产过程如下（图 4-36）：

预发石墨聚苯乙烯颗粒→采用精确定量挤出预混→ 无机材料与有机材料充分拌和→注模、压制→ 单板加热→使无机材料同步渗透→充分加压加温使原材料产生化学交联反应→真空冷却定型→定向脱模装置脱模。

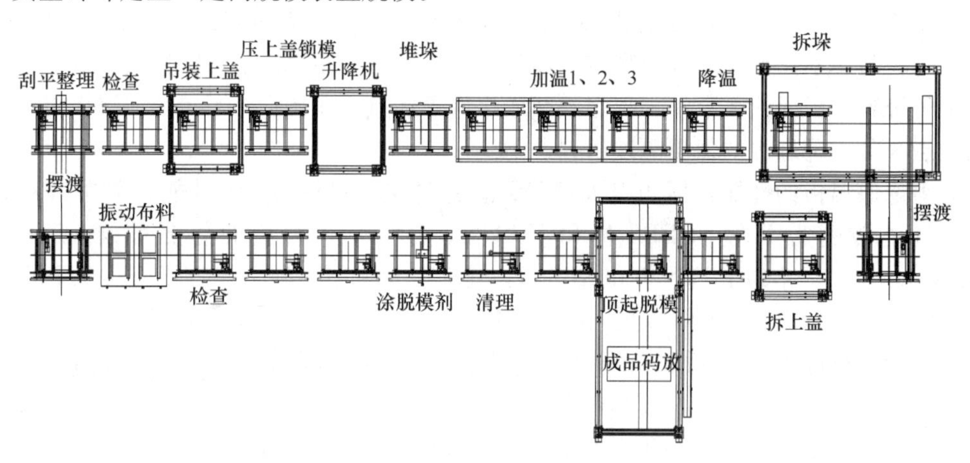

图 4-36　硅墨烯保温板生产示意图

3）小结

硅墨烯保温板是一种新型保温板，相对传统保温板实现了以下性能提升：

（1）硅墨烯保温板同时具有有机与无机保温材料的优点。硅墨烯保温板具有无机保温板的防火性能，同时具有有机保温板密度小、保温性能好、施工方便等优点。

（2）硅墨烯保温板的防火性能好，燃烧性能级别为 A 级，相比燃烧性能仅达到 B 级的传统 EPS 及 XPS 保温板，显著提高外保温系统安全性。

（3）硅墨烯保温板的导热系数较低，最低可小于 0.049W/(m・K)，保温性能好。传统的 A 级保温材料中，无机保温砂浆的导热系数为 0.07W/(m・K)，发泡水泥板的导热系数为 0.080W/(m・K)，都明显高于硅墨烯保温板。

（4）硅墨烯保温板的力学性能好，具有良好的柔韧性，防止脱落。硅墨烯保温板的抗压强度不低于 0.30MPa。硅墨烯保温板垂直于板面的抗拉强度不低于 0.25MPa，高于 EPS 板（0.10MPa）和 XPS 板（0.20MPa）。硅墨烯保温板的弯曲变形不低于 6mm，抗弯曲性能明显优于 EPS 板和 XPS 板（弯曲变形 20mm）。

（5）硅墨烯保温板具有良好的尺寸稳定性，干收缩率不超过 0.3%。硅墨烯保温板是闭合的球状分子结构，尺寸稳定性好，经过反复高温、淋水循环和数次加热、冷冻循环后，无渗水裂缝，无饰面层气泡、空鼓和脱落现象。

（6）硅墨烯保温板体积吸水率不高于 6%，与传统的 EPS 板和 XPS 板相当，具有良好的稳定热工性能，可以有效避免无机保温砂浆吸水膨胀和干燥收缩所造成的质量隐患。

（7）硅墨烯保温板材质稳定性高，耐久性能好。硅墨烯保温板采用质量占比 80%的无机材料包裹体积占比 80%的石墨聚苯乙烯颗粒，采用单板加工技术，在保压的情况下进行加热使石墨聚苯乙烯颗粒在模具内二次发泡，使板材内部均匀密实，避免了大板加工再切割而产生的板材内部密度不均匀的问题。硅墨烯保温板材质稳定性高，整体强度更紧实，软化系数不小于 0.8，耐久性能好。

4.1.2.3 工业副产石膏内保温砂浆

建筑石膏是气硬性胶凝材料，只能在空气中硬化，以石膏为胶凝材料生产的石膏建材一般只适用于室内。石膏建筑材料具有防火、隔声、保温和调节空气湿度的功能，并具有轻质、凝结硬化快，生产或施工周期短的特点。石膏建筑材料被公认为生态建材、绿色建材。

上海市地处夏热冬冷地区，空调使用率很高，一般仅卧室与起居室使用空调，厨房、卫生间一般不使用空调，或者空调的使用随人员对房间的使用情况而变化。因此，空调与非空调房之间的隔墙保温也尤其重要。《居住建筑节能设计标准》（DG/TJ 08）对分户墙、（楼板）、采暖与非采暖空间的隔墙要求传热系数达到 2.0 的要求，由于传统的做法没有在内隔墙及顶棚保温上采取措施，普通的混凝土隔墙不能满足要求。为此，可在不增加建筑物造价和不降低使用面积的基础上开发内隔墙以及顶棚的兼具保温功能的抹灰材料也是一种非常有效的建筑节能措施。

石膏保温砂浆是一种石膏砂浆的新产品，在《抹灰砂浆》（JGJ/T 220）中被纳入并命名为轻质底层抹灰石膏。石膏保温砂浆作为传统水泥砂浆的换代产品，兼具墙体的找平层和保温层，是一种新型的内墙抹灰材料，具有质轻、防火、保温隔热、吸声、高强、不收缩、不易开裂的特点，而且其造价不会超过传统的水泥砂浆，施工却更加的快捷方便。石膏保温砂浆还可以有效利用固体废弃物脱硫石膏，是一种经济绿色的建筑材料。本书介绍了石膏保温砂浆提升技术的研究，通过配合比优化得到了具有良好工作性能、力学性能、热工性能和透气性的石膏保温砂浆。

试验采用的原材料为脱硫建筑石膏、纤维素醚、缓凝剂、玻化微珠和引气剂等。

1）玻化微珠用量对石膏保温砂浆性能的影响

固定纤维素醚与引气剂掺量分别为 0.15%（石膏量）与 1.5%（总量）保持不变。当掺入不同比例的玻化微珠后，调整 SC 缓凝剂的用量，使石膏砂浆的初凝时间保持在 180±20min 范围内，且初、终凝时间相差不大于 30min。测试其表观密度、抗折强度及抗压强度，试验结果如表 4-14 所示。

表 4-14　玻化微珠对石膏保温砂浆性能的影响

编号	玻化微珠/%	SC 缓凝剂/%	用水量/%	表观密度/(kg/m³)	抗折强度/MPa	抗压强度/MPa
1	5	0.38	53	1154	4.32	13.28
2	6	0.4	53	1129	4.67	12.81
3	10	0.39	53	1013	3.80	10.36
4	12	0.4	52	978	4.03	9.68
5	20	0.44	59	793	2.70	6.17
6	30	0.46	66	645	1.75	3.59
7	25	0.45	63	702	2.03	4.14
8	28	0.45	65	674	2.88	3.14
9	35	0.47	69	615	2.55	2.46

由图 4-37～图 4-39 可知，随着玻化微珠掺量的增加，石膏保温砂浆的干表观密度、抗折强度及抗压强度会逐渐下降。随着干表观密度的下降，其保温效果较掺砂的粉刷砂浆的保温效果要好。

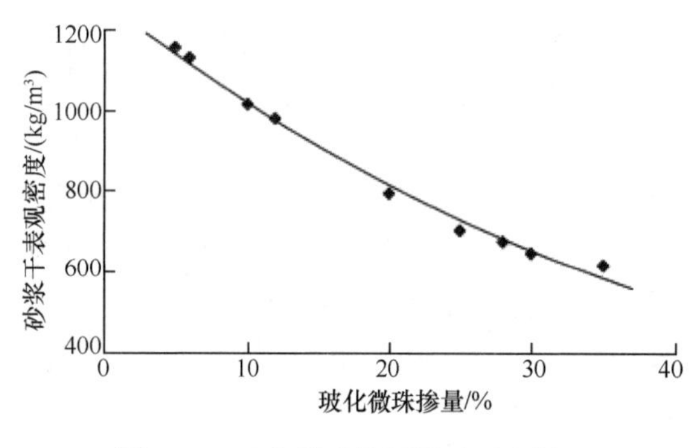

图 4-37　玻化微珠的用量对石膏保温砂浆干表观密度的影响

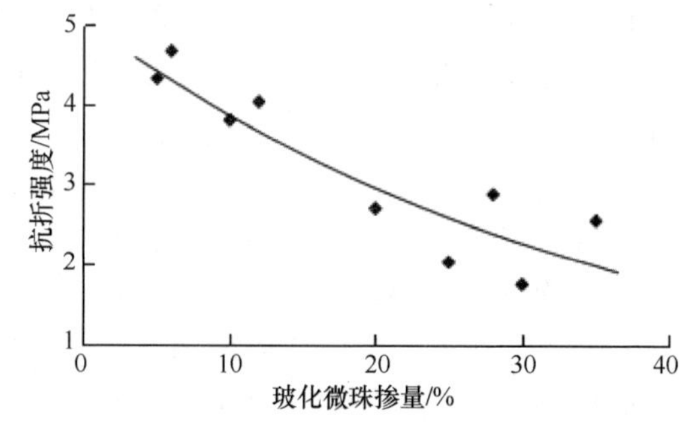

图 4-38　玻化微珠的用量对石膏保温砂浆抗折强度的影响

考虑不同玻化微珠及脱硫建筑石膏性能的差异，初步确定玻化微珠掺量为石膏量的25%～35%，干表观密度可控制在 500～800g/m³。

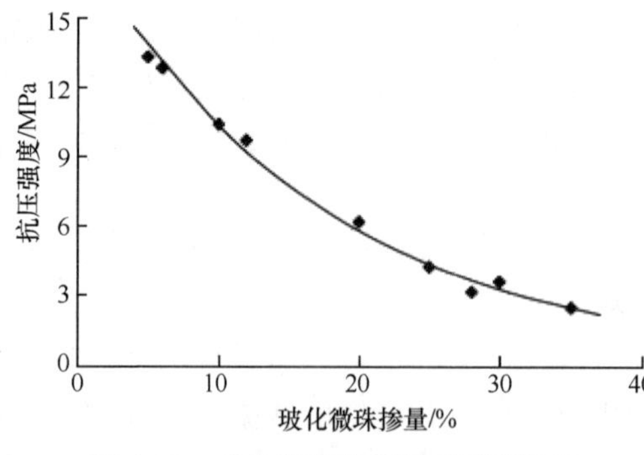

图 4-39　玻化微珠的用量对石膏保温砂浆抗压强度的影响

2）甲基纤维素醚的掺量对石膏保温砂浆性能的影响

（1）甲基纤维素醚掺量对石膏保温砂浆保水性能的影响

固定玻化微珠掺量为石膏量的 15%，改变甲基纤维素用量，调整用水量，测试石膏保温砂浆的保水率。由于纤维素醚黏度较低，用水量受甲基纤维素醚掺量影响不大。石膏保温砂浆的保水性能试验结果如图 4-40

所示。

由图4-40可知，当甲基纤维素醚掺量达到石膏量的0.25%左右时，吸水率曲线趋于平缓。考虑不同保水剂性能及黏度的差异，确定甲基纤维素醚掺量为石膏量的0.25%，且当轻集料掺量增加时，应适当上调甲基纤维素醚用量。

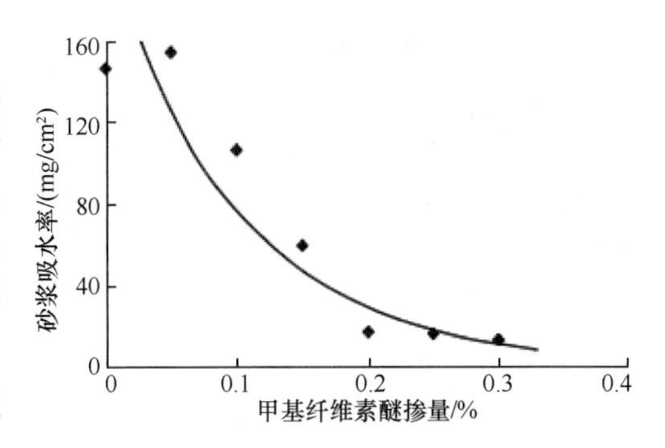

图4-40　甲基纤维素醚掺量对石膏保温砂浆吸水率的影响

(2) 甲基纤维素醚掺量对石膏保温砂浆强度的影响

固定脱硫石膏与玻化微珠的比例为400g：1L，改变甲基纤维素醚用量，调整用水量，测试石膏保温砂浆的干表观密度和抗压、抗折强度，试验结果如表4-15所示。

表4-15　甲基纤维素醚掺量对石膏保温砂浆强度的影响

试样编号	保水剂掺量/%	用水量/%	干表观密度/(kg/m³)	抗折强度/MPa	抗压强度/MPa
SS-84	0.15	67.3	626	2.12	4.30
SS-119	0.25	84.5	570	1.77	3.35
SS-120	0.50	90.0	525	1.63	2.48
SS-121	0.75	95.6	486	1.52	1.98

由表4-15可知，随着甲基纤维素醚掺量的增加，石膏保温砂浆的用水量上升，而干表观密度、抗折强度、抗压强度均有下降，提高了石膏保温砂浆的保温性能。但当甲基纤维素醚掺量过大时，会使砂浆工作性能降低，表现在砂浆浆体过于黏稠、易黏刀，施工时难以涂抹摊开。

3) 石膏保温砂浆配合比确定及性能测试

通过大量试验研究各种原材料及外加剂对石膏保温砂浆性能的影响，最终确定石膏保温砂浆中各材料的比例如表4-16所示。

表4-16　石膏保温砂浆配比

组分	掺量
石膏	770kg
中空微珠（120g/L）	230kg
纤维素醚（30000pcs）	2.9kg
SC缓凝剂	2.7kg
水泥	4.0kg

测试结果见表4-17。

表4-17　石膏保温砂浆的性能测试结果

项目	初凝时间/min	终凝时间/min	干密度/(kg/m³)	粘结强度/MPa	抗折强度/MPa	抗压强度/MPa	导热系数/[W/(m·K)]
性能指标	≥90	≤240	≤800	≥0.30	≥1.0	≥2.5	≤0.18
试验结果	95	125	550	0.37	1.5	2.7	0.14

4）石膏保温砂浆外墙内保温系统的透气性

当砂浆的透气性较差时，滞留在砂浆层空隙内的水蒸气遇冷凝结成水或冰，体积膨胀，可能会破坏保温砂浆的整体性，影响其导热性能。故按《建筑材料及其制品水蒸气透过性能试验方法》（GB/T 17146—2015）中的规定进行砂浆的透气性试验，试验结果见表 4-18。

表 4-18 石膏保温砂浆水蒸气传递性能检测

样品		1号	3号	3号	1号	3号	3号
厚度/mm		7.30	7.22	7.06	7.35	7.01	7.26
记录	初时时间	2011.6.13			2011.6.13		
	初时质量/g	769.44	762.00	763.01			
	时间 1	2011.6.16			2011.6.16		
	质量 1/g	763.36	755.99	756.58	794.64	790.23	794.54
	时间 2	2011.6.26			2011.6.26		
	质量 2/g	744.77	736.87	737.79	788.89	784.43	788.56
	质量 1—质量 2/g	18.59	19.12	18.79	17.20	17.26	17.84
结果	湿流密度/[g/(m^2·h)]	9.12			8.44		
	透过系数/[ng/(Pa·m·s)]	13.0			12.0		

备注：试件长度、宽度均为 200mm；透湿面积：0.0086m^2。

由表 4-18 可知，脱硫石膏保温砂浆的透过系数均值为 12.5 [ng/(Pa·m·s)]，水蒸气的湿流密度均值为 8.78 [g/(m^2·h)]，远超出《胶粉聚苯颗粒外墙外保温系统》(JG 158—2004）中对保温材料对水蒸气湿流密度大于 0.85 [g/(m^2·h)] 的要求，而水泥砂浆的透过系数仅有 5.83 [ng/(Pa·m·s)]。由此可知，脱硫石膏保温砂浆及增效建筑保温系统的透气性非常好，是具有“呼吸”功能的绿色建材。

5）石膏保温砂浆墙体热工性能

陶粒砌块墙体试件在稳定传热条件下连续约 72h 检测，墙体保温性能检测结果如表 4-19所示。

表 4-19 墙体保温性能检测结果

项目	数据
墙体平均传热阻/(m^2·K/W)	1.84
墙体平均传热系数/[W/（m^2·K)]	0.555

测试结果表明，陶粒砌块，轻质砂浆砌筑，外面粉刷水泥保温砂浆 30mm，内面粉刷石膏保温砂浆 20mm，总厚度 240mm，墙体平均传热系数为 0.555。

若将内面所粉刷的石膏保温砂浆替换成传统水泥抹灰，根据检测结果推算墙体平均传热系数，计算过程如下：

20mm 厚石膏保温砂浆传热阻=0.093（m^2·K/W）

220mm 厚（陶粒砌块，外面粉刷水泥保温砂浆 30mm）墙体平均传热阻=1.84－

0.093=1.747 ($m^2 \cdot K/W$)

20mm厚普通水泥砂浆传热阻=0.012 ($m^2 \cdot K/W$)

选用20mm厚水泥砂浆找平后（陶粒砌块，外面粉刷水泥保温砂浆30mm，内面粉刷普通水泥砂浆20mm）墙体平均传热阻=1.747+0.012=1.759 ($m^2 \cdot K/W$)

由此计算出墙体（陶粒砌块，外面粉刷水泥保温砂浆30mm，内面粉刷普通水泥砂浆20mm）平均传热系数=0.569 [$W/(m^2 \cdot K)$]。

由表4-20可知，当石膏保温砂浆作为找平层用于外墙内侧，对外墙已做保温的墙体进行补充保温时，其平均传热系数比采用传统水泥砂浆降低3%，可对外墙保温进行补充节能。

表4-20　墙体平均传热系数比较

项目	采用20mm厚石膏保温砂浆粉刷内墙面时	采用20mm厚普通水泥砂浆粉刷内墙面时
墙体平均传热系数 [$W/(m^2 \cdot K)$]	0.555	0.569

6）小结

通过对玻化微珠用量和纤维素醚掺量的研究，确定了石膏保温砂浆的配合比，提升了石膏保温砂浆的工作性能、抗压强度、抗折强度和保温性能，有效利用了固体废弃物脱硫石膏，实现了石膏保温砂浆的耐久性与功能性的协同提升。

(1) 随着玻化微珠掺量的增加，石膏保温砂浆的干表观密度、抗折强度及抗压强度逐渐下降。确定玻化微珠掺量为石膏量的25%～35%，干表观密度可控制在500～800g/m^3。

(2) 随着甲基纤维素醚掺量的增加，石膏保温砂浆的用水量上升，保水性能提高，干表观密度、抗折强度、抗压强度均有下降，确定甲基纤维素醚掺量为石膏量的0.3%～0.5%。

(3) 通过配合比研究，确定了石膏保温砂浆的配比。石膏保温砂浆具有良好的工作性能和力学性能，其干密度为550kg/m^3，粘结强度为0.37MPa，抗折强度为1.5MPa，抗压强度为2.7MPa。

(4) 石膏保温砂浆具有良好的透气性和热工性能，其透过系数均值为12.5($ng/Pa \cdot m \cdot s$)。当已做保温的外墙用石膏保温砂浆作为内侧找平层时，其平均传热系数比采用传统水泥砂浆降低3%。

4.1.3　配套砂浆提升技术

外墙外保温系统中所使用的配套砂浆有抹面砂浆、粘结砂浆、界面砂浆和抹灰砂浆等，这些砂浆在外墙外保温系统中起到了重要的作用。随着外墙外保温系统的推广应用，配套砂浆的使用量日益增长，其耐久性与功能性受到了广泛关注。

抹面砂浆是由高分子聚合物、水泥、砂为主要材料配制而成的具有良好抗变形能力和粘结性能的聚合物砂浆。抹面砂浆主要用于薄抹灰保温系统中保温层外的抗裂保护层，还为饰面层提供附着基层。抹面砂浆需要具有良好的和易性，容易抹成均匀平整的薄层，便于施工。抹面砂浆还需要具有高的粘结强度，能与保温层粘结牢固，长期不致开裂或脱落。抹面砂浆需要具备优异的抗裂、防渗、耐水性能，耐候性能好，可以有效地控制砂浆因塑性、干缩、温度变化等因素引起的裂纹，防止及抑制裂缝、渗漏等问题，使得墙体保温砂浆面层有很好的整体抗裂效果和防渗性能。

粘结砂浆是由水泥基胶凝材料、高分子聚合物材料以及填料和添加剂等组成，专用于将聚苯保温板粘贴在基层墙体上的粘结材料。粘结砂浆作为外墙外保温系统的核心材料，是连接保温材料和基层墙体的关键，其性能的优劣将直接对保温效果产生影响，从而影响建筑物的安全。粘结砂浆性能低劣容易导致聚苯保温板变形、开裂及空鼓脱落。

界面砂浆是由高分子聚合物乳液与助剂配制成的界面剂与水泥和中砂按一定比例拌和均匀制成的聚合物砂浆。界面砂浆的作用是改善基层墙体或聚苯板表面粘结性能。界面砂浆能牢固地粘结基层，其表面又能很好地被新的胶粘剂牢固粘结，具有双向亲和性。界面砂浆固结后使基层变得粗糙、密实，可增强对基层的粘结力，封闭基材的空隙，减少墙体的吸水性，保证覆面材料在更佳的条件下粘结胶凝，解决了由于表面吸水特性或光滑引起的界面不易粘结、抹灰空鼓、起壳、开裂、剥落等问题，从而可代替人工凿毛处理，省时省力。作为基层与保温层的连接层，界面砂浆对于外保温系统的安全性具有至关重要的作用[5]。

抹灰砂浆通常应用于涂刷基层墙体表面，起到找平和保护的作用，还为粘结砂浆提供附着基层。在外墙外保温系统中，抹灰砂浆涂刷在基层墙体两侧，受到保温层、抹面层和饰面层的保护，受外界环境因素的影响较小。

配套砂浆对于外墙外保温系统的安全性和耐久性具有重要意义。本书介绍了抹面砂浆、粘结砂浆、界面砂浆和抹灰砂浆提升技术的研究，实现了其耐久性与功能性协同提升。

4.1.3.1 抹面砂浆与粘结砂浆性能提升技术

1）原材料种类及掺量对抹面砂浆的影响

（1）原材料、测试方法

试验采用的原材料为P·O 42.5水泥、磨细石英砂、可溶性聚合物胶粉和甲基纤维素醚。可溶性聚合物胶粉包括聚乙烯醇和乙烯/醋酸乙烯酯类可再分散性乳胶粉（EVA）。甲基纤维素醚的黏度有15000cps、40000cps和75000cps。

测试方法包括抗压强度、抗折强度、拉伸粘结强度、浸水后拉伸粘结强度和吸水率等，测试方法参考《模塑聚苯板薄抹灰外墙外保温系统材料》（GB/T 29906—2013）中相应项目的测试方法。

（2）水泥、砂的品种和用量对抹面砂浆性能的影响

抹面砂浆中水泥和砂的比例对抹面砂浆性能的影响较为重要。在玻化微珠外保温系统中抹面砂浆为薄抹灰，抹面砂浆和网格布加起来为3～5mm，因此抹面砂浆中砂的细度要控制在一定范围内，试验中砂的品种选择了60目以下砂和标准砂两种。水泥选择了P·O 32.5、P·O 42.5、P·O 52.5三个品种。水泥和砂的质量比例分别选择25%∶75%、30%∶70%、35%∶65%。研究水泥、砂的品种和用量对抹面砂浆性能的影响，其中EVA胶粉质量比3%，甲基纤维素醚质量比0.1%（黏度有15000cps），结果如表4-21所示。

表 4-21　水泥、砂的品种和用量对抹面砂浆性能的影响

编号	水泥/%			砂/%		抗压强度(MPa)	抗折强度(MPa)	拉伸粘结强度(MPa)	浸水后拉伸粘结强度(MPa)	压折比
	P·O 32.5	P·O 42.5	P·O 52.5	60目以下砂	标准砂					
1	30	—	—	70	—	12.4	4.94	1.02	0.46	2.51
2	—	30	—	70	—	14.5	5.45	1.09	0.53	2.66
3	—	—	30	70	—	18.73	6.70	1.3	0.56	2.8
4	—	25	—	75	—	13.89	5.73	1.1	0.55	2.42
5	—	35	—	65	—	21.31	5.83	1.26	0.5	3.66
6	—	30	—	—	70	17.25	5.65	1.41	0.64	3.05

试验中水泥选择了P· O 32.5、P· O 42.5、P· O 52.5三个品种，水泥和砂的质量比例保持为30%∶70%。由表4-21中编号1、2、3试样可知，随着水泥等级的变大，抹面砂浆的抗压强度、抗折强度、拉伸原粘结强度、浸水后拉伸粘结强度以及压折比均逐渐增大。但其中水泥等级为P· O 52.5的抹面砂浆的压折比接近3，韧性不够。

试验中砂的品种选择了60目以下砂和标准砂两种，水泥为P· O 42.5水泥，水泥和砂的质量比例保持为30%∶70%。由表4-21中编号2、6试样，可知应用标准砂的抹面砂浆比60目以下砂的抗压强度、抗折强度、拉伸原粘结强度、浸水后拉伸粘结强度及压折比都要大，但应用标准砂的抹面砂浆的压折比超过了3，韧性不好，不适合用于抹面砂浆，所以砂的品种以60目以下砂为宜。

水泥和砂的质量比例分别选择25%∶75%、30%∶70%、35%∶65%，水泥为P· O 42.5水泥，砂为60目以下砂。由表4-21可以看出，随着水泥用量逐渐增加，抹面砂浆的压折比也逐渐变大。当水泥和砂的质量比为35%∶65%时，抹面砂浆的抗压强度最大，压折比也最大，为3.66，大于3，抹面砂浆的柔韧性较差。当水泥和砂的质量比为25%∶75%时，抹面砂浆的压折比最小，韧性最好，而且抹面砂浆的抗压强度、抗折强度、拉伸原粘结强度、浸水后拉伸粘结强度均符合标准要求。所以水泥和砂的质量比例以25%∶75%为宜。

（3）聚合物的品种和用量对抹面砂浆性能的影响

聚合物胶粉能较好的改善抹面砂浆的柔韧性，提高抹面砂浆的粘结强度，具有一系列的优良性能。本试验中，聚合物的品种有可再分散性乳胶粉（EVA）和聚乙烯醇粉末（PVA），水泥和砂的质量比例为25%∶75%，砂为60目以下砂。研究聚合物的品种和用量的变化对抹面砂浆性能的影响。试验结果如表4-22所示。

表 4-22　聚合物的品种和用量对抹面砂浆性能的影响

编号	聚合物掺量（按总质量计，%）		抗压强度/MPa	抗折强度/MPa	拉伸粘结强度/MPa	浸水后拉伸粘结强度/MPa	压折比
	EVA	PVA					
1	—	—	12.49	3.6	0.51	0.33	3.47
2	1	—	12.66	4.57	0.39	0.29	2.77

续表

编号	聚合物掺量（按总质量计）/%		抗压强度/MPa	抗折强度/MPa	拉伸粘结强度/MPa	浸水后拉伸粘结强度/MPa	压折比
	EVA	PVA					
3	2	—	10.73	5.1	0.56	0.36	2.28
4	3	—	9.94	4.58	0.87	0.38	2.11
5	4	—	8.70	4.65	0.97	0.55	1.93
6	5	—	10.73	5.55	1.10	0.58	1.87
7	—	0.5	4.83	3.8	0.47	0.37	1.27
8	—	1	3.45	2.63	0.69	0.39	1.31
9	—	2	6	4.15	1	0.41	1.45
10	1	1	12.55	5.23	1.10	0.61	2.40

从表4-22中观察编号为2至6，为EVA胶粉的掺量对抹面砂浆性能的影响，试验结果如图4-41所示。

由图4-41和图4-42可知，随着EVA掺量的增加，抹面砂浆的拉伸粘结强度和浸水后拉伸粘结强度均会逐渐变高，压折比会逐渐降低。所以增加EVA胶粉的掺量能提高抹面砂浆的粘结强度，并改善抹面砂浆的柔韧性。

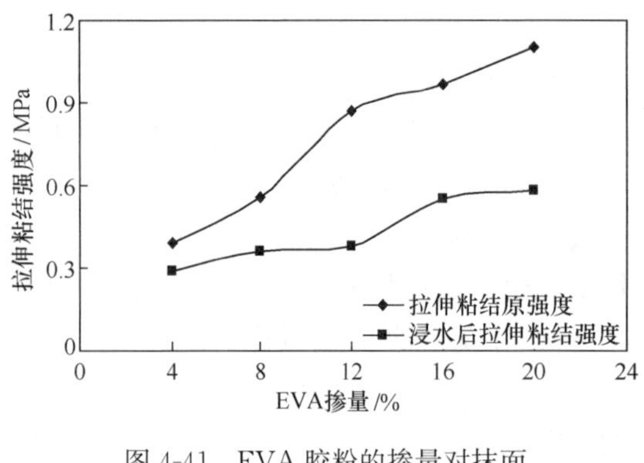

图4-41　EVA胶粉的掺量对抹面砂浆拉伸粘结强度的影响

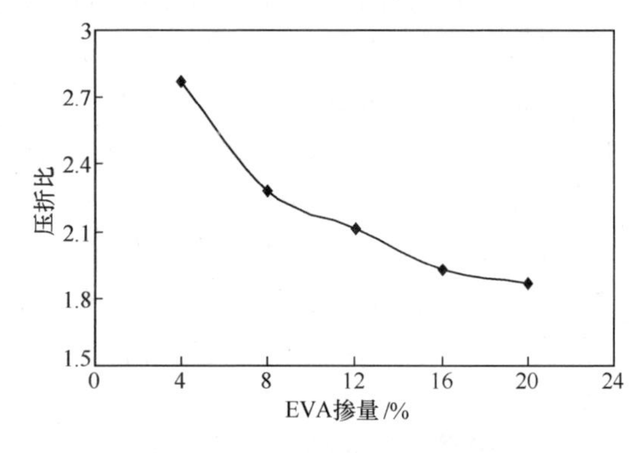

图4-42　EVA胶粉的掺量对抹面砂浆压折比的影响

从表4-22中观察编号为7至9，可见加入PVA胶粉后，抹面砂浆的抗压强度相比编号为1的基准试块下降很多，但抗折强度变化不大，所以加入PVA胶粉后，抹面砂浆的压折比会变小，柔韧性变好。而且随着PVA胶粉掺量的增大，抹面砂浆的拉伸粘结强度和浸水后拉伸粘结强度均会逐渐变高，同时压折比会逐渐降低。

将EVA胶粉与PVA胶粉复掺，同时按1%的掺量掺入抹面砂浆，见表4-22中的编号为10的试样。由试验结果可见，同时掺入1%的EVA胶粉与1%的PVA胶粉后的抹面砂浆，相比编号为1的基准砂浆试样，抗压强度变化不大，但抗折强度却有所增长，对应的压折比则有所下降，体现出良好的柔韧性能。同时10号抹面砂浆的拉伸粘结强度和浸水后拉伸粘结强度相比1号基准试样也较高，能较好地达到国家标准的要求。另外，鉴于EVA胶粉的单价相比PVA胶粉较高，考虑价格因素，聚合物的应用方式以EVA胶粉与PVA胶粉的复掺为佳，掺量均为总质量的1%。

（4）保水增稠材料甲基纤维素醚的黏度对抹面砂浆性能的影响

水泥和砂的质量比例为25%：75%，砂为60目以下砂。甲基纤维素醚的黏度分别为15000cps、40000cps和75000cps，甲基纤维素醚的黏度对抹面砂浆性能的影响如表4-23所示。

表4-23　甲基纤维素醚的黏度对抹面砂浆性能的影响

编号	MC的黏度/cps	抗压强度/MPa	抗折强度/MPa	压折比	拉伸粘结强度/MPa	浸水后拉伸粘结强度/MPa
1	15000	12.55	5.23	2.4	1.14	0.72
2	40000	11.09	4.47	2.48	1.1	0.68
3	75000	11.63	4.53	2.57	1.02	0.61

甲基纤维素醚的黏度越大，黏性越强，用在抹面砂浆中，抹面砂浆的黏聚性也越强。据表4-23可知甲基纤维素醚的黏度对抹面砂浆的压折比的影响不大，对粘结强度有较大的影响，随着甲基纤维素醚的黏度增大，拉伸粘结强度和浸水后拉伸粘结强度会逐渐减小，如图4-43所示。

原因是甲基纤维素醚的黏度越大，其保水性越好，抹面砂浆的用水量越多，则其粘结强度包括拉伸粘结强度与浸水后拉伸粘结强度会下降。而且，当甲基纤维素醚的黏度较小时，抹面砂浆的黏性较小，施工时不易产生跟板现象，有利于墙体施工。所以甲基纤维素醚的黏度不宜过大，以15000cps为宜。

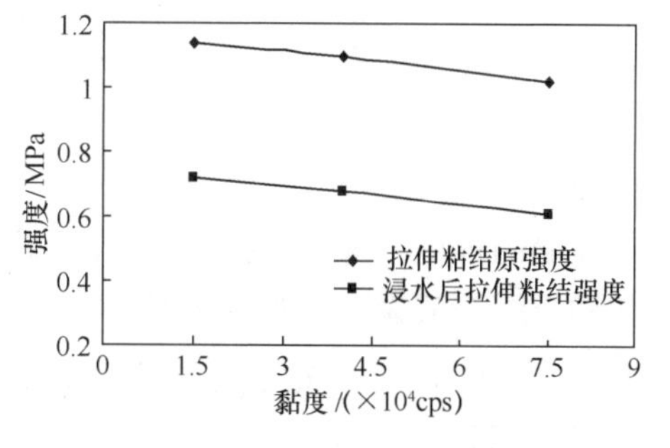

图4-43　甲基纤维素醚的黏度对砂浆性能的影响

（5）保水增稠材料甲基纤维素醚的掺量对抹面砂浆性能的影响

研究保水增稠材料甲基纤维素醚的掺量对抹面砂浆性能的影响。水泥和砂的质量比例为25%：75%，砂为60目以下砂。甲基纤维素醚的黏度为15000cps，变化甲基纤维素醚的掺量，按占胶凝材料质量计分别为0.2%、0.4%、0.6%和0.8%，研究其变化对抹面砂浆性能的影响。

由表4-24可知，甲基纤维素醚的掺量对抹面砂浆的压折比与拉伸粘结强度均有影响。相对来说，甲基纤维素醚的掺量对抹面砂浆的压折比的影响小些，当甲基纤维素醚的掺量在0.05%～0.2%变化时，抹面砂浆的压折比均较小，控制在2.5以下，柔韧性较好。

表4-24　甲基纤维素醚的掺量对抹面砂浆性能的影响

编号	MC的掺量（按总质量计）/%	抗压强度/MPa	抗折强度/MPa	压折比	拉伸粘结强度/MPa	浸水后拉伸粘结强度/MPa
1	0.05	12.55	5.05	2.49	1.11	0.72
2	0.1	12.06	5.23	2.3	1.14	0.85

续表

编号	MC的掺量（按总质量计）/%	抗压强度/MPa	抗折强度/MPa	压折比	拉伸粘结强度/MPa	浸水后拉伸粘结强度/MPa
3	0.15	8.63	4.08	2.12	0.98	0.78
4	0.2	8.64	3.72	2.32	0.89	0.63

甲基纤维素醚的掺量对抹面砂浆拉伸粘结强度的影响较大，随着甲基纤维素醚掺量逐渐变大，在增加抹面砂浆的黏性的同时也会增加抹面砂浆的用水量。所以当甲基纤维素醚的掺量由0.05%增加到0.1%时，抹面砂浆的拉伸粘结原强度和浸水后拉伸粘结强度变大，但甲基纤维素醚的掺量继续增加到0.15%、0.2%时，抹面砂浆的用水量越来越大，因此此时抹面砂浆的拉伸粘结原强度和浸水后拉伸粘结强度开始逐渐降低。因此，甲基纤维素醚的掺量以占总质量的0.1%为宜。

（6）抹面砂浆的配方和性能测试

经过以上配方调整可知：①抹面砂浆中同时掺加EVA胶粉、PVA胶粉具有较好的性价比，与甲基纤维素醚的配合，对柔韧性的改善作用很明显。②通过大量试验研究，抹面砂浆的最佳配合比包括水泥、砂、EVA胶粉、PVA胶粉、甲基纤维素醚和木纤维，水泥：砂：EVA胶粉：PVA胶粉：甲基纤维素醚：木纤维的质量比例为100：300：（1～2）：4：0.4：0.4，其中水泥为P· O 42.5，砂为60目以下砂，甲基纤维素醚的黏度为15000cps。

2）抹面砂浆长期收缩率

通过调整抹面砂浆中各组分的比例来降低其长期收缩率，包括水泥和砂的比例、甲基纤维素醚的掺量、木纤维掺量、EVA胶粉掺量和PVA胶粉的掺量。具体抹面砂浆的配合比和收缩率试验结果如表4-25、表4-26和图4-44所示。

表4-25　用于长期收缩率试验的不同抹面砂浆配合比

编号	P·O42.5水泥/g	砂/g	MC/g	木纤维/g	EVA/g	PVA/g
1	25	75	0.1	0.1	1	1
2	40	60	0.1	0.1	1	1
3	25	75	0.2	0.1	1	1
4	25	75	0.1	0.1	2	1
5	25	75	0.1	0.1	1	2
6	25	75	0.1	0	1	1

表4-26　抹面砂浆组分的变化对抹面砂浆长期收缩率的影响

编号	收缩率（$\times 10^{-4}$）						
	14d	28d	35d	42d	49d	56d	90d
1	9.57	15.43	16.43	17.62	17.62	17.86	17.86
2	12.14	15.95	16.90	19.05	20.24	21.43	21.43
3	10.24	14.19	14.52	16.19	16.43	17.14	17.14
4	9.53	12.14	12.14	14.53	14.53	14.53	14.53
5	27.62	30.95	30.95	33.57	33.81	34.18	34.28
6	10.62	16.29	17.65	19.05	19.08	19.08	19.08

由表4-25可知，编号为1的试样抹面砂浆为基准试样。

编号为2的试样相比试样编号1，只是水泥和砂的比例发生了变化，水泥用量增大，由于水泥水化硬化产生的塑性收缩是砂浆产生收缩的主要原因，所以当水泥用量增大时，抹面砂浆的收缩率也增大。水泥用量增大会增加抹面砂浆收缩开裂的风险。

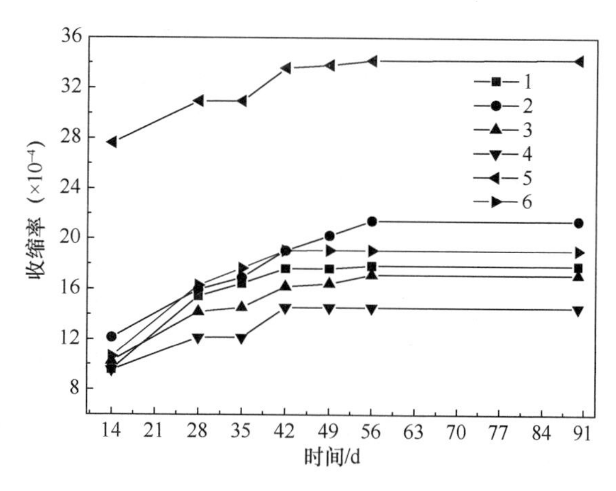

图4-44　抹面砂浆的长期收缩率

编号为3、4的试样相比编号为1的试样，甲基纤维素醚、EVA胶粉的掺量分别增大，试样结果表明，试样编号3、4的抹面砂浆的收缩率比编号为1的试样有所减小，这说明甲基纤维素醚和EVA胶粉在抹面砂浆中的掺入，可以减小抹面砂浆的长期收缩率。

编号为5的试样相比试样编号1，PVA胶粉的用量有所增加，试验结果表明，PVA胶粉增加后，抹面砂浆的长期收缩率增大，这可能跟PVA胶粉掺入抹面砂浆后抹面砂浆的用水量会增加有关，抹面砂浆的用水量增大，其长期收缩率会相应增大。

编号为6的试样相比试样编号1，木纤维掺量降低，试验结果表明抹面砂浆的长期收缩率增大，这说明木纤维的掺入可以降低抹面砂浆的长期收缩率，减少抹面砂浆收缩开裂的风险。

3）粘结砂浆与不同基材的粘结性能提升技术

（1）原材料

试验采用的原材料为P· O 42.5水泥、重质碳酸钙粉、细砂、6mm纤维、纤维素醚、普通胶粉和憎水型胶粉。

（2）粘结砂浆配合比及性能

研究发现水泥、胶粉和纤维素醚的掺量是影响粘结砂浆的主要因素，为了更好地研究各因素对粘结砂浆性能的影响，采用正交试验设计方法。正交试验因素水平表如表4-27所示，根据其设计的粘结砂浆配合比如表4-28所示，测得的粘结砂浆性能如表4-29所示。

表4-27　正交试验因素水平表

水平	因素		
	水泥掺量/%	胶粉掺量/%	MC掺量/%
1	20	0	0.1
2	28	1.5	0.2
3	36	3	0.3

表4-28是根据表4-27设计的粘结砂浆配合比表，所用胶粉为普通胶粉和憎水型胶粉，它们的比例为2∶1。

表 4-28　粘结砂浆配合比　(g)

编号	水泥	重质碳酸钙粉	普通胶粉	憎水型胶粉	MC	细砂	6mm 纤维	水
KL-9	400	80	0	0	2	1436	2	400
KL-10	400	80	20	10	4	1404	2	400
KL-11	400	80	40	20	6	1372	2	400
KL-12	560	160	0	0	4	1274	2	400
KL-13	560	160	20	10	6	1242	2	400
KL-14	560	160	40	20	2	1216	2	400
KL-15	720	160	0	0	6	1112	2	400
KL-16	720	160	20	10	2	1086	2	400
KL-17	720	160	40	20	4	1054	2	400

表 4-29　粘结砂浆性能

编号	保水率 /%	14d 拉伸粘结强度（聚苯板）		14d 拉伸粘结强度（水泥板）		压折比
		MPa	破坏界面	MPa	破坏界面	
KL-9	97.18	0.01	界面	0.37	材料	2.91
KL-10	98.19	0.07	界面	0.47	材料	2.79
KL-11	98.88	0.1	材料	0.51	材料	1.36
KL-12	98.33	0.04	界面	0.62	材料	3.73
KL-13	98.67	0.1	材料	0.47	材料	2.97
KL-14	98.00	0.14	材料	0.65	材料	2.17
KL-15	98.57	0.07	界面	0.56	界面	4.22
KL-16	98.29	0.11	材料	0.67	界面	3.77
KL-17	98.85	0.13	材料	0.77	界面	3.32

由图 4-45 和表 4-29 可知，KL-9、KL-10、KL-12 和 KL-15 试块的 14d 拉伸粘结强度（聚苯板）较低，破坏处为聚苯板和粘结砂浆的界面，KL-11、KL-13、KL-14、KL-16 和 KL-17 试块的 14d 拉伸粘结强度（聚苯板）较高，破坏处为聚苯板内。

从表 4-29 中分别对粘结砂浆的保水率、14d 拉伸粘结强度和压折比进行分析可知，所有配比粘结砂浆的保水率都较高且相差不大，影响粘结砂浆的保水率的主要因素为纤维素醚的掺量。影响粘结砂浆 14d 拉伸粘结强度（聚苯板）的主要因素为胶粉掺量，其次为水泥掺量，纤维素醚掺量影响较小。影响粘结砂浆 14d 拉伸粘结强度（水泥板）的主要因素为胶粉掺量和水泥掺量，再次为纤维素醚掺量。当不掺胶粉或水泥掺量为 20%时，粘结砂浆的 14d 拉伸粘结强度相对较低。为了保证粘结砂浆的 14d 拉伸粘结强度，胶粉的掺量不应低于 1.5%，水泥的掺量不应低于 28%。影响粘结砂浆压折比的主要因素为水泥掺量和胶粉掺量，其次为纤维素醚掺量。随着水泥掺量增加，粘结砂浆的压折比增大，柔韧性降低；随着胶粉掺量的增加，粘结砂浆的压折比减小，柔韧性提高。

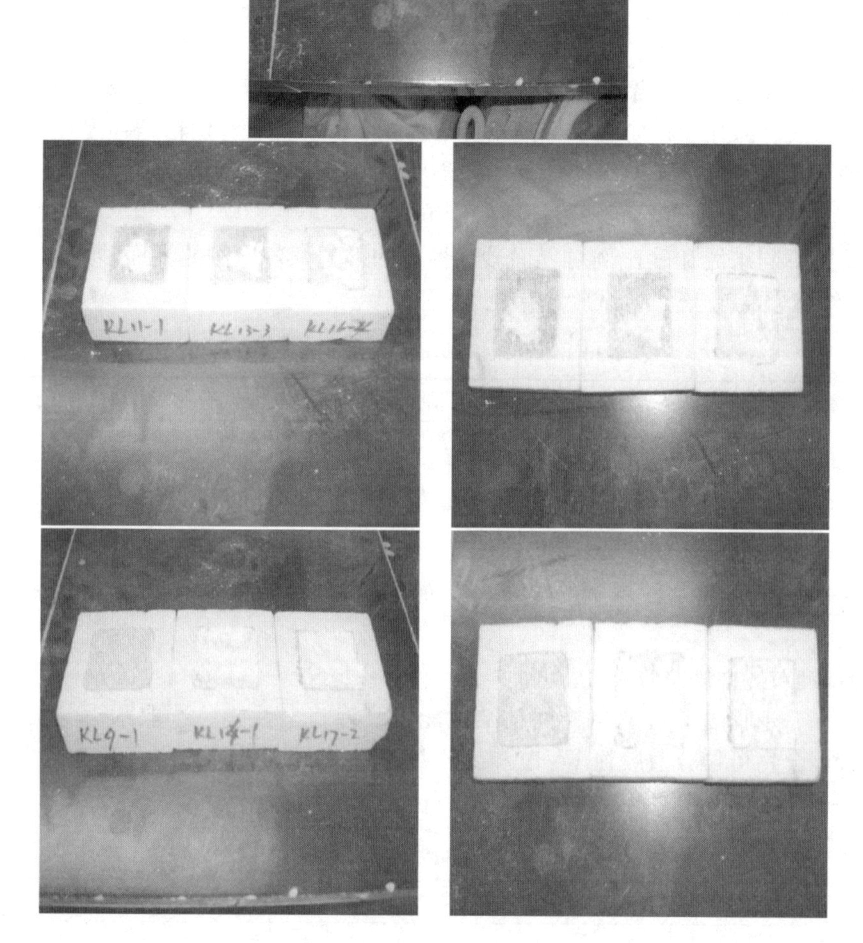

图 4-45　粘结砂浆 14d 拉伸粘结强度（聚苯板）测试后外观

4）小结

（1）通过对原材料种类及掺量的研究，确定了原材料的种类及最佳掺量，提升了抹面砂浆的抗压强度、抗折强度、拉伸粘结强度，降低了其压折比；通过对水泥、甲基纤维素醚、木纤维、EVA 胶粉掺量的研究，降低了抹面砂浆的长期收缩率，实现了抹面砂浆的耐久性与功能性的协同提升。

（2）通过研究水泥、砂、聚合物的品种和用量、甲基纤维素醚的黏度和掺量对抹面砂浆的抗压强度、抗折强度、拉伸粘结强度、浸水后拉伸粘结强度和压折比的影响，确定抹面砂浆采用的原材料为 P· O 42.5 水泥、60 目以下砂、EVA 胶粉、PVA 胶粉、黏度为 15000cps 的甲基纤维素醚和木纤维，其质量比例为 100∶300∶(1～2)∶4∶0.4∶0.4。

（3）配合比优化可以减小抹面砂浆的长期收缩率。水泥用量越大，抹面砂浆的长期收缩率越大。甲基纤维素醚、EVA 胶粉、木纤维的掺入可以降低抹面砂浆的长期收缩率，PVA 胶粉的掺入使抹面砂浆的长期收缩率增大。

（4）通过对水泥、胶粉和纤维素醚掺量的研究，提升了粘结砂浆的保水率和拉伸粘结强度，降低了其压折比，实现了粘结砂浆耐久性与功能性的协同提升。

4.1.3.2 界面砂浆和抹灰砂浆性能提升技术

1）试验仪器及试验方法

试验仪器：胶砂搅拌机、电子万能试验机。

试验方法：参考《胶粉聚苯颗粒外墙外保温系统》（JG/T 158—2016）中界面剂的剪切强度试验方法。原强度在实验室标准条件下养护 14d，耐水剪切粘结强度在实验室标准条件下养护 14d 后在标准实验室温度水中浸泡 7d，取出，擦干表面水分，进行测定。

2）水泥和砂的比例对界面砂浆性能的影响

试验研究不同水泥和砂比例对界面砂浆性能的影响，各比例的界面砂浆均掺 EVA 胶粉 1.0%，纤维素醚 0.15%。试验结果见表 4-30。

表 4-30　不同水泥砂比例的界面砂浆性能

编号	水泥/%	石英砂/%	剪切粘结强度/MPa	耐水后剪切粘结强度/MPa
J1	30	70	1.1	0.6
J2	50	50	1.9	1.4
J3	70	30	2.5	1.7

由表 4-30 可知随着水泥掺量的提高，界面砂浆的剪切粘结原强度和耐水后剪切粘结强度均提高。

3）外加剂对界面砂浆性能的影响

添加剂在一定程度上可提高界面粘结性能，改善施工性能。选取水泥与石英砂比例 1∶1，比较聚合物可再分散胶粉 EVA 和聚乙烯醇及其不同掺量对界面砂浆性能的影响，结果见表 4-31。

表 4-31　不同添加剂的界面砂浆性能

编号	聚合物种类	掺量/%	剪切粘结强度/MPa	耐水后剪切粘结强度/MPa
J4	EVA	1.0	1.9	1.4
J5		0.7	1.3	0.9
J6	PVA	1.0	2.3	1.6
J7		0.7	2.2	1.6

由表 4-31 可知，使用胶粉的界面砂浆的性能较使用可再分散乳胶粉的界面砂浆性能好；聚乙烯醇掺量增加，界面砂浆的剪切粘结强度和耐水后剪切粘结强度接近，因此聚乙烯醇掺量定为 0.7%。

4）界面砂浆配合比的确定

通过大量的试验研究，最终确定了界面砂浆的配合比，配合比见表 4-32。根据配方调整可知：① 界面砂浆中使用 PVA 胶粉具有较好的性价比，与甲基纤维素醚的配合，对改善施工性和增加粘结力有很明显的作用。② 通过大量试验研究，确定界面砂浆的最佳配合比，水泥：砂：PVA 胶粉：甲基纤维素醚：水的质量比例为 50：50：0.7：0.15：23，其中水泥为 P· O 42.5，砂为 60 目以下砂，甲基纤维素醚的黏度为 15000cps。

表 4-32　界面砂浆配合比

组分	加气混凝土用界面砂浆配合比	混凝土用界面砂浆配合比
	比例/%	
水泥（P· O 42.5）	50	55
砂	50	45
胶粉	1.0	1.0
纤维素醚	0.2	0.15
水	20～24	20～24

5）抹灰砂浆与不同基材的粘结性能提升技术

（1）原材料

试验采用的原材料为 32.5 水泥、二级粉煤灰、河砂和稠化粉。河砂全部通过 5mm 筛网，细度模数为 2.5。稠化粉的性能指标符合《砌筑砂浆增塑剂》（JG/T 164—2004）的要求。

墙体用材料：A3.5B06 蒸压粉煤灰加气砌块 200mm 厚；C30 混凝土清水墙 200mm 厚；JCTA-200 砌筑胶粘剂。

抹灰砂浆的配合比如表 4-33 所示。

表 4-33　抹灰砂浆的配合比

砂浆类型	水泥	中砂	粉煤灰	稠化粉
1：3 砂浆	25	75	—	—
DP5	88	786	96	30
DP10	119	733	118	30
DP15	140	691	139	30

（2）试验过程及方法

① 施工方法

混凝土清水墙采用钢筋布筋进行浇筑，浇筑的表面应致密平整。蒸压粉煤灰加气砌块采用 JCTA-200 砌筑胶粘剂进行砌筑，砌筑过程中不浇水。每块墙体的尺寸为 1.5m 长×1.5m 高。

抹灰施工：抹灰砂浆稠度控制在 70～90mm，试验方法参照《预拌砂浆》（GB/T 25181—2019）。

施工操作：施工前应去除墙体表面浮灰、油污等。蒸压粉煤灰加气砌块和混凝土墙面如不采用界面剂，抹灰前浇水两遍，以墙面不出现明水为准。

如墙体采用干粉界面剂，界面剂按干粉：水＝1：0.22～0.25 加水搅拌均匀，无生粉团后进行满批刮，要求全部覆盖基层墙体，厚度 2mm，在表面稍收浆后，进行第一遍抹灰砂浆抹灰，厚度 5～9mm。

如墙体采用液体界面剂，按照一般工程应用情况，将液体界面剂：32.5水泥：中砂=2.5：4.5：4.5（质量比）掺入水泥和黄砂后进行喷涂施工，喷涂完毕养护2d后进行第一遍抹灰。

抹灰砂浆、干粉及液体界面剂性能如表4-34、表4-35所示。

表4-34　界面剂性能

测试性能	标准要求	JCTA-400A	JCTA-400B
拉伸粘结原强度	≥0.7MPa	0.9	1.1
拉伸粘结耐水强度	≥0.5MPa	0.6	0.9
拉伸粘结耐碱强度	≥0.5MPa	0.6	0.8
拉伸粘结耐冻融强度	≥0.5MPa	0.9	1.0
拉伸粘结耐高温强度	≥0.5MPa	0.6	0.9

试验用商品砂浆DP5、DP10、DP15和1：3水泥砂浆按照行业标准《预拌砂浆》（GB/T 25181—2019）中性能要求进行测试。

表4-35　抹灰砂浆性能

测试性能	标准要求	DP5	DP10	DP15	1：3砂浆
稠度/mm	90～100	92	93	94	—
凝结时间/h	3～8	5h45min	4h45min	4h15min	—
28d抗压强度/MPa	≥5.0	5.8	15.3	17.4	19
密度/(kg/m^3)	≥1800	2291	2170	2220	—
14d拉伸粘结强度/MPa	≥0.15	0.17	0.24	0.25	—
保水性/%	≥88	88	89	88	—

② 砂浆养护

洒水养护7d：早晚各进行一次洒水养护。

自然条件养护（12月12日～1月9日），不做任何处理。平均温度约5℃，平均湿度约61%。

③ 砂浆取样

利用饰面砖粘结强度检测仪进行现场拉伸粘结强度测试，原理如图4-46所示。参照《建筑工程饰面砖粘结强度检验标准》（JGJ/T 110—2017），砂浆养护至规定龄期的前1天，将抹灰砂浆按照45mm×95mm尺寸进行切割到底。用环氧树脂将拉拔头直接粘贴于砂浆层表面，隔日进行拉伸试验。记录破坏形式和破坏界面，每组拉拔试件数量5个。

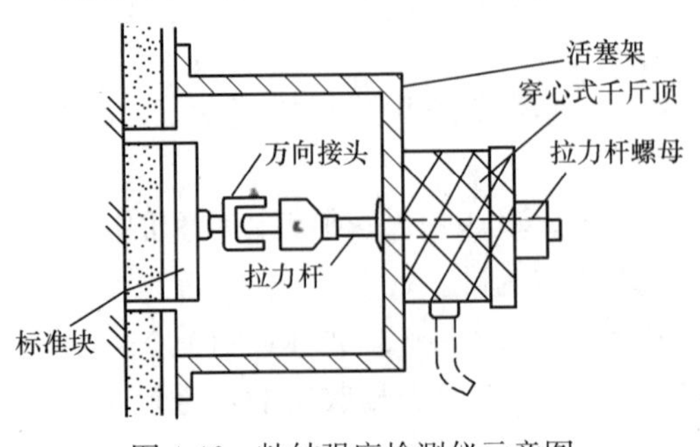

图4-46　粘结强度检测仪示意图

（3）界面处理方式对抹灰砂浆现场早

期拉伸粘结强度的影响

对混凝土墙体，无处理自然养护的抹灰砂浆28d现场拉伸粘结强度为0.10MPa，都是砂浆本体破坏，说明冬季低温条件下砂浆水化不充分，缺陷部位并非界面处而在于砂浆自身；干粉界面剂处理后的自然养护的28d粘结强度为0.14MPa，其中80%是砂浆本体破坏。从具体数值来看，基材未处理的砂浆粘结强度最低值为0.01MPa，干粉界面剂处理后的砂浆自然养护粘结强度为0.10MPa，洒水养护后砂浆粘结强度最低值为0.21MPa。

对蒸压加气块墙体，不同界面处理方式对同抹灰砂浆强度等级的拉伸粘结强度影响不一。无界面剂处理的DP10抹灰砂浆自然养护的28d拉伸粘结强度为0.09MPa，基本都是砂浆本体破坏；液体界面剂处理后为0.16MPa，全是砂浆本体破坏；干粉界面剂处理后为0.13MPa，为砂浆层间破坏和本体破坏。从具体数值来看，同样采用DP10抹灰砂浆，未处理的蒸压加气块的砂浆粘结强度最低值为0.07MPa，经液体界面剂处理后最低值为0.12MPa，经干粉界面剂处理后自然养护的粘结强度最低值为0.12MPa，洒水养护后最低值为0.25MPa。

综上可知，对这两种基材的界面处理方式影响抹灰砂浆拉伸粘结性能。基材经液体界面剂和干粉界面剂处理后，与抹面砂浆的拉伸粘结性能都有所提高。此外，无处理的抹灰砂浆粘结强度破坏方式基本为砂浆本体破坏或层间破坏。原因在于无处理的基材吸水率高，基材吸收了砂浆中水分造成砂浆水化不充分，且易造成底层砂浆失水干燥与表层相脱离，而液体或干粉界面剂处理后封闭了基材表面，提高了与基材的相容性，使得砂浆水分更为充分。素浆甩浆处理与无处理方式相差不大，原因可能在于胶水干燥脱水后未形成不溶于水的连续膜。

（4）养护方式及抹灰砂浆强度等级对抹灰砂浆现场拉伸粘结强度的影响

混凝土基材经干粉界面剂处理后，抹灰砂浆自然养护的28d粘结强度为0.14MPa，其中80%是砂浆本体破坏，而7d洒水养护后28d粘结强度上升至0.28MPa，提高了100%，且都为砂浆层间破坏；蒸压加气块经干粉界面剂处理后，抹灰砂浆洒水养护后粘结强度较自然养护时明显提高，如图4-47所示。从具体数值看，强度等级高的DP15以上的抹灰砂浆以及洒水养护的砂浆数据均匀误差越小，说明各个位置的砂浆水化较为充分缺陷变少。综上可知，抹灰后洒水养护可提高抹面砂浆的水化程度。整体来讲，随着强度等级的提高，抹灰砂浆拉伸粘结强度不断提高，破坏形式由砂浆表层和层间破坏转变为砂浆本体破坏进而墙体和界面破坏，养护方式对低强度等级抹灰砂浆拉伸粘结强度影响较大，随着砂浆强度等级的提高洒水养护方式的影响逐渐减弱。界面处理、砌材种类及养护方式对抹灰砂浆拉伸粘结性能的影响，如表4-36所示。

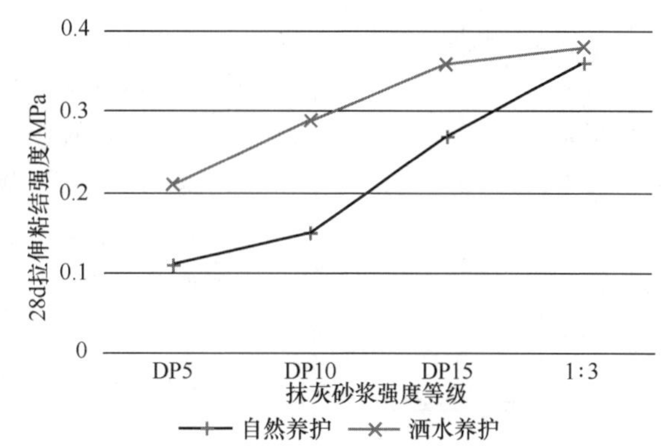

图4-47　养护方式对干粉界面剂处理后的蒸压加气块与抹灰砂浆粘结强度的影响

表 4-36　界面处理、砌材种类及养护方式对抹灰砂浆拉伸粘结性能的影响

编号	基材类型	界面剂	养护方式	抹灰砂浆等级	28d 粘结强度						
					1	2	3	4	5	平均值	破坏形式
1	混凝土	干粉	洒水养护	DP10	0.36 砂浆层间破坏	0.35 砂浆层间破坏	0.24 砂浆层间破坏	0.21 砂浆层间破坏	0.22 砂浆层间破坏	0.28	5B
2			自然养护		0.11 砂浆表层破坏	0.28 砂浆表层破坏	0.10 界面破坏	0.16 砂浆表层破坏	0.20 砂浆表层破坏	0.14	4C，1D
3		无			0.09 砂浆表层破坏	0.09 砂浆表层破坏	0.13 砂浆表层破坏	0.07 砂浆表层破坏	0.01 砂浆表层破坏	0.1	5C
4		素浆			0.06 砂浆层间破坏	0.13 砂浆表层破坏	0.07 砂浆层间破坏	0.06 砂浆层间破坏	0.07 砂浆层间破坏	0.08	4B，1C
5	蒸压粉煤灰加气混凝土砌块	无			0.10 砂浆本体破坏	0.08 砂浆表层破坏	0.09 砂浆本体破坏	0.13 砂浆层间破坏	0.07 砂浆本体破坏	0.09	1B，4C
6		液体		DP5	0.10 砂浆本体破坏	0.09 砂浆本体破坏	0.12 砂浆本体破坏	0.13 砂浆本体破坏	0.12 砂浆表层破坏	0.11	5C
7				DP10	0.15 砂浆本体破坏	0.12 砂浆本体破坏	0.22 砂浆本体破坏	0.17 砂浆本体破坏	0.14 砂浆本体破坏	0.16	5C
8				DP15	0.17 砂浆表层破坏	0.26 砂浆本体破坏	0.20 砂浆表层破坏	0.19 砂浆表层破坏	0.37 砂浆本体破坏	0.24	5C
9				1∶3	0.26 界面剂破坏	0.38 基层墙体破坏	0.10 界面剂破坏	0.26 界面剂破坏	0.21 界面剂破坏	0.24	1A，4D
10		干粉		DP5	0.07 砂浆表层破坏	0.10 砂浆表层破坏	0.11 砂浆表层破坏	0.14 砂浆表层破坏	0.14 砂浆表层破坏	0.11	5C
11				DP10	0.16 砂浆表层破坏	0.09 砂浆层间破坏	0.12 砂浆层间破坏	0.23 砂浆层间破坏	0.16 砂浆层间破坏	0.15	4B，1C
12				DP15	0.27 砂浆表层破坏	0.30 砂浆表层破坏	0.32 砂浆表层破坏	0.29 砂浆表层破坏	0.16 砂浆表层破坏	0.27	5C
13				1∶3	0.33 砂浆表层破坏	0.47 界面剂破坏	0.45 界面剂破坏	0.22 砂浆层间破坏	0.34 砂浆层间破坏	0.36	1B，1C，3D
14			洒水养护	DP5	0.25 界面剂破坏	0.15 砂浆本体破坏	0.25 界面剂破坏	0.21 界面剂破坏	0.19 界面剂破坏	0.21	1C，4D
15				DP10	0.25 砂浆层间破坏	0.25 砂浆表层破坏	0.25 砂浆层间破坏	0.30 砂浆层间破坏	0.42 砂浆层间破坏	0.29	4B，1C
16				DP15	0.35 砂浆本体破坏	0.33 砂浆本体破坏	0.33 砂浆本体破坏	0.41 砂浆层间破坏	0.38 砂浆层间破坏	0.36	2B，3C
17				1∶3	0.40 砂浆本体破坏	0.35 界面剂破坏	0.45 基层墙体破坏	0.39 砂浆本体破坏	0.30 砂浆本体破坏	0.38	1A，1C，3D

注：A 代表墙体破坏；B 代表砂浆层间破坏；C 代表砂浆本体破坏（包括表层和内部）；D 代表界面剂破坏。

6）小结

（1）通过对水泥用量和外加剂掺量的研究，确定了界面砂浆的最佳配合比，提升了界面砂浆的剪切粘结强度和耐水后剪切粘结强度，实现了其耐久性与功能性的协同提升。

（2）随着水泥掺量的提高，界面砂浆的剪切粘结原强度和耐水后剪切粘结强度逐渐增大。当水泥用量由30%提高到70%时，界面砂浆的剪切粘结强度和耐水后剪切粘结强度从1.1MPa和0.6MPa提高到2.5MPa和1.7MPa。

（3）相同掺量时，掺入聚乙烯醇的界面砂浆的剪切粘结原强度和耐水后剪切粘结强度高于掺入可再分散乳胶粉的界面砂浆。确定聚乙烯醇的掺量为0.7%，剪切粘结原强度和耐水后剪切粘结强度分别为2.2MPa和1.6MPa。

（4）通过大量试验研究，确定界面砂浆的最佳配合比。界面砂浆所用的原材料为P·O 42.5水泥，60目以下砂，胶粉和黏度为15000cps的甲基纤维素醚。水泥：砂：PVA胶粉：甲基纤维素醚：水的质量比例为50：50：0.7：0.15：23。

（5）通过对基材进行界面剂处理和抹灰砂浆洒水养护，提升了抹灰砂浆与混凝土和蒸压加气块的粘结强度，实现了其耐久性与功能性的协同提升。

（6）基材的界面剂处理提高了抹灰砂浆与混凝土和蒸压加气块的粘结强度。当自然养护时，干粉界面剂处理使抹灰砂浆与混凝土的28d拉伸粘结强度从0.10MPa提高到0.14MPa，液体界面剂处理和干粉界面剂处理分别使抹灰砂浆与蒸压加气块墙体的28d拉伸粘结强度从0.09MPa提高到0.16MPa和0.13MPa。

（7）洒水养护提高了抹灰砂浆与混凝土和蒸压加气块的粘结强度。混凝土基材经干粉界面剂处理后，抹灰砂浆自然养护的28d粘结强度为0.14MPa，7d洒水养护后28d粘结强度上升至0.28MPa。蒸压加气块经干粉界面剂处理后，所有强度等级的抹灰砂浆洒水养护后粘结强度都高于自然养护。对于DP5抹灰砂浆，自然养护时28d拉伸粘结强度为0.11MPa，洒水养护时28d拉伸粘结强度为0.21MPa。随着砂浆强度等级的提高洒水养护方式的影响逐渐减弱。

4.1.4 饰面材料提升技术

4.1.4.1 外墙腻子性能提升技术

研究发现，水泥掺量、胶粉/乳液种类及掺量是影响外墙腻子性能的关键因素，为了更好及全面地进行性能分析，本试验采用正交试验设计方法，结合实验结果讨论了各因素对外墙腻子的改性机理，从而得到高性能外墙腻子优化配比方案。正交试验因素水平表如表4-37所示，根据其中设计的外墙腻子配合比（表4-38）测得的腻子基本性能如表4-39所示。

1）外墙腻子配方及性能

表4-37 正交试验因素水平表

水平＼因素	A 水泥掺量/%	B 胶粉/乳液种类	C 胶粉/乳液掺量/%
1	20	EVA-1	0
2	35	EVA-2	2.5
3	50	乳液	5.0

表 4-38 是根据表 4-37 中正交试验因素水平表设计的配合比。

表 4-38　外墙腻子配合比

编号	42.5 海螺水泥含量/%	胶粉种类及掺量		外加剂掺量/%	填料掺量/%	稠度/mm	水/粉料
		胶粉品种	胶粉含量/%				
1	20	EVA-1	0	0.4	29.6	50	0.24
2	20	EVA-2	2.5		27.1	50	0.24
3	20	乳液	5.0		24.6	48	0.21
4	35	EVA-1	2.5		20.2	47	0.21
5	35	EVA-2	5.0		19.4	50	0.23
6	35	乳液	0		20.3	47	0.23
7	50	EVA-1	5.0		4.4	48	0.21
8	50	EVA-2	0		7.8	50	0.23
9	50	乳液	2.5		5.9	50	0.23

表 4-39　外墙腻子基本性能

编号	干燥收缩/10^{-6}					压折比	标准拉粘强度/MPa
	7d	14d	28d	50d	90d		
1	699	759	841	889	924	2.15	0.44
2	840	929	1019	1054	1108	2.09	0.96
3	534	712	854	890	925	1.60	0.63
4	857	1084	1263	1286	1334	2.41	0.76
5	879	1318	1591	1686	1734	2.01	1.51
6	817	1006	1160	1160	1196	2.86	0.69
7	1034	1439	1748	1687	1759	2.75	0.99
8	985	1222	1400	1400	1435	3.36	0.68
9	1023	1294	1529	1588	1690	2.71	0.51

注：水/粉料中水含乳液中的水；外墙腻子稠度控制在（48±2）mm。

2）结果分析

从表 4-39 中分别对腻子的干燥收缩值、拉粘强度、压折比等指标进行分析，可知：

（1）影响外墙腻子干燥收缩的主要因素为水泥掺量，胶粉/乳液掺量影响次之，胶粉/乳液种类影响较小。随着水泥掺量的增加，腻子的 28d 干燥收缩增加，水泥掺量从 15% 增加到 40%，干燥收缩增幅达 70%，因此从降低腻子干缩裂缝的角度，水泥掺量不宜过高。

（2）影响外墙腻子压折比的主要因素为水泥掺量，胶粉/乳液掺量影响次之，胶粉/乳液种类影响较小。随着水泥掺量的增加，腻子的压折比增加，柔韧性降低；随着胶粉/乳液掺量的增加，腻子的压折比降低，柔韧性增加。

(3) 影响外墙腻子标准拉粘强度的主要因素为胶粉/乳液种类和掺量，水泥掺量影响次之。其中 EVA-2 在提高腻子粘结力方面效果最优；随着胶粉/乳液掺量的增加，腻子的拉粘强度提高，当掺量由 0% 分别提高到 2%、4% 时，腻子标准拉粘强度分别提高 23%、73%。

3) 小结

通过对水泥掺量、胶粉/乳液种类及掺量的研究，提升了外墙腻子的标准拉粘强度，降低了其压折比和干燥收缩，实现了外墙腻子耐久性与功能性的协同提升。

4.1.4.2 瓷砖胶性能提升技术

1) 原材料及试验方法

试验采用的原材料为 P·O 42.5 水泥、细砂、羟丙基甲基纤维素醚、苯丙胶粉、EVA 胶粉、丙烯酸胶粉和聚乙烯醇粉末。

试验方法参照《陶瓷墙地砖胶粘剂》(JC/T 547—2017)。

2) 不同胶粉及水泥掺量对材料粘结强度影响

目前水泥基胶粘剂最新标准参照《陶瓷砖胶粘剂》(JC/T 547—2017)，本书重点关注水泥基胶粘剂。其性能指标要求主要集中体现在粘结强度指标，耐久性优劣以老化、耐水及冻融后的粘结强度来衡量。普通型瓷砖胶的耐久性要求经环境因素后的粘结强度要大于 0.5MPa，加强型瓷砖胶要大于 1.0MPa。除了自身材性抵抗环境变形的能力，施工也很重要，晾置时间 20min 后粘结强度都要大于 0.5MPa。为比较不同胶粉对瓷砖胶性能的影响，设计配方如表 4-40 所示。

表 4-40 采用不同胶粉的瓷砖胶配方比

种类		T1	T2	T3	T4	T5	T6	T7	T8	T9
胶凝材料		50	50	50	50	50	50	50	50	50
集料		48.3	47.8	47.3	47.8	47.3	47.8	47.3	47.8	47.3
胶粉	苯丙胶粉	0	0.5	1						
	EVA 胶粉				0.5	1				
	丙烯酸胶粉						0.5	1		
	聚乙烯醇								0.5	1
外加剂		1.7	1.7	1.7	1.7	1.7	1.7	1.7	1.7	1.7
总计		100	100	100	100	100	100	100	100	100
比例		0.2	0.2	0.2	0.2	0.2	0.2	0.2	0.2	0.2

图 4-48 和图 4-49 是 T7、T8 的产品形态，在用水量为 0.2 时，可知采用丙烯酸胶粉 6041 的产品施工性不佳，开孔气泡较多。采用 5‰掺量的 PVA 配方 T8 同样较黏稠，有许多气泡。说明从施工性考虑，此批瓷砖胶配方的用水量需要适当提高，且此丙烯酸胶粉会引入较多的气泡。

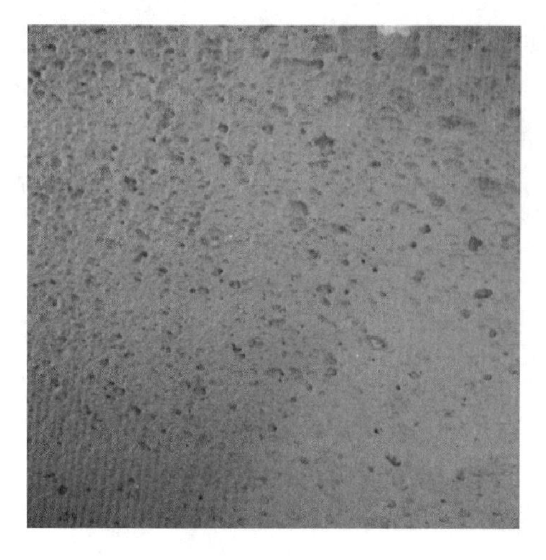

图 4-48 采用不同胶粉的产品形态（T7）

图 4-49 采用不同胶粉的产品形态（T8）

图 4-50 是采用不同胶粉的瓷砖胶初始粘结强度，采用的纯丙烯酸胶粉引入了大量气泡，导致初始粘结强度大幅降低；PVA 在低掺量 5‰时，在体系中并未成膜，胶粉颗粒吸水量增大，使得体系黏度增大，气泡增多，反而引起粘结强度下降。掺量提高至 1%后，胶粉可成膜，较低掺量有所提高，但仍比初始强度有所降低。5‰掺量的胶粉并未成膜，对粘结强度影响不大。同掺量 1%的 EVA 胶粉和苯丙胶粉的粘结强度，后者提高更为明显。

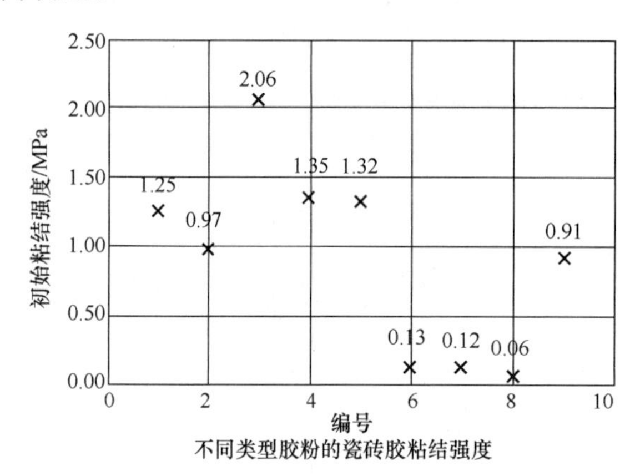

图 4-50 采用不同胶粉的瓷砖胶粘结强度

图 4-51 是采用不同胶粉的瓷砖胶耐候性粘结强度，包括 70℃烘干 14d 的耐老化强度，泡水 20d 的耐水强度，以及 25 个冻融循环的耐冻融粘结强度。由图可知，几个配方的耐候性粘结强度都比较差。分析可能的原因在于，4 月成型后泡水温度过低；在填料存在时用水量较低（0.2 用水量）导致瓷砖胶偏稠水化不足，胶粉在没有足够水分时并未成膜；高黏度纤维素醚吸水量偏大，使得瓷砖胶耐水和耐冻融性降低。

瓷砖胶在干养至 28d 后，暴露自然环境条件 2 个月，5 月、6 月正是上海的雨季，7 月是上海高温日，由图可知在此环境下的瓷砖胶的自然老化后强度较标准养护粘结强度有了大幅度下降。说明反复疲劳作用下，水、温度和日照对拉伸粘结强度影响大，从结果看，1%苯丙乳液耐候性最好，聚乙烯醇的自然养护效果最差。

图 4-52 是 T8 配方和 T3 配方分别在雨后的表面情况，可很明显看出，T8 吸水性较大且雨后迟迟未干，而 T3 表面已经干爽吸水性较小，这一表面情况与材料粘结强度值明显相关。这与 T8 加入胶粉后在低用水量时引入大量气泡有关，其导致材料硬化后孔隙率变高，粘结面积明显变小。在温度作用下，孔隙反复吸水失水带来材料的应力破坏导致粘

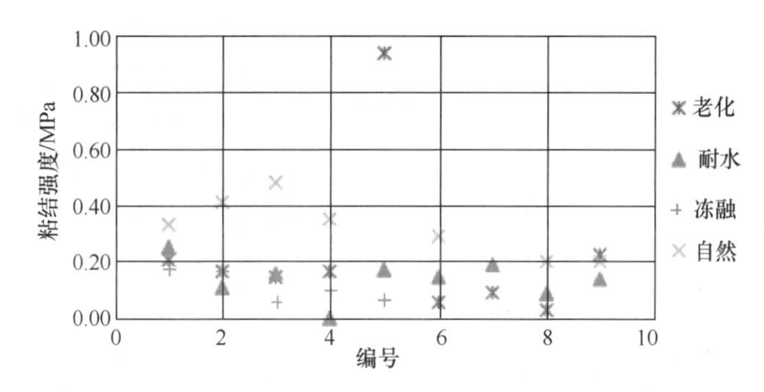

图 4-51　采用不同胶粉的瓷砖胶耐候性粘结强度

结强度进一步变低。

图 4-52　采用不同胶粉的瓷砖胶雨后吸水性观察

3）耐候粘结强度的影响因素

为比较不同胶粉和水泥掺量对于瓷砖胶粘结强度影响，设计表 4-41 的不同配方。比较 30％水泥掺量与 1％早强剂与 35％水泥掺量下的粘结强度对比，并比较胶粉掺量 0.5％～2％对瓷砖胶粘结强度影响。此外，许多企业反映实际测试耐老化需要先烘干混凝土板；否则会影响粘结强度数值。故此批试验比较烘板与否对老化强度影响。

表 4-41　采用不同掺量胶粉及水泥的瓷砖胶配方比

种类	T1	T2	T3	T4	T5
水泥	30	35	35	35	35
砂	68.2	64.2	63.2	62.7	62.2
EVA 胶粉	0.5	0.5	1	1.5	2
纤维素醚-4 万	0.3	0.3	0.3	0.3	0.3
早强剂	1	—	0.5	0.5	0.5
总计	100	100	100	100	100
比例	0.2	0.2	0.2	0.2	0.2

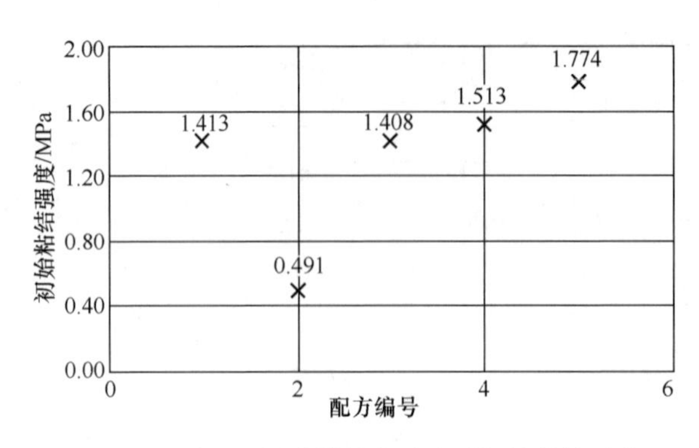

图 4-53　采用不同胶粉的瓷砖胶耐候性粘结强度

图 4-53 为采用不同掺量胶粉及水泥的瓷砖胶粘结强度。由编号 1、编号 2 可知，早强剂对初始粘结强度提高明显。采用 30%水泥与 1%早强剂的粘结强度值为 1.41MPa，采用 35%水泥与 1%胶粉的粘结强度值为 1.41MPa，两者相近，说明 1%早强剂加入后激发了约 5%水泥的效果。未加早强剂且采用 0.5%胶粉的 T2 配方强度下降明显。早强剂采用甲酸钙，其具有促凝和早强作用是由于甲酸钙中的 $HCOO^-$ 能够形成 AFt 和 AFm 的相似物[$C_3A \cdot 3Ca(HCOO)_2 \cdot 30H_2O$、$C_3A \cdot Ca(HCOO)_2 \cdot 10H_2O$ 等]，极大地缩短了水泥凝结时间。此外，甲酸钙能促进硅酸钙的水化，因为 $HCOO^-$ 扩散速度比 Ca^{2+} 快，因而可以渗透 C_3S 和 C_2S 的水化层，加速 $Ca(OH)_2$ 的沉淀以及硅酸钙的分解。$HCOO^-$ 还能够通过化学作用束缚硅原子进一步与 OH^- 反应，从而交联相邻的硅酸盐群体，促进 C-S-H 凝胶的形成，提高水泥砂浆的硬化强度。

由编号 3～编号 5 可知，同水泥掺量下随着 EVA 胶粉掺量的提高，初始粘结强度提高。在 35%掺量水泥时，2%EVA 胶粉掺量初始粘结强度可提高 1.77MPa。

图 4-54 是采用不同胶粉的瓷砖胶耐候性粘结强度图。其结果表明试验前未烘板的耐老化粘结强度普遍低于烘板后，说明基材的含水率影响瓷砖胶的耐老化强度。这是由于基材的水分在高温条件下蒸发产生的应力是涂膜破坏造成的。

胶粉掺量较低影响瓷砖胶的耐候性。其结果表明，5‰掺量时即使初始强度较高（可通过高水泥掺量和早强剂达到）其耐老化强度也低于 1%掺量以上，说明胶粉成膜后对于瓷砖胶的高温膨胀应力有吸收作用。普通 EVA 胶粉掺量要达 2%以上，才对标准 0.5MPa 要求有富余值。

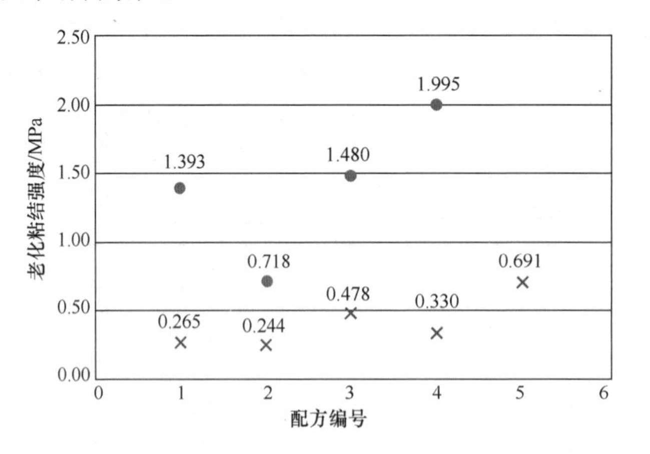

图 4-54　采用不同胶粉的瓷砖胶耐候性粘结强度

图 4-55 的耐水粘结强度是材料干养 7d，泡水 21d 后进行干养 7d 测试的结果。其结果表明，低水泥掺量 30%与早强剂复合的配方，其耐水性与胶粉掺 2%配方相当。且无早强

剂的配方其耐水粘结强度大幅下降。说明此普通 EVA 胶粉成膜后遇水会溶解，降低了其粘结效果，而早强剂则形成了 AFt 和 AFm 的相似物，缩短凝结时间的同时提高了耐水强度。可知一定水泥掺量时，耐水粘结强度主要来源于无机材料水化密实度，降低其中的吸水成分。耐冻融强度由于测试时机器故障，导致数据普遍降低，不作为参考。

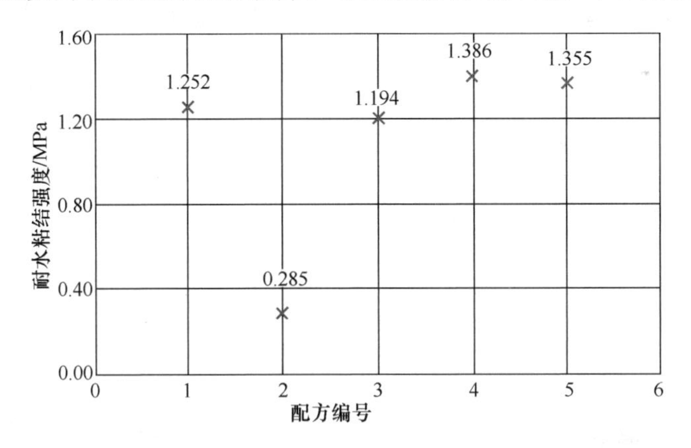

图 4-55 采用不同胶粉的瓷砖胶耐水性粘结强度

4）瓷砖胶耐候粘结强度的改进

经过以上瓷砖胶耐久性试验，对瓷砖胶耐候粘结强度的影响因素略有掌握。表 4-42 在此基础上，立足于普通瓷砖胶和加强型瓷砖胶的不同要求，设定不同水泥掺量和胶粉掺量，对瓷砖胶耐候粘结强度进行改进。试验参照最新标准《陶瓷砖胶粘剂》（JC/T 547—2017)，成型前将混凝土板先烘干。

表 4-42 采用不同掺量胶粉及水泥的瓷砖胶配方比

编号		1	2	3	4
水泥		35	38	40	43
砂		63.2	59.2	56.2	53.2
胶粉	EVA 胶粉	1	2	—	—
	苯丙胶粉	—	—	3	3
纤维素醚		0.25	0.25	0.25	0.25
外加剂		0.55	0.55	0.55	0.55
总计		100	100	100	100
用水量		0.23～0.25	0.23～0.25	0.2～0.23	0.2～0.23

图 4-56 是配方改进后的瓷砖胶粘结强度，由结果可进一步明确瓷砖胶耐候性影响因素。按照最新标准报批稿试验前烘干混凝土板，烘板后瓷砖胶粘结强度明显提高。对于初始粘结强度，随水泥掺量和胶粉掺量的提高而提高。在水泥掺量 35%时，初始粘结强度为 1.37MPa，在 40%时大于 2MPa。4 个配方的耐水强度都高于 1.0MPa。耐冻融要求瓷砖胶既要耐水又要耐冻融膨胀应力，提高水泥和胶粉种类及含量具有明显效果。耐老化主要是提高耐膨胀应力能力，主要通过提高胶粉含量。另外，高水泥含量使得瓷砖胶刚性增强，柔性减弱，表面极为平整，界面锚固作用减弱，反而不利于界面粘结强度。加强型瓷

砖胶水泥掺量不宜高于40%，苯丙胶粉不宜低于3%。

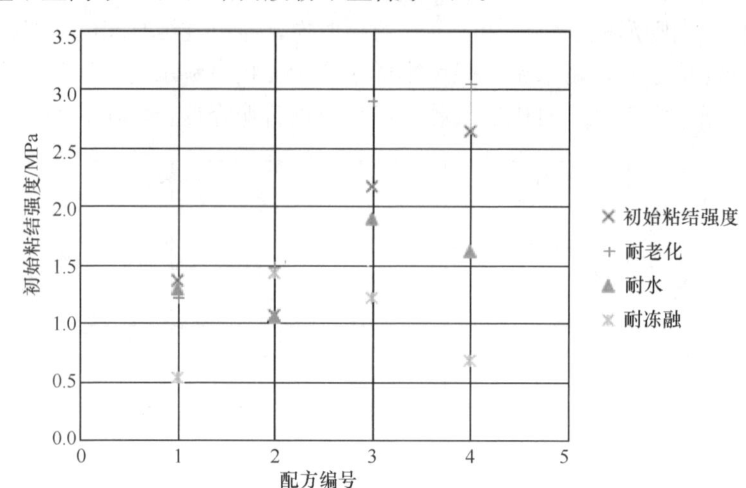

图4-56　配方改进后的瓷砖胶粘结强度

图4-57为耐冻融测试后的拉伸粘结强度界面图，可以间接对此数据进行对应解释。1号配方35%水泥掺量和1%EVA胶粉掺量的瓷砖胶在冻融拉伸粘结强度测试时破坏界面位于瓷砖胶内部，瓷砖胶并不密实且存在一些孔隙。2号配方测试图显示破坏界面位于瓷砖胶表层，38%水泥掺量和2%EVA胶粉掺量的瓷砖胶较为密实，耐冻融拉伸粘结强度大于1.0MPa。3号配方测试图显示破坏界面位于瓷砖胶表层很小部分界面，观察到采用40%水泥掺量和3%苯丙胶粉掺量的瓷砖胶表面致密。其耐冻融拉伸粘结强度大于1.0MPa，较2号配方同水泥掺量和2%EVA胶粉的耐冻融拉伸粘结强度已经有所降低。4号配方测试图显示破坏界面有的位于瓷砖胶表层很小部分界面，有的表面致密平整并无拉伸破坏，实际耐冻融拉伸粘结强度较40%水泥掺量时降低至0.68MPa。综上说明水泥掺量过高后使得瓷砖胶过于致密导致与瓷砖的机械锚合力降低，在冻融条件下界面处于反复膨胀收缩应力作用下拉伸粘结强度反而不断下降。

5）小结

通过对胶粉种类及掺量、早强剂掺入、混凝土板烘干处理的研究，提升了瓷砖胶的初始粘结强度和耐候性粘结强度，实现了其耐久性与功能性的协同提升。

（1）胶粉的种类及掺量对瓷砖胶的初始粘结强度影响较大。丙烯酸胶粉和聚乙烯醇胶粉的掺入使瓷砖胶的初始粘结强度明显下降；EVA胶粉的掺入使初始粘结强度略有提高。当苯丙胶粉的掺入量为0.5%时，瓷砖胶的初始粘结强度有所下降；当掺入量为1%时，初始粘结强度大幅提高。所有配比的瓷砖胶的耐候性粘结强度都比较差，明显低于不掺胶粉的瓷砖胶的初始粘结强度。

（2）早强剂的掺入可以明显提高瓷砖胶的初始粘结强度。当早强剂的掺入量为0.5%时，随着EVA胶粉掺量提高，初始粘结强度提高。

（3）基材的含水率影响瓷砖胶的耐老化粘结强度。混凝土板未烘干时，瓷砖胶的耐老化粘结强度较低，混凝土板烘干后，瓷砖胶的耐老化粘结强度明显提高。

（4）胶粉掺量对瓷砖胶的耐老化粘结强度影响较大。当EVA胶粉掺量为0.5%、1%

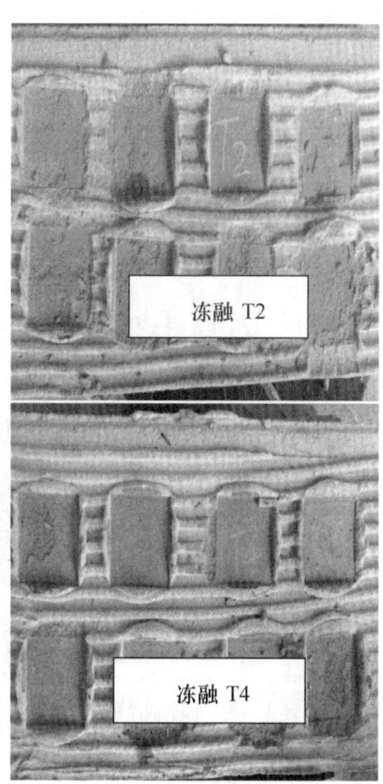

图 4-57　不同改进配方的耐冻融测试

和 1.5%时，瓷砖胶的耐老化粘结强度低于 0.5MPa，当 EVA 胶粉掺量为 2%时，瓷砖胶的耐老化粘结强度超过了 0.5MPa。

（5）早强剂的掺入可以大幅提高瓷砖胶的耐水粘结强度。

4.2　预制混凝土夹芯保温外墙板系统耐久性与功能性协同提升技术

预制混凝土夹芯保温外墙板系统是由内叶混凝土剪力墙、外叶混凝土墙板、夹芯保温层和连接件组成的装配整体式混凝土剪力墙结构。该系统由于工厂预制、施工便利、保温材料得到有效保护等原因得到鼓励，为确保该系统的功能性与耐久性的协同提升，本书从该体系热工、关键节点、安全性与耐久性等角度进行提升技术分析。

4.2.1　热工性能与耐久性协同提升技术研究

预制混凝土夹芯保温住宅结构体系的耐久性主要是由于环境因素导致夹芯保温层材料热工性能的劣化，从而影响住宅结构体系的功能舒适性。温度和湿度是夹芯保温层材料热工耐久性研究中需要考虑的重要影响因素。由于夹芯保温层处于两边钢筋混凝土层的保护中，因此夹芯保温层材料内部的温湿度与外界环境温湿度存在一定的差异。即夹芯保温层内部的温湿度才是夹芯保温层材料老化的直接影响因素，而外界环境温湿度只起间接影响作用。因此，在进行夹芯保温层材料热工耐久性测试时，首先需要监测夹芯保温层材料内部实际的温湿度情况。

4.2.1.1　夹芯保温材料层中温湿度长期监测

模拟试验见图 4-58，在夹芯保温墙板和墙体之间预留 20cm 空间，空隙顶部用 XPS

板遮盖住，模拟室内空间状态。模拟试验周期为 2016 年 7 月至 2017 年 4 月。夹芯保温层内部温、湿度监测系统已运行多月，数据繁多，难以罗列。现仅从监测记录中选出有代表性的数据进行分析。

图 4-58 预制混凝土夹芯保温材料层中温湿度监测试验

4.2.1.2 XPS 夹芯保温层内部温度变化（图 4-59～图 4-62）

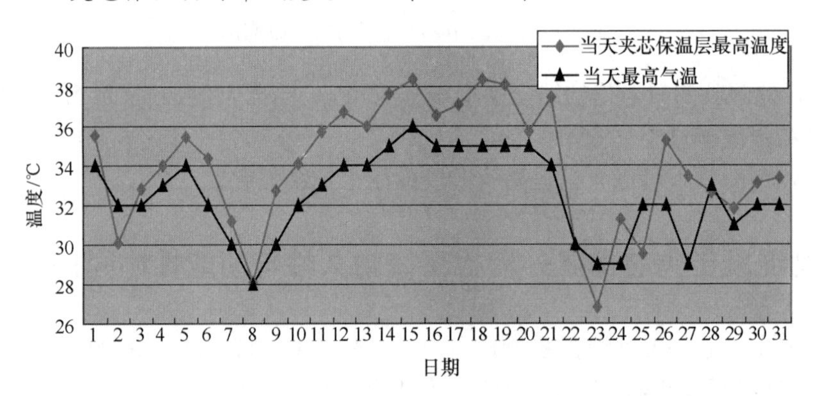

图 4-59 2016 年 8 月 XPS 夹芯保温板（南面）温度变化

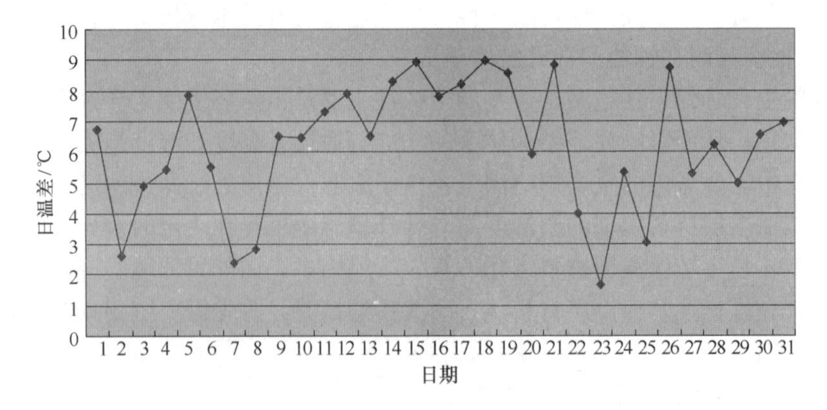

图 4-60 2016 年 8 月 XPS 夹芯保温板（南面）日温差

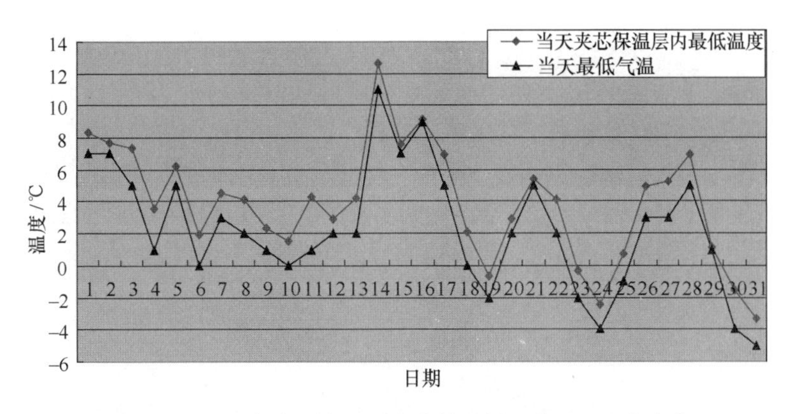

图 4-61　2016 年 12 月 XPS 夹芯保温板（北面）温度变化

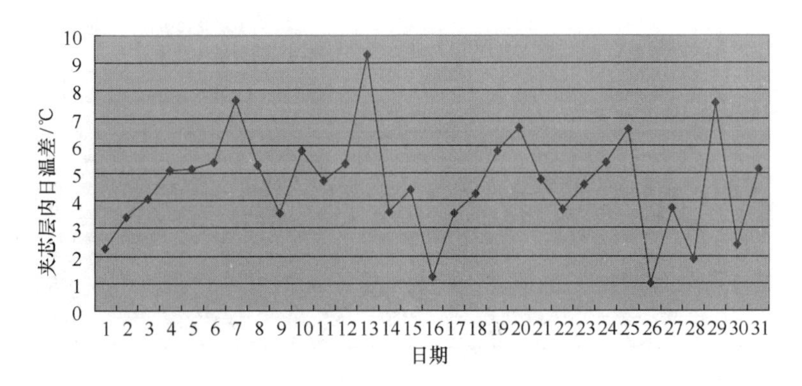

图 4-62　2016 年 12 月 XPS 夹芯保温板（北面）日温差

根据图 4-59 和图 4-60，2016 年 8 月最高气温为 36℃，南面夹芯保温墙体内 XPS 保温板最高温度为 38.4℃，日温差最高达 9.0℃。一般 XPS 夹芯保温层内温度可比当天最高气温高 2～3℃，这是因为墙体有储热功能；2016 年 12 月最低气温为－4℃，北面夹芯保温墙体内 XPS 保温板最低温度为－2.5℃，日温差最高达 9.3℃。一般 XPS 夹芯保温层内温度可比当天最低气温高 1～3℃。

4.2.1.3　泡沫混凝土夹芯保温层内部温度变化（图 4-63～图 4-66）

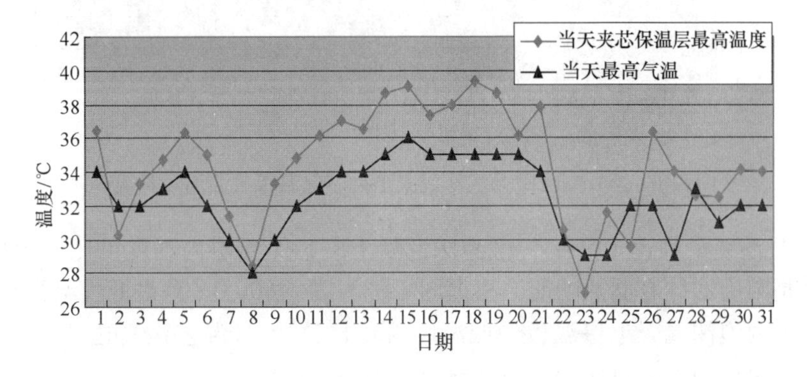

图 4-63　2016 年 8 月泡沫混凝土夹芯保温板（南面）温度变化

根据图 4-63，8 月最高气温为 36℃，南面夹芯保温墙体内泡沫混凝土保温板最高温度

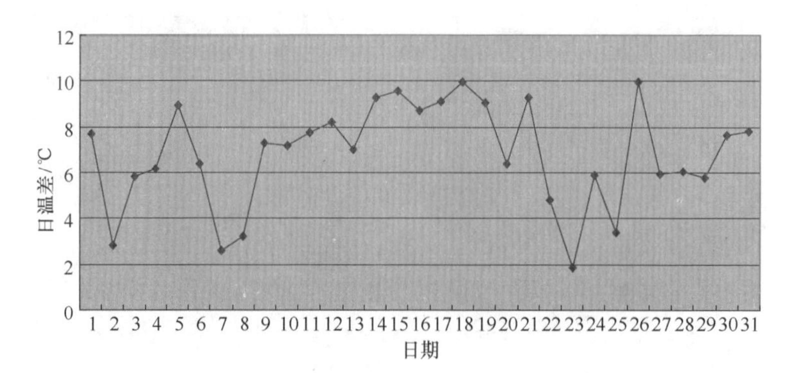

图 4-64　2016 年 8 月泡沫混凝土夹芯保温板（南面）日温差

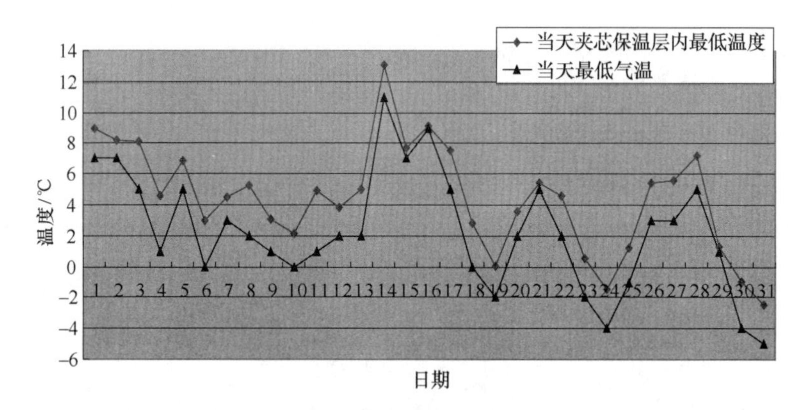

图 4-65　2016 年 12 月泡沫混凝土夹心保温板（北面）温度变化

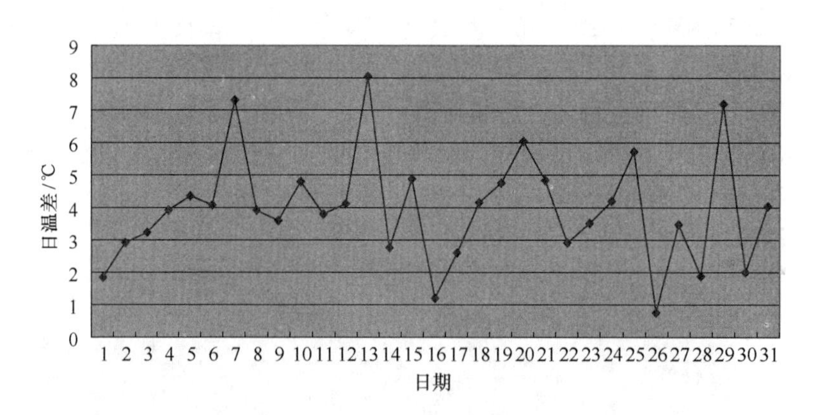

图 4-66　2016 年 12 月泡沫混凝土夹芯保温板（北面）日温差

为 39.4℃，日温差最高达 10℃。一般泡沫混凝土夹芯保温层内温度可比当天最高气温高 2～4℃，这是因为墙体有储热功能；根据图 4-65～图 4-66，12 月最低气温为－4℃，北面夹芯保温墙体内泡沫混凝土保温板最低温度为－1.5℃，日温差最高达 7.3℃。一般泡沫混凝土夹芯保温层内温度可比当天最低气温高 1～3℃。

综上所述，预制混凝土夹芯保温墙体内夹芯保温层的温度极限变化范围为－5～40℃，日温差最高达 10℃。

4.2.1.4　XPS夹芯保温层内部湿度变化（图4-67和图4-68）

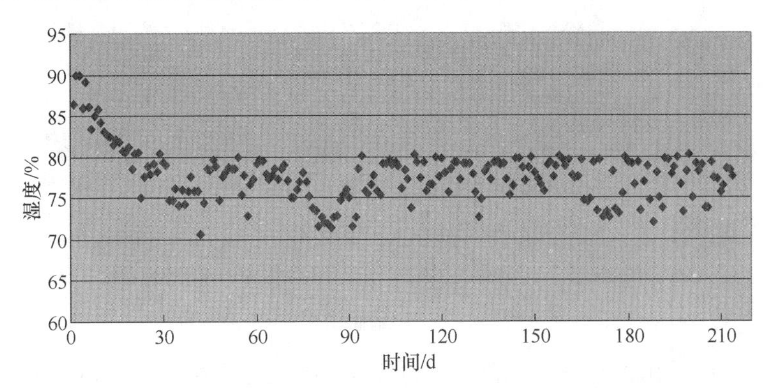

图4-67　XPS夹芯保温板（南面）湿度变化（2016.10—2017.04）

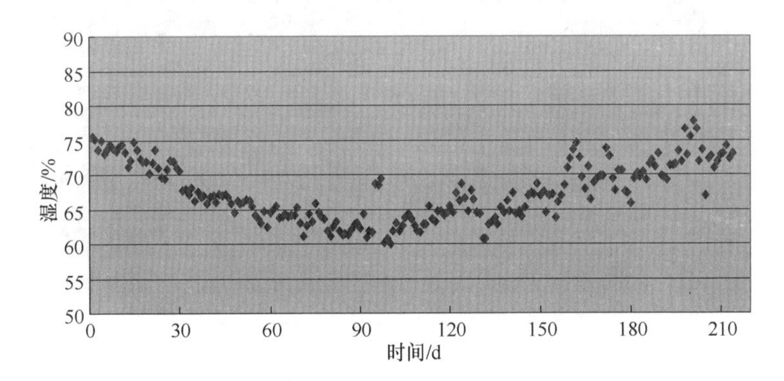

图4-68　XPS夹芯保温板（北面）湿度变化（2016.10—2017.04）

根据图4-67，2016年10月至2017年4月南面XPS夹芯保温板内部的湿度基本在70%～80%范围内波动；根据图4-68，2016年10月至2017年4月北面XPS夹芯保温板内部湿度基本在60%～75%范围内波动，这说明南面夹芯保温板内部湿度稍高于北面夹芯保温板。

4.2.1.5　泡沫混凝土夹芯保温层内部湿度变化

根据图4-69，2016年10月至2017年4月南面泡沫混凝土夹芯保温板内部的湿度基本在65%～80%范围内波动；根据图4-70，2016年10月至2017年4月北面泡沫混凝土夹芯保温板内部湿度基本在60%～75%范围内波动，这也说明南面夹芯保温板内部湿度稍高于北面夹芯保温板。

综上所述，预制混凝土夹芯保温墙体内夹芯保温层的湿度极限变化范围为60%～80%。

4.2.2　建筑节点热工性与耐久性提升技术研究

国家行业标准《居住建筑节能检测标准》（JGJ/T 132—2009）对热桥的定义：在室内采暖条件下，该部位内表面温度比主体部位低；在室内空调降温条件下，该部位内表面温度又比主体部位高。热桥的危害包括：①在热桥部位将会形成传热密集的导热通路，使整个建筑的保温效果下降。②热桥处热阻太低，形成结露，导致室内装修，墙皮脱落，破坏室内景观。结露还会形成墙体发黑，助长病菌滋生，破坏室内卫生环境，影响居住者的

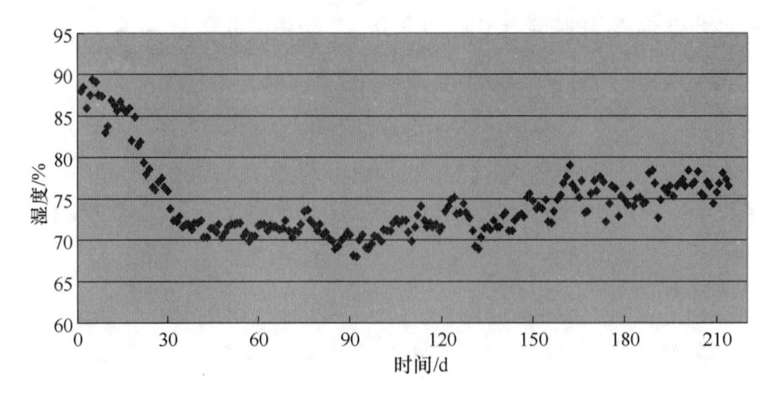

图 4-69　泡沫混凝土夹芯保温板（南面）湿度变化（2016.10—2017.04）

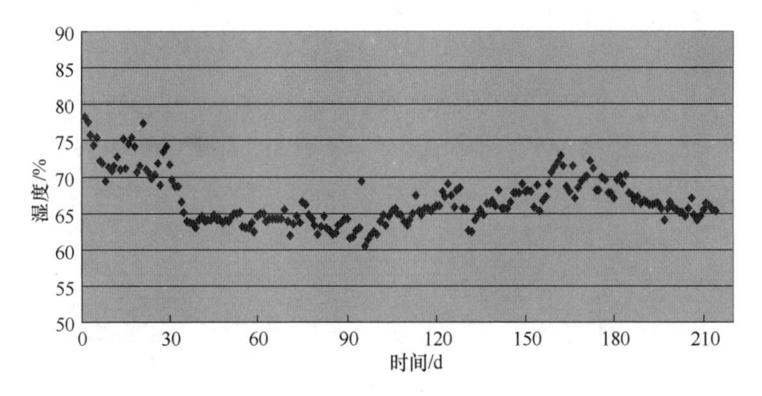

图 4-70　泡沫混凝土夹芯保温板（北面）湿度变化（2016.10—2017.04）

健康。③因结露造成的水气渗透一旦进入墙体内部，更会造成保温层热工失效，破坏系统的结构强度，造成更大的安全隐患。

热桥部位处理不当造成的危害是多方面的，如何避免热桥的危害也成为预制住宅体系的一项头等大事。目前几种建筑外墙的保温形式各自的热桥性能也各不相同。外墙外保温技术中保温层包覆于整个外墙表面，犹如给建筑物穿上了一件“棉袄”，除建筑门窗和一些埋设在墙体中外侧的管线部位，基本上消除了热桥的影响。但应注意门窗节点和管线敷设处处理不当引起的开裂、渗水等将引起局部热桥的发生，故采用外保温形式时也需对节点部位慎重处理，尤其要防止系统节点在热应力作用下发生开裂、脱落。

外墙内保温技术由于保温层位于外墙内表面，在梁柱墙角及楼板等部位的结构热桥很难避免。我国的内保温建筑很少对内墙进行全覆盖，基本上只在外墙内表面进行涂覆，为保证建筑的防潮结露设计，内保温建筑一般要求在结构热桥部位适当延伸 30～50cm 的保温层。外墙夹芯保温技术由于保温层所处位置的限制，无法像外保温技术一样实现对外墙的完全覆盖，故与内保温类似，在梁柱、墙角、楼板等部位也有形成热桥的可能，预制装配式住宅复合墙体结构体系的墙体热桥面积占外墙面积的比例高。此外，预制复合墙体保温层包于结构层之中，即建筑交付使用以后内部的保温系统失效和破坏将难以修复，因此要求保温系统在设计之初对热桥性能和结露可能性进行深入研究。本书对预制装配式复合墙体节点部位的热桥处理进行针对性论述。

4.2.2.1 预制结构节点热工性能分析

用于预制装配式住宅外围护墙体采用建筑外墙夹芯保温系统方式，其典型断面由钢筋混凝土外板（70mm）、聚苯乙烯板（EPS）保温层（150mm）、钢筋混凝土内板（50mm）构成，各构造层之间采用专用玻璃钢连接件连接。墙体采用工厂化制作，在工厂内完成板体各构造层次的制作并将其组合为一个整体。外墙面装饰采用涂料饰面，在整栋楼墙体安装完毕并嵌缝结束后，批嵌腻子并刷外墙涂料。

采用软件模拟计算各热桥部位传热系数如表 4-43 所示。

表 4-43 节点部位传热系数计算值 [W/(m^2 · K)]

传热系数 K	外墙与内墙交界	外墙转角	外墙与楼板交界
加权平均传热系数	1.58	1.74	1.82
模拟软件计算传热系数	1.82	2.12	2.23

由表 4-43 可知，模拟计算结果比加权平均计算结果高 15%～20%，主要是因为加权平均算法未考虑因传热系数不均匀导致的侧向热传导。而实际传热过程中，复合墙体中的热桥部位导热系数高的材料部分，热流密度会高于导热系数低的材料部分，从而造成热量的损失，因此热桥部分的实际热阻会低于加权平均计算的热阻。若热桥部位不进行以上保温层延伸处理，则节点部位的传热系数高达 3.28W/(m^2 · K)，由此可见 2cm 厚 EPS 保温层的设置对热桥部位传热系数的改善效果明显。

4.2.2.2 预制结构热桥节点模拟分析

热桥部位的主要不利因素包括两方面，一方面是热工性能下降，已在上节中论述；另一方面是结露，由于结露对建筑室内环境和建筑外墙系统的危害很大，应在设计和施工过程中采取各种方法予以避免。

结露特指围护结构表面温度低于附近空气露点温度时，表面出现冷凝水的现象。本书介绍通过建立理想状态模型分析预制夹心保温系统的室内温度、室内湿度、室外温度和围护结构的热工性能这四个因素对结露的影响作用的研究。

设定室内湿度 60%，室外空气温度−5℃，围护结构传热系数 3.0W/(m^2 · K)，研究室内空气温度变化对结露的影响 [内表面换热阻设为 0.11(m^2 · K)/W，外表面换热阻设为 0.04(m^2 · K)/W]。

如图 4-71 所示，随着室内空气温度上升，墙体内表面温度上升慢于露点温度上升，室内空气温度升至 19℃时，墙体内表面温度开始低于露点温度，发生结露。说明冬季室内采暖温度不宜过高，温度过高会对防止结露产生不利影响。如图 4-72 所示，室内空气湿度越大，露点温度越高，越容易发生结露，所以冬季保持室内干燥有助于避免结露现象的发生。

如图 4-73 所示，墙体内表面温度随着室外空气温度上升而上升，而冬季室外极限低温往往与气候区域和地理位置有关，这也是结露现象多发生在北方严寒地区，而南方结露现象较少的原因。如图 4-74 所示，墙体内表面温度随着围护结构传热系数增大而降低，提高围护结构的保温性能有助于防止结露现象的发生。

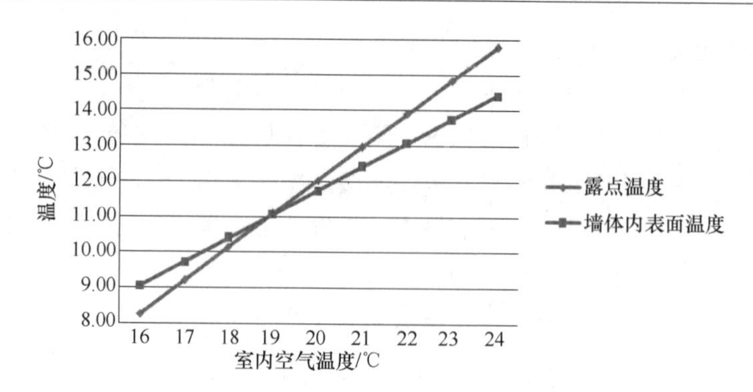

图 4-71　室内空气温、湿度对结露的影响

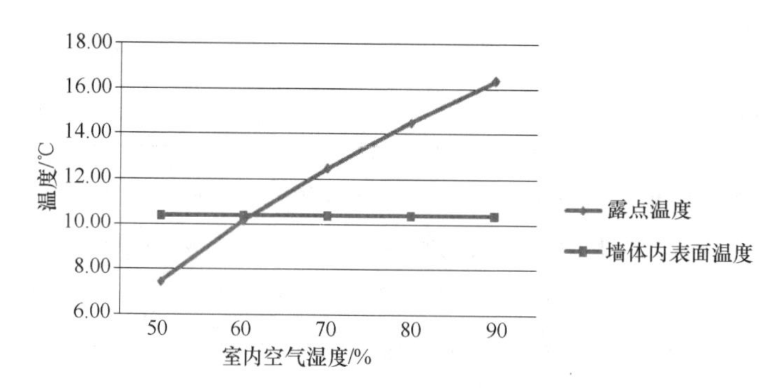

图 4-72　室内空气湿度对结露的影响

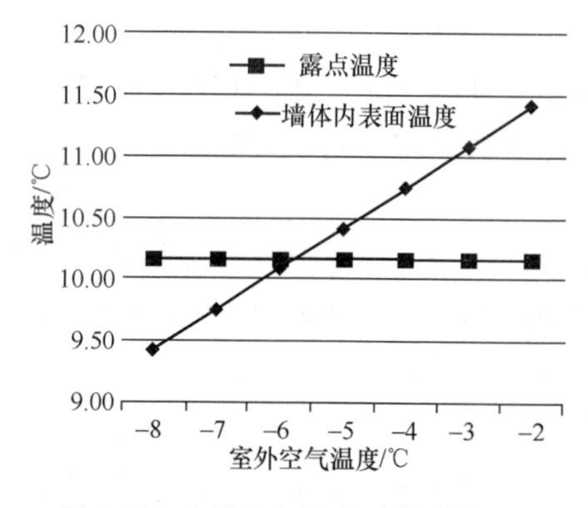

图 4-73　室外空气温度对结露的影响

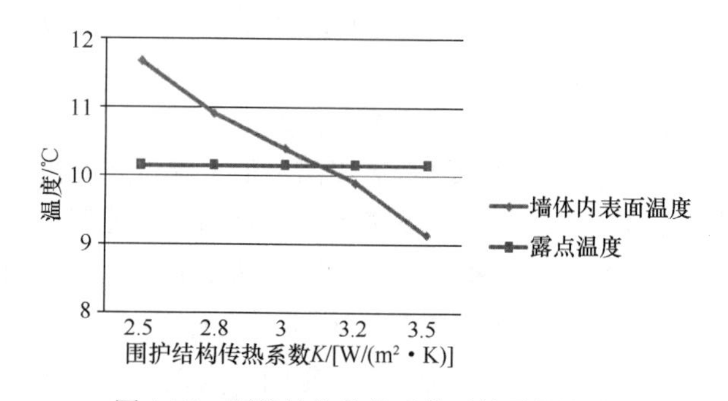

图 4-74　围护结构传热系数对结露的影响

1）热桥节点结露验算

典型气候区选取夏热冬冷地区，冬季室内温度不高。在历史上，以前的住宅多采用砖混结构，热桥部位的传热系数相对较低，不易发生结露，所以本地区的热桥结露研究资料不多。但随着人民生活水平的逐步提高，冬季自主采暖，室内温度逐步提升，近年兴建的住宅建筑又以钢筋混凝土结构居多，钢混结构的热桥部位传热系数高于砖墙，结露问题开始显现。以上海为例，其多雨高湿的气候环境也对此产生了不利影响。从上海市气象局气象资料可知，上海市冬季的极限低温在−5℃左右，而湿度全年多数处于 60%以上。

依据国家标准《民用建筑热工设计规范》（GB 50176—2016）的判定依据，采用模拟软件对 4.2.2 节中的多种结构热桥部位进行结露验算。热桥部位的热惰性指标 D 值为

2.6，查表4-44对应Ⅲ型，对应上海地区的冬季室外计算温度为−6℃。这基本与上海地区的极限低温−5℃符合，本着取最不利条件验算的原则，此处按−6℃计算。依据同一标准，冬季室内计算温度为18℃，室内空气湿度取60%。

表4-44　围护结构冬季室外计算温度 t_e（℃）（引自GB 50176—2016）

类型	热惰性指标 D 值	t_e的取值
Ⅰ	>6.0	$t_e=t_w$
Ⅱ	4.1～6.0	$t_e=0.6t_w+0.4t_{e,min}$
Ⅲ	1.6～4.0	$t_e=0.3t_w+0.7t_{e,min}$
Ⅳ	≤1.5	$t_e=t_{e,min}$

2）预制结构节点红外热工性能分析

（1）红外热工缺陷测试

外围护结构热工缺陷检测是建筑节能检测中的一个重要环节。一般在现场检测中配合主体部位传热系数检测和热桥部位内表面温度检测一同完成，由于该测试方法能直观地反映外围护结构非均质部位的热桥效应，故采用这一测试方法研究FRP连接件和钢筋连接件对整板的热工性能影响。

运用红外热工缺陷测试技术对FRP连接件部位的热桥效应进行测试研究。测试中墙体拍照侧温度约为10℃，背面温度约为35℃。测试显示墙体表面温度趋于均匀，与主体部分温差超过1℃的热桥点，由此可判定FRP连接件部位热桥不明显。对于聚苯板系统的钢筋连接件部位采用PTemp软件进行热桥分析可知，钢筋部位会造成传热系数上升0.01W/（m^2·K），对整体传热系数影响0.9%。对于泡沫混凝土系统，钢筋部位会造成传热系数上升0.01W/(m^2·K)，对整体传热系数影响1.1%。热室侧空气温度35℃，冷室侧空气温度12℃，结果显示墙体表面热流均匀，未见明显热桥。

（2）现场工程（某村示范）红外热工缺陷测试分析

被测建筑为夏热冬冷地区一幢2层建筑，建筑面积为720m^2，一层采用PC预制夹芯板，二层采用夹芯保温砌块砌筑。见图4-75。

图4-75　某PC示范建筑

室内侧热工缺陷测试显示，预制墙体梁柱节点部位室内侧温度场均匀，无明显热桥，未见明显缺陷。室外侧热工缺陷测试显示，北向室外侧板缝部位与外墙主体部位存在温度差，应注意PC墙板接缝节点的处理。

此外，还开展了夏季隔热测试，内表面温度数据测试结果显示室外空气逐时最高温度为35.8℃，屋顶内表面逐时最高温度为35.1℃，外墙（东向）内表面逐时最高温度为31.9℃。故满足《居住建筑节能检测标准》（JGJ/T 132—2009）居住建筑节能检测标准的要求，建筑东墙和屋面的内表面逐时最高温度均不高于室外逐时空气温度最高值，隔热性能测试合格。如图 4-76 所示。

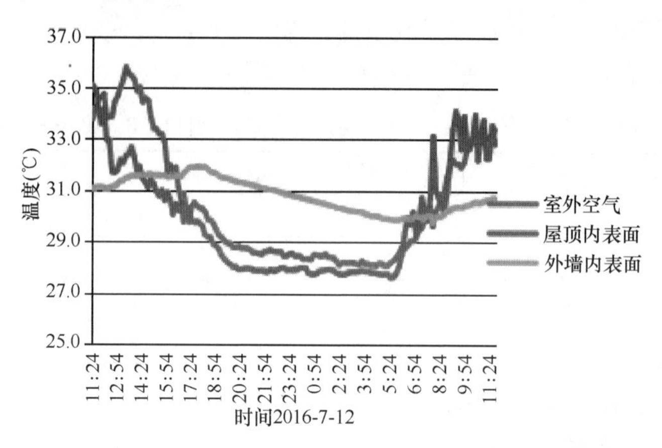

图 4-76　检测日屋顶和外墙内表面以及室外空气温度分布

4.2.3　结构安全性及耐久性协同提升技术研究

4.2.3.1　安全性

随着现代高层建筑的迅速发展，建筑的火灾发生频率和火灾危险性不断增加，建筑火灾潜在的危害性也越来越严重。国内外建筑火灾研究表明，产生火灾的原因主要有两方面：保温材料本身的抗火性能问题和外墙外保温体系在抗火性能方面存在缺陷[1]。因此，有必要研究保温墙体的抗火性能。近年来，预制夹芯保温墙体开始在国内逐步应用。预制夹芯保温墙体是由内、外叶钢筋混凝土墙、保温材料层及连接件组成，适用于工业化生产。同济大学等单位研发了适用于预制夹芯保温墙体的一种新型玻璃纤维增强塑料(FRP) 连接件。FRP 连接件具有导热系数小、耐久性能好等特点，主要作用是连接内、外叶墙，保证其协同工作。预制夹芯保温墙体抗火性能的研究内容主要包括墙体自身的抗火性能与板缝处的抗火性能两部分。对于预制夹芯保温墙体自身的抗火性能而言，由于预制夹芯保温墙体中连接件和保温层设置于混凝土内、外叶墙之间，混凝土板可有效保护保温层及连接件，使其与外界环境隔绝，避免了火灾等外界不利因素对其影响，所以相比外墙外保温体系，预制夹芯保温墙体的抗火性能更好。2008 年，美国西南研究中心(SwRI) 火灾技术部对预制夹芯保温墙体的抗火性能进行试验研究，该墙体内叶墙厚度 150mm，保温层厚度 100mm，外叶墙厚度 100mm，连接件采用 FRP 连接件，受火时间 240min，试验结果表明：试件仍保持完整，无裂隙产生，背火面的最高温度 31℃，最低 21℃，平均温度 26℃，保温层未发生燃烧，满足 BS EN 1364-1：1999 中所要求的整体性和绝热性要求，该墙体的抗火性能良好[2]。

在预制夹芯墙体建筑物发生火灾时，墙体和板缝共同受到火焰和高温烟气长时间灼烧，板缝中耐候胶和密封材料容易失效，导致火焰和高温烟气可能由板缝进入夹芯墙体内部，对预制夹芯保温墙体的耐火性能产生影响：① FRP 连接件直接受到火焰或高温作用，力学性能会发生变化；研究表明[3-5]，粘结树脂的玻化点一般在 100℃左右，超过这一温度 FRP 材料和混凝土粘结性能将发生退化。② 火焰和高温烟气的进入可能导致保温材料直接受火燃烧，并且使火灾向相邻房间和楼层蔓延。因此，有必要对预制夹芯保温墙体板缝处抗火性能进行研究。以北京万科企业有限公司某实际工程为背景，开展了预制夹芯保温墙体的板缝抗火试验研究，其中预制夹芯保温墙体的板缝构造包括无填充材料、填充 PE 棒泡沫条以及填充岩棉条 3 种，后两种构造已经在工程实际中得到应用。

1）试验设计与升温方法

（1）试件设计

试件是由两块尺寸为 500mm×500mm 的预制复合保温墙体拼合而成，试件厚度为 300mm，内叶墙是混凝土结构层，厚度为 200mm，外叶墙是混凝土保护层，厚度为 50mm，混凝土强度等级为 C30，中间保温层为挤塑聚苯板（XPS），厚度为 50mm。连接墙体内、外叶墙的 FRP 连接件间距为 300mm×300mm，FRP 连接件实测的玻璃化温度为 93℃。试件编号分别为 BF-1、BF-2、BF-3，平面尺寸均为 1020mm×500mm。其中试件 BF-1 属于无填充材料的板缝构造，是由两块墙体拼合而成的，拼缝宽度约 20mm，在板缝内不填充任何材料；试件 BF-2 属于填充 PE 棒泡沫条的板缝构造，BF-3 属于填充岩棉条的板缝构造，试件 BF-2 和 BF-3 分别在预制夹芯保温墙体板缝内填充截面宽度为 25mm、厚度为 15mm 的 PE 棒泡沫条和岩棉条，嵌入深度 15mm，外部使用改性硅酮密封胶密封，在密封处理完毕后，将试件静置在室外环境干燥 72h，构造见图 4-77。

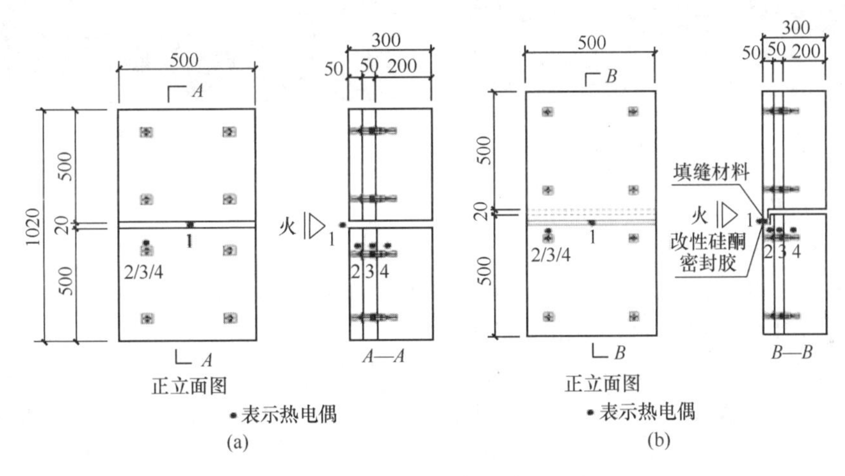

图 4-77　试件构造示意及热电偶布置

（a）试件 BF-1；（b）试件 BF-2、BF-3

（2）试件制备

预制夹芯保温墙体的施工制备方法如下：

① 铺设下层混凝土墙体模板及下层墙体的构造钢筋，然后预埋热电偶，最后浇筑下层墙体混凝土，见图 4-78；

② 浇筑完成后在其上方铺设预留连接件孔的挤塑聚苯板；

③ 在保温板的预留洞口中插入预制复合墙体连接件；

④ 在保温板上铺设上层混凝土保护层的构造钢筋，然后预埋热电偶，最后浇筑混凝土；

⑤ 拼合成板缝，拼缝宽度 20mm；

⑥ 将 PE 棒泡沫条或岩棉条切割成条状，填充板缝；

⑦ 使用改性硅酮胶密封。需要说明，为减小试件中混凝土内的水分对试验结果的影

响，在抗火试验前试件需在室温条件下放置 2 个月以上，使混凝土得到充分干燥。

（3）测点布置

试验中预制夹芯保温墙体的 3 种板缝构造的温度测点布置基本相同。在每个试件内预埋 4 个直径为 2mm 的镍铬-镍硅（K 型）铠装热电偶，用以量测板缝迎火面火焰温度（热电偶测点伸出试件外表面 10±5mm）、内外叶墙中 FRP 连接件锚栓位置处温度以及保温层中部的连接件温度。具体的测点（测点 1～4）布置方案如图 4-79 所示。

图 4-78　内叶墙钢筋网片

图 4-79　外叶墙钢筋网片

2）试验过程及结果

（1）填充材料的板缝

采用本生灯燃烧试件 BF-1 时，保温层中 XPS 材料在本生灯高温作用下立刻熔化，在火焰接触范围内的 XPS 材料熔融范围迅速扩大，在保温层内形成空腔，见图 4-80。受火 3min 时，XPS 材料的熔融速度缓慢，XPS 材料无明火产生。受火 10min 时，保温层中 XPS 材料未见明显熔融，在保温层中形成较大空腔。受火 20min 时，熔融范围基本保持不变，在上、下连接件中间位置形成空腔，空腔最宽处约 100mm，连接件周围仍被 XPS 材料包裹，见图 4-81。

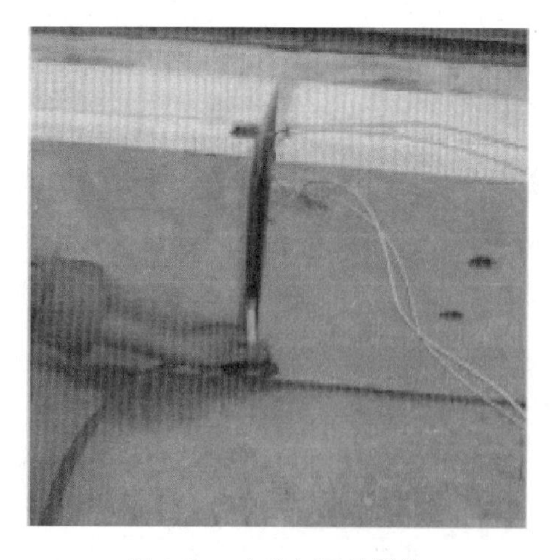

图 4-80　本生灯开始燃烧

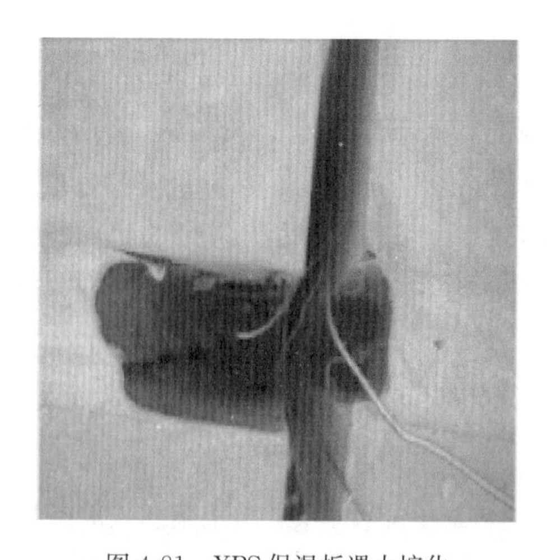

图 4-81　XPS 保温板遇火熔化

为进一步研究保温层和连接件在直接受火方式下的破坏特征，改变本生灯燃烧位置，将本生灯口插入板缝内30mm，受火时间约10min。当本生灯接近保温层时，火焰范围内的XPS材料很快燃烧，保温层内空腔范围很快扩大，火焰燃烧延续60s后逐渐自熄，见图4-82。2min时，XPS材料的熔融速度较快，左侧墙体中连接件表面包裹的团状模塑料（BMC，Bulk Molding Compounds，BMC）局部外露。5min时，XPS材料的熔融速度缓慢，XPS材料表面无明火产生，连接件外部包裹的团状模塑料在高温下局部有轻微的熔融、滴落。10min时，保温层中XPS材料熔融形成的空腔面积基本保持不变，连接件外部包裹的团状模塑料局部有轻微熔融、滴落，右侧墙体中连接件仍被XPS材料包裹，见图4-83。试验过程中，FRP连接件表面基本保持完好。试件受火30min，实测墙体保温层内空腔的最大宽度为200mm、高度为450mm。实测火焰最高温度为957℃，连接件在内、外叶墙中最高温度分别为132℃和97℃，超过了FRP材料的玻璃化温度（实测值93℃）。

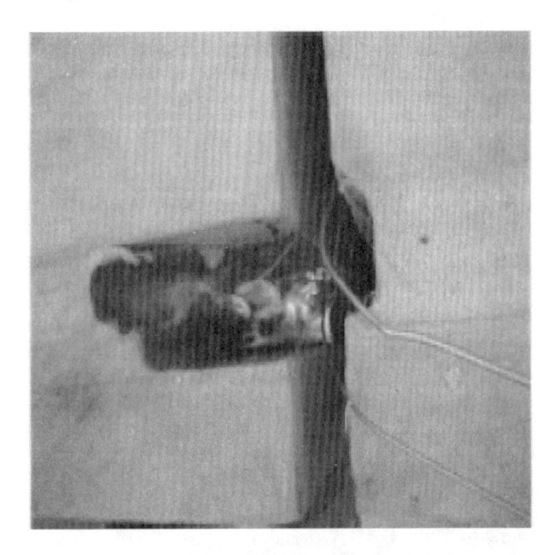

图4-82　XPS保温板燃烧

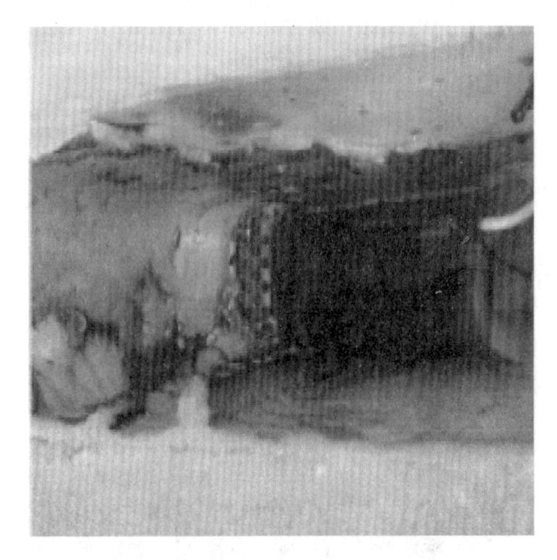

图4-83　XPS保温板遇火熔化（本生灯插入板缝内）

（2）填充PE棒泡沫条的板缝

试件BF-2受火约30s时，火焰中心位置的密封胶表面颜色由灰色变为黑色。受火3min时，密封胶表面出现白点，火焰边缘区域为黑色。受火5min时，密封胶燃烧，但不剧烈。受火7min时，受火部位密封胶颜色变为白色，并发生鼓胀，局部突出墙体，零星发生脱落，见图4-84。受火15min时，板缝处空腔内部出现明显烟雾，火焰核心部位密封胶和PE棒泡沫条被完全烧透，燃烧产生的烟雾进入空腔内部，见图4-85。受火30min时，烟雾变得浓重，见图4-86。受火45min时，密封胶基本未脱落，空腔内部有烟雾，受火60min试验结束。试验过程中，由于密封胶阻隔火焰进入空腔内部，因此XPS材料未燃烧，仅在正对火焰部位的保温层上部位置发生熔融变形。试验结束后，用工具轻轻拨开密封胶表面，发现有黑灰色碳化物附着在混凝土表面，有效地防止密封胶的脱落，见图4-87。实测火焰最高温度为976℃，连接件在内、外叶墙中最高温度分别为78℃和42℃。

图 4-84　密封胶膨胀变白色

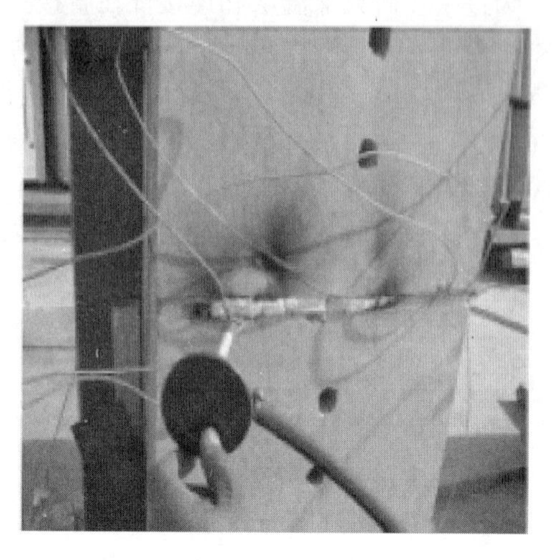

图 4-85　板缝受火后期

图 4-86　30min 时板缝内烟雾

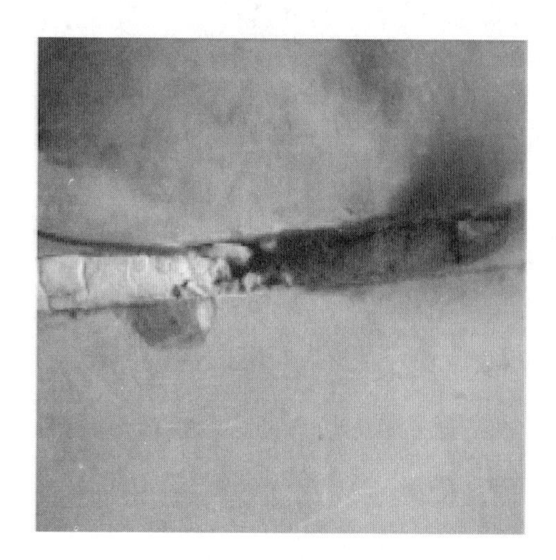

图 4-87　清理嵌缝部位

（3）填充岩棉条的板缝

填充岩棉条的板缝试件 BF-3 受火约 30s 时，密封胶表面呈黑色。受火约 5min 时，火焰中心处密封胶呈白色，火焰边缘处密封胶呈黑色。受火 8min 时，黑色密封胶有小块脱落，密封胶出现裂缝。受火 10min 时，裂缝间有一块密封胶即将剥离，但未脱落，并呈白色。受火 18min 时，白色密封胶呈断裂状，裂缝明显，见图 4-88。受火 30min 时受火处密封胶完全碳化，并发生鼓胀，局部突出墙体，部分发生脱落。试件受火 60min 结束试验。试验过程中，XPS 材料未产生燃烧，板缝内烟雾较少。试验结束后，清理受火处板缝内部，密封胶已完全碳化，用工具轻轻拨开密封胶，岩棉条表面为黑色，内部仍保持黄色，形状完好，见图 4-89。实测火焰最高温度为 973℃，连接件温度基本与室外环境温度相接近，无明显升温现象发生，连接件在内、外叶墙中最高温度分别为 47℃和 36℃。

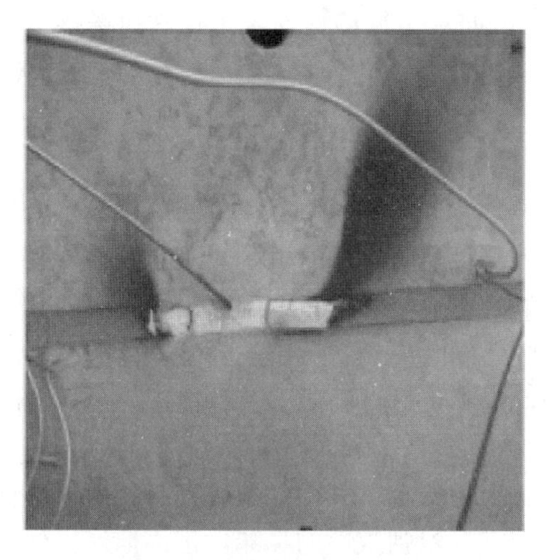
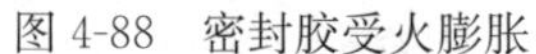

图 4-88　密封胶受火膨胀

图 4-89　岩棉条完好

3）安全性评价及结语

按照《天津市建筑节能工程泡沫塑料保温材料施工现场防火安全暂行技术规定》（2008）的有关规定，对预制夹芯保温墙体的板缝抗火性能进行评价，评价结果见表 4-45。

表 4-45　预制夹芯保温墙体板缝抗火性能评价

试验项目	受火时间/min	火焰	滴落物	熔融	烟气（背火面）	抗火性能评价
无填充材料	30	有	有	有	多	差
填充 PE 棒泡沫条	60	无	无	有	较多	较好
填充岩棉条	60	无	无	有	少	良好

（1）对于无填充材料的板缝，在受火 30min 情况下（火焰最高温度为 957℃），内、外叶墙中 FRP 连接件的最高温度分别为 132℃和 97℃，超过了 FRP 材料的玻璃化温度（实测值 93℃）。墙体中 XPS 材料与火直接接触会剧烈燃烧以及熔融、变形。这表明无填充材料的板缝构造抗火性能较差，不满足规程的耐火性能要求，抗火安全性较差。

（2）填充 PE 棒泡沫条的板缝构造在受火 60min 情况下（火焰最高温度为 976℃），连接件在内、外叶墙中最高温度分别为 78℃和 42℃，连接件保持完好。该构造对火焰和烟气的蔓延具有一定的阻隔作用，但在长时间火焰灼烧下，密封胶和 PE 棒泡沫条仍会燃烧、碳化和脱落，并且伴随烟气产生，但是背火面烟气较少。另外，由于混凝土板的导热作用，XPS 材料局部发生熔融和变形，造成保温层破坏形成空腔。受火过程中，XPS 材料均无火焰及滴落物产生，满足规程的耐火性能要求，抗火性能较好，安全性能较高。

（3）填充岩棉条的板缝构造在受火 60min 情况下（火焰最高温度为 973℃），连接件在内、外叶墙中最高温度分别为 47℃和 36℃，连接件保持完好。XPS 材料局部发生熔融和变形，但无火焰和滴落物产生，背火面烟气较小，岩棉条保持完好，满足规程的耐火性能要求，抗火性能良好，安全性能高于其他构造。

研究结果表明，填充岩棉条和PE棒泡沫条的两种板缝构造在本生灯高温燃烧下，连接件保持完好，XPS材料无燃烧和滴落物产生。因此，这两种板缝构造的抗火性能较好，可以在工程中推广应用。

4.2.3.2 耐久性

1）防水密封胶的力学性能及耐久性研究

工业化建筑预制外墙缝的防水采用构件防水和材料防水相结合的双重防水措施，外墙板缝防水密封胶是防水的第一道防线，对其性能的要求也非常重要。由于混凝土外立面受阳光照射，接缝密封胶应选用耐候性好的密封胶，同时应具备一定的弹性，能够随接缝张合而伸缩。其最大伸缩变形量、剪切变形性等均应满足设计要求。其性能应满足《混凝土接缝用建筑密封胶》（JC/T 881—2017）的规定。

目前高性能建筑密封胶有三类：硅酮、聚氨酯和聚硫。其中，聚硫密封胶由于其低温固化速度慢、易老化变硬、缺乏耐久性，而且带有强烈刺激性的臭味，正逐渐退出建筑应用领域。聚氨酯密封胶具有强度高、抗撕裂、柔软耐磨、耐穿刺、耐油、耐介质腐蚀等特点，但是固化时释放出二氧化碳使胶层产生气孔，固化速度较慢且耐湿热和耐老化性较差，长期储存稳定性欠佳；硅酮密封胶具有固化快，不起泡，能与无孔材料表面牢固粘结，耐湿热、耐老化性能优异，储存稳定性好等特点。改性硅酮密封胶（MS型）在结构上继承了端硅烷基结构和主链聚醚键结构的特点，性能上综合了聚氨酯密封胶与硅酮密封胶的优点，是国内外新型密封胶发展的一个重要方向。

国外装配式建筑配套用密封胶类型主要为硅酮类或改性硅酮类产品，国内尚无装配式配套密封胶的产品使用实例和相应的技术要求。因此，本书选取了日本住宅产业化（PC）使用的J1、中国台湾PC使用的J2硅酮型密封胶、中国大陆自主研发生产的PC专用J3密封胶3种产品进行性能分析和对比。预制装配式建筑的混凝土板接缝用密封胶，其主要的力学性能包括位移能力、弹性恢复率及拉伸模量。

（1）力学性能

由于混凝土板的接缝会因为温湿度变化、混凝土板收缩、建筑物的轻微振动或沉降等原因产生伸缩变形及位移运动，所用的密封胶必须具备一定的弹性，且能随着接缝的张合变形而自由伸缩以保持接缝密封。同时为防止密封胶开裂以保证接缝具有安全可靠的粘结密封，密封胶的位移能力必须大于板缝的相对位移，经反复循环变形后保持并能恢复原有性能和形状。

混凝土板接缝用密封胶的位移能力可以选取20和25两个级别。参照J1和J2的力学性能，结合《混凝土接缝用建筑密封胶》（JC/T 881—2017）硅酮胶和《硅酮和改性硅酮建筑密封胶》（GB/T 14683—2017）的性能要求，预制装配式建筑的混凝土板接缝用密封胶的位移能力应达到25级别，弹性恢复率应达到90%以上。

（2）耐久性

耐久性包括密封材料在大气因素作用下的老化特性，以及在温度、湿度等环境因素和长期交变荷载作用下的性能降低。弹性密封材料大都为高分子聚合物，在紫外线、温度、氧化等大气因素作用下，部分组分将继续发生聚合、缩合、氧化等反应，或小分子量组分挥发、游离等原因，使内部大分子数量增多，变形能力降低，脆性增加，导致开裂而失去防水密封的功能。因此，耐老化性能是影响密封材料耐久性，乃至防水功能设计寿命的重要因素。在实际使用中，通常以质量损失率或体积损失率、光线照射后的开裂性等试验来检测密封材料的耐老化性；用温度变化、一定幅度的拉伸循环试验反映密封材料的耐久性。

对预制装配式建筑的混凝土板接缝用密封胶的耐久性性能试验主要进行紫外老化和热老化试验。ASTMC1184 中引用 ASTMG53 的试验方法进行 5000h 的紫外老化试验，虽然更科学，但耗时太长，不利于标准的实施。经过大量的试验，《建筑用硅酮结构密封胶》（GB 16776—2005）选用了 ISO 11431 规定的方法，进行了试件的浸水光照 300h 试验，试验设备简单并缩短了试验周期，且 GB 16776—2005 的热老化试验也具有很强的参考性。用于预制装配式建筑的混凝土板接缝的密封胶的耐久性性能试验可以进行 300h 以上浸水紫外老外试验和 90℃的热老化试验。

选取 J1、J2、J3 三种密封胶进行了 350h 的浸水紫外老外试验和 90℃的热老化试验，具体试验方法参照 GB 16776—2005。其试验结果见表 4-46。

表 4-46 三种密封胶老化试验结果

序号	项 目		技术指标	J2	J1	J3
1	紫外线老化后粘结性		无破坏	无破坏	无破坏	无破坏
2	热老化	热失重/%	≤10	5.0	4.6	3.2
		龟裂	无	无	无	无
		粉化	无	无	无	无

（3）污染性

硅酮类密封胶中含有的硅油易游离到胶体表面的灰尘上，在外界环境因素的影响下随着灰尘扩散到被着体的四周，污染基材。由于混凝土是多孔材料，极易受污染，导致混凝土板缝的周边会发生黑色带状的防水性污染，并且污染物颜色会随着年限的增加更加明显，密封胶的污染性将严重影响后期建筑外表面的美观。因此，用于预制装配式建筑的混凝土板接缝的密封胶必须具有低污染性。

目前采用的测试污染的方法为美国 ASTM1248《用于多孔性基材的接缝密封胶污染性标准试验方法》（GB/T 13477.20 对应 ASTM1248）。ASTM1248 是评价由于密封胶内部物质渗出在多孔性基材上产生早期污染的可能性，是一种加速试验方法，无法预测试验的密封胶长期使用时使多孔性基材污染、变色的可能性，也无法判断实际应用中因密封胶老化降解、吸收外界的油污及灰尘而造成污染的可能性，但选用通过 ASTM1248 测试的密封胶可以大大降低出现污染的可能性。

（4）阻燃性

为了防止和减少建筑火灾危害，对建筑材料的防火阻燃性能要求不断提高。接缝密封胶作为主要的密封材料也应具备一定的阻燃性能，使其在燃烧时少烟无毒，降低燃烧热值，减慢火焰传播速度。接缝密封胶的阻燃性能达到 FV-0 级要求，测试方法按《建筑用阻燃密封胶》（GB/T 24267—2009）进行测定；氧指数可按《橡胶燃烧性能的测定》（GB/T 10707—2008）进行测定。

制备阻燃硅酮密封胶常用的方法是向高聚物中加入阻燃剂，以降低燃烧物表面温度、稀释可燃物分子浓度和切断氧气的供给。按使用方法可以将阻燃剂分为反应型和添加型两大类，采用添加型阻燃剂制备阻燃硅酮密封胶工艺简单、效果显著、应用广泛。阻燃硅酮密封胶在燃烧时，表面可以形成阻隔层，阻止热能向纵深处传递，抑制温度升高，达到阻燃的目的。

目前高分子阻燃材料已趋向于无卤化，膨胀型阻燃剂是发展极快的一类环保型阻燃剂，它以磷、氮为主要活性组分，不含卤素，也不采用氧化锑为协效剂。含有这类阻燃剂的高聚物受热时，表面能生成一层均匀的炭质泡沫层，有隔热、隔氧、抑烟作用，并能防止产生熔滴，故具有良好的阻燃性能，且符合当今要求阻燃剂少烟、低毒的发展趋势。此类阻燃剂被视为传统阻燃剂（特别是卤系阻燃剂）的替代产品，符合环保要求。

硅系阻燃剂具有优异的阻燃性（如低燃速、低释热、防滴落）、良好的加工性及优异的力学性能，且对环境友好，因而备受重视，具有广阔的发展前景。有研究表明，硅系阻燃剂与磷系阻燃剂具有良好的协同阻燃效果。

通过添加硅磷系化合物复合阻燃剂来使接缝密封胶具备阻燃性能，并研究了阻燃剂用量对密封胶物理性能和阻燃性能的综合影响。其性能指标见表 4-47。

表 4-47　阻燃剂用量对密封胶物理性能和阻燃性能的影响

项 目	阻燃剂的含量				
	0	15	30	45	60
弹性恢复率/%	96	93	91	90	80
挤出性	好	好	好	好	差
下垂度/mm	1	1	3	2	5
阻燃等级	FV-2	FV-1	FV-1	FV-0	FV-0

注：挤出性≤10s 为好，大于为差。

从表 4-47 的数据可以看出，随着阻燃剂用量的增加，阻燃等级明显上升，弹性恢复率呈下降趋势，这是因为阻燃剂料径小、活性大，能在硅橡胶中较好分散，并与硅橡胶产生较强的相互作用所致。挤出性和下垂度是衡量建筑密封胶施工性能的两个重要指标，通常建筑密封胶除需具备较好的挤出性能外，还要求其下垂度≤3mm。

综合阻燃等级、弹性恢复率、挤出性及下垂度四项指标考虑，阻燃剂的质量份在 45 左右较为合适。

2）密封橡胶条力学性能及耐久性研究

用于 PC 的橡胶密封止水条，是预先在预制外墙板内侧边和上下粘贴的防水止水条，利用其在受力时产生高弹形变的特性达到墙板安装时变形缝密封的目的。日本和中国台湾 PC 用橡胶密封条常用三元乙丙 D 型背胶密封条，选取改性的 PVC 橡胶条，进行性能对比。

（1）力学性能

密封橡胶条的弹性指标直接影响橡胶密封止水条的密封效果，是 PC 用橡胶止水条在实际使用时重点考虑的力学性能之一。本书采用扯断伸长率来表征橡胶止水条的弹性，并对三种X1和X2（三元乙丙D型背胶密封条）、X3（改性PVC橡胶条）的硬度、拉伸强度扯断延伸率进行分析，性能指标见表4-48。

表4-48 橡胶条的力学性能及技术要求

项　目	X1	X2	X3	技术要求
硬度/(邵尔A，度)	63	70	65	63～70
拉伸强度/MPa	15.1	7.0	5.2	≥10
扯断伸长率/%	600	300	240	≥300

从表4-48可以看出，X3的拉伸强度和断裂延伸率均低于三元乙丙D型背胶密封条，特别是X1，其断裂伸长率达到600%，大大超过国内外相关标准的要求。

（2）耐久性

PC用胶条的耐久性是非常重要的一项技术指标，它反映胶条的使用年限及防水密封性能。耐久性包括密封材料在大气因素作用下的老化特性，以及在温度、湿度等环境因素和长期交变荷载作用下的性能降低。弹性密封材料大多为高分子聚合物，在紫外线、温度、氧化等大气因素作用下，部分组分将继续发生聚合、缩合、氧化等反应，或小分子量组分挥发、游离等原因，使内部大分子数量增多，变形能力降低，脆性增加，导致开裂而失去防水密封的功能。因此，耐老化性能是影响密封材料耐久性，甚至防水功能设计寿命的重要因素。在实际使用中，通常以质量损失率或体积损失率、光线照射后的开裂性等试验来检测密封材料的耐老化性；用温度变化、一定幅度的拉伸循环试验反映密封材料的耐久性。

PC用胶条应用在预制外墙板里侧，其使用环境不受阳光照射，不需考虑紫外线老化因素，影响其性能降低的因素主要包括温度变化、氧化、湿度变化等，因此用低温硬度变化、热空气老化、耐臭氧、加热收缩率及加热减量等技术指标来表征其耐久性，其具体性能见表4-49。

表4-49 橡胶条的耐久性性能及技术要求

项　目		X1	X2	X3	技术要求
低温硬度变化/(−10℃)		5	−3	−5	≥−5
热空气老化（100℃，72h）	硬度变化/（邵尔A，度）	2	−2	−9	−5～+15
	拉伸强度变化率/%	9	−3	12	≥−10
	扯断伸长率变化率/%	−11	−5	−6	≥−20
耐臭氧（20%，50pphm）		无龟裂	无龟裂	无龟裂	无龟裂
加热收缩率/%（100℃，22h）		0.4	0.3	2	≤2
加热减量/%		0.7	0.5	1.6	≤2

从表4-49可以看出，X3橡胶条的硬度在低温和高温条件下都明显降低，其加热收缩率和加热减量也明显较高，虽然其性能都能达到日本建筑用橡胶密封条的现行标准《建筑用密封硫化橡胶》日本JISA5756（2002）标准的技术要求，但从安全及使用年限上考虑，仍需要提高其耐久性。

(3) 工程应用及效果评价

将几种不同的硅酮胶分别应用在试验楼的不同墙面上，对其性能进行长期的实践检验和观察比较。如图 4-90、图 4-91 和表 4-50 所示。

图 4-90　3 个月（某硅酮胶 2 号）

图 4-91　3 个月（某硅酮胶 3 号）

表 4-50　密封胶使用效果评价

性状及效果	某硅酮胶 1 号	某硅酮胶 2 号	某硅酮胶 3 号
施工性能	良好	良好	良好
注胶表面状况	光滑	光滑	光滑
淋水后渗漏情况	无	无	无
1 个月后是否开裂	无、触感软	无、触感偏硬	无、触感偏硬
3 个月后是否开裂	无	与基层开裂	与基层开裂
基材是否被污染	无	无	无

目前高性能建筑密封胶主要为硅酮、聚氨酯和聚硫，其中改性硅酮为主要发展方向。预制装配式建筑混凝土板接缝用密封胶的位移能力应达到 25 级，弹性恢复率应达到 90% 以上；可以采用 300h 以上浸水紫外老化试验和 90℃ 的热老化试验来评价密封胶的耐久性；用于预制装配式建筑混凝土板接缝的密封胶应具有低污染性；通过添加 45 份质量的硅磷系化合物复合阻燃剂可使接缝密封胶的阻燃性能达到 FV-0 级要求。

在选择 PC 用密封胶时，除了要求密封胶本身的性能达到指标不开裂外，还要考虑密封胶与基材的相容性。

4.2.4　小结

预制混凝土夹芯保温外墙板系统的保温层是三明治结构，保温层不易受到环境因素影响而发生破坏。其内外叶混凝土墙板通过连接件穿过保温层进行连接，所以外叶混凝土墙板不受保温层变形的影响。外叶混凝土墙板厚度大于 55mm 以上且配有钢筋，所以整体防水、防火、抗开裂、力学性能、耐久性和内叶钢筋混凝土一致，属于保温结构同寿命的系统。

本书对预制混凝土夹芯保温外墙板系统的内部保温层的热工耐久性、结构体系的防火、防水及节点的热工进行分析，可知该系统经过节点处理、板缝防火处理、选择耐老化密封胶等技术提升后可具有良好的耐久性和功能性。因此，预制夹心保温混凝土墙板可实现与主体结构同寿命的目标，也符合国家建筑装配式工业化发展方向，具有推广前景。

4.3 内保温系统耐久性与功能性协同提升技术

外墙内保温是一种较为广泛采用的外墙保温方式，内保温系统不直接接触外界环境，室内相对封闭不需承受外界风压等环境因素作用应力，通过节点处理及材料选型等技术合理提升后可长期保持其耐久性与功能性，实现与墙体结构同寿命的目标。但由于外墙内保温技术装修改造影响较大，占用室内有效使用面积，在热桥部位容易造成结露发霉现象等原因限制了其推广使用，目前在全国大力推进建筑业转型升级发展装配式建筑的趋势下，有些省市将全装修纳入装配率计算中，对于内保温系统的推广有一定助力。

外墙内保温系统存在一些薄弱环节，需进行提升处理。首先，施工往往只对墙体内侧进行保温层的设置，而内外墙的结合处，墙体和楼板的交界处、梁柱、门窗都没有保温处理。由于楼板、圈梁、构造柱等材料的导热系数和保温材料相差较大，它们的透水性和透气都比保温材料的好。在它们与保温材料的交界处很容易引起热桥，即形成热量进出的通道，造成保温效果的下降，而一旦这些部位周围温度较低，且室内湿度较大时，就会形成结露现象；其次，在热湿气候地区，其突出的特点是室外空气的相对湿度比较大，空调系统的除湿负荷较大，在空调降低室内空气温度的同时也降低了其水蒸气分压力，这容易造成室内空气水蒸气分压力低于室外空气水蒸气分压力的情况，这时，湿空气在水蒸气分压力差的驱动下便渗入室内。外面的湿空气在进入室内过程中，遇到的墙体材料温度低于露点温度时就会冷凝成液态，这种冷凝通常产生于墙体结构内，是一种不可见冷凝。如果墙体表面有水蒸气的凝结，由于多孔介质的毛细作用，液态水很有可能渗入墙体内部。墙内的湿积累就会降低建筑材料的保温隔热性能、降低建筑结构的强度，还会引发霉菌的生长[5]。内墙的潮湿现象严重，周围的墙体装饰层便会受到影响，产生发霉现象，结露会恶化室内环境、有害人体健康。

材料选型及构造处理措施对内保温系统的内部湿气传输有重要影响，对系统的耐久性和安全性极为重要。本书介绍了夏热冬冷地区的几种典型内保温系统（混凝土多孔砖EPS内保温系统、黏土多孔砖EPS内保温系统、加气混凝土无机保温砂浆内保温系统、钢筋混凝土EPS内保温系统、钢筋混凝土无机保温砂浆内保温系统）的冷凝情况。表4-51～表4-55是几种围护结构系统基本参数的选择。

表4-51 混凝土多孔砖EPS内保温系统参数选择

项目	涂料	腻子	抹面胶浆	EPS板	找平砂浆	混凝土多孔砖	找平砂浆	腻子	涂料
厚度 δ/mm	0.08	5	5	30	20	190	20	5	0.08
导热系数 λ_c/[W/(m·K)]	0.070	0.870	0.870	0.042	0.870	0.490	0.870	0.870	0.070
热阻 R/[(m²·K)/W]	0.001	0.006	0.006	0.714	0.023	0.408	0.023	0.006	0.001
蒸汽渗透系数 μ/[$\times10^{-4}$g/(m·h·Pa)]	0	0.98	0.98	0.16	0.98	0.246	0.98	0.98	0
蒸汽渗透阻 H/(m²·h·Pa/g)	193	51	51	1852	205	7724	205	51	193

表 4-52 黏土多孔砖 EPS 内保温系统参数选择

项目	涂料	腻子	抹面胶浆	EPS 板	找平砂浆	黏土多孔砖	找平砂浆	腻子	涂料
厚度 δ/mm	0.08	5	5	30	20	190	20	5	0.08
导热系数 λ_c/[W/(m·K)]	0.070	0.870	0.870	0.042	0.870	0.580	0.8700	0.870	0.070
热阻 R/(m^2·K/W)	0.001	0.006	0.006	0.714	0.023	0.345	0.023	0.006	0.001
蒸汽渗透系数 μ/[$\times 10^{-4}$g/(m·h·Pa)]	0	0.98	0.98	0.16	0.98	0.246	0.98	0.98	0
蒸汽渗透阻 H/(m^2·h·Pa/g)	193	51	51	1852	205	7724	205	51	193

表 4-53 加气混凝土无机保温砂浆内保温系统参数选择

项目	涂料	腻子	抹面胶浆	无机保温砂浆	找平砂浆	加气混凝土（600）	找平砂浆	腻子	涂料
厚度 δ/mm	0.08	5	5	30	20	200	20	5	0.08
导热系数 λ_c/[W/(m·K)]	0.070	0.870	0.870	0.1	0.8700	0.19	0.8700	0.870	0.070
热阻 R/(m^2·K/W)	0.001	0.006	0.006	0.300	0.023	0.909	0.023	0.006	0.001
蒸汽渗透系数 μ/[$\times 10^{-4}$g/(m·h·Pa)]	0	0.98	0.98	1.91	0.98	1	0.98	0.98	0
蒸汽渗透阻 H/(m^2·h·Pa/g)	193	51	51	157	205	2004	205	51	193

表 4-54 钢筋混凝土 EPS 内保温系统参数选择

项目	涂料	腻子	抹面胶浆	EPS 板	找平砂浆	混凝土	找平砂浆	腻子	涂料
厚度 δ/mm	0.08	5	5	30	20	200	20	5	0.08
导热系数 λ_c/[W/(m·K)]	0.070	0.870	0.870	0.042	0.870	1.740	0.870	0.870	0.070
热阻 R/(m^2·K/W)	0.001	0.006	0.006	0.714	0.023	0.115	0.023	0.006	0.001
蒸汽渗透系数 μ/[$\times 10^{-4}$g/(m·h·Pa)]	0	0.98	0.98	0.16	0.98	0.16	0.98	0.98	0
蒸汽渗透阻 H/(m^2·h·Pa/g)	193	51	51	1852	205	12658	205	51	193

表 4-55 钢筋混凝土无机保温砂浆内保温系统参数选择

项目	涂料	腻子	抹面胶浆	无机保温砂浆	找平砂浆	混凝土	找平砂浆	腻子	涂料
厚度 δ/mm	0.08	5	5	30	20	200	20	5	0.08
导热系数 λ_c/[W/(m·K)]	0.070	0.870	0.870	0.10	0.870	1.740	0.870	0.870	0.070
热阻 R/(m^2·K/W)	0.001	0.006	0.006	0.300	0.023	0.115	0.023	0.006	0.001

续表

项目	涂料	腻子	抹面胶浆	无机保温砂浆	找平砂浆	混凝土	找平砂浆	腻子	涂料
蒸汽渗透系数 $\mu/[\times10^{-4}g/(m \cdot h \cdot Pa)]$	0	0.98	0.98	1.91	0.98	0.16	0.98	0.98	0
蒸汽渗透阻 $H/(m^2 \cdot h \cdot Pa/g)$	193	51	51	157	205	12658	205	51	193

根据热工设计规范冷凝计算公式，

$$\theta_c = t_i - \frac{t_i - \bar{t}_e}{R_O}(R_i - R_{c*i}) \tag{4-6}$$

选取室内设计温度为18℃，采暖期室外平均温度为3.7℃，计算热阻值$R_i - R_{ci}$，从内到外共10个界面的界面温度θ以及该温度下的饱和水蒸气分压如表4-56～表4-60所示。

表 4-56　混凝土多孔砖 EPS 内保温系统各界面温度　(θ)

	界面1	界面2	界面3	界面4	界面5	界面6	界面7	界面8	界面9	界面10
$R_i - R_{c*i}$	0.11	0.11	0.12	0.12	0.84	0.86	1.25	1.27	1.28	1.28
θ	16.8	16.8	16.7	16.7	8.9	8.7	4.5	4.2	4.1	4.1
P_s	1911.8	1899.8	1899.8	1887.8	1139.9	1117.2	835.9	823.9	818.6	818.6

表 4-57　黏土多孔砖 EPS 内保温系统各界面温度　(θ)

	界面1	界面2	界面3	界面4	界面5	界面6	界面7	界面8	界面9	界面10
$R_i - R_{c*i}$	0.11	0.11	0.12	0.12	0.84	0.86	1.19	1.21	1.22	1.22
θ	16.7	16.7	16.7	16.6	8.5	8.2	4.5	4.2	4.2	4.2
P_s	1899.8	1899.8	1887.8	1887.8	1101.2	1086.6	835.9	823.9	818.6	818.6

表 4-58　加气混凝土无机保温砂浆内保温系统各界面温度　(θ)

	界面1	界面2	界面3	界面4	界面5	界面6	界面7	界面8	界面9	界面10
$R_i - R_{c*i}$	0.11	0.11	0.12	0.12	0.42	0.45	1.45	1.47	1.47	1.48
θ	17.0	17.0	16.9	16.8	14.0	13.8	4.4	4.1	4.1	4.1
P_s	1925.2	1925.2	1911.8	1911.8	1597.2	1566.5	830.6	818.6	813.3	813.3

表 4-59　钢筋混凝土 EPS 内保温系统各界面温度　(θ)

	界面1	界面2	界面3	界面4	界面5	界面6	界面7	界面8	界面9	界面10
$R_i - R_{c*i}$	0.11	0.11	0.12	0.12	0.84	0.86	0.97	1.00	1.00	1.00
θ	16.5	16.5	16.4	16.3	6.5	6.2	4.7	4.4	4.4	4.2
P_s	1863.8	1863.8	1863.8	1851.8	967.9	947.9	847.9	830.6	823.9	823.9

表 4-60　钢筋混凝土无机保温砂浆内保温系统各界面温度　(θ)

	界面 1	界面 2	界面 3	界面 4	界面 5	界面 6	界面 7	界面 8	界面 9	界面 10
$R_i - R_{c*i}$	0.11	0.11	0.12	0.12	0.42	0.45	0.56	0.58	0.59	0.59
θ	15.5	15.5	15.3	15.2	8.4	7.9	5.3	4.8	4.6	4.6
P_s	1759.9	1749.2	1737.2	1726.5	1101.2	1057.2	883.9	853.3	847.9	847.9

假定确定内表面和外表面的相对湿度分别为 60%、76%。实际水蒸气分压力值 P_i、P_e 分别为 1238、601.8(对应空气温度)。根据公式(4-7)可知：

$$P_m = P_i - \frac{P_i - P_e}{H_o}(H_1 + H_2 + \cdots + H_{m-1}) \tag{4-7}$$

计算各个界面处的实际水蒸气分压如表 4-61～表 4-65 所示。

表 4-61　混凝土多孔砖 EPS 内保温系统各界面处的实际水蒸气分压

	界面 1	界面 2	界面 3	界面 4	界面 5	界面 6	界面 7	界面 8	界面 9	界面 10
H	0.00	193.24	244.22	295.8	2147.6	2352.8	10076.4	10281.5	10332.8	10526.0
P_m	1237.5	1225.8	1222.7	1219.6	1107.8	1095.4	629.0	616.6	613.5	601.8

表 4-62　黏土多孔砖 EPS 内保温系统各界面处的实际水蒸气分压

	界面 1	界面 2	界面 3	界面 4	界面 5	界面 6	界面 7	界面 8	界面 9	界面 10
H	0.00	193.2	244.2	295.8	2147.6	2352.8	10076.4	10281.5	10332.8	10526.0
P_m	1237.5	1225.8	1222.7	1219.6	1107.8	1095.4	629.0	616.6	613.5	601.8

表 4-63　加气混凝土无机保温砂浆内保温系统各界面处的实际水蒸气分压

	界面 1	界面 2	界面 3	界面 4	界面 5	界面 6	界面 7	界面 8	界面 9	界面 10
H	0.00	193.2	244.2	295.8	452.8	658.0	2561.8	2766.9	2818.2	3011.5
P_m	1237.5	1196.7	1185.9	1177.1	1141.9	1098.6	696.7	653.5	642.6	601.8

表 4-64　钢筋混凝土 EPS 内保温系统的各界面处的实际水蒸气分压

	界面 1	界面 2	界面 3	界面 4	界面 5	界面 6	界面 7	界面 8	界面 9	界面 10
H	0.00	193.2	244.2	295.8	2147.6	2352.8	15011.1	15216.1	15267.4	15460.7
P_m	1237.5	1229.6	1227.4	1225.3	1149.2	1140.7	620.3	611.9	609.8	601.8

表 4-65　钢筋混凝土无机保温砂浆内保温系统的各界面处的实际水蒸气分压

	界面 1	界面 2	界面 3	界面 4	界面 5	界面 6	界面 7	界面 8	界面 9	界面 10
H	0.00	193.2	244.5	295.8	452.8	658.0	13316.2	13521.4	13572.6	13765.8
P_m	1237.5	1228.6	1226.2	1223.8	1216.6	1207.1	622.6	613.1	610.8	601.8

图 4-92～图 4-96 为夏热冬冷地区的五个内保温系统的内部冷凝计算图，当两个折线相交时即可能会发生冷凝现象。在本书设定的相对湿度条件下，混凝土多孔砖 EPS 内保温系统、黏土多孔砖 EPS 内保温系统、钢筋混凝土 EPS 内保温系统、钢筋混凝土无机保温砂浆内保温系统在保温层的内表面、基层墙体的内表面的找平砂浆处易发生冷凝问题。

随着基层墙体水蒸气渗透阻的增大，越易发生冷凝问题。加气混凝土无机保温砂浆内保温系统在设定无机保温砂浆 30mm 时，无冷凝问题。保温材料与基层材料之间的湿阻相差越大，保温墙体发生湿累积现象时，保温层的湿累积速率越快。

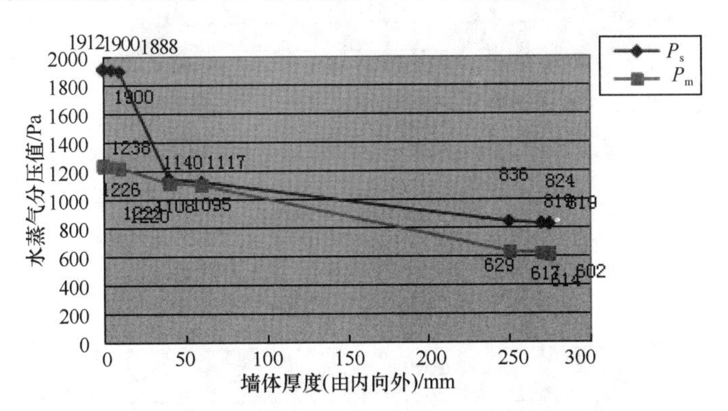

图 4-92　混凝土多孔砖 EPS 内保温系统的内部冷凝计算图

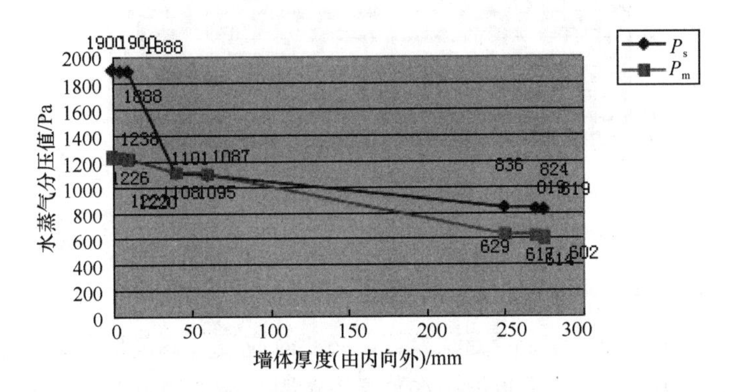

图 4-93　黏土多孔砖 EPS 内保温系统的内部冷凝计算图

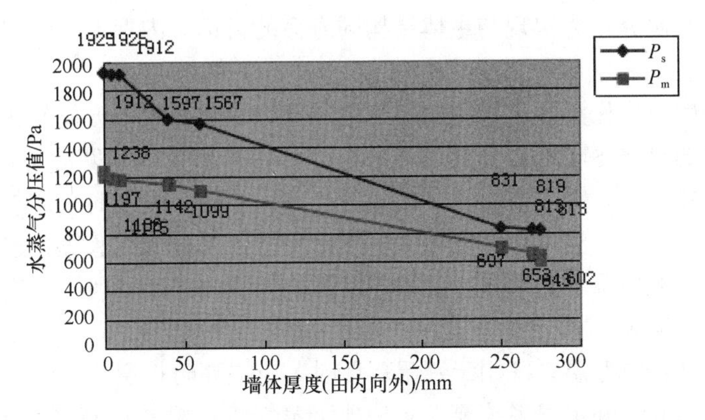

图 4-94　加气混凝土无机保温砂浆内保温系统的内部冷凝计算图

一般情况下内保温系统外围护墙内表面出现大面积结露的可能性不大，只需核算热桥部位内表面温度是否高于露点温度即可。由于热桥是出现高密度热流的部位，应采取辅助保温措施，加强热桥部位的保温，以减小采暖负荷。对室内、外温差较小的夏热冬暖和部分夏热冬冷地区，在有内保温情况下，结构性热桥部位出现结露的概率很小，设计验算结

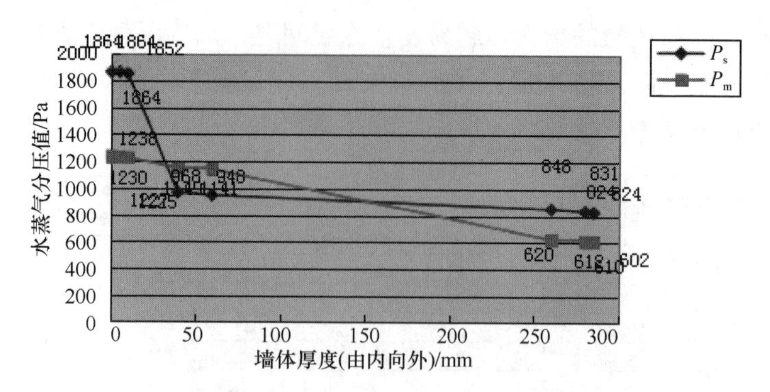

图 4-95　钢筋混凝土 EPS 板内保温系统的内部冷凝计算图

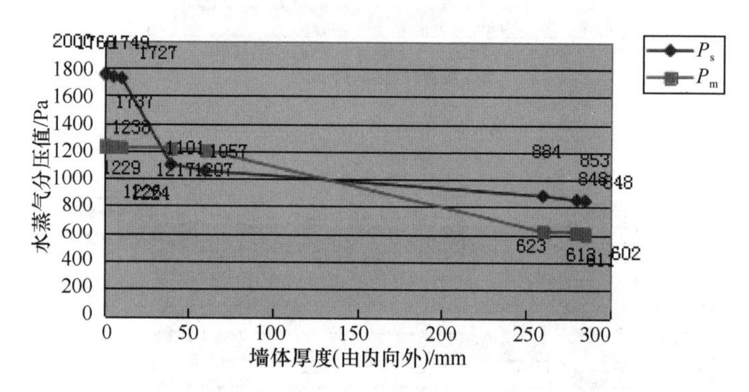

图 4-96　钢筋混凝土无机保温砂浆内保温系统的内部冷凝计算图

果满足热工规范要求时，结构热桥部位可不做辅助性保温措施。因此，内保温复合墙体内部冬季易出现冷凝时，应进行冷凝受潮验算，必要时应设置隔气层，防止冷凝结露。内保温系统用于潮湿环境时，应计算防护层水蒸气渗透阻，越大越好，特别是基层墙体为重质材料时。

综上结合已有研究，为实现与主体结构同寿命的目标，内保温系统耐久性与功能性协同提升技术主要包括：

（1）适用范围：内保温系统选用时应因地制宜、综合考量各方面问题。更适宜用于室内、外温差较小的夏热冬暖和部分夏热冬冷地区，在严寒地区和寒冷地区仅采用内保温，可能不能满足节能要求，需要同时采用内外复合保温系统（即同时采用外保温和内保温）。

（2）材料选择：内保温项目建议根据实际情况做内部冷凝的验算，选取与基层材料之间的湿阻相差较小的保温材料可减少湿累积问题。如有内部冷凝风险，应在出现冷凝的界面采取防潮隔汽的措施。

（3）构造处理：内保温系统用于潮湿环境时，应提高防护层隔气性，防护层水蒸气渗透阻越大越好（不同于外保温系统要求防护层水蒸气渗透阻越小越好），特别是基层墙体为重质材料时，必要时设隔气层；对于正常湿度房间的内保温系统，建议使用水蒸气透过性相对较好的保温材料以降低系统内部产生冷凝水的风险，而不是一味的隔气，更侧重考虑透湿；要避免内表面产生冷凝，必须提高外围护结构冷热桥的热阻，冷、热桥部位需设计建筑内保温，注意其保温层厚度及延展宽度。

4.4 自保温系统耐久性与功能性协同提升技术

墙体自保温技术是指使用本身具有一定的保温隔热性能的墙体围护结构材料，再配以相应的辅助措施（如使用轻质保温砌筑砂浆、保温抹灰砂浆等）构成的墙体，在砌体结构完成后，进一步对现浇的梁、柱及砌体结构节点和热工性能差的部位进行外保温处理。墙体自保温系统构成建筑物"主体"结构的一部分，保温隔热效果不会随使用时间的延长而劣化，自保温材料有利于资源利用和环保，同时防火性好，在使用期间几乎不需要维护费用。基本可实现与建筑物同寿命的目标。

从所使用的砌筑材料的不同来说，墙体自保温技术可以分为三类。第一类是本身具有良好保温隔热性能的加气混凝土砌块；第二类是普通混凝土小型空心砌块中插入保温性能好的膨胀聚苯板或者挤塑聚苯板，通常称为夹芯砌块或插板砌块类；第三类是本身具有良好保温隔热性能的多孔砌块，通常称为轻质空心砌块类，如水泥膨胀珍珠岩类空心砌块、陶粒砌块或者其他轻集料混凝土小型空心砌块。

蒸压加气混凝土砌块生产工艺成熟，价格适中，是适应性较强的自保温墙体材料之一。本书介绍了蒸压加气混凝土砌块配套材料和应用技术的相关研究，提出自保温系统耐久性与功能性协同提升的技术措施，将蒸压混凝土砌块应用面从建筑物的内墙扩展到建筑物的外墙，充分发挥其自保温特点，达到建筑节能对墙体传热系数的要求。

4.4.1 蒸压加气混凝土自保温系统功能性及耐久性能提升技术

加气混凝土属于多孔结构，内部有许多气孔，吸水率大，采用传统砂浆砌筑加气混凝土时，砂浆保水性差，砂浆中的水分慢慢被加气混凝土吸收，易导致水泥水化不充分，强度不能正常发展，砂浆粘结强度和抗压强度低，砂浆与砌块粘结不牢，从而影响砌体的质量，而抹灰层容易开裂、空鼓甚至脱落。因此，砂浆的种类对砌体的抗剪强度及抗开裂性等具有重要影响。本书介绍了不同强度等级及不同类型的干粉砌筑砂浆对加气砌块砌体粘结性能的影响，从材料选型角度提升蒸压加气混凝土自保温系统功能性及耐久性。

普通干粉砌筑砂浆试验配合比见表4-66，技术性能见表4-67和表4-68。

表4-66 普通干粉砌筑砂浆配合比

编号	强度等级	原材料/(kg/m³)					
		水泥	砂	纤维素醚40000	粉煤灰	稠化粉	水
JQ1	M5	207	1400	0	156	52	285
JQ2	M5	205	1317	0	205	51	302
JQ3	M5	193	1300	0.48	144	48	294
JQ4	M7.5	253	1387	0	101	51	308
JQ5	M7.5	257	1340	0	154	51	297
JQ6	M7.5	240	1316	0.48	96	48	259
JQ7	M10	311	1399	0	52	52	297
JQ8	M10	649	794	4.43	0	胶粉：1	281
JQ9	M10	288	1295	0.48	48	48	260

普通干粉砌筑砂浆试验表明，用稠化粉配制的砂浆性能符合《预拌砂浆》（GB/T 25181）要求。当砂浆中水泥用量大于 250kg/m³ 时，砌体抗剪强度符合要求，破坏面砂浆剪断，但失水较快。加入纤维素醚，抗压强度降低，凝结时间延长。砌筑砂浆（JQ8）水泥用量 649kg/m³，抗压强度 19.6MPa，砂浆失水慢，砌筑方便，砌体抗剪强度平均值 0.33MPa，破坏面为砌块。如图 4-97 所示。

表 4-67　干粉砌筑砂浆及砌体物理力学性能

编号	稠度 0′/30′	分层度	保水率/%		密度	凝结时间	抗压强度（有底试模）/MPa		14d 抗拉强度	砌体抗剪强度
	mm	mm	测试值	平均值	kg/m³	h:m	7d	28d	MPa	MPa
JQ1	77/63	14	90.7 90.4	90.6	2100	7:06	6.1	9.9	0.138	0.09
JQ2	87/79	8	90.5 91.1	90.8	2080	6:39	5.6	11.2	0.247	0.09
JQ3	87/76	11	91.2 91	91.1	1980	9:56	3.8	7.1	0.125	0.09
JQ4	94/82	12	88.3 88.5	88.4	2100	7:45	6.7	11.1	0.272	0.13
JQ5	89/79	10	89.1 89.5	89.3	2100	6:50	7	13	0.299	0.13
JQ6	90/78	12	92.8 92.8	92.8	1960	9:24	5.1	9.6	0.162	0.12
JQ7	89/68	21	88.3 88	88.2	2110	7:04	7.4	13.6	0.268	0.10
JQ8	60/60		100.0 100.0	100.0	1730	9:48	12.1	19.6	0.673	0.33
JQ9	91/79	12	92.9 93	93	1940	9:01	5.3	10.9	0.267	0.13

表 4-68　干粉砂浆厚层砌筑的加气砌块砌体通缝抗剪强度性能

编号	试验值					JGJ/T 17—2020 要求
	平均值/MPa	标准离差/MPa	变异系数/%	标准值/MPa	设计值/MPa	设计值/MPa
JQ1	0.087	0.0178	20.3	0.0582	0.036	0.05
JQ2	0.095	0.0253	26.6	0.0534	0.033	
JQ3	0.087	0.0204	23.5	0.0533	0.033	
JQ4	0.135	0.0186	13.8	0.1043	0.065	
JQ5	0.128	0.0256	19.9	0.0863	0.054	

续表

编号	试验值					JGJ/T 17—2020 要求
	平均值/MPa	标准离差/MPa	变异系数/%	标准值/MPa	设计值/MPa	设计值/MPa
JQ6	0.115	0.0353	30.7	0.0571	0.036	0.05
JQ7	0.101	0.0119	11.7	0.0819	0.051	
JQ8	0.332	0.0315	9.5	0.2804	0.175	
JQ9	0.128	0.0135	10.5	0.1062	0.066	

注：砌块采用 B06 级蒸压加气混凝土砌块。

图 4-97　厚层砌筑砂浆抗剪强度试验砌体破坏面

薄层砌筑砂浆系指灰缝厚度 3mm 的砌筑砂浆，加气砌块薄层砌筑砂浆也称为薄层砂浆。利用不同配合比薄层砌筑砂浆对不同密度等级的蒸压加气砌块进行砌体力学性能试验，试验结果见表 4-69～表 4-72。由结果可知，采用薄层砂浆砌筑的砌体力学性能满足 JGJ/T 17—2020 的要求。薄层砂浆与砌块粘结良好，在采用薄层砌筑砂浆砌筑的砌体抗剪强度试验时，砂浆强度小于砌块强度时，破坏面主要在砂浆层；砂浆强度略小于砌块强度时，破坏面主要在砂浆与砌块的界面层；砂浆强度大于砌块强度时，破坏面主要在砌块本身。薄层砌筑砂浆水泥用量增加，砂浆抗压强度增大，砌体抗剪强度也随之提高。砌块干密度等级大，砌体抗剪强度也高，砌体抗压强度也高。薄层砌筑砂浆强度砌筑的砌体抗压强度和砌块的抗压强度正相关，砌块抗压强度高，砌体的抗压强度也高。

经过性能提升的薄层砂浆砌筑的砌体的轴心抗压强度较标准值提高 50%以上，通缝抗剪强度可提升 3 倍以上，采用薄层砂浆砌筑的蒸压加气混凝土自保温系统的功能性及耐久性都可得到提升。

表 4-69　薄层砌筑砂浆配合比及硬化前性能

专用砂浆编号	32.5 水泥	中砂	保水剂	水	密度	稠度	保水率
	kg/m^3					mm	%
sh1、sh2、sh3	458	917	4.2	300	1680	89	100
sh4	276	823	2.2	220	1320	88	100
sh5	177	882	4.2	197	1260	84	100

表 4-70 薄层砌筑砂浆及砌体物理力学性能

专用砂浆编号	砂浆 14d 抗拉强度/MPa	砂浆 28d 抗压强度（加气块底模）/MPa	砂浆 28d 抗压强度（烧结砖底模）/MPa	砂浆 28d 抗压强度（钢底模）/MPa
sh1、sh2、sh3	0.48	12.6	11.6	11.7
sh4	0.33	3.9	3.4	3.1
sh5	0.19	1.2	1.8	1.3

表 4-71 薄层干粉砂浆砌筑的砌体通缝抗剪强度性能

编号	砌块等级	试验值					JGJ/T 17—2020 要求
		平均值/MPa	标准离差/MPa	变异系数/%	标准值/MPa	设计值/MPa	设计值/MPa
sh1	B05	0.342	0.0260	7.6	0.299	0.187	0.05
sh2	B06	0.366	0.0626	17.1	0.2631	0.164	
sh3	B07	0.365	0.0432	11.8	0.2942	0.184	
sh4	B06	0.265	0.0289	10.9	0.2177	0.136	
sh5	B06	0.196	0.0224	11.4	0.1591	0.099	

注：砌块采用 B06 级蒸压加气混凝土砌块。

表 4-72 蒸压加气混凝土砌块、薄层干粉砂浆砌筑的砌体轴心抗压强度性能

编号	砌块等级	试验值					JGJ/T 17—2020 要求
		平均值/MPa	标准离差/MPa	变异系数/%	标准值/MPa	设计值/MPa	设计值/MPa
sh1	B05	2.84	0.37	13.1	2.14	1.34	0.73
sh2	B06	3.23	0.17	5.3	2.43	1.52	0.97

注：标准值和设计值计算时，变异系数按 15%计算。

蒸压加气混凝土砌块外墙热工性能如表 4-73 所示。相对于一般墙体材料，蒸压加气混凝土砌块材料的导热系数明显较小，墙体的传热系数也较低，故蒸压加气混凝土砌块是目前工程应用中综合性价比较高的一种墙体自保温材料。但考虑非承重墙体受承重结构（梁、柱、楼板等）热桥影响的因素，因此在建筑物外墙保温中应用，也需要采取附加或辅助保温措施，以满足建筑节能标准的相关规定。

表 4-73 加气混凝土砌块（B06 级）外墙 K_p、K_m、D 值

砌块厚度/mm	砌筑材料	砌体		K_p	K_m	D
		λ_c	S_c	[W/(m²·K)]		
200	薄层砂浆	0.19	3.01	0.83	1.65	3.17
	水泥混合砂浆	0.24	3.76	1.02	1.78	3.13
240	薄层砂浆	0.19	3.01	0.71	1.51	3.80
	水泥混合砂浆	0.24	3.76	0.87	1.63	3.76

注：K_p为主墙体（或称外墙主体部分）的传热系数值。

K_m 为主墙体（或称外墙主体部分）的平均传热系数。

4.4.2　模卡砌块自保温系统功能性和耐久性提升技术

混凝土保温模卡砌块是以砂石为集料，水泥为胶结料，掺加一定的工业废料和其他添加剂，加水搅拌、振动、压制成型的一种具有特殊外观形状的全新自保温功能的新型墙体材料。混凝土自保温模卡砌块将保温隔热材料置于内部，与砌块构成一个完整体，砌成墙体以后，由砌块的混凝土材料对其进行保护，其耐久性等同墙体乃至建筑物的耐久性，可以大大节约后期对保温层的维修费用，既提高建筑内外墙保温的安全性能，又降低综合成本。

保温模卡砌块主块型各部位名称见图 4-98。

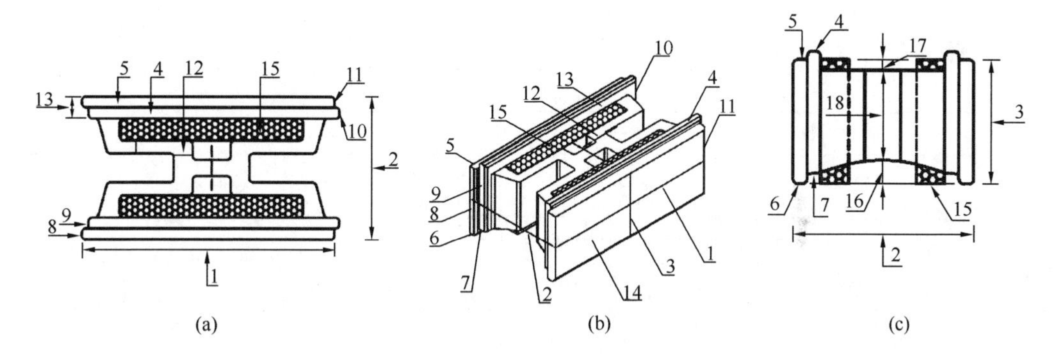

图 4-98　配筋普通模卡砌块主块型各部位名称示意图

（a）俯视图；（b）轴测图；（c）立面图

1—长度；2—宽度；3—高度；4—上卡口；5—上卡肩；6—下卡口；7—下卡肩；8—左卡口；9—左卡肩；10—右卡口；11—右卡肩；12—肋；13—外壁；14—条面；15—绝热材料；16—水平凹槽拱高；17—肋落低高度；18—肋高

配筋保温模卡砌块主块型各部位名称见图 4-99。

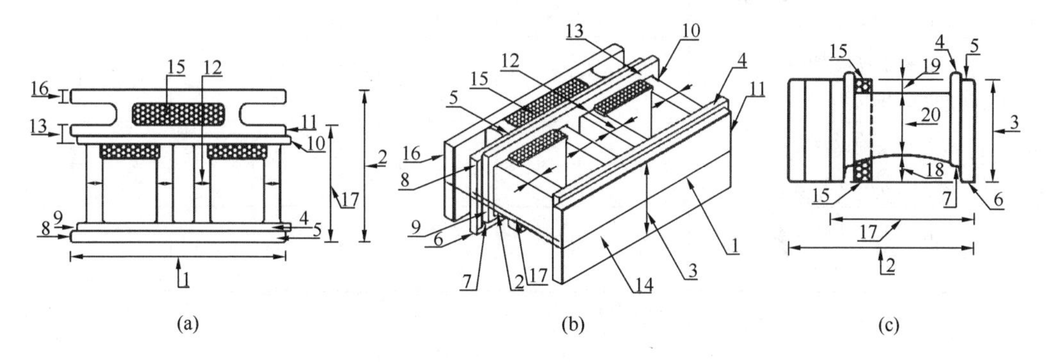

图 4-99　配筋保温模卡砌块主块型各部位名称示意图

（a）俯视图；（b）轴测图；（c）立面图

1—长度；2—宽度；3—高度；4—上卡口；5—上卡肩；6—下卡口；7—下卡肩；8—左卡口；9—左卡肩；10—右卡口；11—右卡肩；12—肋；13—外壁；14—条面；15—绝热材料；16—护壁；17—受力块体宽度；18—水平凹槽拱高；19—肋落低高度；20—肋高

混凝土模卡砌块强度等级应符合表 4-74 的规定。

表 4-74　混凝土模卡砌块强度等级

强度等级		MU5.0	MU7.5	MU10.0	MU15.0	MU20.0
28d抗压强度/MPa	平均值	≥5.0	≥7.5	≥10.0	≥15.0	≥20.0
	单块最小值	≥4.0	≥6.0	≥8.0	≥12.0	≥16.0

混凝土模卡砌块的其他性能指标应符合表 4-75 的规定。

表 4-75　混凝土模卡砌块的其他性能指标要求

项目	性能指标		
吸水率/%	≤10		
线性干燥收缩值/(mm/m)	≤0.45		
软化系数	≥0.85		
碳化系数	≥0.85		
抗渗性/mm （仅对用于清水墙的混凝土模卡砌块）	水面下降高度三块中任意一块不应大于 10		
抗冻性/%	$D25$	质量损失	平均值≤5，单块最大值≤10
		强度损失	平均值≤20，单块最大值≤30
放射性核素限量	内照射指数（I_{Ra}）		≤1.0
	外照射指数（I_r）		≤1.0

模卡砌块的材料热工性能表如表 4-76 所示。

表 4-76　材料热工性能表

砌块类型	当量导热系数/[W/(m·K)]	热阻值/[(m²·K)/W]	蓄热系数/[W/(m²·K)]	热惰性指标 $D=R\cdot S$
普通模卡砌块砌体（200mm）	0.936	0.24	10.5	2.52
保温模卡砌块砌体（225mm，内插 30 保温板）	0.221	1.018	4.05	4.12
保温模卡砌块砌体（225mm，中间孔插 40 保温板）	0.196	1.148	3.62	4.16
保温模卡砌块砌体（240mm，内插 45 保温板）	0.162	1.481	3.241	4.80

注：砌块内插保温材料的导热系数为 0.039W/(m·K)。

4.4.3　其他常用砌块自保温系统主墙体的热工性能

以下对其他几种常用的自保温系统进行热工性能对比分析，以供设计选型。

4.4.3.1　复合型混凝土多孔保温砖主墙体热工性能

复合型混凝土多孔保温砖（简称奥伯 JT 砖）是由上海奥伯混凝土制品有限公司研发，形成了独特的“奥伯外墙复合自保温系统”。本项目的研发工作部分采纳了这一系统的成果。

奥伯 JT 砖由以下部分组成：

（1）内叶块：奥伯 JT 砖中承担墙体功能的部件，通常为混凝土材性的多孔砖，砌筑后位于墙体内侧。

（2）外叶块：奥伯 JT 砖中承担保护保温体功能的部件，通常为混凝土材性的多孔砖，砌筑后位于墙体外侧。

（3）保温体：奥伯 JT 砖中承担保温隔热功能的部件。

（4）拉结托钩：奥伯 JT 砖中用于内外叶块拉结和承托的部件。

奥伯 JT 砖外形及部位名称见图 4-100。奥伯 JT 砖的砖坯是普通混凝土多孔砖，因此，其各项技术要求应符合国家行业标准《混凝土多孔砖》的各项规定。

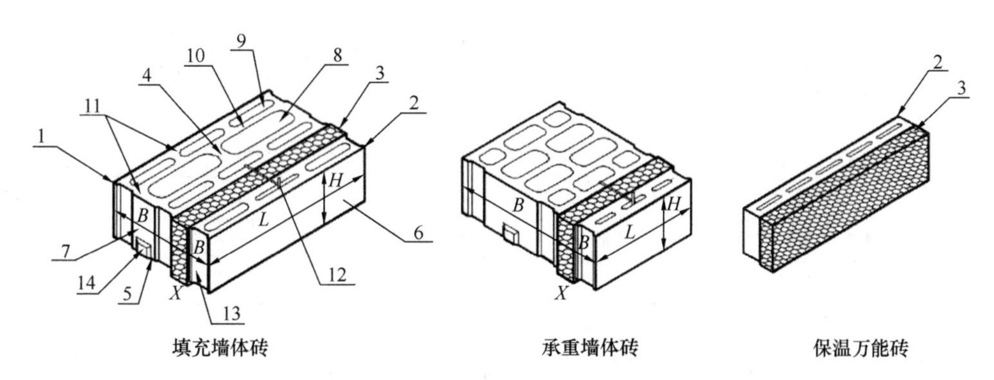

图 4-100　奥伯 JT 砖各部位名称

1—内叶块；2—外叶块；3—保温体；4—坐浆面（孔洞较大的面）；5—铺浆面（孔洞较小的面）；6—条面；7—顶面；8—手抓孔；9—半盲孔；10—肋；11—外壁；12—拉结托钩；13—竖向砂浆槽；14—定位块；L—长度；B—宽度；H—高度；X—保温体厚度

与同质材性的实心体的保温材料不同，奥伯 JT 砖无法确定其导热系数。国家现行规范《民用建筑热工设计规范》（GB 50176）对由两种以上材料组成的、两向非均质的围护结构（包括各种形式的空心砖块，填充保温材料的墙体等）的热工性能规定了相应的计算方法。

奥伯 JT 砖的墙体热工性能由中国建筑科学研究院上海分院按上述国家现行规范的规定计算确定，计算过程中涉及的各项材料的导热系数的取值分别为：选取干硬性混凝土对应的导热系数为 1.00W/(m·K)，模塑聚苯板（EPS）为 0.042W/(m·K)，挤塑聚苯板（XPS）为 0.030W/(m·K)，发泡聚氨酯板（PU）为 0.027W/(m·K)，水泥混合砂浆为 0.87W/(m·K)。保温体分别为不同厚度的 EPX、XPS 和 PU 的奥伯 JT 砖墙体的传热系数汇总如表 4-77 所示。

表 4-77　奥伯 JT 砖墙体传热系数计算值　[W/(m^2·K)]

主规格型号	保温材料	保温材料厚度对应的传热系数							
		厚度							
		30mm	40mm	50mm	60mm	70mm	80mm	90mm	100mm
2FX-1	模塑聚苯板（EPS）	0.731	0.626	0.548	0.488	0.439	0.400	0.367	0.339
	挤塑聚苯板（XPS）	0.609	0.510	0.439	0.386	0.344	0.310	0.283	0.260
	聚氨酯（PU）	0.572	0.476	0.408	0.357	0.317	0.286	0.260	0.238

续表

主规格型号	保温材料	保温材料厚度对应的传热系数							
		厚度							
		30mm	40mm	50mm	60mm	70mm	80mm	90mm	100mm
2NX-1	模塑聚苯板（EPS）	0.682	0.591	0.521	0.466	0.422	0.386	0.355	0.329
	挤塑聚苯板（XPS）	0.598	0.503	0.434	0.382	0.341	0.308	0.281	0.258
	聚氨酯（PU）	0.563	0.470	0.403	0.353	0.315	0.283	0.258	0.237
3FX-1	模塑聚苯板（EPS）	0.736	0.630	0.551	0.490	0.441	0.401	0.368	0.340
	挤塑聚苯板（XPS）	0.612	0.513	0.441	0.387	0.345	0.311	0.284	0.260
	聚氨酯（PU）	0.575	0.478	0.410	0.358	0.318	0.287	0.260	0.239
3NX-1	模塑聚苯板（EPS）	0.708	0.609	0.536	0.478	0.431	0.393	0.361	0.334
	挤塑聚苯板（XPS）	0.593	0.499	0.431	0.380	0.339	0.307	0.280	0.257
	聚氨酯（PU）	0.558	0.467	0.401	0.352	0.313	0.282	0.257	0.236
ZKX-1	模塑聚苯板（EPS）	0.637	0.555	0.492	0.442	0.401	0.368	0.339	0.315
	挤塑聚苯板（XPS）	0.541	0.460	0.401	0.356	0.320	0.290	0.266	0.245
	聚氨酯（PU）	0.511	0.432	0.375	0.331	0.296	0.269	0.245	0.226
ZNX-1	模塑聚苯板（EPS）	0.686	0.592	0.521	0.466	0.421	0.384	0.354	0.328
	挤塑聚苯板（XPS）	0.576	0.486	0.421	0.371	0.332	0.301	0.275	0.253
	聚氨酯（PU）	0.543	0.455	0.392	0.344	0.307	0.277	0.253	0.232

注：混凝土多孔砖的密实度会因成型设备的差异而有差异，加之各地实际湿度条件的差别，复合型混凝土多孔保温砖的实际含水率会有相应的差异，选用表 4-77 的数据时，应考虑 1.1～1.2 的修正系数。

4.4.3.2 四排孔轻集料混凝土小型空心砌块

轻集料混凝土小型空心砌块的保温隔热效果取决于集料的密度、孔洞的排列方式、孔的排数。四排孔轻集料混凝土小型空心砌块自身收缩率极低，是一种热工性能较好的自保温墙体材料，如果想达到更高的节能要求，需配套其他保温措施。

用四排孔轻集料混凝土小型空心砌块砌筑时，砌筑灰缝与砌块两者导热系数相差过大，易使整个墙体出现“冷桥”现象，造成隔热保温的缺陷。导热系数小而强度又可靠的轻质保温砌筑砂浆可消除墙体的“冷桥”，提高整个墙体的隔热保温效果。轻质砌筑砂浆性能测试结果，如表 4-78 所示。

表 4-78 轻质砌筑砂浆性能测试结果

项目		干密度/(kg/m^3)	导热系数/[W/(m·K)]	抗压强度/MPa
M5	性能指标	≤1000	≤0.30	≥5.0
	试验结果	726	0.1847	5.74

粉煤灰（陶粒）混凝土空心砌块墙体厚度 190mm，砌筑材料分别采用普通砌筑砂浆和保温砌筑砂浆，灰缝厚度 10mm，墙体内外各粉刷 10mm 厚水泥砂浆。砌体热工计算结果如表 4-79 所示。

表 4-79　粉煤灰（陶粒）混凝土空心砌块外墙 K_p、K_m值

砌块种类	砌筑材料	砌体	K_p	K_m
		λ_c	W/(m²·K)	
粉煤灰（陶粒）混凝土空心砌块	普通砌筑砂浆	0.303	1.038	1.505
	保温砌筑砂浆	0.257	0.904	1.310

注：K_p为主墙体（或称外墙主体部分）的传热系数值。

由表 4-79 可知，粉煤灰（陶粒）混凝土空心砌块单一墙体采用保温砂浆砌筑时，墙体的传热系数相比采用普通砂浆砌筑时显著降低。在内外面分别粉刷 10mm 水泥砂浆的情况下，保温性粉煤灰（陶粒）混凝土空心砌块采用普通砂浆砌筑时，墙体平均传热系数为 1.505W/(m²·K)，如果换成保温砂浆砌筑，墙体的平均传热系数达到 1.310W/(m²·K)，保温效果提升明显。

4.4.3.3　淤泥烧结多孔砖主墙体热工性能

淤泥烧结多孔砖是一种节能环保的自保温墙材，它以河道淤泥、水厂淤泥为主要原料，以煤渣、煤灰、煤矸石、木屑、秸秆、谷壳以及其他易燃固体废弃物为燃料，经过破碎、混合、焙烧等一系列工艺流程生产而成。

淤泥烧结多孔砖为两种，一种是环保型淤泥烧结多孔砖，另一种是保温性淤泥烧结多孔砖，墙体为一砖墙，厚度 240mm，砌筑材料分别采用普通砌筑砂浆和保温砌筑砂浆，灰缝厚度 10mm，内外各粉刷 10mm 厚水泥砂浆。砌体热工计算结果如表 4-80 所示。

表 4-80　淤泥烧结多孔砖外墙 K_p、K_m值

砌块种类	砌筑材料	砌体	K_p	K_m
		λ_c	W/(m²·K)	
环保型淤泥烧结多孔砖	普通砌筑砂浆	0.409	1.49	2.16
	保温砌筑砂浆	0.383	1.25	1.82
保温型淤泥烧结多孔砖	普通砌筑砂浆	0.329	1.11	1.61
	保温砌筑砂浆	0.232	0.83	1.20

4.4.4　小结

通过本书对外墙自保温体系的适用性、材料以及经济型的分析，显示外墙自保温体系具有明显的经济和技术优势，结合已有研究，为实现与主体结构同寿命的目标，内保温系统耐久性与功能性协同提升技术主要包括：

（1）适用范围：我国各地区之间的气候差异巨大，不同的气候对建筑的影响很大，应根据各气候区的特点以及节能要求，结合当地的资源特点，设计自保温建筑的墙体构造。建筑物能否使用自保温体系，取决于其建筑物的具体结构形式，当建筑外墙能采用较大的砌块填充面积并且混凝土的结构部位较少时，如框架、框筒及框架剪力墙结构，建筑物就可以选用自保温体系。

（2）材料选择：外墙自保温系统的配套材料应选择专用砌筑、抹灰砂浆，保温砌筑砂浆、连接件等。选用薄层砂浆砌筑自保温砌块可显著改善砌体抗剪强度。此外，砌筑砂浆的导热系数对热桥的形成和自保温墙体的保温隔热性能有重要影响，砌筑砂浆的导热系数越高，形成的热桥数量越多，对于自保温体系，导热系数小而强度又可靠的轻质保温砌筑砂浆可消除墙体的“冷桥”，提高整个墙体的隔热保温效果。另外，砌筑的体积密度以及蓄热系数都要符合相关规定，这些参数都要跟墙体材料的相关参数对应，才能实现断桥隔热的作用，防止外墙开裂[6]。

（3）构造处理：不管采用哪种类型的结构形式，外墙自保温体系必须选择合适的保温隔热材料、饰面层材料以及稳定的连接节点，同时混凝土的结构部位必须进行特殊处理，另外建筑热桥部位所选取的保温材料必须保证外墙饰面层不出现开裂空鼓等现象。

4.5　外保温系统耐久性与功能性协同提升技术

外墙外保温系统是由基层墙体再辅以轻质高效保温材料构成，基层墙体包括混凝土墙蒸压粉煤灰砖、多孔砖、加气混凝土、空心砌块等新型材料砌筑的轻型墙体。与其他外墙保温隔热技术相比，外墙外保温系统适用范围广，保温隔热效果明显，使建筑外围护结构的“热桥”减少，同时可保护主体结构，大大减少了自然界温度、湿度、紫外线等对主体结构的影响，降低建筑能耗，特别在寒冷与严寒地区应用更能显示其优越性。建筑外墙外保温系统能够带来出色的节能效果和舒适的生活环境，因此人们对于该系统的耐久性和功能性给予很高的关注。

目前国内许多建筑外保温系统在为墙体节能发挥作用的同时，由于设计、材料及施工缺陷等多方面原因，出现饰面层开裂或保温层大面积空鼓、脱落等质量问题导致功能失效，无法达到设计使用年限的要求。在汉堡工业大学做过的面砖试验研究后认为，一个不好的外保温贴砖系统可能在年后即出现掉砖现象[8]，其认为主要的破坏来自外部，尤其是进入系统中的水在冻融后对有饰面砖保温系统破坏最大。

综合相关研究可知，外保温系统保持良好的耐久性与功能性受多种因素影响。水蒸气传导不畅的外保温系统不仅导致热工性能下降，同时可能发生冻融破坏、空鼓脱落等耐久性问题。同时，外保温系统的防护层的性能对于保障其功能性和耐久性至关重要，防护层不仅可阻挡水分及有害离子进入外保温系统，还可承受外界环境因素作用产生的应力。系统材料间的协调工作性同样重要，若材料性能无法互相匹配，则界面粘结力差易在界面处导致空鼓开裂。本书从以上几个角度出发，重点针对薄抹灰外保温系统及相关材料的热湿控制技术、系统抗开裂性及系统协调工作性等方面入手分析了其耐久性和功能性协同提升技术，为薄抹灰外保温系统的设计提供参考，并介绍一种功能性和耐久性良好的新型外墙外保温系统。

4.5.1　外保温系统的热湿特性及控制技术

对外保温系统材料而言，其多孔的结构特征造成材料在相对湿度较大的环境中会产生吸湿作用，孔洞中会含有一定比例的水分，包括水蒸气、液态水甚至冰。吸湿后材料的热湿性能发生变化，导致其热工状况随之改变。此外，建筑建设期也会在墙体内部引入大量水分，竣工后墙材内部水分迁移缓慢。即使建设期引入的水分达到稳定状态，墙体也会受室内温度、相对湿度以及室外气候变化的影响，造成水分在墙体内外迁移，影响墙材含湿状态。水分迁移受自身水分梯度和温度梯度的影响，同时水分的迁移也会消耗能量，从而影响墙体内的热量传递，因此，外保温系统同时受温、湿耦合因素的影响，目前关于该方面的研究往往局限于理论模拟分析。

赵立华等人[7]通过对外保温墙体的传湿研究，认为墙体外保温材料的使用会影响墙内的水蒸气分压力场和温度场的变化，在影响热量传递的同时也会产生水蒸气凝结；外保温技术基本消除了内表面结露问题，但围护结构内部结露的可能危险依然存在，这取决于温差作用下的室内外湿流和低温一侧的隔湿效果。在冬季，当室内的水蒸气气压大于室外时，水蒸气通过外围护结构由室内向室外运动，当水蒸气通过墙体的某一材料层的水蒸气气压超出了该点结露的饱和蒸气压力，那么该处容易出现结露现象[8]。室内相对湿度越高，持续的时间越长，结露可能越严重，墙体的湿度也越严重。目前对外保温复合墙体的湿状况研究还非常有限，在保温材料外侧有密实的保护层，由于水蒸气在墙体内部的渗透和凝结，也可能带来相应的问题。何金春[9]从理论计算得出结论水蒸气在保温层内部、保温层与保护层之间的界面处容易产生冷凝的危险。Shakun[10]认为因为热湿空气进入墙体中造成墙内的冷凝，从而引起建筑物内部湿损坏。因此，要减少建筑的温湿损坏，研究墙体内湿迁移容易发生冷凝的位置，然后选择合适的建筑材料，设计相应的建筑结构，合理设计空调方式对墙体的湿积累进行控制非常必要，确保其热绝缘性能和构造安全，改善室内热湿环境。

综合相关研究可知，墙体内部同时存在热量传递、水分迁移以及两者的耦合作用，围护结构内部水分的迁移和积聚还可能造成墙体表面发霉，使结构性能退化，甚至产生健康隐患。而外保温墙体中空气层内部产生冷凝水后，除了影响保温效果，还会增加保温层脱落的可能，危及行人安全，增加维护费用，了解墙体内部热湿传递的对外保温系统功能性和耐久性的影响很有必要。本书主要介绍了外保温系统的防水透气性、典型气候区常用构造的外保温系统的冷凝验算情况及理论模拟系统的湿度增量情况以及外保温复合墙体的热湿传递的部分实验研究结果，分别从不同角度分析外保温系统的热湿特性及控制提升技术。

4.5.1.1　外保温系统的防水透气性

通常外保温系统既要求室内外水蒸气分压力差导致的水蒸气迁移能够正常进行，同时也要阻挡水分对建筑内部造成的侵蚀破坏，即外保温系统应兼具透气性及防水性。透气性是指水汽扩散阻力，如果外墙外保温系统透气性不好，将阻碍墙体排湿，影响饰面颜色，同时产生应力使涂膜鼓泡、脱落，最后导致墙身含湿量逐步增加，产生冷凝水富集，从而给墙体热工、结构等性能带来不利影响。

透气性和防水性大多是相互矛盾的，只能两者兼顾和统一。1968 年，德国物理学博士金策尔（Kuenzel）率先提出外墙防水抹灰技术指标（Kuenzel 外墙保护理论）。后来被欧洲各种建材标准广泛使用：

$$W \leqslant 0.5 \tag{4-8}$$

$$S_d \leqslant 2 \tag{4-9}$$

$$W \cdot S_d \leqslant 0.2 \tag{4-10}$$

式中　W——吸水速率，kg/（$m^2 \cdot h^{0.5}$），评价材料吸水快慢的过程；

　　　S_d——等效静止空气层厚度，m，评价材料干燥能力（透气性）。

式（4-8）是对材料吸水能力的要求；式（4-9）是对材料透气性的要求，描述系统透气能力的指标还有水蒸气湿流密度、水蒸气渗透系数等，这些指标都可以相互转换；式（4-10）综合两者指标要求，提出统一协调的指标要求。

根据Kuenzel外墙保护理论，对于外墙外保温体系，吸水性（拒水性）和水蒸气湿流密度（透气性）是要同时满足的，但是不同的技术标准又有不同的规定和要求，这也是由不同的保温技术体系的特殊性所决定的，但不管怎样，这两项指标综合平衡的目的都是保护外墙和适合人居住。

实际上，外墙保温是一个系统工程，保温材料只是系统中的一个子项，对于吸水率相对较高的保温材料而言，现今的抗裂保护层已经能做到较好的防水保护作用。目前我国的标准也参考了这一理论，外保温系统使用的材料应满足防水性及透气性的要求。

4.5.1.2 典型气候区不同构造的外保温系统内部冷凝验算

本书分别选取钢筋混凝土EPS外保温系统、钢筋混凝土无机保温砂浆外保温系统、混凝土多孔砖EPS外保温系统、黏土多孔砖EPS外保温系统、加气混凝土无机保温砂浆外保温系统进行内部冷凝的影响研究。表4-81～表4-85是几种围护结构系统基本参数的选择。

表4-81 混凝土多孔砖EPS外保温系统参数选择

项目	涂料	腻子	找平砂浆	混凝土多孔砖	找平砂浆	EPS板	抹面胶浆	腻子	涂料
厚度 δ/mm	0.08	5	20	190	20	30	5	5	0.08
导热系数 λ_c/［W/（m·K）］	0.07	0.87	0.87	0.49	0.87	0.04	0.87	0.87	0.07
热阻 R/（m^2·K/W）	0.001	0.006	0.023	0.408	0.023	0.714	0.006	0.006	0.001
蒸汽渗透系数 μ/[$\times10^{-4}$g/(m·h·Pa)]	0	0.98	0.98	0.246	0.98	0.16	0.98	0.98	0
蒸汽渗透阻 H/（m^2·h·Pa/g）	193	51	205	7742	205	1852	51	51	193

表4-82 黏土多孔砖EPS外保温系统参数选择

项目	涂料	腻子	找平砂浆	黏土多孔砖	找平砂浆	EPS板	抹面胶浆	腻子	涂料
厚度 δ/mm	0.08	5	20	190	20	30	5	5	0.08
导热系数 λ_c/［W/（m·K）］	0.07	0.87	0.87	0.58	0.87	0.04	0.87	0.87	0.07
热阻 R/（m^2·K/W）	0.001	0.006	0.023	0.345	0.023	0.714	0.006	0.006	0.001
蒸汽渗透系数 μ/[$\times10^{-4}$g/(m·h·Pa)]	0	0.98	0.98	0.246	0.98	0.16	0.98	0.98	0
蒸汽渗透阻 H/(m^2·h·Pa/g)	193	51	205	7724	205	1852	51	51	193

表 4-83 加气混凝土无机保温砂浆外保温系统参数选择

项目	涂料	腻子	找平砂浆	加气混凝土 600	找平砂浆	无机保温砂浆	抹面胶浆	腻子	涂料
厚度 δ/mm	0.08	5	20	200	20	30	5	5	0.08
导热系数 λ_c/［W/（m·K）］	0.07	0.87	0.87	0.19	0.87	0.10	0.87	0.87	0.07
热阻 R/（m^2·K/W）	0.001	0.006	0.023	0.909	0.023	0.300	0.006	0.006	0.001
蒸汽渗透系数 μ/[×10^{-4}g/(m·h·Pa)]	0	0.98	0.98	1	0.98	1.91	0.98	0.98	0
蒸汽渗透阻 H/(m^2·h·Pa/g)	193	51	205	2004	205	157	51	51	193

表 4-84 钢筋混凝土 EPS 外保温系统参数选择

项目	涂料	腻子	找平砂浆	混凝土	找平砂浆	EPS 板	抹面胶浆	腻子	涂料
厚度 δ/mm	0.08	5	20	200	20	30	5	5	0.08
导热系数 λ_c/[W/(m·K)]	0.07	0.87	0.87	1.74	0.87	0.04	0.87	0.87	0.07
热阻 R/(m^2·K/W)	0.001	0.006	0.023	0.115	0.023	0.714	0.006	0.006	0.001
蒸汽渗透系数 μ/[×10^{-4}g/(m·h·Pa)]	0	0.98	0.98	0.16	0.98	0.16	0.98	0.98	0
蒸汽渗透阻 H/(m^2·h·Pa/g)	193	51	205	12658	205	1852	51	51	193

表 4-85 钢筋混凝土无机保温砂浆外保温系统参数选择

项目	涂料	腻子	找平砂浆	混凝土	找平砂浆	无机保温砂浆	抹面胶浆	腻子	涂料
厚度 δ/mm	0.08	5	20	200	20	30	5	5	0.08
导热系数 λ_c/[W/(m·K)]	0.07	0.87	0.87	1.74	0.87	0.10	0.87	0.87	0.07
热阻 R/(m^2·K/W)	0.001	0.006	0.023	0.115	0.023	0.300	0.006	0.006	0.001
蒸汽渗透系数 μ/[×10^{-4}g/(m·h·Pa)]	0	0.98	0.98	0.16	0.98	1.91	0.98	0.98	0
蒸汽渗透阻 H/(m^2·h·Pa/g)	193	51	205	12658	205	157	51	51	193

根据热工设计规范冷凝计算公式

$$\theta_c = t_i - \frac{t_i - t_e}{R_o}(R_i + R_{o.i}) \tag{4-11}$$

选取室内设计温度为 18℃，采暖期室外平均温度为 3.7℃，计算热阻值 $R_i + R_{o.i}$，从内到外共 10 个界面的界面温度 θ 以及该温度下的饱和水蒸气分压如表 4-86～表 4-90 所示。

表 4-86 混凝土多孔砖 EPS 外保温系统各界面温度

	界面 1	界面 2	界面 3	界面 4	界面 5	界面 6	界面 7	界面 8	界面 9	界面 10
$R_i+R_{o.i}$	0.11	0.11	0.12	0.14	0.53	0.55	1.26	1.27	1.28	1.28
θ	16.8	16.8	16.7	16.5	12.3	12.0	4.3	4.2	4.1	4.1
P_s	1911.8	1899.8	1899.8	1863.8	1419.9	1401.2	823.9	823.9	818.6	818.6

表 4-87 黏土多孔砖 EPS 外保温系统各界面温度

	界面 1	界面 2	界面 3	界面 4	界面 5	界面 6	界面 7	界面 8	界面 9	界面 10
$R_i+R_{o.i}$	0.11	0.11	0.12	0.14	0.47	0.49	1.20	1.21	1.22	1.22
θ	16.7	16.7	16.7	16.4	12.7	12.4	4.3	4.2	4.2	4.2
P_s	1899.8	1899.8	1887.8	1863.8	1458.5	1438.5	823.9	823.9	818.6	818.6

表 4-88 加气混凝土无机保温砂浆外保温系统各界面温度

	界面 1	界面 2	界面 3	界面 4	界面 5	界面 6	界面 7	界面 8	界面 9	界面 10
$R_i+R_{o.i}$	0.11	0.11	0.12	0.14	1.19	1.22	1.52	1.52	1.53	1.53
θ	17.0	17.0	16.9	16.7	7.1	6.9	4.2	4.1	4.1	4.1
P_s	1937.2	1925.2	1925.2	1899.8	1007.9	994.6	818.6	818.6	813.3	813.3

表 4-89 钢筋混凝土 EPS 外保温系统各界面温度

	界面 1	界面 2	界面 3	界面 4	界面 5	界面 6	界面 7	界面 8	界面 9	界面 10
$R_i+R_{o.i}$	0.11	0.11	0.12	0.14	0.25	0.28	0.99	1.00	1.00	1.00
θ	16.5	16.5	16.4	16.1	14.2	14.2	4.5	4.4	4.4	4.2
P_s	1863.8	1863.8	1863.8	1817.2	1650.5	1607.9	835.9	830.6	823.9	823.9

表 4-90 钢筋混凝土无机保温砂浆外保温系统各界面温度

	界面 1	界面 2	界面 3	界面 4	界面 5	界面 6	界面 7	界面 8	界面 9	界面 10
$R_i+R_{o.i}$	0.11	0.11	0.12	0.14	0.25	0.28	0.58	0.58	0.59	0.59
θ	15.5	15.5	15.3	14.8	12.2	0.28	0.58	0.58	0.59	0.59
P_s	1759.9	1749.2	1737.2	1682.5	1419.9	11.7	4.9	4.8	4.6	4.6

假定确定内表面和外表面的相对湿度分别为 60%、76%。实际水蒸气分压力值 P_i、P_e 分别为 1238、601.8（对应空气温度）。根据式（4-12）可知：

$$P_m = P_i - \frac{P_i - P_e}{H_o}(H_1 + H_2 + \cdots + H_{m-1}) \tag{4-12}$$

计算各个界面处的实际水蒸气分压如表 4-91～表 4-95 所示。

表 4-91 混凝土多孔砖 EPS 外保温系统各界面处的实际水蒸气分压

	界面 1	界面 2	界面 3	界面 4	界面 5	界面 6	界面 7	界面 8	界面 9	界面 10
H	0.00	193.24	244.52	449.65	8173.22	8378.35	10230.20	10281.49	10332.77	10526.01
P_m	1237.50	1225.83	1222.73	1210.35	743.93	731.54	619.71	616.61	613.51	601.84

表 4-92　黏土多孔砖 EPS 外保温系统各界面处的实际水蒸气分压

	界面 1	界面 2	界面 3	界面 4	界面 5	界面 6	界面 7	界面 8	界面 9	界面 10
H	0.00	193.24	244.52	449.65	8173.22	8378.35	10230.20	10281.49	10332.77	10526.01
P_m	1237.50	1225.83	1222.73	1210.35	743.93	731.54	619.71	616.61	613.51	601.84

表 4-93　加气混凝土无机保温砂浆外保温系统各界面处的实际水蒸气分压

	界面 1	界面 2	界面 3	界面 4	界面 5	界面 6	界面 7	界面 8	界面 9	界面 10
H	0.00	193.24	244.52	449.65	2453.65	2658.78	2815.85	2867.13	2918.42	3111.65
P_m	1237.50	1198.03	1187.55	1145.65	736.26	694.36	662.27	651.79	641.32	601.84

表 4-94　钢筋混凝土 EPS 外保温系统的各界面处的实际水蒸气分压

	界面 1	界面 2	界面 3	界面 4	界面 5	界面 6	界面 7	界面 8	界面 9	界面 10
H	0.0	193.2	244.2	449.6	13107.9	13313.0	15164.9	15216.1	15267.4	15460.7
P_m	1237.5	1229.6	1227.4	1219.0	698.6	690.1	614.0	611.9	609.8	601.8

表 4-95　钢筋混凝土无机保温砂浆外保温系统的各界面处的实际水蒸气分压

	界面 1	界面 2	界面 3	界面 4	界面 5	界面 6	界面 7	界面 8	界面 9	界面 10
H	0.00	193.24	244.52	449.65	13107.87	13313.00	13470.07	13521.35	13572.64	13765.87
P_m	1237.50	1228.58	1226.21	1216.74	632.23	622.76	615.50	613.13	610.77	601.84

图 4-101～图 4-105 为五个外保温系统的内部冷凝计算图，当两个折线相交时即可能会发生冷凝现象。

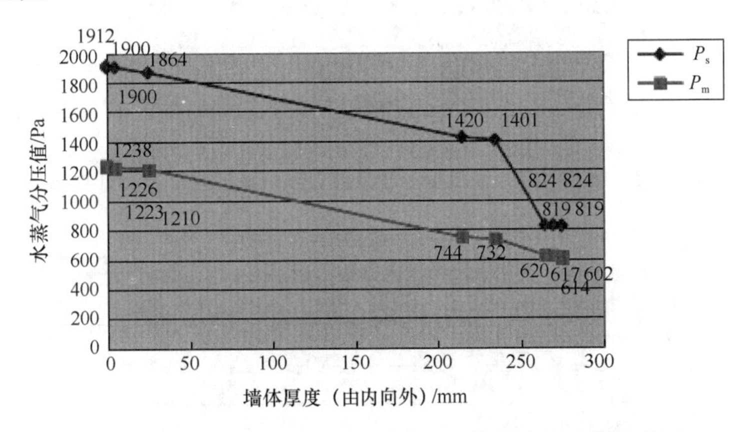

图 4-101　混凝土多孔砖 EPS 外保温系统的内部冷凝计算图

在以上模拟夏热冬冷地区设定的相对湿度条件下，几种外保温系统如混凝土多孔砖 EPS 外保温系统、黏土多孔砖 EPS 外保温系统、钢筋混凝土 EPS 外保温系统、钢筋混凝土无机保温砂浆外保温系统都未发生冷凝问题。但在抗裂砂浆部位的实际水蒸气分压与饱和水蒸气分压值相对接近，当环境湿度发生变化时，材料内部可能产生凝结问题。

图 4-106 和图 4-107 分别是寒冷地区和严寒地区的钢筋混凝土 EPS 外保温系统的内部冷凝计算图，可知随温度降低，EPS 外保温系统在外表面及保温层外侧结露的风险增加。也有研究指出在寒冷地区，在室外－10℃，室内 70％相对湿度时在保温层外侧可能发生

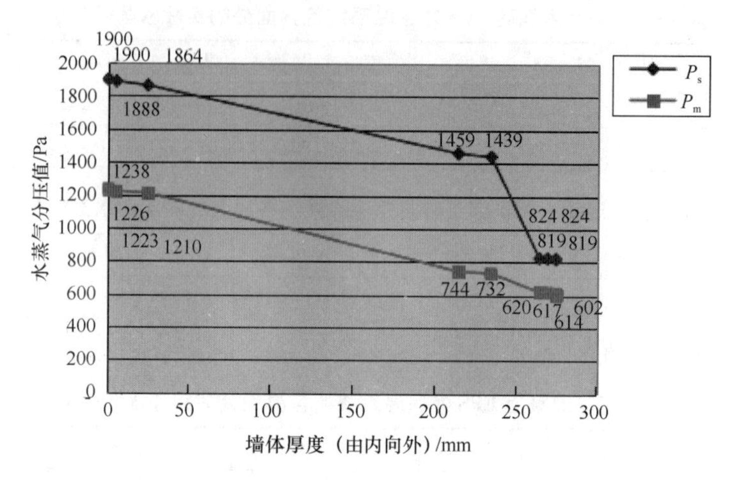

图 4-102　黏土多孔砖 EPS 外保温系统的内部冷凝计算图

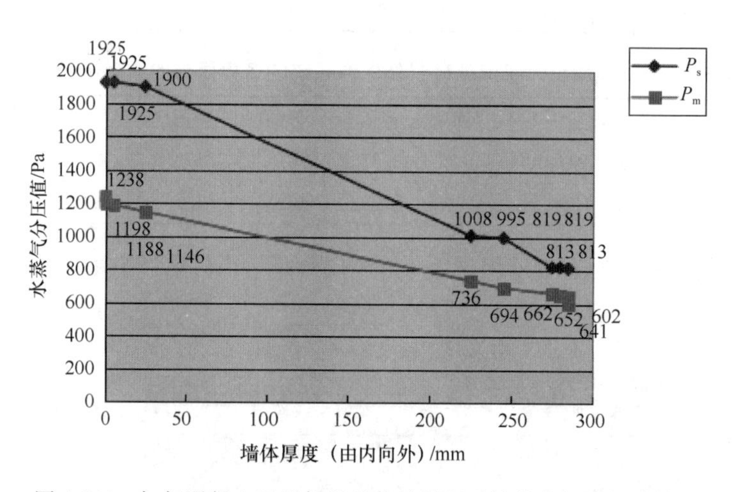

图 4-103　加气混凝土无机保温砂浆外保温系统的内部冷凝计算图

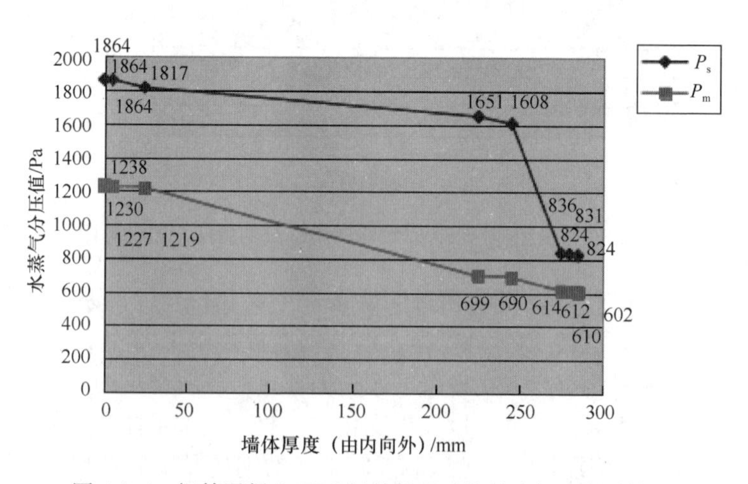

图 4-104　钢筋混凝土 EPS 板外保温系统的内部冷凝计算图

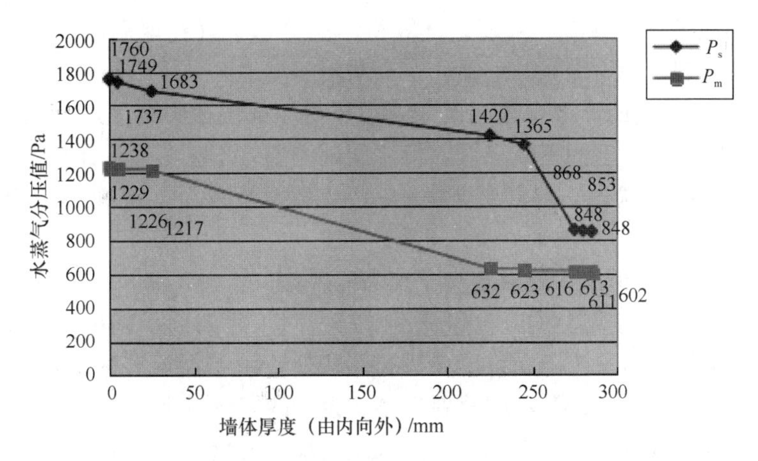

图 4-105 钢筋混凝土无机保温砂浆外保温系统的内部冷凝计算图

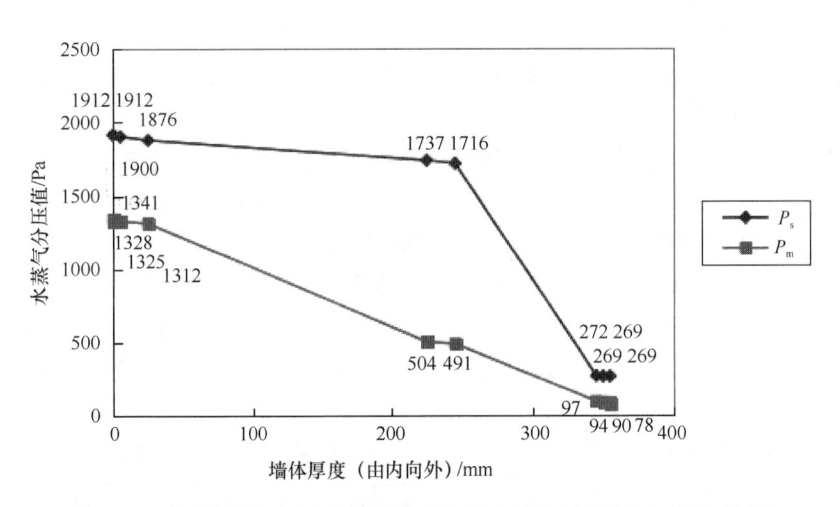

图 4-106 钢筋混凝土 EPS 外保温系统的内部冷凝计算图（寒冷地区）

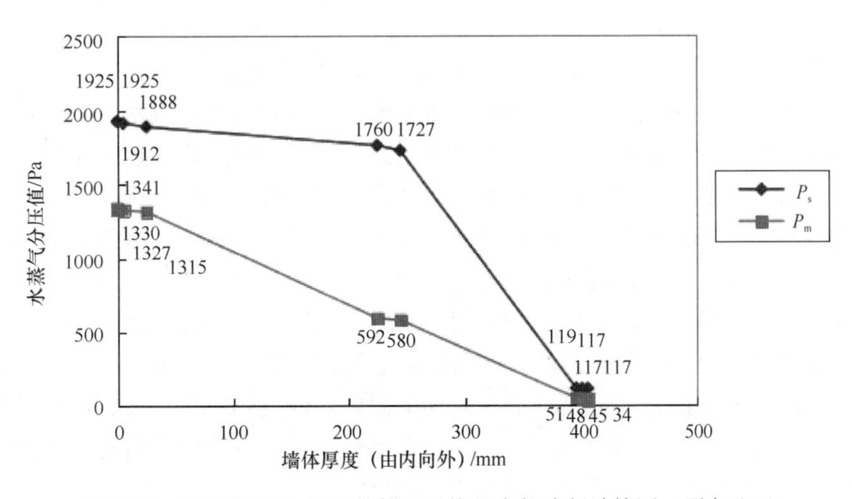

图 4-107 钢筋混凝土 EPS 外保温系统的内部冷凝计算图（严寒地区）

结露[11]；在严寒地区，贾春霞[9]从理论计算得出结论水蒸气在保温层内部、保温层与保护层之间的界面处容易产生冷凝的危险；也有对哈尔滨地区十年热湿传递过程进行模拟结果指出[12]，现浇混凝土EPS外保温系统中保温层受潮部位在中间大部分区域内，两侧受潮程度较少。说明随着温度的不断降低，保温层两侧温差不断变大，保温层内部将出现结露，保温材料处于湿润状态，导热系数增大，保温效果减弱，将进一步促进结露更为严重。

4.5.1.3　典型气候区外保温系统湿度增量研究

《民用建筑热工设计规范》（GB 50176—2016）对采暖期内，围护结构中保温材料因内部冷凝受潮而增加的质量湿度允许增量进行了规定，说明保温层的质量湿度非常重要。本书介绍了不同保温层设置以及不同材料选型和设计的墙体对水蒸气渗透的影响，对材料的湿度增量情况进行分析，可为控制外保温系统的湿度增量提供一定的参考。

1）典型气候区不同保温层设置的墙体冷凝界面的质量湿度含量

保温层的设置位置对墙体的传湿尤为重要。在北方严寒或寒冷地区，设计者对节能建筑的设计都比较保守，致使节能建筑的冬季室温，一般都比传统砖混建筑的冬季室温高，所以节能建筑冬季的室内空气的绝对湿度也比传统砖混建筑的室内空气绝对湿度大；而且节能建筑都采用了节能门、节能窗，它们的缝隙小，气密性好，墙上或窗上几乎都没有设置通风换气窗孔，没有良好的通风、换气、排潮设施，室内空气中的湿气不能很好地排除，使室内空气的湿度居高不下，加大了墙体的传湿负荷。

郑茂余等[13]对节能建筑内保温外墙、夹层保温外墙和外保温外墙传湿计算。图4-108为不同保温层设置的墙体冷凝界面的质量湿度含量图。三种保温层位置不同的墙体，在室内温湿度条件相同的情况下，内保温节能墙体的保温层质量适度含量最高，夹层保温节能墙体次之，外保温节能墙体保温层质量湿度含量最低。

由于保温层是蒸汽渗透阻最大的墙体材料，如果保温层设置不当，致使墙体冬季结露，导致吸湿的保温层受潮，而降低原设计的保温层的保温节能效果，如果结露严重，会使外墙的内表面出现较大面积的黑斑、长毛、发霉等现象。也将影响居住者的身体健康、居住卫生和房屋的正常使用。

在严寒而潮湿地区的外墙，若采用内保温工艺，在钢筋混凝土梁、过梁、构造柱等热桥部位的外墙内表面，在严寒的冬季往往出现结露，严重时结露成流水，不仅使该处附近的保温材料受潮而影响保温效果，而且受潮区会逐年扩大、结露面积也越来越大，甚至在受潮区出现长霉、发黑，不仅影响室内美观，也影响居住者的身体健康。

而外保温墙体，保温层用于外墙的外侧，在冬季室外空气的绝对湿度比室内空气的绝对湿度小得多，处在室外一侧的保温材料的平衡含湿量也小得多，其含水率较低（与用于外墙内侧相比），故导热系数也更小，实际热阻值也更大。在严寒而潮湿地区节能建筑的外墙采用外保温具有更多的优点：切断热桥，防止结露；把热容量大的材料设置在室内一侧，提高房间的热稳定性；能提高外墙内表面的温度，改善热舒适环境；保护结构层不受室外周期性变化的空气温度和太阳辐射影响；对已有建筑进行节能改造时不干扰住户等。

2）墙体其他材料对墙体冷凝界面的质量湿度含量影响

外保温节能墙体符合北方节能建筑外墙保温层水汽的渗透要“进难出易”的设置原则。但即使是外保温墙体，若使用材料不当，保温层的质量湿度含量过大，仍然会影响其

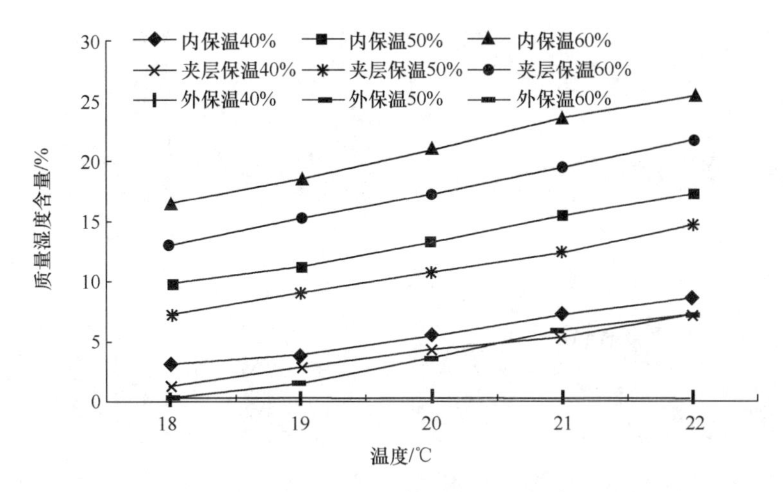

图 4-108 不同保温层设置的墙体冷凝界面的质量湿度含量图

保温效果。

郑茂余等[13]墙体其他材料对墙体冷凝界面的质量湿度含量影响，可知，在严寒地区减少保温层内的蒸气渗透阻（书中减少 120mm 厚度的混凝土）会增加质量湿度含量，而减少保温层外的蒸气渗透阻（书中减少 10mm 厚度的水泥砂浆）会减少质量湿度含量。当使用釉面砖后，质量湿度含量明显增加了 1 倍甚至几倍，有的甚至超出了规范规定的最大值，而且保温材料含水量增加会使保温材料的传热阻进一步增加，降低保温效果。

因此，保温层的外侧要使用蒸汽渗透阻较小的材料尤为重要，尽量少使用蒸汽渗透阻较大的装饰材料，如饰面砖等，以有利于保持保温层经常处于较干燥的状态，以发挥保温材料正常的保温功能；而保温层内侧要尽量使用蒸汽渗透阻较大的材料。

4.5.1.4 外保温系统的传湿过程实验研究

1）传湿特性测试方法

实验室墙体模型和工程现场墙体内部的温度和相对湿度的监测，都是通过埋设传感器来实现的。以往的研究表明，墙体建成后，内部的含湿量往往需要几年才能到达较为稳定的状态。此外，由于目前的测量手段的限制，要通过实测得到墙体内部完整的相对湿度和温度分布场较难实现，往往只能测得墙体内部几个点的数据，而其他数据则需要通过插值或其他方法推算得到。同时，实际测试结果可靠性还受到传感器精确度及测量范围等的制约。尽管如此，实际墙体测试工作仍然十分有必要，因为它可以作为其他方法准确与否的检验标准。

（1）测试装置

加气混凝土墙的传湿过程采用围护材料耐久性检测设备进行测试，该设备由箱体控温系统、水箱控温系统、淋水系统、控制系统、湿度控制系统、热箱综合系统、水蒸气质量采集系统、数据采集处理系统等组成。该设备的硬件部分包括热室环境箱（热箱）、冷室环境箱（冷箱）、恒温水箱、系统控制柜、试件车和湿度采集箱等。热室环境箱用于模拟室内的环境，冷室环境箱用于模拟室外的环境。围护材料耐久性检测设备，如图 4-109 所示。

图 4-109　围护材料耐久性检测设备

（2）计算公式

$$\mu = (m - m_0)/m_0 \tag{4-13}$$

式中　μ——吸湿率；

m——试样的质量；

m_0——绝干状态时试样的质量。

$$\rho_w = \frac{e}{R_w \times T} \tag{4-14}$$

式中　ρ_w——绝对湿度，kg/m^3；

e——实际水蒸气分压，Pa；

R_w——水蒸气的气体常数，462J/（kg·K）；

T——热力学温度，K。

（3）砌体湿度迁移设置

采用尺寸为 600mm×250mm×300mm 的加气混凝土砌块（B06）和专用的砌筑砂浆砌成一面墙，如图 4-110 所示。

围护材料耐久性检测设备对其进行传湿过程测试时，模拟单墙夏季，设定室外热箱温度 35℃，湿度 90%，室内冷箱温度 18℃，湿度 60%；模拟单墙冬季，室外温度－10℃，湿度30%；室内温度20℃，湿度60%。

分别在冷箱、热箱以及墙体两侧的表面安置温湿度传感器，监测温湿度的变化。

2）蒸压加气混凝土砌块墙体的传湿过程

图4-111～图4-113分别是夏季模拟条件下蒸压加气混凝土砌体的界面温度、相对湿度及绝对湿度随时间的变化图。室内环境由于空间较小导致控温装置失灵温度一度升高，因此本试验数据仅作为温度设定条件下的参考分析。

图4-110　蒸压加气混凝土砌体

图4-111是蒸压加气混凝土砌体界面温度随时间的变化图，由图可知，墙体温度受环境温度影响，达到平衡时墙面温度与环境温度存在差异，墙体两侧温度存在差异。

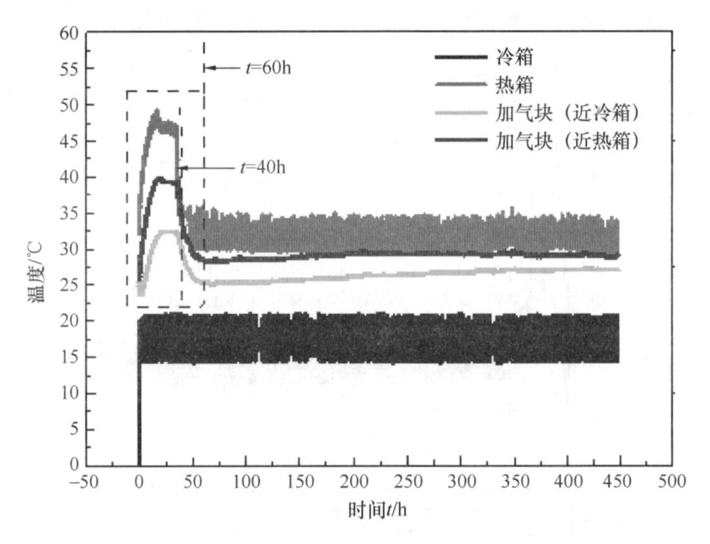

图4-111　蒸压加气混凝土砌体界面温度随时间的变化图

注：试验平台温度设置——热箱温度35℃，冷箱温度18℃。

0～60h时，由于仪器温度控制问题，热箱温度波动较大，进而导致单墙墙体温度产生波动。60h后，热箱温度达到设置参数（35℃），单墙温度随即达到平衡，其中，靠近热箱一侧墙体温度约29.5℃，靠近冷箱一侧墙体温度约26.2℃。

图4-112是蒸压加气混凝土砌体相对湿度随时间的变化图，由图可知，墙体相对湿度受环境相对湿度和温度两方面因素的影响。由于热箱相对湿度＞墙体相对湿度＞冷箱相对湿度，三者含湿量的差异使得水分由热箱向墙体和冷箱中传输，直至达到平衡。墙体自初始相对湿度至平衡共经历三个阶段：快速上升期（0～40h）、缓慢上升期（40～182.4h）和较快上升期（182.4～333.7h）。0～40h，热箱温度升高，墙体温度随之升高并保持较高水平，高温加剧了水分传输的速率，墙体相对湿度迅速提高；40h后，热箱温度下降，墙体温度随之下降，水分传输速率下降，墙体相对湿度缓慢上升。水分传输使得墙体最终

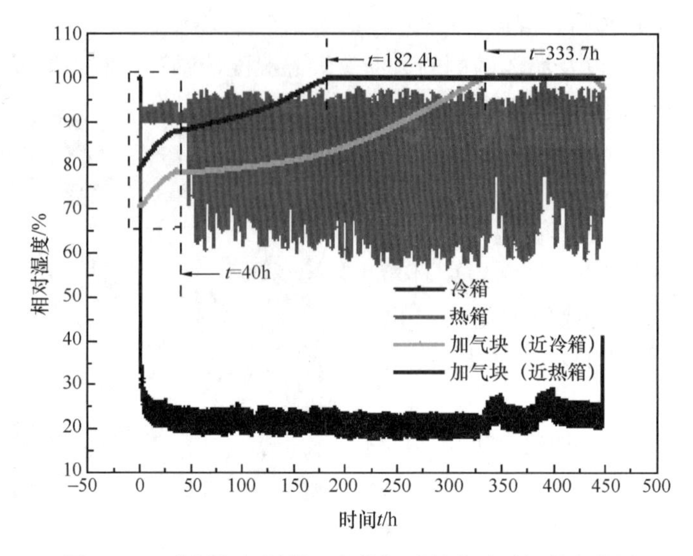

图 4-112　蒸压加气混凝土砌体相对湿度随时间的变化图

注：试验平台参数设置——热箱相对湿度 90%，冷箱相对湿度 60%。

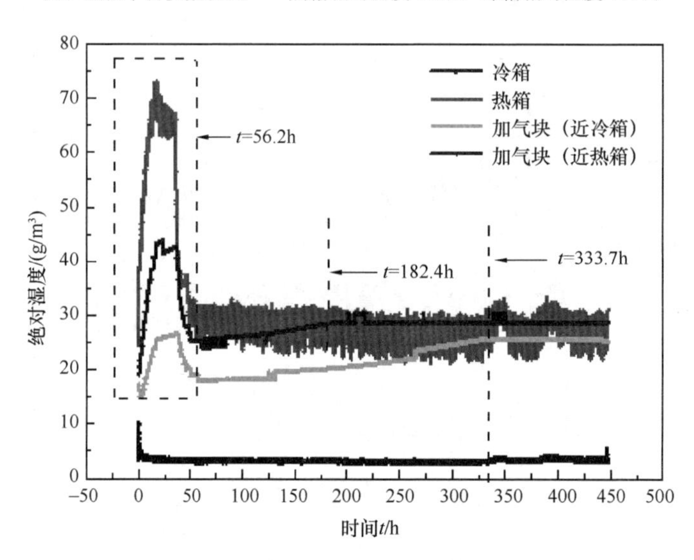

图 4-113　冷箱、热箱和加气混凝土墙绝对湿度随时间的变化图

注：试验平台参数设置——热箱温度 35℃，相对湿度 90%；冷箱温度 18℃，相对湿度 60%。

处于水蒸气饱和状态，两侧相对湿度达到 100%，绝对湿度存在差异但接近湿度较高的环境。湿度较低的环境对墙体最终状态影响较小。

由于热箱相对湿度和温度较高，靠近热箱一侧水分传输路径短、速率高，墙体相对湿度升高较快，182.4h 时靠近热箱一侧墙体相对湿度先达到平衡（100%）。此时，墙体两侧相对湿度差值最大，水分传输驱动力传输最大，传输速率最快，靠近冷箱一侧墙体湿度迅速升高，即相对湿度进入较快上升期。随后，墙体水蒸气饱和区域逐渐扩大，直至 333.7h 时墙体完全达到水蒸气饱和状态，靠近冷箱一侧相对湿度达到平衡（100%）。

图 4-113 是冷箱、热箱和加气混凝土墙绝对湿度随时间的变化图，由图可知，水分传

输达到平衡时，墙体两侧温度和环境温度的差异导致其绝对湿度存在差异。

由相对湿度数据可知，墙体相对湿度达到平衡时，两侧相对湿度均达到100%，甚至高于热箱相对湿度（90%）。而由绝对湿度图线可知，达到平衡时，靠近热箱一侧墙体的绝对湿度与热箱绝对湿度相等，仅是两者温度之间存在差异，进而导致其饱和蒸气压及相对湿度间存在差异；尽管墙体两侧平衡相对湿度相等，但两者温度的差异使得其绝对湿度值存在差异。最后水分传输达到稳定时，靠近热箱一侧的墙体的绝对湿度约28.66kg/m³，靠近冷箱一侧的墙体的绝对湿度约25.69kg/m³，尽管冷箱和热箱之间的绝对湿度相差较大，而墙体两侧的绝对湿度相差不大，接近热箱的绝对湿度，说明加气混凝土墙体具有良好的传湿性能。

从热箱到冷箱，绝对湿度逐渐降低，因此水分的传输过程是从热箱到墙体，最后到冷箱。刚开始时，热箱的绝对湿度出现了一个快速上升和快速下降的过程，墙体两侧绝对湿度的变化也出现了同样的过程，而且无明显的延迟，说明墙体的传湿性能良好。此后冷箱、热箱和墙体的绝对湿度逐渐趋于稳定，说明水分的传输接近稳定。墙体两侧绝对湿度的变化存在明显差异，由于热箱的绝对湿度和温度较高，水分传输路径短、速率快，墙体绝对湿度增长较快，因此靠近热箱一侧的墙体的绝对湿度更高，达到稳定时所需的时间更短，约为190h，而靠近冷箱一侧的墙体的绝对湿度达到稳定时所需的时间约为330h。

通过墙体水蒸气迁移试验可知，蒸压加气混凝土砌块具有良好的传湿性能，在约14d时传湿过程达到稳定，与加气混凝土砌块的吸湿过程结果基本一致。墙体受外界环境影响比较明显，水蒸气由高温高湿一侧不断向低温低湿一侧传输，内部含湿量不断增加，直至最后达到梯度平衡。

图4-114～图4-116分别是冬季模拟条件下蒸压加气混凝土砌体的界面温度、相对湿度及绝对湿度随时间的变化图。由于实验设备在低温下（<5℃）无法自动调节湿度，因此设定的相对湿度无法控制；而室内环境由于空间较小导致控温装置失灵温度一度升高，因此本试验数据仅作为温度设定条件下的参考分析。

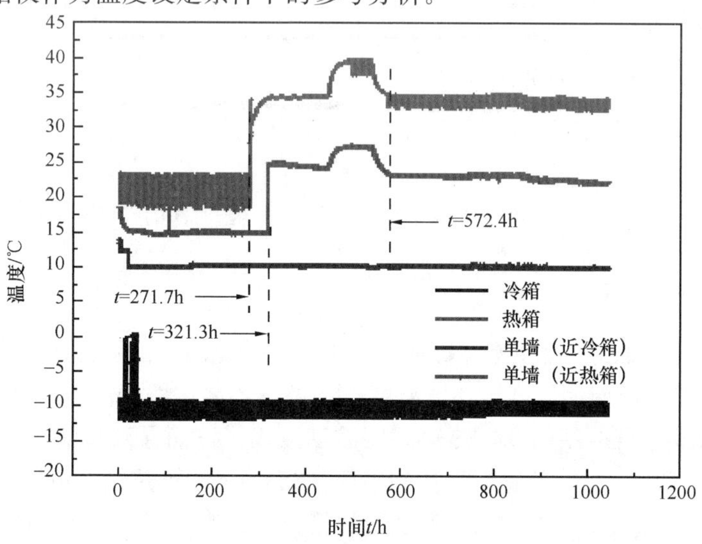

图4-114　蒸压加气混凝土砌体的界面温度随时间的变化图

注：试验平台参数设置——热箱温度20℃，冷箱温度−10℃。

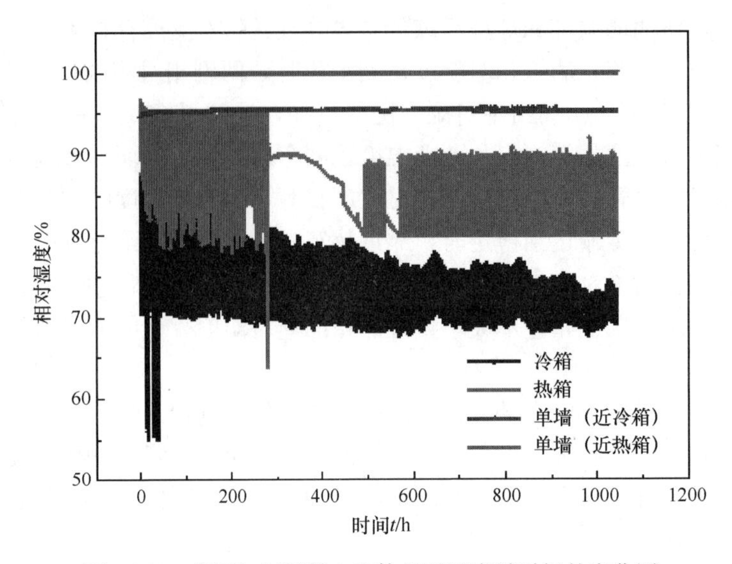

图 4-115　蒸压加气混凝土砌体相对湿度随时间的变化图

注：试验平台参数设置——热箱相对湿度 60%，冷箱相对湿度 30%。

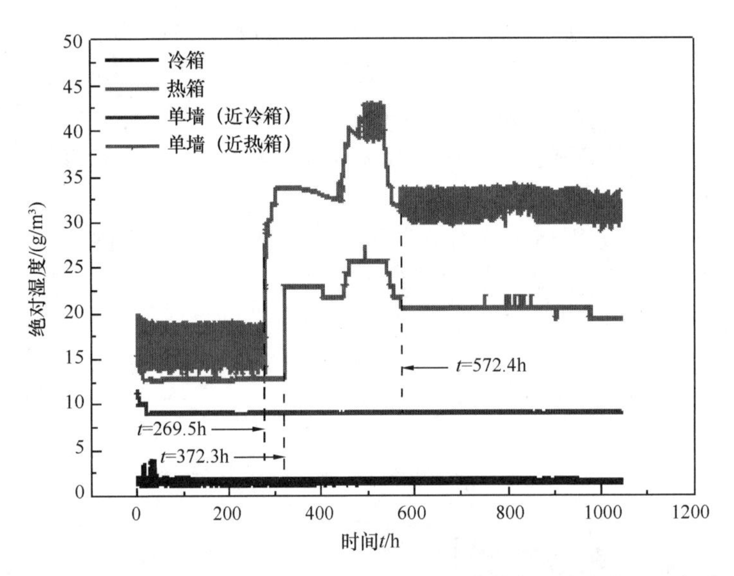

图 4-116　冷箱、热箱和加气混凝土墙绝对湿度随时间的变化图（冬季）

注：试验平台参数设置——热箱温度 20℃，相对湿度 80%；冷箱温度 −10℃，相对湿度 30%。

图 4-114 是蒸压加气混凝土砌体界面温度随时间变化图，由图可知，墙体温度受环境温度影响，达到平衡时墙面温度与环境温度存在差异，墙体两侧温度存在差异。271.7～572.4h，由于仪器温度控制问题，热箱温度波动较大，进而导致单墙靠近热箱一侧墙体温度产生波动。572.4h 后，热箱温度达到平衡（35℃），靠近热箱一侧墙体温度随即达到平衡，约 22.5℃。靠近冷箱一侧墙体温度受热箱温度影响较小，始终保持 10℃。

图 4-115 是蒸压加气混凝土砌体相对湿度随时间的变化图，由图可知，墙体相对湿度几乎不受环境相对湿度的影响。其中，靠近热箱一侧墙体始终处于水蒸气饱和状态，相对

湿度为100%，靠近冷箱一侧墙体湿度始终保持95%。

图4-116是冷箱、热箱和加气混凝土墙绝对湿度随时间的变化图，由绝对湿度图可知，热箱、墙体以及冷箱间存在绝对湿度的差异，水分应由热箱自墙体和冷箱中传输。其中，372.3～572.4h时，靠近热箱一侧墙体温度随热箱的波动而变化，较高的温度加速水分传输的速率，绝对湿度值随之增大，最终在572.4h时达到平衡。靠近冷箱一侧墙体温度、相对湿度、绝对湿度始终保持恒定。出现上述现象可能是由于冷箱温度较低（−10℃），靠近冷箱一侧墙体温度受冷箱温度影响较大，始终处于低温状态，水分传输速率很慢，由墙体向环境（冷箱）传输的水分甚至可能在靠近冷箱一侧发生冻结，绝对湿度变化较小。

4.5.1.5 小结

综上所述，薄抹灰外墙外保温系统的耐久性和功能性协同提升技术总结为以下几个方面：

1）适宜地区：

外保温系统比较适宜用于严寒和寒冷地区以及夏热冬冷地区。

2）材料选择

对于严寒和寒冷地区的节能建筑外保温墙体，保温层外材料的蒸汽渗透阻、吸水率对保温层质量湿度的影响尤为重要，所以保温层外防护层要尽量使用蒸汽渗透阻小、吸水率低的材料，保温层要选择蒸汽渗透阻相对较小、吸水率低的保温材料，保温层内要尽量使用蒸汽渗透阻大的保温材料。

比较采用面砖做外饰面材料发现，面砖饰面复合墙体内部结露严重[7]。使用透气性差的外饰面材料，玻化程度很高的瓷砖，不利于室内蒸气通过墙体向外扩散，在温度梯度较大的保温层内容易产生结露。关于外保温粘贴面砖的问题，德国建筑物理所在室外试验场做过一些外保温贴面砖的试验建筑。试验表明，一个好的系统在受湿气影响小的情况下可使用20年不出问题，而受到湿气影响比较大的部分几年就开始脱落。因此，砖缝的材料选用也很重要，一方面柔性勾缝材料可以有效释放一部分温湿变化下产生的应力，同时也可以有利于内侧水分的排出，减少冻融情况的发生概率。

3）构造措施

由以上介绍可知，随着温度的不断降低，保温层两侧温差不断变大，保温层内部将出现结露，保温材料处于湿润状态，导热系数增大，保温效果减弱，将进一步促进结露更为严重。

在保温材料高温一侧专门做一层隔气层，是国外比较常见的外保温做法。为了改善其保温层质量湿度含量过大的缺点，尤其在严寒地区，在保温层的冷侧（冬天）设吸湿空气层是非常必要的，这里的空气层不仅是保温空气层，更主要的也是吸湿空气层，这个空气层不仅能增大外墙一部分空气层本身的热阻，而且能减少保温层的含湿量，获得比空气层本身更大的热阻。对哈尔滨地区十年间的热湿传递过程进行模拟发现，现浇混凝土系统安装空气层后，保温层整体温度升高，并且在前四年保温层受潮和结冰程度明显减小，保温系统的传热系数降低[12]。之后随着保温系统含湿量的降低，空气层对于保温系统传热传湿特性的逐渐减小。

另外，也可以在保温层的热侧（冬季）增设一层隔气层，隔气层可选用塑料薄膜、防水卷材、铝箔等。铝箔不仅有隔气作用，还有热反射功能，可以进一步提高吸湿空气层内保温外墙的保温效果。但要注意的是设计隔气层、空气层时，要考虑设置部位，隔气层或是隔气反射层不能设置在保温层的冷侧，更不能设置在空气层的冷侧。若隔气层设在保温层的冷侧（冬季），水蒸气渗透保温层后，就会在隔气层与保温材料的交接面上产生冷凝使保温层受潮，使得水汽无法进入空气层，空气层的吸湿作用和隔气层作用都会完全丧失，反而比不设置隔气层、空气层的保温排湿效果差。

最后，根据“进难出易”的原则，在外保温复合墙体中，要使水蒸气渗透顺畅，从里到外各层的水蒸气渗透阻要逐渐减小，至少不能明显增大。但在具体构造方案中，高效外保温材料的蒸气渗透系数小，而内部主体材料，特别是空心黏土砖和加气混凝土材料的蒸气渗透系数较大，另外饰面材料的蒸气渗透阻差异也很大，如果采用水蒸气渗透系数很小的防水涂料或玻化程度很高的瓷砖，内部结露的危险就更大了，就可能需要设置隔气层或采取排湿措施。所以随着节能要求的进一步提高，矛盾将更突出，应通过计算谨慎选择外饰面材料和合理设计外墙外保温复合墙体的构造处理。

排气排湿措施一般在严寒地区采用，该地区涂料饰面的外保温结构的透气性基本能够满足要求，因此在围护结构设计时几乎不考虑排气排湿的设计。然而对于少量瓷砖饰面的外墙外保温建筑而言，由于瓷砖饰面水蒸气阻力非常大，在外墙外保温围护结构设计时必须考虑排气或排水设计，否则在高水蒸气阻力作用下，瓷砖背面很容易形成冷凝水，使饰面层长期处于饱水状态，体系发生冻融破坏的概率增大，容易导致瓷砖饰面层与胶粘剂、抹面胶浆一起脱落，带来安全隐患。对于采用瓷砖饰面的外墙外保温结构，其主要靠瓷砖的砖缝透气，在排气排湿设计时，通常在瓷砖缝间预埋排气槽，在接缝相交处，预埋透气孔，提高围护结构体系的整体透气性，如图 4-117 所示。

图 4-117　排气孔设计

4.5.2　外保温系统抗开裂性提升技术

外墙外保温系统是在外墙外侧做保温体系，从而使主体结构墙体所受的室内外温差作用大幅度降低，这样主体结构的温度变形较小，并可有效阻断冷热桥起到保护结构墙体的作用，延长结构墙体的使用寿命。因此从结构稳定性的角度来看，外墙外保温具有明显的优势，但是由于外墙外保温系统位于外墙外侧，直接接触自然并承受来自自然界各种因素的影响，随之出现的问题也不少，尤其在构造设计方面存在着不足导致外墙外保温系统表面开裂现象的产生。抗裂是外墙外保温系统要解决的关键技术之一，因为一旦保温层、保护层发生开裂，墙体保温性能就会显著下降，满足不了设计的节能要求，甚至会危及墙体的安全。

长期以来有相当多的工程存在保温系统开裂导致耐久性差的问题。目前关于外墙外保温系统的抗裂技术研究并不透彻，影响外墙外保温系统抗裂性能的因素有哪些、在保温墙体中什么是有害裂缝、什么是无害裂缝等问题目前都未有定论。建筑物墙体裂缝的产生，不是单一因素作用，而是多种因素综合所致。这其中既有环境因素、建筑材料本身的性能问题，也有新材料、新工艺的推广使用，而设计、施工未能与之完全适应的问题。

目前有不少学者开展了外保温系统耐久性的相关研究，杨秀燕[14]针对EPS薄抹灰外墙外保温系统存在的开裂问题，分析总结外墙外保温系统开裂的各种影响因素，根据变形应力逐层释放的原则，分别从总体构造设计、细部构造设计和施工工艺三个方面阐述应对EPS薄抹灰外墙外保温系统开裂的措施。刘瑶等[15]通过调查、取样、研究分析某工程外保温系统空鼓、开裂的原因及修补处理，对胶粉聚苯颗粒外墙外保温系统的施工提出了建议。应仲浩[16]针对几种外墙外保温体系，从构造、材料及施工等方面分析造成防护层开裂的原因，并提出防控措施。陈聪[17]研究指出通过对温裂缝形成原因的分析，指出温度场的重新建立以及材料性能的差异是导致裂缝出现的主要原因，并结合外保温构造做法，提出了避免裂缝产生的三大原则。朱艳超[18]分析了外墙外保温系统产生裂缝的根本原因，然后分别提出收缩补偿、应力分散、裂缝自愈合等技术路线，并在此基础上制备了高效抗裂添加剂。张晋伟[19]从外保温体系的组成材料性能本身、各层材料性能匹配和施工因素等方面分析了外保温开裂的原因，并提出了防治措施，从而保证建筑外墙外保温工程的质量。综上所述，影响外墙外保温系统抗裂性的因素非常多，主要包含构造设计、材料及施工三大方面，本书重点分析材料因素。

结合对外墙外保温系统在温度、湿度及风荷载等环境因素耦合作用下的有限元模拟可知，外保温系统最大等效应力均发生于抗裂砂浆构造层。就外部环境温度及太阳辐射对外墙外保湿系统的影响来说，位于外墙外保温系统外的抗裂防护层仅有3～5mm，保温材料具有较大的热阻，当热量相同的情况下，外墙外保温外侧的抗裂防护层的温度变化要比主体外墙温度变化大。抗裂防护层涂抹于保温层外表面，主要作用是牢靠粘贴在保温材料外部防护外界环境因素的侵蚀。由于抗裂砂浆和保温材料具有不同变形系数，当环境温度、湿度发生变化或饰面材料受到振动冲击时，不同材料界面处势必产生剪切内应力，若此时抗裂砂浆柔韧性好，则在界面产生的剪切内应力就会小很多，同时胶粉也会增加抗裂砂浆的粘结力，所以抗裂砂浆产生的剪切内应力就不会超过粘结力，从而保证外保温系统防护层的安全。

因此，抗裂防护层的抗开裂性（主要体现在抹面砂浆和玻纤网格布）和耐候性对保温板及外墙外保温系统的抗裂性起着决定性的作用。如果选材不佳，当其自身的性能无法抵抗外界环境因素耦合所导致的拉压、剪切应力时，即发生开裂、空鼓甚至脱落等，直接导致大量建筑安全问题的出现。目前评价防护层抗开裂性的指标有抗冲击性、压折比、动态抗开裂性、横向变形、应力-应变等方法，抗拉强度和弹性模量也有一定表征作用，但在应用时各存在一定局限性，本书主要介绍了抹面防护层的抗冲击性、抗拉强度、弹性模量以及玻纤网格布耐碱性等相关研究，为外保温系统抗开裂提升技术提供一定支撑。

4.5.2.1　防护层抗开裂性研究

抗裂砂浆是一种聚合物改性砂浆，可再分散乳胶粉（以下简称胶粉）是其中最主要的添加剂，胶粉类型及掺量对砂浆粘结强度、抗折强度和柔韧性具有重要保证作用已达学界共识。普通水泥砂浆不应作为外墙外保温系统表面的找平层及抗裂防护层材料，因为普通水泥砂浆不符合“柔性渐变，柔性释放应力的抗裂技术”原则，从普通水泥砂浆自身材料性能上分析，普通水泥砂浆自身的抗拉强度明显不足，抗冲击性较差，受周围环境影响极容易产生裂缝，并且裂缝随着厚度增加而变得严重。抗裂砂浆的抗冲击性、抗拉强度较普通砂浆有明显提高，很大程度受砂浆中一定种类的聚合物含量以及水泥水化程度的影响[20]。

为研究胶粉含量及抹面层构造对抗裂砂浆抗冲击性能的影响，设计分别针对 EPS 板、无机保温砂浆的 2%、3%、4%的胶粉以及单双层网格布条件下的抗冲击性，试验结果如表 4-96 和图 4-118～图 4-122 所示。可知随聚合物添加量的增加裂缝平均长度有所下降，抗冲击性提高，加入 2%胶粉的抗裂砂浆与双层网格布的防护层，与加入 3%胶粉的抗裂砂浆和单层网格布的防护层，裂缝平均长度相似，抗开裂性能较相似。耐碱玻纤网格布可分散抹面层受到的应力，对防护层的抗开裂性非常重要。一般来说，氧化锆含量越高，玻纤网格布的耐碱性越好。若使用的耐碱玻纤网格布不满足要求，其断裂强力低、断裂应变大，不能有效分散应力，最终导致防护层裂缝。

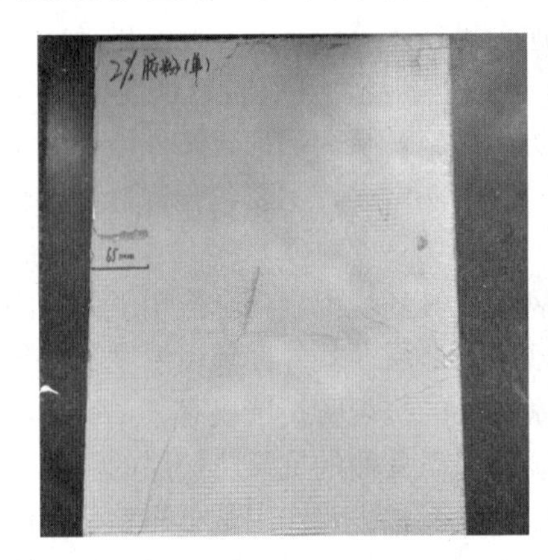

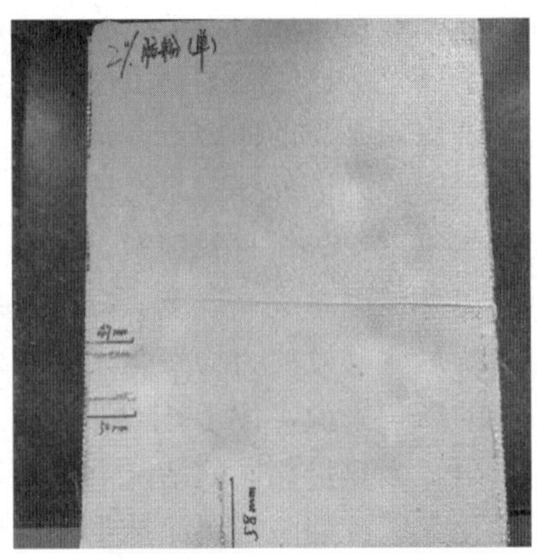

图 4-118　EPS 板＋抗裂砂浆（胶粉 2%）＋单层网格布系统

表 4-96　胶粉含量及抹面层构造对抗裂砂浆抗冲击性能的影响

<table>
<tr><td colspan="3"></td><td>1</td><td>2</td><td>3</td><td>4</td><td>5</td></tr>
<tr><td rowspan="4">构造</td><td colspan="2">保温层</td><td colspan="4">EPS 板</td><td>无机保温砂浆</td></tr>
<tr><td rowspan="3">抹面层</td><td>抗裂砂浆</td><td>2%胶粉</td><td>2%胶粉</td><td>3%胶粉</td><td>4%胶粉</td><td>2%胶粉</td></tr>
<tr><td>网格布</td><td>单层</td><td>双层</td><td>单层</td><td>单层</td><td>单层</td></tr>
<tr><td>抗裂砂浆</td><td>2%胶粉</td><td>2%胶粉</td><td>3%胶粉</td><td>4%胶粉</td><td>2%胶粉</td></tr>
<tr><td colspan="3">抗冲击性（JGJ 144—2019）</td><td>10J 级</td><td>10J 级</td><td>10J 级</td><td>10J 级</td><td>10J 级</td></tr>
<tr><td rowspan="3">抗裂层现象</td><td colspan="2">3J 级</td><td colspan="5">全部凹陷，边缘及中心区域无开裂破坏</td></tr>
<tr><td rowspan="2">10J 级</td><td></td><td colspan="4">全部凹陷，中心区域无破坏，边缘开裂破坏</td><td rowspan="2">全部凹陷，抗裂层边缘及中心区域无开裂破坏</td></tr>
<tr><td>裂缝平均长度/mm</td><td>55</td><td>45</td><td>45.3</td><td>36</td></tr>
</table>

表 4-97 为胶粉含量及抹面层构造对保温层的影响表，可见 EPS 板外保温系统的柔韧

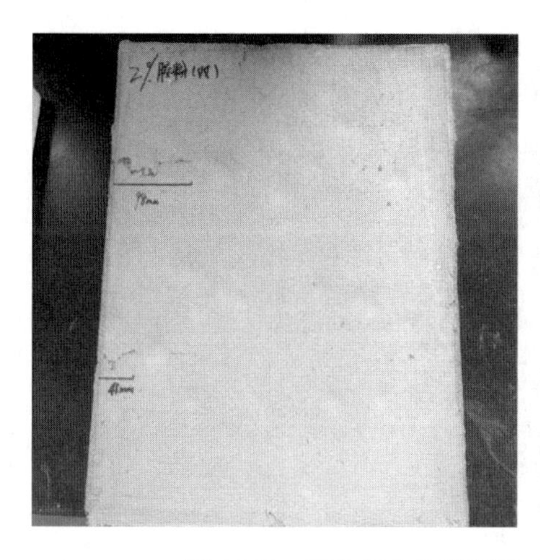

图 4-119　EPS 板＋抗裂砂浆（胶粉 2%）＋双层网格布系统

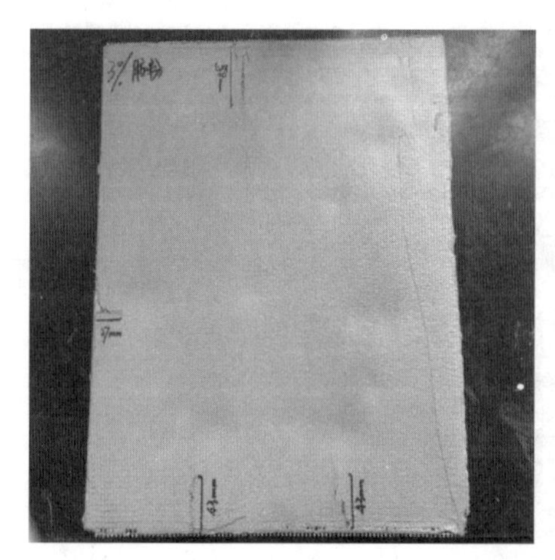

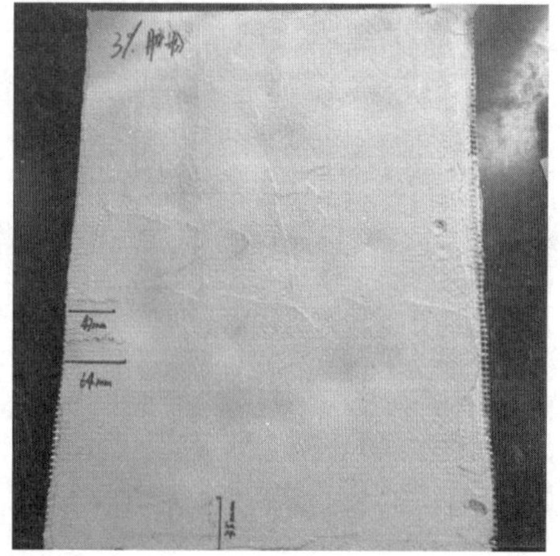

图 4-120　EPS 板＋抗裂砂浆（胶粉 3%）＋单层网格布系统

性较好，采用无机保温砂浆对抗冲击性不利，如图 4-123～图 4-126 所示。

表 4-97　胶粉含量及抹面层构造对保温层的影响

			1	2	3	4	5
构造	保温层		EPS 板				无机保温砂浆
	抹面层	抗裂砂浆	2%胶粉	2%胶粉	3%胶粉	4%胶粉	2%胶粉
		网格布	单层	双层	单层	单层	单层
		抗裂砂浆	2%胶粉	2%胶粉	3%胶粉	4%胶粉	2%胶粉
抗冲击性（JGJ 144—2019）			10J 级	10J 级	10J 级	10J 级	10J 级
保温层现象			中心及边缘多处凹陷	中心及边缘部分凹陷	保温板边缘部分凹陷	无明显凹陷	多处裂缝

图 4-121　EPS 板＋抗裂砂浆（胶粉 4%）＋单层网格布系统

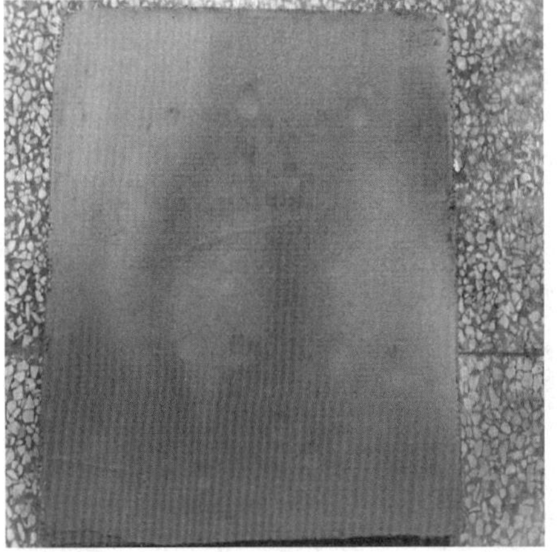

图 4-122　无机保温砂浆＋抗裂砂浆（胶粉 2%）＋单层网格布系统

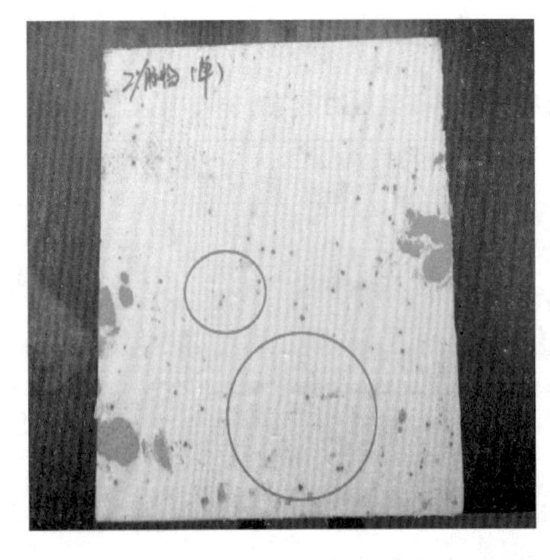
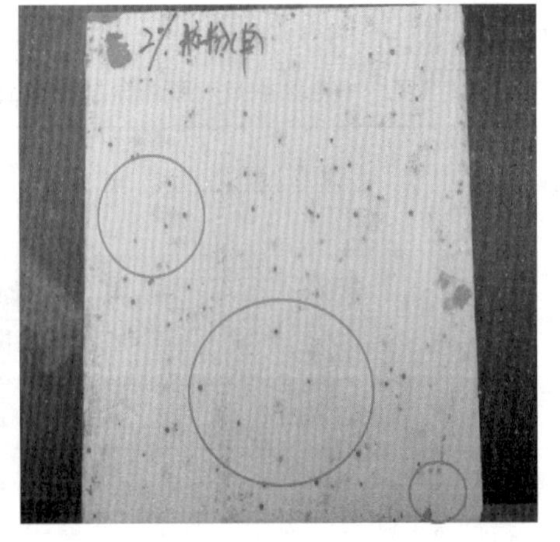

图 4-123　EPS 板＋抗裂砂浆（胶粉 2%）＋单层网格布系统受冲击后的 EPS 板

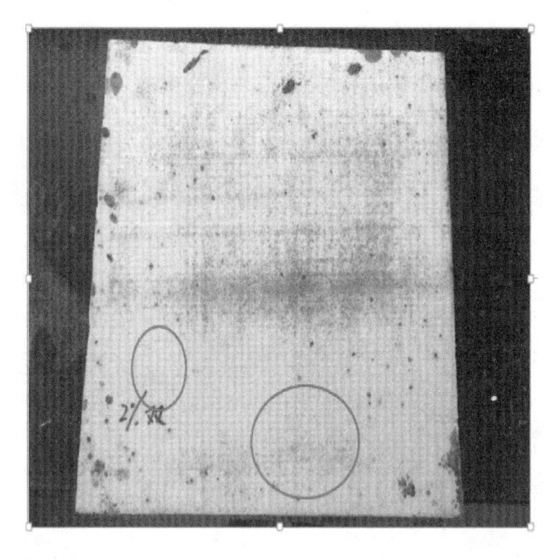

图 4-124 EPS 板＋抗裂砂浆(胶粉 2%)＋双层格布系统受冲击后的 EPS 板

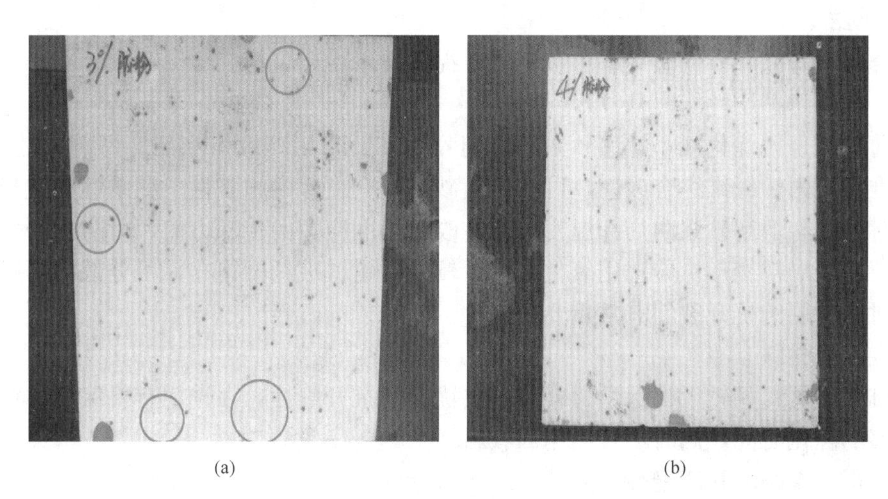

(a) (b)

图 4-125 EPS 板＋抗裂砂浆＋单层格布系统受冲击后的 EPS 板

(a) 胶粉含量 3%；(b) 胶粉含量 4%

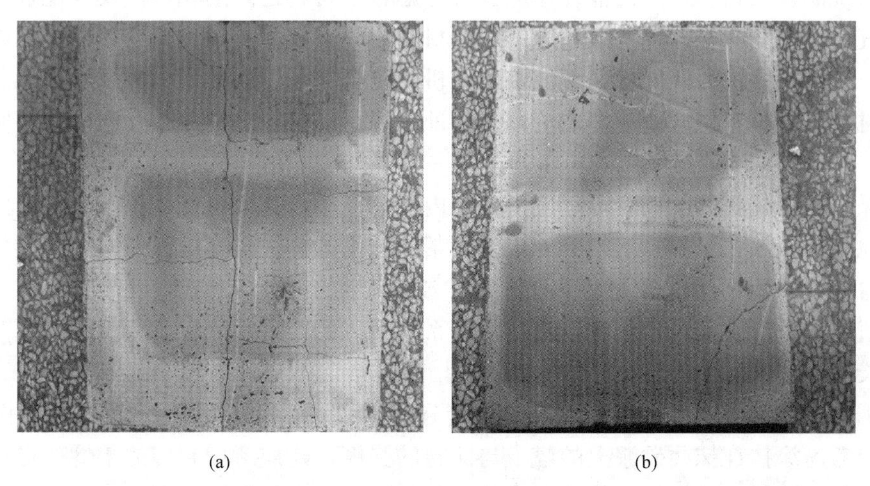

(a) (b)

图 4-126 无机保温砂浆＋抗裂砂浆（胶粉 2%）＋单层网格布系统受冲击后的无机保温砂浆板

对不同聚合物掺量的抗裂砂浆进行压折比、抗拉强度及弹性模量测试，结果如表4-98所示，可知，随着胶粉掺量的提高，抗拉强度不断提高，压折比不断减小，弹性模量也不断减小，一定程度说明了聚合物掺量对抗裂砂浆柔韧性的影响。

表4-98 不同聚合物含量的抗裂砂浆性能对比

编号	配合比				抗压强度/MPa	抗折强度/MPa	抗拉强度/MPa	压折比	弹性模量/MPa
	水泥	EVA胶粉	细砂	纤维素醚10万					
1号	250	0	748	2	6.7	3	0.96	2.23	6758.5
2号	250	10	738	2	8.5	4.7	1.09	1.81	6211.4
3号	250	30	718	2	6.3	3.9	1.2	1.62	3526.7
4号	250	60	688	2	7.4	4.8	1.55	1.54	2864.2

4.5.2 小结

综合相关研究，外保温系统的抗开裂性提升技术主要包括：

（1）抗裂防护层性能提升技术

可通过配合比优化减小抹面砂浆的长期收缩率，采用高效保水剂、可再分散乳胶粉、木质纤维、聚丙烯纤维综合改性，可使抹面砂浆具有良好的施工性、粘结性和抗裂性，有助于随时分散和消解砂浆内局部温度应力并改变温度应力的传递方向，可防止产生集中温度应力而发生局部变形。应选用氧化锆含量较高的耐碱玻纤网格布，可分散抹面层受到的应力，对防护层的抗开裂性非常重要。

（2）保温材料

有机保温材料相较无机保温材料具有更优异的抗开裂性，在选用有机保温材料时，应保证足够的陈化时间，同时不宜使用回收料。

（3）提高系统材料匹配性

由于外墙外保温系统是由多层不同材料复合构成，就系统表面抗裂性能来说，除应考虑组成系统的各层材料自身性能外还应充分考虑各层材料之间的相容性及匹配性。外墙外保温系统是一个有机整体，构成系统的各层材料之间不仅要有柔性渐变，而且相邻材料之间应有一定的相容性、匹配性，形成一个有机的复合整体。因此，构成外墙外保温系统各构造层材料应由材料供应商成套供应，来保证保温系统材料之间的相互匹配性及实现抗裂技术路线。

外保温系统材料的柔韧变形量应由外到内逐渐变小，这样可保证温度应力由内到外能够有效地逐层释放，保温系统外侧的抗裂砂浆应选用柔韧性较高的以便释放由内部产生的变形应力。当外墙外保温系统受外部环境影响而产生的局部应力在没有超过材料本身的极限应力值的情况下被及时地消解，提高保温系统整体的柔韧性能，避免出现面层开裂的现象，延长保温系统的使用寿命。

对于饰面层，不仅要有良好的抗裂性能还应具备一定的防水性能。当涂料作为饰面时，除应考虑涂抹在抹面砂浆上的腻子与涂料的强度，还应考虑它们的柔性变形量。使用不具备柔性变形能力的刚性腻子、耐水性差的普通腻子受长期雨水浸渍可能都会引起饰面层开裂，要避免使用不耐老化的涂料。涂料与腻子不配套，如将溶剂型涂料涂抹在聚合物改性腻子表面，由于溶剂型涂料中的溶剂会溶解腻子中的聚合物，会使腻子性能遭到破坏，进而导致面层开裂；当采用面砖饰面时，粘贴面砖使用的聚合物砂浆，若其配比达不到要求，就会造成砂浆柔韧性小无法满足柔性渐变释放应力的需要，导致面砖饰面层开裂、空鼓甚至脱落。使用的面砖吸水率过大，釉贴后易造成其与保温层结合处砂浆失水过多，在冻融循环影响下引起结合面破坏，导致面砖层开裂、空鼓甚至脱落。

对于耐碱玻纤网格布常采用耐碱玻璃纤维纺织而成，表面并涂以耐碱防水高分子，制成的耐碱玻纤网格布中含镐量要合理，可耐冻融，纵横向拉伸强度满足标准要求。复合耐碱玻纤网格布的水泥抗裂砂浆涂抹在保温层外侧，能够形成一层适应保温层及基层结构墙体纵横向变形、避免产生裂缝的抗裂防护层。

4.5.3 基层墙体与抹灰砂浆的界面协调工作性提升技术

基材种类显著影响抹灰砂浆拉伸粘结性能。根据肖群芳[1]等人研究，墙材大致的吸水特性可将其分成两种：吸水速度较慢的灰砂砖、标准板、普通混凝土砌块；吸水速度较快的加气块、烧结砖、轻集料砌块。砂浆与墙材之间除了强度匹配外，还要求砂浆保水率与墙材的吸水特性相匹配。由于加气混凝土是多孔状材料，在表面1～2mm厚处较易吸水，同时由于密闭孔的作用，解湿过程也相当缓慢。针对加气混凝土特点，莫丹[2]和罗树琼[3]等人开发出适用于加气混凝土用抹灰砂浆。由于墙材吸水特点和自身特性与其类型相关，造成墙材界面处抹灰砂浆的水化及与墙材的粘结锚固不同，会导致砂浆粘结强度的高低而影响与基材的粘结。

除了基材种类，养护条件同样对抹灰砂浆拉伸粘结性能影响显著。与标准养护条件不同，自然养护条件由于温度和湿度多变，条件严苛，在砂浆水化初期缺乏适宜的温度和湿度易导致其拉伸粘结强度多变。而冬季严苛环境下，自然养护温湿度偏低不利于水泥水化，对抹灰砂浆强度造成不良影响。而实际许多工程往往忽视养护条件，因此比较洒水养护与自然养护对现场墙体与砂浆界面粘结强度影响具有实际意义。

本书介绍了几种类型墙体（混凝土小型空心砌块、加气混凝土砌块、烧结多孔砖和页岩砖），施工不同强度等级的抹灰砂浆，分别在自然养护和洒水养护条件下，通过现场钻芯取样来分析养护条件、基材种类、强度等级变化对墙体界面粘结强度的影响的研究，为提高外保温系统基层与抹灰砂浆的界面协调工作性提供技术支撑。

4.5.3.1 试验材料和方法

1. 原材料

试验中采用P·O 42.5和P·O 32.5水泥，二级粉煤灰，细度模数为2的河沙，混凝土小型空心砌块、加气混凝土砌块、烧结多孔砖和页岩砖分别自制。

2. 配合比设计（表4-99）

表4-99 抹灰砂浆的配合比选择

砂浆类型	水泥/g	中砂/g	粉煤灰/g	稠化粉/g	石灰膏/g
116混合砂浆	12.5	75	—	—	12.5
1∶3砂浆	25	75	—	—	—
DP5	88	786	96	30	—
DP10	119	733	118	30	—
DP15	140	691	139	30	—

3. 试验过程及方法

本次试验共砌筑4面墙体，混凝土小型空心砌块墙体、蒸压加气混凝土砌块墙体、蒸压灰砂砖墙体、页岩烧结多孔砖墙体。加气砌块墙体在抹灰前用界面剂处理，厚度为2mm。抹灰砂浆稠度控制在90～100mm。抹灰砂浆总厚度控制在18～20mm。抹灰施工完成后，挑出1面混凝土小型空心砌块墙体进行每日一次洒水养护，其余5面墙体均自然养护。龄期在56d时，墙体抹灰砂浆用电钻进行取样，钻孔直径40mm。

4.5.3.2　结果和讨论

1. 抹灰砂浆抗压强度

在标准养护和自然养护条件下砂浆抗压强度如表4-100所示。可知标准养护砂浆强度高于自然养护。这是由于自然养护（冬季）与标准养护相比，温度和湿度都较低，不利于水泥水化造成的。DP5抹灰砂浆的标准养护砂浆强度约为自然养护砂浆强度的1.5倍，DP20标准养护砂浆强度约为自然养护砂浆强度的2倍。因此，随着砂浆强度等级的提高，与标准养护相比自然养护砂浆强度降低程度大。

表4-100　自然养护和标准养护条件下砂浆抗压强度

砂浆类型	水灰比/%	28d抗压强度/MPa	
		自然养护	标准养护
116混合砂浆	14	2.3	2.5
1∶3水泥砂浆	18.2	15.0	19.0
DP5	19.6	4.2	7.5
DP10	19.6	8.6	15.1
DP15	19.9	9.5	17.6

2. 界面拉伸粘结性能

整个拉拔试验结束，总结砂浆的破坏状态共有3种：①砂浆与墙体界面破坏；②底层砂浆表面破坏；③砂浆表面拉坏。砂浆与混凝土小型空心砌块墙体之间发生底层砂浆表面破坏和砂浆表面拉坏如图4-127（a）和（b）所示。而砂浆与加气混凝土砌块墙体在界面破坏又分为界面剂破坏和砌块本身拉坏，分别如图4-127（c）和（d）所示。砌材种类、养护方式和砂浆强度等级对抹灰砂浆拉伸粘结性能的影响如表4-101所示。

(a)

(b)

图4-127　抹灰砂浆与墙体的拉伸粘结破坏形式（一）
（a）底层砂浆表面破坏；（b）砂浆表面拉坏；

(c)

(d)

图 4-127 抹灰砂浆与墙体的拉伸粘结破坏形式（二）

（c）表面界面剂破坏；（d）加气混凝土块破坏

综上可知，墙体和抹灰砂浆粘结性能并非水泥掺量越高越好，墙体、界面剂与抹灰砂浆形成有机整体，每个环节都至关重要，整个系统性能由最薄弱环节决定。针对不同墙体选择合适强度等级及不同特性的专用抹灰砂浆非常重要。

表 4-101 砌材种类对抹灰砂浆拉伸粘结性能的影响

编号	养护条件	砌材种类	砂浆种类	粘结强度均值	破坏形式/块			破坏均值/MPa		
					A	B	C	A	B	C
1	每天浇水一次	混凝土小型空心砌块	116 砂浆	—	全部在钻芯时破坏					
2			DP5	0.25		5			0.25	
3			DP10	0.31		5			0.31	
4			DP15	0.58		5			0.58	
5			1∶3 砂浆	0.93	2	3		1.14	0.79	
6	自然养护	混凝土小型空心砌块	116 砂浆	—	全部在钻芯时破坏					
7			DP5	—	全部在钻芯时破坏					
8			DP10	0.26	—	3	—	—	0.26	—
9			DP15	0.28	—	4	—	—	0.28	
10			1∶3 砂浆	0.95	1	4	—	1.12	0.91	
11		加气混凝土砌块	116 砂浆		几乎全部钻芯时破坏					
12			DP5	—	几乎全部钻芯时破坏，只有 1 个数据					
13			DP10	0.41	—	3	—	—	0.41	—
14			DP15	0.54	4*	1	—	0.53	0.56	—
15			1∶3 砂浆	0.52	4*	1	—	0.49	0.65	—
16	自然养护	灰砂砖	DP10	0.5	4	—	1	0.4	—	0.89
17		烧结空心砖	DP10	0.44	4	1	—	0.46	0.33	—

注：A 代表在砂浆与墙体界面破坏；B 代表在底层砂浆表面破坏；C 代表在砂浆表面破坏；* 表明界面剂破坏。

4.5.3.3 小结

通过介绍养护条件、基材种类、强度等级变化对外保温系统基层与抹面砂浆界面粘结强度的影响，得到如下提升技术：

对混凝土小型空心砌块墙体，自然养护下水泥掺量提高对提升粘结强度不明显，而浇水养护的砂浆粘结强度随着水泥掺量的提高而提高。

养护条件对普通抹灰砂浆的粘结强度提升明显，浇水养护相较自然养护 DP10、DP15 的粘结强度可提高 100%。而养护条件对高水泥掺量的 1∶3 砂浆的粘结强度的影响并不明显。

洒水养护是提高混凝土小型空心砌块粘结强度的有效措施，采用界面剂是加气混凝土砌块墙面抹灰不可或缺的环节，施工前洒水处理是保证灰砂砖和烧结空心砖粘结性能的重要手段。采用墙材专用砂浆和适宜的养护条件可有效避免砂浆空鼓。冬期施工抹灰砂浆强度不宜低于 M10。

加气混凝土砌块在涂刷界面剂后普通抹灰砂浆的粘结强度较混凝土小型空心砌块提升 80%左右。洒水处理的灰砂砖和烧结空心砖与砂浆的粘结性能比涂刷界面剂的加气混凝土砌块还要略好。

4.5.4 新型外墙外保温系统开发

基于新型保温材料的开发，结合系统的耐候性试验及工程应用研究，提出新型的外保温系统结构，确定外保温系统构造措施对建筑外保温系统进行优化选择是十分必要的。本节主要介绍了通过技术提升可实现围护结构体系功能性与耐久性同寿命的几种外墙外保温系统。

4.5.4.1 硅墨烯保温板外墙外保温系统

1. 硅墨烯保温板外保温系统

以研发的硅墨烯保温板为保温层建立外墙外保温系统。硅墨烯保温板外墙外保温系统是一种以硅墨烯不燃保温板为保温层，通过采用粘结为主并辅以锚固与承托为辅的工艺固定在基层墙体外侧，或外墙内侧采用粘结为主并辅以锚固工艺与基层墙体连接，采用抹面胶浆和耐碱涂覆中碱网布增强复合为抹面层，再由外部设计要求选择的饰面层构成外保温系统的统称。硅墨烯保温板外保温系统构造图如表 4-102 所示。

表 4-102 硅墨烯保温板外保温系统基本构造

<table>
<tr><th rowspan="2">饰面</th><th colspan="5">基本构造层次及组成材料</th><th rowspan="2">构造示意</th></tr>
<tr><th>基层
①</th><th>粘结层
②</th><th>保温层
③</th><th>抹面层
④</th><th>饰面层
⑤</th></tr>
<tr><td>涂料</td><td rowspan="2">混凝土墙或各种砌体墙+预拌砂浆找平层+托架</td><td rowspan="2">胶粘剂</td><td rowspan="2">硅墨烯保温板</td><td>抹面胶浆+耐碱涂覆网布+锚栓</td><td>柔性耐水腻子+外墙涂料</td><td>锚栓 金属托架 ① ② ③ ④ ⑤</td></tr>
<tr><td>面砖</td><td>抹面胶浆+耐碱涂覆网布+锚栓</td><td>面砖+柔性胶粘剂+柔性填缝剂</td><td>锚栓 金属托架 ① ② ③ ④ ⑤</td></tr>
</table>

由国家建筑工程材料质量监督检验中心的检验结果表明：①保温系统经过 80 次高温-淋水和 5 次加热-冷冻循环后，表面未见开裂、空鼓、脱落。②涂料饰面，抹面层与保温层的拉伸粘结强度≥0.15MPa，且破坏在保温层内。面砖饰面，面砖与抹面层的拉伸粘结强度平均值和最小值均为 0.4MPa。③2h 抹面层内侧未见水渗透。④30 次冻融循环后，保护层表面未见裂纹、空鼓、起泡、剥离、脱落。保温层与抹面层拉伸粘结强度为 0.15MPa，破坏界面位于保温板内。⑤系统水蒸气湿流密度为 4.20g/（m^2·h）。⑥抗冲击性与吸水性也满足规范要求。

2. 硅墨烯保温板免拆保温模板外墙保温系统

硅墨烯保温板免拆保温模板外墙保温系统是指以工厂化生产的硅墨烯免拆保温模板作为建筑外墙保温板，建设过程中将其作为主体结构外围护剪力墙外模板使用，一次浇筑成型，永久性免拆，形成保温与结构主体的一体化，外表面由抹面层、饰面层构成的外墙外保温系统的总称。

硅墨烯保温板免拆保温模板则以石墨聚苯乙烯颗粒为集料，采用特有的无机浆料通过专业的技术装备进行混合、裹壳、微孔发泡且内嵌双层热镀锌钢丝网增强、模压成型并经养护制成的具有不燃特性的保温板。用作外墙外保温系统时，系统构造应符合表 4-103 的要求。

免拆保温模示意图，如图 4-128 所示，其性能指标如表 4-104 所示。

表 4-103 硅墨烯保温板免拆保温模板外墙保温系统构造要求

构造示意图	基层墙体 1	保温层 2	抹面层 3	饰面层 4
	钢筋混凝土	保温板、专用连接锚栓	JX 抹面胶浆（内压耐碱涂覆中碱网格布）	柔性耐水腻子＋涂料或瓷砖胶粘结剂＋面砖

图 4-128 免拆保温模板示意图

表 4-104 硅墨烯免拆保温模板性能指标

项目		指标	试验方法
干密度/（kg/m^3）		130～170	GB/T 5486—2008
干收缩率/%		≤0.3	GB/T 11969—2020
抗压强度/MPa		≥0.30	GB/T 5486—2008
垂直于板面的抗拉强度/MPa		≥0.25	GB/T 29906—2013
弯曲变形/mm		≥6	GB/T 10801.1—2002
体积吸水率/%		≤6	GB/T 5486—2008
导热系数(25℃)/[W/（m·K）]		≤0.049	GB/T 10294—2008 或 GB/T 10295—2008
软化系数		≥0.8	GB/T 20473—2006
燃烧性能级别		A（A2）级	GB 8624—2012
放射性核素限量*	内照射指数（I_{Ra}）	≤1.0	GB 6566—2010
	外照射指数（I_γ）	≤1.0	

该保温模板可用于预制装配式混凝土外墙板，作为保温材料采用反打混凝土工艺成型。为分析该保温板作为外保温系统与主体结构的连接可靠度，以及长期经受环境考验情况下，其耐久性是否能做到与建筑同寿命，比较不同的外墙外保温系统耐候性测试方法条件下的耐候性情况。

在正常 80 次热雨循环、5 次热冷循环的基础上，设计了一种加强版的耐候性测试方法，把热雨循环次数增加到了 160 次，热冷循环增加到 10 次，并增加了 80 次冻融循环。分别测试了正常耐候性试验及加强版耐候性试验后硅墨烯保温板系统的拉伸粘结强度，拉伸粘结强度分别测试了护面层与保温板的粘结强度、保温板与混凝土之间的粘结强度。试件制备采用工地现场的混凝土，在硅墨烯免拆保温模板上直接浇筑成型，以此试验来模拟硅墨烯保温板采用反打工艺制造预制装配式建筑保温外墙板的长期耐久性。同时也可考察采用硅墨烯免拆保温模板现浇混凝土工艺的耐久性，实验证明采用该超强版耐候性测试后的硅墨烯保温板与混凝土之间连接可靠，所有拉伸粘结破坏界面均位于保温板中，未发生界面破坏，如图 4-129 所示。

对硅墨烯免拆模保温系统进行示范，效果良好。图 4-130 为项目示范图片。

4.5.4.2 热养憎水凝胶玻珠保温系统

热养憎水凝胶玻珠保温板以水泥为胶凝材料、憎水玻化微珠为无机轻集料，并掺入适量高分子聚合物硅凝胶乳液和增强纤维等功能性添加剂，按比例混合搅拌，经布料、加压成型，并经热养护工艺制成的轻质无机保温板，它具有导热系数和吸水率较低、强度高、尺寸稳定和不燃烧性的特性。

该热养憎水凝胶玻珠保温板与专用配套材料组成的外保温系统经检测，耐候性试验经过 80 次高温一淋水循环和 5 次加热—冷冻循环后，表面未见渗水裂缝、空鼓、脱落、起泡、剥落等现象，保温层与抹面层的拉伸粘结强度为 0.11MPa，且破坏界面在保温板内。只带有抹面层的系统吸水量为 0.4，带有全部护面层的系统吸水量为 0.3。抗冲击性及系

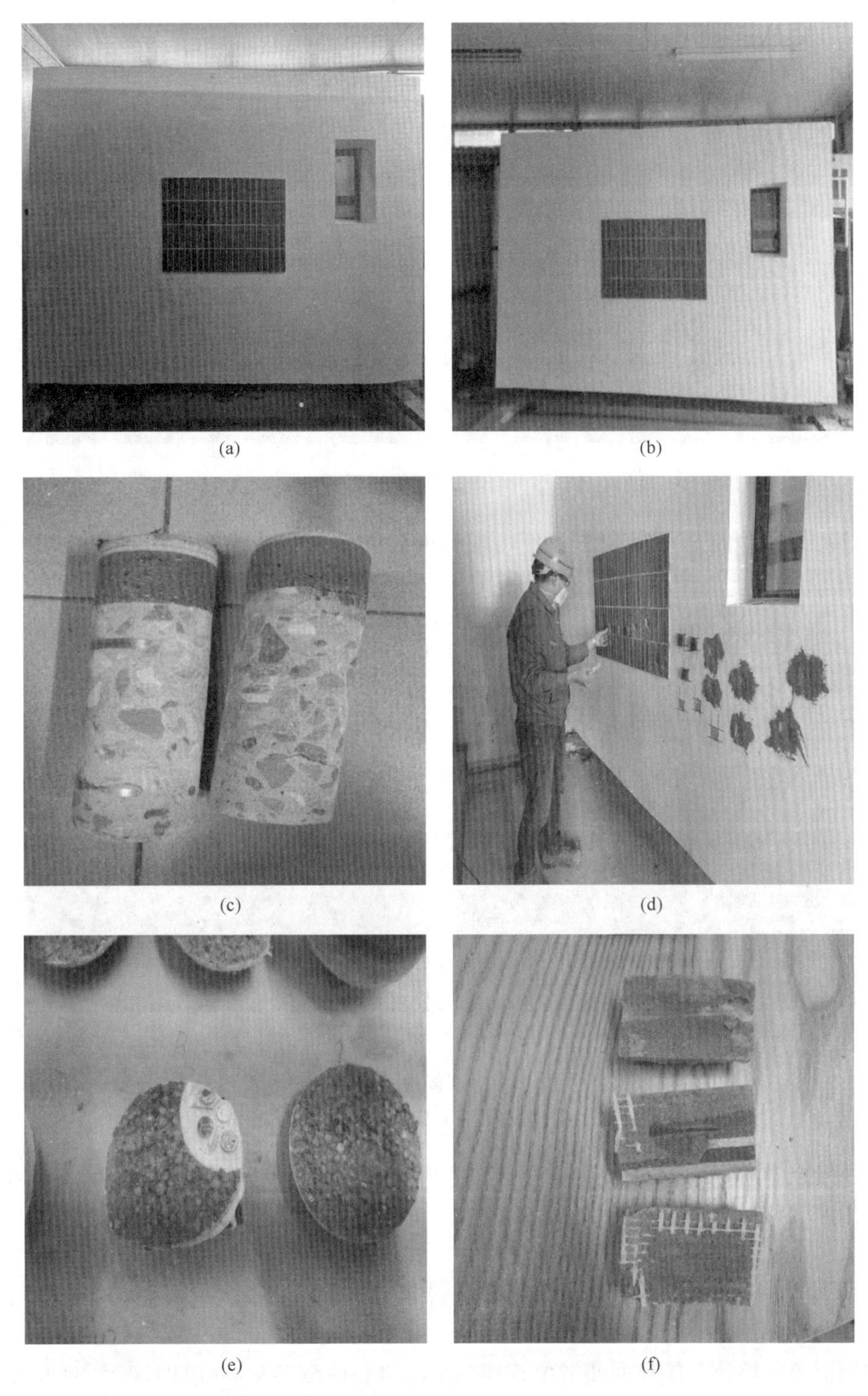

图 4-129 硅墨烯免拆模保温系统耐候性实验

（a）测试前试验墙；（b）加强版耐候性测试后试验墙；

（c）加强版耐候性试验后钻取的芯样；（d）耐候性后拉伸粘结强度测试；

（e）断裂位于锚栓处的破坏情况；（f）陶瓷砖粘结强度测试

图 4-130　试点工程现场

统的耐冻融性能也符合标准要求。现场检测面砖的粘结强度为 0.4MPa。耐候性实验如图 4-131所示。

(a)　(b)

图 4-131　耐候性试验墙体

(a) 试验前；(b) 试验后

该系统自 2015 年起在黑龙江、江苏、上海等多个项目上应用，至今系统无任何空鼓、开裂、渗水等质量问题。

4.6　新型预制混凝土墙体节能体系开发

预制混凝土墙体节能体系是装配式建筑中的核心构造之一，对装配式建筑的功能性和耐久性具有重要影响。目前装配式建筑中预制混凝土墙体体系包括预制混凝土墙板组合外保温体系、预制混凝土墙板组合内保温体系、预制混凝土夹芯保温墙板体系。目前预制混凝土组合内外保温体系仍存在施工效率低、现场施工不绿色环保等问题，而预制混凝土夹芯保温墙板体系是通过三明治结构设计，使保温层不易受到环境因素影响实现与主体结构同寿命，但从当前的推广应用情况看，其市场占有率低，分析其推广受限的原因包括：①外叶板厚度要求混凝土厚度不低于60mm，且内部需配置钢筋，导致其对混凝土和钢筋材料消耗高且自重大；②行业内对连接件的长期安全性和耐久性存有顾虑；③保温材料的消防安全、耐久和功能性难以兼顾，当前采用的保温材料防火等级偏低，与混凝土粘结力较差；④混凝土、钢筋、连接件等造成墙体体系综合成本偏高，市场接受度受限。以上种种原因已成为限制装配式建筑发展的重要因素。

因此，在建筑工业化和建筑节能的双重引导下，解决目前预制混凝土夹芯保温墙板体系存在的不足，为装配式建筑的围护结构设计选型提供优选解决方案推动上海市装配式建筑发展，实现结构与功能一体化、保温与主体结构同寿命的目标，开发一种安全可靠、耐久高效、经济适用的新型预制混凝土墙体节能体系具有重要意义。

1. 新型预制混凝土高性能防护砂浆基本配比和性能

新型预制混凝土高性能防护砂浆基本配比和性能如表4-105所示，掺入早强型减水剂能有效改善其1d和7d的拉伸粘结强度和抗压强度。

表4-105　新型预制混凝土高性能防护砂浆基本配比和性能

配方	52.5水泥/g	中砂/g	纤维素醚/g	减水剂/g	稠度	用水量	表观密度	保水率/%	拉伸粘结强度/MPa		抗压强度/MPa	
									1d	7d	1d	7d
①	250	750	0.2g	1.875	78	86	2774	99	0.257	0.27	28.8	40.95

图4-132中显示拉伸破坏后，断裂面均在保温层。

图4-132　拉拔试验形貌

2. 新型预制混凝土墙板制作及1d吊装脱模试验

调整新型预制混凝土高性能防护砂浆配比，混凝土采用C30级（10cm），其配比分别如表4-106和表4-107所示。保温板采用硅墨烯改性聚苯板（50mm×50mm×4cm）。

表4-106　新型预制混凝土墙体防护砂浆

配方	52.5水泥/g，	中砂/g	纤维素醚/g	减水剂/g	稠度	用水量	表观密度	保水率/%	拉伸粘结强度/MPa		抗压强度/MPa	
									1d	7d	1d	7d
	250	750	0.2	(2.5)	87	96		99	0.137	0.26	23.4	35.1

表 4-107　新型预制混凝土墙体混凝土配合比

<table>
<tr><td>材料</td><td>水泥</td><td>砂</td><td colspan="2">石子</td><td>减水剂</td><td>水</td></tr>
<tr><td rowspan="3">质量/kg</td><td rowspan="3">17</td><td rowspan="3">42.75</td><td colspan="2">52</td><td rowspan="3">0.153</td><td rowspan="3">8</td></tr>
<tr><td>粗石子
10～20mm</td><td>细石子
5～15mm</td></tr>
<tr><td>70%</td><td>30%</td></tr>
</table>

如图 4-133 和图 4-134 所示，吊装过程顺利，易脱模。内、外叶墙板整体性良好。但是，外叶墙板存在较多气孔，影响性能和美观。

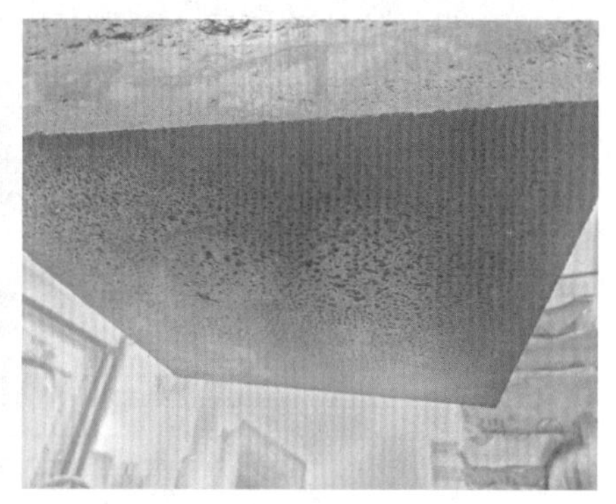

图 4-133　吊装脱模

消泡剂掺入后，气孔略有改善，但仍然有少量气孔。同时，该配比下，砂浆浆体较为松散。

综上所述，加入合适的早强型减水剂能明显改善新型预制混凝土墙体外叶墙板与保温板的拉伸粘结强度和抗压强度。为保持墙板表面平整，应确保模具清理干净、保温板完整。同时，掺入适量的消泡剂能够有效地改善表面多孔麻面的情况。

3. 新型预制混凝土墙板工厂试验

2020 年 11 月，在某预制墙材有限公司生产车间进行新型预制混凝土墙板制作，选用预制墙板分别记为 YNQ7、YNQ6L、YNQ8。墙板尺寸和拌制分别如表 4-108 和图 4-135 所示。

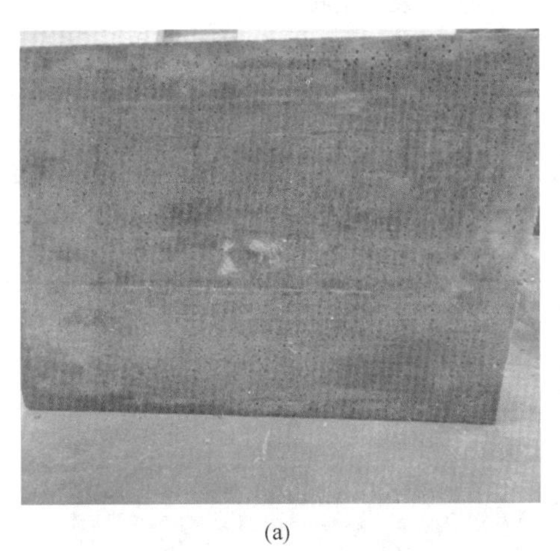
(a)

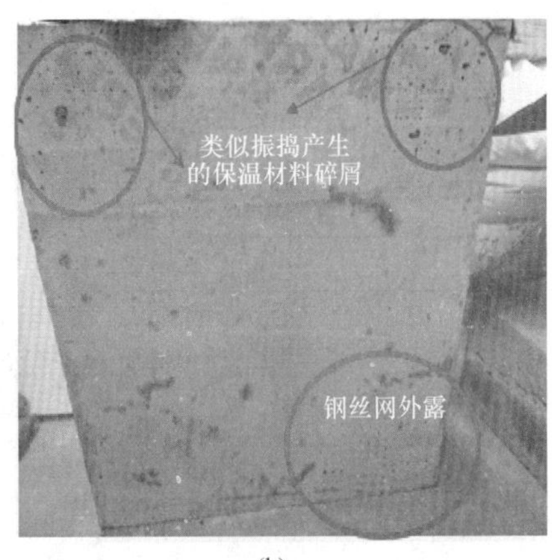

(b)

图 4-134　吊装脱模
(a) 无消泡剂；(b) 掺有消泡剂

表 4-108　墙板尺寸

编号	墙板	墙板尺寸		
		高/mm	长/mm	厚/mm
①	YNQ7	2700	1100	200
②	YNQ6L	2700	1400	200
③	YNQ8	2880	1100	200

图 4-135　砂浆拌制

对选用的三种尺寸的墙板模具，分别在墙板底部铺设钢丝网或者网格布，通过振动搅拌棒将钢丝网振动至砂浆层中，如表 4-109 所示。预制墙板现场制作如图 4-136 所示。

表 4-109　预制墙板铺设钢丝网及网格布

编号	墙板	墙板尺寸			铺设
		高/mm	长/mm	厚/mm	
①	YNQ7	2700	1100	200	钢丝网
②	YNQ6L	2700	1400	200	钢丝网
③	YNQ8	2880	1100	200	网格布

图 4-136　新型预制墙板制作

外层混凝土浇筑收平后，在室内养护 18h 后脱模，外叶板回弹强度 21MPa，具有较高的早期强度，吊装脱模过程顺利，界面整洁致密，无大量孔洞出现，如图 4-137 所示。

图 4-137　新型预制混凝土墙体吊装脱模

前期探索试验表明，该技术路线具备可行性，新型预制混凝土墙体节能体系外叶层与保温层的拉伸粘结强度可从之前的不足0.10MPa提高至0.20～0.30MPa，保证了各层间的粘结可靠性，且加工安装效率高、质量可靠稳定、造价较低廉，功能性及耐久性兼具的建筑外围护系统，属于与主体结构同寿命的建筑保温体系，目前正处于多地禁限使用薄抹灰外保温系统及大力推广装配式建筑的关键时期，具有广阔的应用前景。

参考文献

[1] 管旭东，肖群芳. 不同保水率砌筑砂浆同墙体材料的匹配性研究[J]. 建筑技术开发，2016(11)：6-8.

[2] 姚晓莉. 面向建筑节能的加气混凝土吸放湿特性与有效导热系数研究[D]. 杭州：浙江大学，2015.

[3] 金虹庆，姚晓莉，易思阳，等. 不同孔隙率下加气混凝土吸放湿性能试验研究[J]. 能源工程，2015(06)：42-50.

[4] 苏红艳，秦峰. 加气混凝土砌块动态吸放湿性能的试验研究[J]. 新型建筑材料，2016，43(08)：115-118+131.

[5] 秦昌凯，秦鸿根，张云升. 浅析外墙外保温界面砂浆粘结强度的试验方法[J]. 建材技术与应用，2012(05)：9-12.

[6] 王海军，刘琳，巴特尔. 建筑外墙自保温体系应用分析[J]. 硅酸盐通报，2016，35(01)：179-184+191.

[7] 赵立华，董重成，贾春霞. 外保温墙体传湿研究[J]. 哈尔滨建筑大学学报，2001，34(6)：1-4.

[8] 何金春. 寒冷地区外墙外保温复合墙体的传湿问题研究[D]. 西安：西安建筑科技大学，2008.

[9] 贾春霞. 严寒地区外贴苯板复合墙体热湿传递研究[D]. 哈尔滨：哈尔滨工业大学，2001.

[10] SHAKUN W. The causes and control of mold and mildew in hot and humid climates[J]. ASHRAE Transactions，1992，98(1)：1282-1292.

[11] 王建瑚. 围护结构内部冷凝受潮分析及保温层湿度的推算[J]. 西安建筑科技大学学报(自然科学版)，1986(01)：20-30.

[12] 刘建昌. 严寒地区外墙保温系统热湿耦合传递特性研究[D]. 重庆：重庆大学，2017.

[13] 郑茂余，孔凡红. 北方地区节能建筑保温层的设置对墙体水蒸气渗透的影响[J]. 建筑节能，2007(12)：18-20.

[14] 杨秀燕. EPS薄抹灰外墙外保温系统的开裂成因与对策研究[D]. 济南：山东建筑大学，2011.

[15] 刘瑶，沈海华，孙练，等. 胶粉聚苯颗粒外墙外保温系统墙面开裂空鼓的原因分析与处理[J]. 浙江建筑，2009(11)：64-66.

[16] 应仲浩. 浅谈外墙外保温体系开裂原因及防控措施[J]. 民营科技，2012(9)：311.

[17] 陈聪等. 外墙外保温体系裂缝分析研究[J]. 重庆建筑大学学报，2005(12)：26-28.

[18] 朱艳超. 外墙外保温材料保温抗裂技术的研究[D]. 武汉：武汉理工大学，2009.

[19] 张晋伟. 建筑外墙外保温面层开裂质量通病的防治浅析[J]. 山西建筑，2008(12)：231-232.

[20] KONG KJ，BIKE SG，LI VC. Constitutive rheological control ti develop a self-consolidating engineered cementitious composite reinforced with hydrophilic poly (vinyl alcohol) fibers，Cement&Concrete Composites[J]. 2003，25(3)：333-334.

[21] 陈杰. 严寒地区XPS板外墙外保温系统面层抗裂研究[D]. 沈阳：沈阳建筑大学，2015.

5 外墙耐久性与功能性协同提升设计

国内学者对外墙保温及外墙保温体系目前出现的质量问题及性能评价方法进行了大量研究[1-3]，提出了一定的提升设计方法。本章以实现围护结构与主体结构同寿命为目标，基于前文的围护材料耐久性劣化机理、耐久性分析模型及评价方法，结合围护材料及系统的耐久性与功能性协同提升技术，提出了基于材性设计、外部关键处理等构造设计及围护结构保温一体化设计的围护结构耐久性和功能性协同提升设计理论与方法，结合维修保养技术，确保其在目标使用年限内安全使用，达到与主体结构同寿命的目标。

围护结构耐久性与功能性协同设计理论可从以下 3 个方面来阐述：

1. 材性设计

依据环境因素应力化理论及围护材料耐久性分析模型，综合考虑化学侵蚀及软化等环境因素作用，围护材料抗力设计值应高于环境因素效应设计值，并应具有一定安全系数，且经过耐久性试验后，仍应满足一定抗力设计值的要求。为达到与主体结构同寿命的目标，围护结构耐久性与功能性协同设计首先应保证围护材料抗力设计值。

结合四个典型气候区的重力、风、温度、湿度等不同环境边界，进行了围护材料初始及耐久性试验后抗力的设计，具体性能指标通过环境因素效应设计值计算初步确定，并通过耐久性劣化实验验证获得；揭示了环境因素对围护结构材料的热工性能和耐久性性能的影响规律；提出了材性提升技术，具体包括配合比设计、级配优化、外加剂改性和养护方式调整等提升技术以及基于防火、装饰及界面增强等功能设计的新材料开发技术。研究了复杂环境因素耦合作用下养护条件、含水率等对蒸压加气混凝土砌块耐久性及功能性的影响规律，提出了配合比设计、生产工艺及养护方式控制等性能提升技术；开发了导热系数和吸水率低、强度高、延性好、抗震性能强的自保温模卡砌块；采用热养压制成型、热风烘干、憎水改性处理等技术开发了具有低导热系数和吸水率、强度高、尺寸稳定性好的 A 级不燃热养憎水凝胶玻珠保温板；采用压渗、热养、浅表层龙骨布置等技术，研制了具有高抗弯、高耐久、A 级防火和良好尺寸稳定性的硅墨烯保温板。

2. 构造设计

为达到与主体结构同寿命的目标，建筑围护结构的构造应进行优化设计。针对四个典型气候区，提出了构造优化技术，具体包括不同类型围护结构及材料选型、组成及部位设计，围护结构的防水、防火、透气和抗开裂技术、界面部位处理、关键节点处理、系统材料匹配性及协调工作性提升技术等。

明确了各类型透气性良好内保温系统的适用范围，提出满足最小湿阻差的材料选型技术，及防潮隔汽的构造处理技术；提出了蒸压加气混凝土砌块、模卡砌块、复合型混凝土多孔保温砖、四排孔轻集料混凝土小型空心砌块、淤泥烧结多孔砖等多种墙材自保温系统，明确其热工性能、适用范围、材料选型及构造处理技术；基于外保温系统的传湿规律研究，提出了设置吸湿空气层、隔汽层、采取排湿措施等热湿控制技术，从墙材类型、界面材料选型及养护制度等角度提升外保温系统界面协调工作性，提出基于抗裂砂浆柔韧性及玻纤网格布耐碱性的防护层抗开裂技术；提出 A 级不燃的硅墨烯保温板外墙外保温系统等新型外墙外保温系统构造设计技术。

3. 一体化设计

一体化设计是集建筑保温与墙体围护功能于一体，能够实现保温层与建筑结构同步施工完成的构造技术，是构造设计的一种特殊形式，是实现围护结构耐久性与功能性协同提升的重要设计理论与方法之一。具体提出了预制混凝土夹芯保温外墙板系统、模卡砌块自保温系统、保温模板结构功能一体化墙体系统、预制混凝土反打保温外墙板系统等一体化设计。

本章在围护结构耐久性与功能性协同提升设计理论基础上，开展外墙材料及系统的耐久性和功能性协同设计，确保服役年限内的围护材料在各种环境条件作用及正常维护的情况下，保持其安全性、正常使用性和可接受的外观，在满足功能性的前提下，其耐久性应符合衰减后的性能使用要求，实现围护材料与主体结构同寿命。成果为发展和完善绿色建筑和建筑工业化提供技术支撑，保障民生福祉和城市可持续发展，具有一定的应用推广价值。

5.1 外墙材料耐久性与功能性协同设计

不同气候区的气候环境对围护材料的影响不同，墙体暴露在不同的外界环境下，其耐久、功能的劣化过程具有一定的差异。四个典型气候区的气候特征及常用围护结构及材料如下：

夏热冬暖地区具有高温、多雨、潮湿的气候特征，且夏季多雨季节还伴随台风的侵袭，使得外墙围护结构受温度、水、风压的影响较大。由此决定了建筑围护结构以防水、隔热、遮阳为主，建筑物必须充分满足隔热、通风、防雨的要求。夏热冬暖地区建筑物的围护结构外墙，多以混凝土墙、砌体墙为主，再辅以各类功能性的材料，如防火、防水、节能以及饰面等材料，以满足功能的要求。建筑围护结构材料包括混凝土、砌块、墙板、石材、钢板、铝合金板、玻璃等。除玻璃幕墙作为围护结构外，非透明外墙多层复合构造的围护结构根据不同要求和结合材料特性分层设置。通常外层为防护层，中间为保温或隔热层，内层为结构墙体非透明外墙；围护结构墙体所发生的质量问题，主要为墙体开裂，以及面砖或涂料脱落。相对外墙外保温，外墙内保温的施工相对容易得到保证，维护的难度也相对较低。外墙饰面的设计也不会受到影响，因此外墙内保温在夏热冬暖地区得到广泛推广与应用[4]。

夏热冬冷地区夏季酷热，冬季湿冷，常年湿度较高。夏热冬冷地区独特的气候特点，决定了建筑围护结构以防水、隔热、防湿为主，建筑物必须充分满足隔热、通风、防雨的要求。为此，夏热冬冷地区建筑物的围护结构外墙，多以混凝土墙、砌体墙为主，再辅以各类功能性的材料。建筑围护结构材料包括混凝土、砌块、墙板、石材、钢板、铝合金板、玻璃等。在夏热冬冷地区，外墙外保温系统是建筑外墙保温系统的主要保温方式。同时，外墙夹芯保温系统和外墙内保温系统也得到比较广泛的应用。

我国寒冷气候区气候特征总体情况：冬季较长而且寒冷干燥，平原地区夏季较炎热湿润，高原地区夏季较凉爽，降水量相对集中；气温年较差较大，日照较丰富；春、秋两季短促，气温变化剧烈；春季雨雪稀少，多大风风沙天气，夏秋两季多冰雹和雷暴。寒冷气候区采用的围护形式主要是外墙外保温形式，其中常见墙体材料主要为水泥基墙体材料、蒸压硅酸盐制品和烧结类墙体材料。水泥基墙体材料有混凝土多孔砖及实心砖、混凝土多孔砖、普通混凝土空心砌块等，其他墙体材料有蒸压粉煤灰砖、各种烧结多孔黏土砖等。其中填充墙采用各种空心砌块、烧结多孔砖最为常见，随着墙体材料及工艺技术的发展，近年来也出现了能够快速安装的轻质复合材料墙板。

我国严寒地区气候特征总体情况：冬季较长且寒冷干燥，夏季炎热湿润，降水量相对集中。春秋季短促，气温变化剧烈。春季雨雪稀少，多大风风沙天气，夏秋多冰雹和雷暴，气温年较差大，日照丰富。酸雨、盐冻、盐腐蚀较多。严寒气候区采用的围护形式最主要是外墙外保温形式。烧结砖为严寒气候区最为传统的墙体材料，近年来普通混凝土砌块为严寒地区主要使用的墙体材料。同时，复合夹芯保温系统在严寒地区也得到广泛的推广及应用。

结合以上墙体材料服役的环境因素分析，本节对夏热冬冷地区、夏热冬暖地区、寒冷地区、严寒地区四个典型气候区的外墙围护材料（包括墙体材料、保温材料、抹面材料、饰面材料、防水材料、连接材料等组成材料）开展耐久性及其与功能性的协同设计。

5.1.1 墙体材料选型及性能要求

墙体材料耐久性劣化的破坏形态主要有墙材开裂、剥落等质量问题以及墙材受损导致的渗漏问题，基层墙体材料大多是亲水性的材料，如遇长时间的多雨天气，或风压大的情况下，以及雨后太阳直射，形成的高低温差，使得水分很容易通过裂缝向墙体内渗透，或者直接大面积地向未设置防水层的墙体浸入，最终导致内墙壁潮湿和内装饰发霉。功能性主要体现在自保温体系用墙材的保温性与强度的不匹配，以及湿热影响下保温性能的下降[5-9]。

墙体材料的原材料组成对其耐久性具有决定性作用。不同原材料组成的墙体材料在气候环境因素作用下，产生较大的劣化差异。根据各气候区围护材料使用情况调研，目前四个典型气候区常用的墙体材料主要有水泥基墙体材料、蒸压硅酸盐制品和烧结类墙体材料。其中水泥基墙体材料包括混凝土砖（实心砖、多孔砖、空心砖）、混凝土小型空心砌块；蒸压硅酸盐制品包括蒸压加气混凝土砌块（墙板）；烧结类墙体材料包括烧结砖（实心砖、多孔砖、空心砖）、烧结砌块。本章针对不同气候区常用的墙体材料，探究了不同原材料组成的墙体材料耐久性评价方法及耐久性和功能性协同设计。

5.1.1.1 水泥基类墙体材料的功能性与耐久性协同设计

水泥基墙体材料在服役过程中，不断经受热荷载、湿气和水分迁移等外部环境耦合作用，会引起墙体孔结构、组成等发生变化，最终导致墙体结构遭受冻融破坏、碳化和氯离子侵蚀破坏、干燥收缩变形、耐久性衰减等后果。因此，为确保服役年限内的墙体在各种环境条件作用及正常维护的情况下，保持其安全性、正常使用性和可接受的外观，在满足功能性的前提下，其耐久性应符合衰减后的性能使用要求。水泥基类墙体材料主要包含混凝土砖和混凝土小型空心砌块。

1. 混凝土砖（混凝土实心砖与混凝土多孔砖）

混凝土砖是指以水泥为胶凝材料，以细石、砂或石屑为集料，加水并经机械搅拌为干硬性普通混凝土，用振动或压制成型工艺制成的墙体砌筑材料。混凝土实心砖为无孔或孔洞率小于25%，采用干硬性普通混凝土制成的砌墙砖，一般用于建筑物±0.00以下的砌体，也可用于围墙、窗台、女儿墙等部位。混凝土多孔砖为孔洞率大于25%，且孔小而多的、采用干硬性普通混凝土制成的砌墙砖，主要用于建筑物主墙体。混凝土实心砖和混凝土多孔砖的技术性能要求分别详见国家标准《混凝土实心砖》（GB/T 21144—2007）和国家行业标准《混凝土多孔砖》（JC 943）。其主要评价指标要求如下：

（1）密度等级（kg/m^3）

A级混凝土实心砖的表观密度应大于$2100kg/m^3$，B级为$1681\sim2099kg/m^3$，C级不大于$1680kg/m^3$。

（2）强度等级

混凝土实心砖和多孔砖的强度等级分别应符合表5-1和表5-2的规定。

表5-1 混凝土实心砖的抗压强度

强度等级	抗压强度/MPa	
	平均值≥	单块最小值≥
MU 40	40.0	35.0
MU 35	35.0	30.0
MU 30	30.0	26.0
MU 25	25.0	21.0
MU 20	20.0	16.0
MU 15	15.0	12.0

表5-2 混凝土多孔砖的抗压强度

强度等级	抗压强度/MPa	
	平均值≥	单块最小值≥
MU 10	10.0	8.0
MU 15	15.0	12.0
MU 20	20.0	16.0
MU 25	25.0	20.0
MU 30	30.0	24.0

对于混凝土实心砖而言，密度等级为B级和C级的砖，其强度等级不应小于MU15；密度等级为A级的砖，其强度等级不应小于MU20。

混凝土多孔砖的折压比不应小于表5-3的要求。

表5-3 混凝土多孔砖的折压比要求

	高度/mm	砖强度等级				
		MU30	MU25	MU20	MU15	MU10
		折压比				
混凝土多孔砖	90	0.21	0.23	0.24	0.27	0.32

（3）最大吸水率

A级混凝土实心砖的最大吸水率不应大于11%，B级不应大于13%，C级不应大于17%。

（4）抗冻性

冻融破坏是建筑材料在运行过程中产生的主要病害之一，混凝土实心砖和混凝土多孔砖作为我国北方寒冷及严寒地区普遍采用的墙体材料，其抗冻性对墙体结构的耐久性具有重要作用[10-11]。混凝土砖的抗冻性应符合表5-4的要求，经不同次数的冻融循环后，其强度损失应不大于20%。

表5-4 混凝土砖的抗冻性要求

使用条件	抗冻标号	质量损失/%	强度损失/%
夏热冬暖地区	F15	≤5	≤20
夏热冬冷地区	F25		
寒冷气候区	F35		
严寒气候区	F50		
水位变化、干湿循环或粉煤灰取代水泥量≥50%时	≥F50		

2. 普通混凝土小型砌块

普通混凝土小型砌块，是以水泥、矿物掺合料、砂、石、水为原材料，经搅拌、振动成型、养护等工艺制成的小型砌块。砌块按空心率分为空心砌块（空心率不小于25%，代号：H）和实心砌块（空心率小于25%，代号：S）；按使用墙体的结构和受力情况，分为承重结构用砌块（代号：L）和非承重结构用砌块（代号：N）。

根据《普通混凝土小型砌块》（GB /T 8239—2014）国家标准，《墙体材料应用统一技术规范》（GB 50574—2010）、《砌体结构设计规范》（GB 50003—2011）、《混凝土小型空心砌块建筑技术规程》（JGJ/T 14—2011）、《民用建筑热工设计规范》（GB 50176—2016）、《公共建筑节能设计标准》（GB 50189—2015）、《夏热冬冷地区居住建筑节能设计标准》（JGJ 134—2010）、《严寒和寒冷地区居住建筑节能设计标准》（JBJ 26—2018）等几个国标、行标、行业推荐性标准对混凝土空心砌块的相关技术要求，现将该产品技术要求如下：

（1）尺寸偏差

砌块的尺寸允许偏差应符合表5-5的要求。

表5-5 砌块尺寸允许偏差 （mm）

项目名称	技术指标
长度	±2
宽度	±2
高度	+3、-2

（2）外观质量

砌块的外观质量应符合表5-6的规定。

表 5-6 砌块的外观质量

项目名称		技术指标
弯曲不大于		2mm
缺棱掉角	个数不超过	1个
	三个方向投影尺寸的最大值不大于	20mm
裂纹延伸的投影尺寸累计不大于		30mm

（3）砌块空心率

空心砌块（H）的空心率应不小于25%；实心砌块（S）的空心率应小于25%。

（4）最小壁肋厚度

承重空心砌块的最小外壁厚度应不小于30mm，最小肋厚度应不小于25mm。

非承重空心砌块的最小外壁厚和最小肋厚度应不小于20mm。

上述最小外壁厚和最小肋厚度是指砌块壁肋厚度较小的坐浆面处量得的最小厚度。由于砌块生产时拔模的需要，砌块壁肋较厚的铺浆面处量得的最小厚度，应比坐浆面处量得的最小厚度值再增加2～3mm。

（5）强度等级

砌块的强度等级应符合表5-7和表5-8的规定。

表 5-7 砌块强度等级 （MPa）

强度等级	抗压强度	
	平均值≥	单块最小值≥
MU5	5.0	4.0
MU7.5	7.5	6.0
MU10	10.0	8.0
MU15	15.0	12.0
MU20	20.0	16.0
MU25	25.0	20.0
MU30	30.0	24.0
MU35	35.0	28.0
MU40	40.0	32.0

表 5-8 砌块种类的强度等级

砌块种类		承重砌块（L）	非承重砌块（N）
普通混凝土小型砌块	空心砌块（H）	7.5、10.0、15.0、20.0、25.0	5.0、7.5、10.0
	实心砌块（S）	15.0、20.0、25.0、30.0、35.0、40.0	10.0、15.0、20.0

（6）吸水率

混凝土砌块吸水率是影响其性能的关键指标，其自身具有较强的吸水能力，混凝土砌块的含水量对抗压强度具有较大的影响，较大的吸水率易导致砌体强度、抗冻性能、保温隔热性能降低和墙体开裂等通病，因此砌块的吸水率需保持在一定程度。

L类砌块的吸水率应不大于10%；N类砌块的吸水率应不大于14%。

(7) 干燥收缩值

干燥收缩值是混凝土砌块的重要性能指标之一，在实际生产中为了确保产品的质量必须控制蒸压加气混凝土的干燥收缩值。

L类砌块的干燥收缩值应不大于0.45mm/m；N类砌块的干燥收缩值应不大于0.65mm/m。夏热冬暖气候区干燥收缩值：标准法≤0.50mm/m，快速法≤0.80mm/m。

(8) 抗冻性

本书在水泥基类墙体材料的抗冻性指标的要求上有所提高，墙体材料经不同冻融循环后，其强度损失率要求不大于20%。砌块的抗冻性应符合表5-9的规定。

表5-9 砌块的抗冻性

使用条件	抗冻指标	质量损失率	强度损失率
夏热冬暖地区	F15	≤5%	≤20%
夏热冬冷地区	F25	≤5%	≤20%
寒冷地区	F35	≤5%	≤20%
严寒地区	F50	≤10%	≤20%

注：使用条件应符合GB 50176—2016的规定。

(9) 碳化系数

混凝土砌块的水化产物在CO_2和水的作用下发生分解的难易程度及对其物理力学性能的影响称为蒸压加气混凝土的碳化性能。在实际使用过程中，碳化是引起蒸压加气混凝土抗压强度衰退的主要原因。碳化稳定性是评价蒸压加气混凝土耐久性的常用指标之一，通常用碳化系数表征，即制品碳化后的抗压强度与碳化前的抗压强度的比值。砌块的碳化系数应不小于0.85。

(10) 软化系数

混凝土砌块的软化系数是其吸水饱和抗压强度和干燥抗压强度的比值。砌块的软化系数应不小于0.85。

(11) 放射性核素含量

应符合《混凝土砌块的放射性核素含量》(GB 6566—2010)的规定。

(12) 线膨胀系数

线膨胀系数应符合表5-10的规定。

表5-10 砌块线膨胀系数

项目名称	指标	说明
线膨胀系数	≤1.0	(1)《普通混凝土小型砌块》(GB/T 8239—2014)材料标准未做规定； (2)《墙体材料应用统一技术规范》(GB 50574—2010)3.2.5条规定的是不宜大于1.0×10^{-5} (1/℃)

(13) 燃烧性能和耐火极限

燃烧性能和耐火极限应符合表5-11的规定。

表5-11 砌块燃烧极限和耐火极限

墙体类型	耐火极限/h	燃烧性能
不小于190mm混凝土小型砌块墙体	1	不燃烧体
不小于190mm配筋混凝土小型砌块墙体	3	不燃烧体

（14）隔声性能

混凝土小型空心砌块的隔声性能应符合表 5-12 的要求。

表 5-12　混凝土小型空心砌块的隔声性能要求

项目名称	指标	说明
隔声性能 190mm 厚单排孔小砌块墙体双面各粉刷 20mm	45	《普通混凝土小型空心砌块》（GB/T 8239—2014）材料标准未做规定； 本表数据采自《混凝土小型空心砌块建筑技术规程》（JGJ/T 14—2011）4.1.4 条规定
190mm 厚配筋小砌块墙体双面各粉刷20mm	50	

3. 混凝土模卡砌块

混凝土模卡砌块是以水泥、集料为主要原材料，经加水搅拌、机械振动加压成型并养护，且块体外壁设有卡口，内设有垂直孔洞，上下面有水平凹槽的砌块，简称模卡砌块。根据功能和用途不同，可分为混凝土普通模卡砌块、混凝土保温模卡砌块、配筋砌体用混凝土普通模卡砌块、配筋砌体用混凝土保温模卡砌块。

不同类别的模卡砌块各部位名称见图 5-1～图 5-4。

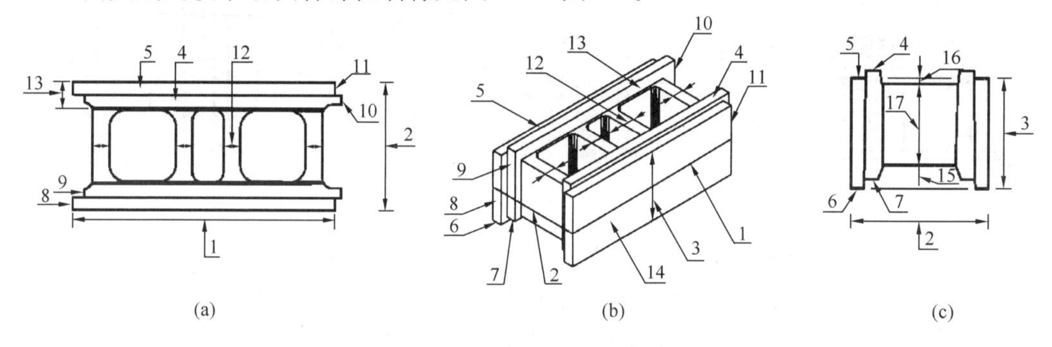

图 5-1　普通模卡砌块主块型各部位名称示意图

（a）俯视图；（b）轴测图；（c）立面图

1—长度；2—宽度；3—高度；4—上卡口；5—上卡肩；6—下卡口；7—下卡肩；8—左卡口；9—左卡肩；10—右卡口；11—右卡肩；12—肋；13—外壁；14—条面；15—水平凹槽高度；16—肋落低高度；17—肋高

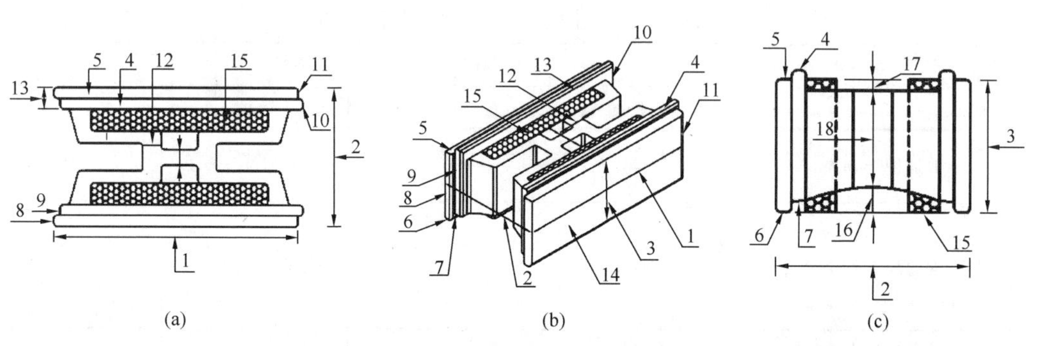

图 5-2　保温模卡砌块主块型

（a）俯视图；（b）轴测图；（c）立面图

1—长度；2—宽度；3—高度；4—上卡口；5—上卡肩；6—下卡口；7—下卡肩；8—左卡口；9—左卡肩；10—右卡口；11—右卡肩；12—肋；13—外壁；14—条面；15—绝热材料；16—水平凹槽拱高；17—肋落低高度；18—肋高

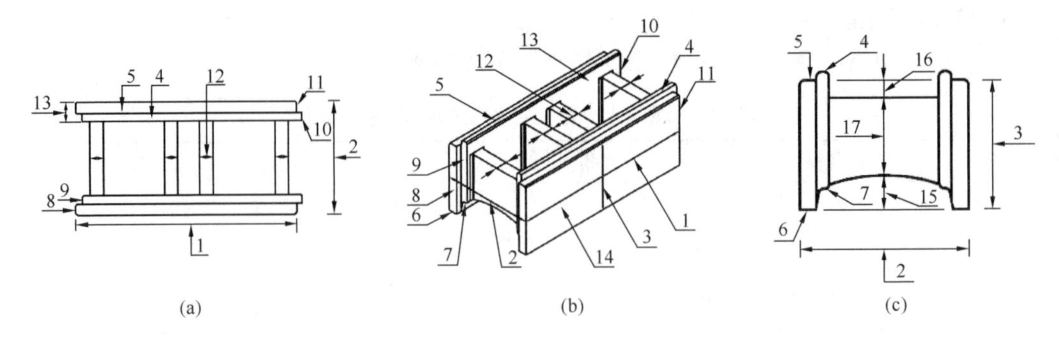

图 5-3　配筋普通模卡砌块主块型各部位名称示意图

（a）俯视图；（b）轴测图；（c）立面图

1—长度；2—宽度；3—高度；4—上卡口；5—上卡肩；6—下卡口；7—下卡肩；8—左卡口；9—左卡肩；10—右卡口；11—右卡肩；12—肋；13—外壁；14—条面；15—水平凹槽拱高；16—肋落低高度；17—肋高

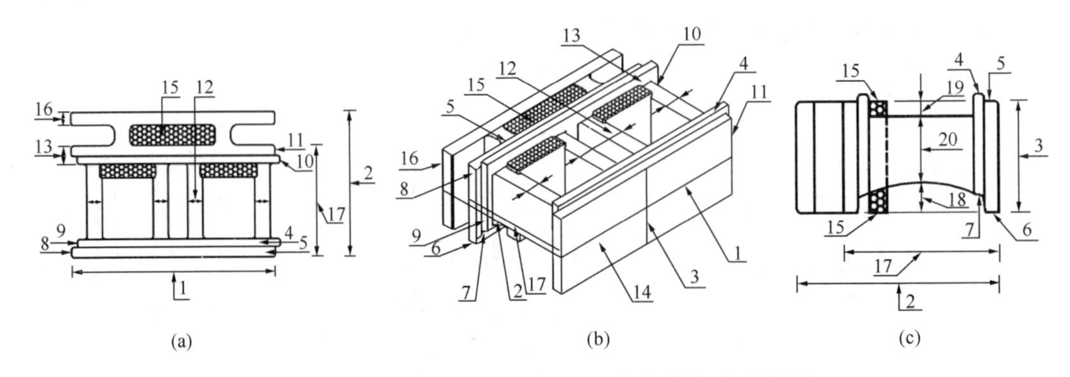

图 5-4　配筋保温模卡砌块主块型各部位名称示意图

（a）俯视图；（b）轴测图；（c）立面图

1—长度；2—宽度；3—高度；4—上卡口；5—上卡肩；6—下卡口；7—下卡肩；8—左卡口；9—左卡肩；10—右卡口；11—右卡肩；12—肋；13—外壁；14—条面；15—绝热材料；16—护壁；17—受力块体宽度；18—水平凹槽拱高；19—肋落低高度；20—肋高

混凝土模卡砌块主块型的规格尺寸见表 5-13。

表 5-13　混凝土模卡砌块主块型规格尺寸

砌块类别	规格尺寸/mm			空心率/%
	长度	宽度	高度	
普通模卡砌块	400	200 120	150	≥25
保温模卡砌块	400	225 240 260 280	150	≥25
配筋普通模卡砌块	400	200	150	≥50
配筋保温模卡砌块	400	280（220） 260（200）	150	≥50

注：①括号内指受力块体宽度。

②其他规格尺寸可由供需双方协商确定。

混凝土模卡砌块尺寸允许偏差，应符合表5-14的规定。

表5-14 混凝土模卡砌块尺寸允许偏差

项目名称			技术指标
尺寸允许偏差值/mm	长度		±2
	宽度		±2
	高度		±2
	卡口	厚度	0，−2
		高度	0，−2
	水平凹槽拱高（高度）		±2
	肋落低高度		±2

注：括号内指普通模卡砌块。

混凝土模卡砌块外观质量应符合表5-15的规定。

表5-15 混凝土模卡砌块外观质量要求

项目名称		技术指标
砌块弯曲/mm		≤2
缺棱掉角	数量/个	≤1
	三个方向投影尺寸的最大值/mm	≤20
裂缝延伸的累计投影尺寸/mm		≤30

混凝土模卡砌块的其他性能指标应符合表5-16的规定。

表5-16 混凝土模卡砌块其他性能指标要求

项目	性能指标		
吸水率/%	≤10		
线性干燥收缩值/（mm/m）	≤0.45		
软化系数	≥0.85		
碳化系数	≥0.85		
抗渗性/mm（仅对用于清水墙的混凝土模卡砌块）	水面下降高度三块中任意一块不应大于10		
抗冻性/%	D25	质量损失	平均值≤5，单块最大值≤10
		强度损失	平均值≤20，单块最大值≤30
放射性核素限量	内照射指数（I_{Ra}）		≤1.0
	外照射指数（I_r）		≤1.0

4. 泡沫混凝土自保温砌块

泡沫混凝土自保温砌块的外观质量要求如表5-17所示。

表 5-17　泡沫混凝土自保温砌块的外观质量要求

项目		指标
缺棱掉角	最小尺寸/mm	≤20
	最大尺寸/mm	≤50
	大于以上尺寸的缺棱掉角个数	≤1
平面弯曲/mm		≤3
裂纹	贯穿一棱二面的裂纹长度不得大于裂纹所在面的裂纹方向尺寸总和	1/3
	任一面上的裂纹长度不得大于裂纹方向尺寸	1/2
	大于以上尺寸的裂纹条数/条	≤1
黏膜和损坏深度/mm		≤10
表面疏松、层裂		不允许
表面油污		不允许

泡沫混凝土自保温砌块的尺寸偏差要求如表 5-18 所示。

表 5-18　泡沫混凝土自保温砌块的尺寸偏差要求

项目	指标
长度	±3
宽度	±2
高度	±2

泡沫混凝土自保温砌块的其他性能指标应符合表 5-19 的规定。

表 5-19　泡沫混凝土自保温砌块其他性能指标要求

项目		性能指标						
干燥收缩值/（mm/m）		≤0.90						
软化系数		≥0.85						
导热系数		$\lambda_{0.10}$	$\lambda_{0.11}$	$\lambda_{0.12}$	$\lambda_{0.14}$	$\lambda_{0.16}$	$\lambda_{0.18}$	$\lambda_{0.20}$
		≤0.10	≤0.11	≤0.12	≤0.14	≤0.16	≤0.18	≤0.20
碳化系数		≥0.85						
体积吸水率/%		≤28						
抗冻性/%，（*D*15，*D*25，*D*35，*D*50）	质量损失	平均值≤5，单块最大值≤10						
	强度损失	平均值≤20，单块最大值≤30						
放射性核素限量		符合 GB 6566—2010 规定						

5.1.1.2　蒸压硅酸盐类墙体材料的耐久性与功能性协同设计

蒸压加气混凝土在服役过程中，不断经受热荷载、湿气和水分迁移等外部环境耦合作用，产生膨胀、收缩变形和化学侵蚀，引起蒸压加气混凝土砌块孔结构、组成等发生变化，导致蒸压加气混凝土砌块冻融破坏、碳化、干燥收缩变形等，耐久性衰减。为确保蒸压加气混凝土砌块在服役年限内，在各种环境条件作用及正常维护的情况下，保持其安全性、正常使用性和可接受的外观，其耐久性应满足衰减后的性能使用要求。

根据蒸压加气混凝土砌块耐久性分析模型，其耐久性评价主要通过冻融、软化、干燥收缩及碳化试验来表征材料的性能衰减程度。主要评价指标包括碳化系数、软化系数、干燥收缩值、抗冻性。软化系数：20℃浸水4d。干燥收缩：标准法、快速法。抗冻融：−20℃冻6h+20℃融5h，循环25次。碳化（碳化箱，7～28d）。

（1）规格及尺寸

蒸压加气混凝土砌块的外形规格国内大多数为无槽砌块，国外和国内先进的设备一般生产有槽砌块。

蒸压加气混凝土砌块一般长度 L 为固定的600mm，常用的高度 H 为250mm，也用200mm或300mm；厚度 B 有不同规格，见表5-20。

表5-20 砌块的规格尺寸 （mm）

公称尺寸	有槽砌块	无槽砌块
长度 L	600	600
厚度 B	150、175、200、250、300	100、150、200、250、300
		120、240
高度 H	200、250、300	200、250、300

在我国现行国标中，要求砌块按尺寸偏差与外观质量、干体积密度和抗压强度分为优等品和合格品。表5-21列出了砌块对尺寸偏差和外观要求。

表5-21 砌块尺寸偏差和外观

项目		指标
尺寸允许偏差/mm	长度 L	±3
	宽度 B	±1
	高度 H	±1
缺棱掉角	最小尺寸不得大于/mm	0
	最大尺寸不得大于/mm	0
	大于以上尺寸的缺棱掉角个数，不多于/个	0
裂纹长度	贯彻一棱二面的裂纹长度不得大于裂纹所在面的裂纹方向尺寸总和	0
	任一面上的裂纹长度不得大于裂纹方向尺寸	0
	大于以上尺寸的裂纹条数，不多于/条	0
爆裂、黏膜和损坏深度不得大于/mm		10
平面弯曲		不允许
表层疏松、层裂		不允许
表面油污		不允许

（2）干体积密度和抗压强度

表5-22列出了蒸压加气混凝土常用的干体积密度级别和强度级别，优等品和合格品对强度和表观密度有不同的要求。

表 5-22 抗压强度、干体积密度和等级品的关系

体积密度级别		B03	B04	B05	B06
强度等级	优等品（A）≤	A1.0	A2.0	A3.5	A5.0

表 5-23 规定蒸压加气混凝土劈压比的指标要求。

表 5-23 蒸压加气混凝土的劈压比

强度等级	A3.5	A5.0	A7.5
劈压比	0.16	0.12	0.10

（3）干燥收缩、抗冻性和导热系数

根据我国现行国家标准《蒸压加气混凝土砌块》（GB/T 11968），砌块的干燥收缩、抗冻性和导热系数（干态）应符合表 5-24 的规定。针对抗冻性能，应符合标准《墙体材料应用统一技术规范》（GB 50574—2010）的要求。

表 5-24 干燥收缩、抗冻性和导热系数

体积密度级别			B04	B05	B06
干燥收缩值	标准法≤	mm/m	0.50		
	快熟法≤		0.80		
抗冻性	质量损失/%≤		3		
	强度损失/%≤		20		
导热系数（干态）/W/（m·K）≤			0.12	0.14	0.16

通过外墙材料耐久性和功能性协同设计，非烧结墙材部品经不同冻融循环后，其质量损失率要求不大于 3%，强度损失率不大于 20%。非烧结墙材部品导热系数 $\lambda \leqslant 0.09$W/(m·K)；抗压强度不低于 2.5MPa 时，干密度≤380kg/m^3。

（4）碳化系数和软化系数

碳化系数不小于 0.85，软化系数不小于 0.85。

5.1.1.3 烧结类墙体材料的功能性与耐久性协同设计

烧结类墙体材料中，烧结空心砖（砌块）等的孔洞率在 40%以上，可以节约 40%的原料和 50%以上的燃料，并可利用建筑垃圾、工业固体废弃物等生产，保温隔热性能大大提高，尺寸规格更大、自重减少、施工效率也大大提高。从原材料上来看，烧结砖的原料是自然界中存在的天然黏土，属于可再生资源（用于配置混凝土的砂石则属于不可再生资源）。除了传统黏土外，还有页岩、煤矸石、粉煤灰、江河湖淤泥、建筑垃圾甚至生活垃圾等均可用于烧结空心砖（砌块）。

寒冷气候区建筑具有较厚的具有保温功能的外围护结构，十几年来，随着外墙外保温系统的发展，作为建筑外围护墙体材料的烧结空心砖（砌块）砌体墙面被外保温系统附着、覆盖、包裹，其受外环境因素如温度及湿迁移、光荷载、酸雨侵蚀、盐侵蚀及风载荷等气候劣化作用不显著。但在外保温系统出现开裂的情况下，湿迁移和冻融的负向作用就较为显著。因此，本书提出了烧结空心砖（砌块）与烧结保温砌块的功能性与耐久性协同提升设计方法。

1. 烧结保温砖和保温砌块

烧结保温砌块以淤泥、页岩、煤矸石、粉煤灰或黏土，以及其他固体废弃物为主要原料制成的，或加入成孔材料制成的实心或多孔薄壁经焙烧而成。主要作为建筑物围护结构的保温隔热砌块。烧结保温砌块外形多为直角六面体，也有各种异型的，砌块系列中主规格的长度、宽度和高度有一项或一项以上分别大于365mm、240mm或115mm；但高度不大于长度或宽度的6倍，长度不超过高度的3倍。烧结保温砖多为直角六面体，经焙烧而成，是主要用于建筑物围护结构保温隔热的砖。

烧结保温砖（砌块）在服役过程中，不断经受热荷载、冰冻、湿气和水分迁移等外部环境耦合作用，产生膨胀、收缩变形和化学侵蚀，引起烧结保温砌块孔结构、组成等发生变化，导致烧结保温砌块冻融破坏、碳化、干燥收缩变形等，耐久性衰减。为确保烧结保温砌块在服役年限内，在各种环境条件作用及正常维护的情况下，保持其安全性、正常使用性和可接受的外观，其耐久性应满足衰减后的性能使用要求。

（1）尺寸与规格

烧结保温砌块长度（*L*）标注尺寸分别为500mm、370mm、240mm三个系列，构造尺寸分别为490mm、365mm、240mm。填充式保温砌块宽度（*b*）标注尺寸分别为250mm、200mm、115mm，构造尺寸分别为240mm、190mm、115mm；烧结保温空心砌块高度（*d*）标注尺寸为360mm、250mm，构造尺寸为359mm、248mm。

烧结保温砌块主要规格如表5-25所示。

表5-25　砌块主要规格

名称	规格/mm	孔洞率/%	备注
填充式保温砌块	240×240×190	≥45	
	240×240×240	≥45	
	120×240×190	≥45	配砖
	290×240×190	≥45	
	290×120×190	≥45	配砖
	290×190×190	≥45	
烧结保温空心砌块	365×248×249	≥50	
	490×248×249	≥50	

（2）外观质量

烧结保温砖（砌块）外观质量应符合表5-26规定。

表5-26　烧结保温砖（砌块）外观质量

项目	技术指标/mm
弯曲	≤4
缺棱掉角的三个尺寸不得	同时>30
垂直度差	≤4
未贯穿裂纹长度	
大面上宽度方向及其延伸到条面的长度	≤100
大面上长度方向或条面上水平方向的长度	≤120

续表

项目	技术指标/mm
贯穿裂纹长度 大面上宽度方向及其延伸到条面的长度 壁、肋沿长度方向、宽度方向及其水平方向的长度	 ≤40 ≤40
肋、壁内残缺长度	≤40

(3) 密度

烧结保温砌块的密度等级为700～1000kg/m³。

(4) 最小壁肋厚度

烧结保温砌块的壁厚应不小于8mm，肋厚应不小于5mm。

(5) 抗冻性（表5-27）

烧结保温砌块抗冻性应符合表5-27的规定。

表5-27　烧结保温砌块抗冻性指标

使用条件	抗冻指标	质量损失率	冻融试验后每块砖和砌块
夏热冬暖地区	F15	≤5%	不允许出现脱落、掉皮、缺棱掉角等冻坏现象冻厚裂纹长度不大于表5-30中的规定
夏热冬冷地区	F25		
寒冷地区	F35		
严寒地区	F50		

(6) 干燥收缩值

标准法≤0.50mm/m，快速法≤0.80mm/m。

(7) 传热系数

传热系数应符合表5-28的规定。

表5-28　传热系数等级　[W/(m²·K)]

传热系数等级	单层试样传热系数 K 值的实测值范围
2.00	1.51～2.00
1.50	1.36～1.50
1.35	1.01～1.35
1.00	0.91～1.00
0.90	0.81～0.90
0.80	0.71～0.80
0.70	0.61～0.70
0.60	0.51～0.60
0.50	0.41～0.50
0.40	0.31～0.40

(8) 碳化系数和软化系数

碳化系数不小于0.85；软化系数不小于0.85。

2. 烧结多孔砌块与空心砌块

烧结多孔砌块以煤矸石、粉煤灰、河塘淤泥、页岩或黏土及其他固体废弃物为主要原料，经焙烧制成，空洞率大于或等于33%。

烧结空心砌块以煤矸石、粉煤灰、河塘淤泥、页岩或黏土等为主要原料，经焙烧而成。

(1) 尺寸允许偏差

烧结多孔砌块与空心砌块的尺寸允许偏差及外观质量分别如表5-29和表5-30所示。

表5-29 烧结多孔砌块与空心砌块的尺寸允许偏差

尺寸/mm	样品平均偏差/mm		样本极差≤/mm	
	多孔砌块	空心砌块	多孔砌块	空心砌块
>400	±3.0	±3.0	10.0	7.0
>300～400	±25	±3.0	9.0	7.0
>200～300	±2.5	±2.5	8.0	6.0
>100～200	±2.0	±2.0	7.0	5.0
<100	±1.5	±1.7	6.0	4.0

表5-30 外观质量 (mm)

烧结多孔砌块外观质量要求	
项目	指标
完整面不得少于	一条面和一顶面
缺棱掉角的三个破坏尺寸不得同时大于	30
裂纹长度不大于	
大面（有孔面）上深入孔壁15mm以上宽度及其延伸到条面的长度不大于	80
大面（有孔面）上深入孔壁15mm以上长度及其延伸到条面的长度不大于	100
条顶面上的水平裂纹不大于	100
杂质在砌块面上造成的凸出高度不大于	5
烧结空心砌块外观质量要求	
项目	指标
弯曲不得大于	4
缺棱掉角的三个破坏尺寸不得同时大于	30
垂直度差不得大于	4
未贯穿裂纹长度不得大于	
大面上宽度方向及其延伸到条面的长度	100
大面上长度方向或条面上水平方向的长度	120
贯穿裂纹长度不得大于	
大面上宽度方向及其延伸到条面的长度	40
壁、肋沿长度方向、宽度方向及其水平方向的长度	40
肋、壁内残缺长度不得大于	40
完整面不少于	一条面或一大面

(2) 密度等级

密度等级应符合表5-31的要求。

表 5-31　密度等级　(kg/m³)

烧结多孔砌块		烧结空心砌块	
密度等级	3 块砌块干燥表观密度平均值	密度等级	5 块砌块干燥表观密度平均值
900	≤900	800	≤800
1000	900～1000	900	801～900
1100	1000～1100	1000	901～1000
1200	1100～1200	1100	1001～1100
—	1200～1300	—	—

(3) 强度等级

烧结多孔砌块和烧结空心砌块的强度等级应符合表 5-32 和表 5-33 的规定。

表 5-32　烧结多孔砌块强度等级　(MPa)

强度等级	抗压强度平均值≥	强度标准值≥
MU30	30.0	22.0
MU25	25.0	18.0
MU20	20.0	14.0
MU15	15.0	10.0
MU10	10.0	6.5

表 5-33　烧结空心砌块强度等级　(MPa)

强度等级	抗压强度			密度等级范围/(kg/m³)
	抗压强度平均值≥	变异系数≤0.21	变异系数>0.21	
		强度标准值≥	单块最小抗压强度值≥	
MU10.0	10.0	7.0	8.0	≤1100
MU7.5	7.5	5.0	5.8	
MU5.0	5.0	3.5	4.0	
MU3.5	3.5	3.5	2.8	
MU2.5	2.5	1.6	1.8	≤800

烧结多孔砖的折压比不应小于表 5-34 的要求。

表 5-34　烧结多孔砖的折压比要求

	高度/mm	砖强度等级				
		MU30	MU25	MU20	MU15	MU10
		折压比				
烧结多孔砖	90	0.21	0.23	0.24	0.27	0.32

(4) 孔型孔结构及孔洞率

含孔砖（砌块）的孔洞布置及孔洞率（空心率）是影响块材物理力学性能的主要因素，试验表明孔洞布置不合理的砖将导致砌体开裂荷载降低。烧结多孔砌块和烧结空心砌块的孔型孔结构及孔洞率应符合表5-35和表5-36的规定。

表5-35 烧结多孔砌块孔型孔结构及孔洞率

<table>
<tr><th rowspan="2">孔型</th><th colspan="2">孔洞尺寸/mm</th><th rowspan="2">最小外壁厚/mm</th><th rowspan="2">小肋厚/mm</th><th rowspan="2">孔洞率/%</th><th rowspan="2">孔洞排列</th></tr>
<tr><th>孔宽度尺寸 b</th><th>孔长度尺寸 L</th></tr>
<tr><td>矩形条孔或矩形孔</td><td>≤13</td><td>≤40</td><td>≥12</td><td>5</td><td>33</td><td>① 所有孔宽应相等。孔采用单向或双向排列；
② 空洞排列上下、左右对称，分布均匀，手抓孔的长度方向尺寸必须平行于砖的条面</td></tr>
</table>

表5-36 烧结空心砌块孔型孔结构及孔洞率

<table>
<tr><th>等级</th><th>孔洞排列</th><th>宽度方向</th><th>高度方向</th><th>孔洞率/%</th></tr>
<tr><td>优等品</td><td>有序交错排列</td><td>b≥200mm ≥7
b<200mm ≥7</td><td>≥2</td><td rowspan="3">≥40</td></tr>
<tr><td>一等品</td><td>有序排列</td><td>b≥200mm ≥5
b<200mm ≥4</td><td>≥2</td></tr>
<tr><td>合格品</td><td>有序排列</td><td>≥3</td><td>—</td></tr>
</table>

（5）抗冻融性能

针对使用的不同气候地区，浸水（10～20℃）24h，－15～－20℃冻3h，10～20℃水中融2h。冻融循环（参考GB 50574—2010）后，无裂纹、分层、掉皮、缺棱掉角等现象。

（6）碳化系数和软化系数

碳化系数：≥0.85；

软化系数：≥0.85。

（7）干燥收缩值

干燥收缩值：标准法≤0.50mm/m，快速法≤0.80mm/m。

5.1.2 保温材料选型及性能要求

目前我国建筑市场上保温材料主要分为有机和无机两类。有机保温材料中较为常用的为XPS板、聚氨酯板等，保温性能好，导热系数一般小于0.04 W/（m·K），但致命缺点就是易燃；近年来很多起特大火灾事故都是由有机保温材料引起的。常见的无机保温材料如无机保温砂浆，导热系数较高，无法满足较高的建筑节能标准要求；岩棉、矿棉等材料尽管导热系数较低，但是吸水率大，吸水后严重影响保温效果；真空隔热板具有超优异的保温和防火性能，但生产中真空度难以保持，同时施工中无法进行现场裁剪，处理不当将造成板材损坏，严重影响其保温性能。因此，各保温材料性能指标应进一步地优化及设计。

5.1.2.1 EPS板

模塑聚苯乙烯泡沫塑料板（EPS板）是以含有挥发性液体发泡剂的可发性聚苯乙烯珠粒为原料，经加热发泡后在模具中加热成型的保温板材。EPS板一般是常压下自由发泡的，然后又经过中间熟化、模塑、大板养护等过程，其经历时间达数天之久，其孔结构基本是圆形的，孔间融合也比较好，所以整体尺寸稳定性较好，同时具有吸水率低、透气性好、柔韧性好等优点。

以上海市为例，根据上海统计年鉴中 2005—2016 年各个时间段的民用建筑竣工面积的统计结果，2010 年之前建筑外墙保温大多采外墙外保温，因有机保温材料具有质轻、保温隔热效果好等特点，这一阶段的外保温材料以膨胀聚苯板（EPS）、挤塑聚苯板（XPS）、聚氨酯等有机保温材料为主。2010 年上海“11·15”特大火灾事故之后，公安部消防局发布了《关于进一步明确民用建筑外保温材料消防监督管理有关要求的通知》（公消〔2011〕65 号），明确规定“民用建筑外保温材料采用燃烧性能为 A 级的材料”，之后上海市外墙保温主要采用无机保温材料。由于当时市场上无机保温材料种类有限，可供选择的余地较小，因此，2010 年之后，本市外墙保温材料主要以无机保温砂浆为主。2015 年台风“灿鸿”之后，无机保温砂浆应用逐渐减少，改性聚苯板、发泡水泥板等应用逐步增多。

EPS 板在服役过程中，不断经受热荷载、湿气和水分迁移等外部环境耦合作用，导致 EPS 板膨胀收缩变形、冻融破坏、软化等，耐久性性能衰减。为确保 EPS 板在服役年限内，在各种环境条件作用及正常维护的情况下，保持其安全性、正常使用性和可接受的外观，其耐久性应达到衰减后的性能满足使用要求。通过相关的实验论证，在施工及构造满足要求的前提下，提出了 EPS 板在满足保温系统与主体结构同寿命的前提下，需满足的性能指标要求，具体指标内容如表 5-37 所示。

表 5-37　EPS 板的性能要求

项目	性能指标	
	039 级	033 级
导热系数/[W/（m·K）]	≤0.039	≤0.033
表观密度/（kg/m^3）	18～22	
垂直于板面方向的抗拉强度/MPa	≥0.10	
尺寸稳定性/%	≤0.3	
弯曲变形/mm	≥20	
水蒸气渗透系数/[ng/（Pa·m·s）]	≤4.5	
吸水率（V/V）/%	≤3	
燃烧性能等级	B1 级	

5.1.2.2　XPS 板

挤塑聚苯板体系能够很好地满足建筑外墙冬季保温和夏季隔热需求，可用于新建、扩建、改建的民用与工业建筑，既有建筑的节能改造，适用于抗震设防烈度小于 8 度的地区。外墙基层可以是混凝土空心小砌块、混凝土多孔砖、黏土多孔砖等砌体或混凝土墙体。挤塑聚苯板作为性能优异的保温隔热材料广泛适用于我国南北方广大的建筑市场。

现在大多数企业生产的 XPS 板材通常使用回收的 XPS 塑料颗粒，由于回收塑料的品质和回收次数及加工工艺的不同，质量良莠不齐。回收旧料经过多次的高温、高压和剪切作用，分子链被剪断变短，破孔率变大，发泡孔成膜性变差，很容易使得 XPS 板绝热性能达不到标准要求。同时，挤塑聚苯板外墙外保温系统对基层质量要求较高，板面需要进行界面处理等特点。另一方面 XPS 板的燃烧性能等级为 B2 级，属于可燃性建筑材料。四川省 2013 年发布《四川省住房和城乡建设厅关于加强建筑用挤塑聚苯板管理的通知》，该通知中明确规定不得使用再生料和易燃、易爆的发泡剂作为建筑用挤塑聚苯板（XPS）的主要生产原材料。燃烧性能必须达到 B1 级。2015 年 5 月，《建筑设计防火规范》（GB 50016—2014）开始发布实施，规定民用建筑外保温材料的燃烧性能宜为 A 级，且不应低于 B2 级。2015 年 10 月，《民用建筑外保温材料防火技术规程》（DGJ 08-2164—2015）规定新建、改建、扩建民用建筑外墙保温材料严禁采用燃烧性能为 B2 级及以下的保温材料。

XPS 板和 EPS 板在外墙外保温应用中的设计使用寿命为 25 年。但同时 EPS 板在预制夹芯保温板的设计使用寿命是 50 年。XPS 板在服役过程中，在夏季会受到高温的作用，产生高温应变，在冬季则会经历冻融过程，不断经受热荷载、湿气和水分迁移等外部环境耦合作用，导致 XPS 板膨胀收缩变形、冻融破坏、软化等，耐久性性能衰减。为确保 XPS 板在服役年限内，在各种环境条件作用及正常维护的情况下，保持其安全性、正常使用性和可接受的外观，其耐久性应达到衰减后的性能满足使用要求。通过相关的实验论证，在施工及构造满足要求的前提下，提出了 XPS 板在满足保温系统与主体结构同寿命的前提下，需满足的性能指标要求，具体指标内容如表 5-38 所示。

表 5-38 XPS 板性能指标要求

项目	性能指标
表观密度/（kg/m^3）	22～35
导热系数（25℃）/［W/（m·K)］	≤0.030
垂直于板面方向的抗拉强度/MPa	≥0.20
压缩强度/MPa	≥0.20
弯曲变形/mm	≥20
尺寸稳定性/%	≤1.0
吸水率（V/V）/%	≤1.5
水蒸气渗透系数/［ng/（Pa·m·s)］	3.5～1.5
氧指数/%	≥26
燃烧性能等级	不低于 B2 级

5.1.2.3 真空绝热板

作为一种高效的保温隔热材料，真空绝热板将会在建筑保温隔热领域，在被动房建筑中具有很大的应用前景。真空绝热板具有极低的导热系数，与传统的保温材料相比，在保温效果要求相同时，有保温层厚度薄、体积小、质量轻和制作过程环保无污染等优点。

为确保真空绝热板在服役年限内，在各种环境条件作用及正常维护的情况下，保持其安全性、正常使用性和可接受的外观，其耐久性应达到衰减后的性能满足使用要求。通过相关的实验论证，在施工及构造满足要求的前提下，提出了真空绝热板在满足保温系统与主体结构同寿命的前提下，需满足的性能指标要求，具体指标内容如表 5-39 所示。

表 5-39　STP 超薄绝热板性能指标要求

<table>
<tr><th colspan="4">项目</th><th>指标</th></tr>
<tr><td rowspan="4">中心区域导热系数
[平均温度（25±2）℃]/
[W/(m·K)]</td><td colspan="3">Ⅰ型</td><td>≤0.0025</td></tr>
<tr><td colspan="3">Ⅱ型</td><td>≤0.0050</td></tr>
<tr><td colspan="3">Ⅲ型</td><td>≤0.0080</td></tr>
<tr><td colspan="3">Ⅳ型</td><td>≤0.0120</td></tr>
<tr><td colspan="4">穿刺强度/N</td><td>≥15</td></tr>
<tr><td colspan="4">穿刺后导热系数/W/（m·K）</td><td>≤0.035</td></tr>
<tr><td rowspan="2">尺寸稳定性/%</td><td colspan="3">长度、宽度</td><td>≤1.0</td></tr>
<tr><td colspan="3">厚度</td><td>≤3.0</td></tr>
<tr><td colspan="4">垂直于板面方向的抗拉强度/MPa</td><td>≥0.08</td></tr>
<tr><td rowspan="7">湿热老化性（70℃，
相对湿度 90%，
28d）</td><td rowspan="3">老化后中心区域导热
系数[平均温度
(25±2)℃]
/[W/(m·K)]</td><td colspan="2">Ⅰ型</td><td>≤0.0050</td></tr>
<tr><td colspan="2">Ⅱ型</td><td>≤0.0080</td></tr>
<tr><td colspan="2">Ⅲ型、Ⅳ型</td><td>≤0.0120</td></tr>
<tr><td rowspan="4">老化后中心区域导热
系数增量，[平均温度
(25±2)℃]
/[W/（m·K）]</td><td rowspan="2">气硅芯材
普通硅粉
芯材</td><td>双面铝箔膜</td><td>≤0.0010</td></tr>
<tr><td>双面铝箔膜
阴阳膜
其他阻气隔膜</td><td>≤0.0020</td></tr>
<tr><td rowspan="2">玻纤芯材或
其他芯材</td><td>双面铝箔膜</td><td>≤0.0030</td></tr>
<tr><td>双面铝箔膜
阴阳膜
其他阻气隔膜</td><td>≤0.0050</td></tr>
</table>

5.1.2.4　硅墨烯保温板

硅墨烯保温板在服役过程中，在夏季会受到高温的作用，产生高温应变，在冬季则会经历冻融过程，不断经受热荷载、湿气和水分迁移等外部环境耦合作用，导致改性不燃聚苯板膨胀收缩变形、冻融破坏、软化等，耐久性性能衰减。为确保改性不燃聚苯板在服役年限内，在各种环境条件作用及正常维护的情况下，保持其安全性、正常使用性和可接受的外观，其耐久性应达到衰减后的性能满足使用要求。通过相关的实验论证，在施工及构造满足要求的前提下，提出了改性不燃聚苯板在满足保温系统与主体结构同寿命的前提下，需满足的性能指标要求，具体指标内容如表 5-40 所示。其耐久性评价主要通过抗拉强度、尺寸稳定性和吸水率等试验来表征。主要评价指标包括垂直于板面的抗拉强度、抗压强度、干燥收缩率、体积吸水率、软化系数、抗折强度。

表 5-40　硅墨烯保温板的性能指标要求

项　　目	指　　标
干密度/（kg/m^3）	130～170
抗冲击性	经 10 次抗冲击试验后，板面无裂缝
抗压强度/MPa	≥0.30

续表

项　目	指　标
垂直于板面的抗拉强度/MPa	≥0.25
压缩弹性模量/kPa	≥20000
抗弯荷载/N	≥3000
抗冲击性/J	≥10
导热系数（25℃）/[W/（m·K）]	≤0.049
软化系数	≥0.8
干燥收缩/%	≤0.3
燃烧性能级别	A（A2）级

5.1.2.5 热养憎水凝胶玻珠保温板

热养憎水凝胶玻珠保温板以玻化微珠为主要轻集料，水泥及气相二氧化硅为胶凝材料，并掺入适量的增强纤维和功能性添加剂组成，按比例混合搅拌，经布料、模压成型，并经热养护工艺制成的轻质保温板材。热养憎水凝胶玻珠保温板在服役过程中，在夏季会受到高温的作用，产生高温应变，在冬季则会经历冻融过程，不断经受热荷载、湿气和水分迁移等外部环境耦合作用，导致热养憎水凝胶玻珠保温板膨胀收缩变形、冻融破坏、软化等，耐久性性能衰减。为确保热养憎水凝胶玻珠保温板在服役年限内，在各种环境条件作用及正常维护的情况下，保持其安全性、正常使用性和可接受的外观，其耐久性应达到衰减后的性能满足使用要求。通过相关的实验论证，在施工及构造满足要求的前提下，提出了热养憎水凝胶玻珠保温板在满足保温系统与主体结构同寿命的前提下，需满足的性能指标要求。

热养憎水凝胶玻珠保温板的的性能指标应符合表5-41的要求。

表5-41 热养憎水凝胶玻珠保温板性能指标

项目		性能指标	试验方法
干密度/（kg/m³）		≥201，≤230	GB/T 5486—2008
导热系数（25℃）/[W/（m·K）]		≤0.055	GB/T 10294—2008
抗压强度/MPa		≥0.40	GB/T 5486—2008
垂直于板面方向抗拉强度/MPa		≥0.10	JGJ 144—2019
吸水率（体积分数）/%		≤5.0	GB/T 5486—2008
干燥收缩值/（mm/m）		≤0.80	GB/T 11969—2020 快速法
软化系数		≥0.80	JGJ 51
抗冻性	质量损失率/%	≤5.0	JGJ/T 253—2019
	抗压强度损失率/%	≤25.0	
放射性核素限量	内照射指数	≤1.0	GB 6556—2016
	外照射指数	≤1.0	
燃烧性能等级		A级	GB 8624—2010

5.1.2.6　无机保温砂浆

无机保温砂浆具有节能利废、保温隔热、防火及价格低廉等特点，在一些地区得到应用。无机保温砂浆用于严寒及寒冷地区外墙外保温，由于其具有多孔性而导致面层强度较低、易吸水、耐久性差及现场操作的离散性差，质量不均，影响保温效果；用于严寒及寒冷地区的外墙内保温，则不易消除墙体的局部热桥，且外墙内保温不合乎外墙保温应采用"内隔外透"的热工设计要求，目前严寒及寒冷地区已基本不再应用无机保温砂浆做建筑外墙内、外保温，因此，无机保温砂浆一般作为夏热冬暖及夏热冬冷地区的内保温材料使用。

目前既有建筑使用的无机保温砂浆质量波动较大，涉及产品、施工工艺不稳定等因素，无机保温砂浆外墙外保温系统频繁的出现由自身开裂、脱落等引发的安全事故，已不能满足外墙外保温系统的安全使用及长期的耐久性的要求。因此，各地分别出台相关文件，明确无机保温砂浆的使用范围及要求。广西壮族自治区、四川省、湖南省明确将砂浆类保温材料外墙外保温系统列入停止受理项目清单。上海市于 2018 年 5 月开始将水泥基无机保温砂浆系统禁止在新建、改建、扩建的建筑工程外墙外侧作为主体保温系统使用。

无机保温砂浆在服役过程中，不断经受热荷载、湿气和水分迁移等外部环境耦合作用，导致无机保温砂浆膨胀收缩变形、冻融破坏、软化等，耐久性性能衰减。为确保内保温砂浆在服役年限内，在各种环境条件作用及正常维护的情况下，保持其安全性、正常使用性和可接受的外观，其耐久性应达到衰减后的性能满足使用要求。其耐久性评价主要通过初始及耐久试验后的粘结强度和抗拉强度、软化及收缩试验来表征材料的性能衰减程度。其性能要求应符合表 5-42 和表 5-43 的指标要求。

表 5-42　水泥基无机保温砂浆的性能要求

<table>
<tr><th>项目</th><th colspan="2">性能指数</th><th>试验方法</th></tr>
<tr><td>外观</td><td colspan="2">均匀、无结块</td><td rowspan="3">GB/T 20473—2006</td></tr>
<tr><td>导热系数</td><td colspan="2">≤0.10</td></tr>
<tr><td>抗压强度/MPa</td><td colspan="2">≥1.2</td></tr>
<tr><td>拉伸粘结强度/MPa</td><td colspan="2">≥0.20</td><td rowspan="4">JG 149
GB/T 20473—2006</td></tr>
<tr><td>耐水拉伸粘结强度（28d，浸水 7d）/MPa</td><td colspan="2">≥0.15</td></tr>
<tr><td>抗拉强度（初始）/MPa</td><td colspan="2">≥0.3</td></tr>
<tr><td>耐水抗拉强度（28d，浸水 7d）/MPa</td><td colspan="2">≥0.25</td></tr>
<tr><td rowspan="2">抗冻性</td><td>夏热冬暖气候区</td><td>≥0.25MPa（28d，−20℃冻 4h+ 20℃融 4h，25 次）</td><td rowspan="2">DG/TJ 08-2088-2018</td></tr>
<tr><td>夏热冬冷气候区</td><td>≥0.25MPa（28d，−20℃冻 4h+ 20℃融 4h，25 次）</td></tr>
<tr><td>软化系数</td><td colspan="2">≥0.70</td><td>GB/T 20473—2006</td></tr>
<tr><td>体积吸水率/%</td><td colspan="2">≤10</td><td>GB/T 5486—2008（48h）</td></tr>
</table>

续表

项目	性能指数	试验方法
28d 干燥收缩率/%	≤0.25	GB/T 20473—2006
放射性核素限量	内照射指数≤1.0	GB 6566—2010
	外照射指数≤1.0	
燃烧性能等级	A (A_2)	GB 8624—2012

表 5-43 石膏基无机保温砂浆的性能要求

项目	T 型	L 型	试验方法
初凝时间/h	≥1.0	≥1.0	JC/T 517
终凝时间/h	≤6.0	≤6.0	
抗折强度/MPa	—	≥1.0	
抗压强度/MPa	≥0.6	≥2.5	
拉伸粘结强度/MPa	—	≥0.3	JC/T 70
体积密度/kg/m^3	≤500	≤1000	JC/T 517
保水率/%	—	≥60	
导热系数/[W/(m·K)]	≤0.10	≤0.20	GB/T 10294—2008
放射性核素限量	内照射指数≤1.0		GB 6566—2010
	外照射指数≤1.0		

通过相关的实验论证，脱硫石膏基保温砂浆属无机保温材料，无放射性，无污染，用作内墙保温材料比有机聚苯板、聚苯颗粒保温砂浆更舒适、更健康。该新型保温砂浆在内墙尤其是在分户墙以及楼梯间隔墙中的使用既可以有效解决同一建筑体内单体温度差异而导致的内流热损失，还因大量使用了工业废弃脱硫石膏，在推动环保工作的同时带动了绿色建材的发展。

5.1.2.7 微晶发泡烧结保温装饰一体板

微晶发泡陶瓷保温装饰一体板以硅铝质矿物和冶金固废为主要原料，将发泡层和微晶饰面层铺装在耐火模具内，在 1100～1200℃温度下同步烧结而成，具有无机不燃、耐酸碱、耐冻融的优势，饰面层具有天然石材效果，色彩丰富，该保温系统施工便捷，可实现结构与功能一体，与建筑同寿命。具有耐久性好，适用于夏热冬暖和冬冷地区，在寒冷地区通过组合保温可推广应用。

微晶发泡烧结保温装饰一体板在服役过程中，不断经受风荷载、热荷载、湿气和水分迁移等外部环境耦合作用，产生膨胀、收缩变形和化学侵蚀，引起微晶发泡陶瓷保温装饰一体板化学组成及粘结等发生变化，导致微晶发泡陶瓷保温装饰一体板发生破坏，耐久性衰减。为确保材料在服役年限内，在各种环境条件作用及正常维护的情况下，保持其安全性、正常使用性和可接受的外观，其耐久性应满足衰减后的性能使用要求。

微晶发泡烧结保温装饰一体板主要性能指标应分别符合表 5-44 和表 5-45 的规定。

表 5-44　微晶发泡烧结保温装饰一体板性能指标

项目		指标
单位面积质量/（kg/m²）		20～30
拉伸粘结强度/MPa	原强度	≥0.15
	耐水强度	≥0.15
	耐冻融强度	≥0.15
抗弯荷载/N		不小于板材自重
吸水量/（g/m²）		≤500
不透水性		系统内侧无渗漏
保温材料燃烧性能分级		A 级
保温材料导热系数		符合相关标准要求

表 5-45　微晶发泡烧结保温板的主要性能指标

项目		指标
密度/（kg/m³）		≤180
强度等级	抗压强度/MPa	≥0.4
	抗折强度/MPa	
导热系数/［W/（m·K）］		≤0.065
尺寸稳定性［（70±2)℃，48h］，长度、宽度、厚度方向		0.3
吸水率/%		0.5
燃烧性能等级		A1 级
放射性		符合 GB 6566—2010 中建筑主体材料的规定
垂直于板面抗拉强度/MPa		≥0.2
抗冻性		30 次冻融循环后不允许出现分层、掉皮、裂纹、缺棱掉角等冻坏现象

5.1.2.8　喷涂聚氨酯板和硬泡聚氨酯板

硬泡聚氨酯板是以热固性材料硬泡聚氨酯［包括聚异氰脲酸酯硬质泡沫塑料（PIR）和聚氨酯泡沫塑料（PUR)］为芯材，在工厂制成的、双面带有界面层的保温板。喷涂硬泡聚氨酯是现场使用专用喷涂设备在屋面或外墙基层上连续多遍喷涂发泡聚氨酯后形成的无接缝硬质泡沫体。硬泡聚氨酯板在服役过程中，在夏季会受到高温的作用，产生高温应变，在冬季则会经历冻融过程，不断经受热荷载、湿气和水分迁移等外部环境耦合作用，导致硬泡聚氨酯板膨胀收缩变形、冻融破坏、软化等，耐久性性能衰减。为确保硬泡聚氨酯板在服役年限内，在各种环境条件作用及正常维护的情况下，保持其安全性、正常使用性和可接受的外观，其耐久性衰减后的性能应满足使用要求。针对硬泡聚氨酯板应用于外墙外保温和外墙内保温系统，通过相关的实验论证，在施工及构造满足要求的前提下，提出了硬泡聚氨酯板在满足保温系统与主体结构同寿命的前提下，需满足的性能指标要求，具体指标应分别符合表 5-46～表 5-48 的要求。

表 5-46 硬泡聚氨酯板应用于外墙外保温主要性能指标

项目		性能指标	
		PIR	PUR
硬泡聚氨酯芯材	密度/（kg/m³）	≥30	≥35
	导热系数/［W/（m·K）］	≤0.024	
	尺寸稳定性/%	≤1.0	
硬泡聚氨酯板	尺寸稳定性/%	≤1.0	
	吸水率（体积分数）/%	≤3	
	压缩强度/kPa	≥150	
	垂直于板面方向的抗拉强度/MPa	≥0.10，破坏发生在硬泡聚氨酯芯材中	
	弯曲变形/mm	≥6.5	
	透湿系数/［ng/（m·s·Pa）］	≤6.5	
	燃烧性能等级	不低于 B2 级	
	界面层厚度/mm	≤0.8	

表 5-47 硬泡聚氨酯板应用于外墙内保温主要性能指标

项目	性能指标	试验方法
密度/（kg/m³）	≥35	GB/T 6343—2009
导热系数/［W/（m·K）］	≤0.024	GB/T 10294—2008
压缩性能（形变 10%）/kPa	≥0.10	GB/T 8813—2020
尺寸稳定性/%	≤1.5	GB/T 8811—2008
拉伸粘结强度（与水泥砂浆，常温）/MPa	≥0.10，且破坏部位不得位于粘结界面	GB/T 50404—2017
吸水率（体积分数）/%	≤3	GB/T 8810—2005
燃烧性能	不低于 D 级	GB/T 8626—2007
氧指数/%	≥26	GB/T 2406.2—2009

表 5-48 喷涂硬泡聚氨酯板主要性能指标

项目	性能要求			试验方法
	Ⅰ	Ⅱ	Ⅲ	
表观密度/（kg/m³）	≥35	≥45	≥55	GB/T 6343—2009
导热系数/［W/（m·K）］	≤0.024	≤0.024	≤0.024	GB/T 10294—2008 GB/T 10295—2008
压缩性能（形变 10%）/kPa	≥150	≥200	≥300	GB/T 8813—2020
不透水性（无结皮，0.2MPa，30min）	—	—	不透水	GB 50404—2017
尺寸稳定性（70℃，48h）/%	≤1.5	≤1.5	≤1.0	GB/T 8811—2008
闭孔率/%	≥90	≥92	≥95	GB/T 10799—2008
吸水率（V/V）/%	≤3	≤2	≤1	GB/T 8810—2005
燃烧性能能级	不低于 B2 级	不低于 B2 级	不低于 B2 级	GB/T 8264—2008

5.1.2.9　反射隔热涂料

建筑隔热保温涂料是一种新型功能性涂料，因隔热保温效果好、经济等优点而受到人们的青睐，反射隔热涂料是隔热保温涂料的一种，具有装饰和隔热的双重功能。建筑反射隔热涂料由于具有较高的太阳光反射比、近红外反射比和半球发射率，建筑物外墙和屋面涂装建筑反射隔热涂料后可以有效反射、阻隔夏季的太阳热辐射，减少建筑物表面对太阳辐射能量的吸收，降低围护结构表面的温度，实现围护结构的节能。在夏热冬冷和夏热冬暖地区，建筑外墙涂饰建筑反射隔热涂料后，除了夏季能够降低墙面的温度，减少热量向室内传入，解决或减轻涂膜加速老化和外保温系统的裂渗等问题外，具有明显的节能效果。据涂料耐久性分析模型，反射隔热涂料耐久性评价主要通过温变性和人工老化实验来表征材料的性能衰减程度。其主要评价指标如表 5-49 所示。

表 5-49　反色隔热涂料评价指标

项目	指标			试验标准
	高明度（L^*≥80）			
太阳光反射比	≥0.65			
近红外反射比	≥0.80			
半球发射率	≥0.85			
污染后太阳光反射比变化率/%	—	≤15	≤20	
人工气候老化后太阳光反射比变化率/%	≤5			JG/T 235—2014
耐温变性	无粉化、开裂、起泡、剥落和明显变色［23℃浸水 18h＋（－20)℃，冻 3h ＋50℃烘 3h，5 次循环］			
与参比黑板的隔热温差	≥6℃			
耐人工气候老化性	600h 不起泡			

反射隔热涂料等效热阻计算值（R_{eq}）按表 5-50 取值。

表 5-50　外墙用反射隔热涂料等效热阻计算值 R_{eq}　(m^2・K/W)

污染后的太阳光反射比 A_c		0.6≤A_c<0.7	0.5≤A_c<0.6	0.4≤A_c<0.5
等效热阻值 R_{eq}	1.0<K_0≤1.2	0.20	0.15	0.09
	0.7<K_0≤1.0	0.23	0.18	0.11

注：K_0表示外墙平均传热系数。

反射隔热涂料等效热阻计算值除应符合表 5-50 的要求外，还应符合 GB/T 9755—2014 或 JG/T 172—2014 或 JG/T 24—2018 或 HG/T 4343—2012 等相应产品标准规定的最高等级要求。

5.1.3　抹面和砌筑材料选型及性能要求

5.1.3.1　抗裂砂浆

抗裂防护层的柔韧性对外保温体系的抗裂性能起着关键的作用，目前保温系统所用材料市场混乱，材料配合比不准确，生产工艺落后，有些生产厂家为了降低成本，提高水泥的用量，减少抗裂成分的用量，这样就造成了抹面砂浆的自身收缩大，在使用过程中很容易造成面层开裂的现象。建筑外墙外保温体系面层出现裂缝，不仅严重影响建筑外观质量，降低外墙外保温体系的使用寿命，还严重影响浆体保温材料的推广使用。

抗裂砂浆在服役过程中，不断经受热荷载、湿气和水分迁移等外部环境耦合作用，产生膨胀、收缩变形和化学侵蚀，引起抗裂砂浆孔结构、组成等发生变化，导致抗裂砂浆冻融破坏、碳化和氯离子侵蚀破坏、干燥收缩变形等，耐久性衰减。为确保抗裂砂浆在服役年限内，在各种环境条件作用及正常维护的情况下，保持其安全性、正常使用性和可接受的外观，其耐久性衰减后的性能应满足使用要求。

根据抗裂砂浆耐久性分析模型，其耐久性评价主要通过初始及耐久试验后的粘结强度和抗拉强度、软化及抗冲击试验来表征材料的性能衰减程度。主要评价指标包括粘结强度和抗拉强度（初始、耐水、冻融）、抗冲击性、吸水量和不透水性。针对抗裂砂浆的功能性和耐久性协同设计的方法上，对抗裂砂浆的抗拉强度有更高的指标要求，具体性能指标要求如表 5-51 所示。

表 5-51 抗裂砂浆性能指标要求

项目		性能指标
拉伸粘结强度（与聚苯板）/MPa	初始强度	≥0.10
	耐水强度（浸水 48h，干燥 7d）	≥0.10
	耐水强度（浸水 48h，干燥 2h）	≥0.06
	冻融强度（15/25/35/50 次）	≥0.10
抗拉强度/MPa	初始强度	≥1.0
	耐水强度（28d，浸水 7d）	≥0.8
	冻融强度（15/25/35/50 次）	≥0.8
抗冲击	普通型（单层网）	3J，且无宽度大于 0.10mm 的裂纹
	加强型（双层网）	10J，且无宽度大于 0.10mm 的裂纹
	紫外、冻融试验后	3J
吸水量（24h）/（g/m²）		≤500
不透水性		抹面层内侧无水渗透
水蒸气透过湿流密度/［g/（m²·h）］		≥0.85

5.1.3.2 砌筑砂浆和抹面砂浆

专用薄层砌筑砂浆的性能指标应符合表 5-52 的要求。

表 5-52 专用薄层砌筑砂浆的主要性能指标

项目		性能指标
28d 抗压强度/MPa		≥5.0
稠度/mm		70～80
保水率/%		≥99
抗冻性	强度损失率/%	≤25
	质量损失率/%	≤5

专用薄层抹灰砂浆的主要性能应符合表 5-53 的要求。

表 5-53 薄层抹灰砂浆的主要性能指标

项目		性能指标
细度		2.36mm 筛余：无 1.18mm 筛余：≤15%
稠度/mm		85～95
保水率/%		≥99
凝结时间/h		3～9
28d 抗压强度/MPa		≥7.5
14d 拉伸粘结强度/MPa （与蒸压加气混凝土粘结）		≥0.30
28d 收缩率/%		≤0.20
抗冻性	强度损失率/%	≤20
	质量损失率/%	≤5

轻质抹灰砂浆的主要性能指标应符合表 5-54 的要求。

表 5-54 轻质抹灰砂浆主要性能指标

项目		强度等级		
		$M_L2.5$	$M_L3.5$	$M_L5.0$
干密度/（kg/m³）		≤800	≤1000	≤1200
细度		4.75mm 筛余：≤10%		
稠度/mm		85～95		
保水率/%		≥95		
28d 抗压强度/MPa		≥2.5	≥3.5	≥5.0
14d 拉伸粘结强度/MPa （与蒸压加气混凝土粘结）		≥0.20	≥0.30	≥0.40
28d 收缩率/%		≤0.30		
抗冻性	强度损失率/%	≤25		
	质量损失率/%	≤5		

5.1.3.3 网格布和复合钢丝网

网格布拉伸断裂强力应符合表 5-55 的要求，断裂伸长率应不大于 4.0%。经向或纬向单向加强的网布拉伸断裂强力应符合设计要求，应采用耐碱网格布，避免使用涂覆网格布。针对耐碱网格布所含的可燃物含量应不小于 12%，经耐碱性试验后，拉伸断裂强力保留率不小于 75%。增强玻璃纤维网格布的铺设应采用两层网格布，且纬向应相互垂直布置，防止墙体容易产生开裂。

表 5-55 耐碱玻璃网格布性能指标要求

项目	性能指标	
	普通型（用于涂料饰面工程）	加强型（用于面砖饰面工程）
单位面积质量/（g/m^2）	≥160	≥300
耐碱断裂强力（经、纬向）/（N/50mm）	≥1000	≥1500
耐碱断裂强力保留率（经、纬向）/%	≥80	≥90
断裂伸长率（经、纬向）/%	≤5.0	≤4.0
ZrO_2和TiO_2含量/%	ZrO_2含量为14.5±0.8，TiO_2含量为6.0±0.5；或ZrO_2和TiO_2的合量大于或等于19.2，同时ZrO_2含量大于或等于13.7；或ZrO_2含量大于或等于16.0	

镀锌复合钢丝网的性能应符合表5-56的要求。

表 5-56 复合钢丝网性能指标

项 目		性能指标	试验方法
小孔网	丝径/mm	0.9±0.04	QB/T 3897
	网孔/mm	12.7×12.7	
大孔网	丝径/mm	2±0.07	
	网孔/mm	120×120	
焊点抗拉力/N	丝径0.9mm	>65	
	丝径2mm	>330	
镀锌层质量/（g/m^2）		≥122	

5.1.4 饰面材料选型及性能要求

外墙饰面材料对建筑物起装饰和保护作用，目的是使建筑物的外表美观，既有一定的建筑艺术风格，又能提高建筑物的耐久性，延长其使用寿命。建筑物的外墙直接与自然环境接触，长期受到阳光、风雨等自然条件的作用，还要受到腐蚀性气体和微生物的作用，环境因素影响着建筑物的耐久性，因此，外墙装饰材料除了本身具有适宜的色彩来装饰、美化建筑物外，更重要的是这些材料应具有良好的耐久性，才能使建筑物既庄重美观又不受自然环境的影响而发生破坏。饰面材料与主体结构同寿命是指在保证功能性的前提下可维修的同寿命要求。本节在饰面材料与主体结构同寿命的前提下，对常见的如腻子、普通涂料和反射隔热涂料等饰面材料提出一些指标和要求。

5.1.4.1 腻子

外墙腻子在服役过程中，不断经受热荷载、湿气和水分迁移等外部环境耦合作用，产生膨胀、收缩变形和化学侵蚀，引起外墙腻子孔结构、组成等发生变化，导致外墙腻子冻融破坏、碳化和氯离子侵蚀破坏、干燥收缩变形等，耐久性衰减。为确保外墙腻子在服役年限内，在各种环境条件作用及正常维护的情况下，保持其安全性、正常使用性和可接受的外观，其耐久性衰减后的性能应满足使用要求。

根据外墙腻子耐久性分析模型，其主要通过初始及耐久性试验后的粘结强度、柔韧性、耐水性和吸水量来表征材料的性能衰减程度，本书还新增了对腻子的抗拉强度的要求、提高了腻了的抗冻性指标要求，主要评价指标如表 5-57 的要求。

表 5-57　外墙腻子性能指标要求

项目			技术指标		
			普通型（P）	柔性（R）	弹性（T）
容器中状态			无结块、均匀		
施工性			刮涂无障碍		
干燥时间（表干）/h					
初期干燥抗裂性（6h）	单道施工厚度≤1.5mm 的产品		1mm 无裂纹		
	单道施工厚度>1.5mm 的产品		2mm 无裂纹		
吸水量/（g/10min）			≤2.0		
耐碱性（48h）			无异常		
耐水性（96h）			无起泡、开裂、掉粉		
粘结强度/MPa	初始		0.6		
	耐水		0.4		
	冻融	F15	0.4		
		F25			
		F35			
		F50			
抗拉强度/MPa	初始		0.7		
	耐水		0.5		
	冻融	F15	0.5		
		F25			
		F35			
		F50			
腻子膜柔韧性			直径 100mm，无裂纹	直径 50mm，无裂纹	—
动态抗开裂性/mm	基层裂缝		≥0.04，<0.08	≥0.08，<0.3	≥0.3

5.1.4.2　普通涂料

涂料在服役过程中，不断经受光、热荷载、湿气和水分迁移等外部环境耦合作用，产生紫外老化、膨胀和收缩变形等，引起涂料化学组成等发生变化，导致涂料发生起泡、粉化等，耐久性衰减。为确保涂料在服役年限内，在各种环境条件作用及正常维护的情况下，保持其安全性、正常使用性和可接受的外观，其耐久性衰减后的性能应满足使用要求，在外保温系统尽量使用透气性厚质涂料。根据涂料耐久性分析模型，其耐久性评价主要通过温变性和人工老化实验来表征材料的性能衰减程度。其主要评价指标如表 5-58 所示。

表 5-58　普通涂料性能指标要求

项目		指标
拉伸粘结强度/MPa	初始	≥0.60
	耐冻融强度	≥0.40
抗拉强度/MPa	初始	0.7
	耐水	0.5
	耐冻融强度	0.5
柔韧性（动态抗开裂/马口铁）		0.08～0.3/50mm
耐水性（浸水性 96h）		无起泡、开裂、掉粉
耐碱性（浸泡 96h）		无起泡、开裂、掉粉
吸水量（70×70 试块密封泡水）/（g/10min）		≤2.0
耐温变性		无粉化、开裂、起泡、剥落、明显变色
耐人工气候老化性		600h 不起泡、不剥落、无裂纹、不粉化、无明显变色

5.1.4.3　瓷砖胶

饰面砖以其美观、经济实惠、易清洁保养等优点在建筑外墙上大量使用，但外墙饰面砖长期暴露在室外，同时受到施工工艺、施工条件、原材料、建筑设计等因素的影响，很容易出现空鼓、脱粘、开裂、外墙渗水等质量问题。同时，瓷砖胶在服役过程中，不断经受热荷载、湿气和水分迁移等外部环境耦合作用，导致瓷砖胶膨胀收缩变形、冻融破坏、软化等，耐久性衰减。聚合物胶粉的含量直接影响瓷砖胶的质量与耐久性，而面砖的吸水率也将导致瓷砖粘结性能差异，低吸水率瓷砖对粘结性影响较大，吸水率越小，粘结性越差。不同的瓷砖胶品种也影响粘结性能。为确保瓷砖胶在服役年限内，在各种环境条件作用及正常维护的情况下，保持其安全性、正常使用性和可接受的外观，其耐久性衰减后的性能应满足使用要求，瓷砖饰面适用于夏热冬暖和夏热冬冷地区。根据瓷砖胶耐久性分析模型，其耐久性评价主要通过初始及耐久性试验后的初始及耐久实验后粘结强度来表征材料的性能衰减程度。其主要评价指标如表 5-59 所示。

表 5-59　瓷砖胶性能指标要求

项目			瓷砖胶指标
拉伸粘结强度/MPa	面砖吸水率≤0.5%	初始	≥1.0
		浸水养护 7d+浸水 21d	≥1.0
		冻融［养护 7d+浸水 21d，(−15)℃冷冻 2h+15℃浸水 2h 为一个循环，25 次］	≥1.0
	面砖吸水率>0.5，≤6%	初始	≥1.0
		浸水养护 7d+浸水 21d	≥0.5
		冻融［养护 7d+浸水 21d，(−15)℃冷冻 2h+15℃浸水 2h 为一个循环，25 次］	≥0.5
热老化（养护 14d，70℃烘 14d）/MPa		面砖吸水率≤0.5%	≥1.0
		面砖吸水率>0.5，≤6%	≥0.5

续表

项目		瓷砖胶指标
滑移/mm		≤0.5
面砖吸水率	夏热冬暖地区	≤6%
	夏热冬冷地区	≤0.5%

5.1.5 防水材料选型及性能要求

建筑外墙具有的防水性能对提高结构墙体的耐久性，提升建筑物的使用功能，都有着重要的意义。由于建筑墙体材料、饰面材料的多样性，尤其是部分地区多雨潮湿的气候条件，都对外墙防水提出新的要求。本书主要关注±0m以上的外墙，对于满足墙体材料更新、围护结构节能、外墙饰面层装饰效果的要求，外墙防水层作为外墙构造层次中的一个部分，起着承前启后的作用。

外墙防水材料一般为涂刷或刮涂施工的防水涂料或防水砂浆，具有连续防水性，能适应构造复杂的基层表面，与基层有良好的粘结性。防水材料具有良好的拉伸性能和柔韧性，能抵御基层墙体的微小裂缝，具有良好的不透水性。防水涂料被水润湿后，仍要求有一定的拉伸性能，且不能与基层脱开。衡量防水材料的粘结性一般是以防水材料与基层的粘结性为依据。建筑外墙具有的防水性能对提升建筑物的耐久性及使用寿命都有着重要的意义，防水材料耐久性评价主要通过粘结强度、干燥收缩拉伸性能、抗渗性能来表征材料性能的衰减程度。

5.1.5.1 防水砂浆

针对年降水量大于或等于800mm地区的高层建筑外墙、年降水量大于或等于600mm且基本风压大于或等于0.50kN/m^2 地区的外墙、年降水量大于或等于400mm且基本风压大于或等于0.40kN/m^{2}地区有外保温的外墙、年降水量大于或等于500mm且基本风压大于或等于0.35kN/m^{2}地区有外保温的外墙和年降水量大于或等于600mm且基本风压大于或等于0.30kN/m^{2}地区有外保温的外墙需对墙面进行整体防水。

普通水泥基防水砂浆一次施工厚度较大，存在开裂的安全隐患。同时，刚性防水砂浆存在抗渗能力差、吸水率和干缩率大及易开裂等问题，容易发生漏水现象。改善防水砂浆的应用性能，主要采取的方法是在防水砂浆中添加一定量的高分子聚合物。以水泥、细集料为主要成分，以聚合物乳液或可分散乳胶粉为改性剂，添加适量助剂混合而制成的防水砂浆称为聚合物水泥防水砂浆，防水砂浆适用于外墙、厨房、卫生间内饰面。聚合物水泥防水砂浆性能指标要求如表5-60所示。

表5-60 防水砂浆性能指标要求

项目			指标
凝结时间		初凝/min	≥45
		终凝/h	≤24
抗渗压力/MPa	涂层试件	7d	≥0.4
	砂浆试件	7d	≥0.8
		28d	≥1.5

续表

项目		指标
抗压强度/MPa		≥18.0
抗折强度/MPa		≥6.0
柔韧性（横向变形能力）/mm		≥1.0
拉伸粘结强度/MPa	7d	≥0.8
	28d	≥1.0
耐碱性		无开裂、剥落
耐热性		无开裂、剥落
抗冻性		无开裂、剥落
收缩率/%		≤0.3
吸水率/%		≤6.0

5.1.5.2 防水密封胶

防水密封胶在服役过程中，不断经受光、热荷载、湿气和水分迁移等外部环境耦合作用，导致防水密封胶化学组成变化，发生老化、冻融破坏、软化等，耐久性衰减。为确保防水密封胶在服役年限内，在各种环境条件作用及正常维护的情况下，保持其安全性、正常使用性和可接受的外观，其耐久性衰减后的性能应满足使用要求。根据防水密封胶耐久性分析模型，其耐久性评价主要通过耐久性实验后的粘结性和弹性恢复率试验来表征材料的性能衰减程度。其主要评价指标包括定伸粘结性（初始及浸水后）、热压-冷拉后的粘结性、拉伸-压缩后的粘结性、弹性恢复率，如表 5-61 所示。

表 5-61 防水密封胶性能指标要求

项目		技术指标		
密度/（g/cm³）		规定值±0.1		
下垂度/mm		≤3		
表干时间/h		SR	MS	PU
		≤3	≤24	≤24
挤出性/（mL/min）		≥150		
适用期/h		供需双方商定		
弹性恢复率/%		≥80		
拉伸模量/MPa	23℃	≤0.4		
	−20℃	≤0.6		
定伸粘结性		无破坏		
浸水后定伸粘结性		无破坏		
冷拉-热压后粘结性		无破坏		
质量损失率/%		≤4		
污染性/mm	污染宽度	≤1.0		
	污染深度	≤1.0		
相容性	粘结破坏面积/%	≤20		
耐久性（8 个循环）		无破坏		

5.1.6 连接材料选型及性能要求

5.1.6.1 不锈钢连接件

预制混凝土夹芯保温外墙板由内外叶预制混凝土板、保温连接件和夹芯保温层组成。预制混凝土夹芯保温墙体将保温层置于内外叶混凝土板之间，并通过连接件形成整体，是一种保温、装饰与承重一体化的墙体。其中，保温连接件是实现内外叶预制混凝土板良好连接、保证外墙板具有良好受力性能的关键部件。不锈钢连接件具有强度高、抗火性能和耐腐蚀性能好等优点，是目前工程中普遍采用的保温连接件之一。

目前工程中常用的连接件包括不锈钢连接件和纤维增强塑料（FRP）连接件。与FRP连接件相比，不锈钢连接件具有良好的力学性能以及优良的耐久性能和抗火性能。

另外，钢质连接件的导热系数过大，会造成墙体的热损失过大，影响节能效果并造成局部热桥，严重的甚至会导致墙体结露、发霉等。不锈钢拉结件与传统的斜负筋相比，具有用材少，热桥大幅度降低等特点。不锈钢连接件在服役过程中，不断经受热荷载、湿气和水分迁移等外部环境耦合作用，导致不锈钢连接件发生锈蚀等，耐久性衰减。为确保不锈钢连接件在服役年限内，在各种环境条件作用及正常维护的情况下，保持其安全性、正常使用性和可接受的外观，其耐久性衰减后的性能应满足使用要求。为了避免预制夹芯保温墙体中连接件和墙体连接部位发生冷热桥效应，连接件需要具有较低的导热系数，从而提高墙体的保温性能。

根据不锈钢连接件耐久性分析模型，其耐久性评价主要通过强度和弹性模量和导热系数试验来表征。其主要评价指标如表5-62所示。

表5-62 不锈钢连接件中不锈钢材料的物理力学性能指标

项目	指标要求	试验方法
屈服强度/MPa	≥380	GB/T 228
拉伸强度/MPa	≥500	GB/T 228
拉伸弹性模量/GPa	≥190	GB/T 228
抗剪强度/MPa	≥300	GB/T 6400—2007
导热系数/［W/（m·K)］	≤17.5（100℃以下）	GB/T 3651—2008

5.1.6.2 纤维增强塑料连接件

纤维增强塑料连接件耐久性评价主要通过强度和弹性模量试验来表征，如表5-63所示。

表5-63 纤维增强塑料（FRP）连接件材料力学性能指标

项目	指标要求	试验方法
拉伸强度/MPa	≥700	GB/T 1447—2005 GB/T 30022—2013
拉伸弹性模量/GPa	≥40	GB/T 1447—2005 GB/T 30022—2013
层间抗剪强度/MPa	≥30	JC/T 773—2010

5.1.6.3 锚栓

锚栓在服役过程中，不断经受风荷载、热荷载、湿气和水分迁移等外部环境耦合作用，产生膨胀、收缩变形和化学侵蚀，引起锚栓化学组成及强度等发生变化，导致锚栓发生破坏，耐久性衰减。为确保材料在服役年限内，在各种环境条件作用及正常维护的情况下，保持其安全性、正常使用性和可接受的外观，其耐久性衰减后的性能应满足《外墙保温用锚栓》（JG/T 366—2012）规定的使用要求，性能指标如表 5-64 所示。同时要求不宜使用再生料，且建议对外保温系统及防护层的整体置换修复施工的过程中，宜选用气力射钉枪将锚栓打入基层墙体，气力射钉枪冲击力强，锚栓与基底贴合力好，较普通冲击钻减少了对原保温系统的潜在破坏作用。

表 5-64 普通锚栓性能指标要求

项目		指标	试验方法
单个锚栓抗拉承载力标准值/kN	普通混凝土基墙	≥0.60	JG/T 366—2012
	实心砌体基墙	≥0.50	
	多孔砖砌体基墙	≥0.40	
	空心砌块或蒸压加气混凝土基墙	≥0.30	
单个锚栓圆盘强度标准值/kN		≥0.50	

专用隔热膨胀螺栓性能应符合表 5-65 的规定。

表 5-65 专用隔热膨胀螺栓的性能

项 目		性能指标	试验方法
单个螺栓抗拉承载力标准值/kN		≥4.0	JG/T 160—2017
单个螺栓抗剪承载力标准值/kN		≥3.0	
单个螺栓抗拉承载力标准值/kN	普通混凝土基层墙体	≥3.0	JG/T 366—2012
	实心砖砌体	≥2.5	
	蒸压加气混凝土砌体	≥2.0	

注：此性能要求针对后置结构一体化板。

5.2 外墙系统耐久性与功能性协同设计

5.2.1 建筑设计

建筑设计（Architectural Design ）是指建筑物在建造之前，设计者按照建设任务，把施工过程和使用过程中所存在的或可能发生的问题，事先做好通盘的设想，拟定好解决这些问题的办法、方案，用图纸和文件表达出来。作为备料、施工组织工作和各工种在制作、建造工作中互相配合协作的共同依据。便于整个工程得以在预定的投资限额范围内，按照周密考虑的预定方案，统一步调，顺利进行，并使建成的建筑物充分满足使用者和社会所期望的各种要求及用途。

目前我国建筑节能技术可以采用的措施主要有外围护结构系统、太阳辐射的控制与改善、自然通风与采光的利用、可再生能源的利用、低能耗的室内环境控制系统、降低噪声的技术与构造系统、水资源循环利用系统、提供高舒适度的其他技术系统等方面，其中外围护结构的选择是建筑节能设计首要考虑的问题。外围护结构的热工设计是决定建筑能否节能的基础[12-15]。

建筑围护结构是指建筑物及房间各面的围护物，分为不透光和透光两种类型。不透光围护结构有墙、屋面、地板、顶棚等；透光围护结构有侧窗、天窗、阳台门、玻璃幕墙等。按是否与室外空气直接接触及在建筑物中的位置，又可以分为外围护结构和内围护结构。在不需特别加以指明的情况下，围护结构通常是指外围护结构，包括外墙、屋面、窗户、阳台门、外门及不采暖楼梯间的隔墙和户门等。建筑围护结构节能是建筑节能的重要组成部分。围护结构保温隔热技术就是通过改善建筑物围护结构的热工性能，达到夏季隔绝室外热量进入室内（即隔热），冬季防止室内热量泄出室外（即保温），使建筑物室内温度尽可能接近舒适温度，以减少通过辅助设备，如采暖、制冷设备来达到合理舒适室温的负荷，最终达到节能的目的。

为了提高建筑的服役寿命及居住的舒适度，可从材料及施工各方面进行优化设计。例如，对混凝土剪力墙做外保温施工之前需做水泥砂浆的找平层；蒸压加气混凝土砌块采用薄层砂浆砌筑；模卡砌块采用隼锚连接，取消灰缝，采用灌浆料灌缝，提高墙体整体抗开裂性和防水性。

对于砂浆则采用普通抗裂抹灰砂浆，提高抹灰层抗开裂性。同时，采用界面砂浆处理混凝土和蒸压加气混凝土墙面，或使用专用抹灰饰面砂浆，提高抹灰砂浆的粘结强度，减少抹灰层空鼓起壳开裂；采用工业副产石膏减少抹灰层空鼓开裂，提高房间舒适度；针对薄抹灰系统，在抗裂层防水指标方面，通过提高抗裂层防水要求，降低吸水量≤500g/m^2，并明确分隔缝具体做法，分隔缝要切割到基层表面。总体上提倡薄层抹灰施工，同时宜采用具有透气性良好的外墙涂料（无机涂料）。在寒冷和严寒地区的保温系统，增加透气装置，提倡在寒冷地区使用复合墙体等措施。

因此，建筑围护结构的设计，主要目的是使建筑围护结构达到保温隔热作用及其安全性。下面将根据防水、防火、防开裂 3 个方面的设计进行展开。

5.2.1.1 防水设计

建筑外墙的防水对建筑的使用功能有非常重要的作用，尤其是在建筑节能的要求下，防水的作用越来越重要。建筑外墙渗漏状况在全国范围内比较多见，尤其南方地区的华南、江南，北方地区的东北、华北等地。例如，江南某住宅小区，入住 700 户，发生墙体渗漏的有 160 多户，约占 23% ，导致了业主与开发商较大的纠纷。南方地区的华南、江南，由于降雨量大，尤其沿海地区风力大，加之建筑形式的多样化致使墙体渗漏的情况加剧。同时，建筑物的不同高度下的风压修正系数不同，《荷载设计规范》的荷载是离地 10m 高的基本风压值，当高度大于 10m 时，将要在基本风压的基础上乘以风压高度变化系数 μ、体型系数、阵风系数、局部风压变化系数、地面粗糙度系数等，最终的风荷载将大于基本风压值，因此应针对不同高度、不同部位的外挂板材（外贴饰面材料）提出不同的指标要求。

北方地区由于采用外墙外保温时采取的防水措施不充分产生的问题也较多。由于建筑（外墙）多样性的发展，以及建筑高度的增加、风压加大，致使外墙渗漏率加大，降低了外墙作为围护结构的使用功能和保温隔热性能，也会导致外墙使用寿命的缩短。

在工程实践中由于缺乏外墙防水的统一做法，缺乏指导工程实践的标准规范，致使外墙渗漏时有发生，墙体的耐久性及使用功能得不到保证，影响了人民群众的生产和生活[16-20]。

对建筑外墙防水提出的基本功能要求，主要有3个方面因素：①雨雪水侵入墙体，会对墙体产生侵蚀作用，进入室内，将会影响使用；当有保温层时，还会降低热工性能，达不到原设计保温隔热的节能指标，由此产生的损害应引起高度的认识和重视。防止雨水雪水侵入墙体是外墙防水的最重要功能。②建筑外墙的防水层自身及其与基层的结合应能抵抗风荷载的破坏作用。③冻融和夏季高温将影响建筑外墙防水的使用寿命，降低使用功能。

由于非防水透气性涂料的水蒸气透过湿流密度低，致使墙体易发生饰面外表色差，甚至导致墙体饰面起泡、发霉、开裂及脱落，使保温材料的热工性能产生变化（墙体中的湿度越高，导热系数越大，其保温隔热效果越差），进而影响墙体的美观和保温节能效果。防水透气性涂料的使用可以防止雨水等室外水侵入墙体，同时又可排除保温层内的水蒸气，有关标准规定的具体指标为反映墙体透气性的水蒸气湿流密度应大于0.85g/(m^2·h)。调查发现该指标规定得偏低，为适合不同热工分区，应考虑寒冷及严寒地区的冬季门窗密闭性好，室内水蒸气分压高造成的墙体湿迁移外排的具体情况，已有多种饰面材料及做法的水蒸气湿流密度远远高于0.85 g/(m^2·h)，可达到1.1g/(m^2·h)、1.8g/(m^2·h)和3.2 g/(m^2·h)，设计施工时应查看有关检测报告并选择水蒸气湿流密度高的材料及做法，有必要针对不同气候分区推进相应的饰面做法。

各地采取的建筑外墙防水措施：目前外墙防水工程实践中主要采用两类方式进行设防，一类是墙面整体防水，主要应用于南方地区、沿海地区以及降雨量大、风压强的地区；另一类是对节点构造部位采取防水措施，主要应用于降雨量较小、风压较弱的地区和多层建筑以及未采用外保温墙体的建筑。各地采用外墙外保温的建筑均采取了墙面整体防水设防。对于墙体排湿问题，可借鉴欧美发达国家采用排湿透气构造，发达国家的饰面砖一定要做排湿孔，见图5-5。

墙面整体防水包括所有外墙面的防水和节点构造部位的防水。节点构造的防水指门窗洞口、雨篷、阳台、变形缝、伸出外墙管道、女儿墙压顶、外墙预埋件、预制构件等交接部位的防水。墙面整体防水分为两类：一类是指降水量大、风压强的无外保温外墙，包含“年降水量大于或等于800mm地区的高层建筑外墙”和“年降水量大于或等于600mm、基本风压大于或等于0.5kN/m^{2}地区的外墙”两种情形。另一类是指降水量较大、风压较强的有外保温外墙，包含“年降水量大于或等于400mm且基本风压大于或等于0.4kN/m^{2}地区有外保温的外墙”“年降水量大于或等于500mm且基本风压大于或等于0.35kN/m^{2}地区有外保温的外墙”“年降水量大于或等于600mm且基本风压大于或等于0.3kN/ m^{2}地区有外保温的外墙”三种情形。据调查和问卷反馈的情况显示，由于外墙外保温的广泛实施，以及目前常用的保温材料和外保温构造做法，使外墙

图5-5　饰面砖排湿孔

更易发生渗漏。并且即使水分不进入外墙本体和室内，只要进入保温层，就会严重降低保温效果和保温层的耐久性。据研究，保温层的导热系数会随着含水率的增加呈线性增大。所以规定上述情形下的外墙需要采取墙面整体防水，以加强保温功能的实现。

外保温外墙的整体防水层设计应符合下列规定：①采用涂料或块材饰面时，防水层宜设在保温层和墙体基层之间，防水层可采用聚合物水泥防水砂浆或普通防水砂浆（图 5-6）。②采用幕墙饰面时，设在找平层上的防水层宜采用聚合物水泥防水砂浆、普通防水砂浆、聚合物水泥防水涂料、聚合物乳液防水涂料或聚氨酯防水涂料；当外墙保温层选用矿物棉保温材料时，防水层宜采用防水透气膜（图 5-7）。

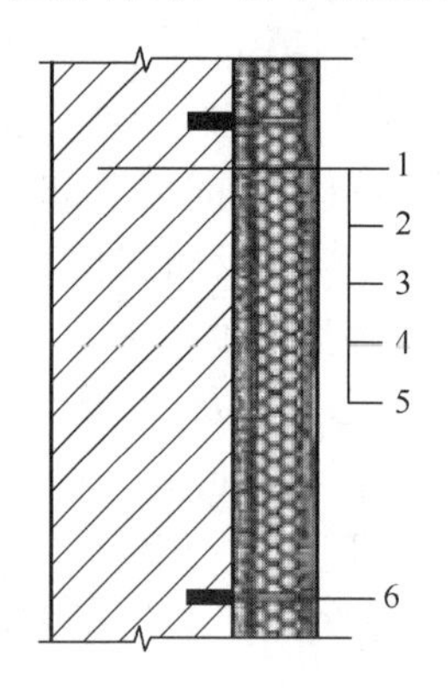

图 5-6　涂料或块材饰面外保温外墙防水整体构造

1—结构墙体；2—找平层；3—防水层；4—保温层；5—饰面层；6—锚栓

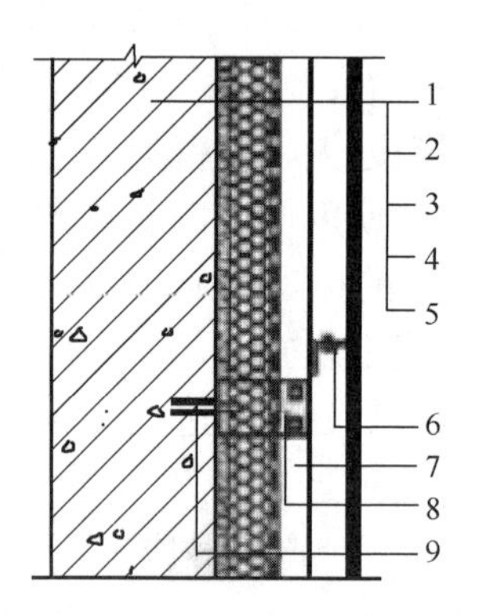

图 5-7　涂料或块材饰面外保温外墙防水整体构造

1—结构墙体；2—找平层；3—防水层；4—保温层；5—饰面层；6—锚栓

砂浆防水层中可增设耐碱玻璃纤维网布或热镀锌电焊网增强，并宜用锚栓固定于结构墙体中。

门窗框与墙体间的缝隙宜采用聚合物水泥防水砂浆或发泡聚氨酯填充；外墙防水层应延伸至门窗框，防水层与门窗框间应预留凹槽，并应嵌填密封材料；门窗上楣的外口应做滴水线；外窗台应设置不小于 5%的外排水坡度（图 5-8、图 5-9）。

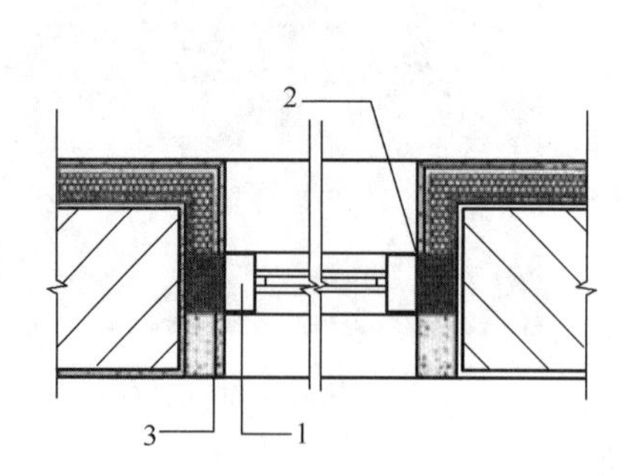

图 5-8　门窗框防水平剖面构造

1—窗框；2—密封材料；3—聚合物水泥防水砂浆或发泡聚氨酯

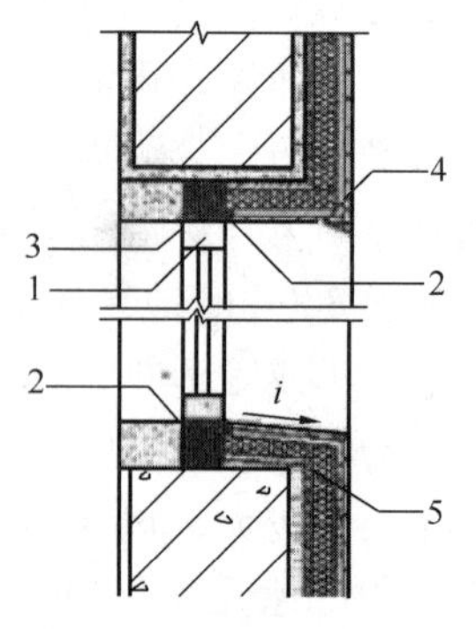

图 5-9　门窗框防水平剖面构造

1—窗框；2—密封材料；3—聚合物水泥防水砂浆或发泡聚氨酯；4—滴水线；5—外墙防水层

阳台应向水落口设置不小于1%的排水坡度，水落口周边应留槽嵌填密封材料，阳台外口下沿应做滴水线（图5-10和图5-11）。

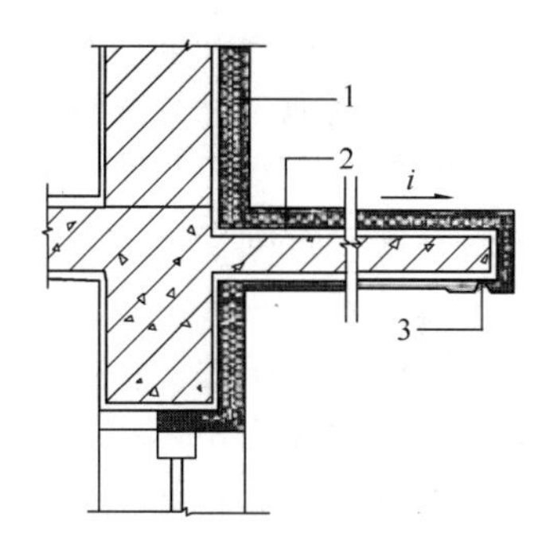

图5-10　雨篷防水构造

1—外墙保温层；2—防水层；3—滴水线

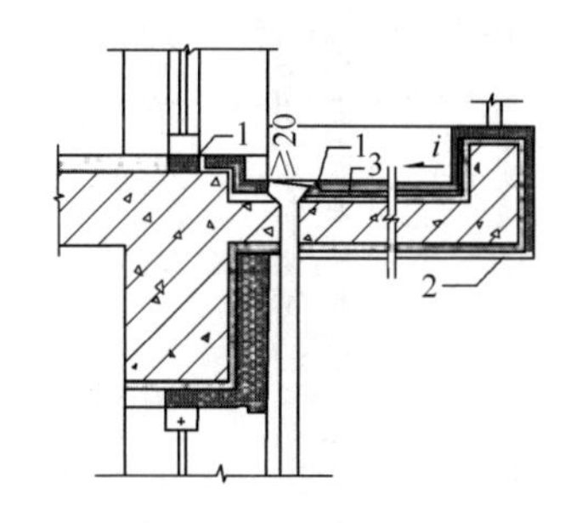

图5-11　阳台防水构造

1—密封材料；2—滴水线；3—防水层

变形缝部位应增设合成高分子防水卷材附加层，卷材两端应满粘于墙体，满粘的宽度不应小于150mm，并应钉压固定；卷材收头应用密封材料密封（图5-12）。

女儿墙压顶宜采用现浇钢筋混凝土或金属压顶，压顶应向内找坡，坡度不应小于2%。当采用混凝土压顶时，外墙防水层应延伸至压顶内侧的滴水线部位（图5-13）；当采用金属压顶时，外墙防水层应做到压顶的顶部，金属压顶应采用专用金属配件固定(图5-14)。

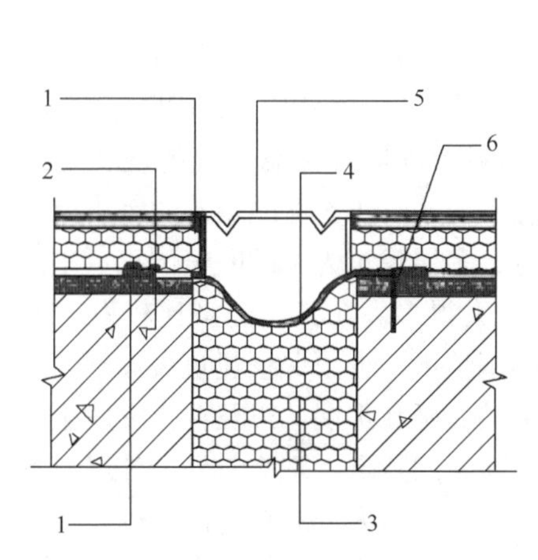

图5-12　变形缝防水构造

1—密封材料；2—锚栓；3—补垫材料；

4—合成高分子防水卷材；5—不锈钢板；

6—压条

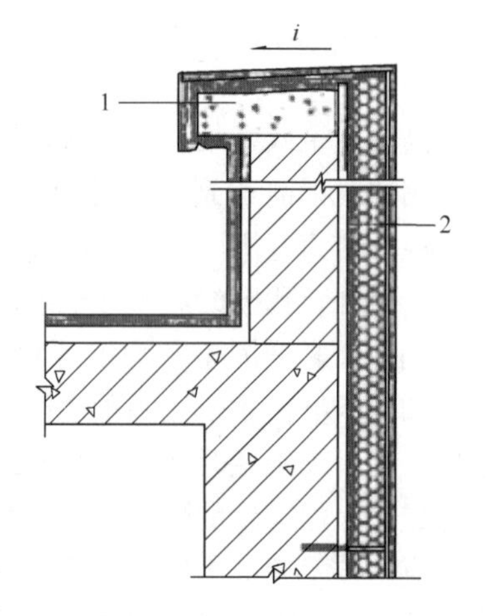

图5-13　混凝土压顶女儿墙防水构造

1—混凝土压顶；2—防水层

在建筑工程施工中，屋面分隔缝主要设置在屋面的转折处、屋面板的支撑端、防水层或突出屋面的交接处，并与屋面板缝对齐，这样不但会使受温差引起的防水层裂缝集中到分隔缝处，还能将混凝土干缩结构变形引发的防水层裂缝集中到分隔层的位置，在一定程度上避免板面开裂。在设置分隔缝时，分隔缝的间距一般≤6m，若>6m，则要在中间位置设V形分隔线，并且要保证分隔缝贯穿整个防水层。

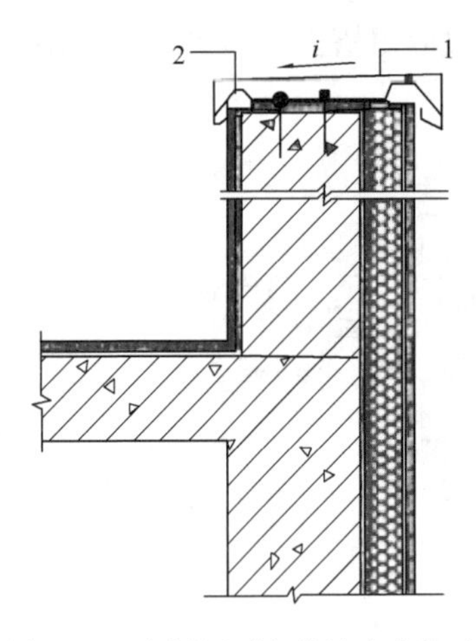

图 5-14 金属压顶女儿墙防水构造
1—金属压顶；2—金属配件

相容性是指不同材料间不产生破坏作用或降低性能的物理化学反应的性质。通常讲，就是材料与材料之间（如防水材料与界面材料、防水材料与饰面材料以及不同防水材料之间）不会产生起泡、鼓泡、粘结失效（或强度等性能下降）等现象。在建筑外墙防水工程中，选择材料时一定要考虑材料之间的相容性，否则会引起防水作用减小或失效。

墙体的构造不同、外保温的做法不同、所使用的防水材料不同，对防水材料的性能要求也不同；防水材料性能应满足设计要求，同时应符合相应材料标准规定的指标要求。为使保温层中因施工时或结露形成的水汽能及时排出，防水材料选用防水透汽膜是比较合适的。防水透汽膜是一种具有防水和透汽功能的合成高分子膜状材料。防水透汽膜及其配套材料应符合设计要求。在门窗洞口、伸出外墙管道、预埋件及收头等部位的节点做法，应符合设计要求。防水透汽膜的铺贴应顺直，与基层应固定牢固，膜表面不得有褶皱、伤痕、破裂等缺陷。防水透汽膜的搭接缝应粘结牢固，密封严密；收头应与基层粘结并固定牢固，缝口应封严，不得有翘边现象。

5.2.1.2 防火设计

在我国，耐久性和有效性方面通过借鉴吸收和自主创新都已形成一定的测试方法和评判标准，而安全性方面在标准和规范的要求中还未充分体现并在行业内存在争议，尤其在防火安全性方面，一直存在巨大的安全隐患，保温材料和保温系统火灾事故时有发生。而对于高层建筑甚至超高层建筑或密集型建筑群，防火安全性问题尤为突出。当前我国大力推广建筑节能，所有民用建筑都需达到相应的节能标准，而目前外墙外保温系统的现状是系统中约80%的主体保温材料为有机可燃材料；外墙外保温系统又以防火性能较差的有机保温材料薄抹灰系统为主；另外，我国的城市住宅不同于以低、多层建筑为主的欧美国家，中高层、高层甚至超高层偏多，影响因素和力度要比国外建筑大得多。尤其是经济比较发达的东部地区，城市人口和建筑群密集，楼间距小。在这样的国情下，为了保证建筑火灾不因外墙外保温材料而引发，和火灾发生时保温材料不助长火焰的蔓延和扩展，以及在火灾发生时的烟气及热释放不会成为人们求生的障碍，根据我国城市建筑的特点，理应对外墙外保温系统的要求更加严格，应从技术标准中体现出更高的要求。无论是国内依靠自主研发创新还是由国外引进外保温系统，都一定要适合我国的国情和建筑的特点，满足防火安全要求。

为了解决这些问题，国内出台了一些相应的建筑防火规范，其中对于保温系统也做出了一些规定。建筑防火设计应符合《建筑设计防火规范》(GB 50016—2014）的要求。规定要求建筑的内、外保温系统，宜采用燃烧性能为 A 级的保温材料，不宜采用 B_2 级保温材料，严禁采用 B_3 级保温材料；设置保温系统的基层墙体或屋面板的耐火极限应符合本规范有关规定。

建筑外墙采用内保温系统时，保温系统应符合下列规定：①对于人员密集场所，用火、燃油、燃气等具有火灾危险性的场所以及各类建筑内的疏散楼梯间、避难走道、避难间、避难层等场所或部位，应采用燃烧性能为 A 级的保温材料；②对于其他场所，应采用低烟、低毒且燃烧性能不低于 B_1 级的保温材料；③保温系统应采用不燃材料做防护层。采用燃烧性能为 B_1 级的保温材料时，防护层的厚度不应小于 10mm。

建筑外墙采用保温材料与两侧墙体构成无空腔复合保温结构体时，该结构体的耐火极限应符合有关规定；当保温材料的燃烧性能为 B_1、B_2 级时，保温材料两侧的墙体应采用不燃材料且厚度均不应小于 50mm。

设置人员密集场所的建筑，其外墙外保温材料的燃烧性能应为 A 级。

针对与基层墙体、装饰层之间无空腔的建筑外墙外保温系统，其保温材料应符合下列规定：

对于住宅建筑而言：建筑高度大于 100m 时，保温材料的燃烧性能应为 A 级；建筑高度大于 27m，但不大于 100m 时，保温材料的燃烧性能不应低于 B_1 级；建筑高度不大于 27m 时，保温材料的燃烧性能不应低于 B_2 级。对于除了住宅建筑和设置人员密集场所的建筑外的其他建筑：建筑高度大于 50m 时，保温材料的燃烧性能应为 A 级；建筑高度大于 24m，但不大于 50m 时，保温材料的燃烧性能不应低于 B_1 级；建筑高度不大于 24m 时，保温材料的燃烧性能不应低于 B_2 级。

除设置人员密集场所的建筑外，与基层墙体、装饰层之间有空腔的建筑外墙外保温系统，其保温材料应符合下列规定：建筑高度大于 24m 时，保温材料的燃烧性能应为 A 级；建筑高度不大于 24m 时，保温材料的燃烧性能不应低于 B_1 级。

除建筑外墙采用保温材料与两侧墙体构成无空腔复合保温结构体的情况外，当建筑的外墙外保温系统采用燃烧性能为 B_1、B_2 级的保温材料时，应符合下列规定：除采用 B_1 级保温材料且建筑高度不大于 24m 的公共建筑或采用 B_1 级保温材料且建筑高度不大于 27m 的住宅建筑外，建筑外墙上门、窗的耐火完整性不应低于 0.50h；应在保温系统中每层设置水平防火隔离带。防火隔离带应采用燃烧性能为 A 级的材料，防火隔离带的高度不应小于 300mm。建筑的外墙外保温系统应采用不燃材料在其表面设置防护层，防护层应将保温材料完全包覆。采用 B_1、B_2 保温材料时，防护层厚度首层不应小于 15mm，其他层不应小于 5mm。

建筑外墙外保温系统与基层墙体、装饰层之间的空腔，应在每层楼板处采用防火封堵材料封堵。建筑的屋面外保温系统，当屋面板的耐火极限不少于 1.00h 时，保温材料的燃烧性能不应低于 B_2 级；当屋面板的耐火极限少于 1.00h 时，不应低于 B_1 级。采用 B_1、B_2 级保温材料的外保温系统应采用不燃材料做防护层，防护层的厚度不应小于 10mm。当建筑的屋面和外墙外保温系统均采用 B_1、B_2 级保温材料时，屋面与外墙之间应采用宽度不小于 500mm 的不燃材料设置防火隔离带进行分隔。

电气线路不应穿越或敷设在燃烧性能为 B_1 或 B_2 级的保温材料中；确需穿越或敷设时，应采取穿金属管并在金属管周围采用不燃隔热材料进行防火隔离等防火保护措施。设置开关、插座等电器配件部位的周围应采取不燃隔热材料进行防火隔离等防火保护措施。建筑外墙的装饰层应采用燃烧性能为 A 级的材料，但建筑高度不大于 50m 时，可采用 B_1 级材料。

5.2.1.3 防开裂设计

1. 墙体开裂原因分析

根据调查及资料表明，大部分墙体的保温层开裂形成的主要原因是由于温度变化和外力的共同作用，由于各种的冲击、风蚀、振动力等自然外力作用所引起的墙体开裂占较小的部分。因此，在控制墙体开裂的主要任务，就是控制好相关约束条件下的不同材料的变形量和相对的材料变形量。根据墙体裂缝常发生部位，分为砌块墙体与柱交界处的纵向裂缝、砌块墙体与梁交界处出现的水平裂缝、墙体中部纵向裂缝、门窗口角部位斜向裂缝、预埋暗管和预留洞口处裂缝、砌块抹灰墙面不规则开裂及部分抹灰层脱落、女儿墙与屋面交界处水平裂缝、砌体与地面交接处水平裂缝。部分裂缝示意图如图 5-15 所示。

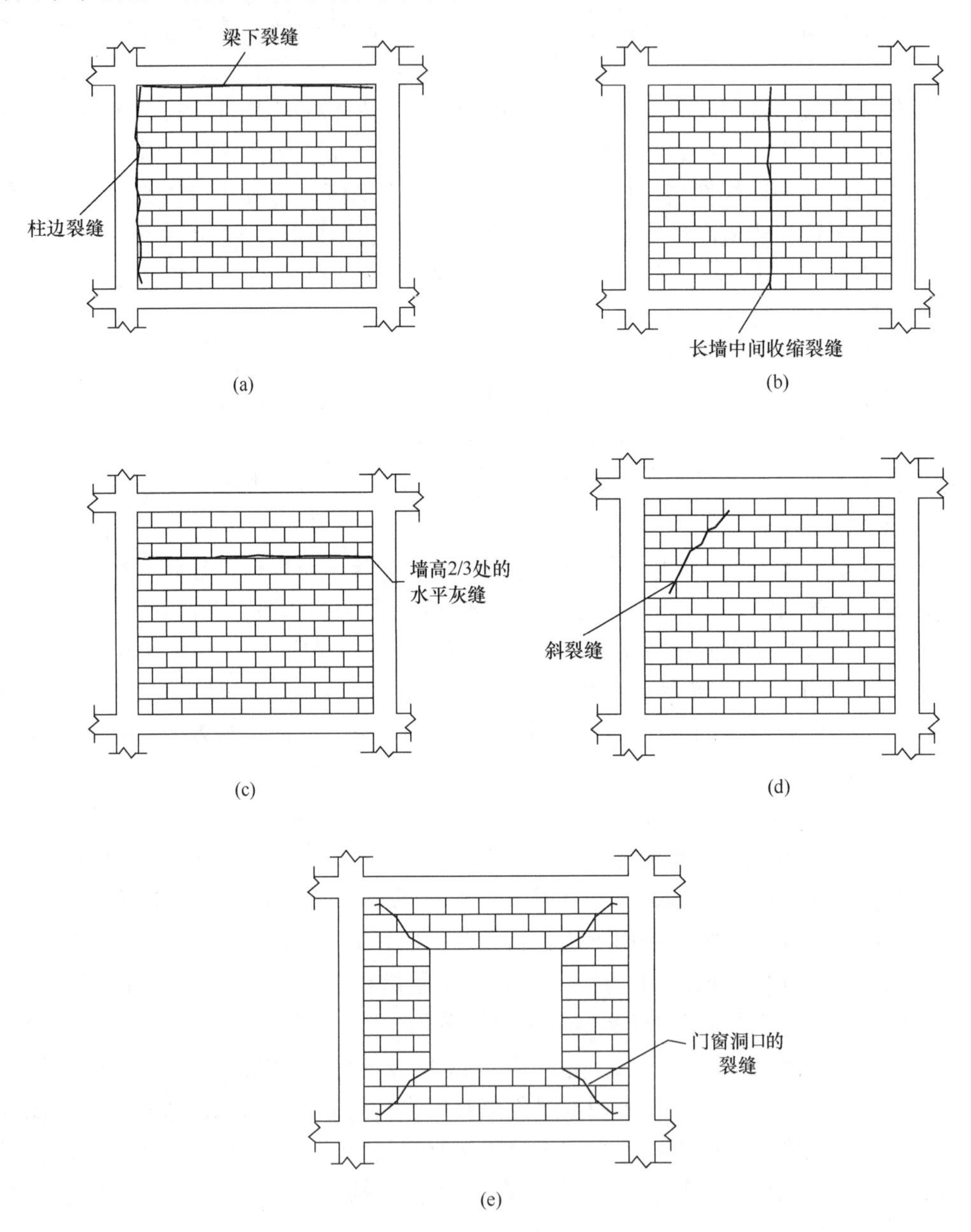

图 5-15　部分常见裂缝示意图

墙体裂缝产生的因素主要有以下几个方面[21-23]：①材料选择不当，如选择非蒸压硅酸盐制品或虽为蒸压制品但养护制度不到位的一天多运转，制品后期极易劣化；墙体的胶粘剂性能不能满足要求。墙体采用刚性腻子，腻子的柔韧性就会不够；采用不耐水的腻子，就会受到水的浸泡而使其开裂；对于一些胶粘剂中有机物质成分含量过高，就会出现胶浆的抗老化能力下降。低温导致胶粘剂中的高分子乳液固化后的网状结构发生断裂，就会失去其本身所具有的柔韧性的作用。②块型不当，采用非对穿孔空心砌块及存有先天缺欠（砌块成型机设计不到位而引发的砌块顶部存有沟痕，极大地损伤了砌体承载能力）的块材，空心砌块由片面追求开孔率，削弱了肋及壁的尺寸为造成墙体开裂的现象司空见惯。此外，建材行业一些管理机构以块材热工指标好、省材料、省能耗为由引导企业生产条形孔多孔砖，然而该类砌块在砌体里受力极为不利，且空的四角又属于应力集中区，不宜用于建筑的抗侧力墙。③墙体抗裂的防护层的性能。对于一般墙体会直接采用水泥砂浆做抗裂防护层，从而导致强度高、收缩较大、柔韧变形性能不够，就会引起砂浆层的开裂；如果抗裂层的通透性不好，就会影响聚苯板或者挤塑板在混凝土的表面应用；还有就是配制的抗裂砂浆虽然会用一般的聚合物来进行改变性能，但其柔韧性仍然不够或者抗裂砂浆层较厚的现象出现。④墙体保温材料的质量及施工措施。对于一般的苯板密度较低，尺寸又不合格，就会使苯板不能达到墙体保温设计前对其陈化的要求；苯板在粘贴时局部会出现通缝或者在窗口四角没有套割的现象；窗口周围及墙体的转折处等都会很容易产生应力集中的部位，应设置增强网格布等。⑤墙体与主体结构没进行柔性连接，墙顶部没按规范规定设置金属卡件，没按《砌体结构设计规范》（GB 50003—2011）规定设置墙内构造柱及连系梁。⑥未控制制品施工时的含水率，致使收缩值过大而墙体开裂。⑦砌筑砂浆的粘结力不足，影响了墙体沿通缝抗剪及弯曲抗拉能力，致使墙体开裂。同时，现有的相关行业标准给出的砂浆粘结强度试验方法存有漏洞，忽略了砌筑灰缝同时存在上下两个粘结面，不能仅仅给出一个粘结面，上粘结面的粘结能力不足下粘结面的1/2，震害调查表明，几乎墙体所有的裂缝均是沿上粘结面破坏（砌筑砂浆的水泥浆、外加剂、胶粉等在自重及施工用力的作用下，其流向是向下的），需要对砌筑砂浆的质量提出新的要求。⑧结构设计应考虑梁、板的刚度，调查中发现有的墙体裂缝源于结构梁板刚度不足，竖向变形（挠度）过大而使墙体开裂，已报导多个建筑因主体结构梁、板刚度不足而导致墙体严重开裂的案例。建议强化结构设计，注意墙下部的梁板的刚度与挠度对墙体的不利影响，对较长墙体应设有墙体控制（分割）缝的设计规定。⑨现行设计规范给出的墙与主体结构柱拉结构造不当，完成砌墙后，墙体的块材或砂浆将产生徐变（试验表明一高度为3000mm的墙施工后，徐变使得墙体在半个月就下沉了0.6mm）。这就造成了墙体下沉受到拉结钢筋的制约，由此在拉结筋端部产生的竖向裂缝。⑩施工不当，应按GB 50574—2010规定强调墙体不得异物混砌，调查中发现有许多裂缝源于不同块材混砌（如蒸压加气混凝土砌块和轻集料砌块混砌等）。⑪应严格执行《砌体结构设计规范》（GB 50003—2011）要求，建筑顶层墙体砌筑砂浆提高一个强度等级和在一些部位配置加强钢筋的设计规定以及行业标准《建筑工程裂缝防治技术规程》（JGJ/T 317—2014）的多项规定。

同时，墙体开裂还与一些外界环境等因素有关：①温度裂缝。这种裂缝一般出现在建筑物的东外墙。因温差和环境潮湿等原因造成，属于建筑通病，目前没有很好的解决办法，除非花费大的代价。②沉降裂缝。这种裂缝是由于建筑物的不均匀沉降造成的，一般裂缝呈45°开展。这种裂缝如果在设计时注意考虑地基不均匀沉降因素，适当调整基础形式或基础尺寸，基本不会发生。③受力裂缝。这是因为墙体不满足承重受力要求，发生结构破坏，后果比较严重，但一般很少发生，是设计时主要考虑的问题。其他还有些，如门、窗洞口四角的辐射性裂缝，如果在洞口处采取一定的构造措施，就比较好解决。

2. 墙体裂缝控制与构造要求

建筑墙体开裂是建筑物经常出现的通病，对于砌体建筑更是如此。非烧结制品建筑的墙体开裂更为普遍，相比之下更为严重，无论是什么品种的非烧结材料砌筑的墙体都存在着不同程度、不同形式的裂缝。混凝土结构在施工过程中会发生收缩变形，从而会产生一定的裂缝，这类裂缝就称为收缩裂缝。当混凝土外界条件发生变化时，如湿度与温度发生变化，混凝土就会发生收缩，当收缩应力大于其抗拉强度时，收缩裂缝就会出现，这在混凝土结构中是难以避免的，需要采取有效的措施加以控制，尽可能减少收缩裂缝的数量与宽度。要有效控制混凝土收缩裂缝，需要配置适当的钢筋，合理确定混凝土配合比，并加强混凝土工程的后期养护。墙体裂缝的具体控制措施要求如下：

（1）墙体裂缝控制

所谓有利于裂缝控制的墙体材料不外乎是强度高、干缩小、碳化系数大的材料，外墙饰面及嵌缝材料则应为性能良好的防水透气材料或柔性材料，应用前应进行适应性试验，以确保应用质量与效果。所以设计墙体时，宜选用有利于裂缝控制的墙体材料。

同时要求建造在软土或有软弱下卧层地基上的多层砌体结构房屋，应选择整体性能好的基础，在基础顶面沿纵、横向内外墙布置应具有足够刚度的贯通钢筋混凝土地梁。因为整体刚度好的基础，可防止墙身因基础不均匀变形而产生的裂缝。另外，为防止或减轻多层砌体结构房屋顶层墙体的裂缝，多层砌体结构房屋顶层墙体应采取下列措施：①加强屋面保温。②试验研究和工程实践表明，砌体结构顶层的温度效应较大，顶层墙体的裂缝较其他层严重，因此需要提高房屋顶层砌体的砌筑砂浆强度等级，顶层砌体的普通砌筑砂浆的强度等级不宜小于 M7.5。③在建筑物的温度和变形集中敏感区域，应采取增强抵抗温度应力或释放温度应变的构造措施，根据不同部位采用“抗”或“导”的防裂措施，可取得理想的防裂效果。④现浇钢筋混凝土檐口应设置分隔缝，并用柔性嵌缝材料填实，屋面保温层应覆盖全部檐口。砌体结构的现浇钢筋混凝土挑檐受温度变化的影响，其变形可使墙体开裂口。工程实践表明，檐口每隔 12m 左右设置一条分隔缝，屋面保温层覆盖全部檐口可大幅减少檐口板温度变形对墙身的影响。

针对非烧结块材砌体房屋，为了防止或减轻非烧结块材砌体房屋的墙体裂缝，非烧结块材砌体房屋的墙体应根据块体材料类型采取下列措施：①外墙内侧安放散热器（暖气片等）的窗肚墙处受温度影响严重，此部位往往易出现温度裂缝，为此应对该部位墙体采用防裂措施。应根据所用块体材料，在窗肚墙水平灰缝内设置一定量钢筋。②由于建筑物底层外墙窗台中部易开裂，而在窗台板下部设置通长水平筋（或现浇混凝土）可有效防止此部位发生裂缝。③混凝土小型空心砌块房屋的门窗洞口，其两侧不少于一个孔洞中应配置钢筋并用灌孔混凝土灌芯，钢筋应在基础梁或楼层圈梁中锚固。④墙长大于 8m 的非烧结块材框架填充墙，应设置控制缝或增设钢筋混凝土构造柱，其间距不应大于 4m。⑤一些建筑墙上预留了诸如防火栓箱、电表箱、水表箱等孔洞，这些孔洞往往是结构设计时始料不及的，为避免墙体开裂并确保墙体安全，设计中应有加强开孔部位的构造措施。

针对夹芯保温复合墙的防开裂设计，则要求夹芯保温复合墙的内、外叶墙宜采用可调节变形的拉结件。同时，夹芯保温复合墙的外叶墙应根据块体材料固有特性设置控制缝，墙体控制缝的设置应满足抗震设计要求，且应采取防渗漏措施。

外保温复合墙的饰面层选用非薄抹灰时，应对由饰面层自重累积作用所产生的变形影响采取构造措施。内保温复合墙与梁、柱相接触部位，应采取防裂措施。

同时，在进行墙体的防开裂设计时，应根据所用隔墙板的具体性能指标，沿墙长方向每隔一定距离设置竖向分隔缝，并应用柔性嵌缝材料填实并做好建筑盖缝处理。隔墙板拼装墙体的饰面层宜采用双层玻璃纤维网格布，两层网格布的纬向应相互垂直。保温墙体的女儿墙应采取保温措施。

（2）构造要求

填充墙砌体开裂易出现的部位主要有：一是门窗洞口的过梁和窗台周围；二是框架柱、梁与填充墙体的连接处；三是自由长度较长的墙体；四是不同材料砌块混砌的接茬部位；五是砌块存放龄期短、砌块强度低的施工部位；六是施工洞及预留洞口四周；七是管线埋设部位。

现有部分填充墙与结构梁（板）间存有较大缝隙，墙体又没有与结构的拉结措施，对墙体的稳定性带来不利影响。同时，一些轻质填充墙（块或板）施工时将墙的顶端挤紧，将隔墙板的底部用木梁顶严，即墙的上下两端嵌固十分牢固，然而当房屋交付使用并开始入住后，由于使用荷载的骤增，结构梁（板）产生了一定的变形，这种变形直接作用于轻质填充墙，将使墙易出现严重的开裂，影响墙体应用效果，因此填充墙顶部应有和结构的拉结措施，且缝隙应采用柔性材料填实。设计时应采取减少正常使用荷载作用下结构变形对填充墙的影响的措施。图 5-16 显示框架填充墙裂缝控制中对梁柱界面处理的裂缝控制措施。

在墙体裂缝控制的构造要求上，还体现在砌块砌体水平灰缝钢筋宜采用平焊网片，并应保证钢筋被砂浆或灌浆包裹。同时，沈阳建筑大学的砌体水平灰缝钢筋锚固试验研究表明，由于多孔砖孔洞的存在，钢筋在多孔砖砌体灰缝内的锚固承载力小于同等条件下实心砖砌体灰缝内的锚固承载力，根据试验数据和可靠性分析，对于孔洞率不大于 30％的多孔砖，墙体水平灰缝拉结筋的锚固长度应为实心砖墙体的 1.4 倍。在目前的建筑工程领域中，框架结构、剪力墙结构、框剪结构的施工中，先修建的结构与后补充的砌体结构之间必须要设置拉结钢筋。填充墙拉结筋的作用是保证填充墙与主体结构之间的可靠连接，并加强填充墙的整体稳定性。工程调查发现，一些用于非承重墙的空心砖或砌块，由于片面追求开孔率而使墙体拉结钢筋不得不放在孔洞上，严重影响墙体中拉结钢筋的拉结效果，应用时应考虑此影响。拉结筋主要设置在墙体转角处或墙柱交界处，为房屋整体性和相互协作能力提供保障，且减少房屋变形、裂缝、错位等破坏。填充墙拉结筋及水平系梁与框架柱拉结方式如图 5-17 所示。

填充墙拉结筋及水平系梁与剪力墙拉结方式如图 5-18 所示。

当填充墙高大于 4m 时，应在墙半高处设置与柱（墙）连接且沿墙全长贯通的钢筋混凝土板带或连系梁，钢筋混凝土水平系梁部分构造如图 5-19 所示。当墙体采用块高大于 53mm 的块体（如多孔砖、小砌块、蒸压加气混凝土砌块等）时，若使预制窗台板嵌入墙内，则需对墙体中块材进行现场加工，即对该部位墙体进行凿、砍，安装窗台板后再用其他材料填堵，这必然会影响窗下角墙体的质量，建议采用不嵌入墙内（不伤及墙身）的预制卡口式窗台板。

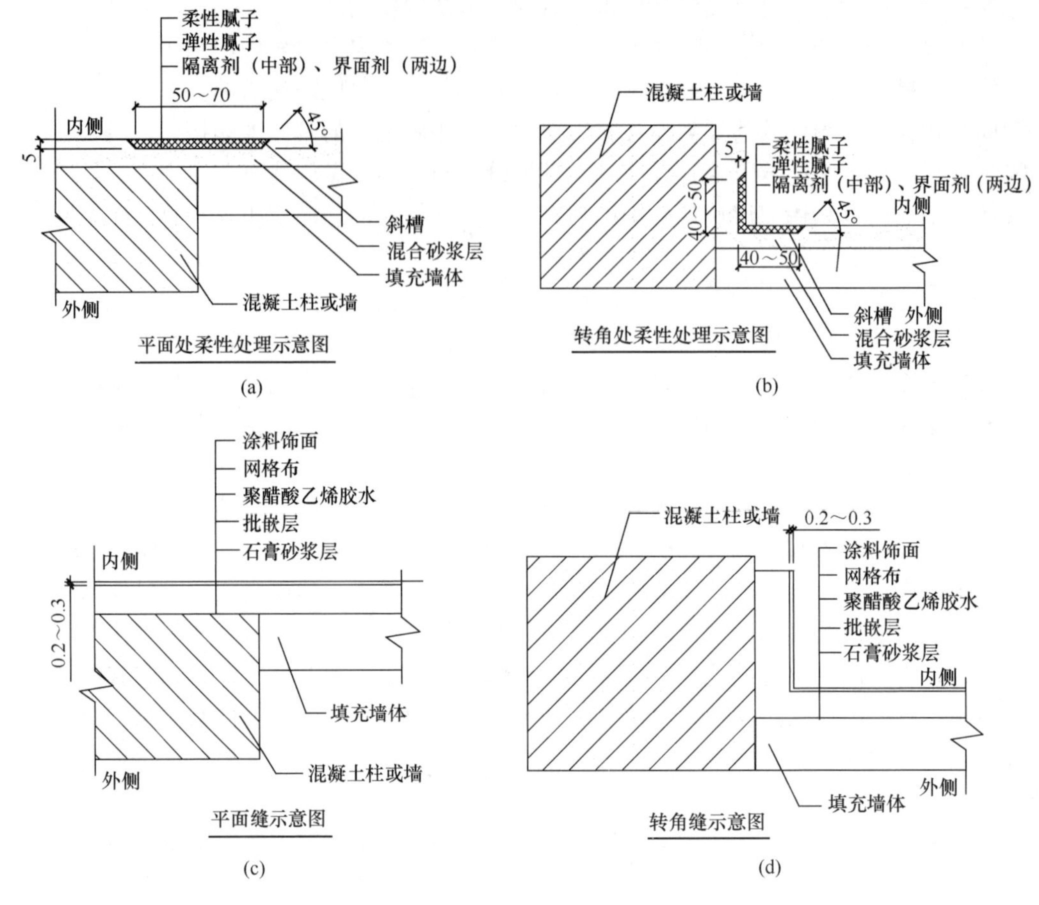

图 5-16 梁柱界面处理

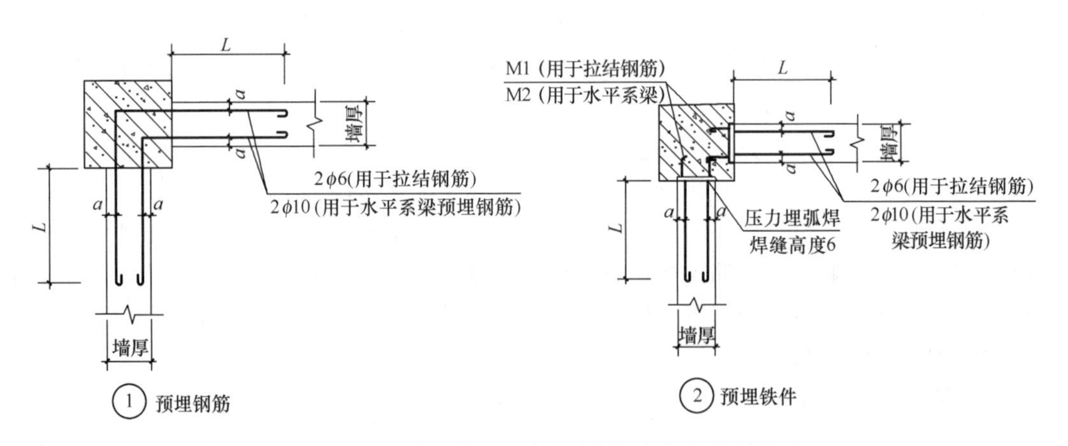

图 5-17 填充墙拉结筋及水平系梁与框架柱拉结方式

为有效控制填充墙的裂缝，有以下几种控制墙体裂缝的具体措施：①控制抹灰厚度、配比、操作工艺，改善砂浆和易性，砌筑时灰缝饱满密实；②控制砌块含水率、28d 龄期；③砌墙时按规定锚入拉接筋；④沿墙柱交界处挂钢网或纤维布防裂；⑤在填充墙顶部用实心辅助砌块斜砌，砌块顶满铺砂浆顶紧梁底；⑥控制最上一皮砌筑高度；⑦控制日砌

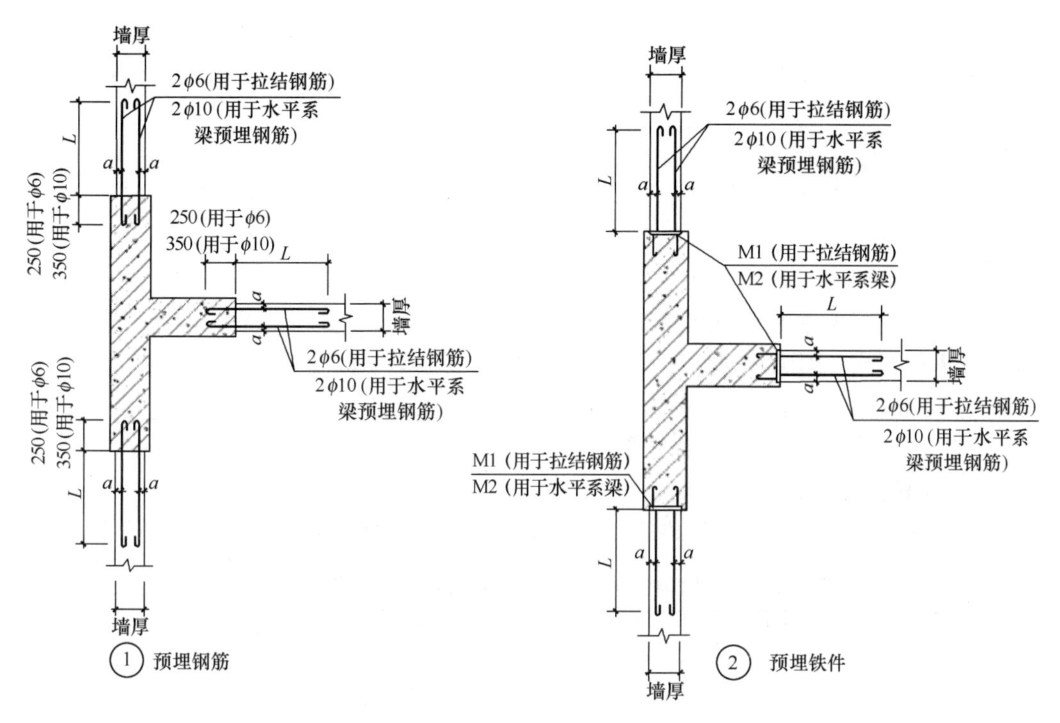

图 5-18 填充墙拉结筋及水平系梁与剪力墙拉结方式

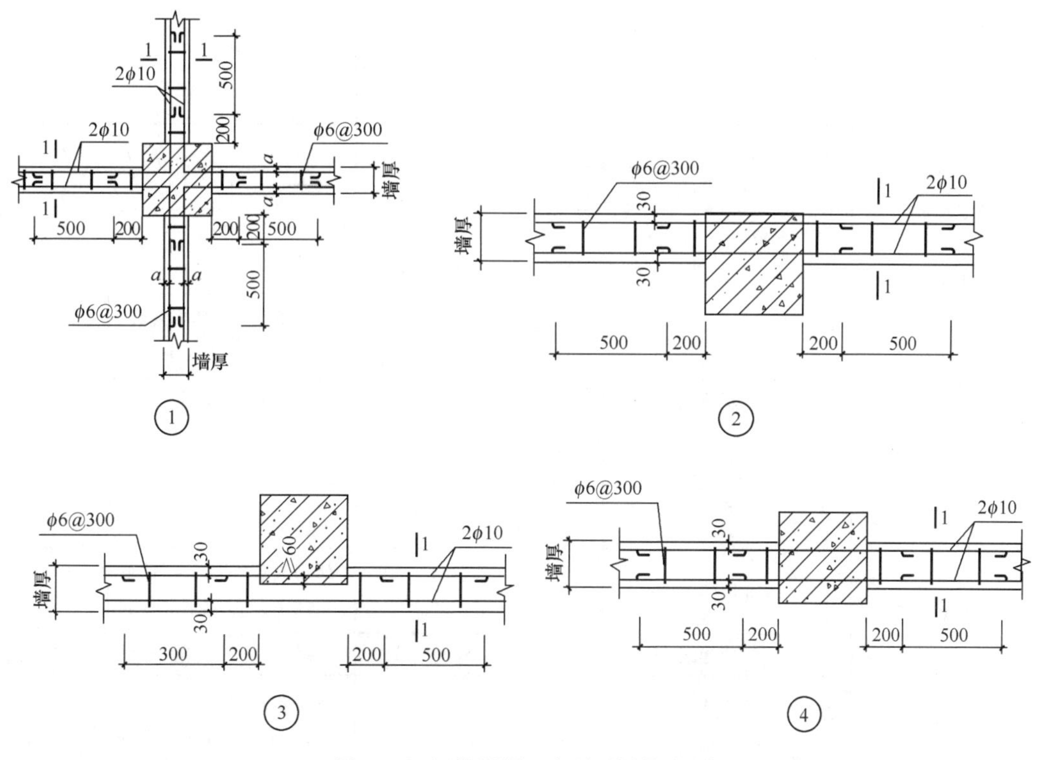

图 5-19 钢筋混凝土水平系梁构造图

高度，日砌高度基本一致，不留高槎，或预留拉结钢筋；⑧控制墙体长度或加构造柱；⑨做好屋面隔热层和女儿墙交接处的留缝和防水处理，严格按构造做好交接处的砌筑，减少温度应力等。

5.2.2 热工设计

根据《民用建筑热工设计规范》（GB 50176—2016）（后文简称《热工设计规范》），建筑热工设计一级区划中的夏热冬冷地区是指最冷月平均温度在 0～10℃，最热月平均温度在 25～30℃并且日平均温度小于 5℃的天数在 0～90d，日平均温度大于 25℃的天数在 40～110d 的地区。夏热冬冷地区的大部分城市分布在中部以及东部沿海地区。夏热冬冷地区建筑热工设计必须满足夏季防热要求同时还应兼顾冬季保温。

夏热冬冷地区二级区划中的 A 区是指以 18℃为基准的采暖度日数在 1200（包含 1200）d 和 2000d 之间的地区；B 区是指以 18℃为基准的采暖度日数在 700（包含 700）d 和 1200d 之间的地区。

不同气候区的居住建筑及公共建筑热工设计中外墙材料应满足的要求见表 5-66。

表 5-66　不同气候区建筑热工设计中外墙材料应满足的要求

<table>
<tr><td colspan="7">气候区划分或典型城市的传热系数 K/[W/(m^2·K)] 和热惰性指标 D 应满足的要求</td></tr>
<tr><td rowspan="2"></td><td colspan="3" rowspan="2">居住建筑</td><td colspan="3">公共建筑</td></tr>
<tr><td colspan="2">甲类</td><td>乙类</td></tr>
<tr><td rowspan="2">夏热冬暖地区</td><td colspan="2" rowspan="2"></td><td rowspan="2">$2.0<K\leq2.5$，$D\geq3.0$ 或 $1.5<K\leq2.0$，$D\geq2.8$ 或 $0.7<K\leq15$，$D\geq2.5$ 或 $K\leq0.7$</td><td>$D\leq2.5$</td><td>$D>2.5$</td><td rowspan="2">≤1.5</td></tr>
<tr><td>≤0.8</td><td>≤1.5</td></tr>
<tr><td rowspan="4">夏热冬冷地区</td><td rowspan="2">体形系数≤0.40</td><td>$D\leq2.5$</td><td>1.0</td><td rowspan="2">$D\leq2.5$</td><td rowspan="2">$D>2.5$</td><td rowspan="4">≤1.0</td></tr>
<tr><td>$D>2.5$</td><td>1.5</td></tr>
<tr><td rowspan="2">体形系数>0.40</td><td>$D\leq2.5$</td><td>0.80</td><td rowspan="2">≤0.6</td><td rowspan="2">≤0.8</td></tr>
<tr><td>$D>2.5$</td><td>1.0</td></tr>
<tr><td rowspan="2">严寒（A）区</td><td colspan="2">≤3 层建筑</td><td>0.25</td><td>体形系数≤0.30</td><td>体形系数≤0.50</td><td rowspan="4">≤0.45</td></tr>
<tr><td colspan="2">≥4 层建筑</td><td>0.35</td><td>≤0.38</td><td>≤0.35</td></tr>
<tr><td rowspan="2">严寒（B）区</td><td colspan="2">≤3 层建筑</td><td>0.25</td><td>体形系数≤0.30</td><td>体形系数≤0.50</td></tr>
<tr><td colspan="2">≥4 层建筑</td><td>0.35</td><td>≤0.38</td><td>≤0.35</td></tr>
<tr><td rowspan="2">严寒（C）区</td><td colspan="2">≤3 层建筑</td><td>0.30</td><td>体形系数≤0.30</td><td>0.30<体形系数≤0.50</td><td rowspan="2">≤0.50</td></tr>
<tr><td colspan="2">≥4 层建筑</td><td>0.40</td><td>≤0.43</td><td>≤0.38</td></tr>
<tr><td rowspan="2">寒冷（A）区</td><td colspan="2">≤3 层建筑</td><td>0.35</td><td rowspan="2">体形系数≤0.30</td><td rowspan="2">0.30<体形系数≤0.50</td><td rowspan="4">≤0.60</td></tr>
<tr><td colspan="2">≥4 层建筑</td><td>0.45</td></tr>
<tr><td rowspan="2">寒冷（B）区</td><td colspan="2">≤3 层建筑</td><td>0.35</td><td rowspan="2">≤0.50</td><td rowspan="2">≤0.45</td></tr>
<tr><td colspan="2">≥4 层建筑</td><td>0.45</td></tr>
</table>

夏热冬暖、夏热冬冷、寒冷及严寒地区环境特征如表 5-67 所示。

表 5-67　典型气候区环境特征

一级区划名称	环境特征				
	温度	水	光辐射	风压	湿度
夏热冬暖地区	10℃＜$T_{min,m}$ 25℃＜$T_{max,m}$≤29℃； 100＜$d_{\geq 25}$≤200 墙面 T_{max}≈70℃	雨量丰沛，多热带风暴；平均降雨量 1300mm	太阳辐射强烈	基本风压 0.40kN/m² 夏季台风期风压较强	湿度较大，夏季平均相对湿度 80%，冬季平均相对湿度 70%
夏热冬冷地区	0℃＜$T_{min,m}$≤10℃； 25℃＜$T_{max,m}$≤30℃； 40＜$d_{\geq 25}$≤110 0≤$d_{\leq 5}$＜90 墙面 T_{max}≈70℃	春末夏初为沿海梅雨期，常有大雨和暴雨出现；平均降雨量 1000mm	日照丰富	基本风压 0.45kN/m² 沿海地区夏秋常受台风袭击	较为潮湿，夏季平均相对湿度 80%，冬季平均相对湿度 60%
寒冷地区	−10℃≤$T_{min,m}$≤0℃； 90≤$d_{\leq 5}$＜145 墙面 T_{max}≈65℃	春季雨雪少，夏季湿润降雨集中；平均降雨量 550mm	日照较丰富	基本风压 0.50kN/m² 冬季大风时间长	较干燥，夏季平均相对湿度 75%，冬季平均相对湿度 40%
严寒地区	$T_{min,m}$≤−10℃； 145≤$d_{\leq 5}$； 墙面 T_{max}≈60℃	冰冻期长，积雪厚；平均降雨量 450mm	太阳辐射量大，日照丰富	基本风压 0.55kN/m² 冬季大风时间长	较干燥，夏季平均相对湿度 70%，冬季平均相对湿度 30%

在建筑热工设计中，针对建筑保温设计的原则要求如下：

（1）建筑外围护结构应具有抵御冬季室外气温作用和气温波动的能力，非透光外围护结构内表面温度与室内空气温度的差值应控制在《民用建筑热工设计规范》允许的范围内。

（2）严寒、寒冷地区建筑设计必须满足冬季保温要求，夏热冬冷地区、温和 A 区建筑设计应满足冬季保温要求，夏热冬暖 A 区、温和 B 区宜满足冬季保温要求。

（3）建筑物的总平面布置、平面和立面设计、门窗洞口设置应考虑冬季利用日照并避开冬季主导风向。

（4）建筑物宜朝向南北或接近朝向南北，体形设计应减少外表面积，平、立面的凹凸不宜过多。

（5）严寒地区和寒冷地区的建筑不应设开敞式楼梯间和开敞式外廊，夏热冬冷 A 区不宜设开敞式楼梯间和开敞式外廊。

（6）严寒地区建筑出入口应设门斗或热风幕等避风设施，寒冷地区建筑出入口宜设门斗或热风幕等避风设施。

（7）外墙、屋面、直接接触室外空气的楼板、分隔采暖房间与非采暖房间的内围护结构等非透光围护结构应按《民用建筑热工设计规范》中第 5.1 节和第 5.2 节的要求进行保温设计。

(8) 外窗、透光幕墙、采光顶等透光外围护结构的面积不宜过大，应降低透光围护结构的传热系数值，提高透光部分的遮阳系数值，减少周边缝隙的长度，且应按《民用建筑热工设计规范》中第 5.3 节的要求进行保温设计。

(9) 围护结构的保温形式应根据建筑所在地的气候条件、结构形式、采暖运行方式、外饰面层等因素选择，并应进行防潮设计。

(10) 围护结构中的热桥部位应进行表面结露验算，并应采取保温措施，确保热桥内表面温度高于房间空气露点温度。

(11) 围护结构热桥部位的表面结露验算应符合《民用建筑热工设计规范》中第 7.2 节的规定。

(12) 建筑及建筑构件应采取密闭措施，保证建筑气密性要求。

(13) 日照充足地区宜在建筑南向设置阳光间，阳光间与房间之间的围护结构应具有一定的保温能力。

外墙结构的保温设计应符合以下规定：

墙体的内表面温度与室内空气温度的温差 Δt_w 应符合表 5-68 的规定。

表 5-68 墙体的内表面温度与室内空气温度温差的限值

房间设计要求	防结露	基本热舒适
允许温差 Δt_w（℃）	$\leqslant t_i - t_d$	$\leqslant 3$

$$\Delta t_w = t_i - \theta_{i,w}$$

未考虑密度和温差修正的墙体内表面温度可按下式计算：

$$\theta_{i,w} = t_i - \frac{R_i}{R_{0,w}}(t_i - t_e)$$

式中 $\theta_{i,w}$——墙体内表面温度（℃）；

t_i——室内计算温度（℃），应按《民用建筑热工设计规范》中第 3.3.1 条的规定取值；

t_e——室外计算温度（℃），应按《民用建筑热工设计规范》中第 3.3.2 条的规定取值；

R_i——内表面换热阻（$m^2 \cdot K/W$），应按《民用建筑热工设计规范》附录 B 第 B.4节的规定取值；

$R_{0,w}$——墙体传热阻（$m^2 \cdot K/W$）。

不同地区，符合《民用建筑热工设计规范》中第 5.1.1 条要求的墙体热阻最小值 $R_{min,w}$ 应按下式计算。

$$R_{min,w} = \frac{(t_i - t_e)}{\Delta t_w} R_i - (R_i + R_e)$$

式中 $R_{min,w}$——满足 Δt_w 要求的墙体热阻最小值（$m^2 \cdot K/W$）；

R_e——外表面换热组（$m^2 \cdot K/W$），应按《民用建筑热工设计规范》附录 B 第 B.4 节的规定取值。

不同材料和建筑不同部位的墙体热阻最小值应按下式进行修正计算：

$$R_w = \varepsilon_1 \varepsilon_2 R_{min,w}$$

式中　R_w——修正后的墙体热阻最小值（$m^2 \cdot K/W$）；

ε_1——热阻最小值的密度修正系数，可按表 5-69 选用；

ε_2——热阻最小值的温差修正系数，可按表 5-70 选用。

表 5-69　热阻最小值的密度修正系数 ε_1

密度/（kg/m²）	$\rho \geq 1200$	$1200 > \rho \geq 800$	$800 > \rho \geq 500$	$\rho > 500$
修正系数 ε_1	1.0	1.2	1.3	1.4

表 5-70　热阻最小值的温差修正系数 ε_2

部位	修正系数 ε_2
与室外空气直接接触的围护结构	1.0
与有外窗的不采暖房间相邻的围护结构	0.8
与无外窗的不采暖房间相邻的围护结构	0.5

提高墙体热阻值可采用轻质高效保温材料与砖、混凝土、钢筋混凝土、砌块等主墙体材料组成复合保温墙体构造，及采用低导热系数的新型墙体材料并带有封闭空气间层的复合墙体构造设计。

常用保温材料导热系数的修正系数 α 值如表 5-71 所示。

表 5-71　常用保温材料导热系数的修正系数 α 值

材料	修正系数 α			
	严寒和寒冷地区	夏热冬冷地区	夏热冬暖地区	温和地区
聚苯板	1.05	1.05	1.10	1.05
挤塑聚苯板	1.10	1.10	1.20	1.05
聚氨酯	1.15	1.15	1.25	1.15
酚醛	1.15	1.20	1.30	1.15
岩棉、玻璃棉	1.10	1.20	1.30	1.20
泡沫玻璃	1.05	1.05	1.10	1.05
真空绝热板	1.10	1.10	1.10	1.10
热养憎水凝胶玻珠保温板	1.20	1.20	1.20	1.20
硅墨烯保温板	1.10	1.10	1.10	1.10

外墙宜采用热惰性大的材料和构造，提高墙体热稳定性可采用内侧为重质材料的复合保温墙体，同时采用蓄热性能好的墙体材料或相变材料复合在墙体内侧。

外墙结构的建筑隔热设计应符合以下规定：

（1）建筑外围护结构应具有抵御夏季室外气温和太阳辐射综合热作用的能力。自然通风房间的非透光围护结构内表面温度与室外累年日平均温度最高日的最高温度的差值，以及空调房间非透光围护结构内表面温度与室内空气温度的差值应控制在允许的范围内。

（2）夏热冬暖和夏热冬冷地区建筑设计必须满足夏季防热要求，寒冷 B 区建筑设计宜考虑夏季防热要求。

（3）建筑物防热应综合采取有利于防热的建筑总平面布置与形体设计、自然通风、建筑遮阳、围护结构隔热和散热、环境绿化、被动蒸发、淋水降温等措施。

（4）建筑朝向宜采用南北向或接近南北向，建筑平面、立面设计和门窗设置应有利于自然通风，避免主要房间受东、西向的日晒。

（5）非透光围护结构（外墙、屋面）应进行隔热设计。

（6）建筑围护结构外表面宜采用浅色饰面材料，屋面宜采用绿化、涂刷隔热涂料、遮阳等隔热措施。

（7）透光围护结构（外窗、透光幕墙、采光顶）隔热设计应符合《民用建筑热工设计规范》中第6.3节的要求。

（8）建筑设计应综合考虑外廊、阳台、挑檐等的遮阳作用。建筑物的向阳面，东、西向外窗（透光幕墙）应采取有效的遮阳措施。

（9）房间天窗和采光顶应设置建筑遮阳，并宜采取通风和淋水降温措施。

（10）夏热冬冷、夏热冬暖和其他夏季炎热的地区，一般房间宜设置电扇调风改善热环境。

（11）在给定两侧空气温度及变化规律的情况下，外墙内表面最高温度应符合表5-72的规定。

表5-72　在给定两侧空气温度及变化规律的情况下，外墙内表面最高温度

房间类型	自然通风房间	空调房间	
		重质围护结构（$D\geqslant2.5$）	轻质围护结构（$D<2.5$）
内表面最高温度 $\theta_{i,max}$	$\leqslant t_{e,max}$	$\leqslant t_i+2$	$\leqslant t_i+2$

（12）外墙内表面最高温度。$\theta_{i,max}$应按《民用建筑热工设计规范》（GB 50176—2016）附录C第C.3节的规定计算。

（13）外墙隔热设计建议采用浅色外饰面，可采用通风墙、干挂通风幕墙等。同时设置封闭空气间层时，可在空气间层平行墙面的两个表面涂刷热反射涂料、贴热反射膜。当采用单面热反射隔热措施时，热反射隔热层应设置在空气温度较高一侧。采用复合墙体构造时，墙体外侧宜采用轻质材料，内侧宜采用重质材料。同时建议可采用墙面垂直绿化及淋水被动蒸发墙面等，宜提高围护结构的热惰性指标D值。西向墙体可采用高蓄热材料与低热传导材料组合的复合墙体构造。

针对建筑防潮设计的原则要求如下：

（1）建筑构造设计应防止水蒸气渗透进入围护结构内部，围护结构内部不应产生冷凝。

（2）围护结构内部冷凝验算应符合《民用建筑热工设计规范》（GB 50176—2016）中第7.1节的要求。

（3）建筑设计时，应充分考虑建筑运行时的各种工况，采取有效措施确保建筑外围护结构内表面温度不低于室内空气露点温度。

（4）建筑围护结构的内表面结露验算应符合《民用建筑热工设计规范》（GB 50176—2016）中第7.2节的要求。

（5）围护结构防潮设计应满足室内空气湿度不宜过高；地面、外墙表面温度不宜过低；可在围护结构的高温侧设隔汽层；可采用具有吸湿、解湿等调节空气湿度功能的围护结构材料；应合理设置保温层，防止围护结构内部冷凝。

（6）与室外雨水或土壤接触的围护结构应设置防水（潮）层。

（7）夏热冬冷长江中、下游地区、夏热冬暖沿海地区建筑的通风口、外窗应可以开启和关闭。室外或与室外连通的空间，其顶棚、墙面、地面应采取防止返潮的措施或采用易于清洗的材料。

针对围护结构防潮设计时，采暖建筑中，对外侧有防水卷材或其他密闭防水层的屋面、保温层外侧有密实保护层或保温层的蒸汽渗透系数较小的多层外墙，当内侧结构层的蒸汽渗透系数较大时，应进行屋面、外墙的内部冷凝验算。采暖期间，围护结构中保温材料因内部冷凝受潮而增加的质量湿度允许增量应符合《民用建筑热工设计规范》（GB 50176—2016）中表7.1.2的规定。

表面结露验算内容及要求：① 冬季室外计算温度 t_e低于0.9℃时，应对围护结构进行内表面结露验算。② 围护结构平壁部分的内表面温度应按《民用建筑热工设计规范》中第3.4.16条计算。热桥部分的内表面温度应采用符合《民用建筑热工设计规范》中附录第C.2.4条规定的软件计算，或通过其他符合《民用建筑热工设计规范》中附录第C.2.5条规定的二维或三维稳态传热软件计算得到。③当围护结构内表面温度低于空气露点温度时，应采取保温措施，并应重新复核围护结构内表面温度。④进行民用建筑的外围护结构热工设计时，热桥处理应遵循提高热桥部位的热阻，确保热桥和平壁的保温材料连续；切断热流通路；减少热桥中低热阻部分的面积；降低热桥部位内外表面层材料的导温系数等措施。

5.2.3 结构设计

现代建筑多为多、高层混凝土框架结构，填充墙材质多以非烧结砖为主。目前很多的填充墙体工程中并没有使用非烧结砖专用砌筑砂浆，而是使用与非烧结砖相同的砂浆进行砌筑，这些砂浆与蒸压硅酸盐砖的性能不匹配，不能满足所需的各项性能要求，专用砌筑砂浆的使用，提高了砌体的砌体力学性能指标[24-27]。并要求填充墙与框架柱柔性连接，减少墙体开裂风险和提高防水性能及抗震性。

砌体结构设计应采用以概率理论为基础的极限状态设计方法，以可靠指标度量结构构件的可靠度，并应采用分项系数的设计表达式进行设计，砌体结构应按承载能力极限状态设计，并应满足正常使用极限状态和耐久性的要求。结构的安全等级应按现行国家标准《建筑结构可靠度设计统一标准》（GB 50068）的有关规定划分。砌体结构设计时，应分别对墙体结构进行使用阶段和施工阶段作用效应分析，并确定其最不利组合。砌体结构设计使用年限应按现行国家标准《建筑结构可靠度设计统一标准》（GB 50068）的有关规定确定。

对于装配式建筑结构设计，其中，预制夹芯墙板集结构与保温功能为一体，实现保温与结构同寿命采用机械锚固外保温系统的方式，实现结构与保温功能一体化、同寿命[28-29]。装配整体式框架梁柱节点核心区抗震受剪承载力验算和构造应符合现行国家标准《混凝土结构设计规范》（GB 50010）和《建筑抗震设计规范》（GB 50011）中的有关规定；混凝土叠合梁端竖向接缝受剪承载力设计值和预制柱底水平接缝受剪承载力设计值应符合《装配式混凝土结构技术规程》(JGJ 1—2014) 中的有关规定。预制柱的设计应满足《混凝上结构设计规范》(GB 50010—2010) 的要求。装配整体式剪力墙结构应符合《混凝土结构设计规范》(GB 50010—2010)、《建筑抗震设计规范》(GB 50011—2010)、《装配式混凝土建筑技术标准》(GB/T 51231—2016)、《装配式混凝土结构技术规程》(JGJ 1—2014) 和《高层建筑混凝土结构技术规程》(JGJ 3—2010) 的有关规定。双面叠合剪力墙的设计尚应符合《装配式混凝土建筑技术标准》(GB/T 51231—2016) 的规定。对同一层内既有现浇墙肢也有预制墙肢的装配整体式剪力墙结构，现浇墙肢水平地震作用弯矩、剪力宜乘以不小于 1.1 的增大系数。

对位于夏热冬冷地区的上海市，预制夹芯剪力墙结构的最大适用高度和预制夹芯剪力墙板的抗震等级、平面和竖向布置原则及承载力抗震调整系数应同时符合《装配整体式混凝土居住建筑设计规程》(DG/TJ 08—2071) 的相关规定。同时，设计预制夹芯外挂墙板和连接节点时，《装配整体式混凝土居住建筑设计规程》(DG/TJ 08—2071) 要求相应的结构重要性系数 $y_{\circ}$ 不应小于 1.0，连接节点承载力抗震调整系数 γ_{RE} 应取 1.0。支承预制夹芯外挂墙板的结构构件应具有足够的承载力和刚度，应能满足连接节点的固定要求，且连接节点不应对预制夹芯外挂墙板形成约束。预制夹芯外挂墙板的结构分析可采用线性弹性方法，其计算简图应符合实际受力状态。系统性和集成性是装配式建筑的基本特征，装配式建筑是以完整的制品为对象，提供性能优良的完整建筑产品，通过系统集成的方法，实现设计、生产运输、施工安装和使用维护全过程的一体化。

装配式建筑的建筑设计应进行模数协调，以满足建造装配化与制品部件标准化、通用化的要求。标准化设计是实施装配式建筑的有效手段，没有标准化就不可能实现结构系统、外围护系统、设备与管线系统以及内装系统的一体化集成，而模数和模数协调是实现装配式建筑标准化设计的重要基础，涉及装配式建筑产业链上的各个环节。少规格、多组合是装配式建筑设计的重要原则，减少部品部件的规格种类及提高部品部件模板的重复使用率，有利于部品部件的生产制造与施工，有利于提高生产速度和工人的劳动效率，从而降低造价。

建筑信息模型技术是装配式建筑建造过程的重要手段。通过信息数据平台管理系统将设计、生产、施工、物流和运营等各环节连为一体化管理，对提高工程建设各阶段及各专业之间协同配合的效率，以及一体化管理水平具有重要作用。

在建筑设计前期，应结合当地的政策法规、用地条件、项目定位进行技术策划。技术策划应包括设计策划、部品部件生产与运输策划、施工安装策划和经济成本策划。设计策划应结合总图概念方案或建筑概念方案，对建筑平面、结构系统、外围护系统、设备与管线系统、内装系统等进行标准化设计策划，并结合成本估算，选择相应的技术配置。部品部件生产策划根据供应商的技术水平、生产能力和质量管理水平，确定供应商范围；部品部件运输策划应根据供应商生产基地与项目用地之间的距离、道路状况、交通管理及场地放置等条件，选择稳定可靠的运输方案。施工安装策划应根据建筑概念方案，确定施工组织方案、关键施工技术方案、机具设备的选择方案、质量保障方案等。经济成本策划要确定项目的成本目标，并对装配式建筑实施重要环节的成本优化提出具体指标和控制要求。

装配式建筑强调性能要求，提高建筑质量和品质。因此，外围护系统、设备与管线系统以及内装系统应遵循绿色建筑全寿命期的理念，结合地域特点和地方优势，优先采用节能环保的技术、工艺、材料和设备，实现节约资源、保护环境和减少污染的目标，为人们提供健康舒适的居住环境。

5.2.4 绿色设计

党的十九大中提出坚持人与自然和谐共生，旨在加快生态文明体制改革，建设美丽中国。随着城市现代化和经济的快速发展，我国正处于工业化和城镇化快速发展阶段，年建筑量世界排名第一，资源消耗总量逐年迅速增加。推进建筑节能和发展节能技术是建筑业的必然选择，面对建筑业能源现状和紧迫局势，国家积极大力开展绿色建筑节能技术方面的研究和节能产品的开发，制定相关政策法规，倡导“健康、舒适，与环境和谐共生”的绿色建筑。建筑材料是建筑建造的基本元素，建筑材料的绿色性能优劣直接决定着建筑的绿色程度，绿色建材是实现绿色建筑的基本必要保证。我国建筑节能与绿色建筑业的快速推进和发展对建材的节能、环保、绿色、低碳、可循环利用的性能都提出了很高的要求。

在《关于推动绿色建材产品标准、认证、标识工作的指导意见》提出在全国范围内形成统一、科学、完备、有效的绿色建材产品标准、认证、标识体系，实现一类产品、一个标准、一个清单、一次认证、一个标识的整合目标，建立完善的绿色建材推广相应用机制，全面提升建材工业绿色制造水平。《绿色建筑行动方案》中表示大力发展绿色建材，研究建立绿色建材认证制度，编制绿色建材产品目录。在《关于进一步加强城市规划建设管理工作的若干意见》文件中指出要推广节能技术，提高建筑节能标准，推广绿色建筑和建材。发展被动式房屋等绿色节能建筑。完善绿色节能建筑和建材评价体系，制定分布式能源建筑应用标准，分类制定建筑全生命周期能源消耗标准定额。

对于绿色建材的评价指标体系包括基本要求和评价指标要求两部分。基本要求主要针对生产企业的污染物排放、污染物总量控制、企业的管理和产品质量水平。评价要求主要包括：①生产企业应符合国家和地方相关环境保护法律法规，污染物排放应满足适用的国家、地方污染物排放标准和环境影响评价报告批复文件要求，污染物总量控制应达到国家和地方污染物排放总量控制指标，近三年无重大环境污染事件。②一般固体废弃物的收集、贮存、处置应符合 GB 18599—2001 的相关规定。危险废物的贮存应符合 GB 18597—2001 的相关规定，后续应交付持有危险废物经营许可证的单位处置。③生产企业应采用国家鼓励的先进技术工艺，不应使用国家或有关部门发布的淘汰或禁止的技术、工艺、装备及相关物质。④工作场所有害因素职业接触限值，应满足 GBZ 2.1—2019 和 GBZ 2.2—2007 的要求。⑤安全生产管理应符合适用的国家标准、地方标准规定，且近三年无导致人员死亡的安全生产事故。⑥生产企业应按照 GB/T 19001—2016、GB/T 24001—2016 和 GB/T 28001—2016 建立并运行质量管理体系、环境管理体系和职业健康安全管理体系。

绿色建材评价指标由一级指标和二级指标组成。一级指标包括资源属性指标、能源属性指标、环境属性指标和品质属性指标，在一级指标下设置可量化、可检测、可验证的二级指标。不同种类绿色建材满足相应的绿色评价指标的前提，是其在应用过程中能够满足制品及建筑物的安全寿命要求。多种建材的评价指标要求如下：

1. 砌体材料

砌体材料评价指标包括资源属性指标、能源属性指标、环境属性指标和品质属性指标。烧结类砌体材料的评价指标要求见表 5-73，非烧结类砌体材料（常压养护）的评价指标要求见表 5-74，非烧结类砌体材料（蒸压养护）的评价指标要求见表 5-75，复合保温砌体材料评价指标要求见表 5-76。

表 5-73　烧结类砌体材料评价指标要求

<table>
<tr><th rowspan="2">一级指标</th><th colspan="3" rowspan="2">二级指标</th><th rowspan="2">单位</th><th colspan="3">基准值</th></tr>
<tr><th>一星级</th><th>二星级</th><th>三星级</th></tr>
<tr><td rowspan="4">资源属性</td><td rowspan="4">固体废弃物掺加量</td><td rowspan="2">单一固体废弃物</td><td>煤矸石</td><td>%</td><td>≥50</td><td>≥60</td><td>≥80</td></tr>
<tr><td>粉煤灰</td><td>%</td><td>≥30</td><td>≥40</td><td>≥50</td></tr>
<tr><td colspan="2">煤矸石加其他固体废弃物（不含粉煤灰）</td><td>%</td><td>≥50</td><td>≥60</td><td>≥80</td></tr>
<tr><td colspan="2">其他固体废弃物（不含煤矸石、粉煤灰）</td><td>%</td><td colspan="3">≥30</td></tr>
<tr><td rowspan="5">能源属性</td><td colspan="3">原材料本地化程度</td><td>%</td><td colspan="3">≥95</td></tr>
<tr><td colspan="2" rowspan="4">单位产品综合能耗</td><td>烧结实心制品</td><td>kgce/t</td><td colspan="2">≤46</td><td>≤44</td></tr>
<tr><td>烧结多孔砖和多孔砌块</td><td>kgce/t</td><td colspan="2">≤48</td><td>≤46</td></tr>
<tr><td>烧结空心砖和空心砌块</td><td>kgce/t</td><td colspan="2">≤50</td><td>≤47</td></tr>
<tr><td>烧结保温砖和保温砌块</td><td>kgce/t</td><td colspan="2">≤52</td><td>≤50</td></tr>
<tr><td rowspan="3">环境属性</td><td colspan="3">单位产品生产废水排放量</td><td>kg/t</td><td colspan="3">0</td></tr>
<tr><td colspan="2" rowspan="2">可循环</td><td>生产过程产生废弃物可利用率</td><td>%</td><td colspan="3">100</td></tr>
<tr><td>回收和再利用</td><td>—</td><td colspan="3">可回收再利用</td></tr>
<tr><td rowspan="11">品质属性</td><td colspan="2" rowspan="2">放射性核素限量</td><td>I_{Ra}</td><td>—</td><td>≤1.0</td><td>≤0.8</td><td>≤0.6</td></tr>
<tr><td>I_r</td><td>—</td><td>≤1.0</td><td>≤0.8</td><td>≤0.6</td></tr>
<tr><td colspan="2" rowspan="5">可浸出重金属</td><td>汞（以总汞计）</td><td>mg/L</td><td>—</td><td>—</td><td>≤0.02</td></tr>
<tr><td>铅（以总铅计）</td><td>mg/L</td><td>—</td><td>—</td><td>≤2.0</td></tr>
<tr><td>砷（以总砷计）</td><td>mg/L</td><td>—</td><td>—</td><td>≤0.6</td></tr>
<tr><td>镉（以总镉计）</td><td>mg/L</td><td>—</td><td>—</td><td>≤0.1</td></tr>
<tr><td>铬（以总铬计）</td><td>mg/L</td><td>—</td><td>—</td><td>≤1.5</td></tr>
<tr><td colspan="3">抗冻性</td><td>—</td><td colspan="3">不应出现裂纹、分层、掉皮、缺棱掉角等</td></tr>
<tr><td colspan="3">实测强度与设计强度的比值</td><td>—</td><td>≥1.05</td><td>≥1.10</td><td>≥1.15</td></tr>
<tr><td colspan="3">设计密度与实测密度的比值</td><td>—</td><td colspan="3">≥1.05</td></tr>
<tr><td colspan="3">保温性能（保温型）</td><td>$W/(m^2 \cdot K)$</td><td colspan="2">满足产品标准相应级别要求</td><td>不大于产品标准相应级别指标的95%</td></tr>
</table>

表 5-74 非烧结类砌体材料（常压养护）评价指标要求

一级指标	二级指标		单位	基准值		
				一星级	二星级	三星级
资源属性	固体废弃物掺加量		%	≥30		
能源属性	原材料本地化程度		%	≥95		
环境属性	单位产品生产废水排放量		kg/t	0		
	可循环	生产过程产生废弃物可利用率	%	100		
		回收和再利用	—	可回收再利用		
品质属性	放射性核素限量	I_{Ra}	—	≤1.0	≤0.8	≤0.6
		I_r	—	≤1.0	≤0.8	≤0.6
	可浸出重金属	汞（以总汞计）	mg/L	—	—	≤0.02
		铅（以总铅计）	mg/L	—	—	≤2.0
		砷（以总砷计）	mg/L	—	—	≤0.6
		镉（以总镉计）	mg/L	—	—	≤0.1
		铬（以总铬计）	mg/L	—	—	≤1.5
	抗冻性	质量损失率	%	≤4.5	≤3.0	≤2.0
		强度损失率	%	≤15	≤12	≤10
	实测强度与设计强度的比值		—	≥1.10	≥1.15	≥1.20
	设计密度与实测密度的比值		—	≥1.05		≥1.10

表 5-75 非烧结类砌体材料（蒸压养护）评价指标要求

一级指标	二级指标			单位	基准值		
					一星级	二星级	三星级
资源属性	固体废弃物掺加量			%	≥50	≥60	≥70
能源属性	原材料本地化程度			%	≥95		
	单位产品综合能耗	蒸汽外供	蒸汽加压混凝土砌块	kgce/m³	≤21		
			蒸压粉煤灰砖	kgce/万块标砖	≤400		
			蒸压灰砂砖	kgce/万块标砖	≤410		
			其他	—	—	—	—
		自备锅炉、蒸汽自供	蒸压加气混凝土砌块	kgce/m³	≤20		
			蒸压粉煤灰砖	kgce/万块标砖	≤370		
			蒸压灰砂砖	kgce/万块标砖	≤380		
			其他	—	—	—	—
环境属性	单位产品废水排放量			kg/t	0		
	可循环	生产过程产生废弃物可利用率		%	100		
		回收和再利用		—	可回收再利用		

续表

一级指标	二级指标		单位	基准值		
				一星级	二星级	三星级
品质属性	放射性核素限量	I_{Ra}	—	≤1.0	≤0.8	≤0.6
		I_r	—	≤1.0	≤0.8	≤0.6
	可浸出重金属	汞（以总汞计）	mg/L	—	—	≤0.02
		铅（以总铅计）	mg/L	—	—	≤2.0
		砷（以总砷计）	mg/L	—	—	≤0.6
		镉（以总镉计）	mg/L	—	—	≤0.1
		铬（以总铬计）	mg/L	—	—	≤1.5
	抗冻性	质量损失率	%	≤4.5	≤3.0	≤2.0
		强度损失率	%	≤15	≤12	≤10
	实测强度与设计强度的比值			≥1.05	≥1.10	≥1.15
	设计密度与实测密度的比值		—	≥1.05		
	保温性能（保温型）（平均温度25℃）		W/(m^2·K)	满足产品标准相应级别要求		不大于产品标准相应级别指标的95%

表 5-76　复合保温砌体材料评价指标要求

一级指标	二级指标				单位	基准值		
						一星级	二星级	三星级
资源属性	固体废弃物掺加量	烧结类	单一固体废弃物	煤矸石	%	≥50	≥60	≥80
				粉煤灰	%	≥30	≥40	≥50
			煤矸石加其他固体废弃物（不含粉煤灰）		%	≥50	≥60	≥80
			其他固体废弃物（不含煤矸石、粉煤灰）		%	≥30		
		非烧结类			%	≥30		
能源属性	原材料本地化程度				%	≥95		
	单位产品综合能耗（烧结类）				kgce/t	≤52		≤50
环境属性	单位产品废水排放量				kg/t	0		
	可循环	生产过程产生废弃物可利用率			%	100		
		回收和再利用			—	可回收再利用		
品质属性	放射性核素限量	I_{Ra}			—	≤1.0	≤0.8	≤0.6
		I_r			—	≤1.0	≤0.8	≤0.6

续表

一级指标	二级指标			单位	基准值		
					一星级	二星级	三星级
品质属性	可浸出重金属	汞（以总汞计）		mg/L	—	—	≤0.02
		铅（以总铅计）		mg/L	—	—	≤2.0
		砷（以总砷计）		mg/L	—	—	≤0.6
		镉（以总镉计）		mg/L	—	—	≤0.1
		铬（以总铬计）		mg/L	—	—	≤1.5
	实测强度与设计强度的比值	烧结类		—	≥1.05	≥1.10	≥1.15
		非烧结类		—	≥1.10	≥1.15	≥1.20
	设计密度与实测密度的比值	烧结类		—	≥1.05		
		非烧结类		—	≥1.05		≥1.10
	抗冻性	烧结类		—	不应出现裂纹、分层、掉皮、缺棱掉角等		
		非烧结	质量损失率	%	≤4.5	≤3.0	≤2.0
			强度损失率	%	≤15	≤12	≤10
	保温性能			W/(m^2·K)	满足产品标准相应级别要求		不大于产品标准相应级别指标的95%
	耐火极限	非承重外墙		h	≥1		
		住宅建筑单元之间的墙和分户墙		h	≥2		

2. 保温材料

保温系统材料评价指标包括资源属性指标、能源属性指标、环境属性指标和品质属性指标。模塑聚苯乙烯泡沫塑料（EPS）制品的评价指标见表 5-77，挤塑聚苯乙烯泡沫塑料（XPS）制品的评价指标见表 5-78，发泡陶瓷制品的评价指标见表 5-79，硬质聚氨酯板泡沫塑料的评价指标见表 5-80。

表 5-77　模塑聚苯乙烯泡沫塑料（EPS）制品的评价指标

一级指标	二级指标	单位	基准值		
			一星级	二星级	三星级
资源属性	残留苯乙烯含量	%	—	—	≤0.1
能源属性	热源	—	无燃煤、燃油锅炉		
环境属性	发泡剂含量	%	—	—	≤6.0
	阻燃剂种类	—	—	—	不得检出六溴环十二烷

续表

一级指标	二级指标		单位	基准值		
				一星级	二星级	三星级
品质属性	导热系数（平均温度 25℃）		W/(m·K)	≤0.039	≤0.035	≤0.032
	表观密度		kg/m³	18～22		
	熔结性能	弯曲断裂荷载，或	N	≥15	≥20	≥25
		弯曲变形	mm	—	≥20	≥20
	燃烧性能等级		—	B1 级		
	烟毒性		—	不低于 t1 级		不低于 t0 级

表 5-78　挤塑聚苯乙烯泡沫塑料（XPS）制品的评价指标

一级指标	二级指标		单位	基准值		
				一星级	二星级	三星级
资源属性	生产过程产生废弃物可利用率		%	100		
环境属性	发泡剂种类		—	—	—	不得使用氟氯烃发泡剂
	阻燃剂种类		—	—	—	不得检出六溴环十二烷
品质属性	吸水率，浸水 96h	带表皮	kPa	≤1.5	≤1.0	≤0.5
		不带表皮		≤2.0	≤1.5	≤1.0
	导热系数（平均温度 25℃）	带表皮	W/(m·K)	≤0.025		
		不带表皮		≤0.030		
	透湿系数，（23℃±1℃，相对湿度 50%±5%）	带表皮	ng/(m·s·Pa)	≤3.0	≤2.5	≤1.5
		不带表皮		≤3.5	≤3.0	≤2.5
	燃烧性能等级		—	B1 级		

表 5-79　发泡陶瓷制品的评价指标

一级指标	二级指标		单位	基准值		
				一星级	二星级	三星级
资源属性	原材料固体废弃物使用率		%	≥90		
	生产过程产生废弃物可利用率		%	100		
能源属性	单位产品综合能耗		kgce/m³	≤20	≤15	≤10
环境属性	产品废水排放		—	废水无外排		
品质属性	导热系数（平均温度 25℃）	无釉面	W/(m·K)	≤0.080	≤0.065	≤0.055
		有釉面		≤0.100	≤0.090	≤0.080
	密度	无釉面	kg/m³	≤230	≤200	≤180
		有釉面		≤330	≤300	≤280
	耐污染性（有釉面）			≥3 级	≥4 级	≥5 级
	放射性核素限量（有釉面）	内照射指数	—	≤1.0	≤0.8	≤0.6
		外照射指数		≤1.0	≤0.8	≤0.6

表 5-80 硬质聚氨酯泡沫塑料的评价指标

一级指标	二级指标	单位	基准值		
			一星级	二星级	三星级
资源属性	生产过程产生废弃物可利用率	%	100		
能源属性	单位产品综合能耗	kgce/m^3	—	≤100	≤70
环境属性	发泡剂种类	—	—	—	不得使用氟氯烃发泡剂
	阻燃剂种类	—	—	—	不得检出六溴环十二烷
品质属性	导热系数（平均温度 23℃）	W/(m·K)	≤0.026	≤0.024	≤0.022
	芯密度	kg/m^3	≥30		
	压缩强度	kPa	≥80	≥180	≥280
	吸水率	%	≤3		
	燃烧性能	—	B1		

3. 预拌砂浆

针对预拌砂浆的评价指标由一级指标和二级指标组成，其中一级指标包括资源属性指标、能源属性指标、环境属性指标和品质属性指标。干混砌筑砂浆、干混抹灰砂浆、干混地面砂浆和干混普通防水砂浆的评价指标要求见表 5-81。

表 5-81 干混砌筑砂浆、干混抹灰砂浆、干混地面砂浆和干混普通防水砂浆的评价指标要求

一级指标	二级指标		单位	基准值			判定依据
				一星级	二星级	三星级	
资源属性	生产过程产生废弃物利用率		%	100			T/CECS 10048 附录 A
	固体废弃物掺加量[a]		%	≥30			
	散装率[a]		%	≥90			
能源属性	单位产品生产能耗[b]	无破碎制砂、烘砂工艺	kgce/t	≤1.45	≤1.20	≤0.85	GB 36888、T/CECS 10048 附录 B
		具有破碎制砂工艺		≤1.50	≤1.30	≤1.00	
		具有烘砂工艺		≤9.50	≤8.00	≤6.50	
	原材料本地化程度[c]		%	≥95			T/CECS 10048 附录 A
环境属性	放射性比活度	I_{Ra}	—	≤0.6			GB 6566
		I_r	—	≤0.6			

续表

一级指标	二级指标	单位	基准值			判定依据
			一星级	二星级	三星级	
品质属性	冻融循环后抗压强度损失率[d]	%	≤25	≤16	≤12	GB/T 25181
	拉伸粘结强度实测值与设计值的比值[e]	—	≥1.05		≥1.2且≤1.8	
	抗压强度实测值与设计值的比值[e]	—	≥1.05且≤2		≥1.15且≤1.5	

注：[a] 本条款适用于用于建设工程的预拌砂浆产品，不适用于装饰装修的预拌砂浆产品，同时还应满足地方相关政策法规、标准规范要求。

[b] 企业具有上料、包装、码垛自动化系统的，单位产品生产能耗限值增加0.35kgce/t；企业具有上料、包装、码垛、存贮、分拣自动化系统，单位产品生产能耗限值增加0.55kgce/t。

[c] 本条款适用于建设工程的预拌砂浆产品，不适用于装饰装修的预拌砂浆产品。

[d] 本条款适用于主要应用范围在第Ⅰ、Ⅱ、Ⅵ、Ⅶ建筑气候区内的产品，应用于其他建筑气候区的产品不参评。建筑气候区的划分按照GB 50178进行。

[e] 当适用的产品标准未规定相关指标时，该产品不参评此指标。

4. 预拌混凝土

预拌混凝土的评价指标由一级指标和二级指标组成，其中一级指标包括资源属性指标、能源属性指标、环境属性指标和品质属性指标，评价指标要求见表5-82。

表5-82 预拌混凝土评价指标要求

一级指标	二级指标		单位	基准值			判定依据
				一星级	二星级	三星级	
资源属性	生产过程产生废弃物利用率		%	100			T/CECS 10047 附录A
	固体废弃物掺加量		%	≥30			T/CECS 10047 附录A
能源属性	单位产品生产能耗		—	2级		1级	GB 36888
	原材料本地化程度		%	≥95			T/CECS 10047 附录A
环境属性	水溶性六价铬含量		mg/t	≤200			HJ/T 412
	氨释放量		mg/m^3	≤0.2			
	单位产品工业废水排放量		kg/m^3	0			T/CECS 10047 附录A
	放射性比活度	I_{Ra}	—	≤0.6			GB 6566
		I_r	—	≤0.6			
品质属性	实测标准偏差与该强度等级标准偏差上限的比值		—	≤1.0	≤0.8		GB 50164
	实测强度与设计强度的比值		—	≥1.0且≤1.3		≥1.15且≤1.25	GB/T 50081
	水溶性氯离子含量		%	0.06			JTS/T 236

续表

一级指标	二级指标		单位	基准值			判定依据
				一星级	二星级	三星级	
品质属性	耐久性[a]	抗渗等级	—	P8 级	P10 级	P12 级	GB/T 50082 JGJ/T 193
		抗氯离子渗透等级	—	Ⅱ级	Ⅲ级	Ⅳ级	
		抗碳化等级	—	Ⅲ级		Ⅳ级	
		抗冻等级[b]	—	F300		F400	

注：a 本条款评价企业按照工程需要试配、生产相应耐久性能产品的能力，不要求所有出厂产品均符合本条款规定的耐久性要求。

b 本条款适用于主要应用范围在第Ⅰ、Ⅱ、Ⅵ、Ⅶ建筑气候区内的产品，应用于其他建筑气候区的产品不参评。建筑气候区的划分按照 GB 50178 进行。

5. 涂料

墙面涂覆材料评价指标包括资源属性指标、能源属性指标、环境属性指标和品质属性指标。水性墙面涂覆材料的评价指标要求见表 5-83。

表 5-83 水性墙面涂覆材料的评价指标要求

一级指标	二级指标			单位	基准值			评价依据
					一星级	二星级	三星级	
资源属性	原材料要求	单位产品原材料消耗		—	符合强清洁生产要求			提供证明文件
		乳液	残余单体含量	%	≤0.15		≤0.05	GB/T 20623
			苯、甲苯、乙苯和二甲苯的含量总和	mg/kg	—	≤100		GB/T 23990
	单位产品原材料消耗			t/t	≤1.030	≤1.025	≤1.015	提供证明文件
	单位产品新鲜水消耗			t/t	≤0.25			结合现场检查
	单位产品中钛白粉用量			—	提供实际用量			—
能源属性	单位产品综合能耗	平涂涂料		kgce/t	≤10.0			GB/T 2589
		质感涂料（砂壁状涂料、复层涂料等）			≤15.0			
		腻子			≤15.0			
环境属性	产品环境影响和碳足迹			—	进行环境产品声明（EPD）和碳足迹分析			—
	挥发性有机化合物含量	内墙涂料	60°光泽≤10	g/L	≤80	≤50	≤20	GB/T 23986
			60°光泽>10		≤100	≤80	≤50	
		外墙涂料			≤100	≤80	≤50	
		腻子		mg/kg	≤10		≤5	
	甲醛含量（乙酰丙酮法）	内墙涂料		mg/kg	≤50	≤30	≤20	GB/T 23993
		外墙涂料			≤50	≤40	≤30	
		腻子			≤50	≤30	≤5	
	游离甲醛含量（高效液相色谱法）	内墙涂料		mg/kg	—		≤10	GB/T 34683
		外墙涂料		mg/kg	—		≤10	

续表

一级指标	二级指标			单位	基准值			评价依据
					一星级	二星级	三星级	
环境属性	半挥发性有机化合物（SVOC）含量			—	提供实测数据			提供证明材料
	总挥发性有机化合物释放量[a]			mg/m³	—		≤1.0	JG/T 481
	甲醛释放量[a]			mg/m³	—		≤0.1	
	苯、甲苯、乙苯和二甲苯的总和			mg/kg	≤100	≤80	≤50	GB/T 23990 GB 18582
	重金属元素含量（限色漆和腻子）	外墙涂料 外墙腻了	铅	mg/kg	≤45		≤20	GB/T 30647 GB 24408
			镉		≤45		≤20	
			六价铬		≤40		≤20	GB/T 26125 GB 24408
			汞		≤40		≤20	GB/T 30647 GB 24408
			砷		—		≤20	GB/T 30647
			钡		—		≤100	GB/T 23994
			硒		—		≤20	GB/T 30647
			锑		—		≤20	
			钴		—		≤20	
		内墙涂料 内墙腻子	铅	mg/kg	—		≤20	GB/T 30647
			可溶性铅		≤45		—	GB 18582
			镉		—		≤20	GB/T 30647
			可溶性镉		≤45		—	GB 18582
			六价铬		—		≤20	GB/T 26125
			可溶性铬		≤40		—	GB 18582
			汞		—		≤20	GB/T 30647
			可溶性汞		≤40		—	GB 18582
			砷		—		≤20	GB/T 30647
			钡		—		≤100	GB/T 23994
			硒		—		≤20	GB/T 30647
			锑		—		≤20	
			钴		—		≤20	
	生物杀伤剂含量	异噻唑啉酮	氯甲基异噻唑啉酮/甲基异噻唑啉酮（3/1）[CMI/MI（3/1）]	mg/kg	—		≤15	提供全部生物杀伤剂使用清单（不得添加物质的污染限值均为50mg/kg），结合现场检查
			辛基异噻唑啉酮（OIT）	mg/kg	—		≤500	
			苯并异噻唑酮（BIT）	mg/kg	—		≤500	
			甲基异噻唑酮（MI）	mg/kg	—		≤200	
			双氯辛基异噻唑啉酮（DCOIT）	mg/kg	—		≤500	
			异噻唑啉酮含量总和	mg/kg	—		≤750	
		碘代丙炔基氨基甲酸丁酯（IPBC）		mg/kg	—		≤1500	
		吡啶硫酮锌（ZPT）		mg/kg	—		≤1500	
		二（3-氨丙基）十二烷基胺		mg/kg	—		≥500	

续表

<table>
<tr><th rowspan="2">一级指标</th><th colspan="3" rowspan="2">二级指标</th><th rowspan="2">单位</th><th colspan="3">基准值</th><th rowspan="2">评价依据</th></tr>
<tr><th>一星级</th><th>二星级</th><th>三星级</th></tr>
<tr><td rowspan="14">品质属性</td><td rowspan="8">耐人工气候老化性[b]</td><td rowspan="3">老化时间</td><td>水性多彩</td><td rowspan="3">h</td><td>≥1000</td><td>≥1200</td><td>≥1500</td><td rowspan="8">GB/T 1865
GB/T 1766</td></tr>
<tr><td>水性氟涂料</td><td>≥3000</td><td>≥4000</td><td>≥5000</td></tr>
<tr><td>其他</td><td>≥400</td><td>≥600</td><td>≥1000</td></tr>
<tr><td colspan="2">外观</td><td>—</td><td colspan="3">不起泡，不剥落，无裂纹</td></tr>
<tr><td rowspan="2">粉化</td><td>平涂</td><td rowspan="2">级</td><td colspan="3">1</td></tr>
<tr><td>质感</td><td colspan="3">0</td></tr>
<tr><td rowspan="2">变色[c]</td><td>平涂</td><td rowspan="2">级</td><td colspan="3">2</td></tr>
<tr><td>质感</td><td colspan="3">1</td></tr>
<tr><td rowspan="3">耐沾污性[b]</td><td rowspan="2">平涂</td><td>弹性涂料</td><td>%</td><td><25</td><td>≤20</td><td>≤20</td><td rowspan="3">GB/T 9780</td></tr>
<tr><td>其他</td><td>%</td><td>≤20</td><td>≤15</td><td>≤10</td></tr>
<tr><td colspan="2">粗糙表面</td><td>级</td><td>2</td><td>1</td><td>1</td></tr>
<tr><td rowspan="2">耐洗刷性[d]</td><td colspan="2">内墙涂料</td><td>次</td><td>≥1500</td><td>≥6000</td><td>≥8000</td><td rowspan="2">相应产品标准</td></tr>
<tr><td colspan="2">外墙涂料</td><td>次</td><td>≥2000</td><td>≥3000</td><td>≥5000</td></tr>
<tr><td colspan="3">其他性能</td><td>—</td><td colspan="2">满足 GB/T 9755、GB/T 9756、GB/T 9779、HG/T 4104、HG/T 4343、JC/T 2079、JG/T 24、JG/T 157、JG/T 172、JG/T 298 的基本技术要求</td><td>满足 GB/T 9755、GB/T 9756、GB/T 9779、HG/T 4104、HG/T 4343、JC/ T 2079、JG/T 24、JG/T 157、JG/T 172、JG/T 298 的最高等级技术要求</td><td>产品明示的标准</td></tr>
</table>

注：a 适用于内墙水性涂料及腻子；

b 适用于外墙水性涂料；

c 变色指标仅针对白色和浅色，浅色是指以白色涂料为主，添加适量颜料后配制的涂料形成的涂膜所呈现的浅颜色，按 GB/T 15608 的规定，明度值为 6～9 之间（三刺激值中的 YD65≥31.26），其他颜色涂料的变色指标商定；

d 适用于平涂面漆，且不含弹性产品。

另一方面，通过对不同系统的能耗研究来指导建筑绿色节能设计，具体包括 EPS/XPS/STP/热养凝胶外保温系统、蒸压加气混凝土砌块/模卡砌块/烧结污泥砖墙体自保温系统以及预制混凝土夹芯外保温和混凝土内保温系统。各系统墙体在各气候区的单位能耗如下：

1. 墙体自保温系统单位能耗

（1）蒸压加气混凝土砌块墙体自保温体系

蒸压加气混凝土砌块是我国20世纪60年代发展起来的一种新型墙体材料。早期的砌块首先在我国北方地区得到推广应用，然后逐步向我国的南方地区推广使用。目前，蒸压加气混凝土砌块已成为建筑物围护结构的一个重要品种。其特点是密度小，为普通烧结砖的1/6～1/3，可广泛应用于高层和框架建筑的填充墙。

以夏热冬冷地区为例，蒸压加气混凝土砌块墙体自保温体系构造如下：

2mm内置耐碱玻纤网格布的抗裂砂浆、20mm厚的膨胀玻化微珠石膏保温砂浆、200mm厚的B06级蒸压加气混凝土砌块、3mm薄层砌筑砂浆、2mm厚的界面处理砂浆、20mm厚的膨胀玻化微珠水泥保温砂浆、2mm内置耐碱玻纤网格布的抗裂砂浆。

蒸压加气混凝土砌块自保温墙体系统材料能耗分析见表5-84。

表5-84 蒸压加气混凝土砌块自保温墙体系统材料能耗分析

项目	单位能耗	水泥用量/(kg/m^3)	水泥能耗/(标煤kg/t)	用量/(kg/m^2)	能耗/(标煤kg/m^2)	再生资源利用率/%
200mm加气砌块/(标煤kg/m^3)	28	—	—	0.2	5.600	75
薄层砌筑砂浆/(标煤kg/kg)	0.029	276	157	30	0.867	37
界面剂/(标煤kg/kg)	0.079	0	157	2	0.157	—
外保温砂浆/(标煤kg/kg)	0.008	140	157	7.33	0.056	37
抗裂砂浆/(标煤kg/kg)	0.044	140	157	8	0.352	37
石膏内保温砂浆/(标煤kg/kg)	0.007	—	—	16	0.105	70
石膏抗裂砂浆/(标煤kg/kg)	0.01	—	—	8	0.080	70
墙体	—	—	—	—	7.216	60.4

（2）淤泥烧结多孔砖自保温墙体

淤泥烧结多孔砖自保温墙体系统全部采用无机材料，表面无机保温砂浆防火等级为A级，属不燃型材料。同时，淤泥烧结多孔砖自保温墙体系统全部采用无机材料，使用年限至少50年，与结构同寿命，使用维护费用低。淤泥烧结多孔砖自保温墙体系统中主墙体为烧结制品，自身收缩率极低，而且墙体内外保温砂浆表面都采用耐碱玻纤网格布及抗裂砂浆，提升了墙体的抗开裂性。墙体采用多道防水处理，提高了墙体的防水性，抹灰层与墙体粘结牢固，无空腔。在施工方面，淤泥烧结多孔砖自保温墙体系统施工是砌筑与抹灰，与传统施工方法相同，没有特殊要求。单位淤泥烧结多孔砖自保温墙体的能耗如表5-85所示。

表5-85 淤泥烧结多孔砖自保温墙体系统材料生产能耗分析

项目	单位能耗	用量/(kg/m^2)	能耗/(标煤kg/m^2)	再生资源利用率/%
240mm×115mm×90mm淤泥烧结多孔砖/(标煤kg/m^3)	—	0.24	0	100
DM5砌筑砂浆/(标煤kg/kg)	0.017	84	1.451	37
外保温砂浆/(标煤kg/kg)	0.008	7.33	0.056	37
抗裂砂浆/(标煤kg/kg)	0.044	8	0.352	37
石膏内保温砂浆/(标煤kg/kg)	0.007	16	0.105	70
石膏抗裂砂浆/(标煤kg/kg)	0.01	8	0.08	70
墙体	—	—	2.044	81

2. 模卡砌块自保温墙体

混凝土保温模卡砌块作为混凝土砌块材料的一种，具有在块型上的独特优势：它具备自保温功能，且保温材料与建筑同寿命；作为砌体结构的承重材料，它还具有整体性好、强度高、延性好、抗震性能强等特点。

夏热冬冷地区模卡砌块自保温墙体的构造：模卡砌块（400mm×240mm×150mm）；孔内插 30mm 厚 EPS 保温板，两面专用砂浆各刷 20mm。

单位模卡砌块自保温墙体的能耗如表 5-86 所示。

表 5-86 模卡砌块自保温墙体系统材料生产能耗分析

项目	单位能耗	水泥用量/(kg/m^3)	水泥能耗/(标煤 kg/t)	用量/(kg/m^2)	能耗/标煤(kg/m^2)	再生资源利用率/%
240mm 保温模卡砌块/(标煤 kg/m^3)	25.1	—	—	0.19	4.823	45
内插 EPS 保温板/(标煤 kg/kg)	18.469	0	157	0.03	0.554	—
DP10 抹灰砂浆/(标煤 kg/kg)	0.022	140	157	8.75	0.192	37
DP10 抹灰砂浆/(标煤 kg/kg)	0.022	140	157	8.75	0.192	37
灌孔混凝土 C30/(标煤 kg/kg)	0.022	140	157	74.7	1.642	—
墙体	—	—	—	—	9.6	42

3. 外保温墙体保温系统单位能耗

夏热冬冷地区的混凝土多孔砖墙体采用 EPS 板外保温系统构造如下：

20mm 厚的 DP5 砂浆内粉刷找平、240mm 厚的混凝土多孔砖、10mmDM5 砌筑砂浆、20mm 厚的 DP10 砂浆外粉刷找平、3mm 厚的胶粘剂、30mm 厚的 EPS 板、2mm 内置耐碱玻纤网格布的抹面胶浆。

夏热冬冷地区的混凝土多孔砖墙体采用 EPS 板外保温系统材料生产能耗分析见表 5-87。

表 5-87 混凝土多孔砖墙体采用 EPS 板外保温系统材料生产能耗分析

项目	单位能耗	用量/(kg/m^2)	能耗/(标煤 kg/m^2)	再生资源利用率/%
240mm 混凝土多孔砖/(标煤 kg/m^3)	25.1	0.192	4.82	45
DM5 砌筑砂浆/(标煤 kg/kg)	0.017	84	1.451	37
DP10 抹灰砂浆/(标煤 kg/kg)	0.022	35	0.769	37
胶粘剂/(标煤 kg/kg)	0.055	5	0.275	—
抹面胶浆/(标煤 kg/kg)	0.044	8	0.352	—
EPS 板/(标煤 kg/m^3)	18.47	0.03	0.554	—
DP5 内墙抹灰砂浆/(标煤 kg/kg)	0.019	35	0.659	37
墙体	—	—	8.88	40.5

由表 5-87 可知，混凝土多孔砖墙体采用 EPS 板外保温系统墙体在夏热冬冷地区的单位面积总能耗为 8.88kg/m^2，通过调整保温材料 EPS 板的厚度，分别计算出该保温系统在满足寒冷和严寒地区节能要求的前提下，单位面积墙体的总能耗分别为 10.17kg/m^2 和

11.09kg/m^2。

4. 预制混凝土夹心保温外墙板系统

预制混凝土夹心保温外墙板系统整体性能优异，可实现墙体材料与保温材料一体化生产施工。减少噪声、高污染的“湿作业”，能够最大限度地减少建筑施工对周边环境的影响，且能够保证建筑外墙的保温节能要求。夏热冬冷地区的预制混凝土夹心保温外墙板系统材料生产能耗分析见表 5-88。

表 5-88　预制混凝土夹心保温外墙板系统材料生产能耗分析

项目	单位能耗/(kg/m^2)	水泥用量/(kg/m^3)	水泥能耗/(标煤 kg/t)	用量/(kg/m^2)	能耗/(标煤 kg/m^2)	再生资源利用率/%
钢筋混凝土内叶墙板/(标煤 kg/m^3)	55.0	350	157	0.2	10.99	38
夹心保温层(EPS 板)/(标煤 kg/kg)	18.469	0	157	0.01	0.185	—
钢筋混凝土外叶墙板/(标煤 kg/m^3)	54.950	350	157	0.06	3.297	38
墙体	—	—	—	—	14.47	37.9

5. 混凝土剪力墙

混凝土剪力墙系统材料能耗分析见表 5-89。

表 5-89　混凝土剪力墙系统材料生产能耗分析

项目	单位能耗/(kg/m^2)	水泥用量/(kg/m^3)	水泥能耗/(标煤 kg/t)	用量/(kg/m^2)	能耗/(标煤 kg/m^2)	再生资源利用率/%
200mm 混凝土/(标煤 kg/m^3)	37.7	240	157	0.2	7.536	45
EPS 板/(标煤 kg/kg)	18.436	—	—	0.04	0.738	—
找平砂浆/(标煤 kg/kg)	0.022	140	157	35	0.769	37
找平砂浆/(标煤 kg/kg)	0.022	140	157	35	0.769	37
抹面胶浆/(标煤 kg/kg)	0.044	280	157	8	0.352	—
墙体	—	—	—		9.370	40.4

综合以上针对夏热冬冷地区的不同保温系统的单位面积墙体的综合生产能耗及耗材分析，如表 5-90 所示，通过对比不同系统的每平方米墙体生产能耗、材料耗量、利废效果，总结得出蒸压加气混凝土消耗材料相对较低，同时有较高的再生资源利用率，在节能节材利用方面具有良好的实际效果。蒸压加气混凝土砌块自保温墙体系统由于采用薄层砌筑和无机保温砂浆直接抹灰，节约了砂浆找平抹灰层和砌筑砂浆，所以，墙体材料生产能耗较混凝土多孔砖墙体采用 EPS 板外保温系统降低 1.67kg 标煤/m^{2}墙体，降低幅度为 18.8%墙体，节能减排效果显著。同时，部分新系统的开发有力地发挥了节能利废的绿色建筑理念，相比于传统的混凝土剪力墙单位面积墙体能耗 13.30kgce/t，单位面积水泥砂石消耗525kg，再生资源利用率 40.04%，单位面积墙体的保温模卡砌块有良好的节能节材效果，其能耗为 9.6kgce/t，单位面积墙体的水泥砂石用量 309.2kg，节材 41.1%，再生资源利用率为 42%，能耗相对节约 27.8%，同时具有良好的利废效果。

表 5-90　不同系统材料生产能耗分析

墙体保温系统	能耗/（标煤 kg/m²）	水泥/（kg/m²）	砂石/（kg/m²）	再生资源利用率/%
蒸压加气混凝土砌块自保温墙体	7.216	25.6	86	60.4
淤泥烧结多孔砖自保温墙体	2.044	10.4	100.9	81
模卡砌块自保温墙体	9.6	87.2	222	42
混凝土多孔砖墙体采用 EPS 板外保温系统	8.88	86.6	296.6	40.5
普通烧结多孔砖体采用 EPS 板外保温系统	2.104	10.4	100.9	71.8
承重预制混凝土夹芯保温外墙板系统	14.47	91	492.7	37.9
非承重预制混凝土夹芯保温外墙板系统	7.22	107.52	175	37.9
混凝土剪力墙	13.30	93.5	431.5	40.04

5.2.5　典型系统耐久性和功能性协同设计

基于对围护材料耐久性及其与功能性协同设计理论及耐久性评价方法的研究，并根据不同气候区的保温系统的应用特点，以实现保温结构与主体同寿命为目标，展开了对预制混凝土夹芯保温外墙板保温系统、蒸压加气混凝土砌块自保温系统、硅墨烯保温板外墙外保温系统、真空绝热板外墙外保温系统、保温模板结构功能一体化墙体系统、模卡砌块及预制墙体自保温系统、外墙反射涂料结合无机保温砂浆外墙内保温系统、后置结构一体化板外墙外保温系统、泡沫混凝土自保温系统、热养憎水凝胶保温板外墙外保温系统、发泡陶瓷保温装饰一体板外墙外保温系统等保温系统的耐久性和功能性的协同设计。

通过对以上外保温系统进行耐久性与功能性的协同设计，以期指导各外保温系统在不同环境因素及外界条件下的应用。此外，可通过不同保温系统的组合设计实现在夏热冬冷地区、寒冷及严寒地区的推广应用。另一方面，针对砌体结构、钢筋混凝土剪力墙结构、钢筋混凝土框架结构、钢结构等建筑结构体系，分别给出在四个气候区不同保温系统应用于各建筑结构的，如表 5-91 所示。

表 5-91　四个气候区不同保温系统应用于各建筑结构的选型

结构类型	墙体材料	保温体系			
		夏热冬暖	夏热冬冷	寒冷	严寒
砌体结构	①混凝土实心砖； ②混凝土多孔砖； ③烧结保温砖和烧结多孔砖； ④复合保温砌块	①外墙反射涂料结合无机保温砂浆外墙内保温系统； ②发泡陶瓷保温装饰一体板； ③真空绝热板外墙外保温系统； ④硅墨烯保温板外墙外保温系统； ⑤热养憎水凝胶保温板外墙外保温系统	①模卡砌块自保温； ②外墙反射涂料结合无机保温砂浆外墙内保温系统； ③复合保温砌块自保温系统； ④真空绝热板外墙外保温系统； ⑤硅墨烯保温板外墙外保温系统； ⑥热养憎水凝胶保温板外墙外保温系统	①真空绝热板外墙外保温系统； ②模卡砌块自保温； ③复合保温砌块自保温系统； ④发泡陶瓷保温装饰一体板； ⑤真空绝热外墙外保温系统板； ⑥硅墨烯保温板外墙外保温系统	①真空绝热板外墙外保温系统； ②硅墨烯保温板外墙外保温系统； ③真空绝热板外墙外保温系统

续表

结构类型	墙体材料	保温体系			
		夏热冬暖	夏热冬冷	寒冷	严寒
钢筋混凝土剪力墙结构	混凝土	①硅墨烯保温板外墙外保温系统； ②真空绝热板外墙外保温系统； ③热养憎水凝胶保温板外墙外保温系统； ④预制夹芯混凝土墙板系统	①硅墨烯保温板外墙外保温系统； ②真空绝热板外墙外保温系统； ③后置结构一体化外保温系统； ④热养憎水凝胶保温板外墙外保温系统； ⑤预制夹芯混凝土墙板系统	①硅墨烯保温板外墙外保温系统； ②真空绝热板外墙外保温系统； ③后置结构一体化外保温系统； ④预制夹芯混凝土墙板系统	①硅墨烯保温板外墙外保温系统； ②真空绝热板外墙外保温系统； ③预制夹芯混凝土墙板系统
钢筋混凝土框架结构	①蒸压加气混凝土砌块（板）； ②泡沫混凝土自保温砌块； ③混凝土多孔砖； ④烧结保温砌块	①蒸压加气混凝土砌块自保温； ②泡沫混凝土自保温系统； ③复合保温砌块； ④烧结保温砌块自保温系统； ⑤外墙反射涂料结合无机保温砂浆外墙内保温系统； ⑥预制夹芯混凝土墙板系统	①蒸压加气混凝土砌块自保温； ②泡沫混凝土自保温系统； ③复合保温砌块； ④烧结保温砌块自保温系统； ⑤外墙反射涂料结合无机保温砂浆外墙内保温系统； ⑥预制夹芯混凝土墙板系统	①蒸压加气混凝土砌块自保温； ②泡沫混凝土自保温系统； ③复合保温砌块自保温系统； ④预制夹芯混凝土墙板系统	自保温复合外保温： ①蒸压加气混凝土砌块自保温； ②泡沫混凝土自保温系统； ③硅墨烯保温板外墙外保温系统； ④预制夹芯混凝土墙板系统
钢结构	①蒸压加气混凝土砌块（板）； ②泡沫混凝土自保温砌块； ③混凝土多孔砖； ④烧结保温砌块	①蒸压加气混凝土砌块自保温； ②泡沫混凝土自保温系统； ③复合保温砌块； ④烧结保温砌块自保温系统； ⑤外墙反射涂料结合无机保温砂浆外墙内保温系统； ⑥预制夹芯混凝土墙板系统	①蒸压加气混凝土砌块自保温； ②泡沫混凝土自保温系统； ③复合保温砌块； ④烧结保温砌块自保温系统； ⑤外墙反射涂料结合无机保温砂浆外墙内保温系统； ⑥预制夹芯混凝土墙板系统	①蒸压加气混凝土砌块自保温； ②泡沫混凝土自保温系统； ③复合保温砌块自保温系统； ④预制夹芯混凝土墙板系统	自保温复合外保温： ①蒸压加气混凝土砌块自保温； ②泡沫混凝土自保温系统； ③硅墨烯保温板外墙外保温系统； ④预制夹芯混凝土墙板系统

5.2.5.1　预制混凝土夹芯保温外墙板系统协同设计

夹芯保温系统由于其本身的特点及优势能够适用于各种气候区，预制混凝土夹芯保温墙板做到了集装饰、保温与承重一体化，并可以达到与结构同寿命[30]。同时，作为新型墙材的预制混凝土夹芯保温墙板具有承重和保温的双重性能，在我国北方部分地区的装配式混凝土结构中得到了广泛推广[31]。与外保温与内保温墙体相比较，其节能效果显著，并适合建筑产业化的生产与推进。

预制混凝土夹芯保温外墙板是将内外两层钢筋混凝土墙板和夹在其间的保温材料通过专用连接件组成的具有特定保温性能要求的外墙板，是装配式建筑预制外墙板的一种常见形式。由于其整体性能优异，与传统墙体的外保温与内保温相比能够达到与结构同寿命，因此得到广泛应用。同时，预制混凝土夹芯保温外墙板可实现墙体材料与保温材料一体化生产施工，将工业化生产大量高噪声、高污染的“湿作业”都搬进了工厂，施工现场的建筑垃圾、污水、噪声、有害气体及粉尘大大减少，能够最大限度地减少建筑施工对周边环境的影响，且能够保证建筑外墙的保温节能要求，从而实现节能环保的双重目的。

1. 系统及材料设计

（1）预制夹芯外墙板

预制夹芯外墙板的性能指标应满足外观质量，不应有严重缺陷和一般缺陷，不应有影响结构性能、安装和使用功能的尺寸偏差。预制夹芯外墙板的传热系数、耐火极限、隔声性能和结构性能应满足设计要求。

（2）混凝土、钢筋和钢材

预制夹芯外墙板采用的混凝土，力学性能指标和耐久性要求等应符合现行国家标准《混凝土结构设计规范》（GB 50010）的规定。设计强度等级不应低于C30。与建筑物主体结构现浇连接部分的混凝土设计强度等级不应低于预制夹芯外墙板的混凝土设计强度等级。预制夹芯外墙板采用的钢筋，性能指标和要求等应符合现行国家标准《混凝土结构设计规范》（GB 50010）的规定。宜采用钢筋焊接网。钢筋焊接网应符合现行国家标准《钢筋混凝土用钢筋焊接网》（GB/T 1499.3）和行业标准《钢筋焊接网混凝土结构技术规程》（JGJ 114—2014）的规定。预制夹芯外墙板的吊环应采用未经冷加工的HPB300级钢筋或Q235B圆钢制作。吊装用内埋式螺母或吊杆的材料应符合现行国家相关标准及产品应用技术文件的规定。预制夹芯外墙板采用的钢材，力学性能指标和耐久性要求等应符合现行国家标准《钢结构设计规范》（GB 50017—2017）的规定。

（3）保温材料

预制夹芯外墙板可采用有机类保温板和无机类保温板作为夹芯保温材料，其产品性能指标和要求等应符合相应的标准要求。保温材料燃烧性能等级应符合现行国家标准《建筑设计防火规范》（GB 50016）的规定，且不应低于现行国家标准《建筑材料及制品燃烧性能分级》（GB 8624）中B_1级的要求。例如，采用聚苯乙烯保温板时应符合现行国家标准《模塑聚苯板薄抹灰外墙外保温系统材料》（GB/T 29906—2013）和《绝热用挤塑聚苯乙烯泡沫塑料（XPS）》（GB/T 10801.2—2018）中带表皮板的有关规定。采用硬泡聚氨酯板、酚醛泡沫板、发泡水泥板、泡沫玻璃板应分别符合现行国家标准《建筑绝热用硬质聚氨酯泡沫塑料》（GB/T 21558）、《绝热用硬质酚醛泡沫制品（PF）》（GB/T 20977—2014）、《发泡水泥板保温系统应用技术规程》（DG/TJ08—2138）和《泡沫玻璃绝热制品》(JC/T 647—2014)中的有关规定。

(4)连接材料

拉结件作为连接件是连接预制混凝土夹芯保温墙体的内、外叶混凝土墙板与中间夹芯保温层的关键构件，其主要作用是抵抗两片混凝土墙板之间的作用，包括层间剪切、拉拔等。预制夹芯外墙板连接件宜采用纤维增强塑料(FRP)连接件或不锈钢连接件。当有可靠依据时，也可采用其他材料连接件。纤维增强塑料(FRP)连接件宜采用拉挤成型工艺制作，端部宜设计成带有锚固槽口的形式。纤维增强塑料(FRP)连接件应符合下文中的要求；纤维增强塑料(FPR)连接件材料力学性能指标如表5-92所示。

表5-92 纤维增强塑料(FRP)连接件材料力学性能指标

项目	指标要求	试验方法
拉伸强度/MPa	≥700	GB/T 1447—2005，GB/T 30022—2013
拉伸弹性模量/GPa	≥40	GB/T 1447—2005
层间抗剪强度/MPa	≥30	JC/T 773—2010

纤维增强塑料(FRP)连接件的抗拉强度设计值应根据混凝土环境及长期荷载的影响予以折减。不锈钢连接件中不锈钢材料的物理力学性能指标应符合表5-93的要求。

表5-93 不锈钢连接件中不锈钢材料的物理力学性能指标

项目	指标要求	试验方法
屈服强度/MPa	≥380	GB/T 228
拉伸强度/MPa	≥500	GB/T 228
拉伸弹性模量/GPa	≥190	GB/T 228
抗剪强度/MPa	≥300	GB/T 6400—2007
导热系数/[W/(m·K)]	≤17.5(100℃下)	GB/T 3651—2008

预制夹芯外墙板与建筑物主体结构之间的连接材料应符合钢筋锚固板材料且应符合现行行业标准《钢筋锚固板应用技术规程》(JGJ 256)的规定。预埋件的锚板及锚筋材料应符合现行国家标准《混凝土结构设计规范》(GB 50010)的有关规定。专用预埋件及连接件材料应符合现行国家和行业标准的有关规定。连接用焊接材料，螺栓、锚栓和铆钉等紧固件的材料应符合《钢结构设计规范》(GB 50017—2017)、《钢结构焊接规范》(GB 50661—2011)和行业标准《钢筋焊接及验收规程》(JGJ 18—2012)等的规定。预制夹芯剪力墙板之间的竖向钢筋连接应符合钢筋套筒灌浆连接且应符合《钢筋套筒灌浆连接应用技术规程》(JGJ 355—2015)的规定。钢筋套筒灌浆连接接头采用的套筒应符合《钢筋连接用灌浆套筒》(JG/T 398—2019)的规定。钢筋套筒灌浆连接接头采用的灌浆料应符合《钢筋连接用套筒灌浆料》(JG/T 408—2019)的规定。钢筋套筒灌浆连接接头所用的套筒及灌浆料的适配性应通过钢筋连接接头型式检验确定，其检验方法应符合《钢筋套筒灌浆连接应用技术规程》(JGJ 355—2015)的规定。钢筋浆锚搭接连接接头采用的水泥基灌浆料的物理、力学性能和钢筋金属波纹管浆锚搭接接头采用的金属波纹管性能，均应符合现行上海市工程建设规范《装配整体式混凝土公共建筑设计规程》(DGJ 08—2154)和《装配整体式混凝土居住建筑设计规程》(DG/TJ 08—2071)的规定。

（5）防水材料

预制夹芯外墙板接缝用密封胶应采用耐候性密封胶。密封胶应具有低污染性、防霉及耐水等性能，并应与混凝土具有相容性，其最大伸缩变形量和剪切变形性等应根据设计要求选用。其他性能应满足现行行业标准《混凝土接缝用建筑密封胶》（JC/T 881）的规定。预制夹芯外墙板接缝处的密封条宜采用三元乙丙橡胶或氯丁橡胶等密封材料。预制夹芯外墙板接缝处密封胶的背衬材料宜选用聚乙烯泡沫棒，其直径不应小于1.5倍缝宽。

（6）饰面材料

面砖应有质量保证书和型式检验报告，质量应符合现行有关标准的规定。其他饰面材料应有质量保证书和型式检验报告，质量应符合现行有关标准的规定。

2. 协同设计

预制夹芯外墙板由内外叶墙板、夹芯保温层、连接件及饰面层组成，其基本构造应符合表5-94的规定。通过提高预制混凝土夹芯保温外墙板系统耐久性能，确保预制混凝土夹芯保温外墙板系统使用功能在整个服役期不衰减，因此要进行保温系统的防水、防开裂等耐久性和热工等功能性的协同设计。

表 5-94　预制夹芯外墙板基本构造

基本构造					构造示意图
内叶墙板 ①	夹芯保温层 ②	外叶墙板 ③	连接件 ④	饰面层 ⑤	
钢筋 混凝土	保温材料	钢筋 混凝土	A. 纤维增强塑料（FRP）连接件 B. 不锈钢连接件	无饰面 面砖 其他饰面	① ② ③ ④ ⑤

预制夹芯外墙板接缝（包括墙板之间、女儿墙、阳台以及其他连接部位）和门窗接缝应做防排水处理，应根据预制夹芯外墙板不同部位接缝的特点及使用环境要求，选用构造与材料相结合的防排水系统，或单独采用构造防水、材料防水措施，宜选用构造与材料相结合的防排水系统。防排水系统的选用应符合表5-95的要求。

表 5-95　预制夹芯外墙板接缝处防排水系统选用

预制夹芯外墙板类型	防排水系统
预制夹芯外挂墙板	选用构造与材料相结合的防排水系统或构造防水措施；水平缝应采用企口缝，竖缝宜采用双直槽缝
预制夹芯保温剪力墙板	选用构造与材料相结合的防排水系统或单独采用构造防水、材料防水措施；水平缝可采用企口缝和平缝，宜采用企口缝；竖缝宜采用平缝

当采用构造防水或构造与材料相结合的防排水系统时，预制夹芯外墙板拼缝构造应符合下列要求：

（1）预制夹芯外墙板水平缝构造应符合图 5-20（a）和图 5-20（b）的要求。

（2）预制夹芯外墙板竖缝构造应符合图 5-20（c）和图 5-20（d）的要求，减压空腔应完整有效。预制夹芯剪力墙板竖缝内现场附加保温层材料的燃烧性能应为 A 级。

（3）预制夹芯外挂墙板竖缝宜分段设置排水管，预制夹芯剪力墙板每隔三层的竖缝顶

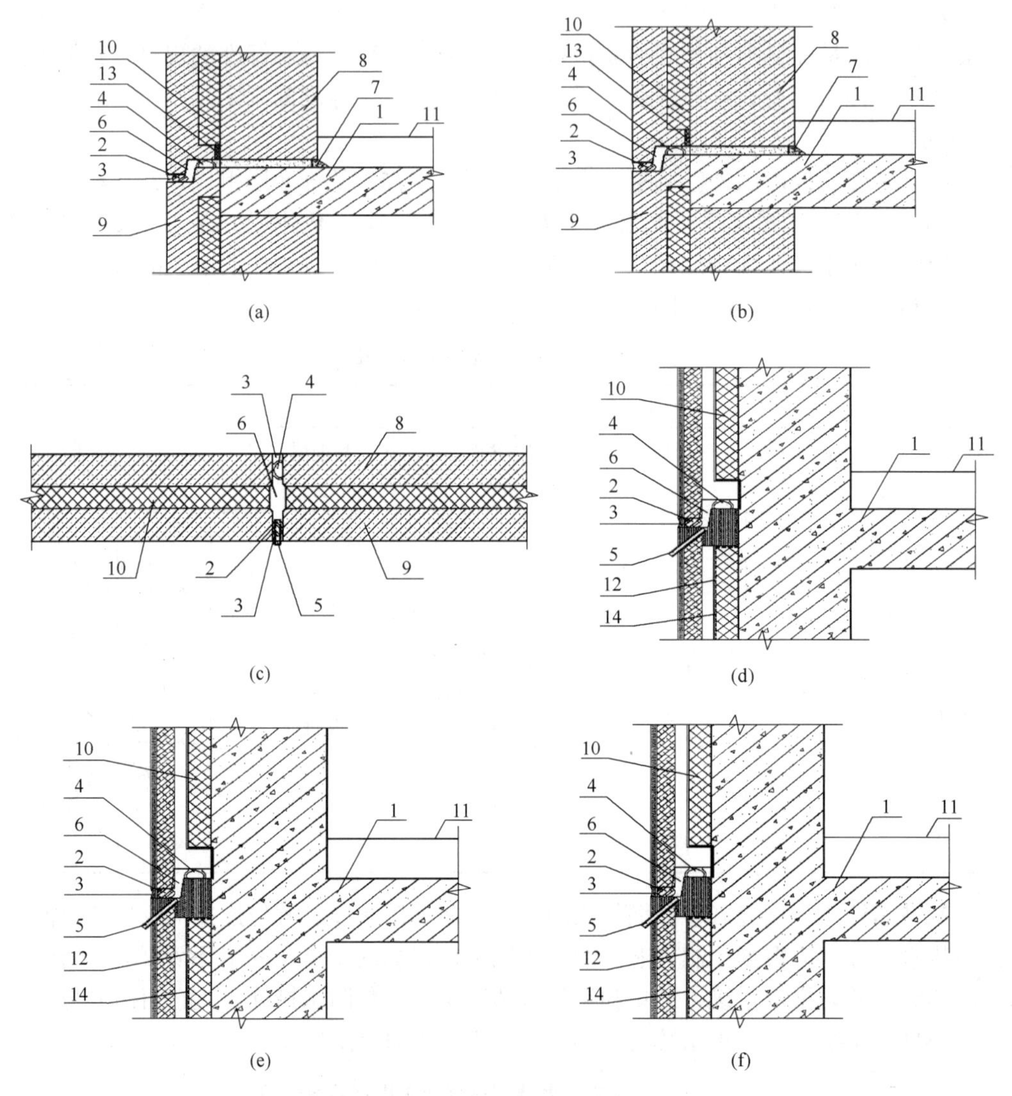

图 5-20　预制夹芯外墙板接缝构造示意图

（a）预制夹芯外挂墙板水平缝；（b）预制夹芯剪力墙板水平缝；

（c）预制夹芯外挂墙板竖缝；（d）预制夹芯剪力墙板竖缝；

（e）预制夹芯外挂墙板竖缝排水管；（f）预制夹芯剪力墙板竖缝排水管

1—现浇部分；2—背衬材料；3—防水密封胶；4—密封条；5—排水管；6—减压空腔；

7—防水砂浆；8—内叶墙板；9—外叶墙板；10—保温板；11—楼层完成面；

12—墙板连接件；13—隔离材料；14—胶带贴缝；15—现场附加保温层（A 级）

部应设置排水管［图 5-20（e）和图 5-20（f）］，板缝内侧应增设密封构造。排水管内径不应小于 8mm，排水管坡向外墙面，排水坡度不小于 5%。

预制夹芯外墙板接缝应满足主体结构的层间位移、密封材料的变形能力、施工误差、温差引起变形等要求，接缝宽度宜按 15～25mm 选用。构造与材料相结合防排水构造的嵌缝深度应达到缝宽 1/2 的要求，并且不小于 8mm；材料防水构造的嵌缝深度不应小于 20mm。

预制夹芯外墙板中挑出墙面的部分宜在其底部周边设置滴水槽如图 5-21 所示。

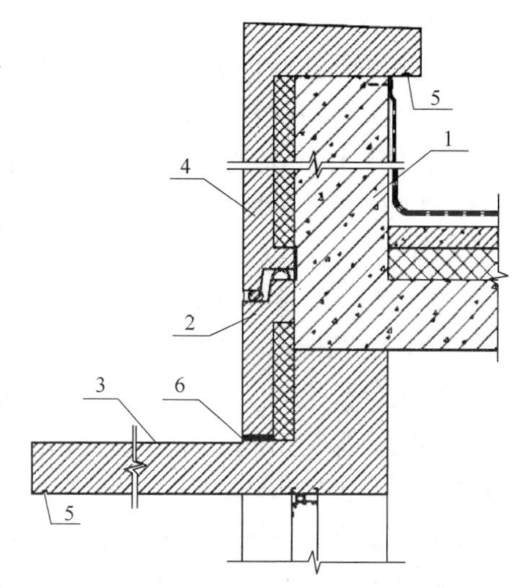

图 5-21　滴水槽示意图

1—现浇结构；2—预制夹芯外墙板；3—预制外墙外挂构件；4—预制女儿墙；5—滴水槽；6—防水密封胶

预制夹芯外墙板上的门窗框可采取预埋或预留门窗洞方式。当窗框采取预埋方式时，其构造见图 5-22。当窗框采取预留门窗洞方式时，应按现行行业标准《铝合金门窗工程技术规范》（JGJ 214）的相关内容保证外窗与墙体连接部位的防水性和气密性。

当卫生间及其他容易有积水的房间外墙采用预制夹芯外墙板时，防水构造做法应符合下列要求：①当预制夹芯外墙板与楼板间有接缝时，应采用压力灌浆方法封堵接缝。②预制夹芯外墙板内侧应设涂膜防水层，防水层高度应符合现行行业标准《住宅室内防水工程技术规范》（JGJ 298）的相关规定。预制夹芯外墙板与地面转角、交角处应做附加增强防水层，每边宽不应小于 150mm。③地漏应设置在距预制夹芯外墙板与楼板接缝位置 200mm 以外。

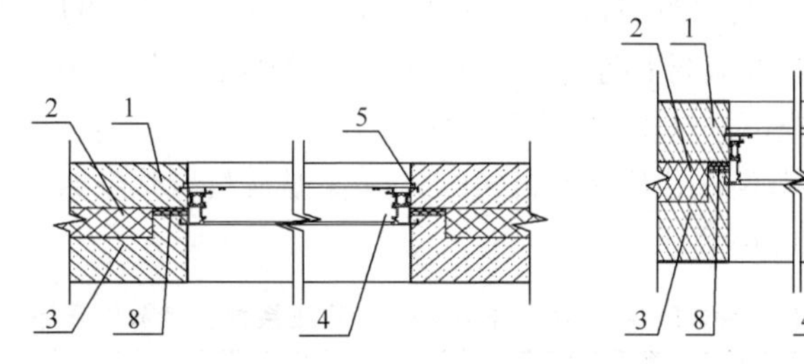

图 5-22　预埋窗框构造示意图

1—外叶墙板；2—保温板；3—内叶墙板；4—窗框；5—防水密封胶；6—滴水槽；7—窗台泛水；8—隔离材料

同时要求预制夹芯外墙板的外叶墙板不宜作为重型装饰构件及外墙附件的受力部位，沿外墙面敷设管线时，螺栓不应穿透预制夹芯外墙板的外叶墙板。预制夹芯外墙板穿墙孔洞设计应内高外低，并应采取可靠的止水措施。

预制夹芯外墙板外叶墙板上线盒应采用预埋做法，线盒与保温层之间混凝土封边厚度不宜小于 20mm。

预制夹芯外墙板的燃烧性能和耐火极限应符合现行国家标准《建筑设计防火规范》

（GB 50016）的规定，且应符合现行行业和上海市相关标准的规定。

预制夹芯外挂墙板接缝及墙板与相邻构件之间的接缝跨越防火分区时，室内一侧的接缝应采用防火封堵材料进行密封。水平缝的连续密封长度不应小于1m；竖缝的连续密封长度不应小于1.2m，当室内设置自动喷水灭火系统时不应小于0.8m。防火墙两侧以及内转角两侧预制夹芯外墙板上的门、窗、洞口之间最近边缘的水平距离应符合现行国家标准《建筑设计防火规范》（GB 50016）的规定。

电气线路不应穿越或敷设在燃烧性能为 B_1 级的夹芯保温材料中。当电气线路确需穿越或敷设在夹芯保温材料时，应采取穿金属管并在金属管周围采用不燃隔热材料进行防火隔离等防火保护措施。设置开关、插座等电器配件的部位周围应采取不燃隔热材料进行防火隔离等防火保护措施。消防配电线路暗敷在预制夹芯外墙板内时，应穿管并应敷设在内叶或外叶混凝土墙板内，且其混凝土保护层厚度不应小于30mm。预制夹芯外墙板的预留孔洞和缝隙应在作业完成后进行密封处理。

预制夹芯外墙板金属预埋件外露部分应采取防火、防腐等措施，其耐火极限不应低于预制夹芯外墙板的耐火极限，且应符合现行国家、行业和上海市相关标准的规定。当预制夹芯外挂墙板采用幕墙式构造与主体建筑连接时，预制夹芯外挂墙板及连接构造的防火还应符合现行上海市工程建设规范《建筑幕墙工程技术规范》（DGJ 08-56—2012）的有关规定。

预制夹芯外墙板的空气声计权隔声量评价量＋修正量（$R_w + C_{tr}$）应大于或等于45dB。装配式居住建筑外墙的空气声计权标准化声压级差评价量＋修正量（$D_{nT,w} + C_{tr}$）应大于或等于45dB。居住建筑预制夹芯外墙板上的外窗（阳台门）在交通干线两侧，其空气声计权隔声量评价量＋修正量（$R_w + C_{tr}$）应大于或等于30dB，其他应大于或等于25dB。

预制夹芯外墙板热工节能性能应符合现行上海市工程建设规范《居住建筑节能设计标准》（DGJ 08—205）或《公共建筑节能设计标准》（DGJ 08—107）的要求，并应满足设计要求。预制夹芯外墙板的保温材料厚度应通过热工计算确定，计算方法应符合现行国家标准《民用建筑热工设计规范》（GB 50176）的规定。

当预制夹芯外墙板边缘不采用混凝土封边时，其保温材料导热系数、蓄热系数及计算修正系数取值应符合表5-96的要求。

表5-96　混凝土不封边时保温材料导热系数、蓄热系数及计算修正系数 α

保温材料名称	导热系数/［W/(m·K)］	蓄热系数/［W/(m²·K)］	计算修正系数 α	
			FRP连接件	不锈钢连接件
模塑聚苯板	0.039（0.033）	0.36	1.25	1.3
挤塑聚苯板	0.030	0.32	1.2	1.25
硬泡聚氨酯板	0.024	0.39	1.15	1.2
酚醛泡沫板	0.034	0.32	1.2	1.25
发泡水泥板	0.070	1.28	1.2	1.25
泡沫玻璃板	0.058（0.045）	0.81	1.1	1.15

注：表中括号内的数值适用于保温性能较好的保温材料。

当预制夹芯外墙板边缘采用混凝土封边时，其保温材料导热系数、蓄热系数及计算修正系数取值应符合表 5-97 的要求。

表 5-97 混凝土封边时保温材料导热系数、蓄热系数及计算修正系数 α

保温材料名称	导热系数/[W/(m·K)]	蓄热系数/[W/(m²·K)]	计算修正系数 α	
			FRP 连接件	不锈钢连接件
模塑聚苯板	0.039 (0.033)	0.36	1.5	1.55
挤塑聚苯板	0.030	0.32	1.5	1.55
硬泡聚氨酯板	0.024	0.39	1.5	1.55
酚醛泡沫板	0.034	0.32	1.5	1.55
发泡水泥板	0.070	1.28	1.45	1.5
泡沫玻璃板	0.058 (0.045)	0.81	1.45	1.5

注：表中括号内的数值适用于保温性能较好的保温材料。

5.2.5.2 蒸压加气混凝土砌块自保温系统协同设计

墙体自保温技术是按照一定的建筑构造，采用节能型墙体材料及配套砂浆使墙体的热工性能等物理性能指标符合相应标准的建筑墙体保温隔热技术体系。与采用内、外保温系统相比，墙体自保温技术具有以下明显优势[32-34]：①具有良好的耐候性、耐久性，不易老化，耐候性、耐久性好，与建筑物同寿命。②防火、抗冲击性能佳，系统安全、可靠。③绿色、环保。自保温墙体在生产、运输和使用过程中污染小，自保温墙材还可以大量采用粉煤灰、江湖淤泥、污泥等废渣。④施工便捷。自保温墙体中，砖、砌块类墙体主要施工工艺为砌筑工艺，板材类主要施工工艺为安装工艺，不存在粘贴、喷涂等工艺，施工工艺简单，施工方便、快捷，易于掌握。⑤综合经济性较好，自保温墙体与建筑物同寿命，在建筑物全寿命周期内无须再增加费用进行维修、改造，可最大限度地节约资源、费用。建筑质量通病少。⑥外墙外保温系统施工质量较难控制，保护层开裂、空鼓、渗水、保温层脱落、面砖脱落等质量通病时有发生，自保温墙体则很少存在这些质量通病和安全问题。

蒸压加气混凝土砌块广泛应用于高层建筑的填充墙体中，蒸压加气混凝土所构成的自保温节能系统是除外墙外保温系统外的另一种十分重要的系统，能广泛地适用于我国的夏热冬冷地区和夏热冬暖地区。

1. 系统设计

蒸压加气混凝土砌块自保温系统耐候性应符合表 5-98 的要求。

表 5-98 蒸压加气混凝土砌块自保温系统耐候性要求

项目		性能指标
耐候性	外观	不得出现开裂、空鼓或脱落
	涂料饰面	抗裂防护层与保温层的拉伸粘结强度≥0.20MPa
	面砖饰面	面砖与抗裂防护层的平均拉伸粘结强度≥0.40MPa

蒸压加气混凝土砌块自保温系统性能应符合表 5-99 的要求。

表 5-99　蒸压加气混凝土砌块自保温系统性能要求

项目	性能指标	
吸水量（水中浸泡 1h）	$\leqslant$1.0kg/m^2	
抗冲击强度	普通型（单层网布）	3.0J，且无宽度大于 0.10mm 的裂纹
	加强型（双层网布）	10.0J，且无宽度大于 0.10mm 的裂纹
耐冻融	10 次冻融循环后，表面无渗水裂纹、空鼓、起泡、剥离现象，拉伸粘结强度$\geqslant$0.20MPa	
水蒸气湿流密度	$\geqslant$0.85g/(m^2·h)	
不透水性	试件防护层内侧无水渗透	

2. 协同设计

通过提高蒸压加气混凝土墙体耐久性能，确保加气混凝土的自保温系统使用功能在整个服役期不衰减，因此要进行自保温系统的防水、防开裂等耐久性和热工等功能性的协同设计。

针对蒸压加气混凝土自保温系统，其部分设计要求如下：

（1）适用范围

抗震设防烈度为 9 度及 9 度以下、抗震设防重要性分类为乙类及乙类以下的一般民用及工业建筑的框架（短肢剪力墙）填充墙和内隔墙，在下列情况下不得采用粉加气砌块墙体：建筑物+0.000 以下的外墙；长期处于浸水和化学侵蚀的环境；墙体表面经常处于 80℃以上的高温环境。

（2）墙体性能要求

蒸压加气砌块墙体的隔声性能应从表 5-100 进行选择。蒸压加气砌块墙体的燃烧性能应符合表 5-101 的规定。

表 5-100　蒸压加气砌块墙体的隔声性能表

隔墙做法	100～3150Hz 的计权隔声量 R_w/dB
150mm 厚 B06 级蒸压加气砌块隔墙，无抹灰层	46.0
200mm 厚 B06 级蒸压加气砌块隔墙，无抹灰层	48.4

注：以上数据引自 JGJ/T 17—2020 附录 A。

表 5-101　蒸压加气砌块墙体的燃烧性能表

蒸压加气砌块非承重墙	结构厚度/mm	耐火极限/h	燃烧性能
	200	1	不燃烧体

根据节能计算要求，以一定厚度的蒸压加气砌块作为单一墙体材料，且采用干法薄层砌筑而成的外围护墙体，并对梁柱等结构性热桥部位采取一定的保温措施后，可作为自保温墙体。如在该墙体的外（内）侧再实施附加保温，则可满足更高的节能标准要求。

蒸压加气混凝土砌块自保温系统进行防水设计时应考虑蒸压加气砌块墙体与框架柱

(或短肢剪力墙、构造柱)、梁及楼板交接处的界面应做柔性连接；位于建筑外墙及潮湿房间（如浴厕、厨房等）时，做防水处理。同时，对于厨房、卫生间、盥洗室等潮湿房间及设有露台、室外空调板、雨篷等出挑构件的蒸压加气砌块墙体底部，应设置高度不小于200mm的混凝土导墙或钢筋混凝土上翻梁，厚度同墙体；并应在易受潮的一侧做好墙面防水处理，以避免墙面干湿交替或局部冻融的破坏。蒸压加气砌块墙体用于建筑物外墙时，应做饰面保护层。做饰面层时，基墙表面须涂刷专用界面剂。外饰面保护层可采用抹面胶浆粉刷内置耐碱玻纤网格布。耐碱玻纤网格布的氧化锆（ZrO_2）含量不应小于16.0%，且表面须经涂覆处理，其性能应符合相关标准要求。内饰面保护层应采用透气性好的材料。

蒸压加气砌块外墙饰面层宜优先选用水性防水弹性涂料，涂料性能应符合相关技术标准的要求。外墙墙面水平方向的凹凸部位和挑出部分（如线脚、雨篷、挑檐、窗台等），应做泛水和滴水，以避免积水。

蒸压加气砌块的墙体厚度应满足使用功能要求，并综合考虑安全、节能、隔声、防火等各项性能后确定。外墙厚度宜不小于200mm。

蒸压加气砌块墙体应采用配套的专用砌筑砂浆砌筑、专用抹面胶浆抹灰，并采用薄层（3mm）砌筑工艺；且抹灰层厚度宜薄不宜厚，总厚度宜控制在12mm左右。砌块排块设计时上下皮应错缝，搭接长度不宜小于块长的1/3且最小搭接长度不得小于100mm。窗间墙的宽度不宜小于600mm，否则应有加强措施。安装门窗框的锚固件部位宜设置构造柱或应采用600mm标准长度砌块。

当蒸压加气砌块外墙饰面层采用饰面砖时，应采用轻质功能性面砖，质量控制在$20kg/m^2$以下，单块面积不应大于$0.015m^2$，面砖吸水率不大于6%，且不小于0.5%，面砖缝宽不小于5mm。应采用与面砖材性相匹配的柔性胶粘剂及勾缝剂粘贴面砖及勾缝。面砖的粘贴高度应符合国家和地方的相关规定。

外墙饰面层应结合建筑立面设计合理设置分格缝，竖向间距不宜超过12m，横向不宜大于6m，并应采用弹性防水材料填缝。

蒸压加气砌块墙体与其他建筑配件（如门、窗、热水器、排油烟机、附墙管道、管线支架、卫生设施等）的连接，应采用射钉、膨胀锚栓等连接件连接并牢固可靠。所有金属连接件均应做防锈处理。墙上吊挂重物的质量大于50kg时，设计应另行采取加强措施。

在蒸压加气砌块墙体上镂槽暗敷管线，必须待墙体达到一定强度后方可进行，且水平向开槽总深不得大于1/4墙厚，竖向开槽总深不得大于1/3墙厚。应避免在同一墙体双面开槽；必须开槽时，应使槽间距≥600mm。穿越墙体的水管应严防渗水。管线开槽埋管后应固定牢固，用专用修补材料分两次补填墙槽，补填面宜比墙面微凹进2mm，再用胶粘剂补平，并沿槽长及周边外贴宽度不小于200mm的耐碱玻纤网格布增强。

在蒸压加气砌块外墙或在厚度小于200mm的蒸压加气砌块内墙上设门窗框，应在洞口两侧设钢混凝土构造柱或在墙体的上、中、下部位设置预制混凝土块，再用射钉、膨胀螺栓等连接件固定。固定门窗框的连接件位置宜设在墙厚正中处，或离墙厚侧面水平距离不小于50mm处。外门窗框与墙体洞口之间的空隙应采用PU发泡剂等弹性闭孔材料填充饱满，并使用密封胶密封。

工业建筑和民用建筑中的大型、重型及组合式门窗，以及洞口尺寸大于2100mm×

3000mm的门窗安装，均应与门窗洞口周边的现浇钢筋混凝土框及相应铁件连接，不得直接安装在粉加气砌块墙体上。

蒸压加气混凝土砌块自保温系统结构设计规定填充墙的强度等级不应低于A3.5。特别高的自承重砌体（墙体净高度大于6m），如公共建筑的中庭、裙房，单层厂房的隔墙，砌块的强度等级不应低于A5.0，且应验算墙体的强度和稳定性，同时采用圈梁、钢筋混凝土带及垫块等措施。同时要求砌筑蒸压加气砌块的砂浆抗压强度不得低于M5.0。蒸压加气砌块砌体施工质量控制等级应为B级。

墙体应满足稳定性要求。高厚比验算方法及计算公式应按《砌体结构设计规范》（GB 50003—2011）执行。当砌筑砂浆抗压强度不低于M5.0时，其允许高厚比限值可按24取定。

5.2.5.3 硅墨烯保温板外墙外保温系统协同设计

本系统所用硅墨烯保温板采用无机胶凝材料、石墨聚苯乙烯颗粒以及多种添加剂通过混合搅拌、灌模加压成型、自然养护或蒸汽养护等工艺，经切割制成的保温板。根据《无机改性不燃保温板外墙保温系统应用技术标准》其密度要求小于170kg/m^3，导热系数小于0.052W/（m·K），燃烧性能达到A2级，满足抗拉强度高、弯曲变形小、粘贴后不易脱落，并兼具有良好保温性能，防火等级为不燃（不低于A2级）的保温板。

硅墨烯保温板外保温系统是一种以硅墨烯保温板为保温层、通过采用胶粘剂粘结为主并辅以锚固的工艺固定在基层墙体外侧，或外墙内侧采用胶粘剂粘结为主并辅以锚固的工艺与基层墙体连接，采用抹面胶浆和耐碱涂覆中碱网格布增强复合为抹面层，涂料或面砖的饰面层构成外保温系统的统称。硅墨烯保温板外墙外保温系统包含薄抹灰系统和保温模板一体化系统。

1. 系统设计

硅墨烯保温板外墙外保温系统的性能应满足表5-102的要求。

表5-102 硅墨烯保温板外墙外保温系统的性能指标

项目			性能要求
耐候性	外观		表面无开裂、空鼓或脱落
	涂料饰面	抹面层与保温层的拉伸粘结强度/MPa	≥0.10，且破坏在保温层内
	面砖饰面	抹面层与保温层的拉伸粘结强度/MPa	≥0.4（平均值） ≥0.3（最小值）
抹面层不透水性			2h试样内侧无水渗透
耐冻融性能			30次循环后，表面无裂纹、空鼓、起泡、剥离、脱落。保护层与抹面层拉伸粘结强度≥0.10MPa，且破坏界面在保温板内
水蒸气湿流密度/[g/(m^2·h)]			≥0.85
抗冲击性	加强型/J		≥10.0
	普通型/J		≥3.0
吸水量，浸水1h/(g/m^2)			≤500

2. 协同设计

粘贴保温板薄抹灰外保温系统由粘结层、保温层、抹面层和饰面层构成，其结构组成如表 5-103 所示，对硅墨烯保温板外墙外保温系统设计时，应充分考虑系统防水、防裂针对各节点的构造设计等。

表 5-103 粘贴保温板薄抹灰外保温系统

饰面	基本构造层次及组成材料					构造示意
	基层 (1)	粘结层 (2)	保温层 (3)	抹面层 (4)	饰面层 (5)	
涂料	混凝土墙或各种砌体墙＋预拌砂浆找平层＋托架	胶粘剂	硅墨烯保温板	抹面胶浆＋耐碱涂覆网布＋锚栓	柔性耐水腻子＋外墙涂料	
面砖				抹面胶浆＋耐碱涂覆网布＋锚栓	面砖＋柔性胶粘剂＋柔性填缝剂	

针对硅墨烯保温板外保温系统的防水设计，要求外保温工程水平或倾斜的出挑部位以及延伸至地面以下的部位应做防水处理。门窗洞口与门窗交界处、首层与其他层交接处、外墙与屋顶交接处应进行密封和防水构造设计，水不应渗入保温层及基层墙体，重要节点部位应有详图。穿过外保温系统安装的设备、穿墙管线或支架等应固定在基层墙体上，并应做密封和防水设计外墙散水部位外保温构造按照图 5-23 的做法。基层墙体变形缝处应采取防水和保温构造处理。

硅墨烯保温板外墙保温系统适用于抗震设防烈度 7 度地区和 8 度构造设防的建筑物。用作外墙外保温系统时，保温板厚度不应大于 70mm，使用高度不应超过 80m；饰面层采用面砖时，粘贴面砖的高度不应超过 40m 并应符合相关标准的规定。硅墨烯保温板外墙保温系统用于建筑幕墙基墙外侧保温时，应用高度可与建筑物同高度。其也可用于屋面正

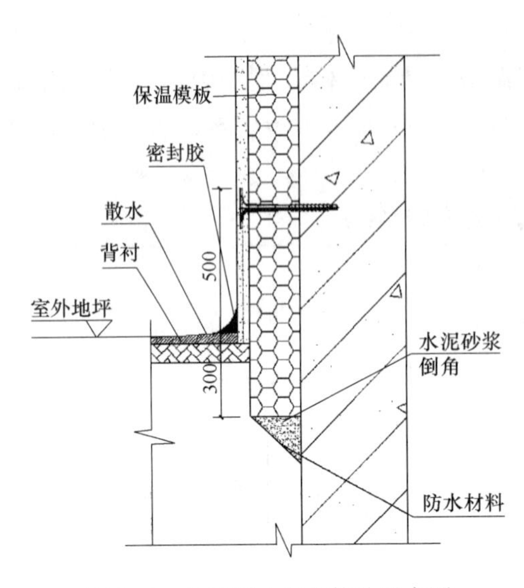

图 5-23　外墙散水部位构造示意图

置式保温和楼板板面保温，且应符合相应标准及规范的要求。其用作混凝土墙体和各种砌体的外保温时，基层墙面的处理要求基层墙体的外侧应有预拌砂浆找平层，其粘结强度应符合相关要求。当基层墙体为混凝土墙、混凝土小型砌块、混凝土多孔砖时，基层墙面与水泥砂浆找平层之间应采用混凝土界面剂作界面层。预拌砂浆找平层的厚度可根据基层墙面的平整度确定，一般为 20mm，且不应小于 12mm。基层墙体为蒸压加气混凝土砌块时，其表面应涂刷蒸压加气混凝土界面剂作界面层，且应设置厚度不小于 10mm 的薄层预拌砂浆找平层。外墙内保温系统的混凝土基层墙面平整度小于或等于 4mm 时，可不做找平层。

硅墨烯保温板在寒冷或严寒地区不宜采用面砖饰面，如采用则应增加透气装置。应用外保温系统进行构造设计时，要求硅墨烯保温板与基层墙体的有效粘结面积不应小于 70%，粘结层厚度不应小于 3mm。另一方面，涂料饰面时，建筑物首层的抹面层应压入两层标准型耐碱涂覆网布，首层以上墙面抹面层应压入一层标准型耐碱涂覆网布，抹面层厚度为 3～5mm。耐碱涂覆网布的搭接宽度不应小于 100mm。面砖饰面时，抹面层中应压入一层加强型耐碱涂覆网布，抹面层的厚度应为 5～7mm。加强型耐碱网布在墙面的拼接处应加贴标准型耐碱网布增强，加贴网布的宽度每边不应小于 100mm；加强型耐碱网布在外墙阴阳角部位应断开，并应在角部加贴一层附加标准型网布，附加网布每边搭接宽度不应小于 200mm。涂料饰面时，高度 24m 以下墙面可不设金属托架，高度 24～60m 的墙面，每二层且不大于 6m 设置一道金属托架；高度 60m 以上的墙面，每层且不大于 4.5m 应设置一道金属托架。面砖饰面时，高度 24m 以下的墙面，每二层且不大于 6m 设置一道金属托架；高度 24～40m 的墙面，每层且不大于 4.5m 应设置一道金属托架。如墙面有混凝土凸出构造，可代替金属托架。金属托架宜采用角钢托架并应做防腐处理，其水平宽度不应小于保温板厚度的 2/3，用 M8 膨胀螺栓固定，螺栓间距应不大于 600mm。金属托架应设置在混凝土构件上，托架接缝间隙宜为 3～5mm。

针对硅墨烯保温板外保温系统用锚栓则要求在涂料饰面时，锚栓应设置于耐碱涂覆网布内侧的硅墨烯保温板上，高度为 24m 及以下的墙面可不设锚栓，高度在 24m 以上至 60m 及以下的墙面每平方米不应少于 5 个锚栓，高度在 60m 以上的墙面每平方米不少于 6 个锚栓。面砖饰面时，锚栓应固定在耐碱涂覆网布外侧，高度不大于 24m 的墙面，每平方米不少于 5 个锚栓；高度大于 24m 的墙面，每平方米不应小于 6 个锚栓。高度三层及以下且不超过 10m 的新建低层居住建筑的墙面，可不设锚栓。外墙阳角部位，锚栓离角边为 120～150mm 内的位置在已有锚栓中间加设一个。当凸窗底板宽度不大于 600mm 时，可仰贴硅墨烯保温板，厚度小于或等于 50mm，锚栓加固设置每平方米 4 个，且不少于周边墙体锚栓的数量。锚栓伸入混凝土基墙的有效锚固深度不应小于 30mm，宜采用通过摩擦承载的锚栓；锚栓伸入蒸压加气混凝土制品基墙的有效锚固深度不应小于 50mm，宜采用通过摩擦和机械锁定共同承载的锚栓；锚栓伸入其他砌体基墙的有效锚固深度不应小于 40mm，宜采用通过摩擦承载的锚栓。对于内部有空腔的基层墙体，应采用通过摩擦和机械锁定共同承载的锚栓。

针对外墙阳角和门窗外侧洞口周边及四角部位应按下列要求实施增强：①在建筑物首层外墙阳角部位的抹面层中设置专用护角线条增强，网布位于护角线条的外侧，或用网布在角部包转搭接，网布搭接宽度每边不应小于 200mm。②二层以上外墙阳角部位的抹面层中采用网布角部包转搭接增强，网布搭接宽度不应小于 200mm。③门窗洞口阳角，其包转搭接宽度应为 150mm，也可采用带网布的护角条。阴角部位加贴 150mm＋150mm L 形网布。④门窗外侧洞口四角应在 45°方向加贴 300mm×400mm 的网布按照图 5-24 实施增强。⑤檐口、女儿墙、勒脚、变形缝等保温板的起止部位应设置附加翻包网布，翻包宽度不小于 100mm。

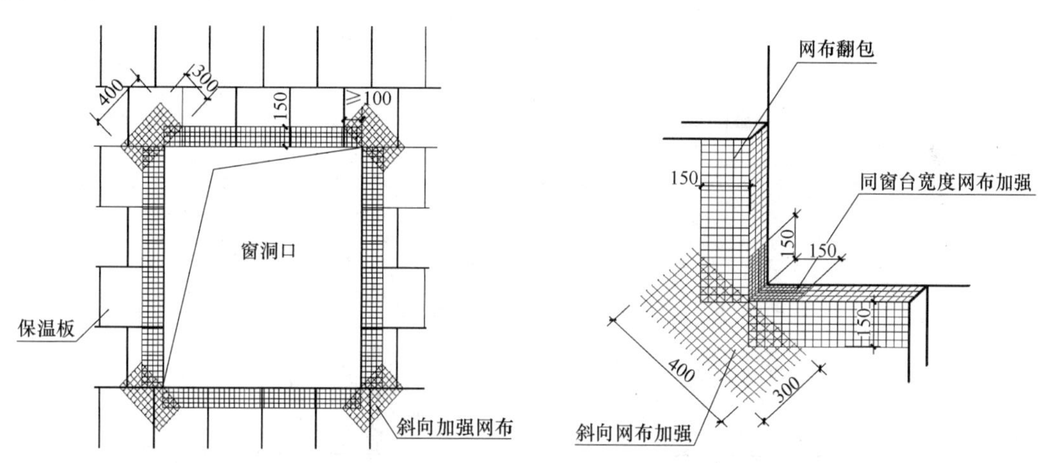

图 5-24　门窗外侧洞口网布加强

为防止建筑物沉降遭破坏，在进行系统构造设计时，对外墙外保温勒脚部位的保温构造要求应在室外地坪以上 150mm 处设置角钢托架。室外地面以上 600mm 高度范围内，基墙表面及抹面层表面应设置聚合物水泥防水涂层。女儿墙保温应设置混凝土压顶或金属盖板，且对女儿墙设置双侧保温，其中女儿墙内侧外保温（可利用屋面保温层上翻）的高度距离屋面完成面应不小于 300mm。屋面泛水防水层应设置于保温层外侧。保温层、抹面层与压顶相接处应采用密封胶处理。当为上人屋面时，女儿墙内侧保温层距屋面 300mm 高度范围内应采取保护措施（图 5-25）。

有关硅墨烯保温板外保温系统门窗洞口部位的构造规定门窗外侧洞口四周墙体，保温板厚度不应小于 20mm，保温板与保温板垂直接缝距洞口角的水平距离不应小于 200mm。同时门窗的收口，阳角保温板与门窗框间留 6～10mm 的缝，填背衬泡沫条并用硅酮建筑密封胶密封。

硅墨烯保温板外墙外保温系统应结合立面设计，合理设置分格缝。水平分格缝间距不应大于 6m，垂直分格缝间距不应大于 12m，建筑物墙面上的腰线或凹凸线可作为分格线。设置分格缝及腰线或凹凸线应有防水措施。基层墙体设有变形缝时，外保温系统在变形缝处断开，端头应设附加网布，缝中填充柔性保温材料，缝口设变形缝金属盖板如图 5-26 所示。

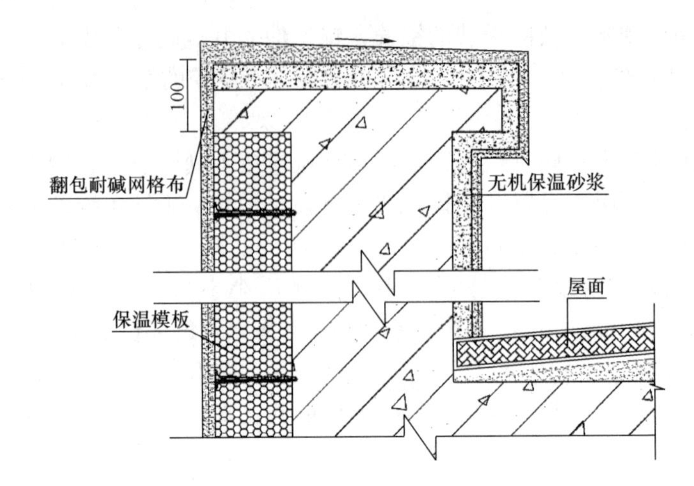

图 5-25　女儿墙部位构造示意图

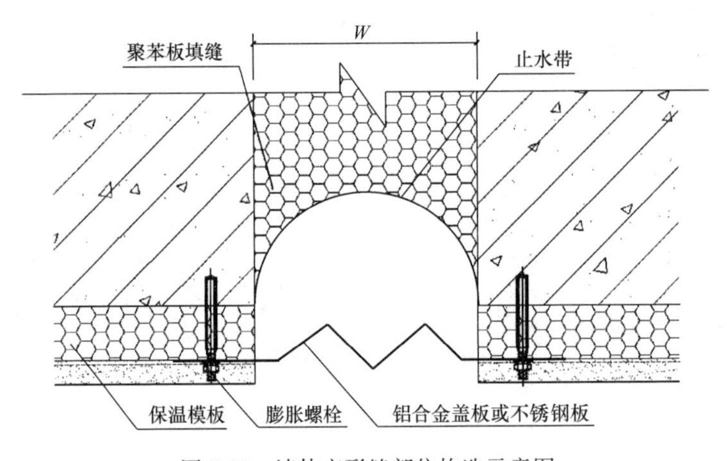

图 5-26　墙体变形缝部位构造示意图

凸出墙面的出挑部位，如阳台、雨罩、空调隔板，靠墙阳台栏板，两户之间的阳台分隔板和窗台板等，都宜采用无机保温砂浆做断桥设计，做到减少或避免“热桥”，又要保证结构安全。构造示意图见图 5-27、图 5-28。

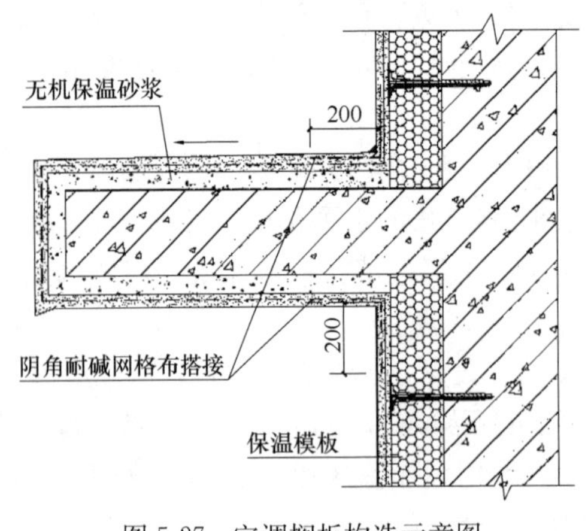

图 5-27　空调搁板构造示意图

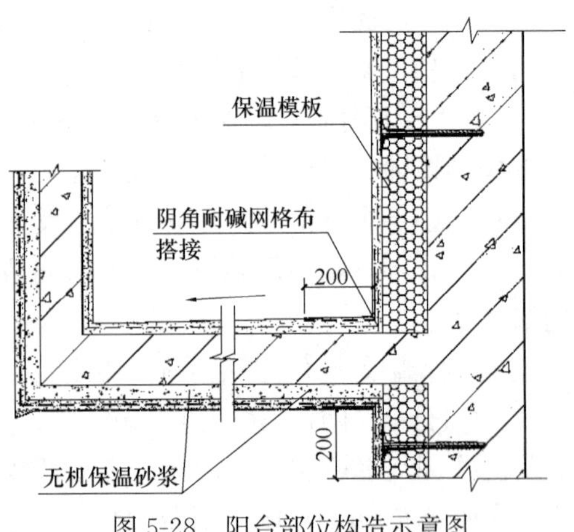

图 5-28　阳台部位构造示意图

硅墨烯保温板用于外墙保温时，其导热系数和蓄热系数的修正系数取 1.1，设计计算值（λ_c、S_c）应按表 5-104 取值。

表 5-104　硅墨烯保温板的 λ_c、S_c 值

干密度/(kg/m³)	λ_c/[W/(m·K)]	S_c[/W/(m²·K)]
130～170	0.049×1.1=0.054	0.75×1.1=0.825

5.2.5.4　真空绝热板外墙外保温系统协同设计

建筑用真空绝热板是以芯材和吸收剂为填充材料，使用复合阻气膜作为包裹材料，经抽真空、封装等工艺制成的建筑保温用板状材料，简称真空绝热板。在能源消费结构中，建筑能耗约占总能源消耗的 30%，位居各种能耗首位，而在我国北方地区，室内取暖则占据了建筑能耗的主要部分。随着全球采暖能耗标准的不断提高，传统保温材料的厚度也随之增加，脱落风险和火灾隐患也显得更为突出。真空绝热板的性能较为优秀，导热系数低是真空绝热板外墙保温系统的一个重要特点，导热系数越低说明保温性更好，与传统材料相比，其应用于建筑的保温效果越好。真空绝热板外墙保温系统也能在一定程度上避免出现墙体因正常变形而产生裂缝或脱落的情况。除了保护墙体，一定的防腐性能延长了建筑的使用寿命和提高了建筑质量，较好的隔热性也降低了建筑发生火灾的可能性。

另一方面，真空绝热板应用于建筑有多方面优势：导热系数低[≤0.0025W/(m·K)]、厚度薄且防火等级为 A 级。真空绝热板建筑保温系统按照使用部位和使用方式，可分为外墙外保温系统、外墙内保温系统、保温装饰板外墙外保温系统以及屋面和楼面保温系统。其中，建筑用真空绝热板外保温系统是指置于建筑物的外墙外侧或内侧，由粘结层(专用粘结砂浆或粘结石膏)、保温层(建筑用真空绝热板)、保护层(抹面胶浆压入耐碱网格布或粉刷石膏压入中碱网格布)、饰面层(涂料、瓷砖)等组成的建筑保温系统。在我国北方地区开发推广建筑用真空绝热板技术，不仅将有力推动我国北方采暖区的节能减排工作，而且能有效增加室内使用空间，具有重要的社会效益、能源效益、环境效益[36]。

真空绝热板作为外墙外保温系统时，应符合下列规定：①真空板外墙外保温系统应牢固、安全可靠，并应适应基层正常变形而不产生裂缝、空鼓和脱落。②系统长期承受自重，风荷载和室外气候反复作用而不产生有害的变形和破坏。③真空板保温系统应同时兼具物理-化学稳定性，系统组成材料相容性和防腐性等特性。

1. 系统设计

薄抹灰外墙外保温系统应由粘结层、真空绝热板保温层、薄抹面层和饰面层组成，真空绝热板应采用粘结砂浆固定在基层墙体上，薄抹面层中应压入玻璃纤维网格布，饰面层可采用涂料和饰面砂浆等。真空绝热板在实际的建筑外保温应用中，其保温、隔热、防潮等方面性能应符合现有的相关标准，其中包括《民用建筑热工设计规范》(GB 50176—2016)、《公共建筑节能设计标准》(GB 50189—2015)、《严寒和寒冷地区居住建筑节能设计标准》(JGJ 26—2018)、《夏热冬冷地区居住建筑节能设计标准》(JGJ 134—2010)和《夏热冬暖地区居住建筑节能设计标准》(JGJ 75—2012)等。对于将真空绝热板应用于薄抹灰外墙外保温系统时，其作为主体的外保温系统应该满足表 5-105 的规定。

表 5-105　真空绝热板外墙外保温系统的性能指标

项目		性能指标	试验方法
耐候性	外观	无空鼓、剥落或脱落、开裂等破坏，不得产生裂缝出现渗水	现行行业标准《外墙外保温技术标准》(JGJ 144)
	抹面层与保温层拉伸粘结强度/MPa	≥0.08	
抗风荷载性能		系统抗风压值 R_d 不小于工程项目的风荷载设计值	供需双方商定
抗冲击性		建筑物首层墙面及门窗等易受碰撞部位：10J 级；建筑物二层及以上墙面：3J 级	现行行业标准《外墙外保温技术标准》(JGJ 144)
吸水量/(g/m^2)		≤500	现行行业标准《外墙外保温技术标准》(JGJ 144)
耐冻融性能	外观	30 次冻融循环后，系统无空鼓、剥落，无可见裂缝	现行行业标准《外墙外保温技术标准》(JGJ 144)
	抹面层与保温层拉伸粘结强度/MPa	≥0.10	
水蒸气湿流密度/[g/(m^2·h)]		≥0.85	现行行业标准《外墙外保温技术标准》(JGJ 144)
热阻		给出热阻值	现行国家标准《绝热稳态传热性质的测定标定和防护热箱法》(GB/T 13475)

2. 协同设计

真空绝热板外墙外保温系统适用于钢筋混凝土、混凝土多孔砖、混凝土空心砌块、黏土多孔砖、蒸压加气混凝土砌块、粉煤灰蒸压砖等为基层的外墙保温工程。通过提高真空绝热板外墙外保温系统耐久性能，确保真空绝热板外墙外保温系统使用功能在整个服役期不衰减，因此要进行该保温系统的防水、防开裂等耐久性和热工等功能性的协同设计。

针对真空绝热板外墙薄抹灰外墙外保温系统进行防水设计时，要求真空绝热板保温工程应做好密封和防水构造设计，设备或管道应固定于基层上，穿墙套管、预埋件应预留，并应做密封和防水处理。穿墙管道、预埋件应在安装 STP 前完成，STP 严禁刺穿和破损。同时要求选用真空绝热板保温系统时，不得更改组成材料、系统构造和配套材料。

真空绝热板外墙薄抹灰外墙外保温系统构造设计要求真空绝热板薄抹灰外墙外保温系统的使用高度不宜超过 100m，当高度超过 100m 时，应做专项设计方案论证。真空绝热板保温系统的设计，在重力荷载、风荷载、地震作用、温度作用和主体结构正常变形影响下，应具有安全性，并应符合《建筑结构荷载规范》(GB 50009—2012) 和《建筑抗震设计规范》(GB 50011—2010) 的有关规定。

薄抹灰外墙外保温系统应由粘结层、真空绝热板保温层、薄抹面层和饰面层组成，真空绝热板应采用粘贴砂浆粘贴固定在基层墙体上，薄抹面层中应压入玻璃纤维网布

(图 5-29)。饰面层可采用涂料和饰面砂浆等。

真空绝热板应根据设计图纸绘制排版图，并宜采用合适尺寸的真空绝热板将保温墙体整体覆盖；当保温墙体边缘部位不能采用整块真空绝热板薄抹灰外墙外保温系统构造板时，可选用其他保温材料进行处理。

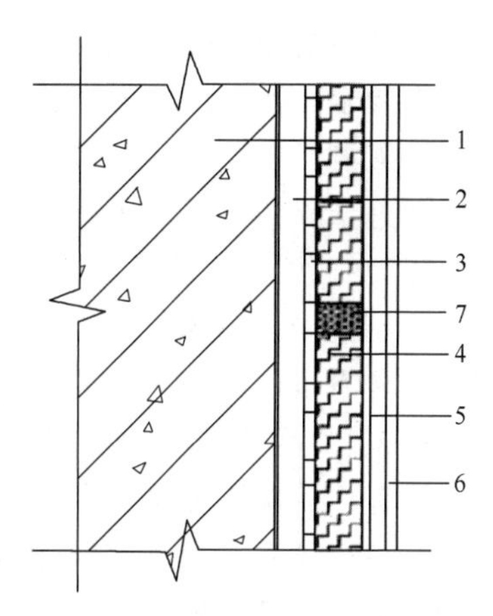

图 5-29　薄抹灰外墙系统构造

1—基层；2—找平层；3—粘结层；4—真空绝热板；5—抹面层，内嵌玻璃纤维网布；6—饰面层；7—保温浆料或聚氨酯泡沫

真空绝热板与基层墙体的粘结面积不应小于 80%。同时，真空绝热板应错缝粘贴，拼缝宽度不得超过 20mm；接缝处应进行防热桥处理，不同地区、不同建筑类型宜选用保温浆料或聚氨酯硬泡封堵。在真空绝热板的阳角、阴角及门窗洞口的边角处应进行加强处理(图 5-30)。门窗洞口部位的外墙外保温构造要求门窗洞口侧边等热桥部位可选用真空绝热板，也可选用其他保温材料进行处理。门窗洞口侧边等部位应做好密封和防水构造设计。为了保持真空绝热板的真空度，真空绝热板具有多层阻气膜复合而成的阻气结构。气体需要经过外设的一层隔气结和芯材后才能到达中心层的芯材，延长了气体渗透的路径，从而可有效地降低气体渗透量。此外，采用吸气剂及干燥剂吸收来自真空绝热板内的气体，以维持板内真空压力，保证真空绝热板的使用寿命，保证其整体绝热性能。

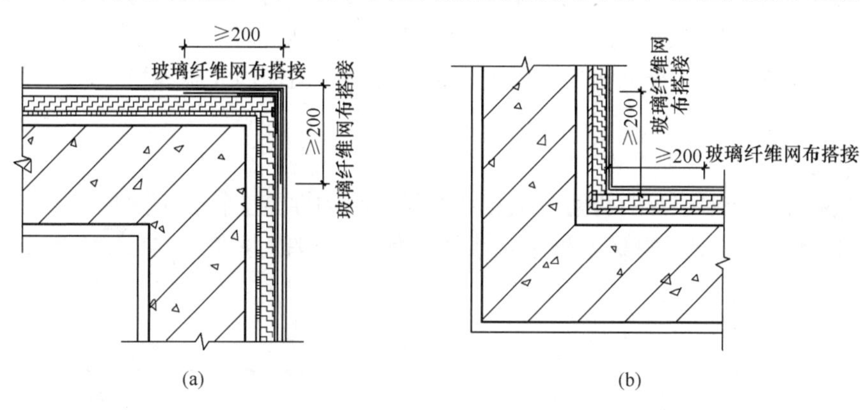

图 5-30　外墙阳角、阴角保温

(a) 外墙阳角保温；(b) 外墙阴角保温

进行真空绝热板外墙薄抹灰外墙外保温系统热工设计时，真空绝热板导热系数的修正系数 α 宜取值为 1.10；当同时考虑真空绝热板产品自身及其施工过程中板材平均板缝宽度对传热系数的影响时，应采用综合修正系数 β 对真空绝热板导热系数进行修正，并应按表 5-106 取值。

表 5-106　真空绝热板导热系数的修正系数

项目	平均板缝宽带 (d)		
	≤5mm	5～10mm	10～20mm
正系数 β	1.2	$1.2+0.3\times\frac{d-5}{5}$	$1.5+0.3\times\frac{d-10}{10}$

真空绝热板墙体及屋面保温工程的热工和节能设计除应符合相关标准规范外，还应符合以下要求：保温层内表面温度应高于室内空气在设计温度、湿度条件下的露点温度。门窗框外侧洞口四周、女儿墙、封闭阳台以及出挑构件等热桥部位应采取保温措施。保温系统应考虑金属锚固件、承托件热桥的影响。

5.2.5.5　预制混凝土反打保温外墙板系统

预制混凝土墙体节能体系是装配式建筑中的核心构造之一，对装配式建筑的功能性和耐久性具有重要影响。目前装配式建筑中预制混凝土墙体体系包括预制混凝土墙板组合外保温体系、预制混凝土墙板组合内保温体系、预制混凝土夹芯保温墙板体系。目前预制混凝土组合内外保温体系仍存在施工效率低、现场施工不绿色环保等问题，而预制混凝土夹芯保温墙板体系是通过三明治结构设计，使保温层不易受到环境因素影响而实现与主体结构同寿命，但其市场占推广受限，主要原因包括：①外叶板厚度要求混凝土厚度不低于60mm，且内部需配置钢筋，导致其对混凝土和钢筋材料消耗高，且自重大；②行业内对连接件的长期安全性和耐久性存有顾虑；③保温材料的消防安全、耐久性和功能性难以兼顾，当前采用的保温材料防火等级偏低，与混凝土粘结力较差；④混凝土、钢筋、连接件等造成墙体体系综合成本偏高，市场接受度受限。

本研究提出的预制混凝土反打保温外墙板系统实现外叶板厚度从原有 60mm 以上大幅减薄至 20mm，降低预制混凝土墙板体系自重，兼具防水、防裂等功能性及装饰性；采用防腐处理钢丝网片取代构造钢筋，减少外叶层钢筋材料消耗；研制与水泥基材料相容性更好的 A 级保温材料，提高其自身抗拉强度及抗弯性，取消结构连接件，利用保温板键槽处理和反打工艺，使内外叶板与保温层粘结力更强，确保墙体整体稳定性，最终使保温与主体结构同寿命。

1. 系统设计

（1）预制混凝土厚层反打保温外墙板系统及材料的性能应符合下列规定：

① 预制混凝土厚层反打保温外墙板系统中保温材料的厚度不宜小于 50mm，性能应符合表 5-107 的规定。

表 5-107　保温材料的性能要求

项目	指标	试验方法
干密度/(kg/m^3)	≤300	GB/T 5486—2008
抗压强度/MPa	≥0.30	GB/T 5486—2008
垂直于板面的抗拉强度/MPa	≥0.20	JGJ 144—2019
压缩弹性模量/kPa	≥20000	GB/T 8813—2020
抗弯荷载/N	≥3000	GB/T 19631—2005
弯曲变形/mm	≥6	GB/T 10801.1—2002
体积吸水率/%	≤10.0	按本技术规定附录 A 的规定执行
导热系数（25℃）/[W/(m·K)]	≤0.055	GB/T 10294—2008 或 GB/T 10295—2008
软化系数	≥0.8	JG/T 158—2013
干燥收缩/%	≤0.3	GB/T 11969—2020
燃烧性能等级	A 级	GB 8624—2012

② 防护层厚度应控制在15～20mm，其性能应符合表5-108的规定。

表5-108　防护层性能要求

项目		指标	试验方法
28d抗压强度/MPa		≥15.0	JGJ/T 70—2009
28d拉伸粘结强度（与保温材料）/MPa		≥0.20	
28d收缩率/%		≤0.15	
抗冻性	强度损失率/%	≤25	
	质量损失率/%	≤5	

③ 混凝土强度等级不应低于C30。

④ 保温板应内置两层镀锌钢丝网，防护层内置钢丝网时，钢丝网应进行镀锌等防腐蚀处理，钢丝网的性能应符合表5-109的规定。

表5-109　钢丝网性能要求

项目		指标	试验方法
小孔网	丝径/mm	0.9±0.04	QB/T 3897—
	网孔/mm	12.7×12.7	
焊点抗拉力，N	丝径0.9mm	>65	
	丝径2mm	>330	
镀锌层质量/(g/m²)		≥122	

⑤连接件应采用具有增强拉拔力构造的尼龙塑料锚栓；不锈钢或经过表面防腐处理的金属锚栓；单个锚栓抗拉承载力标准值不小于0.60kN，按《外墙保温用锚栓》（JG/T 366）规定的试验方法进行测定。

（2）预制混凝土反打保温外墙板薄抹灰系统及材料性能应符合下列规定：

① 系统的性能应符合表5-110的规定。

表5-110　薄层抹灰保温板反打外墙保温系统性能要求

项目		指标	试验方法
耐候性		经160次高温（70℃）－淋水（15℃）循环和10次加热（50℃）－冷冻（－20℃）循环后，无可渗水裂缝、无粉化、空鼓、剥落现象。拉伸粘结强度≥0.12MPa，破坏部位应位于保温层内	JGJ 144—2019
耐冻融性		60次循环后，系统无空鼓、剥落，无可见裂缝。拉伸粘结强度≥0.12MPa，破坏部位应位于保温层内	
吸水量（浸水1h）/(g/m²)		≤500	
热阻		符合设计要求	
抗冲击性	建筑物首层墙面及门窗口等易受碰撞部位	10J级	
	建筑物二层及以上墙面	3J级	
抹面层不透水性		2h不透水	
水蒸气渗透阻		符合设计要求	

② 预制混凝土反打保温外墙板薄抹灰系统的保温材料的性能应符合表 5-111 的规定，保温材料厚度不宜小于 50mm。

表 5-111　保温材料性能要求

项目	Ⅰ型	Ⅱ型	试验方法
干密度/(kg/m³)	≤300		GB/T 5486—2008
导热系数(25℃)/[W/(m·K)]	≤0.055		GB/T 10294—2008 或 GB/T 10295—2008
抗压强度/MPa	≥0.30		GB/T 5486—2008
垂直于板面方向的抗拉强度/MPa	≥0.12	≥0.20	JGJ 144—2019
体积吸水率/%	≤10.0		按本技术规定附录 A 的规定执行
干燥收缩率/%	≤0.8	≤0.3	GB/T 11969—2020
软化系数	≥0.6	≥0.8	GB/T 20473—2006
燃烧性能等级	A 级		GB 8624—2012

③ 抗裂砂浆性能应符合表 5-112 的规定。

表 5-112　抗裂砂浆性能要求

项目		指标	试验方法
拉伸粘结强度（与保温材料）/MPa	标准状态	≥0.12，且破坏在保温层	JG/T 158—2013
	浸水处理	≥0.12，且破坏在保温层	
可操作时间/h		1.5～4	
压折比		≤3.0	

④ 抗裂砂浆内置耐碱玻纤网时，其性能应符合表 5-113 的规定。

表 5-113　耐碱玻纤网性能要求

项目	指标	试验方法
单位面积质量/(g/m²)	≥130	JC/T 841—2007
耐碱断裂强力（经、纬向）/(N/50mm)	≥750	
耐碱断裂强力保留率(经、纬向)/%	≥75	
断裂伸长率(经、纬向)/%	≤4.0	
氧化锆、氧化钛含量/%	ZrO_2 含量(14.5±0.8)且 TiO_2 含量(6±0.5)或 ZrO_2 和 TiO_2 含≥19.2 且 ZrO_2 含量≥13.7 或 ZrO_2 含量≥16.0	

⑤ 连接件应采用具有增强拉拔力构造的尼龙塑料锚栓；不锈钢或经过表面防腐处理的金属锚栓；塑料圆盘直径不小于 60mm，单个锚栓抗拉承载力标准值不小于 0.60kN，按现行行业标准《外墙保温用锚栓》(JG/T 366) 规定的试验方法进行测定。

⑥ 修补砂浆的性能应符合表 5-114 的规定。

表 5-114 修补砂浆性能要求

项目		指标	试验方法
保水率/%		≥88.0	JGJ/T 70—2009
抗压强度/MPa	28d	≥10.0	JGJ/T 70—2009
14d 拉伸粘结强度（与保温板）/MPa		≥0.20	JGJ/T 70—2009
25 次冻融循环	强度损失率/%	≤25	JGJ/T 70—2009
	质量损失率/%	≤5	
干缩率/%	28d	≤0.2	JGJ/T 70—2009

2. 协同设计

(1) 预制混凝土厚层反打保温外墙板系统协同设计应符合下列规定：

① 系统构造应符合图 5-31 的规定。

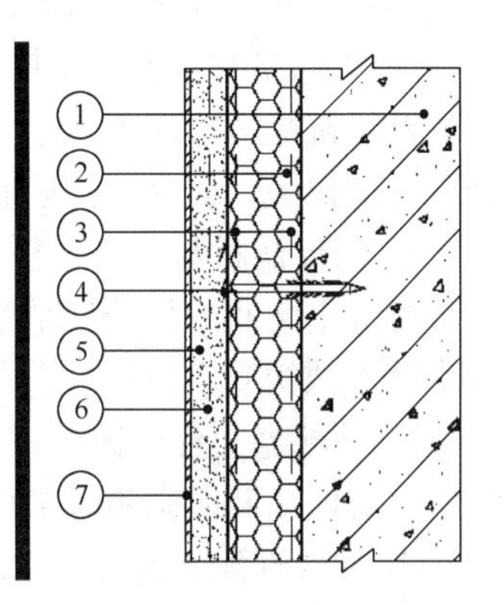

图 5-31 系统构造图
①—墙体基层；②—保温材料；③—双层钢丝网；④—连接件；⑤—防护层；⑥—钢丝网；⑦—饰面层

② 保温层和主墙体之间应有锚固件等可靠的连接措施，每平方米墙面上连接件的布置数量应不少于 4 个，连接件在主墙体中的锚固深度应不小于 30mm。

③ 外墙板的接缝（包括墙板之间、女儿墙、阳台以及其他连接部位）和门窗接缝应做防排水处理。

④ 燃烧性能和耐火极限应符合现行国家标准《建筑设计防火规范》（GB 50016）的规定，且应符合现行国家、行业和上海市相关标准的规定。

⑤ 梁、柱部位可采用现浇混凝土复合保温模板外墙保温系统，窗台、檐口等部位应进行局部保温处理，设计应满足本技术规定的相应要求。保温材料导热系数的修正系数按《民用建筑热工设计规范》（GB 50176—2016）的规定取值，系统热工性能设计应满足设计要求。

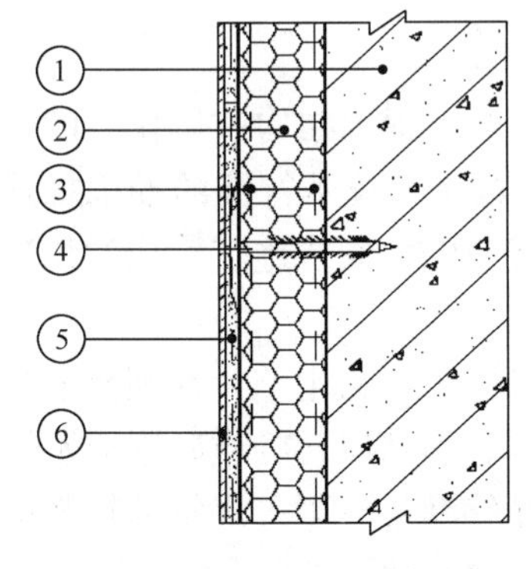

图 5-32 系统构造图
①—基层墙体；②—保温板；③—双层钢丝网；④—连接件；⑤—抗裂砂浆复合耐碱玻纤网；⑥—饰面层

⑥ 外墙板的最大适用高度、抗震等级、平面和竖向布置原则及承载力抗震调整系数、外挂时与主体结构间的连接应符合现行上海市工程建设规范《装配整体式混凝土公共建筑设计规程》（DGJ 08—2154）和《装配整体式混凝土居住建筑设计规程》（DG/TJ 08—2071）的相关规定。重点设防类建筑应按本地区抗震设防烈度提高一度的要求加强其抗震措施。

⑦ 宜采用装饰型防护层或涂料饰面形式。当采用装饰型防护层时，应在墙板生产前先明确墙板表面的颜色、质感、图案等要求。

(2) 预制混凝土反打保温外墙板薄抹灰系统设计应符合下列规定：

① 系统构造应符合图 5-32 的规定。

② 采用Ⅰ型保温材料的预制混凝土反打保温外墙板薄抹灰系统的住宅建筑不应高于27m，公共建筑不应高于24m。

③ 保温层和主墙体之间应有锚栓等可靠的连接措施，每平方米墙面上锚栓的布置数量应不少于4个，锚栓在主墙体中的锚固深度应不小于30mm。

④ 外保温工程水平或倾斜的出挑部位以及延伸至地面以下的部位应做防水处理。门窗洞口与门窗交接处、首层与其他层交接处、外墙与屋顶交接处应做好密封和防水构造设计，确保水不会渗入保温层及基层墙体，重要节点部位应有详图。穿过外保温系统安装的设备、穿墙管线或支架等应固定在基层墙体上，并应做密封和防水设计。基层墙体变形缝处应做好防水和保温构造处理。

⑤ 当保温材料垂直于板面的抗拉强度小于0.20MPa时，每层应设置结构受力挑板，上下相邻挑板间距应不大于3.6m；挑板应延伸至保温层的2/3以上，采取局部保温措施避免热桥损失，应与防护层和主墙体可靠连接。

⑥ 当保温材料垂直于板面的抗拉强度不小于0.20MPa，防护层与保温层之间、保温层与混凝土之间的拉伸粘结强度均不应小于0.20MPa，且保温板弯曲变形大于6mm时，可不设置结构受力挑板。

⑦ 外保温工程应做好系统的起端、终端以及檐口、勒脚处的翻包或包边处理。装饰缝、门窗四角和阴阳角等部位应设置增强耐碱玻纤网。

⑧ 燃烧性能和耐火极限应符合现行国家标准《建筑设计防火规范》（GB 50016）的规定，且应符合现行行业和上海市相关标准的规定。

⑨ 保温材料导热系数的修正系数按现行国家标准《民用建筑热工设计规范》（GB 50176）的规定取值，整个外墙保温系统热工性能应满足设计要求。

⑩ 采用Ⅱ型保温材料的系统最大适用高度、抗震等级、平面和竖向布置原则及承载力抗震调整系数、外挂时与主体结构间的连接应符合现行上海市工程建设规范《装配整体式混凝土公共建筑设计规程》（DGJ 08—2154）和《装配整体式混凝土居住建筑设计规程》（DG/TJ 08—2071）的相关规定。

⑪ 饰面层宜采用浅色涂料、饰面砂浆等轻质材料。

5.2.5.6 保温模板结构功能一体化墙体系统协同设计

现行《建筑节能基本术语标准》（GB/T 51140）第3.1.7对“保温结构一体化”的定义是“保温层与建筑结构同步施工完成的构造技术”。因此，对于其技术特征的准确描述宜为集建筑保温与墙体围护功能于一体，能够实现保温层与建筑结构同步施工完成的构造技术，实现保温系统与主体结构同寿命。

保温模板是以保温材料为芯板，双面复合无机防护面层，经工厂化生产，在现浇混凝土结构工程中兼有外模板作用的板状制品。基本构造由保温层、粘结层、轻质砂浆或不燃保温板复合层、内衬层、连接件等部分构成。如果保温材料能够满足混凝土浇筑验算强度要求，可以单独作为保温模板使用。

对于目前保温模板结构功能一体化墙体系统，在寒冷地区和严寒地区的高节能率和防火要求下，其增量成本比其他保温技术略低[36-37]。

1. 系统设计

一体化系统的性能应符合表5-115的规定。

表 5-115 一体化系统性能要求

项目		性能要求	试验方法
耐候性	外观	经耐候性试验后，不得出现空鼓、剥落或脱落等破坏，不得产生渗水裂缝	按照 JGJ 144 规定的试验方法进行
	抹面层与复合板拉伸粘结强度/MPa	≥0.10	
耐冻融性	外观	30 次冻融循环后，系统无空鼓、脱落，无渗水裂缝	
	抹面层与复合板拉伸粘结强度/MPa	≥0.10	
抗冲击性/J		10J 级	
吸水量/（kg/m^2）		系统在水中浸泡 1h 后的吸水量不得大于或等于 $1.0kg/m^2$	
热阻/（$m^2 \cdot K/W$）		符合设计要求	
抹面层不透水性		2h 不透水	
保护层水蒸气渗透性能/[$g/(m^2 \cdot h)$]		符合设计要求	

注：当需要检验外墙外保温系统抗风荷载性能时，性能要求和试验方法由供需双方协商确定。

2. 协同设计

保温模板结构功能一体化系统构造如图 5-33 所示，包括保温模板、找平层、抗裂抹面层、饰面层以及连接件。当保温材料的力学性能可满足模板的力学要求时，保温材料可作为模板使用。当采用的保温模板为硅墨烯保温材料时，保温模板外侧可不使用找平层。通过提高保温模板结构功能一体化墙体耐久性能，确保保温模板结构功能一体化系统使用功能在整个服役期不衰减，因此要进行自保温系统的防水、防开裂等耐久性和热工等功能性的协同设计。

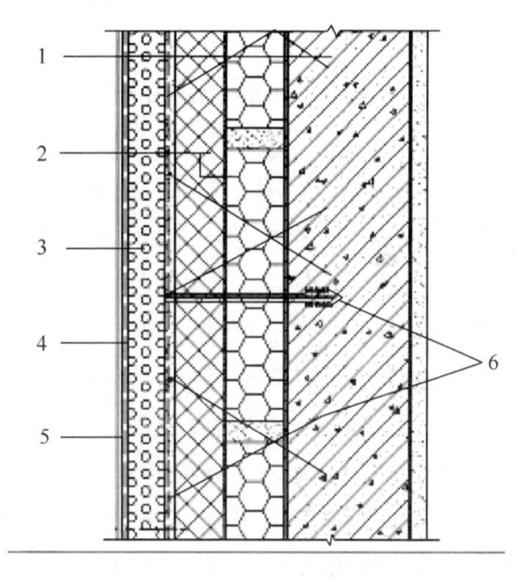

图 5-33 一体化系统基本构造
1—墙体基层；2—保温模板；3—找平层；4—抗裂抹面层；5—饰面层；6—连接件（钢丝网架或锚栓）

一体化系统应做好密封和防水构造设计，重要部位应有详图。水平或倾斜的出挑部位以及延伸至地面以下的部位应做防水处理。在外保温系统上安装的设备或管道应固定于基层上，并应采取密封和防水措施。其具体构造设计及措施如下：

（1）一体化系统应做好系统在檐口、勒脚处的包边处理。装饰缝、门窗四角和阴阳角等处应设置局部增强网。基层墙体变形缝处应做好防水和保温构造处理。

（2）一体化系统的高度限制应由设计根据风载取值和一体化系统的粘结加强层与保温

层的拉伸粘结强度计算确定。

（3）一体化系统外立面应按照外墙普通抹灰做法进行设计，一体化系统的轻质砂浆找平层厚度宜不超过20mm，一体化系统的防护层厚度应符合现行国家标准《建筑防火设计规范》（GB 50016）的有关规定。

（4）阴阳角构造设计，保温模板设计安装宜从阳角部位开始，水平向阴角方向铺放。为防止浇筑混凝土时漏浆，保温模板宜成企口型，相互垂直拼缝，阴阳角应用聚合物砂浆抹压补缝找平，并铺设耐碱玻纤网格布。

（5）门窗洞口处的保温模板宜采用整块模板切割出洞口后进行拼装，不得用碎块拼装，可根据实际情况经过裁切用到边角部位。外墙阳角和门窗外侧洞口周边及四角部位，应采用玻纤网增强，并应符合下列规定：①一体化系统中，建筑物的首层、外墙阳角部位的抹面层中应设置专用护角线条增强，护角线条应位于两层玻纤网之间；②一体化系统中，二层以上外墙阳角以及门窗外侧周边部位的抹面层中应附加玻纤网，附加玻纤网搭接宽度不应小于200mm；③门窗洞口周边的玻纤网应翻出墙面100mm，并应在四角沿45°方向加铺一层200mm×300mm的玻纤网增强（图5-34）。

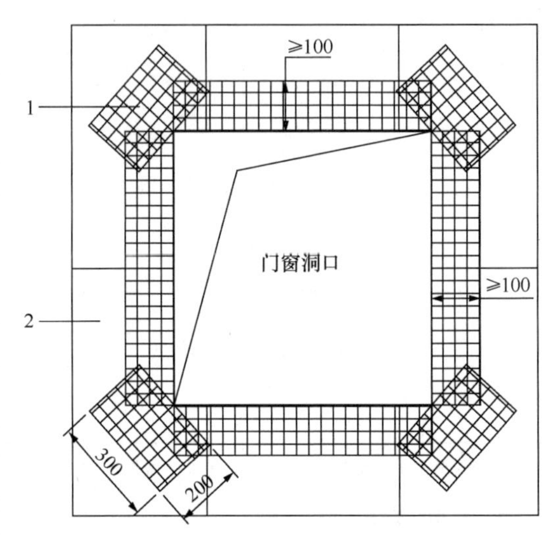

图5-34　门窗洞口部位耐碱玻璃纤维网格布增强示意图

1—耐碱玻璃纤维网；2—复合保温板

（6）保温模板用于勒脚部位的外保温构造，应符合下列规定：①勒脚部位的保温模板与室外地面散水间的缝隙应符合设计要求。当无设计要求时，预留缝隙不应小于20mm，缝隙内宜填充泡沫塑料，外口应设置背衬材料，并用建筑密封膏封堵。②保温模板底部应设置铝合金或防腐处理的金属托架，托架离散水坡高度应适应建筑结构沉降，不损坏外墙外保温系统。

（7）保温模板用于檐口、女儿墙部位的外保温构造，应采用复合板对檐口的上下侧面、女儿墙部位的内外侧面整体包覆。

（8）保温模板用于变形缝部位时的外保温构造，应符合下列规定：①变形缝处应填充泡沫塑料，填塞深度应大于缝宽的3倍；②应采用金属盖缝板，宜采用铝板或不锈钢板对变形缝进行封盖；③应在变形缝两侧的基层墙体处胶粘耐碱玻璃纤维网格布，再翻包到保温模板上，网的先置长度与翻包搭接长度不得小于100mm。

（9）保温模板应具有足够的承载能力、刚度和稳定性，应能可靠地承受新浇混凝土的自重、侧压力和施工过程中所产生的荷载及风荷载。当验算模板及其支架在自重和风荷载作用下的抗倾覆稳定性时，应符合相应材质结构设计规范的规定。

（10）模板设计应包括下列内容：①根据混凝土的施工工艺和季节性施工措施，确定其构造和所承受的荷载；②绘制配板设计图、支撑设计布置图、细部构造和异型模板大样图；③按模板承受荷载的最不利组合对模板进行验算；④制定模板安装及拆除的程序和方法。

(11) 保温模板支护设计应按具体的施工方法确定内外侧主次楞的间距，并应符合现行行业标准《建筑施工模板安全技术规范》(JGJ 162—2008) 的有关规定。

(12) 计算模板及支架结构或构件的强度、稳定性和连接强度时，应采用荷载设计值(荷载标准值乘以荷载分项系数)。

(13) 计算正常使用极限状态的变形时，应采用荷载标准值。保温模板在现浇混凝土侧压力作用下的允许变形值应为该混凝土构件的计算跨度的1/400。

(14) 当采用内部振捣器时，保温模板强度验算要考虑现浇混凝土作用于模板的侧压力标准值，现浇混凝土侧压力计算取值为下式中的较小值：

$$F=0.22\gamma_c t\beta_1\beta_2V^{1/2}\quad F=\gamma_c H$$

式中　γ_c——混凝土的重力密度，取24.0kN/m³；

t——现浇混凝土的初凝时间(h)，可按实测确定，当缺乏资料时取200/(T+15)；

T——混凝土的入模温度,℃；

V——混凝土的浇筑速度，m/h；

H——混凝土侧压力计算位置处至现浇混凝土顶面总高度，m；

β_1——外加剂影响修正系数，不掺外加剂时取1.0；掺具有缓凝作用的外加剂时取1.2；

β_2——混凝土坍落度影响修正系数，当坍落度小于30mm取0.85；当坍落度为50～90mm时，取1.0；当坍落度为110～150mm，取1.15。

针对保温模板结构功能一体化系统的热工设计时墙体的传热系数K值和热惰性指标D值，按《民用建筑热工设计规范》(GB 50176—2016) 的规定计算，外墙的平均传热系数K_m值应按《严寒和寒冷地区居住建筑节能设计标准》(JGJ 26—2018)、《夏热冬暖地区居住建筑节能设计标准》(JGJ 75—2012)、《夏热冬冷地区居住建筑节能设计标准》(JGJ 134—2010)、《公共建筑节能设计标准》(GB 50189—2015) 的规定计算。

同时要求一体化体系的热工和节能设计应符合下列规定：①保温层内表面温度不应低于室内空气在设计温度、湿度条件下的露点温度。②门窗框外侧洞口四周、女儿墙、封闭阳台以及出挑构件等热桥部位应采取保温措施。③应计算金属锚固件、承托件热桥的影响。

5.2.5.7　模卡砌块及预制墙体自保温系统协同设计

混凝土保温模卡砌块作为混凝土砌块材料的一种，具有在块型上的独特优势：它具备自保温功能，且保温材料与建筑同寿命；作为砌体结构的承重材料，它还具有整体性好、强度高、延性好、抗震性能强等优点。保温模卡砌块砌体具有独特的构造，其特点有：①整体性好，强度高，抗震抗裂能力强，技术性能好。②保温性能好，材料耐久性优，保温材料与建筑同寿命，防火极限4h。③施工简便、墙面平整、有利于保证砌筑质量。④砌体隔声、收缩值、抗渗等物理指标均满足要求。⑤性价比高，经济效益好。混凝土保温模卡砌块在我国的夏热冬冷及严寒气候区等地的工程中得到成功应用[38]。

1. 系统设计

保温模卡砌块和配筋保温模卡砌块墙体传热系数应符合表5-116的规定。

表 5-116 保温模卡砌块墙体传热系数

砌块厚度/mm	砌块块型	绝热材料	外墙传热系数/[W/(m²·K)]
225	保温模卡砌块	两侧孔洞均内插 30mm 厚绝热材料，中间孔内插 40mm 厚绝热材料	≤0.75
225	保温模卡砌块	两侧孔洞均内插 30mm 厚绝热材料，中间孔内插 30mm 厚绝热材料	≤0.84
240	保温模卡砌块	两侧孔洞均内插 40mm 厚绝热材料，中间孔内插 45mm 厚绝热材料	≤0.60
280	配筋保温模卡砌块	孔洞内插绝热材料，外侧 30mm 厚，内侧 25mm 厚	≤0.93

注：① 墙体粉刷均为 20mm 厚的水泥砂浆双面粉刷，蓄热系数 S_c 取 2.76W/(m²·K)。
② 内插绝热材料的导热系数为 0.039W/(m·K)。

2. 协同设计

通过提高模卡砌块及预制墙体耐久性能，确保保温模板结构功能一体化系统使用功能在整个服役期不衰减，因此要进行自保温系统的防水、防开裂等耐久性和热工等功能性的协同设计。

在进行模卡砌块砌体结构防水设计，基础墙当无基础圈梁时，应设置 60mm 厚细石防水混凝土防潮层。外门窗洞口周边墙面应按设计要求进行保温和防水密封处理，其保温层厚度不应小于 20mm。模卡砌体外墙应先做防水层，再做外粉刷。当采用面砖外饰面时，应先做防水砂浆底层，再使用陶瓷胶粘剂粘贴与填缝剂嵌缝。预制外墙接缝、预留孔洞封堵处的防水性能应符合设计要求。

模卡砌块砌体结构的设计原则应按《砌体结构设计规范》（GB 50003—2011）的有关规定执行。

模卡砌块砌体结构房屋的静力计算应按下列规定执行：

（1）多层模卡砌块砌体房屋的静力计算，应采用刚性方案。设计时，横墙间距 S 应符合表 5-117 的规定。单层模卡砌块砌体房屋的静力计算，根据房屋的空间工作性能可分为刚性方案、刚弹性方案和弹性方案。设计时应按《砌体结构设计规范》（GB 50003—2011）中 4.2 节房屋的静力计算规定执行。

表 5-117 刚性方案横墙最大间距（S）

屋盖或楼盖类别		刚性方案	刚弹性方案	弹性方案
1	整体式、装配整体和装配式无檩体系钢筋混凝土屋盖或钢筋混凝土楼盖	$S<32$	$32\leqslant S\leqslant 72$	$S>72$
2	装配式有檩体系钢筋混凝土屋盖、轻钢屋盖和有密铺望板的木屋盖或木楼盖	$S<20$	$20\leqslant S\leqslant 48$	$S>48$
3	瓦材屋面的木屋盖和轻钢屋盖	$S<16$	$16\leqslant S\leqslant 36$	$S>36$

注：表中 S 为房屋横墙间距，其长度单位为 m。

（2）刚性和刚弹性方案房屋的横墙中，横墙中开有洞口时，洞口的水平截面面积不应超过横墙截面面积的50%。横墙的厚度不宜小于200mm。单层房屋的横墙长度不宜小于其高度，多层房屋的横墙长度不宜小于$H/2$（H为横墙总高度）。

（3）当横墙不能同时符合上条要求时，应对横墙的刚度进行验算。如其最大水平位移值max$\leqslant H/4000$时，仍可视作刚性或刚弹性方案房屋的横墙；符合此刚度要求的其他结构构件（如框架等），也可视作刚性或刚弹性方案房屋的横墙。

（4）刚性方案房屋的静力计算时，对于单层房屋，在荷载作用下，墙、柱可视作上端为不动铰支撑屋盖，下端嵌固于基础的竖向构件。对于多层房屋，在竖向荷载作用下，墙、柱在每层高度范围内，可近似地视作两端铰支的竖向构件；在水平荷载作用下，墙、柱可视作竖向连续梁。对本层的竖向荷载，应考虑对墙、柱的实际偏心影响。当梁支承于墙上时，梁端支承压力到墙内边的距离，应取梁端有效支承长度的0.4倍（图5-35）。由上面楼层传来的荷载，可视作作用于上一楼层的墙、柱的截面重心处。

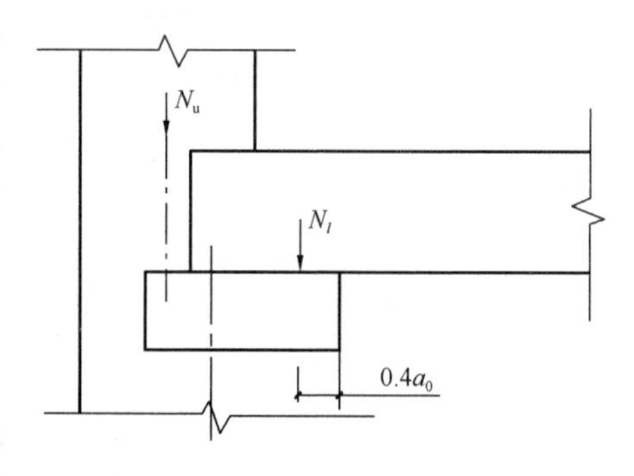

图5-35　梁端支承压力位置

对于梁跨度大于9m的墙承重的多层房屋，除按上述方法计算墙体承载力外，宜再按梁两端固结计算梁端弯矩，再将其乘以修正系数后，按墙体线性刚度分到上层墙底部和下层墙顶部，修正系数可按下式计算：

$$\gamma = 0.2\sqrt{\frac{a}{h}}$$

式中　a——梁端实际支承长度；

h——支承墙体的墙厚，当上下墙厚不同时取下部墙厚。保温模卡砌块砌体支承墙体的墙厚按实际支承墙体墙厚的0.8倍采用。

⑤ 当刚性方案多层房屋的外墙符合洞口水平截面面积不超过全截面面积的2/3，屋面自重不小于0.8kN/m²，外墙厚不小于200mm，层高不大于2.8m，总高不大于19.6m，基本风压不大于0.7kN/m²等要求时，静力计算可不考虑风荷载的影响。当必须考虑风荷载时，风荷载引起的弯矩M，可按下式计算：

$$M = \omega H_i^2/12$$

式中　ω——沿楼层高均布风荷载设计值，kN/m；

H_i——层高，m。

⑥ 当转角墙段角部受竖向集中荷载时，计算截面的长度可从角点算起，每侧宜取层高的1/3。当上述墙体范围内有门窗洞口时，则计算截面取至洞边，但不宜大于层高的1/3。当上层的竖向集中荷载传至本层时，可按均布荷载计算，此时转角墙段可按角形截面偏心受压构件进行承载力验算。

模卡砌块砌体结构的耐久性应根据表5-118的环境类别和设计使用年限进行设计。

表 5-118　模卡砌体结构的环境类别

环境类别	条件
1	正常居住及办公建筑的内部干燥环境
2	潮湿的室内或室外环境，包括与无侵蚀性土和水接触的环境
3	与海水直接接触的环境，或处于滨海地区的盐饱和的气体环境
4	有化学侵蚀的气体、液体或固态形式的环境，包括有侵蚀性土壤的环境

当设计使用年限为50年时，砌体中钢筋的耐久性选择应符合表5-119的规定。

表 5-119　砌体中钢筋耐久性选择

环境类别	钢筋种类和最低保护要求	
	位于灌孔浆料或砂浆中的钢筋	位于灌孔混凝土中的钢筋
1	普通钢筋	普通钢筋
2	重镀锌或有等效保护的钢筋	当采用混凝土灌孔时，可为普通钢筋；当采用灌孔浆料灌孔时应为重镀锌或有等效保护的钢筋
3和4	不锈钢或等效保护的钢筋	不锈钢或等效保护的钢筋

注：表中的钢筋即为《混凝土结构设计规范》（GB 50010—2010）等标准规定的普通钢筋或非预应力钢筋。

设计使用年限为50年时，配筋模卡砌体中钢筋的最小混凝土保护层应符合《砌体结构设计规范》（GB 50003—2011）的要求；所有钢筋端部均应有与对应钢筋的环境类别条件相同的保护层厚度；对填实的模卡砌块砌体，钢筋的最小保护层厚度应取20mm与钢筋直径较大的。

针对混凝土模卡砌块及预制墙体的构造要求，其应满足以下条件：

（1）室内地面以下或防潮层以下的砌体，使用模卡砌块时，模卡砌块强度等级不得低于MU10，并应采用强度等级大于或等于Cb20的混凝土灌实。对于承重砌体结构，模卡砌块砌体的砌块强度等级不应低于MU7.5，其灌孔浆料强度等级不应低于Mb7.5。框架结构填充墙模卡砌块强度等级不应低于MU5，其灌孔浆料强度等级不应低于Mb5。六层及六层以上承重模卡砌块砌体结构房屋的底层，模卡砌块砌体的砌块强度等级不应低于MU10。灌孔浆料强度等级不应低于Mb10。

（2）普通模卡砌块砌体结构中跨度大于6m的屋架和跨度大于4.2m的梁，保温模卡砌块砌体结构中跨度不大于4.8m的梁或屋架，应在支承处砌体上设置混凝土或钢筋混凝土垫块；当墙中设有圈梁时，垫块与圈梁宜浇成整体。北方地区对圈梁、构造柱等部位应有防止局部热桥的技术规定。普通模卡砌块砌体结构和保温模卡砌块砌体结构中跨度大于或等于4.8m的梁，其支承处均宜加设壁柱或采取其他加强措施。

（3）预制钢筋混凝土板在混凝土圈梁上的支承长度不应小于80mm，板端伸出的钢筋应与圈梁可靠连接，且同时浇筑；预制钢筋混凝土板在墙上的支承长度不应小于100mm，并应按下列方法进行连接：①板支承于内墙时，板端钢筋伸出长度不应小于70mm，且与支座处沿墙配置的纵筋绑扎，用强度等级不低于C25的混凝土浇筑成板带；②板支承于外墙时，板端钢筋伸出长度不应小于100mm，且与支座处沿墙配置的钢筋绑扎，应用强度等级不低于C25的混凝土浇筑成板带；③预制钢筋混凝土板与现浇板对接时，预制板端钢筋应伸入现浇板中进行连接后，再浇筑现浇板。

（4）墙体转角处和纵横墙交接处应沿竖向每隔 450mm 设拉结钢筋，其数量为 $2\phi6$ 的钢筋；或采用焊接钢筋网片，埋入长度从墙的转角或交接处算起，每边不小于 700mm。

（5）保温模卡砌块砌体不宜转角搭接灌筑，宜在转角处或横纵墙交接处设混凝土构造柱；普通模卡砌块砌体可在转角处或横纵墙交接处设置芯柱，芯柱不应少于 2 孔，采用 Cb20 灌孔混凝土灌筑，每孔内应配置不少于 $1\phi8$ 纵向钢筋。

（6）模卡砌块砌体墙与后砌隔墙交接处，应沿墙高每 450mm 在孔槽内设置不少于 $2\phi6$ 拉接筋，每边伸入长度不应小于 600mm，隔墙接口处 200mm 范围孔内用 Cb20 灌孔混凝土灌实。

（7）山墙顶部模卡砌块砌体宜采用 Cb20 灌孔混凝土灌筑，高度不应小于 450mm。屋面构件应与山墙可靠拉结。

（8）模卡砌块砌体下列部位，如未设圈梁或混凝土垫块，应采用不低于 Cb20 灌孔混凝土将孔洞灌实：

① 搁栅、檩条和钢筋混凝土楼板的支承面下，高度不应小于 150mm 的砌体。

② 屋架、梁等构件的支承面下，高度不应小于 450mm，长度不应小于 600mm 的砌体。

③ 挑梁支承面下，距墙中心线每边不应小于 300mm，高度不应小于 600mm 的砌体。

（9）在模卡砌块砌体中留槽洞及埋设管道时，应遵守下列规定：

① 不应在截面长边小于 600mm 的承重墙体内埋设管线。

② 可在模卡砌块砌体的孔槽内埋设管线，门窗的留洞口均应在墙体灌筑时配合进行。避雷线接地可利用构造柱钢筋与接地线连接。

③ 不应随意在墙体上开凿沟槽，无法避免时应经设计同意，采取必要的措施或按削弱的截面验算墙体的承载力。

（10）为了防止或减轻房屋在正常使用条件下，由温差和砌体干缩引起的墙体竖向裂缝，应在墙体中设置伸缩缝。伸缩缝应设在因温度和收缩变形可能引起应力集中、砌体产生裂缝可能性最大的地方。伸缩缝的间距可按表 5-120 采用。

表 5-120 模卡砌块砌体房屋伸缩缝的最大间距 （m）

屋盖或楼盖类别		间距
整体式或装配整体式钢筋混凝土结构有保温或隔热层的屋盖、楼盖	有保温层或隔热层的屋盖、楼盖	50
	无保温层或隔热层的屋盖	40
装配式无檩体系钢筋混凝土结构	有保温层或隔热层的屋盖、楼盖	60
	无保温层或隔热层的屋盖	50
装配式有檩体系钢筋混凝土结构	有保温层或隔热层的屋盖	75
	无保温层或隔热层的屋盖	60
瓦材屋盖、木屋盖、轻钢屋盖		100

注：①在钢筋混凝土屋面上挂瓦的屋盖应按钢筋混凝土屋盖采用；

②墙体的伸缩缝应与结构的其他变形缝相重合，缝宽度应满足各种变形缝的变形要求；在进行立面处理时，必须保证缝隙的变形作用。

（11）房屋顶层，宜根据情况采取下列措施：

① 屋面应设置保温、隔热层。

② 屋面保温（隔热）层或屋面刚性面层及其砂浆找平层应设置分隔缝，分隔缝间距不宜大于 6m，其缝宽不小于 30mm，并与女儿墙隔开。

③ 顶层屋面板下设置现浇钢筋混凝土圈梁，并沿内外墙拉通。房屋两端圈梁下的墙体内设置水平钢筋。

④ 顶层及女儿墙灌孔浆料强度等级不应低于 Mb7.5。

⑤ 顶层纵横墙相交处及沿墙长每间隔 4m 设钢筋混凝土构造柱，有女儿墙的构造柱应伸至女儿墙顶并与现浇钢筋混凝土压顶整浇在一起。

⑥ 顶层纵横墙每隔 450mm 高度在模卡砌块水平凹槽内应设 2 根通长拉筋，拉筋直径不应小于 6mm。

⑦ 顶层纵横墙每间隔 2000mm 在模卡砌块孔内增设 1ϕ12（保温模卡砌块为 2ϕ10）插筋，插入上下层圈梁内 35d。

（12）当地基软弱时且建筑物体型复杂时，宜在下列部位设置沉降缝：

① 房屋立面高差在 6m 以上。

② 房屋有错层，且楼板高差较大。

③ 地基土的压缩性有显著差异处。

④ 建筑结构（或基础）类型不同处。

⑤ 分期建造的房屋交界处。

沉降缝的宽度必须满足抗震要求，可按表 5-121 采用。

表 5-121　满足抗震要求的房屋沉降缝宽　（mm）

房屋层数	缝宽
二～三	70～100
四～七	120～180

注：当沉降缝两侧单元层数不同时，缝宽按层数较高的采用。

针对模卡砌块砌体的防开裂设计，为减少由于不均匀沉降等因素引起的墙体裂缝，建议建筑物宜简单规则，其刚度与质量宜分布均匀，纵墙转折不宜多，横墙间距不宜过大，建筑物长高比不宜大于 3。同时，为保证多层房屋及空旷房屋的整体性，应加强设置圈梁，并适当提高圈梁的刚度。在地基基础上，应按地基基础设计规范的规定，严格控制房屋的地基容许变形值。

另一方面，为减少由于温度等因素引起墙体裂缝或渗漏，应避免热源紧靠墙体或采用良好的隔热防护措施。当相邻屋面标高不一致时，应采取有效措施，防止低屋面温度伸缩时对高屋面的墙体推拉作用而产生水平裂缝。外墙窗台处模卡砌块上下水平槽内各设置 2ϕ10 钢筋，两边伸入墙内应不少于 800mm，并且用 Cb20 灌孔混凝土灌实，高度不宜小于 150mm。门、窗洞口两侧墙体，在模卡砌块主孔洞内插不小于 1ϕ12（保温模卡砌块不小于 2ϕ10）钢筋，伸入上下层圈梁内 35d，并用 Cb20 灌孔混凝土灌实。房屋内外墙易产生裂缝部位（如温度应力较大的部位、填充墙界面部位等），应在墙面设置抗裂网格布或钢丝网片等防裂措施后，再做粉刷。

为增加房屋的整体刚度，防止由于地基的不均匀沉降或较大振动荷载等对房屋引起的不利影响。可在墙中设置现浇钢筋混凝土圈梁，圈梁应嵌入混凝土模卡砌块凹口内，嵌入深度不小于40mm，与墙体连成整体。普通模卡砌块砌体内的圈梁宽度同墙厚，保温模卡砌块砌体内钢筋混凝土圈梁的宽度不应小于200mm。圈梁的设置及构造要求，均应按《砌体结构设计规范》（GB 50003—2011）的相应规定及相关条文执行。

模卡砌块砌体墙中钢筋混凝土过梁、挑梁的验算及构造应按《砌体结构设计规范》（GB 50003—2011）的规定采用。不得采用砌体过梁。

针对模卡砌块与预制墙体自保温的防开裂设计，其中模卡砌块填充墙与框架的连接，可根据设计要求采用脱开或不脱开方法。有抗震设防要求时宜采用填充墙与框架脱开的方法：

1）当模卡砌块填充墙与框架采用脱开的方法时，填充墙两端与框架柱，填充墙顶面与框架梁之间留出不小于20mm的间隙；填充墙端部应设置构造柱，柱间距不宜大于20倍墙厚且不大于4m，柱宽度不小于100mm。柱纵向钢筋不宜小于ϕ10，箍筋宜为ϕR5，竖向间距不宜大于400mm。竖向钢筋与框架梁或其挑出部分的预埋件或预留钢筋连接，绑扎接头时不小于30d，焊接时（单面焊）不小于10d（d为钢筋直径）。柱顶与框架梁（板）应预留不小于15mm的缝隙，用硅酮胶或其他弹性密封材料封缝。当填充墙有宽度大于2100mm的洞口时，洞口两侧应加设宽度不小于50mm的单筋混凝土柱；填充墙两端宜卡入设在梁、板底及柱侧的卡口铁件内，墙侧卡口板的竖向间距不宜大于450mm，墙顶卡口板的水平间距不宜大于1500mm；墙体高度超过4m时宜在墙高中部设置与柱连通的水平系梁。水平系梁的截面高度不小于60mm。填充墙高度不宜大于6m；填充墙与框架柱、梁的缝隙可采用聚苯乙烯泡沫塑料板条或聚氨酯发泡材料填充，并用硅酮胶或其他弹性密封材料封缝；有连接用钢筋、金属配件、铁件、预埋件等均应做防腐防锈处理。嵌缝材料应能满足变形和防护要求。

2）当模卡砌块填充墙与框架采用不脱开的方法时，沿柱高每隔450mm配置2根ϕ6mm的拉结钢筋，钢筋伸入填充墙长度不宜小于700mm，且拉结钢筋应错开截断，相距不宜小于200mm。填充墙墙顶应与框架梁紧密结合。顶面与上部结构接触处宜用一皮砖或配砖斜砌楔紧。当填充墙有洞口时，宜在窗洞口的上端或下端、门洞口的上端设置钢筋混凝土带，钢筋混凝土带应与过梁的混凝土同时浇筑，其过梁的断面及钢筋由设计确定。钢筋混凝土带的混凝土强度等级不小于C20。当有洞口的填充墙尽端至门窗洞口边距离小于240mm时，宜采用钢筋混凝土门窗框。填充墙长度超过5m或墙长大于2倍层高时，墙顶与梁宜有拉接措施，墙体中部应加设构造柱；墙高度超过4m时宜在墙高中部设置与柱连接的水平系梁，墙高超过6m时，宜沿墙高每2m设置与柱连接的水平系梁，梁的截面高度不小于60mm。

5.2.5.8　泡沫混凝土自保温系统协同设计

泡沫混凝土是以水泥基胶凝材料、集料、掺合料、外加剂、泡沫剂或发泡剂、水等为主要原料，采用物理或化学发泡工艺制成的轻质多孔水泥基材料。也称发泡混凝土。近年来泡沫混凝土作为节能与结构一体化结构体系的一种墙体材料，发展很快。节能与结构一体化结构体系，是指不通过内外保温技术，墙体结构自身热工指标即能达到现行国家或地方节能建筑标准要求。

现有泡沫混凝土多采用物理发泡工艺，物理发泡的原理是依靠表面活性剂或表面活性物，在溶剂中形成一种双电子层的结构，包裹住空气形成气泡。表面活性剂和表面活性物是由一部分亲油基（也称憎水基）和另一部分亲水基组成的。与传统发泡混凝土采用的物理发泡方式不同的是，本书使用的泡沫混凝土采用的是化学发泡法，该方法采用化学发泡剂，加入水泥材料中，使之与材料本身发生化学反应并释放出气体发泡的方法。化学发泡的突出特点是无须借助发泡机，直接通过化学反应产生大量气泡达到发泡目的，发泡方便、省时、省力，发泡效率高，泡沫丰富，泡体稳定性好，便于调整气泡产生量，生产不同规格产品。

泡沫混凝土自保温砌块是以泡沫混凝土为基材制成的、其所砌筑墙体具有自保温功能的砌块，简称自保温砌块。泡沫混凝土自保温墙体室内热环境好，泡沫混凝土蓄热系数大于 EPS 保温板，自保温墙体的热稳定性好，抵抗外部温度波动的能力强；泡沫混凝土自保温墙体传热性能良好，技术经济特征量较小，具有一定的市场应用前景，在夏热冬暖、夏热冬冷、寒冷等地区具有广泛的应用前景。

1. 系统设计

泡沫混凝土自保温砌块性能指标要求见表 5-122。

表 5-122　泡沫混凝土自保温砌块性能指标要求

<table>
<tr><th colspan="2">项目</th><th colspan="7">性能指标</th></tr>
<tr><td colspan="2">干燥收缩值/（mm/m）</td><td colspan="7">≤0.90</td></tr>
<tr><td colspan="2">软化系数</td><td colspan="7">≥0.85</td></tr>
<tr><td colspan="2" rowspan="2">导热系数</td><td>$\lambda_{0.10}$</td><td>$\lambda_{0.11}$</td><td>$\lambda_{0.12}$</td><td>$\lambda_{0.14}$</td><td>$\lambda_{0.16}$</td><td>$\lambda_{0.18}$</td><td>$\lambda_{0.20}$</td></tr>
<tr><td>≤0.10</td><td>≤0.11</td><td>≤0.12</td><td>≤0.14</td><td>≤0.16</td><td>≤0.18</td><td>≤0.20</td></tr>
<tr><td colspan="2">碳化系数</td><td colspan="7">≥0.85</td></tr>
<tr><td colspan="2">体积吸水率/%</td><td colspan="7">≤28</td></tr>
<tr><td rowspan="2">抗冻性/%（D15，D25，D35，D50）</td><td>质量损失</td><td colspan="7">平均值≤5，单块最大值≤10</td></tr>
<tr><td>强度损失</td><td colspan="7">平均值≤20，单块最大值≤30</td></tr>
<tr><td colspan="2">放射性核素限量</td><td colspan="7">符合 GB 6566 规定</td></tr>
</table>

2. 协同设计

通过提高泡沫混凝土墙体耐久性能，确保泡沫混凝土的自保温系统使用功能在整个服役期不衰减，因此要进行自保温系统的防水、防开裂等耐久性和热工等功能性的协同设计。

针对泡沫混凝土自保温系统，其部分设计要求如下：

（1）适用范围

抗震设防烈度为 9 度及 9 度以下、抗震设防重要性分类为乙类及乙类以下的一般民用及工业建筑的框架（短肢剪力墙）填充墙和内隔墙。

（2）墙体性能要求

根据节能计算要求，以一定厚度的泡沫混凝土砌块作为单一墙体材料，且采用干法薄层砌筑而成的外围护墙体，并对梁柱等结构性热桥部位采取一定的保温措施后，可作为自保温墙体。如在该墙体的外（内）侧再实施附加保温，则可满足更高的节能标准要求。

泡沫混凝土砌块自保温系统进行防水设计时应考虑泡沫混凝土砌块墙体与框架柱（或短肢剪力墙、构造柱）、梁及楼板交接处的界面应做柔性连接；位于建筑外墙及潮湿房间（如浴厕、厨房等）时，做防水处理。同时，对于厨房、卫生间、盥洗室等潮湿房间及设有露台、室外空调板、雨篷等出挑构件的泡沫混凝土砌块墙体底部，应设置高度不小于200mm的混凝土导墙或钢筋混凝土上翻梁，厚度同墙体；并应在易受潮的一侧做好墙面防水处理，以避免墙面干湿交替或局部冻融的破坏。泡沫混凝土砌块墙体用于建筑物外墙时，应做饰面保护层。做饰面层时，基墙表面须涂刷专用界面剂。外饰面保护层可采用抹面胶浆粉刷内置耐碱玻纤网格布。耐碱玻纤网格布的氧化锆（ZrO_2）含量不应小于16.0%，且表面须经涂覆处理，其性能应符合相关标准要求。内饰面保护层应采用透气性好的材料。

泡沫混凝土砌块外墙饰面层宜优先选用水性防水弹性涂料，涂料性能应符合相关技术标准的要求。外墙墙面水平方向的凹凸部位和挑出部分（如线脚、雨篷、挑檐、窗台等）应做泛水和滴水，以避免积水。

泡沫混凝土砌块的墙体厚度应满足使用功能要求，并综合考虑安全、节能、隔声、防火等各项性能后确定。外墙厚度宜不小于200mm。

泡沫混凝土砌块墙体应采用配套的专用砌筑砂浆砌筑、专用抹面胶浆抹灰，并采用薄层（3mm）砌筑工艺；且抹灰层厚度宜薄不宜厚，总厚度宜控制在12mm左右。砌块排块设计时上下皮应错缝，搭接长度不宜小于块长的1/3且最小搭接长度不得小于100mm。窗间墙的宽度不宜小于600mm，否则应有加强措施。安装门窗框的锚固件部位宜设置构造柱或应采用600mm标准长度砌块。

当泡沫混凝土砌块外墙饰面层采用饰面砖时，应采用轻质功能性面砖，质量控制在$20kg/m^2$以下，单块面积不应大于$0.015m^2$，面砖吸水率不大于6%，且不小于0.5%，面砖缝宽不小于5mm。应采用与面砖材性相匹配的柔性胶粘剂及勾缝剂粘贴面砖及勾缝。面砖的粘贴高度应符合国家和地方的相关规定。

外墙饰面层应结合建筑立面设计合理设置分格缝，竖向间距不宜超过12m，横向不宜大于6m，并应采用弹性防水材料填缝。

泡沫混凝土砌块墙体与其他建筑配件（如门、窗、热水器、排油烟机、附墙管道、管线支架、卫生设施等）的连接，应采用射钉、膨胀锚栓等连接件连接并牢固可靠。所有金属连接件均应做防锈处理。墙上吊挂重物的质量大于50kg时，设计应另行采取加强措施。

在泡沫混凝土砌块墙体上镂槽暗敷管线，必须待墙体达到一定强度后方可进行，且水平向开槽总深不得大于1/4墙厚，竖向开槽总深不得大于1/3墙厚。应避免在同一墙体双面开槽；必须开槽时，应使槽间距≥600mm。穿越墙体的水管应严防渗水。管线开槽埋管后应固定牢固，用专用修补材料分两次补填墙槽，补填面宜比墙面微凹进2mm，再用胶粘剂补平，并沿槽长及周边外贴宽度不小于200mm的耐碱玻纤网格布增强。

在泡沫混凝土砌块外墙或在厚度小于200mm的泡沫混凝土砌块内墙上设门窗框，应在洞口两侧设钢混凝土构造柱或在墙体的上、中、下部位设置预制混凝土块，再用射钉、膨胀螺栓等连接件固定。固定门窗框的连接件位置宜设在墙厚正中处，或离墙厚侧面水平距离不小于50mm处。外门窗框与墙体洞口之间的空隙应采用PU发泡剂等弹性闭孔材料填充饱满，并使用密封胶密封。

泡沫混凝土砌块自保温系统结构设计规定填充墙的强度等级不应低于 A3.5。特别高的自承重砌体（墙体净高度大于 6m），如公共建筑的中庭、裙房，单层厂房的隔墙，砌块的强度等级不应低于 A5.0，且应验算墙体的强度和稳定性，同时采用圈梁、钢筋混凝土带及垫块等措施。同时要求砌筑泡沫混凝土砌块的砂浆抗压强度不得低于 M5.0。泡沫混凝土砌块砌体施工质量控制等级应为 B 级。

墙体应满足稳定性要求。高厚比验算方法及计算公式应按《砌体结构设计规范》（GB 50003—2011）执行。

5.2.5.9 外墙反射涂料结合无机保温砂浆外墙内保温系统协同设计

外墙内保温系统是在外墙内侧设置保温层的保温系统，按饰面材料分为涂料饰面保温系统和饰面砖保温系统，按胶凝材料组成分为水泥基无机保温砂浆外墙内保温系统和石膏基无机保温砂浆外墙内保温系统。

外墙反射隔热涂料针对太阳发射的红外线中产生热的波长，选择合适的高耐氧化、耐腐蚀金属微粒等作为填料，具有良好的反射性、发射性，能大幅度降低太阳辐射吸收。同时也具有普通建筑涂料对建筑的装饰和保护性能，是水性建筑材料，不燃，符合消防规范。外墙反射涂料结合无机轻集料保温砂浆外墙内保温体系施工方法简单，工期短，造价低[39-40]，在夏季隔热效果好，适用于夏热冬暖，可在夏热冬冷地区使用。

1）系统设计

外墙内保温系统及内墙保温使用的水泥基无机保温砂浆系统的性能要求应符合表 5-123的要求。

表 5-123 水泥基无机保温砂浆外墙内保温系统的性能指标要求

项目	性能指标	试验方法
系统拉伸粘结强度/MPa	≥0.15	JGJ 144—2019
抗冲击性/J	3.0，且无宽度大于 0.10mm 的裂纹	GB/T 29906—2013
不透水性	试件防护层内侧无水渗漏	JGJ 144—2019
热阻	符合设计要求	GB/T 13475—2008

石膏基无机保温砂浆外墙内保温系统的性能应符合表 5-124 的要求。

表 5-124 石膏基无机保温砂浆外墙内保温系统的性能要求

项目	性能指标	试验方法
抗冲击性/J	3.0，且无宽度大于 0.10mm 的裂纹	GB/T 29906—2013
水蒸气湿流密度/[g/(m²·h)]	≥0.85	JG 158—2013
火反应性	不应被点燃，试验结束后试件厚度变化不超过 10%	JGJ 144—2019

2）协同设计

外墙内侧石膏基轻集料砂浆外墙内保温子系统（N 型）和水泥基轻集料砂浆外墙内保温子系统（M 型）应符合表 5-125 的构造要求。

表 5-125　外墙内保温子系统基本构造

<table>
<tr><th colspan="5">构造层次及组成材料</th><th rowspan="2">构造示意图</th></tr>
<tr><th>基层
①</th><th>界面层
②</th><th>保温层
③</th><th>抹面层
④</th><th>饰面层
⑤</th></tr>
<tr><td rowspan="6">各种墙面</td><td rowspan="2">石膏基界面剂</td><td>Ⅰ型石膏基轻集料砂浆</td><td>Ⅲ型石膏基轻集料砂浆（厚度≥10mm）</td><td rowspan="2">柔性腻子+内墙涂料</td><td rowspan="6">1
2
3
4
5
室外　室内</td></tr>
<tr><td>Ⅱ型石膏基轻集料砂浆</td><td>Ⅲ型石膏基轻集料砂浆（厚度≥5mm）</td></tr>
<tr><td rowspan="4">水泥基界面砂浆</td><td rowspan="2">Ⅰ型水泥基轻集料砂浆</td><td>水泥基抹面砂浆（≥10mm）+耐碱涂覆网布+锚栓</td><td>瓷砖胶粘剂+瓷砖</td></tr>
<tr><td>水泥基抹面砂浆（≥10mm）+耐碱涂覆网布</td><td>柔性耐水腻子+防水涂料</td></tr>
<tr><td rowspan="2">Ⅱ型水泥基轻集料砂浆</td><td>水泥基抹面砂浆（≥5mm）+耐碱涂覆网布+锚栓</td><td>瓷砖胶粘剂+瓷砖</td></tr>
<tr><td>水泥基抹面砂浆（≥5mm）+耐碱涂覆网布</td><td>柔性耐水腻子+防水涂料</td></tr>
</table>

针对外墙反射涂料结合无机保温砂浆系统的防水设计时要求：石膏基轻集料砂浆外墙内保温子系统（N 型）凸窗周边的非透明部位（顶、侧、底）应实施保温，保温层厚度不应小于 20mm，并做好保温层节点部位的防水处理。

在系统构造设计上，外墙内侧石膏基轻集料砂浆外墙内保温子系统（N 型）和水泥基轻集料砂浆外墙内保温子系统（M 型）的窗侧口、窗上口、窗台部位及内墙踢脚、线盒和开关盒的做法可在符合《反射隔热涂料组合脱硫石膏轻集料砂浆保温系统应用技术规程》（DB31/T 895—2015）基本构造要求的情况下，参照国家建筑标准设计图集 11J122 中“C 型-保温砂浆内保温系统”的节点详图设计。

石膏基轻集料砂浆外墙内保温子系统（N 型）的墙面阳角（门窗内侧洞口阳角）部位的增强可采取阳角部位网布双向包转搭接，网布搭接宽度不应小于 200mm，或采用护角线条增强。

对于水泥基轻集料砂浆外墙内保温子系统（M 型）的锚栓设置应符合下列要求：①当饰面层采用瓷砖饰面时应设置锚栓，每平方米不应少于 4 个锚栓，锚栓应设置于网布外侧；瓷砖规格超过400mm×300mm，且高度大于3m时，应由单项工程设计确定构造。②锚栓伸入混凝土基墙的有效锚固深度不应小于30mm，当基墙为蒸压加气混凝土制品时，锚栓伸入基墙的有效锚固深度不应小于50mm，锚栓伸入其他基墙的有效锚固深度不应小于40mm，并应采用依靠膨胀产生摩擦力承载的锚栓。对于内部有空腔的基层墙体，应采用有回拧功能的塑料锚栓。

参考文献

[1] 陈师演．论外墙保温对主体结构使用年限的影响[J]．门窗，2019，165(09)：190.

[2] 孙超，李佳林．建筑外墙外保温的管理问题探究[J]．住宅与房地产，2018，497(12)：174.

[3] 钱海月．夏热冬冷地区居住建筑外墙外保温的质量分析[J]．江苏建筑职业技术学院学报，2017，68(04)：28-31.

[4] 区颖哲．浅谈外墙内保温技术在夏热冬暖地区的应用[J]．广东建材，2014，281(04)：25-28.

[5] 檀剑平．建筑墙体抹灰开裂空鼓成因及防治措施[J]．绿色环保建材，2017，124(06)：152-154.

[6] 成权．建筑装饰工程墙体抹灰层开裂原因及控制措施研究[J]．低碳世界，2017，148(10)：167-168.

[7] 邬瑞锋，吕和祥，奚肖凤．具有构造柱墙体弹塑性、开裂、裂缝开展的分析[J]．大连工学院学报，1979(01)：60-72.

[8] 孙林柱．控制加气混凝土墙体开裂的关键技术[J]．新型建筑材料，2006(02)：54-58.

[9] 孙雷，崔兆彦，王少杰，等．砌块墙体开裂过程数值模型及模拟分析[J]．防灾减灾工程学报，2013，33(S1)：78-82.

[10] 康永生，李家和，吕岩．块体墙材发展现状及不合格项的分析[J]．低温建筑技术，2014，191(05)：154-156.

[11] 李莉，姜洪义，许嘉龙，等．新型墙体材料冻融循环下的损伤研究[J]．新型建筑材料，2010，352(05)：23-26.

[12] 张艳梅．建筑节能技术在建筑外围护结构设计中的应用研究[J]．门窗，2013，10(10)：47-48.

[13] 成权．建筑装饰工程墙体抹灰层开裂原因及控制措施研究[J]．低碳世界，2017，148(10)：167-168.

[14] 马昌．节能技术在建筑外围护结构设计中的应用[J]．中华建设，2008，43(12)：76-77.

[15] 马昌．节能技术在建筑外围护结构设计中的应用[J]．铁道勘测与设计，2008，160(04)：34-37.

[16] 张文华．防水透气膜及其在建筑外墙中的应用[J]．中国建筑防水，2011，233(24)：4-7.

[17] 王平伟．建筑外墙防水的重要性与防水构造设计技术研究[J]．建设科技，2015，303(24)：98-99.

[18] 褚建军，沈春林，王玉峰．外墙防水及《建筑外墙防水构造》标准设计图集编制[J]．新型建筑材料，2015，414(06)：48-52.

[19] 朱宏．预制装配式(PC)建筑外墙防水密封设计与选材[J]．中国建筑防水，2016，338(06)：26-29.

[20] 吕胜利．预制装配式混凝土建筑外墙防水技术研究[J]．福建建设科技，2017，154(03)：69-73.

[21] 孙雷，崔兆彦，王少杰，等．砌块墙体开裂过程数值模型及模拟分析[J]．防灾减灾工程学报，2013，33(S1)：78-82.

[22] 刘淑宏，武崇福．轻质墙板墙体开裂原因的分析及对策[J]．新型建筑材料，2004(05)：4-6.

[23] 张春景，高沛，杜娟．蒸压加气混凝土砌块墙体开裂的机理分析和防裂漏措施[J]．建筑技艺，2019(S1)：120-122.

[24] 肖力光，闫迪，荣华．北方寒冷地区蒸压加气混凝土砌块专用保温砌筑砂浆的研究[J]．新型建筑材料，2010，353(06)：27-30.

[25] 赵明．蒸压粉煤灰砖专用砌筑砂浆的配制及性能研究[J]．新型建筑材料，2010，348(01)：20-22.

[26] 陈萌，赵湘育，马婷婷，等．蒸压加气混凝土砌块自保温墙体专用砌筑砂浆中钢筋埋置长度的试验研究[J]. 混凝土与水泥制品，2016，238(02)：69-72.

[27] 孟志良，李宏斌，白永兵．专用砌筑砂浆剂对砌块砌体力学性能的影响[J]. 新型建筑材料，2008，27(06)：15-17.

[28] 管文．高层装配式建筑预制轻骨料混凝土夹心保温外挂墙板研究[J]. 施工技术，2018，511(12)：100-104.

[29] 李雪娜，蔡焕琴，麻建锁．预制混凝土夹心保温墙板的应用思考[J]. 门窗，2017，126(06)：28-29.

[30] 郑东华，PradhanRk. 预制混凝土夹心保温外墙板性价比分析[J]. 山西建筑，2016，42(13)：199-200.

[31] 胡长明，李相，何晓珊，等．预制夹心保温外墙板温度场的有限元分析[J]. 建筑科学，2018，247(02)：74-82.

[32] 李铮，万才涛，谢通，等．墙体自保温技术的应用及发展趋势[J]. 砖瓦，2019，373(01)：61-63.

[33] 沈正，王新荣，殷文，等．墙体自保温技术的应用现状及发展前景[J]. 墙材革新与建筑节能，2010，138(05)：47-49.

[34] 谢厚礼，陈红霞，陈杰，等．墙体自保温体系技术要点分析[J]. 建设科技，2011，208(23)：68-69.

[35] 杨春光，都萍，张丽，等．真空绝热板用于北方建筑外墙的部件优化及节能分析[J]. 新型建筑材料，2012，379(08)：11-14.

[36] 陈一全．北方寒冷地区建筑保温与结构一体化技术应用及发展策略研究[J]. 墙材革新与建筑节能，2019，242(01)：35-49.

[37] 周会洁，孙维东，孙亚洲．建筑保温与结构一体化技术的应用发展现状[J]. 长春工程学院学报(自然科学版)，2015，16；61(04)：6-10.

[38] 陈丰华．混凝土自保温模卡砌块在绿色建筑中的推广应用[J]. 墙材革新与建筑节能，2015，202(09)：54-56.

[39] 王辉．热反射涂料与外墙保温相结合节能体系的研究[D]. 长春：吉林建筑工程学院，2010.

[40] 邹胜．外墙反射涂料结合无机轻集料保温砂浆外墙内保温施工技术[J]. 江苏建材，2017，158(05)：33-35.